Elschner

Elektrotechnik/Elektronik

Grundlagen der Elektrotechnik/Elektronik Band 1

Prof. Dr. sc. techn. Dipl.-Phys. Horst Elschner

Verlag Technik GmbH Berlin

Elschner, Horst:
Grundlagen der Elektrotechnik, Elektronik / Horst
Elschner. – Berlin : Verl. Technik
Bd. 1. – 1. Aufl. – 1990. – 335 S.: 302 Bilder,
15 Taf.
ISBN 3-341-00690-7

ISBN 3-341-00690-7

1. Auflage

VT 201 · 3/6019-1 (22)
Printed in the German Democratic Republic
Gesamtherstellung: Offizin Andersen Nexö Leipzig GmbH,
Graphischer Großbetrieb
Lektor: Ing. Oswald Orlik
Schutzumschlag: Kurt Beckert
LSV 3504
Bestellnummer: 5540836

Vorwort

Das hohe Entwicklungstempo und die wachsende Anwendungsbreite der Elektrotechnik in Form der elektrischen Energietechnik und vor allem der Elektronik erfordern, Grundlagen in langfristig tragfähiger Form darzustellen und mit modernen Anwendungen zu verknüpfen. Um die grundlegenden Kenntnisse und Denkmethoden zu vermitteln, stehen die elektrischen Schaltungen und elektromagnetischen Felder im Mittelpunkt des Lehrwerkes. Technische Prinzipien und praxisnahe Beispiele sind von Anfang an in die Darstellung einbezogen, und zwar insbesondere aus der Mikroelektronik, der Energietechnik und der Meßtechnik. Die Auswahl des Stoffes erfolgte auch im Hinblick auf computergestützte Verfahren. Besonderer Wert wird deshalb auf eine allgemeingültige Darstellung gelegt.

Bei der Gestaltung des Stoffes spielten vier Aspekte eine Rolle:

Erstens soll der Leser frühzeitig in die Lage versetzt werden, beliebige Schaltungen zu analysieren. Dazu werden in den ersten beiden Kapiteln die Grundbegriffe elektrischer Schaltungen vermittelt und anhand resistiver Schaltungen vertieft.

Zweitens wird ein deduktiver Zugang zu den Feldproblemen ermöglicht. Ausgehend von den Maxwellschen Gleichungen werden im dritten und vierten Abschnitt Eigenschaften und Anwendungen elektrischer Potentialfelder sowie Stromflußmechanismen in Festkörpern, im Vakuum, in Gasen sowie in Flüssigkeiten dargestellt.

Drittens werden viele Probleme mit einem ansteigenden, meist zweistufigen Anspruchsniveau behandelt, wodurch die Möglichkeit besteht, den Grad der Vertiefung selbst zu wählen. So geht z. B. die Feldbeschreibung von der anschaulichen Integralform aus. Wahlweise kann sich der Leser aber auch in die daraus folgende anspruchsvollere Differentialform einarbeiten.

Viertens wurde berücksichtigt, daß möglichst viele Abschnitte auch für sich lesbar sind. Dadurch ist die Reihenfolge der Abschnitte in gewissen Grenzen wählbar. Das Nachschlagen wird erleichtert und wichtige Grundlagen werden durch Wiederholung gefestigt.

Diese vier Aspekte gelten ebenso für die Gestaltung des zweiten Bandes. In diesem werden magnetische und elektromagnetische Felder, Einphasenwechselstrom- und Drehstromschaltungen, Schaltungen bei beliebiger Erregung, thermisch-elektrische und mechanisch-elektrische Analogien sowie Sensoren behandelt und auch numerische Verfahren für Schaltungs- und Feldprobleme vorgestellt.

Die Stoffülle für einen umfassenden und praxisnahen Grundkurs ist groß, so daß die optische Gestaltung den Leser bei der notwendigen Stoffauswahl unterstützen muß. Besonders wichtige und vor allem für eine Prüfungsvorbereitung relevante Aussagen werden durch einen Balken hervorgehoben. An zweiter Stelle bezüglich ihrer Bedeutung sind die Aussagen einzuordnen, die nicht besonders gekennzeichnet sind. An dritter Stelle folgt der im Kleindruck gesetzte Text, der allerdings auch das Verständnis erleichtert und vor allem erläuternden und ergänzenden Charakter besitzt. Abschnitte mit erhöhtem Schwierigkeitsgrad bzw. speziellen Problemen, die bei geringem Zeitfonds für den Grundkurs entfallen, sind durch einen Stern gekennzeichnet.

Mathematische Hilfsmittel, die über das Abiturniveau hinausgehen, werden kurz erläutert, wodurch natürlich eine entsprechende Mathematikausbildung nicht zu ersetzen ist.

Großer Wert wurde auf die Veranschaulichung mittels zahlreicher Bilder gelegt. Viele durchgerechnete Beispiele und Übungsaufgaben – meist mit Lösungen und Kontrollfragen verbunden – dienen der Anwendung von Lösungsstrategien sowie zur Vertiefung und Kontrolle des erworbenen Wissens.

Das Lehrwerk wendet sich in erster Linie an Studenten des Elektroingenieurwesens, kann aber auch für Studenten anderer Fachrichtungen, wie der Informatik, der Physik und des Maschinenbaus sowie für Ingenieure in der Praxis nützlich sein. Die Eignung für einen breiten Leserkreis resultiert u. a. daraus, daß die beiden Bände und viele Abschnitte als einzelne Bausteine selbständig verwendbar sind.

Stoffauswahl und Darstellung bauen auf Erfahrungen auf, die der Autor bei der Ausbildung von Studierenden des Elektroingenieurwesens, des Maschineningenieurwesens und anderer Studienrichtungen an der Technischen Universität Dresden gewonnen hat.

Für fördernde Hinweise bin ich den Herren Prof. Dr.-Ing. Bleicher, Prof. em. Dr.-Ing. E. h. Pommer, Doz. Dr. sc. techn. Rödig, Dr.-Ing. Näser, Dr.-Ing. Stenzel, meinem Sohn Robert und vor allem meiner Frau Antje zu Dank verpflichtet.

Mein Dank gilt aber auch dem Verlag Technik, insbesondere dem Lektor, Herrn Orlik, für die sehr gute Zusammenarbeit.

Horst Elschner

Inhaltsverzeichnis

Anhang

Wichtige Formelzeichen

A Fläche
A_N Stromverstärkungsfaktor (normal) in Basisschaltung
a_L Induktivitätsfaktor
B magnetische Flußdichte
B_N Stromverstärkung (normal) in Emitterschaltung
B_r magnetische Flußdichte (Remanenz)
B_s magnetische Flußdichte (Sättigungswert)
b_n differentielle Stromverstärkung
C Kapazität
C_d differentielle Kapazität
C_w Wärmekapazität
c elektrochemisches Äquivalent, Lichtgeschwindigkeit
D Dämpfungsgrad, elektrische Verschiebungsflußdichte
D_n Diffusionskoeffizient der Elektronen
D_p Diffusionskoeffizient der Löcher
D_T Temperaturdurchgriff
d Plattenabstand, Dicke
E elektrische Feldstärke, elektromotorische Kraft
E_{th} Durchbruchfeldstärke
e Elementarladung
F Kraft, Faraday-Konstante
f Frequenz
g differentieller Leitwert, Rückkopplungsgrad, Erdbeschleunigung
g_m Steilheit
H magnetische Feldstärke
I Stromstärke (zeitkonstant) bzw. Effektivwert
I_B Basisstrom
I_C Kollektorstrom
I_E Emitterstrom
I_N Nennstrom
I_S Sättigungsstrom
i Stromstärke
i_K Konvektionsstrom
i_k Kurzschlußstrom
i_V Verschiebungsstrom
J Magnetisierung, Trägheitsmoment
K Konstante
k Boltzmann-Konstante, Zahl der Knoten, Wellenzahl
L Induktivität
L_d differentielle Induktivität
l Länge
M Gegeninduktivität, Drehmoment
m Masse
N_{A-} Dichte der Akzeptoren (ionisiert)
N_{D+} Dichte der Donatoren (ionisiert)
n Drehzahl, Dichte der negativen Ladungsträger
n_i Eigenleitungsdichte
P zeitkonstante Leistung (allgemein)
P_{mech} mechanische Leistung
p Druck, Leistung (Momentanwert), Dichte der positiven Ladungsträger
Q Ladung, gespeicherte Wärmemenge
R Widerstand, Gaskonstante, Nettorekombinationsrate
R_C Kollektorwiderstand
R_E Emitterwiderstand
R_i Innenwiderstand
R_L Lastwiderstand
R_m magnetischer Widerstand
R_N Normalwiderstand
R_S Schichtwiderstand
R_{th} thermischer Widerstand
r differentieller Widerstand, Radius, Reibungskonstante
r_a differentieller Ausgangswiderstand
r_d differentieller Differenzeingangswiderstand
r_e differentieller Eingangswiderstand
r_z differentieller Z-Widerstand
S Stromdichte
S_k Konvektionsstromdichte
S_n Stromdichte der negativen Ladungsträger

S_p	Stromdichte der positiven Ladungsträger
S_v	Verschiebungsstromdichte
s	Weg
T	absolute Temperatur, Periodendauer
TK	Temperaturkoeffizient
t	Zeit
t_H	Halbwertszeit
U	Spannung (zeitkonstant bzw. Effektivwert)
U_{BE}	Basis-Emitter-Spannung
U_{BR}	Durchbruchspannung
U_{CB}	Kollektor-Basis-Spannung
U_{CE}	Kollektor-Emitter-Spannung
U_F	Flußspannung
U_{GS}	Gate-Source-Spannung
U_p	Schwellspannung
U_T	Temperaturspannung
u	Spannung
u_d	Differenzspannung
u_e	Eingangsspannung
u_i	induzierte Spannung
u_l	Leerlaufspannung
V	Volumen
v	Geschwindigkeit
v_D	Differenzverstärkung
v_d	Leerlaufverstärkung
v_n	Geschwindigkeit der negativen Ladungsträger
v_p	Geschwindigkeit der positiven Ladungsträger, Leistungsverstärkung
v_{th}	thermische Geschwindigkeit
v_u	Spannungsverstärkung
W	Energie
W_{kin}	kinetische Energie
w	Energiedichte, Windungszahl einer Spule
x	Ortskoordinate
z	Zahl der Zweige
α	Temperaturkoeffizient, Winkel
γ	Gravitationskonstante
δ	relativer Fehler
$\tan\delta$	Verlustfaktor
ε	absolute Permittivität
ε_0	Permittivität des Vakuums (elektrische Feldkonstante)
ε_r	relative Permittivität
η	Wirkungsgrad
Θ	Amperewindungszahl (Durchflutung)
ϑ	Temperatur
$\varkappa$	spezifische Leitfähigkeit
λ	Wärmeleitfähigkeit, Wellenlänge
μ	Permeabilität
μ_0	absolute Permeabilität des Vakuums (magnetische Feldkonstante)
μ_r	relative Permeabilität
μ_n	Beweglichkeit der Elektronen
μ_p	Beweglichkeit der Löcher
ϱ	spezifischer Widerstand, Raumladungsdichte
τ	Zeitkonstante
τ_n, τ_p	Lebensdauer der Elektronen bzw. Löcher
Φ	magnetischer Fluß
φ	elektrisches Potential, Phasenverschiebung, elektrochemisches Potential
φ_i	Nullphasenwinkel des Stromes
φ_u	Nullphasenwinkel der Spannung
Ω	normierte Kreisfrequenz
ω	Kreisfrequenz, Winkelgeschwindigkeit

1 Grundbegriffe elektrischer Schaltungen

Ziel: Nach dem Studium des Abschnittes beherrscht der Leser
- den Umgang mit physikalischen Größengleichungen und deren Normierung;
- die Begriffe Ladung, Strom, Spannung, Leistung und Energie;
- den Ladungserhaltungssatz und den Energieerhaltungssatz;
- das erste und zweite Kirchhoffsche Gesetz;
- die Strom-Spannungs-Relationen der wichtigsten Netzwerkelemente;
- einfache Netzwerkanalyseverfahren;
- die Modellierung technischer Schaltungen als Netzwerke.

Feldbegriffe werden zunächst nur in geringem Maß zur physikalischen Veranschaulichung eingeführt.

1.1 Physikalische Größen und Einheiten

1.1.1 Einheiten

Physikalische Größen sind meßbare Merkmale von Objekten. Sie sind (bei skalaren Größen) in der Form

physikalische Größe = Maßzahl · Einheit

darstellbar. Als Beispiel sei die Masse eines Elektrons genannt:

$$m_e = (9{,}1093897 \pm 0{,}0000054)\ 10^{-31}\,\mathrm{kg}.$$

Für die Einheiten sind international Symbole (Einheitenzeichen) standardisiert, was am Beispiel der Masse m erläutert wird:

$$[m] = \mathrm{kg}.$$

In Worten: Die Einheit der Masse ist das Kilogramm ($[m]$ bedeutet Einheit von m).

Im Lauf der Entwicklung haben sich verschiedene Maßsysteme herausgebildet. Als verbindlich hat sich aufgrund internationaler Vereinbarungen und gesetzlicher Regelungen seit 1954 schrittweise das *Internationale Einheitensystem (SI)* durchgesetzt. Die international übliche Abkürzung SI wurde aus „Système International d'Unités" abgeleitet. Eine Kurzfassung dieses Einheitensystems ist im Anhang A.1 zusammengestellt. Dabei wird auch auf die Umrechnung einiger veralteter Einheiten in SI-Einheiten hingewiesen.

Tafel 1.1 gibt Aufschluß über die 7 *Basiseinheiten*, deren Definitionen im Anhang A.1.1 zusammengestellt sind.

Tafel 1.1
SI-Basiseinheiten

Größe	Formelzeichen	Name der Einheit	Einheitenzeichen
Länge	l	Meter	m
Masse	m	Kilogramm	kg
Zeit	t	Sekunde	s
elektrische Stromstärke	i	Ampere	A
Temperatur	T	Kelvin	K
Stoffmenge	n	Mol	mol
Lichtstärke	I_v	Candela	cd

Hinzu kommen die Winkeleinheiten:

- der Radiant (rad) für den ebenen Winkel φ,
- der Steradiant (sr) für den räumlichen Winkel Ω (s. Anhang A.1.2).

Aus den 7 Basiseinheiten sind alle anderen SI-Einheiten ableitbar.

Dazu kann eine physikalische Größengleichung benutzt werden, die die entsprechenden Größen miteinander verknüpft. Setzt man nur die Einheiten ein, so entsteht eine Einheitengleichung.

Beispiel: Für gleichförmige Bewegungen ergibt sich die Geschwindigkeit aus dem Quotienten von Weg und Zeit, d. h., $v = s/t$. Damit gilt für die Einheit der Geschwindigkeit (für beliebige Bewegungen):

$$[v] = \frac{[s]}{[t]} = \frac{\text{m}}{\text{s}}.$$

Es erwies sich als zweckmäßig, auch für eine Reihe abgeleiteter Einheiten Eigennamen zu verwenden, die aus den Namen bedeutender Naturwissenschaftler und Techniker gebildet worden sind.

Beispiel: Einheit für die Kraft bzw. die Spannung

$$[F] = \text{kg} \cdot \text{m/ s}^2 = \text{N (Newton)}^{1)} \quad \text{bzw.} \quad [U] = \text{kg} \cdot \text{m}^2/(\text{A} \cdot \text{s}^3) = \text{V (Volt)}^{2)}$$

Physikalische Größen unterscheiden sich häufig um viele Zehnerpotenzen. So sind z. B. Stromstärken von $10^{-10} \ldots 10^5$ A, aber auch außerhalb dieses Bereiches von technischer Bedeutung. Aus diesem Grund ist es sinnvoll, *Vorsätze zu Einheiten* zu verwenden (s. Tafel 1.2). Die Vorsätze sind i. allg. so zu wählen, daß die entstehenden Zahlenwerte zwischen 0,1 und 1000 liegen.

Tafel 1.2. Vorsätze zu den Einheiten

Name	Kurzzeichen	Wert	Name	Kurzzeichen	Wert
Exa	E	10^{18}	Dezi[1])	d	10^{-1}
Peta	P	10^{15}	Zenti[1])	c	10^{-2}
Tera	T	10^{12}	Milli	m	10^{-3}
Giga	G	10^9	Mikro	µ	10^{-6}
Mega	M	10^6	Nano	n	10^{-9}
Kilo	k	10^3	Piko	p	10^{-12}
Hekto[1])	h	10^2	Femto	f	10^{-15}
Deka[1])	da	10^1	Atto	a	10^{-18}

[1]) Diese Vorsätze sollen nur noch dort verwendet werden, wo ihre Benutzung bisher üblich war, z. B. Zentimeter, aber nicht Zentivolt.

Beispiel: Zweckmäßige Darstellung von $I = 0{,}0004$ A ist $I = 400$ µA oder $I = 0{,}4$ mA. Andere Darstellungen, z. B. $I = 4 \cdot 10^{-4}$ A, sind aber auch möglich.

Die durch Vorsätze gebildeten Teile oder Vielfachen von SI-Einheiten nennt man inkohärente Einheiten. Kohärente Einheiten sind neben den Basiseinheiten die abgeleiteten Einheiten, die mit den Basiseinheiten durch eine Gleichung verbunden sind, in denen lediglich der Zahlenfaktor 1 steht (Vorteil der SI-Einheiten!). Teilweise sind auch noch SI-fremde Einheiten zugelassen, z. B. 1 min = 60 s oder 1 eV = $1{,}602\,10^{-19}$ J, die natürlich alle inkohärent sind.

Weitere, ebenfalls im Anhang A.1 beschriebene Größenarten sind *Verhältnisgrößen* (in %, ‰, ppm, ppb), *logarithmierte Verhältnisgrößen* (in dB, Np), *Pegel* (logarithmierte Verhältnisgrößen mit fester Bezugsgröße im Nenner, z. B. phon) sowie *Größen der Informationstheorie* (in Bit, Byte, Baud).

[1]) Isaac Newton, englischer Physiker und Mathematiker, 1643–1729
[2]) Alessandro Volta, italienischer Physiker, 1745–1827

1.1.2 Physikalische Größen und Größengleichungen

Grundlagen. Gleichungen, in denen physikalische Größen miteinander verknüpft sind, nennt man *Größengleichungen*. Beim Umgang mit physikalischen Größen muß stets beachtet werden, daß das willkürliche Weglassen der Einheit im Laufe der Rechnung nicht zulässig ist. Möglich ist es aber, Einheiten umzurechnen sowie gleichartige Einheiten wegzukürzen.

Beispiel

Problem: In einem GaAs-Feldeffekttransistor bewegen sich Elektronen mit einer mittleren Driftgeschwindigkeit $v = 10^7$ cm/s. Welchen Zeitraum Δt benötigen sie, um einen Weg $\Delta s = 1$ µm zurückzulegen?

Lösung: $$\Delta t = \frac{\Delta s}{v} = \frac{1\ \mu\text{m}}{10^7\ \text{cm/s}} = \frac{10^{-6}\ \text{m} \cdot \text{s}}{10^7 \cdot 10^{-2}\ \text{m}} = 10^{-11}\ \text{s} = 10\ \text{ps}.$$

Zugeschnittene Größengleichungen sind – wie der Name andeutet – auf bestimmte Einheiten zugeschnitten und können bei häufiger Benutzung die Rechnung vereinfachen.

Beispiel

Problem: Der Weg bzw. die Zeit werden in m bzw. *s* gemessen. Gesucht ist, z. B. zum Kalibrieren des Tachometers eines Fahrzeugs, eine zugeschnittene Größengleichung für die Geschwindigkeitsangabe in km/h.

Lösung: $$v = \frac{s}{t} = \frac{s/\text{m}}{t/\text{s}} \frac{\text{m}}{\text{s}} = \frac{s/\text{m}}{t/\text{s}} \frac{3{,}6 \cdot 10^3}{\text{h}} \frac{\text{km}}{10^3} = 3{,}6 \frac{s/\text{m}}{t/\text{s}} \frac{\text{km}}{\text{h}}$$

Zahlenbeispiel: $s = 2000$ m, $t = 72$ s, $v = 3{,}6 \dfrac{2 \cdot 10^3}{72} \dfrac{\text{km}}{\text{h}} = 100 \dfrac{\text{km}}{\text{h}}$.

Eine *Zahlenwertgleichung* ist dadurch gekennzeichnet, daß auf beiden Seiten der Gleichung ein Zahlenwert steht, z. B. für obiges Beispiel

$$v \bigg/ \frac{\text{km}}{\text{h}} = 3{,}6 \frac{s/\text{m}}{t/\text{s}}.$$

Von manchen Autoren wird für zugeschnittene Größengleichungen auch eine *symbolische Zahlenwertgleichung* gewählt, die am bereits behandelten Beispiel erläutert werden soll:

$$\{v\} = 3{,}6 \frac{\{s\}}{\{t\}}$$

v	s	t
km/h	m	s

$\{v\}$ bedeutet: Zahlenwert von v. Hier werden also die Zahlenwerte für s und t, die den angegebenen Einheiten entsprechen, eingesetzt, und der Zahlenwert zu v ergibt sich ebenfalls für die angegebene Einheit. Bei dieser Darstellung dürfen Gleichung und Einheitenschema nicht getrennt werden. Häufig werden die geschweiften Klammern weggelassen.

Eine weitere *Darstellungsform mit normierten Größen* wird später behandelt.

Einheitenkontrolle und -analyse. Eine Möglichkeit, Fehler in Größengleichungen zu finden, besteht in der Kontrolle der Einheiten: Setzt man für alle vorkommenden Größen Einheiten ein, so müssen die Einheiten auf beiden Seiten der Gleichung übereinstimmen bzw. ineinander umrechenbar sein; andernfalls ist die Gleichung mit Sicherheit fehlerhaft. Addition und Subtraktion sind natürlich nur für Größen gleicher bzw. ineinander umrechenbarer Einheiten möglich. Exponenten (Beispiel: 10^x) sowie Argumente transzendenter Funktionen (Beispiel: $\lg x$, $\cos x$) müssen einheitenlos sein.

Selbstverständlich kann man daraus, daß eine Einheitenkontrolle keine Fehler ergibt, nicht schließen, daß eine Gleichung fehlerfrei ist (siehe z. B. Aufgabe 1.1). Andererseits kann man aus der Einheitenkontrolle z. T. auch Rückschlüsse auf die Einheiten einzelner Größen ziehen (siehe z. B. Aufgabe 1.2). Erwähnt sei auch, daß man mit Hilfe der Einheitenanalyse u. U. auch Aussagen über Gleichungsstrukturen komplettieren kann (Aufgabe 1.3).

Weitere Möglichkeiten zur Überprüfung von Rechnungen*. Folgende teilweise zusammenhängende Kontrollmöglichkeiten seien außer der Einheitenkontrolle genannt:

- *Wiederholung* der Rechnung, möglichst unabhängig bzw. möglichst mit einem anderen Lösungsweg, z. B. andere Reihenfolge bei komplizierten Zahlenrechnungen;
- *Überschlagsrechnung* bzw. Vergleich mit Näherungen;
- *Prüfung qualitativer Merkmale*, z. B. Vorzeichen, Richtung (bei Vektoren) bzw. des qualitativen Verhaltens, z. B. Verhalten bei Nullsetzen bzw. Veränderung von Einflußgrößen, Extremwerte, Wendepunkte, Grenzwerte, Zeichnen von Kurven oder Kurvenscharen;
- *Vergleich* mit bekannten Ergebnissen ähnlicher Rechnungen oder mit Messungen;
- *Verifizierung* durch Einsetzen der Lösung und Umkehrung der Rechenoperation (z. B. nach Ausführung einer Integration Differentiation und umgekehrt);
- *Korrespondenzprinzip*, d. h. Übereinstimmung von neuen Verfahren, die einen erweiterten Gültigkeitsbereich besitzen sollen, mit bereits als richtig bekannten Verfahren eingeschränktem Gültigkeitsbereich. Zum Beispiel mußten die für die relativistische Mechanik neu erarbeiteten Verfahren für entsprechend niedrige Geschwindigkeiten auch die Ergebnisse der nichtrelativistischen Mechanik beinhalten oder die Quantenmechanik im Gültigkeitsbereich der klassischen Physik deren Ergebnisse bestätigen.

Normierte Größen und Gleichungen. Vielfach, vor allem auch bei Computerrechnungen, benutzt man *normierte Größen*. Dabei werden meistens ein oder mehrere der folgenden Ziele verfolgt:

- Einführung einheitenloser Größen bzw. Übergang zu Zahlenwertgleichungen,
- günstiger Zahlenbereich,
- Reduzierung des Rechenaufwandes,
- allgemeine Darstellung funktioneller Zusammenhänge.

Die normierte Größe erhält man im allgemeinen, indem man die zu normierende Größe durch eine geeignete konstante Größe gleicher Einheit teilt.

Beispiel: Normiert man eine Elektronengeschwindigkeit $v = 30\,000$ km/s auf die Lichtgeschwindigkeit $c = 300\,000$ km/s, so ist die normierte Geschwindigkeit $v_n = v/c = 0{,}1$.

Beispiel: Normierung der Größengleichung $v = s/t$.
Führt man z. B. die normierten Größen $v_n = v/v_0$, $s_n = s/s_0$ und $t_n = \mathrm{t}/\mathrm{t}_0$ ein, so folgt aus $v = s/\mathrm{t} = \frac{s_n s_0}{t_n - \mathrm{t}_0)}$ für die auf die Geschwindigkeit v_0 normierte Geschwindigkeit v_n

$$v_n = \frac{s_0}{v_0 t_0} \frac{s_n}{t_n}.$$

Zweckmäßigerweise setzt man $v_0 = s_0/t_0$, so daß für diesen Spezialfall $v_n = s_n/t_n$ entsteht. Für $v_n = v/(\mathrm{km/h})$, $s_n = s/\mathrm{m}$ und $t_n = t/\mathrm{s}$ ergibt sich $v_n = 3{,}6\,s_n/t_n$.

Überschlagsrechnungen. Neben der Einheitenkontrolle von Größengleichungen empfiehlt sich zur Kontrolle von Zahlenergebnissen die Überschlagsrechnung – soweit diese vom Aufwand her noch möglich bzw. gerechtfertigt ist. Außerdem sind Überschlagsrechnungen von Bedeutung, um „Kopfrechnungen" auszuführen, z. B. bei Diskussionen oder Verhandlungen oder auch bei Abschätzungen mit stark toleranzbehafteten Größen. Selbst zur Kontrolle von Computerrechnungen, z. B. bezüglich Eingabe- oder Programmierfehler, können Überschlagsrechnungen in Einzelfällen nützlich sein. Meist ist es bei Überschlagsrechnungen sinnvoll, so abzurunden, daß die Zahlenwerte in der Form $m \cdot 10^n$ (m, n ganz) dargestellt werden können.

Beispiel: Eignung von Solarzellen für Personenkraftwagen
Problem: Es ist abzuschätzen, ob sich Solarzellen für den Direktantrieb von PKW üblicher Leistung eignen.

Hinweis: Angenommen werden 900 W/m² als mittlere verfügbare flächenbezogene Strahlungsleistung auf der Erde am Tag und der Wirkungsgrad 15% für die Solarzellen sowie von $0{,}8 \approx 1$ für die elektrisch-mechanische Energiewandlung.

Lösung: Für einen PKW üblicher Leistung werden Maximalleistungen von mindestens 30 kW benötigt. Die erforderliche Fläche wäre demnach $30\,\mathrm{kW}/(15 \cdot 10^{-2} \cdot 1\,\mathrm{kW/m^2}) = 200\,\mathrm{m^2}$. Wenn man Möglichkeiten der zusätzlichen Energiezufuhr durch Akkumulatoren (beim Beschleunigen, bei Bergfahrten usw.) ausschließt, ist die Solarenergie also für übliche Kfz nicht geeignet, da nur eine Fläche $<10\,\mathrm{m^2}$ zur Verfügung steht.

Schreibweise der verwendeten elektrotechnischen Größen

a) Vektoren werden durch fettgedruckte Buchstaben gekennzeichnet, z. B. für die Kraft $\boldsymbol{F}$ (Vektor), F (Skalar).
b) Wie in der Elektrotechnik üblich, werden für Ströme bzw. Spannungen beliebiger Zeitabhängigkeit kleine Buchstaben (i bzw. u) und für zeitkonstante Ströme bzw. Spannungen große Buchstaben (I bzw. U) bevorzugt.
c) Komplexe Größen werden durch Unterstreichen gekennzeichnet, z. B. $\underline{i}$ oder $\underline{Z}$.

Aufgaben

Aufgabe 1.1 Einheitenkontrolle

Wenden Sie die Einheitenkontrolle auf folgende Aussagen für Ströme an!

a) $I = \dfrac{I_1 I_2 + I_1 I_2^2}{I_1 + I_2}$; b) $I = I_0 (\ln I_1 - \ln I_2)$; c) $I = I_0 \ln I_1$

d) $I = I_0 \left[\left(\exp \dfrac{I_1}{I_2} + 1\right)\right]$

Aufgabe 1.2 Schlußfolgerungen für Einheiten

Welche Einheiten besitzen die Größen K_1, K_2, τ und ω in der Gleichung $I = K_1 \exp^{t/\tau} \cos \omega t + K_2$ (I Strom, t Zeit)?

Aufgabe 1.3 Gleichungsstruktur und Einheiten*

Ein Körper, der zum Zeitpunkt $t = 0$ mit konstanter Beschleunigung a startet, legt innerhalb der Zeit t einen Weg s zurück, der sich durch $s = c_0 a^{c1} t^{c2}$ beschreiben läßt. c_0, c_1 und c_2 sind einheitenlose Größen. Welche Aussagen lassen sich durch eine Einheitenanalyse über diese Größen gewinnen?

Aufgabe 1.4 Normierung einer Größe im Interesse eines günstigen Zahlenbereichs

Mit Hilfe eines Kleinrechners (Zahlenbereich $a_{\min} = 10^{-40} \ldots a_{\max} = 10^{40}$ sollen Elektronenkonzentrationen n in einem Halbleiter berechnet werden, die zwischen $(10^2 \ldots 10^{18})\,\mathrm{cm^{-3}}$ liegen.

Wie sollte n normiert werden, wenn man beachtet, daß während der Rechnung auch wesentlich größere und kleinere Werte auftreten können?

Aufgabe 1.5 Kontrollfragen

a) Wie lauten die 7 Basiseinheiten?
b) Erläutern Sie die Begriffe zugeschnittene Größengleichung, Einheitenkontrolle und Normierung!

1.2 Elektrische Ladung

1.2.1 Grundlagen

Ladung als Grundgröße. Die in der Elektrotechnik experimentell festzustellenden Erscheinungen zeigen, daß es zweckmäßig ist, für dieses Gebiet eine spezifische Grundgröße einzuführen. Aus der Sicht der Festlegung der Basiseinheit in einer meßtechnisch einfachen Weise wäre das die elektrische Stromstärke. Aus physikalischer Sicht empfiehlt es sich aber, die elektrische Ladung Q als erste Größe (Basisgröße) einzuführen. Dieser Weg wird im folgenden gewählt.

Die elektrische Ladung ist eine Eigenschaft der Materie, die sich u. a. in einer Kraftwirkung äußert, die nicht auf die Gesetzmäßigkeiten der Mechanik zurückzuführen ist. Bereits im Altertum war bekannt, daß bei Reibung bestimmter Stoffe, z. B. Bernstein (griech.: *elektron*),

Kraftwirkungen entstehen. *Lichtenberg*[1]) schlug 1777 vor, daß die beim Reiben eines Glasstabes auftretenden Ladungen als positiv anzusehen sind und die beim Reiben eines Hartgummis auftretenden Ladungen als negativ. Diese willkürliche Festlegung führte – wie wir heute wissen – dazu, daß Elektronenunterschuß mit einem positiven und Elektronenüberschuß mit einem negativen Vorzeichen gekennzeichnet werden. Die *Einheit der Ladung* lautet

$$[Q] = \mathrm{A} \cdot \mathrm{s} = \mathrm{C}\ (\text{Coulomb}^{2)}).$$

Träger der Ladungen sind Elementarteilchen. Für die stabilen Elementarteilchen gilt bezüglich der Ladung und Ruhemasse:

Elektron $Q = -e = -(1{,}60217733 \pm 0{,}00000049) \cdot 10^{-19}\ \mathrm{C}$,
$m_e = (9{,}1093897 \pm 0{,}0000054) \cdot 10^{-31}\ \mathrm{kg}$;

Proton $Q = +e = (1{,}60217733 \pm 0{,}00000049) \cdot 10^{-19}\ \mathrm{C}$;
$m_p = (1{,}6726231 \pm 0{,}0000010) \cdot 10^{-27}\ \mathrm{kg}$;

Neutron $Q = 0$,
$m_n = (1{,}6749286 \pm 0{,}0000010) \cdot 10^{-27}\ \mathrm{kg}$.

Ladungen können demnach nur gequantelt auftreten, d. h., die Ladung eines beliebigen Körpers muß stets der Bedingung

$$Q = +Ne \quad (N \geqq 0, \text{ganz}; e \text{ Elementarladung}) \tag{1.1}$$

genügen. Häufig ist bei makroskopischen Körpern $N \gg 1$, so daß die Quantelung keine Rolle spielt. Die größte Bedeutung für die Elektrotechnik besitzen die Elektronen.

Beispiel: Einer Ladung $Q = -1\,\mathrm{C}$ entsprechen $N \approx 6{,}2 \cdot 10^{18}$ Elektronen.

Atome bestehen aus Kernen und einer Elektronenhülle. Die Kerne enthalten Protonen und Neutronen (mit Ausnahme von leichtem Wasserstoff, dessen Kern aus einem Proton besteht). Die Zahl der Elektronen und die der Protonen *(Ordnungszahl)* stimmen überein. Demnach sind *Atome elektrisch neutral.* Die Ordnungszahl von Wasserstoff ist 1. Beim Kupferatom besteht die Elektronenhülle z. B. aus 29 Elektronen. Die Ordnungszahl ist demnach 29.

Ein *positives Ion* entsteht, wenn aus der Elektronenhülle des Atoms ein Elektron oder mehrere Elektronen herausgelöst werden. Elektronenanlagerung führt zu einem *negativen Ion.* Am Beispiel von Kupfer- und Chlorionen soll dieser Sachverhalt symbolisch dargestellt werden:

$$\mathrm{Cu} \rightarrow \mathrm{Cu}^{++} + 2\ominus, \qquad \mathrm{Cl} + \ominus \rightarrow \mathrm{Cl}^{-}.$$

Komplexe aus zwei oder mehr Atomen nennt man *Moleküle* (z. B. H_2O). Auch Moleküle können ionisiert werden. Treten Atome in Wechselwirkung, z. B. mit Molekülen oder Festkörpern, so ändert sich ihre Elektronenhülle, insbesondere auf den äußersten Schalen. Baut man beispielsweise ein Arsenatom in ein Siliziumgitter ein, so gibt das Arsen ein Elektron an das Gitter ab und wird zu einem positiven Atomrumpf:

$$\mathrm{As} \rightarrow \mathrm{As}^{+} + \ominus.$$

Der Festkörper bleibt insgesamt neutral.

1.2.2. Kräfte zwischen Ladungen

Coulombsches Gesetz. Ladungen erzeugen Kraftfelder und üben dadurch, wie oben bereits erwähnt, aufeinander Kräfte aus. Das Coulombsche Gesetz für die elektrostatische Kraft $\boldsymbol{F}$, die die punktförmige Ladung Q_1 auf eine punktförmige Ladung Q_2 ausübt, die sich im

[1]) Georg Christoph Lichtenberg, deutscher Physiker und Schriftsteller, 1744–1799
[2]) Charles Augustin de Coulomb, französischer Physiker, 1736–1806

Abstand r befindet (Bild 1.1 a), lautet – wie sich experimentell nachweisen läßt – in Vektorform

$$\boldsymbol{F} = Q_2 \frac{Q_1}{4\pi\varepsilon r^2} \frac{\boldsymbol{r}}{r}, \quad \textit{Coulombsches Gesetz}. \tag{1.2}$$

Der Vektor $\boldsymbol{r}/r$ zeigt in Richtung des Ortsvektors $\boldsymbol{r}$ und besitzt den Betrag 1 (Einheitsvektor in $\boldsymbol{r}$-Richtung). In skalarer Form lautet die *Coulombsche Kraft*:

$$F = \frac{Q_1 Q_2}{4\pi\varepsilon r^2}. \tag{1.3}$$

Dabei ist F hier durch $\boldsymbol{F} = F\boldsymbol{r}/r$ definiert und kann im Gegensatz zum Betrag von $\boldsymbol{F}(|\boldsymbol{F}|)$ je nach Vorzeichen von $Q_1 Q_2$ positiv oder negativ bzw. Null sein.

Die *Permittivität* ε kann in der Form

$$\varepsilon = \varepsilon_r \varepsilon_0 \quad \text{mit} \quad \varepsilon_0 = (8{,}854\,187\,82 \pm 0{,}000\,0007) \cdot 10^{-12}\ \text{A} \cdot \text{s}/(\text{V} \cdot \text{m}) \tag{1.4}$$

dargestellt werden. ε_0, die *absolute Permittivität des Vakuums*, ist eine Naturkonstante, die man auch *elektrische Feldkonstante* nennt. ε_r, die *relative Permittivität*, charakterisiert das als homogen vorausgesetzte Medium.

ε_r ist demnach materialabhängig. Für Vakuum gilt $\varepsilon_r = 1$ und für alle anderen Medien $\varepsilon_r > 1$, z.B. $\varepsilon_r = 1{,}0006$ für Luft und $\varepsilon_r = 8{,}5$ für Aluminiumoxid. Weitere Zahlenwerte sind in Tafel 1.3 zu finden. ε wird auch als *absolute Dielektrizitätskonstante* bezeichnet, ε_0 als *absolute Dielektrizitätskonstante des Vakuums* und ε_r als *relative Dielektrizitätskonstante* oder *Dielektrizitätszahl.* Allgemein und vor allem für den Fall, daß ε feldabhängig ist, sollte die Bezeichnung Permittivität der Bezeichnung Dielektrizitätskonstante vorgezogen werden.

Folgendes ist aus Gl. (1.2) bzw. der Illustration dieser Beziehung im Bild 1.1 ersichtlich:

- Die Kraft wirkt entlang der Verbindungslinie zwischen den Punktladungen (Bild 1.1 a).
- Die Kraft, die die Ladung Q_1 auf Q_2 ausübt, ist betragsmäßig gleich der, die die Ladung Q_2 auf Q_1 ausübt (Bilder 1.1 b und 1.1 c).

  Ladungen gleicher Polarität ($Q_1 Q_2 > 0$) stoßen sich ab (Bild 1.1 b), und Ladungen entgegengesetzter Polarität ($Q_1 Q_2 < 0$) ziehen sich an (Bild 1.1 c).
- Eine Reduzierung des Abstandes führt zu einer Erhöhung und eine Vergrößerung des Abstandes führt zu einer Verminderung der Kraft.

Das Coulombsche Gesetz gilt für ruhende und bewegte zeitkonstante Ladungen (bei nichtrelativistischen Geschwindigkeiten, d.h. für $v \ll c$).

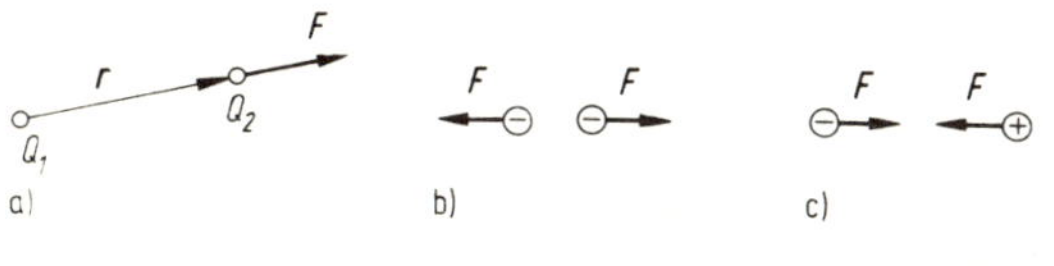

Bild 1.1
Coulombsche Kraftwirkung zwischen Punktladungen
a) $Q_1 Q_2 > 0$; b) $Q_1 Q_2 > 0$; c) $Q_1 Q_2 < 0$

Tafel 1.3. Relative Permittivität einiger Medien

Medium	ε_r	Medium	ε_r
Vakuum	1	Tantalpentoxid	26
Luft	1,0006	Kondensa F	80
Papier	1,8 … 2,6	Epsilan	4000 … 6000
Papier (imprägniert)	4 … 5	Silizium	12
Glimmer	5 … 10	Germanium	16
Porzellan	4,5 … 6,5	Galliumarsenid	11,1
Aluminiumoxid	8,5		

Vergleich von Coloumb- und Gravitationskraft. Die *Gravitationskraft* $\boldsymbol{F}_G$, die die Punktmasse m_1 auf eine Punktmasse m_2 ausübt, besitzt (bei unterschiedlichem physikalischen Inhalt) eine ähnliche mathematische Struktur wie die Coulombsche Kraft:

$$\boldsymbol{F}_G = -\gamma \frac{m_1 m_2}{4\pi r^2} \frac{\boldsymbol{r}}{r} \quad \text{mit} \quad \frac{\gamma}{4\pi} = (6{,}67259 \pm 0{,}00085) \cdot 10^{-11} \frac{\text{N} \cdot \text{m}^2}{\text{kg}^2}$$

Gravitationskonstante. (1.5)

Im Gegensatz zur Kraft zwischen Ladungen treten aber bei der Kraft zwischen den Massen nur anziehende Kräfte ($m_1, m_2 \geqq 0$!) auf. Vergleicht man den Betrag der Coulombkraft zwischen zwei Elektronen (im Vakuum) mit dem der Gravitationskraft, so erhält man mit der Elektronenmasse $m_e = 9{,}11 \cdot 10^{-31}$ kg

$$\left|\frac{F}{F_G}\right| = \frac{Q_1 Q_2}{4\pi\varepsilon_0 r^2} \frac{4\pi r^2}{\gamma m_1 m_2} = \frac{e^2}{\varepsilon_0 \gamma m_e^2} = 4{,}2 \cdot 10^{42}. \tag{1.6}$$

Die Coulombsche Kraft liegt also für den gewählten Fall weit über der Gravitationskraft. *Damit wird plausibel, daß die Gravitationskraft im Mikrokosmos vernachlässigbar ist, während die Coulombsche Kraft zwischen den Elementarteilchen eine entscheidende Rolle für die Wechselwirkungen in Kernen, Atomen, Festkörpern usw. spielt.*

1.2.3 Kraft und elektrische Feldstärke

Definition der elektrischen Feldstärke. Das Vektorfeld, das zur Kraftwirkung auf Ladungen führt, wird als elektrisches Feld bezeichnet. Sinnvollerweise lautet demnach die Definition der elektrischen Feldstärke

$$\boldsymbol{E} = \frac{\boldsymbol{F}}{Q} \qquad [E] = \frac{\text{N}}{\text{A} \cdot \text{s}} = \frac{\text{V}}{\text{m}}. \tag{1.7}$$

Bringt man an einen Punkt des Raumes eine ruhende punktförmige Probeladung Q, so kann aus dem Quotienten der Kraft $\boldsymbol{F}$ und der Ladung Q die von den anderen Ladungen (oder durch zeitlich veränderliche Magnetfelder (s. Abschn. 4.7)) erzeugte Feldstärke $\boldsymbol{E}$ ermittelt werden. Da die Kraft auf die Ladung Q zu dieser proportional ist, s. Gl. (1.2), führt die Division durch Q in Gl. (1.7) zu einer von Q unabhängigen Feldbeschreibung. Bild 1.2 veranschaulicht den Zusammenhang zwischen Kraft und Feldstärke. Positive Ladungsträger erfahren eine Kraft in Richtung der Feldstärke und negative Ladungsträger eine Kraft entgegen der Feldstärkerichtung.

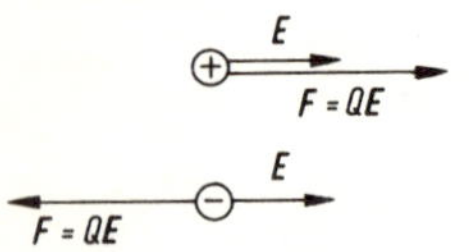

*Bild 1.2 Wirkung der Kraft **F** auf die Ladungen Q in einem elektrischen Feld **E***

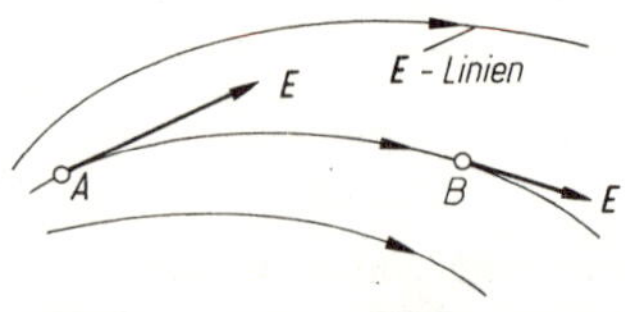

Bild 1.3 Feldlinien geben Aufschluß über Richtung und Stärke des elektrischen Feldes

Um elektrische Feldbilder zu veranschaulichen, kann man eine *Vektordarstellung* wählen, d. h. an einzelnen ausgewählten Punkten im Raum (s. z. B. an den Punkten A und B im Bild 1.3) oder auch an Gitterpunkten im ganzen Raum einen Vektor einzeichnen, dessen Richtung mit der Feldrichtung übereinstimmt und dessen Länge jeweils proportional zu $|\boldsymbol{E}|$ ist (oder wenigstens monoton von $|\boldsymbol{E}|$ abhängt). Eine weitere Möglichkeit bietet die *Feldlinien-*

darstellung. Eine Feldlinie kann dadurch konstruiert werden, daß man, von einem Punkt im Raum ausgehend, stets in Richtung der Feldstärke fortschreitet, d.h., die Tangente an eine Feldlinie gibt stets die Feldstärkerichtung an (s. Bild 1.3). Um nicht nur die Richtung, sondern auch die Stärke des Feldes veranschaulichen zu können, zeichnet man ausgewählte Feldlinien so, daß der Abstand zwischen zwei Feldlinien umgekehrt proportional zum Betrag der Feldstärke am Ort zwischen den Feldlinien ist.

Die Dichte der Feldlinien ist also um so höher zu wählen, je höher die Feldstärke ist.

Von einer Punktladung verursachte Feldstärke und der Überlagerungsssatz. Die von einer Ladung Q_1 verursachte elektrische Feldstärke erhält man, ausgehend von Gl. (1.7), dadurch, daß man Gl. (1.2) auf beiden Seiten durch die Probeladung Q_2 dividiert:

$$\boldsymbol{E} = \frac{Q_1}{4\pi\varepsilon r^2}\frac{\boldsymbol{r}}{r} \quad \text{bzw.} \quad E = \frac{Q_1}{4\pi\varepsilon r^2}. \tag{1.8}$$

Bild 1.4 zeigt die dazugehörigen Feldlinien. Zu erkennen ist, daß die Feldstärke mit wachsendem Abstand von der Ladung abnimmt. Außerdem wird aus Gl. (1.8) wie aus dem Bild 1.4 deutlich, daß *positive Ladungen als Quelle* und *negative Ladungen als Senke elektrischer Feldlinien* wirken. Die von einzelnen Punktladungen erzeugten elektrischen Felder lassen sich linear zu einer resultierenden Feldstärke überlagern:

$$\boldsymbol{E} = \sum_{j=1}^{n} \boldsymbol{E}_j \quad \textit{Überlagerungssatz.}$$

Da beliebige Ladungsverteilungen auf Punktladungen zurückgeführt werden können, lassen sich auch die von ihnen erzeugten elektrischen Felder aus den durch die Punktladungen erzeugten Feldern berechnen (s. auch Abschn. 4.2.3). Das veranschaulicht Bild 1.5a am Beispiel zweier Ladungen. Zwischen zwei parallelen Platten nach Bild 1.5b entsteht – von Randeinflüssen abgesehen – ein homogenes (ortskonstantes) elektrisches Feld. Probeladungen erfahren je nach Polarität eine Kraftwirkung in oder entgegen der Feldrichtung.

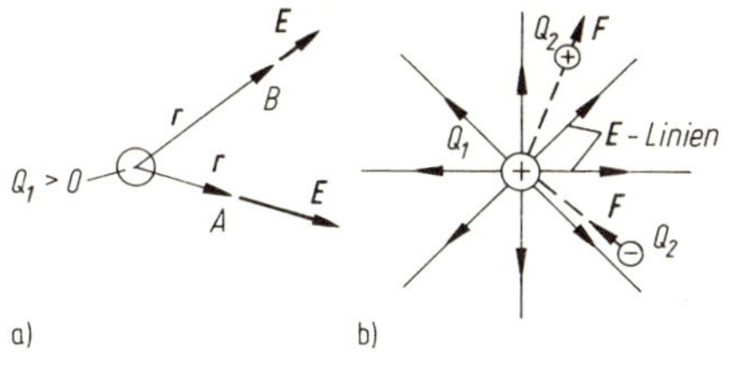

Bild 1.4
Ladung Q_1 verursacht Feldstärke $\boldsymbol{E}$
a) Feldstärke an zwei Orten A und B unterschiedlichen Abstandes;
b) Feldlinien von Q_1 und Kraftwirkung auf andere Ladungen Q_2

Bild 1.5
Überlagerung der Felder von Punktladungen
a) Vektoraddition der Feldstärken zweier Ladungen;
b) homogenes Feld (zwischen ebenen Platten kleinen Abstandes) sowie Kräfte auf zwei Punktladungen

Nah- und Fernwirkung. Häufig wird das Coulombsche Gesetz kurz so interpretiert, daß Ladungen Kräfte aufeinander ausüben, so daß der Eindruck einer *Fernwirkung* entstehen kann. Korrekt ist es, davon auszugehen, daß eine Ladung ein elektrisches Feld $\boldsymbol{E}$ erzeugt, das wiederum zu einer Kraftwirkung $\boldsymbol{F} = Q\boldsymbol{E}$ auf eine andere Ladung führen kann. Diese Interpretation auf Grundlage einer *Nahwirkung* beschreibt den physikalischen Sachverhalt, nach dem ein Feld auch im Vakuum mit einer Energiedichte verknüpft ist, und sie führt im Gegensatz zur Fernwirkungsbeschreibung auch dann zu richtigen Ergebnissen, wenn die endliche Ausbreitungsgeschwindigkeit der elektromagnetischen Wellen zu berücksichtigen ist. Die Eigenschaften elektrischer Felder sowie der Zusammenhang mit magnetischen Feldern werden in den Abschn. 3 und 4 näher beschrieben. Hier sei noch einmal festgestellt:

Elektrische Felder werden u. a. durch Ladungen erzeugt und verursachen eine Kraftwirkung auf Ladungen, die zu einer Ladungsbewegung führen kann.

Aufgabe 1.6 Elektrisches Feld, Kraft, Überlagerungssatz

In einem Raum befinden sich 3 nicht in einer Geraden liegende Punktladungen $Q_1 > 0$, $Q_2 < 0$ und $Q_3 < 0$. Geben Sie, ausgehend von einer Zeichnung, die von Q_1 bzw. Q_2 am Ort von Q_3 verursachten Feldstärken $\boldsymbol{E}_{13}$ und $\boldsymbol{E}_{23}$ und die daraus resultierende Feldstärke $\boldsymbol{E}$ sowie die Kraft auf Q_3 an!

1.3 Elektrischer Strom

1.3.1 Wirkungen des elektrischen Stromes

Magnetfeld als Kennzeichen des Stromes. Bewegen sich Ladungen, so spricht man von einem *elektrischen Konvektionsstrom*. Das Wort Konvektion, das im folgenden meist weggelassen wird, weist darauf hin, daß der auf Ladungstransport zurückzuführende Strom mit einer Massebewegung verbunden ist. Diese Massebewegung kann bei einem Ionenstrom von technischer Bedeutung sein. Der später zu behandelnde *elektrische Verschiebungsstrom* (auch dielektrischer Strom genannt) wird nicht durch Ladungen, sondern durch ein zeitlich veränderliches elektrisches Feld getragen. *Kennzeichen* des elektrischen Stromes i, d. h. *beider Stromarten*, ist, daß er von einem *magnetischen Feld* umwirbelt wird, das z. B. mit Magnetnadeln nachweisbar ist (Bild 1.6). Darüber hinaus bzw. auch im Zusammenhang damit kann elektrischer Stromfluß mit mechanischen, thermischen, chemischen und optischen Wirkungen verknüpft sein.

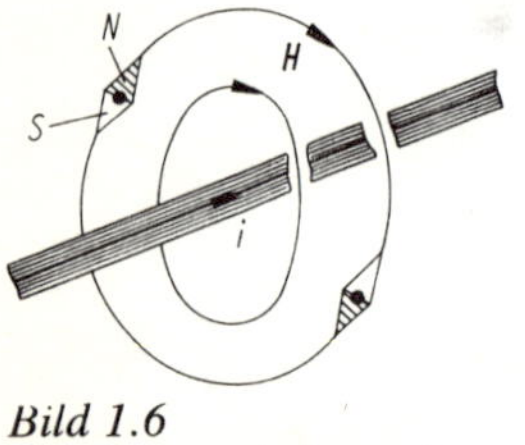

Bild 1.6
Der Strom wird von einem Magnetfeld umwirbelt
*(S Südpol, N Nordpol, **H** Feldlinie der magnetischen Feldstärke)*

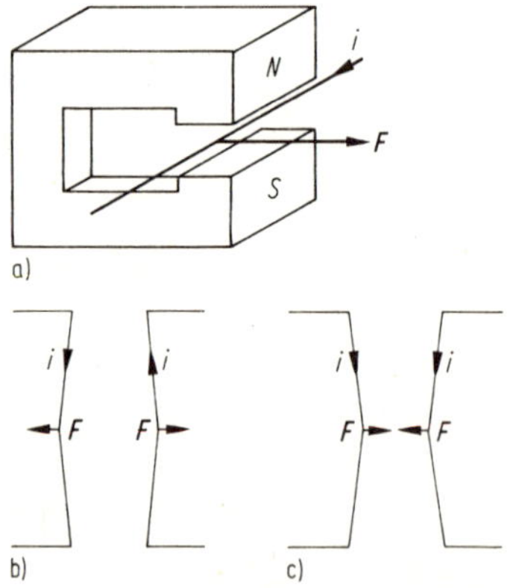

Bild 1.7 Kraftwirkung von Magnetfeldern auf Ströme
a) Wirkung eines Magneten; b) gegensinnige Ströme stoßen sich ab; c) gleichsinnige Ströme ziehen sich an

Mechanische Wirkungen. Ein magnetisches Feld bewirkt eine Kraft $\boldsymbol{F}$ auf die bewegten Ladungen eines Konvektionsstromes (Bild 1.7a). Beim Stromfluß durch Festkörper überträgt sich diese Kraft auf den Festkörper, z. B. einen Metalldraht. Auch ohne Permanentmagnet kann dieses Phänomen auftreten, da die Ströme über das von ihnen erzeugte Magnetfeld Kräfte aufeinander ausüben können. Gleichsinnig fließende Ströme ziehen sich an (Bild 1.7c). Gegensinnig fließende Ströme stoßen sich ab (Bild 1.7b). Auf dieser Kraftwirkung beruht die Definition der Einheit der elektrischen Stromstärke (A. 1.1). Kraftwirkungen von Magnetfeldern auf Ströme sind von großer technischer Bedeutung, u. a. für die Wirkungsweise von Elektromotoren ausschlaggebend.

Thermische Wirkungen. Sie entstehen infolge der Wechselwirkung bewegter Ladungen mit Materie in ihren vielfältigsten Formen und sind als elementare Stoßprozesse veranschaulichbar. Sie werden in der Elektrowärmetechnik (z. B. Elektroherde, Tauchsieder, dielektrische Erwärmung) genutzt oder sind auch unerwünscht (z. B. Verlustwärme in Transformatoren, Motoren, Fernsehempfängern).

Chemische Wirkungen. Sie treten vor allem durch Ionenleitung in Flüssigkeiten auf (z. B. elektrolytische Oberflächenveredlung von Metallen oder auch bei chemischen Vorgängen in Batterien).

Optische Wirkungen. Bei Stromfluß kann es in Festkörpern (z. B. Lichtemitterdioden aus GaAsP) oder Gasen (z. B. Leuchtstoffröhre, Blitz) zur Lichtemission kommen. Das geschieht vor allem dadurch, daß gebundene Elektronen auf ein höheres energetisches Niveau angehoben werden, die dann unter Emission eines Lichtquantes auf das Ausgangsniveau zurückspringen.

Meist sind mehrere der genannten Wirkungen miteinander verknüpft (z. B. bei der Glühlampe). Eine vertiefende Darstellung der Wirkungen elektrischer Ströme folgt in den Abschnitten 3 und 4.

1.3.2 Elektrische Stromstärke

Definition. Den Begriff der Stärke eines elektrischen Stromes kann man in Analogie zu anderen Gebieten einführen.

Beispiele: Die Stärke eines *Flüssigkeitsstromes* durch einen bestimmten Querschnitt in einer bestimmten Richtung eines Rohres oder Kanals wird mit der Durchflußmenge je Zeiteinheit, dem volumenbezogenen Durchsatz, beschrieben (z. B. 150 m^3 Wasser je s in einem Flußbett oder 0,5 l/s in einer Wasserleitung). Manchmal wählt man auch eine massebezogene Stromstärke. Ein *Fahrzeugstrom* wird meist durch die Fahrzeuganzahl je Zeiteinheit an der Meßstelle charakterisiert (z. B. 30 Fahrzeuge je Minute auf einer dichtbefahrenen Fahrbahn). Weitere Beispiele sind der *Luftstrom*, *der Wärmestrom* (in J/s) oder auch der *Menschenstrom*.

Wie auch die genannten Beispiele zeigen, kann ein Strom Kontinuums- oder Teilcheneigenschaften aufweisen.

In Analogie zu den o. g. Definitionen ergibt sich für die Stärke des elektrischen Konvektionsstromes, im folgenden kurz Stromstärke genannt,

$$i = I = \frac{\Delta Q}{\Delta t} \quad \text{(für Gleichstrom)}, \; [i] = \text{A (Ampere)}, \tag{1.9}$$

d. h. Ladungsmenge je Zeiteinheit. Außer dem zeitlich konstanten Strom sind natürlich – wie auf anderen Gebieten – auch sich zeitlich ändernde Ströme möglich. Bild 1.8 zeigt

- einen Gleichstrom (Bild 1.8a);
- einen Wechselstrom, also einen Strom mit wechselnder Richtung der Ladungsträgerbewegung und damit auch des Vorzeichens von i (Bild 1.8b);
- einen „welligen Gleichstrom" bzw. Mischstrom (Bild 1.8c);
- einen impulsförmigen Stromverlauf (Bild 1.8d).

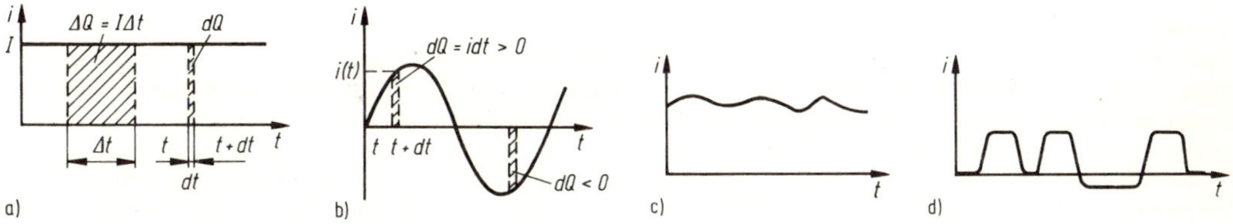

Bild 1.8 Verschiedene Zeitverläufe des Stromes

a) Gleichstrom; b) Wechselstrom (sinusförmig); c) Mischstrom; d) Stromimpulse

Eine allgemeingültige Definition erfordert offensichtlich den Grenzübergang zu $\Delta t \to 0$

$$i = \lim_{\Delta t \to 0} \frac{\Delta Q}{\Delta t}. \tag{1.10}$$

Demnach lautet die allgemeine *Definitionsgleichung der elektrischen Stromstärke*

$$i = \frac{\mathrm{d}Q}{\mathrm{d}t}. \tag{1.11}$$

i ergibt sich aus der differentiellen Ladungsmenge $\mathrm{d}Q$, die in einem differentiellen Zeitintervall $\mathrm{d}t$ (durch die betrachtete Fläche) in einer vorgegebenen positiven Zählrichtung fließt, geteilt durch $\mathrm{d}t$ (Bild 1.9). Bewegt sich $\mathrm{d}Q$ entgegen dem Zählpfeil durch die Fläche, so ist $i = (-\mathrm{d}Q)/\mathrm{d}t$ einzusetzen (Bild 1.10). Die Größe i ist ein Skalar. Der Zählpfeil für i ist kein Vektor im Raum, sondern gibt nur die positiv definierte Orientierung bezüglich einer Fläche an. Aus dem Zählpfeil kann natürlich nicht auf die Bewegungsrichtung der Ladungsträger im Raum geschlossen werden, die sehr unterschiedlich sein kann, sondern nur auf die Durchflußrichtung bezüglich der betrachteten Fläche.

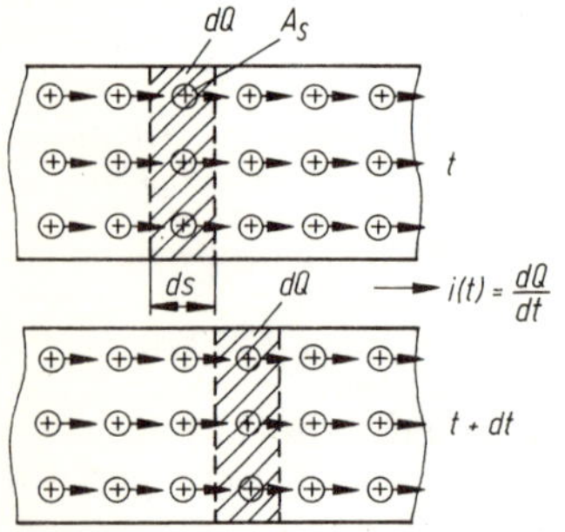

Bild 1.9 Definition der Konvektionsstromstärke (am Beispiel positiver Ladungsträger)

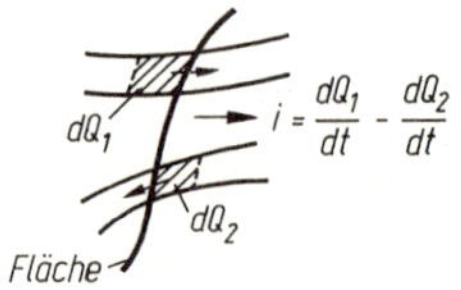

Bild 1.10 Veranschaulichung der positiven Zählrichtung für den Strom i durch eine Fläche bei mehreren Teilströmen

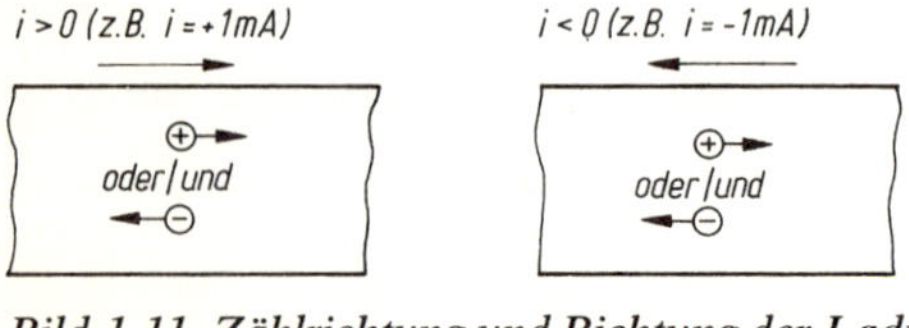

Bild 1.11 Zählrichtung und Richtung der Ladungsträgerbewegung beim Konvektionsstrom

Die Durchflußrichtung der Ladungsträger ist aus dem Zählpfeil und dem Vorzeichen des Zahlenwertes von i ersichtlich. Für $i > 0$ stimmen die Durchflußrichtung positiver Ladungen und die Richtung des Zählpfeils überein, während sich negative Ladungsträger entgegen der Zählpfeilorientierung bewegen. Im Bild 1.11a ist dieser Fall, den man auch physikalischen Richtungssinn oder technische Stromrichtung nennt, dargestellt. Für $i < 0$ trifft das Umgekehrte zu (Bild 1.11b).

Hinweis:* Neben dem durch eine Ladungsträgersorte getragenen *unipolaren* Stromfluß $i = i_+ = \mathrm{d}Q_+/\mathrm{d}t$ bzw. $i = i_- = \mathrm{d}Q_-/\mathrm{d}t$ *ist auch bipolarer* Stromfluß mit positiven und negativen Ladungsträgern möglich, d.h., $i = i_+ + i_-$. Dabei bewegen sich die positiven und negativen Ladungsträger entsprechend Bild 1.11 meist in entgegengesetzter Richtung (vor allem dann, wenn das elektrische Feld die Ladungsträgerbewegung verursacht). In diesem Fall stimmt das Vorzeichen von i_+ und i_- überein, d.h., $|i| = |i_+| + |i_-|$.

Bei dem viel selteneren Fall bipolaren Stromflusses mit gleicher Bewegungsrichtung der positiven und negativen Ladungsträger (z.B. beim MHD-Generator), der im Bild 1.11 nicht mitgezeichnet wurde, unterscheiden sich die Vorzeichen von i_+ und i_-. Demnach ist $|i| = |(|i_+| - |i_-|)|$, d.h., es kommt zu einer Teilkompensation der Teilströme, und auch $i = 0$ ist möglich.

Beispiel: In $\Delta t = 1\,\mu s$ bewegen sich $N = 10^{10}$ Elektronen ($-e = -1{,}602 \cdot 10^{-19}$ As) durch einen Metalldraht. Zu berechnen ist I, falls der Zählpfeil in bzw. entgegen der Bewegungsrichtung orientiert ist:

$$I = \Delta Q/\Delta t = N(-e)/\Delta t = -1{,}6 \text{ mA} \quad \text{bzw.} \quad I = -\Delta Q/\Delta t = -N(-e)/\Delta t = +1{,}6 \text{ mA}.$$

Die Ladungsmenge ΔQ, die ein Strom i im Zeitintervall $\Delta t = t - t_0$ durch eine Fläche transportiert, kann aus Gl. (1.10) nach einer Umstellung und anschließender Integration berechnet werden:

$$\mathrm{d}Q = i\,\mathrm{d}t \quad \int_{Q(t_0)}^{Q(t)} \mathrm{d}Q = \int_{t_0}^{t} i\,\mathrm{d}t \tag{1.12}$$

$$Q(t) - Q(t_0) = \Delta Q = \int_{t_0}^{t} i\,\mathrm{d}t.$$

Für einen Gleichstrom $i(t) = I$ folgt in Übereinstimmung mit Gl. (1.9):

$$\Delta Q = I \int_{t_0}^{t} \mathrm{d}t = I\,(t - t_0) = I\,\Delta t. \tag{1.13}$$

Beispiel: Ein Strom von 1 A transportiert in 10 s $\Delta Q = 1\,\text{A} \cdot 10\,\text{s} = 10\,\text{C}$.

Beispiel: $i(t) = I_0 + I_1 t/t_1$ bedeutet im Zeitraum $0 \leqq t \leqq 2t_1$ den Transport der Ladung $\Delta Q = 2t_1\,(I_0 + I_1)$. (Nachrechnen!)

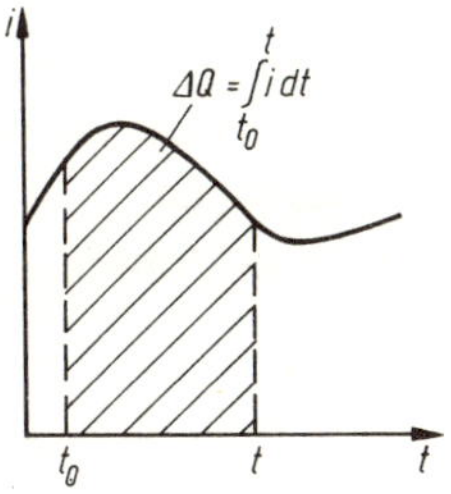

Bild 1.12 Ermittlung der transportierten Ladungsmenge aus dem Konvektionsstrom

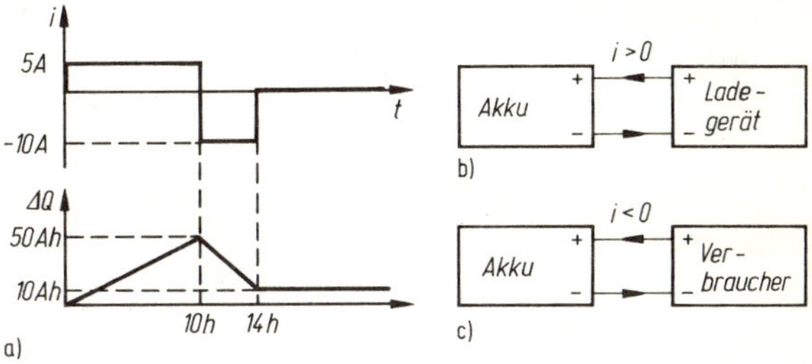

Bild 1.13 Zusammenhang zwischen Stromstärke und transportierter Ladungsmenge (a) am Beispiel der Aufladung (b) und Entladung (c) eines Akkumulators

Die Bilder 1.12 und 1.13 veranschaulichen den Zusammenhang zwischen Strom und der durch einen Querschnitt des Leiters transportierten Ladungsmenge anhand von Beispielen.

Hinweis:* Es kann zweckmäßig sein, bei Gl. (1.12) auch in der Schreibweise zwischen der Integrationsvariablen und der oberen Grenze zu unterscheiden, also z. B. folgendes zu schreiben:

$$Q(t) - Q(t_0) = \int_{t_0}^{t} i(t^*)\,\mathrm{d}t^* \quad \text{oder} \quad Q(t) - Q(t_0) = \int_{t_0}^{t} i(\tau)\,\mathrm{d}\tau.$$

Beispiel: Entladung eines Akkumulators

Problem: Ein Kraftfahrer hat beim Parken seines PKW vergessen, die Beleuchtung abzuschalten (Stromverbrauch 8 A). Der 12-V-Akkumulator (Nennkapazität 56 Ah) besaß infolge unzureichender Aufladung und tiefer Temperatur nur noch 50% seines Nennwertes. Welche Kapazität hatte er nach 3 h?

Lösung: $Q\,(3\,\text{h}) = 0{,}5 \cdot 56\,\text{Ah} - 8\,\text{A} \cdot 3\,\text{h} = 4\,\text{Ah}$.

Hinweis: Die Kapazität eines Akkumulators gibt (im Gegensatz zur Kapazität eines Kondensators) nicht etwa die in ihm gespeicherte Ladungsmenge an, sondern den durch Umwandlung chemischer in elektrische Energie zur Verfügung stehenden Entladestrom, integriert über die Zeit.

Aufgabe 1.7 Strom und transportierte Ladung

Ein Akkumulator wird 10 h mit 5 A aufgeladen und anschließend 4 h mit 10 A entladen. Weisen Sie rechnerisch nach, daß das im Bild 1.13 angegebene $\Delta Q\,(t)$ richtig ist, und kontrollieren Sie das Ergebnis durch Bildung von $i = \mathrm{d}Q/\mathrm{d}t$.

Hinweis: Fallunterscheidung für die 3 Zeitbereiche einführen!

1.3.3 Raumladungsdichte

Ladungsträgerdichten*. Um das physikalische Verständnis für den Ladungstransport zu vertiefen, ist es sinnvoll, Ladungsträgerdichten einzuführen. Die volumenbezogene Dichte n negativer Ladungsträger folgt aus der Zahl ΔN_n dieser Ladungsträger in dem betrachteten Volumenelement ΔV, dividiert durch ΔV:

$$n = \Delta N_n / \Delta V, \quad [n] = \text{cm}^{-3}.$$

Beispiel: Die Dichte quasifreier Elektronen in Kupfer ist $n = 8{,}6 \cdot 10^{22}\,\text{cm}^{-3}$.

Diese Gleichung gilt für ortskonstantes n in ΔV und kann bei ortsveränderlicher Ladungsträgerdichte als mittlere Dichte im Volumenelement aufgefaßt werden. Um n an jedem Punkt im Raum angeben zu können, wird der Grenzübergang zu einem differentiell kleinen Volumenelement $\mathrm{d}V$ vorgenommen:

$$n = \lim_{\Delta V \to 0} \frac{\Delta N_n}{\Delta V} \quad \text{bzw.} \quad n = \frac{\mathrm{d}N_n}{\mathrm{d}V}. \tag{1.14}$$

Analog folgt für die Dichte p positiver Ladungsträger

$$p = \lim_{\Delta V \to 0} \frac{\Delta N_p}{\Delta V} \quad \text{bzw.} \quad p = \frac{\mathrm{d}N_p}{\mathrm{d}V}. \tag{1.15}$$

Hinweis: Bei den Gln. (1.14) und (1.15) wird vorausgesetzt, daß bei der mathematischen Modellierung des Problems der Übergang vom Teilchenmodell, das einen Übergang zu einem differentiellen Volumenelement an sich verbietet, zum Kontinuumsmodell möglich ist.

Raumladungsdichte. Die Definition der *Raumladungsdichte* ϱ, d.h. der Ladung je Volumenelement, lautet

$$\varrho = \lim_{\Delta V \to 0} \frac{\Delta Q}{\Delta V} = \frac{\mathrm{d}Q}{\mathrm{d}V}, \qquad [\varrho] = \frac{\text{C}}{\text{cm}^3}. \tag{1.16}$$

Die Ladung Q in einem Volumen folgt wegen $\mathrm{d}Q(t) = \varrho(\boldsymbol{r}, t)\,\mathrm{d}V$ aus dem Volumenintegral

$$Q = \int \varrho \,\mathrm{d}V \quad \text{bzw.} \quad Q = \varrho V \quad (\text{für } \varrho(\boldsymbol{r}, t) = \varrho(t)). \tag{1.17}$$

Eine analoge Relation besteht bekanntlich zwischen Masse und Massendichte.

Für eine ortsunabhängige Raumladungsdichte $\varrho(t)$ gilt also: Ladung gleich Raumladungsdichte mal Volumen.

Nimmt man für die negativen Ladungsträger jeweils die Ladung Q_n je Ladungsträger an, so ergibt sich mit den Gln. (1.14) und (1.15) $\mathrm{d}Q = (Q_p p + Q_n n)\,\mathrm{d}V$ bzw.

$$\varrho = (Q_p p + Q_n n). \tag{1.18}$$

Verallgemeinert man die Darstellung auf M Ladungsträgersorten jeweils mit der Ladung Q_m je Ladungsträger und der Ladungsträgerdichte n_m, so gilt für die Raumladungsdichte

$$\varrho = \sum_{m=1}^{M} \varrho_m \quad \text{mit} \quad \varrho_m = Q_m n_m. \tag{1.19}$$

Beispiel: Die Raumladungsdichte in einem Plasma, bestehend aus einfach positiv aufgeladenen Ionen, Elektronen und neutralen Atomen ist $\varrho = e(p - n)$ mit $e = 1{,}602 \cdot 10^{-19}$ As.

Beispiel:* Bei der Ladungsberechnung mit kartesischen Koordinaten ist $\mathrm{d}V = \mathrm{d}x\,\mathrm{d}y\,\mathrm{d}z$, und es entsteht das Volumenintegral

$$Q(t) = \oiiint \varrho(x, y, z, t)\,\mathrm{d}x\,\mathrm{d}y\,\mathrm{d}z. \tag{1.20}$$

Erwähnt sei, daß man außer der Raumladungsdichte auch Flächenladungs- und Linienladungsdichten definieren kann (Abschn. 3.6).

1.3.4 Elektrische Stromdichte

1.3.4.1 Homogenes Stromdichtefeld

Stromdichte und -stärke. Im Bild 1.9 ist ein homogenes Geschwindigkeitsfeld positiver Ladungsträger (zu jedem Zeitpunkt gleiches $\boldsymbol{v}$ an jedem Punkt im betrachteten Raum) dargestellt. Überlegt man für diesen Fall, wie man die Dichte S eines Stromes definieren kann, so liegt es nahe, den Strom i auf die senkrecht durchsetzte Fläche A_s zu beziehen:

$$S = \frac{i}{A_s}, \quad [S] = \frac{\mathrm{A}}{\mathrm{m}^2} \quad \text{oder} \quad [S] = \frac{\mathrm{A}}{\mathrm{cm}^2} \quad \text{usw.} \tag{1.21}$$

Beispiel: eine Kupferleitung von 1 mm² Querschnitt wird vom Strom $I = 15$ A durchflossen. Die Stromdichte ist 1,5 kA/cm² oder auch 15 A/mm².

Nun wird untersucht, wie die Stromdichte mit der Geschwindigkeit der Ladungsträger zusammenhängt. Wegen $i = \mathrm{d}Q/\mathrm{d}t = SA_S$ ist S offensichtlich um so größer, je mehr Ladungsträger je Zeiteinheit die betrachtete Fläche passieren, d.h., je größer deren Geschwindigkeit $v_p = \mathrm{d}s/\mathrm{d}t$ und Dichte p sind. Im Zeitintervall dt treten alle Ladungsträger durch die Fläche A_s (Bild 1.9), die sich im Abstand $\mathrm{d}s = v\,\mathrm{d}t$ befinden. Dem entspricht die Ladungsmenge $\mathrm{d}Q = ep\,\mathrm{d}V = epA_s\,\mathrm{d}s = epv_pA_s\,\mathrm{d}t$. Wegen $\mathrm{d}Q = i\,\mathrm{d}t = SA_s\,\mathrm{d}t$ folgt

$$i = SA_s \quad \text{mit} \quad S = epv_p.$$

Mit der Raumladungsdichte $\varrho = ep$ der bewegten Ladungsträger kann auch $S = \varrho v$ geschrieben werden. Da die Geschwindigkeit an sich eine Vektorgröße ist und ϱ ein Skalar, ist es folgerichtig, auch die Stromdichte als Vektorfeld darzustellen und damit auch eine Aussage zur Richtung der Ladungsträgerbewegung zu treffen:

$$\boldsymbol{S} = \varrho \boldsymbol{v}. \tag{1.22}$$

Stromdichte = Raumladungsdichte der quasifreien Ladungsträger · Geschwindigkeit der Ladungsträger. Analog dazu gilt für einen *Massenstrom* $i_m = \mathrm{d}m/\mathrm{d}t$: Stromdichte = Massendichte · Geschwindigkeit und demnach für einen *Volumenstrom* $i_v = \mathrm{d}V/\mathrm{d}t = (\mathrm{d}m/\mathrm{d}t)/\varrho$: Stromdichte = Geschwindigkeit.

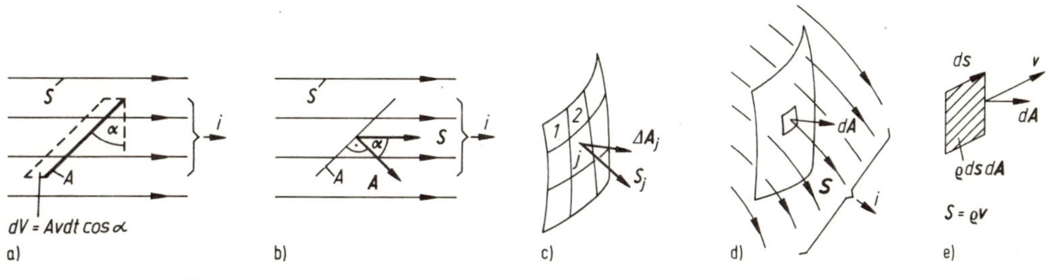

Bild 1.14 Stromdichte und Stromstärke

a) homogenes $\boldsymbol{S}$-Feld und ebene Fläche; b) $i = \boldsymbol{SA}$ bei homogenem $\boldsymbol{S}$-Feld und ebener Fläche; c) zur i-Berechnung durch Zerlegung einer Fläche in Teilflächen und Summation; d) zur i-Berechnung durch Integration; e) zur $\boldsymbol{S}$-Berechnung

Im Bild 1.14a sind die Feldlinien des homogenen Stromdichtefeldes dargestellt. Führt man bei vorgegebenem $\boldsymbol{S} = \varrho\boldsymbol{v}$ die i-Berechnung für den Fall durch, daß die betrachtete Fläche nicht mehr senkrecht von $\boldsymbol{S}$ durchsetzt wird, so folgt wegen $\mathrm{d}Q = \varrho\,\mathrm{d}V = A\cos\alpha\,\mathrm{d}s = Av\cos\alpha\,\mathrm{d}t$ und $\mathrm{d}Q = i\,\mathrm{d}t$:

$$i = SA\cos\alpha \quad \text{mit} \quad S = \varrho v. \tag{1.23}$$

Für $\alpha = 0$ nimmt i den Maximalwert $i = SA$ an. Für $\alpha = \pi/2$ gilt $i = 0$, d.h., die Fläche wird nicht von $\boldsymbol{S}$-Linien durchsetzt.

Flächenvektor. Um die Orientierung einer ebenen Fläche im Raum zu beschreiben, kann der Flächenvektor $\boldsymbol{A}$ eingeführt werden, der senkrecht auf ihr steht (zwei Richtungen möglich) und dessen Betrag gleich dem Flächeninhalt ist: $|\boldsymbol{A}| = A$ (Bild 1.14b).

Stromstärke als Skalarprodukt. Definiert man nun – wie allgemein üblich – als Skalarprodukt (Punktprodukt) zweier Vektoren

$$\boldsymbol{S} \cdot \boldsymbol{A} = |\boldsymbol{S}|\,|\boldsymbol{A}| \cos \alpha \quad \text{mit} \quad \cos \alpha = \cos (\boldsymbol{S}, \boldsymbol{A}), \tag{1.24}$$

so kann Gl. (1.23) auch in der Form

$$i = \boldsymbol{S} \cdot \boldsymbol{A} \tag{1.25}$$

geschrieben werden. Der Punkt wird häufig auch weggelassen. Erwähnt sei, daß das obige Vektorprodukt Skalarprodukt heißt, weil das Ergebnis eine skalare (ungerichtete) Größe ist. Anstelle von $\cos \alpha = \cos (\boldsymbol{S}, \boldsymbol{A})$ wird übrigens oft auch $\cos (\boldsymbol{S}, \boldsymbol{A})$ geschrieben. Unter α wird meist der Winkel zwischen den Vektoren verstanden, der $\leqq 180°$ ist. Wegen $\cos \alpha = \cos (360° - \alpha)$ liefert aber auch der Ergänzungswinkel zu 360° das gleiche Ergebnis. Die positive Zählrichtung von i und $\boldsymbol{A}$ ist bezüglich der Fläche gleich zu orientieren. Bilden $\boldsymbol{S}$ und $\boldsymbol{A}$ einen Winkel $90° < \alpha < 180°$, so ist $i < 0$.

1.3.4.2* Inhomogenes Stromdichtefeld

Im folgenden werden die bisherigen Überlegungen verallgemeinert, indem sowohl ein inhomogenes Stromdichtefeld $\boldsymbol{S}(\boldsymbol{r}, t)$ als auch beliebig gekrümmte Flächen (auch Hüllflächen) zugelassen werden. Um die Stromstärke $i(t)$ durch die gewählte Fläche bei vorgegebenem $\boldsymbol{S}(\boldsymbol{r}, t)$ zu ermitteln, ist es zweckmäßig, die Fläche in Teilflächen mit den Teilflächenvektoren $\Delta \boldsymbol{A}_L$ zu zerlegen (Bild 1.14c). Diese Teilflächen seien so klein, daß sie etwa als eben und daß $\boldsymbol{S}$ auf ihnen jeweils etwa als homogen angenommen werden können. Für den Teilstrom Δi_j durch die Fläche $\Delta \boldsymbol{A}_j$ gilt nach Gl. (1.25) $\Delta i_j = \boldsymbol{S}_j \Delta \boldsymbol{A}_j$ und für die Stromdichte durch die gesamte Fläche

$$i = \sum_{j=1}^{J} \Delta i_j = \sum_{j=1}^{J} \boldsymbol{S}_i\, \Delta \boldsymbol{A}_j. \tag{1.26}$$

Diese Gleichung ist vor allem für eine meßtechnische Auswertung oder auch eine numerische Auswertung (mit dem Computer) geeignet. Bei endlicher Zahl von Flächenelementen ist Gl. (1.26) – von Spezialfällen abgesehen – nur eine Näherung. Der Fehler durch die Diskretisierung (Diskretisierungsfehler) sinkt mit wachsender Zahl und damit sinkender Fläche der Flächenelemente. Beim Grenzüberganz zu differentiell kleinen Flächenelementen (Bild 1.14d), also mit

$$\mathrm{d}i = \lim_{\Delta A \to 0} (\boldsymbol{S}\, \Delta \boldsymbol{A}) = \boldsymbol{S}\, \mathrm{d}\boldsymbol{A},$$

geht die Summation in eine Integration über:

$$i = \int \boldsymbol{S}\, \mathrm{d}\boldsymbol{A} \quad \text{bzw.} \quad i = \int S \cos (\boldsymbol{S}, \mathrm{d}\boldsymbol{A})\, \mathrm{d}A. \tag{1.27}$$

Die Stromstärke i ergibt sich also durch Integration der Stromdichte $\boldsymbol{S}$ *über die betrachtete Fläche.*

Fluß und Flußdichte. Eine Beziehung des Typs der Gl. (1.27) ist nicht nur für den Zusammenhang zwischen Strom und Stromdichte wichtig, sondern allgemein für beliebige Vektorfelder als Definition des Flusses:

Fluß eines Vektorfeldes = ∫ *Flußdichtevektor* · d$\boldsymbol{A}$.

Der Fluß beschreibt die Eigenschaft eines Vektorfeldes (z. B. eines Geschwindigkeitsfeldes, eines elektrischen oder magnetischen Feldes) bezüglich einer bestimmten Fläche durch eine skalare Größe. Wie man aus dem Bild 1.14d erkennt, ist der Fluß proportional zu der Zahl der Flußdichtelinien, die die Fläche durchsetzen. Die Begriffe Fluß bzw. -dichte werden – wie auch beim elektrischen Strom – häufig durch spezifische Ausdrücke ersetzt.

Auswertung der Gl. (1.27). Aus $\boldsymbol{S}(\boldsymbol{r}, t)$ kann auch $i(t)$ geschlossen werden, aber aus i natürlich nur in Spezialfällen auf $\boldsymbol{S}$, wobei Informationen zum Feld vorliegen müssen (s. auch Abschn. 3.7.1).

Beispiel: Für ein homogenes Feld entsteht $i = \boldsymbol{S}\boldsymbol{A} = SA\cos(\boldsymbol{S}, \boldsymbol{A})$ (wie nach Gl. (1.23) zu erwarten) und damit $S = i/(A\cos\alpha)$. An dieser Stelle sei vermerkt, daß eine Division durch einen Vektor, also durch $\boldsymbol{A}$ nicht zulässig ist.

Beispiel: Kann bei einem inhomogenen Feld die Integrationsfläche so gewählt werden, daß stets $\cos(\boldsymbol{S}, \mathrm{d}\boldsymbol{A}) = 1$ ist, so gilt $i = \int S\,\mathrm{d}A$. Eine weitere Vereinfachung entsteht auch bei inhomogenem Feld für den Fall, daß $\boldsymbol{S}$ auf der betrachteten Fläche als konstant angenommen werden kann und diese senkrecht durchsetzt: $i = SA$ (s. auch Abschn. 4.3).

Berechnung der Stromdichte. Aus der Definition des Konvektionsstromes sowie dem Zusammenhang zwischen Stromdichte $\boldsymbol{S}$ und -stärke i, also aus

$$i = \mathrm{d}Q/\mathrm{d}t \quad \text{sowie} \quad i = \int \boldsymbol{S}\,\mathrm{d}\boldsymbol{A}$$

läßt sich für die Konvektionsstromdichte allgemein

$$\boldsymbol{S} = \int \boldsymbol{v}\,\mathrm{d}\varrho \tag{1.28}$$

ableiten. Speziell unter der Voraussetzung, daß wie bisher angenommen – nur eine Ladungsträgersorte der Raumladungsdichte ϱ vorliegt, bei der alle Ladungsträger an einem Ort die gleiche Geschwindigkeit $\boldsymbol{v}$ besitzen, gilt demnach

$$\boldsymbol{S} = \varrho\boldsymbol{v}. \tag{1.29}$$

Bei M Ladungsträgersorten mit jeweils gleicher Ladungsträgergeschwindigkeit folgt aus Gl. (1.28)

$$\boldsymbol{S} = \sum_{m=1}^{M} \boldsymbol{S}_{\mathrm{m}} \quad \text{mit} \quad \boldsymbol{S}_{\mathrm{m}} = \varrho_{\mathrm{m}}\boldsymbol{v}_{\mathrm{m}}. \tag{1.30}$$

Vielfach sind die Geschwindigkeiten innerhalb der Ladungsträgersorten ebenfalls unterschiedlich. Die Gl. (1.30) kann dann weiterhin verwendet werden, wenn $\boldsymbol{v}_{\mathrm{m}}$ als mittlere Geschwindigkeit $\boldsymbol{v}_{\mathrm{m}} = (\int \boldsymbol{v}\,\mathrm{d}\varrho_{\mathrm{m}})/\varrho_{\mathrm{m}}$ aufgefaßt wird.

Beispiel: Stromdichte in einem Halbleiter

Problem: In einem Halbleiter bewegen sich einfach positiv geladene Ladungsträger (sog. Löcher) der Dichte p mit der Geschwindigkeit v_{p} in x-Richtung und Elektronen der Dichte n mit der Geschwindigkeit v_{n} entgegen der x-Richtung. Wie groß ist S_{x}?

Lösung: $S_{\mathrm{x}} = \boldsymbol{e}_{\mathrm{x}}\boldsymbol{S} = S = \boldsymbol{e}_{\mathrm{x}}(epv_{\mathrm{p}}\boldsymbol{e}_{\mathrm{x}} + (-e)\,n\,(-\boldsymbol{e}_{\mathrm{x}}v_{\mathrm{n}}))$ ($\boldsymbol{e}_{\mathrm{x}}$ Einheitsvektor in x-Richtung)

$$S = epv_{\mathrm{p}} + env_{\mathrm{n}}. \tag{1.31}$$

Zahlenbeispiel: $p = 10^{-17}\,\mathrm{cm}^3$, $\quad v_{\mathrm{p}} = 10^6\,\mathrm{cm/s}$, $\quad n \approx 0$,

$S = 1{,}6 \cdot 10^4\,\mathrm{A/cm^2}$.

Zur Ableitung von Gl. (1.28)*. Die Überlegungen im Abschnitt 1.3.4.1 werden für ein inhomogenes Feld verallgemeinert (Bild 1.14e): Die durch $\mathrm{d}A$ transportierte Ladung ist wegen $i = \mathrm{d}Q/\mathrm{d}t$ bzw. $\mathrm{d}Q = i\,\mathrm{d}t$: $\mathrm{d}^2Q = \mathrm{d}i\,\mathrm{d}t = \boldsymbol{S}\,\mathrm{d}\boldsymbol{A}\,\mathrm{d}t$ (d^2Q bedeutet klein in zweiter Ordnung). Andererseits kann die Ladung wegen Ladung = Ladungsdichte · Volumen aus $\mathrm{d}^2Q = \varrho\,\mathrm{d}\boldsymbol{A}\,\mathrm{d}\boldsymbol{s}$ sowie mit $\boldsymbol{v} = \mathrm{d}\boldsymbol{s}/\mathrm{d}t$ aus $\mathrm{d}^2Q = \varrho\,\boldsymbol{v}\,\mathrm{d}\boldsymbol{A}\,\mathrm{d}t$ berechnet werden. Demnach ist $\boldsymbol{S} = \varrho\boldsymbol{v}$. Bei unterschiedlichen $\boldsymbol{v}$ ist der Beweis entsprechend zu verallgemeinern ($\mathrm{d}^3Q = \mathrm{d}\boldsymbol{S}\,\mathrm{d}\boldsymbol{A}\,\mathrm{d}t$, $\boldsymbol{S} = \int \mathrm{d}\boldsymbol{S}$ usw.).

Aufgabe 1.8 Strom und Stromdichte

Für eine zweiadrige Al-Leitung mit je $2{,}5\,\mathrm{mm^2}$ Querschnitt wird eine zulässige Stromdichte von $10\,\mathrm{A/mm^2}$ angegeben. Darf ein 30-A-Verbraucher damit angeschlossen werden?

Aufgabe 1.9 Strom und Trägerdichte in einem Halbleiter

In einem Halbleiterplättchen aus GaAs werden eine Elektronengeschwindigkeit $v_n = 1 \cdot 10^7$ cm/s und auf einer Fläche von 10^4 µm² ein Strom von 0,16 A gemessen. Wie groß ist die Elektronendichte n (für $p \approx 0$) bei homogenem Stromfluß?

Aufgabe 1.10 Flüssigkeitsstrom

Ein Behälter wird in 20 s mit 4 l einer Flüssigkeit gefüllt. Geben Sie die mittlere Durchflußgeschwindigkeit v im Zuflußrohr (Querschnitt 2 cm²) und die Stromstärke i_F an!

1.3.5 Ladungsträger in Leitern, Halbleitern und Nichtleitern

Als *Leiter* bezeichnet man Medien, die sich auch ohne angelegtes elektrisches Feld durch eine große Anzahl von (nahezu) frei beweglichen Ladungsträgern auszeichnen. Zu ihnen gehören *Elektronenleiter* (insbesondere die Metalle und Kohlenstoff) sowie *Ionenleiter* (Salzlösungen, Säuren, Basen). So trägt z. B. in metallischem Kupfer jedes Atom mit dem äußersten Elektron seiner Elektronenhülle zu einem „Elektronensee" quasifrei beweglicher Ladungsträger bei, woraus $n = 8{,}6 \cdot 10^{22}/\text{cm}^3$ folgt. Aus Bild 1.15a sind diese Elektronen und die ortskonstanten positiven Atomrümpfe ersichtlich. Bei Ionenleitern wird der Strom durch positive und negative Ionen getragen (Bild 1.15e).

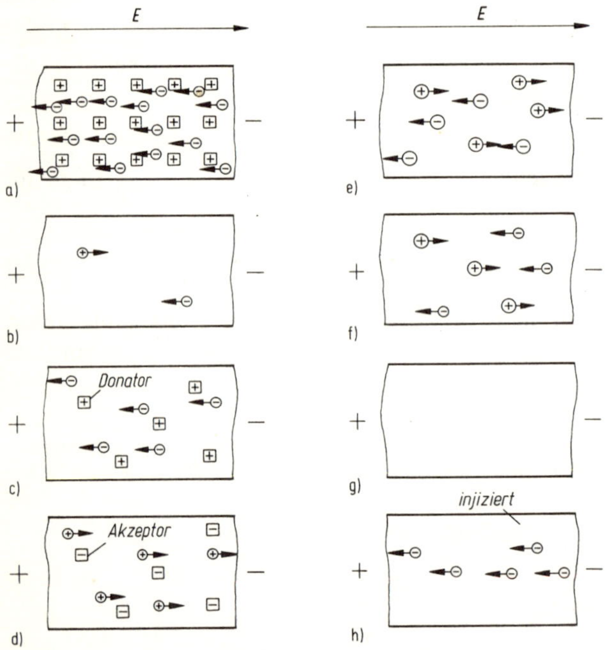

Bild 1.15 Bewegung quasifreier Ladungsträger in verschiedenen Materialien unter Einfluß eines elektrischen Feldes (vereinfacht)

a) Elektronenleiter (z. B. Metalle); b) eigenleitender Halbleiter (z. B. i-Si); c) N-Halbleiter (z. B. N-Si); d) P-Halbleiter (z. B. P-Si); e) Ionenleiter (Elektrolyt); f) Plasma; g) idealer Nichtleiter; h) injizierte Elektronen im Vakuum

In *Halbleitern* (z. B. kristallines Silizium, Germanium, Galliumarsenid) treten Elektronen und Defektelektronen (Löcher) mit wesentlich geringerer Dichte als in Metallen auf (Bilder 1.15b bis 1.15d). Defektelektronen sind von Elektronen nicht besetzte Plätze im sog. Valenzband des Gitters, die als bewegliche positive Ladungsträger aufgefaßt werden können. Bei *eigenleitenden Halbleitern* ist

$$p = n = n_i \quad \text{(Eigenleitungsdichte } n_i = 1{,}5 \cdot 10^{10}/\text{cm}^3 \text{ bei Si für 300 K)}. \qquad (1.32)$$

N-Halbleiter entstehen nach Einbringen von ortsfesten Störstellen, die Elektronen abgeben (Donatoren, z. B. As bei Si). Für sie gilt

$$n \gg n_i \gg p \quad (\text{z.B. } n = 10^{12}/\text{cm}^3 \ldots 10^{20}/\text{cm}^3 \text{ bei N-Si}). \tag{1.33}$$

P-Halbleiter können durch Einbau von Störstellen, die Löcher abgeben, d. h. Valenzbandelektronen aufnehmen (Akzeptoren, z. B. B bei Si), erzeugt werden. Für sie ist

$$p \gg n_i \gg n \ (\text{z.B. } p = 10^{12}/\text{cm}^3 \ldots 10^{20}/\text{cm}^3 \text{ bei P-Si}). \tag{1.34}$$

Gase enthalten im Normalfall ebenfalls keine Ladungsträger. Infolge äußerer Einwirkung (z. B. Ionisierungsvorgänge durch elektrische Felder, hohe Temperaturen oder kosmische Strahlung) ist es allerdings möglich, daß bewegliche Ladungsträger in großer Anzahl in Form von positiven Ionen und Elektronen (Bild 1.15f) sowie teilweise auch negativen Ionen entstehen (Plasma, z. B. in der Leuchtstoffröhre).

Bei *Nichtleitern* (Bild 1.15g) kann die Zahl der frei beweglichen Ladungsträger als vernachlässigbar bzw. Null (idealer Nichtleiter) angesehen werden. Beispiele sind Bernstein, Quarz, Glas, Keramik. Ladungsträger stehen hierbei nur in Ausnahmefällen zur Verfügung (z. B. durch hohe elektrische Felder beim elektrischen Durchschlag). Ideales Vakuum ist ein idealer Nichtleiter ohne verfügbare Ladungsträger. Allerdings kann im Vakuum auch ein Ladungsträgertransport erfolgen, falls die Ladungsträger injiziert werden (Bild 1.15h). Als Beispiel seien die Injektion von Elektronen durch Glühemission der Katode (bei der Bildröhre eines Fernsehempfängers) oder von Ionen aus einer Ionenquelle (bei einer Ionenkanone für die Implantation von Störstellen im Halbleiter) genannt.

Für den Stromfluß sind die Dichte der quasibeweglichen Ladungsträger sowie deren Geschwindigkeit maßgebend (Gl. (1.30)). Als Ursache der Ladungsträgerbewegung spielt das *elektrische Feld* meist eine wesentliche Rolle. Aus einem Vergleich der Bilder 1.5b und 1.15 wird noch einmal der Zusammenhang zwischen Feldstärke, Kraft und mittlerer Bewegungsrichtung deutlich, falls nur die Feldstärke wirkt. In Halbleitern, im Plasma sowie in speziellen Formen der Ionenleitung ist allerdings außerdem auch die sog. *Diffusion* von Bedeutung. Sie wird durch Dichteunterschiede hervorgehoben und wirkt infolge der Wärmebewegung immer in Richtung der Reduzierung von Dichteunterschieden. Das entspricht der Ausbreitung eines an einer Stelle versprühten gasförmigen Duftstoffes im Raum und gilt analog zum Temperaturausgleich in Wärmeleitern. Bei der Bewegung der Ladungsträger durch den Festkörper, die Flüssigkeit oder das Gas kommt es zu Wechselwirkungen im Medium, die als bewegungshemmende Stoßprozesse interpretiert werden können (Abschn. 4.6.3.3).

1.3.6 Ladungserhaltung und erster Kirchhoffscher Satz (Knotensatz)

Ladungserhaltungssatz. *Die Erhaltung der Ladung in einem abgeschlossenen Volumen* (Bild 1.16a), d. h. ohne Zu- und Abfluß von Ladungen durch die Oberfläche *S*, *ist ein Naturgesetz.* Es gilt also

$$Q = \text{konst.} \quad \text{bzw.} \quad \frac{dQ}{dt} = 0. \tag{1.35}$$

Anders ausgedrückt: Die Ladung Q in einem Volumen kann sich nicht durch Erzeugung oder Vernichtung, sondern nur durch Zu- bzw. Abfluß von Ladungen ändern (Bild 1.16b):

$$\frac{dQ}{dt} = \frac{dQ_z}{dt} - \frac{dQ_a}{dt} = i_z - i_a. \tag{1.36}$$

Ladungsänderung je Zeiteinheit = zufließender Konvektionsstrom − abfließender Konvektionsstrom.

Diese Bilanzgleichung (Kontinuitätsgleichung) findet man in analoger Weise auch auf vielen anderen Gebieten vor, in denen analog zu Q ein Erhaltungssatz für eine Größe in einem abgeschlossenen Volumen formuliert werden kann, z. B. für die Energie (s. Abschn. 1.18) und die Masse (bei vernachlässigbaren Masse-Energie-Umwandlungen) sowie den Impuls und Drehimpuls.

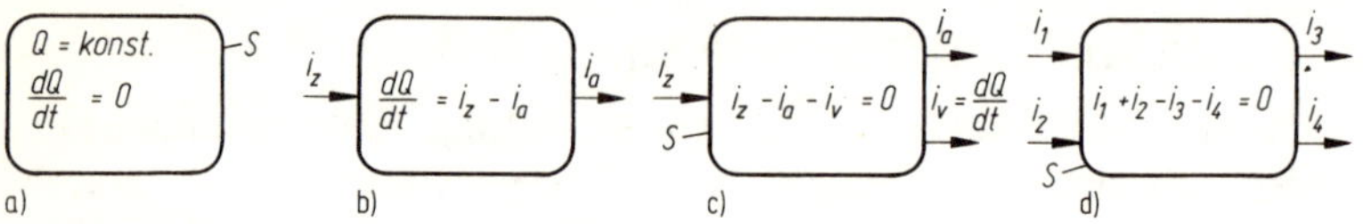

Bild 1.16 Bilanzgleichung für die Ladung in einem Volumen

a) Ladungserhaltung im abgeschlossenen Volumen; b) Ladungsänderung durch die Differenz von Zu- und Abfluß; c) formale Einführung des Verschiebungsstromes i_v; d) Bilanzgleichung in Form des ersten Kirchhoffschen Satzes (Beispiel)

Hinweis:* Es sei erwähnt, daß das Gesetz von der Erhaltung der Ladung in einem abgeschlossenen Volumen für die positive und die negative Gesamtladung getrennt gilt, also $Q = Q_p + Q_n =$ konst., da $dQ_p/dt = 0$ und $dQ_n/dt = 0$ ist. Die Ursache dafür liegt darin, daß bei den stabilen Elementarteilchen (Elektronen, Protonen, Neutronen) keine Umwandlungen ineinander auftreten, so daß jeweils ihre Zahl und damit auch die durch sie repräsentierte Gesamtladung konstant bleibt, solange keine Ladungsträger durch die Hüllfläche treten.

Erhaltungssätze sind eine spezielle Form von *Bilanzgleichungen*, bei denen keine Nettogenerationsrate auftritt. Unter *Nettogenerationsrate* versteht man die Differenz einer Erzeugungsrate (bzw. Generationsrate) und einer Vernichtungsrate. Allgemein lautet also eine Bilanzgleichung für die Änderung einer (differenzierbaren) Größe N in einem Volumen:

$$\frac{dN}{dt} = \left(\frac{dN}{dt}\right)_{\text{Zufluß}} - \left(\frac{dN}{dt}\right)_{\text{Abfluß}} + G \quad (G\text{: Nettogenerationsrate}^{1)}) \tag{1.37}$$

Zur Erläuterung werden zunächst zwei *Beispiele* aus anderen Bereichen genannt:

- Legt man z. B. eine Hüllfläche um eine Straßenkreuzung, so kann daraus, daß der zufließende Fahrzeugstrom $\Delta N_z/\Delta t$ den abfließenden Fahrzeugstrom $\Delta N_a/\Delta t$ zum gleichen Zeitpunkt übersteigt, auf eine entsprechende Zunahme von N, d. h. auf $\Delta N/\Delta t = \Delta N_z/dt - \Delta N_a/\Delta t$ im Kreuzungsbereich geschlossen werden. Voraussetzung ist allerdings, daß die Nettogenerationsrate verschwindet, d. h., daß keine Fahrzeugerzeugung innerhalb der Hüllfläche (kein Autowerk) und keine Fahrzeugvernichtung (durch Unfall) auftreten.
- Weiterhin wird die Bilanzgleichung für die Zahl der Mäuse in einem abgeschlossenen Volumenbereich betrachtet. Diese Zahl kann sich nicht nur dadurch ändern, daß Mäuse zu- und auswandern, sondern auch durch eine Differenz zwischen der Geburten- und der Sterberate.

Abschließend sei vermerkt, daß man auch bei Ladungsträgern Generations- und Vernichtungsraten einführen kann (z. B. in Plasmen und Halbleitern), wenn man die Ladungsträger je nach ihrem energetischen Zustand (z. B. gebundene und freie Elektronen) in Gruppen einteilt und die Bilanzgleichungen für die einzelnen Gruppen aufstellt (Abschn. 3.11).

Erster Kirchhoffscher Satz. Aus Gl. (1.36) erhält man mit der zunächst formalen Abkürzung $i_v = dQ/dt$ (Bild 1.16c)

$$i_z - i_a - i_v = 0. \tag{1.38}$$

Experimentell nachweisbar ist, daß sich eine Ladungsänderung im Volumen wirklich in einem Stromfluß durch die Oberfläche äußert, der kein Konvektionsstrom ist, aber wie dieser von einem Magnetfeld umwirbelt wird. Man nennt i_v (dessen Stromdichte durch $\varepsilon\, \partial \boldsymbol{E}/\partial t$ gegeben

[1]) Häufig bezeichnet man mit dem Begriff Nettogenerationsrate auch die volumenbezogene Nettogenerationsrate (s. Abschn. 4.6.3.5).

ist, wie im Abschn. 3.1 noch erläutert wird) Verschiebungsstrom. Die allgemeine Formulierung der durchgeführten Überlegungen führt zum ersten Kirchhoffschen[1]) Satz:

$$\sum_{\mu} i_{\mu} = 0, \quad \text{Knotensatz,} \tag{1.39}$$

die algebraische Summe der Ströme, die durch eine Hüllfläche S fließen, ist Null.

Ströme, deren Zählpfeil auf S gerichtet ist, sind in Gl. (1.39) also mit einem positiven Vorzeichen einzusetzen, und Ströme, deren Zählpfeil nach außen zeigt, mit einem negativen. Anders ausgedrückt:

Die Summe der zufließenden ist gleich der Summe der abfließenden Ströme.

Diesen Sachverhalt veranschaulicht Bild 1.16d. Unter Strömen werden dabei *Konvektions- und Verschiebungsströme* verstanden. Vielfach gilt allerdings in der Hülle $\mathrm{d}Q/\mathrm{d}t = 0$, so daß nur Konvektionsströme fließen. Der erste Kirchhoffsche Satz ist in seiner Gültigkeit nicht auf bestimmte Materialien oder Bauelemente beschränkt. Seine Anwendung und auch die des noch folgenden zweiten Kirchhoffschen Satzes erfordern keine Detailkenntnisse über die Wirkungsweise der Bauelemente bzw. Schaltungen. Von *Kirchhoff* wurde Gl. (1.39) übrigens für knotenförmige Stromverzweigungen in elektrischen Schaltungen formuliert, weshalb man sie auch Knotensatz oder -gleichung nennt. Eine wichtige Schlußfolgerung aus der Knotengleichung lautet:

Ohne Stromverzweigung fließt durch jeden Querschnitt einer elektrischen Anlage der gleiche Strom (Bild 1.17a).

Demnach muß der Stromfluß in sich geschlossen sein. Daraus resultiert auch der Begriff *Stromkreis*.

Weitere Beispiele zur Anwendung des ersten Kirchhoffschen Satzes zeigen die Bilder 1.17b bis d.

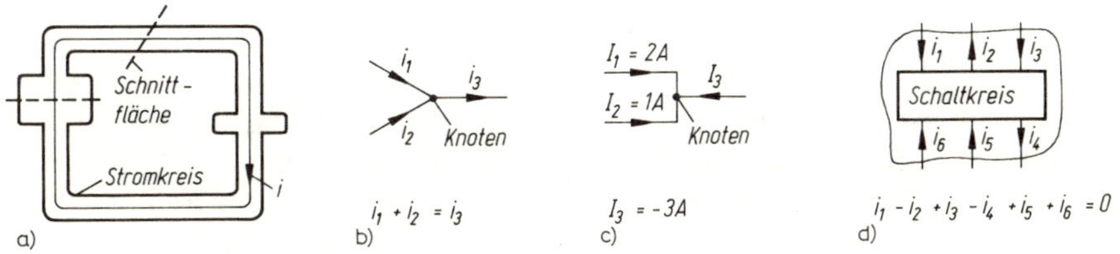

Bild 1.17 Beispiele zur Anwendung des ersten Kirchhoffschen Satzes

Aufgabe 1.11 Ladungserhaltungssatz

In einem Volumen ohne Ladungszufluß und -abfluß befinden sich zum Zeitpunkt t_0 10^{10} freie Elektronen, 10^{17} positiv geladene Wasserstoffionen und 10^{22} neutrale Wasserstoffatome. Welche Aussage ermöglicht der Ladungserhaltungssatz über den Zustand zum Zeitpunkt $t_1 > t_0$?

Aufgabe 1.12 Erster Kirchhoffscher Satz

Für ein Bauelement mit drei Anschlüssen (z. B. Transistor) werden als zufließende Ströme $I_B = 10\ \mu A$ und $I_C = 50 \cdot I_B$ angegeben.

Was mißt man für den abfließenden Strom I_E?

Aufgabe 1.13 Kontrollfragen

a) Wie lautet der Zusammenhang zwischen Fluß und Flußdichte, Strom und Stromdichte, Ladung und Konvektionsstrom, Stromdichte und Ladungsträgergeschwindigkeit für zwei Ladungsträgersorten, Stromzählpfeil und Orientierung der Ladungsträgerbewegung?

b) Erläutern Sie den Ladungserhaltungssatz, den Knotensatz sowie den Begriff der algebraischen Summe von Strömen, und geben sie ein Beispiel an!

[1]) Robert Kirchhoff, deutscher Physiker, 1824–1887

1.4 Elektrische Spannung

1.4.1 Definition von Potential und Spannung

Ein elektrisches Feld ist für Ladungen ein Kraftfeld und kann deshalb deren Energie beeinflussen. Elektrische Felder, die nicht mit einem zeitlich veränderlichen Magnetfeld verknüpft sind, gehören zur Klasse der sog. *Potentialfelder* oder auch *wirbelfreien Felder*. Potentialfelder kann man an jedem Punkt im Raum durch eine Vektorgröße (beim elektrischen Feld die elektrische Feldstärke) oder auch durch eine skalare Größe, also eine ungerichtete Größe beschreiben, die man beim elektrischen Feld als elektrostatisches Potential oder auch kurz als Potential bezeichnet. Die *Definition des elektrostatischen Potentials* φ_A an einem Punkt A im Raum lautet

$$\varphi_A = \frac{W_A}{Q}, \qquad [\varphi] = \frac{[F]\,[s]}{[Q]} = \frac{\mathrm{N \cdot m}}{\mathrm{A \cdot s}} = \frac{\mathrm{kg \cdot m^3}}{\mathrm{A \cdot s^3}} = \mathrm{V\ (Volt)}. \qquad (1.40)$$

Potential = Quotient von potentieller Energie W einer Punktladung Q in einem elektrischen Potentialfeld und der Ladung.

Als *elektrische Spannung* u_{AB} zwischen zwei Punkten A und B (Bild 1.18a) definiert man die *Potentialdifferenz* zwischen diesen Punkten

$$u_{AB} = \varphi_A - \varphi_B, \qquad [u] = [\varphi] = V, \qquad (1.41)$$

oder auch

$$u_{AB} = \frac{W_A - W_B}{Q} = \frac{W_{AB}}{Q}. \qquad (1.42)$$

Spannung = Differenz der durch die Ladung dividierten potentiellen Energien an zwei Punkten eines Potentialfeldes (zum gleichen Zeitpunkt).

Unter potentieller Energie W einer Ladung in einem elektrischen Potentialfeld (elektrostatische Energie) versteht man deren Fähigkeit, Arbeit zu leisten (analog zur potentiellen Energie in einem Gravitationsfeld). W ist proportional zu Q und hängt damit vom Vorzeichen und Betrag von Q ab. Die Quotientenbildung W/Q ermöglicht demnach eine Feldbeschreibung, die unabhängig von der Art der betrachteten Probeladung ist. Um bei der Angabe der Spannung zwischen zwei Punkten auf die Indizes verzichten zu können, führt man einen Zählpfeil ein, der die positive Zählrichtung der Spannung definiert. Der Zählpfeil kann willkürlich gewählt werden. Zeigt der Zählpfeil von A und B, so bedeutet $u \underset{(<)}{\geq} 0$, daß $\varphi_A \underset{(<)}{\geq} \varphi_B$ ist (Bild 1.18b).

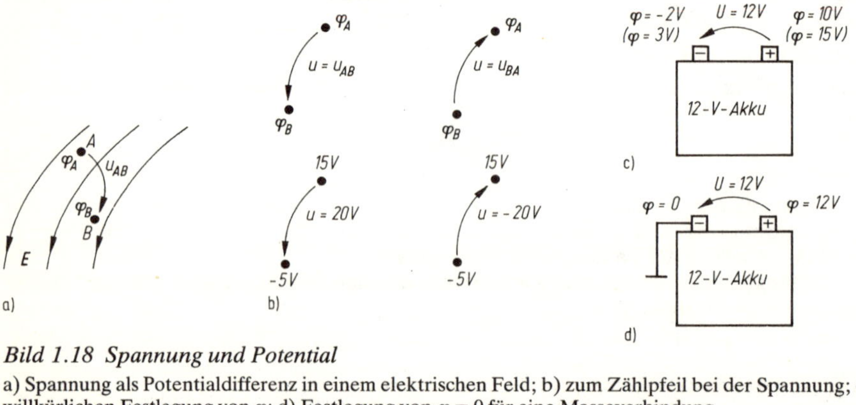

Bild 1.18 Spannung und Potential

a) Spannung als Potentialdifferenz in einem elektrischen Feld; b) zum Zählpfeil bei der Spannung; c) Beispiel zur willkürlichen Festlegung von φ; d) Festlegung von $\varphi = 0$ für eine Masseverbindung

φ kann an einem Punkt im Raum willkürlich festgelegt werden (Bild 1.18c), da die potentielle Energie erst mit der Angabe eines Bezugspunktes physikalischen Inhalt gewinnt (ebenso wie die potentielle Energie einer Punktmasse in einem Gravitationsfeld). Vielfach setzt man bei Feldbetrachtungen φ im Unendlichen Null. Befindet sich jedoch – wie meist bei technischen Schaltungen – eine Erd- bzw. Masseverbindung im betrachteten System, so wird ihr im allgemeinen das Potential $\varphi = 0$ zugeordnet (Bild 1.18d). Eine Erdverbindung ist eine sehr gut leitende Verbindung, z. B. über einen eingegrabenen metallischen Halbkugelerder. Als Masse bezeichnet man eine Verbindung zum metallischen Chassis oder – z. B. bei Fahrzeugen – eine gut leitende Verbindung zum (metallischen) Fahrgestell.

1.4.2 Zweiter Kirchhoffscher Satz

Während der erste Kirchhoffsche Satz (Knotensatz in der Form $\sum_{\mu} i_{\mu} = 0$ eine Aussage über das Verhalten elektrischer Ströme an Hüllflächen bzw. Knoten trifft, gibt der zweite Kirchhoffsche Satz (auch Maschensatz genannt) Auskunft über die Summe der Spannungen in einer Masche. Als Masche bzw. Maschenumlauf wird an dieser Stelle ein geschlossener Umlauf im Raum entlang von Spannungspfeilen bezeichnet. Bildet man für den im Bild 1.19 dargestellten Maschenumlauf die Summe der Spannungen, so ergibt sich aufgrund der Eigenschaften des Potentialfeldes

$$u_{AB} + u_{BC} + u_{CA} = (\varphi_A - \varphi_B) + (\varphi_B - \varphi_C) + (\varphi_C - \varphi_A)$$

und demnach

$$u_{AB} + u_{BC} + u_{CA} = 0.$$

Bei Verallgemeinerung dieser Überlegung entsteht der

$$\text{Maschensatz } \sum_{\nu} u_{\nu} = 0. \tag{1.43}$$

In jeder beliebigen Masche ist die algebraische Summe aller Spannungen Null.

Spannungen, deren Zählrichtung mit der Umlaufrichtung übereinstimmt, sind also mit einem positiven Vorzeichen einzusetzen, und Spannungen, deren Zählrichtung der Umlaufrichtung entgegengerichtet sind, mit einem negativen, siehe z. B. Bild 1.20a. Die Umlaufrichtung kann willkürlich gewählt werden, da die Maschengleichung nach Multiplikation mit (-1) in die bei geänderter Umlaufrichtung überzuführen ist (s. Bild 1.20b).

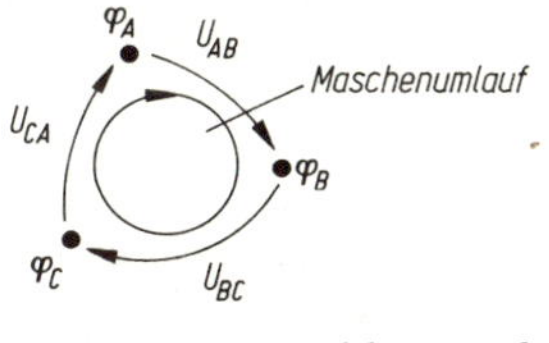

Bild 1.19 Zur Ableitung der Maschengleichung

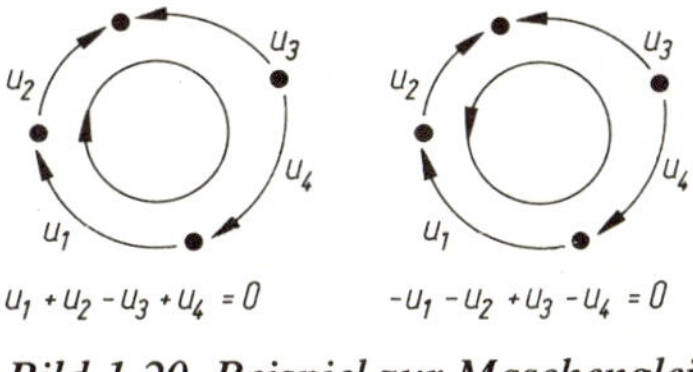

Bild 1.20 Beispiel zur Maschengleichung bei zwei unterschiedlichen Umlaufrichtungen

Bisher wurden die Aussagen bewußt allgemein gehalten, um keine überflüssigen Annahmen bezüglich des betrachteten Mediums treffen zu müssen und um die hohe Allgemeingültigkeit des Maschensatzes für Potentialfelder hervorzuheben. Man kann die Maschengleichung ebenso wie die Knotengleichung auf beliebige Systeme (mit Potentialfeldern) anwenden, ohne die Eigenschaften des Mediums oder der Bauelemente bzw. Schaltungen im einzelnen zu kennen.

Bewegungsrichtung der Ladungsträger in Erzeugern und Verbrauchern. Um den Zusammenhang zwischen Potential, Spannung und Energie näher zu beleuchten, wird eine technische Schaltung mit einem Erzeuger elektrischer Energie (elektrische Energiequelle) und zwei Verbrauchern elektrischer Energie betrachtet (Bild 1.21), die durch metallische Leitungen (Elektronenleitung) verbunden sind. *Ein Erzeuger elektrischer Energie wandelt definitionsgemäß nichtelektrische in elektrische Energie um* (z. B. Akkumulator: chemische → elektrische Energie). *Demnach wird die potentielle Energie der Ladungsträger in Bewegungsrichtung erhöht, und damit müssen sich wegen $W = Q\varphi$ positive Ladungsträger zu höheren φ hinbewegen, also von „−“ nach „+“, und negative Ladungsträger von „+“ nach „−“.* $\boldsymbol{E}$ ist von + nach − gerichtet (siehe z. B. Bild 1.5b), so daß sich die positiven und negativen Ladungsträger entgegen der Kraft $\boldsymbol{F} = Q\boldsymbol{E}$ des elektrischen Feldes bewegen. Das ist möglich, falls die Ladungsträger (z. B. durch Wärme- oder Lichtenergie) eine so hohe kinetische Energie erhalten haben, daß sie gegen das Feld anlaufen können, und/oder falls zusätzlich eine weitere stärkere Antriebsursache (z. B. Diffusion in Folge von Dichteunterschieden oder Lösungsdruck) wirkt (s. auch Abschn. 3 und 4.7).

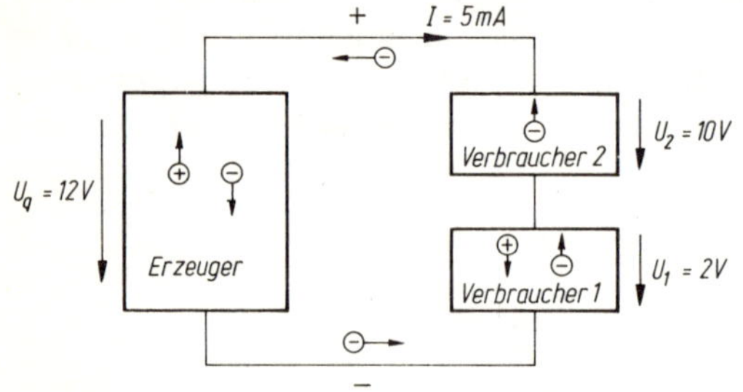

Bild 1.21
Zur Bewegungsrichtung der Ladungsträger und zur Maschengleichung in einem Stromkreis

Ein Verbraucher elektrischer Energie wandelt elektrische in nichtelektrische Energie um. In ihm nimmt also die potentielle Energie der Ladungsträger in Bewegungsrichtung ab. Damit müssen sich positive Ladungsträger wegen $W = Q\varphi$ zu niedrigerem φ hinbewegen, also von + nach −, und negative Ladungsträger von − nach + (Bild 1.21). Demnach bewegen sich die elektrischen Ladungsträger in Richtung der Kraft $\boldsymbol{F} = Q\boldsymbol{E}$ des elektrischen Feldes. Die durch das Feld zugeführte elektrische Energie wird – vielfach über Bewegungsenergie – in Wechselwirkung mit dem Medium in Wärme, Licht usw. umgewandelt bzw. im Vakuum in kinetische Energie. Für Verbraucher *1* im Bild 1.21 wurde Elektronenleitung angenommen (z. B. Metallschichtwiderstand) und für Verbraucher *2* Stromfluß durch Elektronen und Löcher (z. B. Lichtemitterdiode aus halbleitendem Material). Der Gesamtstrom I ist an jedem Querschnitt des Stromkreises nach der Knotengleichung gleich, da keine Stromverzweigung auftritt. Die Maschengleichung lautet

$$-U_q + U_1 + U_2 = 0 \quad \text{bzw.} \quad U_1 + U_2 = U_q.$$

Erwähnt sei, daß man die Anschlüsse eines zweipoligen Gerätes (z. B. eines Strommeßgerätes) bei Gleichstrom oft mit + und − charakterisiert, um den Anschluß, der das höhere Potential aufweist (beim Erzeuger) bzw. an dem das höhere Potential anliegen soll (beim Verbraucher), von dem Anschluß mit niedrigerem Potential zu unterscheiden.

Als Analogon zum Verhalten von Ladungsträgern im elektrischen Potentialfeld kann das von Massen im Potentialfeld der Gravitation betrachtet werden. So führt z. B. ein Skilift den Skifahrern potentielle Energie zu, die diese dann bei der Abfahrt in kinetische Energie bzw. Reibungs- oder Deformationsenergie umsetzen. Es sei jetzt schon erwähnt, daß der Maschensatz bei Verallgemeinerung des Spannungsbegriffes auch für Systeme anwendbar ist, in denen die bisherigen Vorstellungen von Spannung als Potentialdifferenz nicht mehr zutreffen (Einführung sog. Quasifermipotentiale sowie induzierter Spannungen).

1.4.3* Spannung, Potential und Feldstärke

Dieser Abschnitt, der den Zusammenhang der Spannung mit der Feldstärke näher beschreibt, stellt eine Vertiefung der bisherigen Ausführungen dar, kann aber für Schaltungsbetrachtungen auch übergangen werden.

Ausgangspunkt ist die Arbeit, die das elektrische Feld leistet.

Arbeit in einem Kraftfeld. Diskutiert wird zunächst der Begriff der Arbeit allgemein. Bei der Verschiebung einer Punktmasse um ein differentielles Wegelement d$\boldsymbol{s}$ in einem Kraftfeld $\boldsymbol{F}$ leistet dieses die Arbeit: Kraft in Wegrichtung · Weg, d. h.

$$\mathrm{d}W_a = \boldsymbol{F}\,\mathrm{d}\boldsymbol{s} = F\,\mathrm{d}s\,\cos\,(\boldsymbol{F},\,\mathrm{d}\boldsymbol{s}). \tag{1.44}$$

Betrachtet man einen endlichen Weg von A und B (Bild 1.22a) so folgt durch Integration

$$W_{AB} = \int_A^B \boldsymbol{F}\,\mathrm{d}\boldsymbol{s}. \tag{1.45}$$

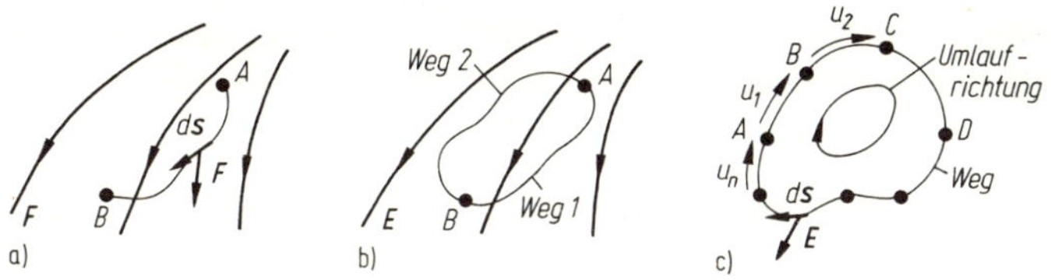

Bild 1.22 Zum Linienintegral in einem Kraftfeld (a); zum Umlaufintegral in einem elektrischen Feld (b); Ableitung des Maschensatzes $\sum_\nu u_\nu = 0$ *aus* $\oint \boldsymbol{E}\,\mathrm{d}\boldsymbol{s} = 0$ *(c)*

Arbeit im elektrischen Potentialfeld. Wie im Abschnitt 1.2.3 dargelegt, übt ein elektrisches Feld der Feldstärke $\boldsymbol{E}$ auf eine Ladung Q die Kraft $\boldsymbol{F} = Q\boldsymbol{E}$ aus. Die bei einer Verschiebung der Ladung Q um d$\boldsymbol{s}$ durch das elektrische Feld geleistete Arbeit ist demnach $\mathrm{d}W = \boldsymbol{F}\,\mathrm{d}\boldsymbol{s} = Q\boldsymbol{E}\,\mathrm{d}\boldsymbol{s}$ bzw., bezogen auf den Weg zwischen A und B,

$$\Delta W_a = W_{AB} = Q \int_A^B \boldsymbol{E}\,\mathrm{d}\boldsymbol{s}. \tag{1.46}$$

Mit der Definition der elektrischen Spannung u_{AB} zwischen den Punkten A und B (Abschn. 1.4.2)

$$u_{AB} = W_{AB}/Q \tag{1.47}$$

ergibt sich die Beziehung

$$u_{AB} = \int_A^B \boldsymbol{E}\,\mathrm{d}\boldsymbol{s}, \tag{1.48}$$

die man ebenfalls als Spannungsdefinition auffassen kann.

Elektrische Felder, in denen $\int_A^B \boldsymbol{E}\,\mathrm{d}\boldsymbol{s}$ vom gewählten Integrationsweg unabhängig ist, nennt man – wie schon erwähnt – wirbelfreie Felder oder elektrische Potentialfelder. Für elektrische Potentialfelder gilt bei Betrachtung zweier Wege *1* und *2* (Bild 1.22b) demnach definitionsgemäß

$$\int_{A,1}^{B} \boldsymbol{E}\,\mathrm{d}\boldsymbol{s} = \int_{A,2}^{B} \boldsymbol{E}\,\mathrm{d}\boldsymbol{s}, \qquad \int_{A,1}^{B} \boldsymbol{E}\,\mathrm{d}\boldsymbol{s} - \int_{A,2}^{B} \boldsymbol{E}\,\mathrm{d}\boldsymbol{s} = 0, \qquad \int_{A,1}^{B} \boldsymbol{E}\,\mathrm{d}\boldsymbol{s} + \int_{B,2}^{A} \boldsymbol{E}\,\mathrm{d}\boldsymbol{s} = 0,$$

$$\oint \boldsymbol{E}\,\mathrm{d}\boldsymbol{s} = 0, \quad \text{Bedingung für wirbelfreies Feld (Potentialfeld).} \tag{1.49}$$

In elektrischen Potentialfeldern verschwindet demnach das Integral über $\boldsymbol{E}$ auf einem geschlossenen Weg, das man allgemein auch Umlauf- oder Ringintegral nennt und durch einen Kreis am Integralzeichen kennzeichnet.

Aus den Gln. (1.48) und (1.49) folgt – wie Bild 1.22c veranschaulicht –

$$\oint \boldsymbol{E}\,\mathrm{d}\boldsymbol{s} = \int_{A}^{B} \boldsymbol{E}\,\mathrm{d}\boldsymbol{s} + \int_{B}^{C} \boldsymbol{E}\,\mathrm{d}\boldsymbol{s} + \ldots = u_1 + u_2 + \ldots = 0 \tag{1.50}$$

und damit in Übereinstimmung mit Abschnitt 1.4.2 der zweite Kirchhoffsche Satz:

$$\sum_{\nu=1}^{n} u_\nu = 0. \tag{1.51}$$

Die algebraische Summe der Spannungen entlang einem geschlossenen Weg verschwindet. Bezeichnet man z. B. die Spannung u_{DC} im Bild 1.22c mit u_3, so ist u_3 wegen $u_{\mathrm{DC}} = -u_{\mathrm{CD}}$ mit einem negativen Vorzeichen einzusetzen.

Wenn $\int_{A}^{B} \boldsymbol{E}\,\mathrm{d}\boldsymbol{s}$ wegunabhängig ist und nur von den Endpunkten A und B abhängt, kann man eine Skalarfunktion einführen, die nur vom jeweiligen Ort abhängt und die man – wie schon erwähnt – Potentialfunktion φ nennt:

$$u_{\mathrm{AB}} = \int_{A}^{B} \boldsymbol{E}\,\mathrm{d}\boldsymbol{s} = \varphi_{\mathrm{A}} - \varphi_{\mathrm{B}}. \tag{1.52}$$

Wegen Gl. (1.47) folgt demnach auch

$$W_{\mathrm{AB}} = Q u_{\mathrm{AB}} = Q\,(\varphi_{\mathrm{A}} - \varphi_{\mathrm{B}}) = W_{\mathrm{A}} - W_{\mathrm{B}}. \tag{1.53}$$

In elektrischen Potentialfeldern kann man folglich die vom Feld geleistete Arbeit als Differenz zweier skalarer Größen darstellen, die sich als potentielle Energie der Ladung Q am jeweiligen Ort interpretieren lassen:

$$\varphi = W/Q. \tag{1.54}$$

Da nur die Differenz W_{AB} einen physikalischen Inhalt besitzt, ist W – wie schon erwähnt – ebenso wie φ nur bis auf eine willkürliche Konstante anzugeben. Wie zu erwarten, ergeben sich die gleichen Aussagen wie in den Abschnitten 1.4.2 und 1.4.3, in denen die φ-Definition an den Anfang gestellt wurde.

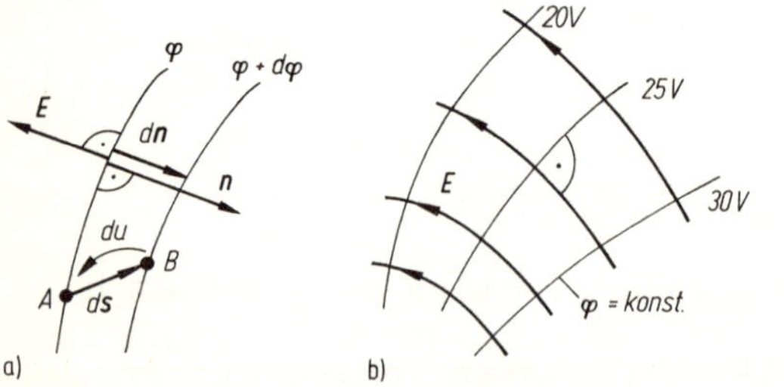

Bild 1.23 ***E*** *steht stets senkrecht auf den Äquipotentialflächen (a), und φ sinkt in Feldrichtung ab (b)*

Betrachtet man die differentielle Änderung von φ entlang einem differentiellen Weg $d\boldsymbol{s}$ von $\varphi_A = \varphi$ auf $\varphi_B = \varphi + d\varphi$ (Bild 1.23a), so folgt aus Gl. (1.53) mit $du_{AB} = -du$

$$du_{AB} = \boldsymbol{E}\, d\boldsymbol{s} = \varphi - (\varphi + d\varphi) = -d\varphi = -du, \qquad d\varphi = du = -\boldsymbol{E}\, d\boldsymbol{s}. \tag{1.55}$$

Äquipotentialflächen. Potentialfelder kann man mit Feldlinien und/oder mit Flächen konstanten Potentials, sog. *Äquipotentialflächen*, veranschaulichen.

Legt man ein differentielles Wegelement $d\boldsymbol{s}$ auf eine solche Fläche, die durch φ = konst. definiert ist, so folgt $d\varphi = 0$ und damit

$$d\varphi = -\boldsymbol{E}\, d\boldsymbol{s} = -E \cos(\boldsymbol{E}, d\boldsymbol{s})\, ds = 0. \tag{1.56}$$

Demnach ist $\cos(\boldsymbol{E}, d\boldsymbol{s}) = 0$. Also lautet die Schlußfolgerung (s. auch Bild 1.23a):

| *Auf Äquipotentialflächen steht* $\boldsymbol{E}$ *stets senkrecht und zeigt von + nach −.*

Im allgemeinen werden Äquipotentialflächen so ausgewählt, daß die Potentialdifferenz zwischen ihnen konstant ist. Die Spur einer Äquipotentialfläche in einer Ebene bezeichnet man als *Äquipotentiallinie*.

Legt man $d\boldsymbol{s}$ senkrecht zu einer Äquipotentialfläche (Normalenrichtung $d\boldsymbol{s} = d\boldsymbol{n}$) entsprechend Bild 1.23a, so gilt nach Gl. (1.56) $\boldsymbol{E}\, d\boldsymbol{n} = -d\varphi$. Nach Multiplikation dieser Beziehung mit dem Normalenvektor $\boldsymbol{n}$ ($|\boldsymbol{n}| = 1$) entsteht $\boldsymbol{E}\, d\boldsymbol{n} \cdot \boldsymbol{n} = -d\varphi \cdot \boldsymbol{n}$ bzw. $\boldsymbol{E}\, |d\boldsymbol{n}|\, |\boldsymbol{n}| \cos 0° = \boldsymbol{E}\, dn = -d\varphi \boldsymbol{n}$ und daraus unter Beachtung von $d\varphi = du$

$$\boldsymbol{E} = -\frac{d\varphi}{dn}\boldsymbol{n} = -\frac{du}{dn}\boldsymbol{n} \quad \text{sowie} \quad |\boldsymbol{E}| = \left|\frac{du}{dn}\right|. \tag{1.57}$$

Bewegt man sich in einem elektrischen Feld entgegen der Feldrichtung, so nimmt demnach das Potential φ und damit für eine positive Ladung Q auch die potentielle Energie $W = Q\varphi$ zu (Bild 1.23b). Bewegt sich eine Ladung auf einer Äquipotentialfläche, so bleibt ihre potentielle Energie konstant.

Unter der Voraussetzung, daß die Näherung $|\boldsymbol{E}| = |du/dn| \approx |\Delta u|/|\Delta n|$ angenommen werden kann, ist für die vorgegebene Potentialdifferenz $|\Delta u|$ der Abstand $|\Delta n|$ zweier Äquipotentialflächen um so kleiner, je größer $|\boldsymbol{E}|$ zwischen den Äquipotentialflächen ist (Bild 1.23b, Abschn. 4.1). Anders ausgedrückt: *Die Feldstärke ist um so höher, je dichter die Äquipotentialflächen beieinander liegen.*

Erwähnt sei, daß auf Metallelektroden in elektrostatischen Feldern (kein Stromfluß) keine Spannungen auftreten. *Metallelektroden wirken also in elektrostatischen Feldern und näherungsweise auch an den Rändern von Strömungsfeldern in schlecht bzw. halbleitenden Medien bei nicht zu hohen Frequenzen als Äquipotentialflächen.*

Feldstärke und Spannung im homogenen elektrischen Feld. Wertet man Gl. (1.48) für örtlich konstantes $|\boldsymbol{E}|$ (Bild 1.24a) aus, so ergibt sich bei geradlinigem Weg die Länge s

$$u_{AB} = \int_A^B \boldsymbol{E}\, d\boldsymbol{s} = |\boldsymbol{E}|\, |\boldsymbol{s}| \cos(\boldsymbol{E}, \boldsymbol{s}). \tag{1.58}$$

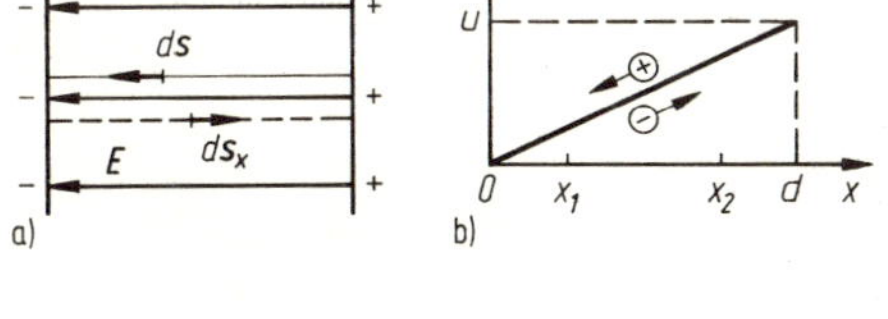

Bild 1.24 Homogenes elektrisches Feld

a) Elektrische Feldlinien zwischen zwei aufgeladenen parallelen und ebenen Metallplatten

b) Potential zu a) als Funktion des Ortes sowie Bewegungsrichtung positiver und negativer Ladungsträger unter Feldeinfluß im Potentialgebirge

Wählt man $\boldsymbol{s}$ parallel zu $\boldsymbol{E}$, so ist $\cos(\boldsymbol{E}, \boldsymbol{s}) = \cos 0 = 1$ und damit folgt $u = Ed$ bzw.

$$E = u/d, \quad \textit{Feldstärke bei homogenem Feld.} \tag{1.59}$$

Beispiel: Feldstärke in einem Leiter

Die Feldstärke in einem Kupferdraht, in dem beim zulässigen Maximalstrom von 20 A (bei 1 mm^2 Querschnitt) bei 10 m Länge ein Spannungsabfall von 3,4 V gemessen wird, ist $E = 0{,}34$ V/m = 3,4 mV/cm. In Nichtleitern und Halbleitern können wesentlich höhere Feldstärken als in Leitern auftreten (siehe z. B. Aufgabe 1.14).

Feldstärke und Potential im homogenen elektrischen Feld. Nun wird das Potential in einem homogenen Feld betrachtet. Berechnet man unter der Voraussetzung $\boldsymbol{E} = \boldsymbol{e}_x E_x$ und mit $\mathrm{d}\boldsymbol{s}_x = \boldsymbol{e}_x\,\mathrm{d}x$ (entgegengesetzt zum bisherigen $\mathrm{d}\boldsymbol{s}$ (kein Einfluß auf das Ergebnis)) das Potential φ in einem homogenen elektrostatischen Feld (E_x örtlich und zeitlich konstant), so gilt nach Gl. (1.48)

$$u_{xx_0} = \varphi(x) - \varphi(x_0) = \int_x^{x_0} E_x\,\mathrm{d}x = -\int_{x_0}^{x} E_x\,\mathrm{d}x = -E_x\,(x - x_0). \tag{1.60}$$

Bezeichnet man u_{xx_0} für $x - x_0 = d$ mit u, so gilt $E_x = u/d$. Um die Darstellung zu vereinfachen, wird $x_0 = 0$ angenommen und $\varphi(x_0) = 0$ gesetzt. Damit entsteht, wie im Bild 1.24b dargestellt,

$$\varphi(x) = -E_x x = u \cdot x/d \quad \text{bzw.} \quad W(x) = Q\varphi\,(x) = Qu \cdot x/d. \tag{1.61}$$

Für die Differenz ΔW der potentiellen Energie von Punktladungen an zwei Punkten gilt demnach

$$\Delta W = W(x_2) - W(x_1) = Q\,(\varphi(x_2) - \varphi(x_1)) \gtreqless 0 \quad \text{für} \quad Q \gtreqless 0. \tag{1.62}$$

Wirkt nur $\boldsymbol{F} = Q\boldsymbol{E}$, so bewegen sich die positiven Ladungsträger in Kraftrichtung und damit in Feldrichtung die „schiefe Ebene“ von φ bzw. W hinunter und verringern ihre potentielle Energie. Negative Ladungsträger bewegen sich in Kraftrichtung, also entgegen der Feldrichtung die „schiefe Ebene“ von φ hinauf und die schiefe Ebene von $W = Q\varphi$ hinunter (einzeichnen!), wobei sie natürlich ebenfalls ihre potentielle Energie verringern. Da die positiven Ladungen die Quelle (Bild 1.24a) und negative Ladungen die Senke der $\boldsymbol{E}$-Linien (im elektrostatischen Feld) darstellen, kann man vereinfacht auch sagen: *Ladungen gleicher Polarität stoßen sich ab, und Ladungen unterschiedlicher Polarität ziehen sich an* (s. auch Abschn. 1.2.2).

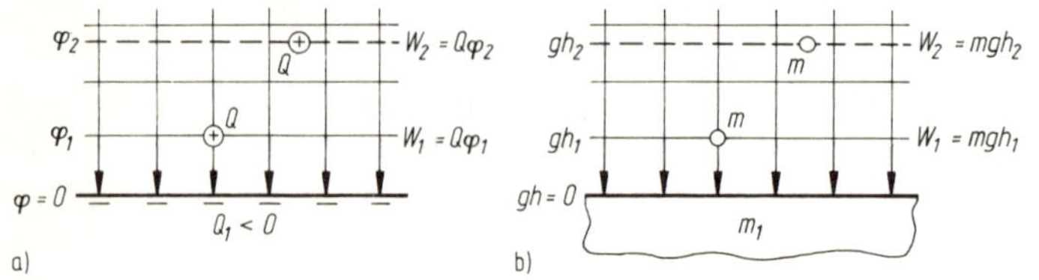

Bild 1.25 Potentielle Energie

a) im homogenen elektrostatischen Feld; b) im homogenen Gravitationsfeld

Im Bild 1.25 sind zur Veranschaulichung des Begriffes der potentiellen Energie ein homogenes elektrisches Feld und ein homogenes Gravitationsfeld gegenübergestellt. Die positive Ladung Q besitzt am Ort *2* mit dem höheren Potential eine höhere potentielle Energie als am Ort *1*. Das gleiche trifft für die Masse m am Ort *2* mit der größeren Höhe h gegenüber Ort *1* zu. In Wirklichkeit ist das Gravitationsfeld der Erde etwa kugelsymmetrisch. Für Gebiete mit kleiner Ausdehnung gegen den Erdradius kann es näherungsweise als homogen angesehen werden.

Feld einer Punktladung, wirbelfreie Felder. Das elektrische Feld einer Punktladung Q_1 (Bild 1.26) ist stets wirbelfrei, und für sein Potential gilt (in einem homogenen Medium mit der Permittivität ε)

$$\varphi(r) = \frac{Q_1}{4\pi\varepsilon r} + C \tag{1.63}$$

mit r als Abstand und C als Konstante.

Der Beweis wird in Aufgabe 1.15 geführt.

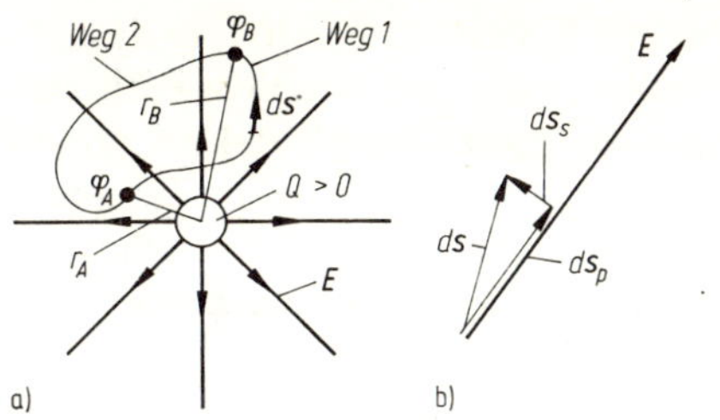

Bild 1.26 Zum Nachweis von $\oint \boldsymbol{E}\,\mathrm{d}\boldsymbol{s} = 0$ im Feld einer Punktladung (a) und Zerlegung des Wegelementes $\mathrm{d}\boldsymbol{s}$ *in Komponenten parallel und senkrecht zu* $\boldsymbol{E}$ *(b)*

Beachtet man, daß sich erstens beliebige räumliche Ladungsverteilungen aus Punktladungen (genauer: aus differentiell kleinen Ladungen endlicher Raumladungsdichte) zusammensetzen lassen und daß sich zweitens die Felder der einzelnen Ladungen linear überlagern *(Überlagerungs- oder Superpositionssatz)*, so ist folgender Satz plausibel:

Von ruhenden Ladungen erzeugte Felder sind stets wirbelfrei. Auch das mit bewegten Ladungsträgern verknüpfte elektrische Feld kann wirbelfrei sein. Diese Aussage gilt für Gleichströme exakt und läßt sich auch auf zeitlich veränderliche Ströme bei nicht zu hohen Frequenzen näherungsweise ausdehnen.

Elektrische Wirbelfelder sind durch $\oint \boldsymbol{E}\,\mathrm{d}\boldsymbol{s} \neq 0$ *charakterisiert.* Sie treten dann auf, wenn ein zeitlich veränderliches Magnetfeld vorliegt (Abschn. 3.2).

Aufgabe 1.14 Durchschlagspannung in Luft

Für planparallele Platten in Luft wird bei einem Abstand von 4 mm eine Durchbruchfeldstärke $E_d \approx 30\,\mathrm{kV/cm}$ angegeben. Welche Spannung darf angelegt werden, ohne daß ein Durchbruch auftritt?

Aufgabe 1.15 Feld einer Punktladung

a) Beweisen Sie $\oint \boldsymbol{E}\,\mathrm{d}\boldsymbol{s} = 0$ für das Feld einer Punktladung Q_1 in einem homogenen Dielektrikum der Permittivität ε!
b) Berechnen Sie das Potential im Abstand r von Q_1 sowie die potentielle Energie einer Ladung Q!
c) Geben Sie eine Beziehung für die Spannung sowie die Differenz der potentiellen Energien der Ladung Q zwischen den Punkten A und B an!

Aufgabe 1.16 Kontrollfragen

a) Wie lautet die Definition von Potential, Spannung und Feldstärke, und in welchem Zusammenhang stehen diese Größen?
b) Stellen Sie die $\boldsymbol{E}$- und φ-Linien sowie getrennt davon $\varphi(x)$ in einem homogenen elektrischen Feld zwischen positiven und negativen Metallplatten und auch die potentielle Energie W einer positiven und einer negativen Punktladung in diesem Feld dar!
c) Stellen Sie die $\boldsymbol{E}$- und φ-Linien sowie getrennt davon $\varphi(r)$ im Feld einer positiven Punktladung und auch $W(r)$ für eine positive und negative Ladung in diesem Feld dar!
d) Geben Sie die Ladungsträgerbewegungsrichtung in Erzeugern und Verbrauchern elektrischer Energie an!
e) Wie lautet die Maschengleichung für den Schaltkreis im Bild 1.17d in allgemeiner Form?

1.5 Leistung, Energie und Zählpfeilsysteme

Für die Leistung eines Zweipols gilt – wie noch abgeleitet wird –

$$p = ui, \qquad [p] = \mathrm{VA} = \mathrm{W\ (Watt)}. \tag{1.64}$$

Dabei bedeutet unter Voraussetzung gleicher Zählpfeilrichtung für Strom i und Spannung u:

$p > 0$ Verbrauch elektrischer Leistung
$p < 0$ Erzeugung elektrischer Leistung.

Das Zählpfeilsystem mit gleicher Zählrichtung für Strom und Spannung nennt man deshalb auch *Verbraucher-Zählpfeilsystem*. Beim *Erzeuger-Zählpfeilsystem* sind i- und u-Pfeil entgegengerichtet. Die Leistungsberechnung in beiden Zählpfeilsystemen ist in Tafel 1.4 zusammengestellt. Häufig werden auch *gemischte Zählpfeilsysteme* genutzt, d.h. beide Zählpfeilsysteme in einem Netzwerk bzw. einer Schaltung. Dabei bevorzugt man für Verbraucher das Verbraucher-Zählpfeilsystem und für Erzeuger das Erzeuger-Zählpfeilsystem (siehe z.B. Bild 1.21).

Erwähnt sei, daß bestimmte Bauelemente zeitweise als Erzeuger und zeitweise als Verbraucher elektrischer Leistung wirken können (z.B. elektrische Maschinen als Generatoren und Motoren).

Hinweis:* Für die elektrische Leistung, die in einem *n-poligen Bauelement* mit den Anschlüssen 1 ... n ($n \geqq 3$) umgesetzt wird, gilt – wie später noch diskutiert wird (Abschn. 1.18.3) –

$$p = \sum_{\nu=2}^{n} i_\nu u_{\nu 1}. \tag{1.65}$$

Dabei wird vorausgesetzt, daß die Zählpfeile für den Strom in den n-Pol zeigen.

Da sich die Leistung p aus der Änderung der Energie W je Zeiteinheit ergibt, ist

$$p = \frac{\mathrm{d}W}{\mathrm{d}t}. \tag{1.66}$$

Daraus kann wegen $\mathrm{d}W = p\,\mathrm{d}t$ für die in einem Bauelement umgesetzte ($p > 0$) bzw. erzeugte elektrische Energie ($p < 0$) im Zeitraum $\Delta t = t - t_0$

$$\Delta W = W(t) - W(t_0) = \int_{t_0}^{t} p\,\mathrm{d}t, \qquad [\Delta W] = \mathrm{W} \cdot \mathrm{s}, \tag{1.67}$$

geschlossen werden. Für einen Zweipol gilt demnach

$$\Delta W = W(t) - W(t_0) = \int_{t_0}^{t} p\,\mathrm{d}t = \int_{t_0}^{t} ui\,\mathrm{d}t. \tag{1.68}$$

Für zeitkonstante Ströme und Spannungen folgt daraus im Zeitraum $\Delta t = t - t_0$

$$\Delta W = P\,\Delta t \quad \text{mit} \quad P = UI. \tag{1.69}$$

Beispiel: Durch einen 12 V/20 W-Verbraucher fließt $I = 1{,}7$ A.

Ableitung von Gl. (1.64):

Um die an einem Bauelement umgesetzte bzw. erzeugte elektrische Leistung p zu berechnen, wird eine Hüllfläche um das Bauelement gelegt (Bild 1.27). Setzt man voraus, daß der Strom durch die Hüllfläche nur in den Zuleitungen und als Konvektionsstrom fließt, so gilt wegen des ersten Kirchhoffschen Satzes in beiden Zuleitungen $i = \mathrm{d}Q/\mathrm{d}t$. Im differentiellen Zeitintervall $\mathrm{d}t$ tritt also die

$$\text{Ladungsmenge } \mathrm{d}Q = i\,\mathrm{d}t$$

in die Hüllfläche ein und gleichzeitig die gleiche Ladungsmenge (aber mit anderen Ladungsträgern!) aus. Die in dem Zweipol umgesetzte elektrische Energie $\mathrm{d}W$ im Zeitintervall $\mathrm{d}t$ ist durch die Energiedifferenz der zu- und abfließenden Ladungen gegeben, also, wenn man ihnen die Spannungsdifferenz u zuordnen kann, durch

$$\mathrm{d}W = u\,\mathrm{d}Q = ui\,\mathrm{d}t. \tag{1.70}$$

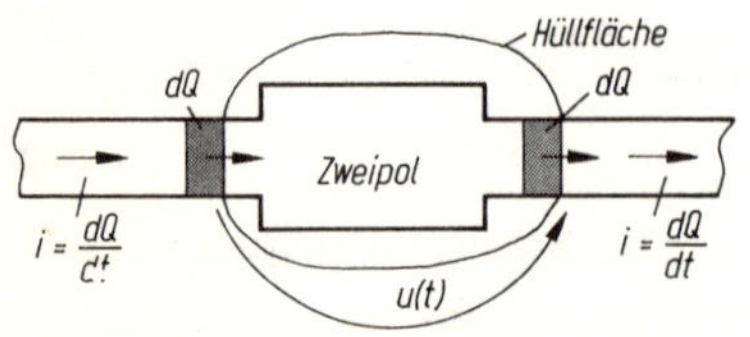

Bild 1.27 Zur Ableitung der Leistung p = ui an einem Zweipol (Verbraucher-Zählpfeilsystem)

Dabei wird vorausgesetzt, daß sich weitere den Ladungsträgern zuzuordnende Energien (z. B. kinetische Energie oder Bindungsenergie in Festkörpern) für die ein- und austretenden Ladungsträger nicht unterscheiden oder daß diese Energiedifferenz vernachlässigbar ist. Mit $p = \mathrm{d}W/\mathrm{d}t$ bzw.

$$\mathrm{d}W = p\ \mathrm{d}t \tag{1.71}$$

folgt aus Gl. (1.70) für die im Zweipol verbrauchte elektrische Leistung bei gleichgerichteten Zählpfeilrichtungen für Strom und Spannung

$$p(t) = u(t)\ i(t)$$

und demnach $p(t) = -u(t)\,i(t)$ für die erzeugte elektrische Leistung.

Tafel 1.4. Zählpfeilsysteme und Leistung bei Zweipolen
(E – Erzeuger, V – Verbraucher)

Zählpfeilsystem	Verbrauchte elektrische Leistung	Erzeugte elektrische Leistung	Vierquadrantendarstellung
Verbraucher-Zählpfeilsystem 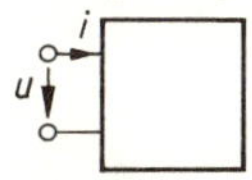	$p = ui$ $p \gtrless 0$ Verbraucher / Erzeuger	$p = -ui$ $p \gtrless 0$ Erzeuger / Verbraucher	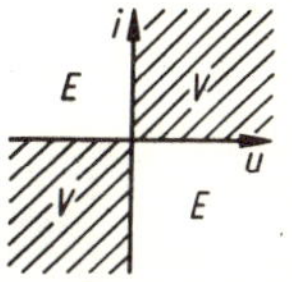
Erzeuger-Zählpfeilsystem 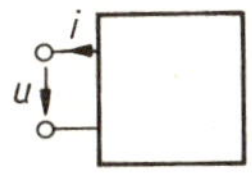	$p = -ui$ $p \gtrless 0$ Verbraucher / Erzeuger	$p = ui$ $p \gtrless 0$ Erzeuger / Verbraucher	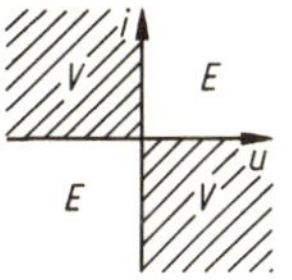

Unabhängig vom Zählpfeilsystem kann aus Tafel 1.4 als Merkregel gefolgert werden:

Erzeuger: Stromfluß aus dem Plus- und in den Minuspol;
Verbraucher: Stromfluß in den Plus- und aus dem Minuspol.

Bei einem Polaritätswechsel der Spannung (bzw. des Stromes) muß demnach der Strom (bzw. die Spannung) ebenfalls die Polarität wechseln, wenn ein Erzeuger weiter als Erzeuger sowie ein Verbraucher weiter als Verbraucher wirken soll. *Ändert nur eine der beiden Größen* (i, u) *die Polarität, so erfolgt ein Übergang vom Betriebszustand Erzeuger zu dem eines Verbrauchers oder umgekehrt.*

1.6 Grundbegriffe der Netzwerk- und Schaltungsanalyse

1.6.1 Netzwerk- und Schaltungsbegriffe

Netzwerke und Schaltungen. Nachdem bisher die Begriffe Strom, Spannung und Leistung sowie der Knoten- und Maschensatz

$$\sum_{\mu} i_{\mu} = 0, \qquad \sum_{\nu} u_{\nu} = 0$$

eingeführt wurden, können nun diese auf Schaltungen bzw. Netzwerke angewendet werden. Unter einem elektrischen *Netzwerk* versteht man ein mathematisches Modell technischer Gebilde, in dem Ströme und Spannungen auftreten können, das durch die Strom- und Spannungsrelationen *(Klemmenverhalten)* seiner Bauelemente, der sogenannten *Netzwerkelemente* sowie deren *Verknüpfung* (Topologie), charakterisiert ist. Besondere Bedeutung besitzen elektrische Netzwerke für die Modellierung technischer Schaltungen (Bild 1.28). Diese bestehen aus konzentrierten Bauelementen, z.B. Batterien oder anderen Spannungsquellen, Widerständen, Kondensatoren, Spulen, Dioden, Transistoren, Thyristoren und vor allem Schaltkreisen, die durch metallische Leitungen miteinander verbunden sind. Auch Schaltkreise bestehen wiederum aus Transistoren, Dioden und Widerständen und manchmal auch Kondensatoren, die meist durch metallische oder halbleitende Leitungen verbunden sind. Die Wirkungsweise der Bauelemente wird noch erläutert. Das Klemmenverhalten der konzentrierten Bauelemente läßt sich mit einer endlichen Zahl von Netzwerkelementen modellieren. Netzwerke nennt man auch Ersatzschaltungen (für Bauelemente bzw. Schaltungen).

Hinweis:* Als nichtkonzentrierte Bauelemente seien z.B. Bauelemente genannt, bei denen die Wellenausbreitung nicht vernachlässigbar ist (z.B. elektrisch lange Leitungen). Sie lassen sich ebenfalls durch Netzwerkelemente modellieren, deren Zahl i. allg. – dann allerdings bei exakter Beschreibung – gegen unendlich geht (s. auch Netzwerke mit verteilten Parametern, Band 2).

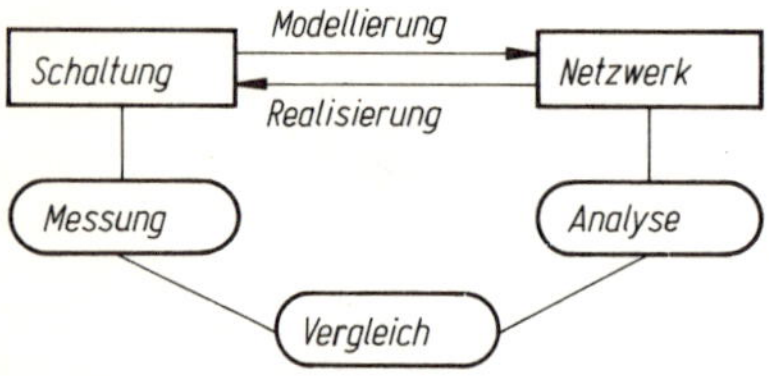

Bild 1.28
Zusammenhang zwischen Schaltung und Netzwerk

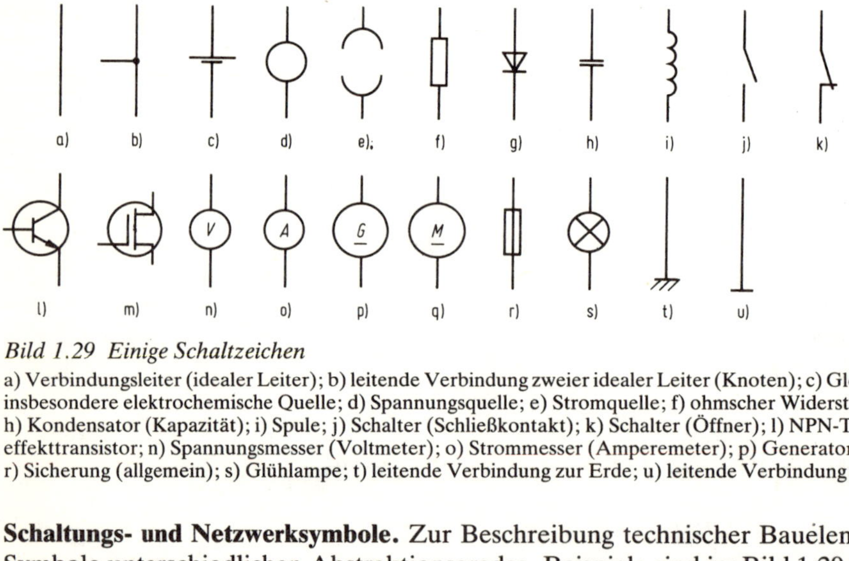

Bild 1.29 Einige Schaltzeichen

a) Verbindungsleiter (idealer Leiter); b) leitende Verbindung zweier idealer Leiter (Knoten); c) Gleichspannungsquelle, insbesondere elektrochemische Quelle; d) Spannungsquelle; e) Stromquelle; f) ohmscher Widerstand; g) PN-Diode; h) Kondensator (Kapazität); i) Spule; j) Schalter (Schließkontakt); k) Schalter (Öffner); l) NPN-Transistor; m) Feldeffekttransistor; n) Spannungsmesser (Voltmeter); o) Strommesser (Amperemeter); p) Generator; q) Elektromotor; r) Sicherung (allgemein); s) Glühlampe; t) leitende Verbindung zur Erde; u) leitende Verbindung zur Masse

Schaltungs- und Netzwerksymbole. Zur Beschreibung technischer Bauelemente wählt man Symbole unterschiedlichen Abstraktionsgrades. Beispiele sind im Bild 1.29 dargestellt. Teilweise werden die Symbole sowohl für die schematische Darstellung des technischen Bauelementes in der Schaltungsdarstellung als auch für die erste Näherung ihrer Netzwerkmodellierung, also als Netzwerkelement in der Netzwerkdarstellung, verwendet (z.B. die Symbole 1.29a bis 1.29i). Ein Strich (1.29a) ist in der Schaltungsdarstellung Symbol einer realen oder einer idealen Leitung und in der Netzwerkdarstellung stets Symbol einer idealen Leitung. An einer idealen Leitung tritt kein Spannungsabfall auf. Eine ideale Verbindung von zwei oder mehr idealen Leitungen nennt man Knoten (Bild 1.29b). In der realen Schaltung kann man sich den Knoten z.B. als Lötverbindung mehrerer Metalldrähte oder allgemein als Kreuzungspunkt linienhafter metallischer Leitungen vorstellen. Das Symbol im Bild 1.29f wird als

Symbol für den technischen Widerstand und auch für dessen Netzwerkmodellierung in erster Näherung verwendet (Abschn. 1.8).

Im Bild 1.30 sind eine einfache technische Schaltung, eine symbolische Darstellung und zwei Netzwerkdarstellungen unterschiedlicher Genauigkeit angegeben. Zu beachten ist, daß das Symbol für die Spannungsquelle in der Schaltungsdarstellung mit dem Symbol des Netzwerkelementes der idealen unabhängigen Spannungsquelle übereinstimmt.

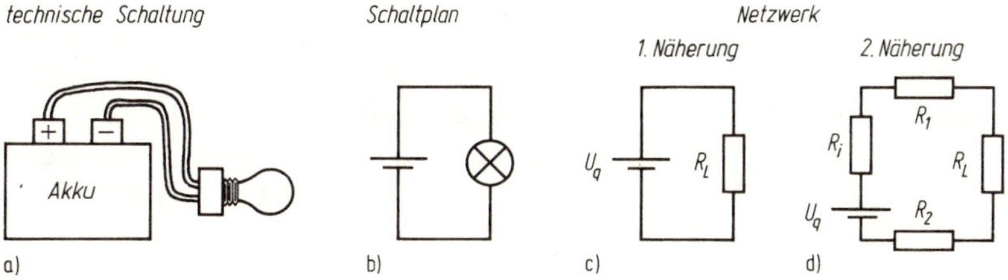

Bild 1.30 Beispiel einer technischen Schaltung: Akkumulator mit Glühlampe

a) Technische Schaltung; b) Schaltplan; c) und d) Netzwerkdarstellung in zwei Näherungsstufen

Hinweis: Bei der genaueren zweiten Näherung wurden zusätzlich der Innenwiderstand R_i der technischen Spannungsquelle sowie die Widerstände R_1 und R_2 der Zuleitungen berücksichtigt.

Schaltungsanalyse. Die Analyse von Schaltungen erfolgt in zwei Schritten:

1. *Mathematische Modellierung der Schaltung als elektrisches Netzwerk*, d. h. die Modellierung der technischen Bauelemente und der Verbindungsleitungen durch Angabe der Netzwerkelemente und ihrer Verknüpfung;
2. *Netzwerkanalyse*, d. h. Lösung der entstehenden Gleichung. Falls möglich, wird ein Vergleich mit Meßwerten angestrebt (Bild 1.28).

Bei der *Netzwerkanalyse* wird das Netzwerk vorgegeben und sein elektrisches Verhalten ermittelt. Die Aufgabe der *Netzwerksynthese* besteht darin, ein Netzwerk bzw. eine Netzwerkklasse zu finden, die ein vorgegebenes elektrisches Verhalten realisiert. Die folgenden Ausführungen beziehen sich vorrangig auf die Netzwerkanalyse.

Elektrische Schaltungen bestehen i. allg. aus n-poligen Bauelementen ($n \geqq 2$), meist mit $n = 2$, $n = 3$, $n = 4$, aber auch wesentlich höheren n, z. B. bei integrierten Schaltkreisen. Ihre mathematische Modellierung in Form von Netzwerken beruht häufig auf zweipoligen Netzwerkelementen, die durch ideale elektrische Leiter verbunden sind. Benutzt werden aber auch elektrische Netzwerkelemente mit $n > 2$, z. B. $n = 4$.

Netzwerkgraphen. Zur abstrakten Beschreibung der Netzwerkstruktur (Topologie) kann man insbesondere bei zweipoligen Netzwerkelementen einen sog. Streckenkomplex oder Netzwerkgraphen wählen. Zur Veranschaulichung wird das Netzwerk im Bild 1.31 a betrachtet. Die Bedeutung der Netzwerkelemente ist zunächst unerheblich.

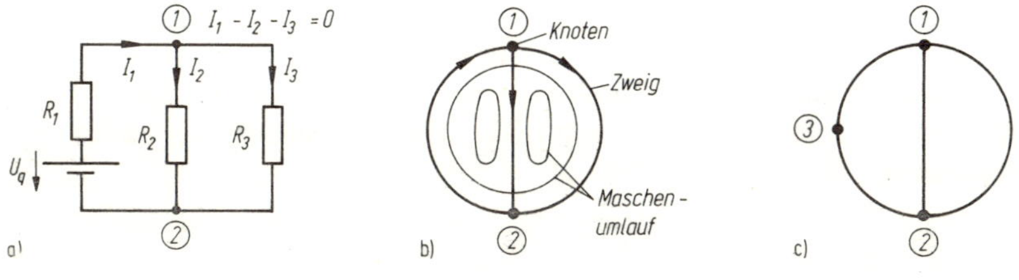

Bild 1.31 Zur Graphendarstellung

a) gegebenes Netzwerk; b) Darstellung mit zwei Knoten und c) mit drei Knoten

Der Netzwerkgraph entsteht, indem man jedem zweipoligen Netzwerkelement eine Kante und jedem Knoten im Netzwerk einen Knoten des Graphen zuordnet. Die Verbindung zwischen zwei Knoten nennt man *Zweig*. Die Gesamtheit der Zweige, die jeweils eine geschlossene Linie ergeben, wird als *Masche* bezeichnet (Bild 1.31 b). Bei der Angabe der Zählpfeile für die Zweigströme (bzw. Zweigspannungen) spricht man von einem *gerichteten Graphen*, andernfalls von einem *ungerichteten Graphen*. Prinzipiell ist es möglich, auch zwischen zweipoligen Netzwerkelementen, (d. h. ohne Verzweigung) einen Knoten einzuführen (Bild 1.31 c). Meist ist es aber zweckmäßig, nur diejenigen Knoten zu berücksichtigen, an denen wirklich eine Stromverzweigung auftritt, da andernfalls die Ströme in den angeschlossenen Netzwerkelementen sowieso gleich sind. Im angegebenen Beispiel wird man also i. allg. auf die Einführung des Knotens 3 verzichten. Das Netzwerk besitzt in diesem Fall entsprechend Bild 1.31 b zwei Knoten, 3 Zweige und 3 Maschen. Abschließend sei erwähnt, daß Modellierung und Berechnung einer Schaltung häufig so eng verbunden sind, daß man in der Praxis nicht immer streng zwischen den Begriffen Schaltung und Netzwerk unterscheidet.

1.6.2 Anwendung der Knotengleichungen

Knoten- und Schnittgesetz. Der erste Kirchhoffsche Satz ermöglicht für Netzwerke folgende ineinander überführbare Aussagen:

a) *An jedem Knoten ist die algebraische Summe der zu- und abfließenden Ströme Null* (*Knotensatz* im engeren Sinn)

b) *Die algebraische Summe der durch eine beliebig geschlossene Schnittlinie in einem Netzwerk zu- und abfließenden Ströme ist Null* (*Schnittgesetz* oder auch Knotensatz im weiteren Sinn).

Beispiele zum Knotensatz im engeren Sinn zeigen die Bilder 1.17 b und 1.17 c sowie 1.31 a. Beispiele für das Schnittgesetz sind aus Bild 1.32 ersichtlich.

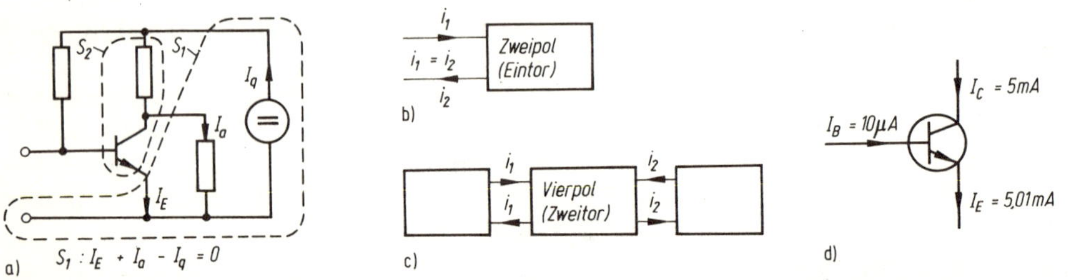

Bild 1.32 Zur Anwendung des ersten Kirchhoffschen Satzes

a) Schnittgesetz für eine Transistorschaltung (S1, S2-Schnittlinien); b) Zweipol (Eintor); c) Vierpol als Zweitor; d) Transistor als Beispiel eines Dreipols

Folgende Schlußfolgerungen sind zu ziehen:

- Bei einem Zweipol (auch *Eintor* genannt) sind die Ströme gleich, also $i_1 = i_2 = i$ (Bild 1.32 b).
- Bei einem Vierpol, bei dem jeweils zwei der Anschlüsse mit einem Zweipol verbunden sind (Vierpol im engeren Sinn oder auch *Zweitor*, s. Bild 1.32 c), sind die Ströme wegen der o. g. Zweipoleigenschaften paarweise gleich.

Bei einem Dreipol kann ein Strom aus den beiden anderen berechnet werden, so gilt z. B. für den Transistor im Bild 1.32 d $I_E = I_B + I_C$.

Hinweis: Für technische Bauelemente und Schaltungen sagt der erste Kirchhoffsche Satz folgendes aus: Die algebraische Summe der durch eine beliebig gewählte Hüllfläche zu- und abfließenden Ströme ist

Null. Das gilt sowohl für die Hüllflächen um Bauelemente als auch für Hüllflächen um ganze Schaltungsteile. In Schaltungen und Bauelementen bei sehr hohen Frequenzen und auch bei Hüllflächen innerhalb von Bauelementen ist zu beachten, daß außer Konvektionsströmen Verschiebungsströme fließen können, die im ersten Kirchhoffschen Satz berücksichtigt werden müssen, aber nicht in den metallischen Zuleitungen als Konvektionsstrom geführt werden. Im folgenden wird dieser Fall stets ausgeschlossen, wenn er nicht besonders hervorgehoben wird.

Bei Netzwerken treten Ströme außerhalb der Netzwerkelemente definitionsgemäß nur als Konvektionsströme in den idealen Leitungen auf.

Zahl der unabhängigen Knotengleichungen. Für ein aus Zweipolen bestehendes Netzwerk mit k *Knoten* kann man k Knotengleichungen aufstellen. Davon sind

$k - 1$ beliebig wählbare Knotengleichungen unabhängige Gleichungen,

d. h., keine dieser Gleichungen kann man – z. B. durch Linearkombination – aus den anderen gewinnen. Die k-te Gl. ist abhängig, d. h., sie kann aus den anderen abgeleitet werden (s. Aufgabe 1.17).

Für ein Netzwerk mit k' Knoten und p n-poligen Bauelementen ($n \geqq 3$) sind $k' + p - 1$ Knotengleichungen oder, genauer ausgedrückt, Strombilanzgleichungen vom Typ des ersten Kirchhoffschen Satzes voneinander unabhängig. Anders formuliert:

Ein n-poliges Netzwerkelement verhält sich bezüglich der Strombilanz, und natürlich nur dafür, wie ein Knoten, der n Zuleitungen verknüpft.

Aufgabe 1.17 Ableitung der Zahl der unabhängigen Knotengleichungen

a) Beweisen Sie für ein Netzwerk mit $k = 3$ Knoten, daß dafür genau $k - 1 = 2$ unabhängige Knotengleichungen aufgestellt werden können!

b) Verallgemeinern Sie den in a) geführten Beweis!

Lösungshinweis: Bezeichnen Sie den Strom, der insgesamt vom Knoten r direkt zum Knoten s fließt, mit $i_{r,s}$.

Aufgabe 1.18 Zahl der unabhängigen Knotengleichungen

Wie viele unabhängige Knotengleichungen können für eine Schaltung mit 8 Knoten, 12 Zweipolen und 2 Dreipolen (Transistoren) aufgestellt werden?

1.6.3 Anwendung der Maschengleichungen

Netzwerk mit Zweipolen. Betrachtet wird ein aus Zweipolen bestehendes, zusammenhängendes Netzwerk mit z Zweigen, die jeweils durch ihre u,i-Relation charakterisiert sind. Geht man davon aus, daß alle z Zweigströme unbekannt sind, so werden also zu ihrer Bestimmung z voneinander unabhängige Gleichungen benötigt.

Besitzt das Netzwerk k Knoten, so sind nach Abschn. 1.6.2 $k - 1$ Knotengleichungen voneinander unabhängig. Da zur Berechnung des Netzwerkes nur noch Maschengleichungen zur Verfügung stehen, erscheint folgende Aussage plausibel:

Für ein zusammenhängendes Netzwerk mit z Zweigen und k Knoten existieren

$$m = z - (k - 1) \text{ unabhängige Maschengleichungen.} \tag{1.72}$$

Wäre die Zahl der unabhängigen Maschengleichungen größer oder kleiner als m, so wäre das Gleichungssystem über- oder unterbestimmt. Das widerspricht aber der experimentellen Erfahrung mit Netzwerken der vorausgesetzten Art. Auf einen strengen netzwerktheoretischen Beweis wird hier verzichtet. Geht man nicht von z unbekannten Zweigströmen aus, sondern von z unbekannten Zweigspannungen oder auch von unbekannten Zweigströmen in l Zweigen und unbekannten Zweigspannungen in den restlichen $z - l$ Zweigen, so ändert sich an der Aussage über die Zahl der unabhängigen Maschengleichungen offensichtlich nichts.

Demnach kann zusammenfassend festgestellt werden:

Die Analyse eines Netzwerkes mit z Zweigen und k Knoten beruht auf dem vollständigen Kirchhoffschen Gleichungssystem, bestehend aus

$k - 1$ *unabhängigen Knotengleichungen,*
$m = z - (k - 1)$ *unabhängigen Maschengleichungen,* (1.73)
z Strom-Spannungs-Relationen der Zweige.

Damit lassen sich alle Zweigströme und -spannungen, also insgesamt $2z$ Größen angeben. Darauf aufbauend werden später Verfahren beschrieben, die es ermöglichen, die Zahl der Gln. zu reduzieren.

Netzwerk mit *n*-Polen. Enthält ein Netzwerk nicht nur Zweipole ($n = 2$), sondern auch n-Pole mit $n > 2$, so bleiben die o. g. Überlegungen prinzipiell gültig. Nach Abschnitt 1.6.2 läßt sich für jeden n-Pol mit $n > 2$ eine Strombilanzgleichung aufstellen.

Für ein Netzwerk mit Zweipolen und p n-Polen mit $n > 2$, mit z^* unbekannten Strömen und k Knoten existieren demnach bei Verwendung der Abkürzung $k^* = k + p$

$k^* - 1$ unabhängige Knotengleichungen,
$m = z^* - (k^* - 1)$ unabhängige Maschengleichungen (1.74)
sowie die Strom-Spannungs-Relationen der n-Pole ($n \geqq 2$).

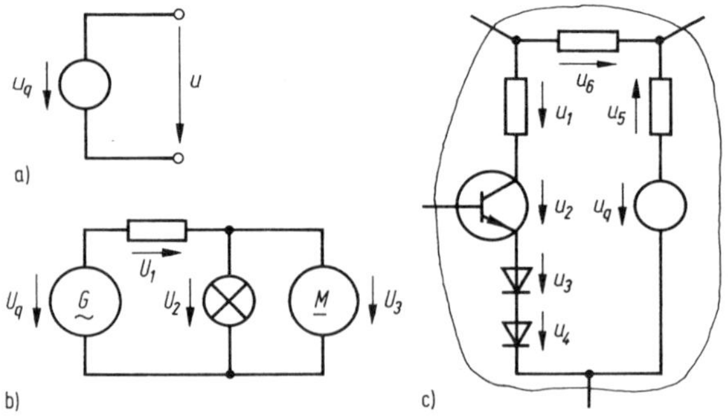

Bild 1.33 Zur Anwendung der Maschengleichung

a) leer laufende Spannungsquelle; b) verzweigter Stromkreis mit Parallelschaltung eines Motors und einer Lampe; c) Masche in einer Transistorschaltung

Häufig führt man die Beschreibung von n-Polen mit $n > 2$ auf Zweipole zurück, so daß in diesem Fall wieder die o. g. Regeln für Zweipole gelten. Wie im Abschnitt 1.13 noch genauer ausgeführt wird, sind einem n-Pol bei Beschreibung durch Zweipole $n - 1$ unabhängige u-i-Relationen zuzuordnen, also einem Zweipol eine und einem Dreipol zwei usw.

Aufgabe 1.19 Zahl der unabhängigen Knoten- und Maschengleichungen

Zeichnen Sie einen Netzwerkgraphen
a) mit zwei Knoten und zwei Zweigen,
b) mit vier Knoten und sechs Zweigen,

und geben Sie die Zahl der unabhängigen Knoten- und Maschengleichungen an!

Aufgabe 1.20 Maschengleichungen

Wie lauten die Maschengleichungen für die im Bild 1.33 dargestellten Schaltungen?

1.7 Unabhängige Quellen

Nachdem die Begriffe Ladung, Strom, Spannung und Leistung sowie der erste und zweite Kirchoffsche Satz eingeführt worden sind, werden in den folgenden Abschnitten die i,u-Relationen der wichtigsten Netzwerkelemente diskutiert. Eingeführt werden unabhängige Quellen, resistive, kapazitive und induktive Netzwerkelemente sowie gesteuerte Quellen. Mit diesen Netzwerkelementen ist es möglich, das Klemmenverhalten technischer Bauelemente und Schaltungen mathematisch zu beschreiben.

Als Quellen bezeichnet man Zweipole, die durch Umwandlung nichtelektrischer in elektrische Energie als elektrische Energiequelle wirken können. Erwähnt sei, daß außer diesem Normalbetrieb als Erzeuger auch Betriebszustände denkbar sind, in denen die Quellen elektrische Energie verbrauchen. In Abhängigkeit vom i,u-Verhalten unterscheidet man Spannungs- und Stromquellen.

1.7.1 Unabhängige Spannungsquellen

Strom-Spannungs-Verhalten. Eine *unabhängige* oder auch *ideale Spannungsquelle* ist ein Zweipol, der zwischen seinen Klemmen eine Spannung

$$u(t) = u_q(t) \tag{1.75}$$

liefert, die nur von der Zeit abhängt bzw. zeitkonstant ist und damit vom Strom oder, anders ausgedrückt, vom angeschlossenen Netzwerk unabhängig ist. *Die Quellenspannung u_q ist demnach belastungsunabhängig und der Strom belastungsabhängig.* Das Bild 1.34 zeigt die Darstellung des Klemmenverhaltens in der i,u-Ebene, die sog. Strom-Spannungs-Kennlinie oder -Charakteristik (für zwei ausgewählte Zeitpunkte) sowie die gebräuchlichen Symbole. Für beliebige Spannungsquellen verwendet man den Kreis als Symbol (Bilder 1.34a und 1.34b).

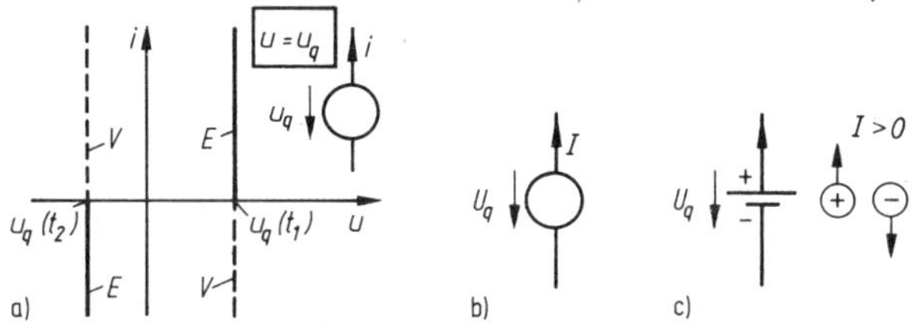

Bild 1.34 Unabhängige ideale Spannungsquelle (Erzeuger-Zählpfeilsystem)

a) Strom-Spannungs-Kennlinie zu zwei Zeitpunkten bei einer Quellenspannung wechselnder Polarität (E Erzeuger, V Verbraucher) sowie allgemeines Symbol (Erzeuger-Zählpfeilsysten); b) allgemeines Symbol einer Gleichspannungsquelle; c) Symbol, das bevorzugt für elektrochemische Spannungsquellen benutzt wird (meist ohne Polaritätsangabe!)

Das Symbol im Bild 1.34c wird bevorzugt für chemische Spannungsquellen benutzt. Bei dem üblicherweise gewählten Erzeuger-Zählpfeilsystem wirkt die Spannungsquelle für $p = u_q i > 0$, also im ersten (und dritten) Quadranten als Erzeuger (E) elektrischer Energie (Abschn. 1.5). Bei gegengeschalteten Spannungsquellen im Netzwerk kann $p = u_q i < 0$ auftreten, und zwar im vierten (und zweiten) Quadranten, d. h., die Spannungsquelle wirkt als Verbraucher (V) elektrischer Energie. Dieser Fall tritt z. B. bei der Modellierung der Aufladung eines Akkumulators auf.

Bei einer Spannungsquelle im Normalbetrieb (Quelle liefert elektrische Energie) wird die potentielle Energie der Ladungsträger erhöht. Demnach bewegen sich positive Ladungsträger in diesem Fall von − nach + (Bild 1.34c) und negative Ladungsträger von + nach − (s. Abschn. 1.4.2).

Eine ideale Spannungsquelle mit der Quellenspannung $u_q = 0$ wirkt wie ein Kurzschluß. Der Kurzschluß einer Quelle mit $u_q \neq 0$ steht im Widerspruch zum Maschensatz und ist deshalb eine netzwerktheoretisch unzulässige Manipulation. Beim Kurzschluß realer technischer Spannungsquellen ist der endliche Innenwiderstand zu beachten (s. Abschn. 1.11.2).

Elektromotorische Kraft. In der Fachliteratur wurde früher teilweise auch der Begriff *Urspannung* (oder auch *elektromotorische Kraft* (EMK)) und deshalb die Abkürzung *e* bzw. *E* für (zeitabhängige bzw. zeitkonstante) Quellen verwendet, deren Zählrichtung entgegengesetzt zu der von u_q bzw. U_q definiert ist (Bild 1.35a). Demnach lautet die Maschengleichung in diesem Fall

$$\sum_{\nu} u_{\nu} = \sum_{\mu} e_{\mu}, \qquad (1.76)$$

d. h., die algebraische Summe der Spannungsabfälle ist gleich der der EMK. Das veranschaulicht Bild 1.35b an einem einfachen Beispiel.

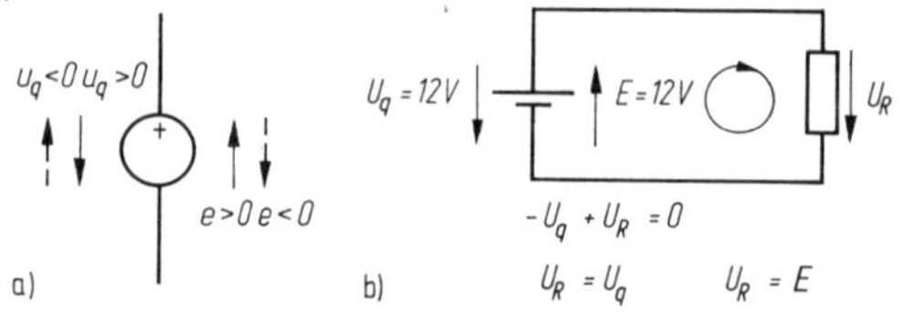

Bild 1.35 Quellen- und Urspannung
a) Zählrichtungen; b) Beispiel zur Maschengleichung bei Verwendung von Quellenspannungen und Urspannungen bzw. EMK

Reihenschaltung. Eine Reihenschaltung idealer Spannungsquellen (siehe z.B. Bild 1.36a) kann man durch eine Ersatzspannungsquelle mit der Quellenspannung u_q beschreiben, die sich nach der Maschengleichung aus der algebraischen Summe der Quellenspannungen ergibt:

$$u_q = \sum_{\nu} u_{q\nu}. \qquad (1.77)$$

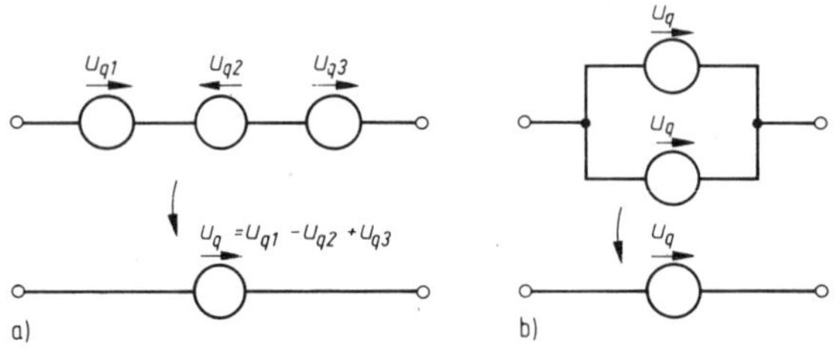

Bild 1.36 Beispiele zur Schaffung von idealen Spannungsquellen
a) Reihenschaltung; b) Parallelschaltung

Parallelschaltung. Eine Parallelschaltung einer beliebigen Zahl idealer Spannungsquellen gleicher Quellenspannung u_q (siehe z. B. Bild 1.36b) kann durch eine Quelle der Quellenspannung u_q ersetzt werden. Eine Parallelschaltung idealer Spannungsquellen unterschiedlicher Quellenspannung widerspricht dem Maschensatz und ist demnach eine unzulässige Annahme. Bei der Parallelschaltung technischer Spannungsquellen unterschiedlicher Quellenspannung sind die Innenwiderstände zu berücksichtigen (s. Abschn. 1.11.2).

Technische Spannungsquellen. Zweipole, die wie das bisher beschriebene Netzwerkelement „unabhängige bzw. ideale Spannungsquelle“ wirken, lassen sich technisch nur näherungsweise realisieren. Anders ausgedrückt: Eine ideale Spannungsquelle spiegelt – wenn überhaupt – nur in erster Näherung das Verhalten einer technischen Spannungsquelle wider. Allerdings reicht diese erste Näherung bei vielen Anwendungen aus, um das Verhalten hinreichend genau zu beschreiben.

Erwähnt sei, daß das Netzwerkelement „Spannungsquelle“ (meist als Verbraucher) auch benutzt wird, um das Verhalten technischer Bauelemente und Schaltungen in einem Kennlinienbereich näherungsweise zu beschreiben, bei dem große i- mit kleinen u-Änderungen verbunden sind.

Einige technische Spannungsquellen, die häufig angewendet werden, sind

- Wechselspannungsquellen mit $u(t) = \hat{U}\cos\omega t$, $\omega = 2\pi f$, $f \approx 50\,\text{Hz}$, $\hat{U} \approx \sqrt{2} \cdot 220\,\text{V}$ (Zweiphasensysteme);
- Gleichspannungsquellen (z. B. 5 V, 9 V, ..., 220 V, ..., 600 V, 1200 V oder auch stufenlos regelbar, häufig elektronisch stabilisiert);
- Primärelemente (z. B. Reihenschaltung von 1,5-V-Batterien);
- Sekundärelemente (z. B. Reihenschaltung von 2-V-Akkumulatorzellen);
- Patterngeneratoren (z. B. rechteckförmige Impulse von 2 V bei 100 MHz Taktfrequenz usw.).

Energiewandlungen zur Erzeugung elektrischer Energie sind in Tafel 1.5 zusammengestellt.

Aufgabe 1.21 Ideale Spannungsquellen, Leistung

Für einen Kassettenrecorder (12 V/20 W) stehen 1,5-V-Batterien zur Verfügung.
a) Wie ist die Spannungsversorgung zu realisieren?
b) Welcher Strom fließt?
c) Wie groß ist die vom Batteriemodul erzeugte elektrische Leistung im Verbraucher- und im Erzeuger-Zählpfeilsystem?

Tafel 1.5. Direkte Erzeugung elektrischer Energie

Primärenergie	Beispiel	s. Abschnitt
Mechanische Energie (Dampf, Wasser, Wind)	Elektrischer Generator	1, Bd. 2
Chemische Energie	Primär- bzw. Sekundärelement, Brennstoffzelle	4.9
Wärmeenergie	MHD-Generator, Thermoelement	1, Bd. 2
Lichtenergie	Solarzelle, Fotozelle, Fotodiode	–
Kernenergie	Batterien mit α- bzw. β-Strahlen	–

1.7.2 Unabhängige Stromquellen

Strom-Spannungs-Verhalten. Eine *unabhängige* oder auch *ideale* Stromquelle ist ein Zweipol, dessen Strom die Bedingung

$$i(t) = i_q(t) \tag{1.78}$$

erfüllt, d. h., der Quellenstrom hängt nicht von der anliegenden Spannung ab. *Der Strom ist somit belastungsunabhängig und die Spannung belastungsabhängig.* Im Bild 1.37 sind das Klemmenverhalten sowie das Schaltzeichen für zeitabhängige sowie konstante Quellenströme dargestellt. Eine Stromquelle wirkt im Normalbetrieb als Erzeuger (E), kann aber bei gegengeschalteten Quellen im Netzwerk auch als Verbraucher (V) wirken.

Eine ideale Stromquelle mit $i_q = 0$ wirkt wie eine Leitungsunterbrechung.

Die Unterbrechung des Stromes einer Stromquelle mit $i_q \neq 0$, z. B. durch einen Schalter im Netzwerk, steht im Widerspruch zum ersten Kirchhoffschen Satz und ist netzwerktheoretisch

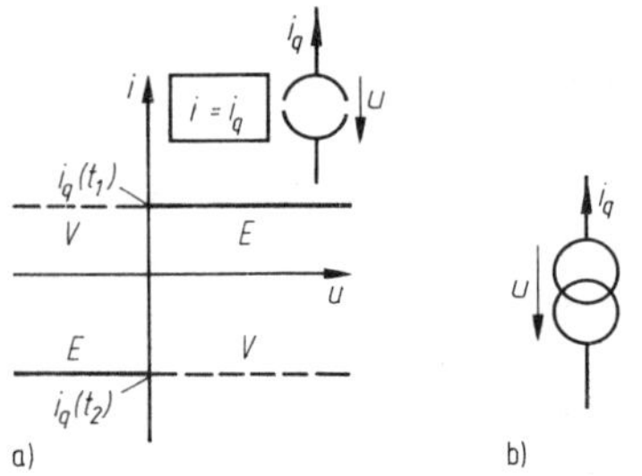

Bild 1.37
Unabhängige ideale Stromquelle (Erzeuger-Zählpfeilsystem)
a) Strom-Spannungs-Kennlinie zu zwei Zeitpunkten bei einem Quellenstrom wechselnder Polarität (*E* Erzeuger, *V* Verbraucher) sowie Symbol;
b) weiteres Symbol der Stromquelle

unzulässig. Bei technischen Stromquellen ist ein endlicher Innenwiderstand zu berücksichtigen (Abschn. 1.11.2).

Parallelschaltung

Eine *Parallelschaltung idealer Stromquellen* (siehe z. B. Bild 1.38a) kann man durch eine Ersatzstromquelle mit dem Quellenstrom i_q beschreiben, der sich aus der algebraischen Summe der Quellenströme ergibt:

$$i_q = \sum_{\nu} i_{q\nu}. \tag{1.79}$$

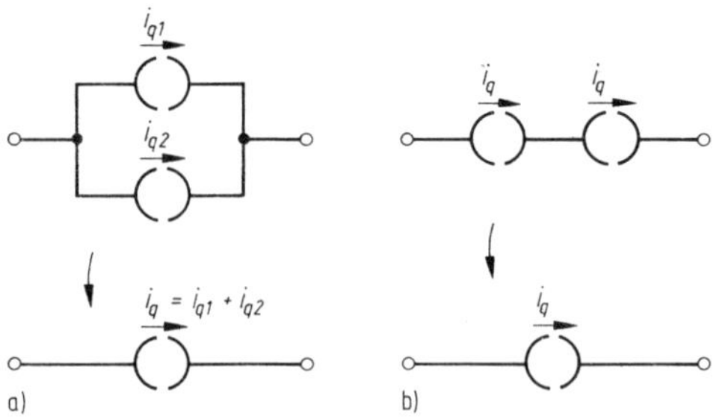

Bild 1.38
Beispiele zur Schaltung idealer Stromquellen
a) Parallelschaltung; b) Reihenschaltung

Reihenschaltung. Eine *Reihenschaltung idealer Stromquellen* gleichen Quellenstromes i_q (Bild 1.38b) kann durch eine Stromquelle mit dem gleichen Quellenstrom i_q ersetzt werden. Eine Reihenschaltung idealer Stromquellen mit unterschiedlichen Quellenströmen widerspricht dem Knotensatz und ist demnach netzwerktheoretisch nicht zulässig. Bei der Reihenschaltung technischer Stromquellen sind die Innenwiderstände zu berücksichtigen (s. Abschnitt 1.11.2). Ideale Stromquellen können als erste Näherung für die Modellierung technischer Stromquellen aufgefaßt werden.

1.8 Resistive Zweipole

1.8.1 Grundlagen

Merkmale resistiver Zweipole. Zweipole, deren i,u-Verhalten nicht durch die Speicherung elektrischer und magnetischer Feldenergie oder genauer durch deren zeitliche Änderung beeinflußt wird und in denen sich keine Strom- und Spannungsquellen befinden, nennt man resistive[1]) Zweipole. Sie wirken stets als Verbraucher. Ihre i,u-Kennlinie geht durch den Nullpunkt.

Kennzeichnend für den physikalischen Mechanismus von technischen Gebilden, die sich durch resistives Verhalten modellieren lassen, ist ein Konvektionsstrom durch ein Medium

[1]) Resistor (engl.): Widerstand

(Festkörper, Flüssigkeit, Gas bzw. Vakuum), der mit einer Energieabgabe an das Medium verbunden ist. Die potentielle Energie der Ladungsträger nimmt demnach in Bewegungsrichtung im Mittel ab. Es erfolgt also im Mittel eine Energiezufuhr für die Ladungsträger durch das elektrische Feld und Energieabgabe infolge der Wechselwirkung mit den Elementarbausteinen des Mediums (häufig in Form von Wärme). In metallischen Leitern kann man diesen Prozeß z. B. als Zusammenstoß der Elektronen mit den infolge der Wärmebewegung schwingenden Atomrümpfen interpretieren. Das Medium setzt dem Stromfluß einen Widerstand entgegen. Man unterscheidet zeitinvariante und zeitvariante resistive Zweipole.

Zeitinvariante resistive Zweipole. Für sie gilt zu jedem Zeitpunkt t $f(u,i) = 0$ oder

bzw.
$$\begin{aligned} i &= i(u) \quad \text{oder auch} \quad i(t) = i\,(u(t)) \\ u &= u(i) \quad \text{oder auch} \quad u(t) = u\,(i(t)) \end{aligned} \tag{1.80}$$

und außerdem für $u = 0$ $i = 0$. Legt man also eine zeitveränderliche Spannung $u(t)$ an den Zweipol, so fließt ein Strom $i\,(u(t))$, der nur von der Spannung zum gleichen Zeitpunkt t abhängt und nicht von vorherigen Werten von i bzw. u (keine Speicherwirkung). Speist man $i(t)$ ein, so fällt $u\,(i(t))$ ab.

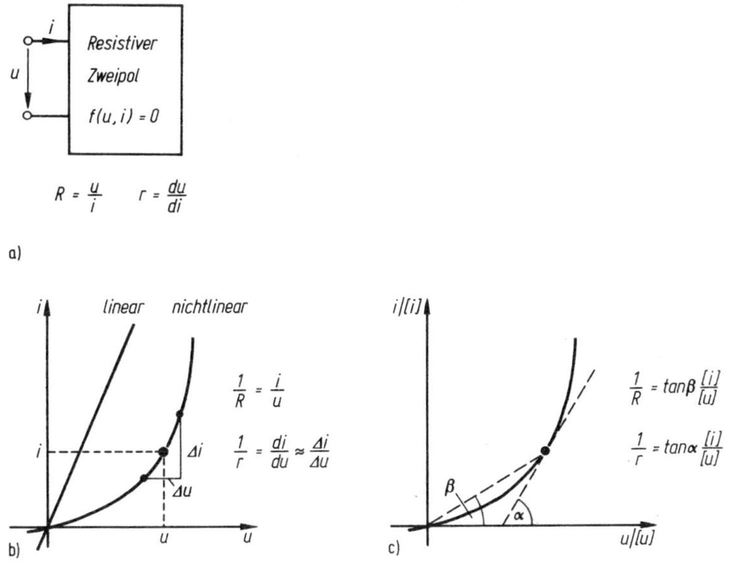

Bild 1.39 Resistiver Zweipol (zeitinvariant)

a) Verbraucher-Zählpfeilsystem; b) lineare und nichtlineare i,u-Relation sowie rechnerische Bestimmung von R und r; c) grafische Ermittlung von R und r aus Sekanten- und Tangentenwinkel

Als Widerstand R eines resistiven Zweipols ist der Quotient von Spannung und Strom (im Verbraucher-Zählpfeilsystem, s. Bild 1.39 a) definiert, d. h.

$$\text{Widerstand } R = \frac{u}{i}, \qquad [R] = \frac{\text{V}}{\text{A}} = \Omega \text{ (Ohm)}. \tag{1.81}$$

Das Reziproke des Widerstandes definiert man als

$$\text{Leitwert } G = \frac{1}{R} = \frac{i}{u}, \qquad [G] = \frac{1}{\Omega} = \text{S (Siemens)}^{1)}. \tag{1.82}$$

[1]) Werner v. Siemens, deutscher Elektrotechniker, 1816–1892

Resistive Zweipole, deren i,u-Charakteristik eine Gerade durch den Nullpunkt darstellt, bezeichnet man als linear bzw. als lineare Widerstände und alle anderen als nichtlinear (Bild 1.39b).

Hinweis: Der Begriff Widerstand wird sowohl für den Quotienten u/i benutzt, der das Netzwerk bzw. Netzwerkelement kennzeichnet, als auch als Bezeichnung für das Netzwerkelement selbst und auch für das technische Bauelement Widerstand (meist für lineare Widerstände).

Außer der Widerstands- und Leitwertdefinition sind die Definitionen

$$\text{differentieller Widerstand } r = \frac{\mathrm{d}u}{\mathrm{d}i}, \qquad [r] = \Omega \tag{1.83}$$

$$\text{differentieller Leitwert } g = \frac{1}{r} = \frac{\mathrm{d}i}{\mathrm{d}u}, \qquad [g] = \mathrm{S} \tag{1.84}$$

vor allem für nichtlineares i,u-Verhalten von Bedeutung. Bild 1.39c veranschaulicht für eine nichtlineare i,u-Kennlinie den Zusammenhang zwischen Leitwert G und Sekantenwinkel β bzw. dem differentiellen Leitwert g und dem Tangentenwinkel α. Formelmäßig gilt entsprechend den gewählten Maßeinheiten (z. B. $[i] = \mathrm{mA}$, $[u] = \mathrm{V}$)

$$\frac{1}{R} = \frac{i}{u} = \tan\beta\,\frac{[i]}{[u]} \quad \text{bzw.} \quad \tan\beta = \frac{i/[i]}{u/[u]} \tag{1.85}$$

$$\frac{1}{r} = \frac{\mathrm{d}i}{\mathrm{d}u} = \tan\alpha\,\frac{[i]}{[u]} \quad \text{bzw.} \quad \tan\alpha = \frac{\mathrm{d}u\,[i]}{\mathrm{d}i\,[u]}. \tag{1.86}$$

Da für einen linearen Widerstand die i,u-Kennlinie eine Gerade durch den Nullpunkt darstellt, fallen Sekante und Tangente zusammen.

Zeitvariante resistive Zweipole*. Bei dem bisher beschriebenen Zweipol hängt die i,u-Kennlinie nach Gl. (1.80) nicht von der Zeit ab, weshalb man von einem zeitinvarianten oder zeitunabhängigen resistiven Zweipol spricht. Beim zeitvarianten oder auch zeitabhängigen resistiven Zweipol ist die i,u-Charakteristik zeitabhängig, d. h. $i(t)$ hängt nicht nur von $u(t)$, sondern explizit von der Zeit ab:

$$i(t) = i\,(u(t), t) \quad \text{bzw.} \quad u(t) = u\,(i(t), t) \quad \text{oder} \quad f(u, i, t) = 0. \tag{1.87}$$

Nimmt man noch die Unterscheidung linearen und nichtlinearen Verhaltens hinzu, so kann man 4 Klassen resistiver Zweipole einführen (Bild 1.40). Als technische Beispiele eines zeitinvarianten bzw. eines zeitvarianten resistiven Zweipols seien ein Metalldraht (Festwiderstand) bzw. ein Metalldraht genannt, bei dem ein Pol an einem mechanisch bewegten Schleif-

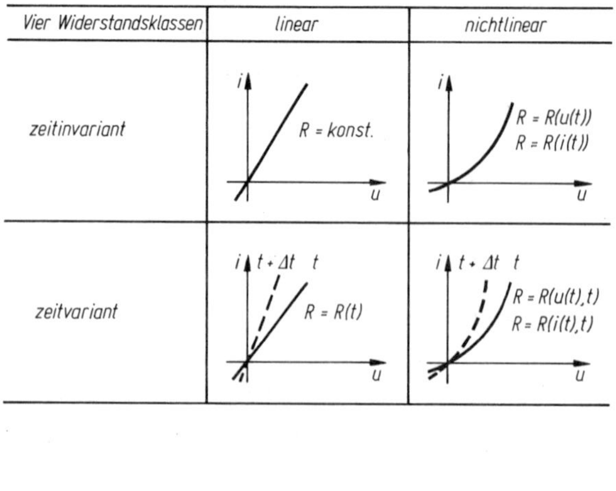

Bild 1.40 Vier Widerstandsklassen

Hinweis: Resistive Zweipole können allgemein durch f (u, i) = 0 (zeitinvariant), z. B. u − 3 Ω · i = 0, bzw. f (u, i, t) = 0 (zeitvariant) beschrieben werden. Für nichtlineare Zweipole ist die Einführung von R – auch bei Computerrechnung – meist unzweckmäßig, d. h., besser als u = R(i) i ist meist die Darstellung u = u(i).

kontakt liegt, so daß ein zeitveränderlicher Widerstand entsteht (Abschn. 1.8.5). Falls nicht ausdrücklich anders angegeben, werden im folgenden stets zeitinvariante Zweipole vorausgesetzt.

1.8.2 Lineare resistive Zweipole

1.8.2.1 Ohmsches Gesetz

Als *lineare* oder auch *ohmsche*[1]) Widerstände bezeichnet man Zweipole, für die das

$$\text{Ohmsche Gesetz } R = \frac{u}{i} = \text{konst.} \tag{1.88}$$

gilt (s. Bild 1.40). Das *Ohmsche Gesetz* besitzt für Metalle, homogene Halbleiter und teilweise Flüssigkeiten bei konstanter Temperatur und mit Ausnahme sehr hoher Frequenzen Gültigkeit (s. Abschn. 4.6). Beliebige Zusammenschaltungen linearer Widerstände mit zwei äußeren Klemmen stellen wiederum einen linearen Widerstand bzw. resistiven Zweipol dar.

Aus

$$u(t) = R \cdot i\,(t) \quad \text{bzw.} \quad i(t) = G \cdot u\,(t) \tag{1.89}$$

folgt für den differentiellen Widerstand bzw. differentiellen Leitwert

$$r = \frac{\mathrm{d}u}{\mathrm{d}i} = R \quad \text{bzw.} \quad g = \frac{\mathrm{d}i}{\mathrm{d}u} = G. \tag{1.90}$$

Das Bild 1.41 veranschaulicht das übliche Symbol und die *i*-*u*-Charakteristik für lineare Widerstände sowie $R = \text{konst.}$

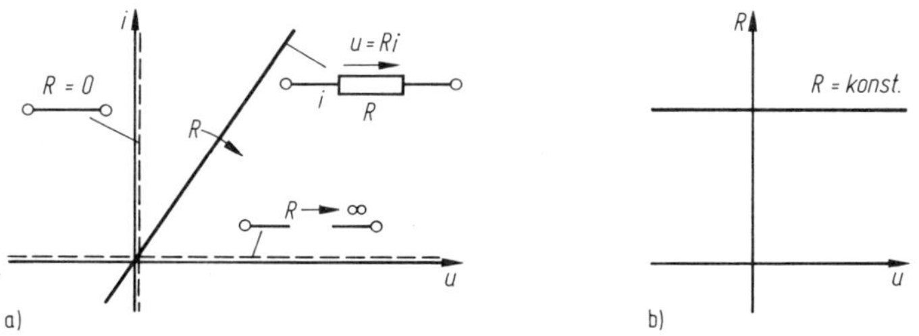

Bild 1.41
Linearer Widerstand
a) *i*-*u*-Charakteristik; b) Widerstand

Für $R = 0$ und damit $u = 0$ für beliebige i entartet der Widerstand zur idealen Leitung, d. h. zur Leitung ohne Spannungsabfall – auch Kurzschluß genannt – und für $R \to \infty$ und damit $i = 0$ für beliebige u zur Leitungsunterbrechung – auch Leerlauf genannt.

Abschließend sei erwähnt, daß die *u*-*i*-Charakteristik eines ohmschen Widerstandes bei Verwendung eines Erzeuger-Zählpfeilsystems $u = -Ri$ lautet.

Mit der *u*-*i*-Relation des Widerstandes sowie den Knoten- und Maschengleichungen können nun beliebige Schaltungen mit Quellen und ohmschen Widerständen berechnet werden.

Beispiel 1: Durch einen Widerstand $R = 1\,\mathrm{k\Omega}$, der an einer 5-V-Spannungsquelle liegt, fließt ein Strom $i = u/R = 5\,\mathrm{mA}$.

Beispiel 2: Für die Schaltung im Bild 1.42a gilt nach der Maschengleichung bei der angegebenen Maschenumlaufrichtung (beliebig wählbar)

$$-U_{q1} - U_{q2} + R_1 I + U_{q3} + R_2 I = 0 \quad \text{bzw.} \quad I = (U_{q1} + U_{q2} - U_{q3})/(R_1 + R_2).$$

[1]) Georg Simon Ohm, deutscher Physiker, 1789–1854

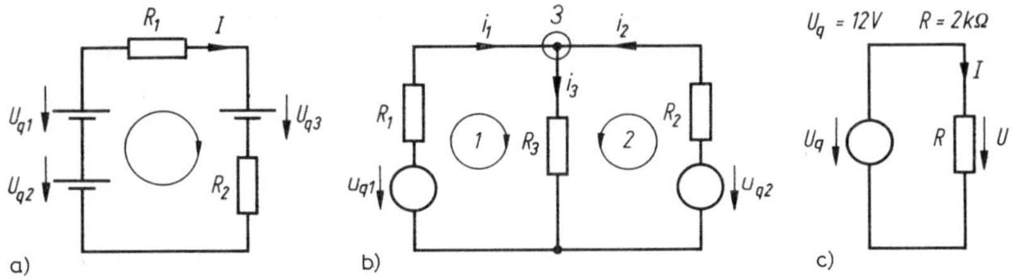

Bild 1.42 Beispiele resistiver Schaltungen

Beispiel 3: Zweigstromanalyse

Für die Berechnung der drei unbekannten Zweigströme im Bild 1.42b sind drei Gleichungen aufzustellen. Da die Schaltung zwei Knoten enthält, sind nach Abschnitt 1.6.3 eine unabhängige Knotengleichung (KG) sowie $3 - 1 = 2$ unabhängige Maschengleichungen (MG) aufzustellen sowie die u,i-Relationen der Widerstände einzusetzen. Dabei empfiehlt es sich, die Ströme nach den Indizes zu ordnen und die Quellen auf die rechte Seite der Gleichungen zu bringen:

$$(1)\quad R_1 i_1 \qquad + R_3 i_3 = u_{q1} \quad \text{MG}, \tag{1.91}$$

$$(2)\quad \qquad R_2 i_2 + R_3 i_3 = u_{q2} \quad \text{MG}, \tag{1.92}$$

$$(3)\quad i_1 \qquad + i_2 \quad - i_3 = 0 \quad \text{KG}. \tag{1.93}$$

Wie später im Band 2 ausführlich dargelegt wird, können unterschiedliche Methoden zur Lösung linearer Gleichungssysteme eingesetzt werden, z. B. Eliminationsverfahren oder das Determinantenverfahren (Cramersche Regel, s. Abschn. 2.6). Bei den Eliminationsverfahren werden die Unbekannten schrittweise so lange eliminiert, bis nur noch eine Gleichung für eine Unbekannte vorliegt. Um i_3 zu eliminieren, kann man Gl. (3) nach i_3 auflösen und das Ergebnis in die Gln. (1) und (2) einsetzen:

$$(1')\quad (R_1 + R_3)\, i_1 + \qquad R_3 i_2 = u_{q1}, \tag{1.94}$$

$$(2')\quad \qquad R_3 i_1 \quad + (R_2 + R_3)\, i_2 = u_{q2}. \tag{1.95}$$

Wird nun Gl. (1') nach i_2 aufgelöst und das Ergebnis in Gl. (2') eingesetzt, so ergibt sich i_1 und daraus mit Gl. (1') i_2 sowie mit Gl. (3) i_3 (ausführen!). Um einen weiteren Lösungsweg der Elimination zu beleuchten, werden die Gln. (1') und (2') in der allgemeinen Form

$$(1')\quad a_{11} i_1 + a_{12} i_2 = b_1, \tag{1.96}$$

$$(2')\quad a_{21} i_1 + a_{22} i_2 = b_2 \tag{1.97}$$

geschrieben mit $a_{11} = R_1 + R_3$, $a_{12} = R_3$ usw. i_2 kann auch dadurch eliminiert werden, daß Gl. (1') mit $-a_{22}/a_{12}$ multipliziert und die entstehende Gleichung zu Gl. (2') addiert wird:

$$\left(-a_{11} \frac{a_{22}}{a_{12}} + a_{21}\right) i_1 = -\frac{a_{22}}{a_{12}}\, b_1 + b_2,$$

$$i_1 = \frac{a_{22} b_1 - a_{12} b_2}{a_{11} a_{22} - a_{12} a_{21}}. \tag{1.98}$$

i_2 kann nun mit Gl. (1') ermittelt werden oder indem man Gl. (1') mit $-a_{21}/a_{11}$ multipliziert und die entstehende Gl. zu Gl. (2') addiert:

$$i_2 = \frac{a_{11} b_2 - a_{21} b_1}{a_{11} a_{22} - a_{12} a_{21}}. \tag{1.99}$$

i_3 folgt wiederum aus $i_3 = i_1 + i_2$. Mit Gl. (1.98) gilt also für i_1:

$$i_1 = \frac{(R_2 + R_3)\, u_{q1} - R_3 u_{q2}}{R_1 R_2 + R_1 R_3 + R_2 R_3}. \tag{1.100}$$

Erwähnt sei, daß sich Gl. (1.99) wegen der Symmetrieeigenschaften der Gln. (1.96) und (1.97) auch direkt aus Gl. (1.98) ergibt, wenn die Indexvertauschung $1 \leftrightarrows 2$ vorgenommen wird.

Aufgabe 1.22 Ohmsches Gesetz

a) Berechnen Sie für die Schaltung im Bild 1.42c U und I!
b) Um wieviel Prozent sinken U und I bei einer Abnahme von U_q um 10 %?
c) Um wieviel Prozent ändern sich U und I, wenn ein um 10% höherer Widerstandswert verwendet wird?

Aufgabe 1.23 Linearer resistiver Zweipol, Zweigstromanalyse

a) Bei einem resistiven Zweipol verdoppelt sich bei einer Messung bei Verdopplung der Spannung auch der Strom. Ist der Zweipol linear?
b) An einem linearen resistiven Zweipol wird bei Einspeisung eines Stromes von 1 mA eine Spannung von 5 V gemessen. Wie groß ist U für $I = 1{,}5$ mA?
c) Berechnen Sie i_2 und i_3 für die Schaltung im Bild 1.42b!

1.8.2.2 Bemessungsgleichung für Widerstände

Grundlagen. Unter der Bemessungsgleichung für einen technischen Widerstand versteht man – wie der Name andeutet – eine Gleichung zur Bemessung (Dimensionierung) in Abhängigkeit von den Materialeigenschaften und Abmessungen. Für ohmsche Widerstände gilt bei homogenem Strömungsfeld die

$$\textit{Bemessungsgleichung}\ R = \varrho \frac{l}{A}. \qquad (1.101)$$

ϱ ist der spezifische Widerstand und wird vom Material bestimmt. R ist um so größer, je größer ϱ und die Länge l sind und je kleiner der Querschnitt A des Bauelementes ist (Bild 1.43). Das Reziproke von ϱ bezeichnet man als *spezifische Leitfähigkeit*, d. h.

$$\varkappa = \frac{1}{\varrho}, \quad [\varkappa] = \mathrm{S \cdot m/mm^2}\ \text{oder}\ \mathrm{S/cm}, \quad [\varrho] = \Omega \cdot \mathrm{mm^2/m} \quad \text{oder} \quad \Omega \cdot \mathrm{cm}. \qquad (1.102)$$

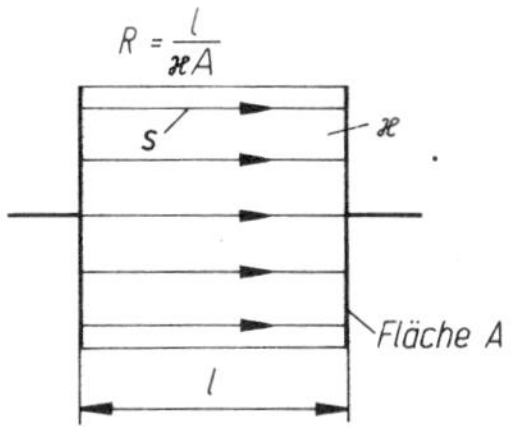

Bild 1.43
Zur Bemmessungsgleichung bei homogenem Stromdichtefeld ***S***

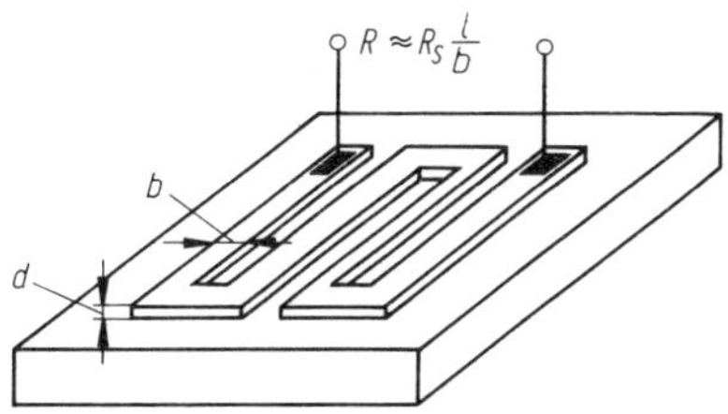

Bild 1.44
Mäanderförmiger Dünnschichtwiderstand auf isolierendem Substrat

Hinweis: Für die Länge l in Gl. (1.104) kann wegen der Abweichungen vom homogenen Feldverlauf in Eckennähe nur näherungsweise die mittlere Länge (neutrale Faser) der Widerstandsschicht eingesetzt werden.

Für *ideale Leiter* ist $\varrho = 0$, während *ideale Isolatoren* der Bedingung $\varkappa = 0$ genügen. In monolithisch integrierten Schaltungen sowie in der Dünn- und Dickschichttechnik liegen häufig Widerstandsschichten definierter Dicke d (Bild 1.44) vor. Für sie definiert man einen

$$\textit{Schichtwiderstand}\ R_S = \frac{\varrho}{d} = \frac{1}{\varkappa d}. \qquad (1.103)$$

Nach Gl. (1.101) gilt wegen $A = bd$ damit auch

$$R = R_S \frac{l}{b}{}^{1)}. \qquad (1.104)$$

R_S kann auch als Widerstand einer quadratischen Schicht ($l = b$) aufgefaßt werden, was manchmal auch durch einen Zusatz zur Einheit gekennzeichnet wird (z. B. $R_S = 50\ \Omega/\square$).

Tiefergehend werden die Bemessung von Widerständen und auch das folgende Ohmsche Gesetz in Feldform im Abschnitt 4 auf der Grundlage von Feldbetrachtungen behandelt.

[1]) Für ortsabhängiges ϱ ist diese Bezeichnung als Definition für R_S zu wählen (s. auch Aufgabe 4.18).

Ohmsches Gesetz in Feldform*. Bei Einführung der Feldstärke E und der Stromdichte S folgt bei homogenem E-Feld aus $u = Ri$, $u = El$ (Gl. (1.59)) und $i = SA$ für R = konst.

$$u = El = RSA \quad \text{bzw.} \quad S = (l/(RA))\,E. \tag{1.105}$$

Da die Größen l, A und R konstant sind, ist auch l/RA eine konstante Größe. Bezeichnet man sie als $\varkappa$, so kann $R = l/(\varkappa A)$ geschrieben werden, womit Gl. (1.101) bewiesen ist. Außerdem folgt aus Gl. (1.105) $S = \varkappa E$. Verallgemeinert man den Beweis auch auf inhomogene Felder und Vektordarstellung, so entsteht das *Ohmsche Gesetz in Feldform*:

$$\mathbf{S} = \varkappa \mathbf{E} \quad \text{mit} \quad \varkappa = \text{konst.} \tag{1.106}$$

Stromdichte = spezifische Leitfähigkeit · Feldstärke.

Spezifische Leitfähigkeit $\varkappa$ bei Metallen*. In Metallen wird der Strom durch quasifreie Elektronen getragen. Nach Abschnitt 1.3.4 gilt für die Stromdichte in Metallen

$$S = env_{\text{n}}, \tag{1.107}$$

mit e als Elementarladung, n als Dichte quasifreier Elektronen und v_{n} als mittlerer Elektronengeschwindigkeit.

Wegen $S = \varkappa E$ ist demnach $v_{\text{n}} = (\varkappa/en)\,E$. Für Medien, bei denen das Ohmsche Gesetz $i \sim u$ bzw. $\varkappa$ = konst. gültig ist, und unter der Voraussetzung, daß die Elektronendichte n spannungs- bzw. feldstärkeunabhängig ist, muß demnach die mittlere Elektronengeschwindigkeit $v_{\text{n}} \sim E$ sein.

Führt man den Quotienten $\mu_{\text{n}} = v_{\text{n}} E$ ein, der als Beweglichkeit bezeichnet wird, so ist die mittlere Geschwindigkeit der quasifreien Ladungsträger

$$v_{\text{n}} = \mu_{\text{n}} E, \qquad [\mu_{\text{n}}] = \text{cm}^2/\text{V} \cdot \text{s} \tag{1.108}$$

und die spezifische Leitfähigkeit von Metallen

$$\varkappa = en\mu_{\text{n}} \quad \text{mit} \quad e = 1{,}602 \cdot 10^{-19}\ \text{A} \cdot \text{s}. \tag{1.109}$$

Spezifische Leitfähigkeit bei Halbleitern*. Erweitert man mit Gl. (1.31) die Betrachtung auf Halbleiter mit den Elektronen- und Löcherdichten n und p sowie den Elektronen- und Löcherbeweglichkeiten μ_{n} und μ_{p}, definiert durch

$$v_{\text{n}} = \mu_{\text{n}} E \quad \text{und} \quad v_{\text{p}} = \mu_{\text{p}} E, \tag{1.110 a/b}$$

so entsteht für die spezifische Leitfähigkeit (s. auch Abschn. 4.3 und 4.6)

$$\varkappa = en\mu_{\text{n}} + ep\mu_{\text{p}}. \tag{1.111}$$

1.8.2.3 Wichtige Leitermaterialien in der Elektrotechnik

In Tafel 1.6 sind die spezifischen Widerstände wichtiger Leitermaterialien der Elektrotechnik zusammengestellt. Besondere Bedeutung als elektrische Leiter besitzen Kupfer und Aluminium. Al ist billiger, hat eine kleinere Dichte (2,7 g/cm^3 bei Al, 8,9 g/cm^3 bei Cu), besitzt aber einen höheren spezifischen Widerstand, hat schlechtere mechanische Eigenschaften, läßt sich nur schwer löten und kann bei Preßverbindungen zu Kontaktschwierigkeiten führen (Oxidbildung, Duktilität). Als günstig erwiesen sich deshalb auch Al-Kabel mit Cu-Ummantelung.

Die zulässige Belastung von Leitern wird meist von der zulässigen Erwärmung bestimmt. Diese hängt von der umgesetzten Leistung $P = ui = i^2 R$, der zulässigen Temperatur, der Art der Wärmeabfuhr (Konvektion, Leitung, Strahlung bzw. erzwungene Kühlung) und damit auch von den Einsatzbedingungen (einschließlich der zulässigen Temperatur für die Isolationen) ab. Tafel 1.7 gibt die zulässigen Strombelastungswerte für einige *Starkstromleiter* an.

In der Mikroelektronik verwendet man u.a. Gold und Aluminium (Durchmesser

Tafel 1.6. Eigenschaften einiger Leiter und Halbleiter

Werkstoff	Chemisches Zeichen	Spezifischer Widerstand[1]) ϱ $\Omega \cdot mm^2/m$	Leitfähigkeit[1]) $\varkappa$ $S \cdot m/mm^2$	TK von R[1]) α ‰/K	Dichte g/cm³	Spezifische Wärmekapazität kJ/(K · kg)
Aluminium	Al	0,0282	35,5	4	2,7	0,892
Blei	Pb	0,208	4,8	3,8	11,34	0,130
Bronze		0,0275	36,4	4	7,4 … 8,9	
Chrom	Cr	0,0263	38		7	0,507
Chromnickel		1,1	0,91	0,25	8,5	
Eisen	Fe	0,13	7,7	4,8	7,86	0,465
Grauguß		0,6 … 1,6	1,67…0,625	4,2	7,6	
Stahl		0,12	8,3		7,7	
Gold	Au	0,0222	45		19,33	0,130
Kadmium	Cd	0,76	13,2		8,64	0,235
Konstantan		0,5	2	−0,005	8,8	
Kupfer	Cu	0,0175	57	3,92	8,9	0,390
Magnesium	Mg	0,0461	21,7	3,9	1,74	1,039
Manganin		0,42	2,38	0,01	8,35	
Messing		0,08	12,5	1,5	8,2 … 8,7	0,390
Nickel	Ni	0,10	10	4,4	8,9	0,457
Platin	Pt	0,10	10	3,9	21,45	0,134
Quecksilber	Hg	0,955	1,05	0,9	13,55	0,138
Silber	Ag	0,0165	60,5	3,6	10,5	0,235
Wolfram	W	0,0555	18	4,1	19,3	0,138
Zink	Zn	0,063	15,8	3,7	7,23	0,394
Zinn	Sn	0,12	8,35	4,4	7,28	0,230
Kohlestifte	C	65	0,015	−0,2		
Silizium	Si	$2{,}3 \cdot 10^{9}$ [2])	$4{,}3 \cdot 10^{-10}$ [2])			
Germanium	Ge	$4{,}7 \cdot 10^{5}$ [2])	$2{,}1 \cdot 10^{-6}$ [2])			
Galliumarsenid	GaAs	$>10^{12}$ [2])	$<10^{-12}$ [2])			

[1]) Für 20 °C
[2]) Nur für Eigenleitung

Tafel 1.7. Zulässige Belastungsstromstärken in A für Rohrdrähte (R), Mehraderleitungen (M) und einadrige, frei in Luft verlegte Leitungen (E)

Querschnitt/mm		0,75	1	1,5	2,5	4	6	10	16	25
I_R/A	Cu	–	11	15	20	25	33	45	61	83
	Al	–	–	–	15	20	26	36	48	65
I_M/A	Cu	12	15	18	26	34	44	61	82	108
	Al	–	–	–	20	27	35	48	64	85
I_E/A	Cu	15	19	24	32	42	54	73	98	129
	Al	–	–	–	26	33	42	57	77	103

10 … 200 μm) als Leitermaterial für Drähte, wobei die Bondfähigkeit[1]) eine wesentliche Rolle spielt. Für die Leitbahnen auf Schaltkreisen verwendet man unterschiedliche Materialkombinationen – auch in Abhängigkeit von der Zahl der Metallisierungsebenen (z. B. Aluminium und Wolframsilizid).

Bei Leiterplatten dominieren dünne Kupferschichten. Als Kontaktmaterialien für Schalter und Stecker werden verschiedene Materialkombinationen (z. B. mit Au) genutzt. Dabei sind

[1]) to bond (engl.): verbinden

die Vermeidung von schlecht leitenden Schichten (z. B. durch Oxydation) sowie von Abrieb, der bei Schaltern die Anzahl der Schaltspiele begrenzt, wichtige Auswahlkriterien.

Aufgabe 1.24 Strom- und Leistungsberechnung

Ein elektrischer Heizofen (220 V/5 kW) wird über Zuleitungen mit je 0,1 Ω an 220 V angeschlossen. Wie groß sind der Strom I und die tatsächliche Leistung P des Heizofens? *Hinweis*: Ersatzschaltung zeichnen!

Aufgabe 1.25 Widerstandsberechnungen

a) Zu berechnen ist der bei einem Al-Leiter (2,5 mm^2) bei dem Maximalstrom von 36 A auftretende Spannungsabfall je Zentimeter.
b) Ein Cu-Leiter soll durch einen Al-Leiter gleicher Länge und mit gleichen Abmessungen ersetzt werden. In welchem Verhältnis stehen die Querschnitte?
c) In einem Schaltkreis muß mit einem Schichtwiderstand $R_S = 5\ k\Omega/\square$ und einer Breite der Widerstandsbahn von 10 μm ein Widerstand von 100 kΩ realisiert werden. Wie groß ist die Länge l der Widerstandsbahn?

Aufgabe 1.26 Beweglichkeit und spezifische Leitfähigkeit

a) An einem Kupferdraht (Elektronendichte $8{,}6 \cdot 10^{22}/cm^3$) von 1 m Länge wird bei dem für einen Querschnitt von 1 mm^2 maximal zulässigen Strom von 20 A ein Spannungsabfall von 0,35 V gemessen. Wie groß sind v_n, μ_n, $\varkappa$, ϱ, R und G?
b) Beweisen Sie die Gültigkeit der Gl. (1.111) für Halbleiter!

1.8.2.4 Technische Widerstände

Schaltzeichen und Bauformen. Die Bilder 1.45 und 1.46 veranschaulichen die Schaltzeichen ohmscher Widerstände und Bauformen einiger Widerstandstypen. Als *Potentiometer* bezeichnet man Anordnungen, bei denen ein veränderbarer Teilwiderstand abgegriffen werden kann (Variation der wirksamen Widerstandslänge mit einem Schleifer, meist linear oder logarithmisch).

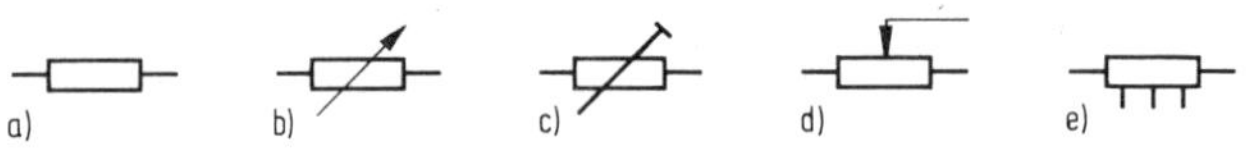

Bild 1.45 Schaltzeichen ohmscher Widerstände

a) Widerstand allgemein, Festwiderstand; b) verstellbarer Widerstand (z. B. durch Drehknopf, mit Schleifkontakt); c) einstellbarer Widerstand (z. B. durch Werkzeug, mit Schleifkontakt, auch Trimmer genannt); d) verstellbarer Widerstand als Potentiometer; e) Widerstand mit Anzapfungen

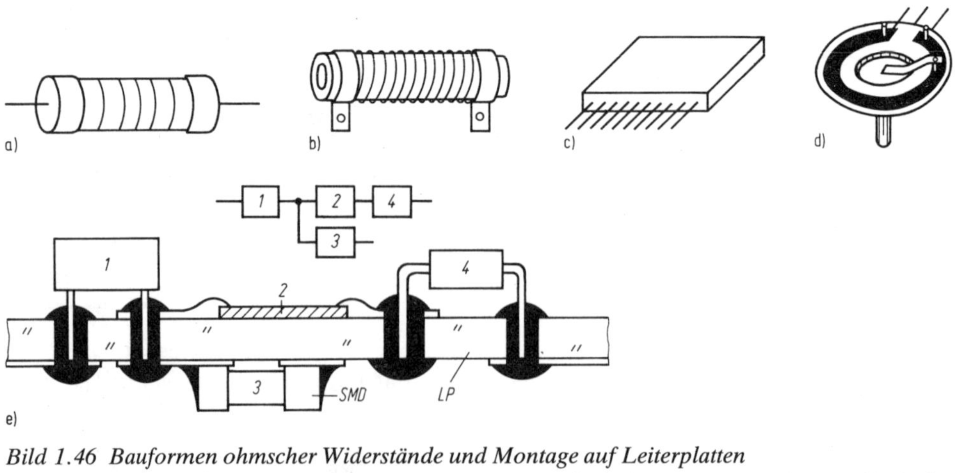

Bild 1.46 Bauformen ohmscher Widerstände und Montage auf Leiterplatten

a) Kohleschichtwiderstand (wendelförmig gefräst zur R-Erhöhung); b) Drahtwiderstand mit Keramikrohr (nur für niedrige Frequenzen); c) Dünnschichtwiderstandsnetzwerk; d) Kohleschichtpotentiometer; e) gemischt bestückte Leiterplatte (LP) mit radialem Bauelement (*1*), Schichtbauelement (*2*), Chipbauelement (surface mounted device) (*3*) und axialem Bauelement (*4*)

E-Reihen. Diskrete Widerstände werden nach den *IEC-Reihen* in Widerstandsreihen (*E* 6, *E* 12, *E* 24, *E* 48, seltener *E* 96, *E* 192) gestuft. Der *E*-Wert gibt an, wieviel Werte im Bereich 1 ... 10 untergebracht werden. Der Werteberechnung einer Reihe liegt die Formel $En = 10^{m/n}$ ($n = 6, 12, 24, 48, 96, 192$, $m = 0, 1, 2, \ldots, n-1$) zugrunde. Streicht man von einer Reihe *En* jeden zweiten Wert, so erhält man die Reihen *En*/2 (s. Tafel 1.8). Da sich bei jeder Normreihe eine lückenlose Überdeckung ergibt, fällt jeder Widerstand in eine Toleranzgruppe. Demnach entsteht bei der Fertigung kein Ausschuß.

Tafel 1.8. E-Reihen

Stufung der Widerstandswerte nach IEC

Reihe	Toleranz	Widerstandswerte (gerundet)						Stufenfaktor $\sqrt[n]{10}$
E 6	±20%	1,00	1,50	2,20	3,30	4,70	6,80	1,468
E 12	±10%	1,00	1,50	2,20	3,30	4,70	6,80	1,21
		1,20	1,80	2,70	3,90	5,60	8,20	
E 24	±5%	1,00	1,50	2,20	3,30	4,70	6,80	1,1
		1,10	1,60	2,40	3,60	5,10	7,50	
		1,20	1,80	2,70	3,90	5,60	8,20	
		1,30	2,00	3,00	4,30	6,20	9,10	
E 48	±2,5%	1,00	1,50	2,20	3,30	4,70	6,80	1,049
		1,05	1,55	2,30	3,45	4,90	7,15	
		1,10	1,60	2,40	3,60	5,10	7,50	
		1,15	1,70	2,55	3,75	5,35	7,85	
		1,20	1,80	2,70	3,90	5,60	8,20	
		1,25	1,90	2,85	4,10	5,90	8,60	
		1,30	2,00	3,00	4,30	6,20	9,10	
		1,40	2,10	3,15	4,50	6,50	9,55	
E 96	±1,25%	96 Werte						1,024
E 192	±0,6%	192 Werte						1,012

Jeder Wert kann mit dem Faktor 10^x ($x = 0, 1, 2, 3, \ldots$) multipliziert werden.

Vorsätze: 10^{-3} Ohm = 1 Milliohm — 10^9 Ohm = 1 Gigaohm
10^3 Ohm = 1 Kiloohm — 10^{12} Ohm = 1 Teraohm
10^6 Ohm = 1 Megaohm

Charakteristika und Kennzeichnung von Widerständen. Im folgenden werden einige Charakteristika von diskreten Festwiderständen genannt und durch Zahlenbeispiele erläutert: *Nennwiderstand* (2,2 kΩ), *Auslieferungstoleranz* (5%), *Nennverlustleistung* (0,5 W), *Grenzspannung* (1 kV), *Temperaturkoeffizient* ($50 \cdot 10^{-6}$/K). Tafel 1.9 vermittelt einen Eindruck von der Kennzeichnung diskreter Widerstände bezüglich Auslieferungstoleranz, Temperaturkoeffizient (Abschn. 1.8.4) sowie des Farbkodes an den Widerständen für den Widerstandswert als Ergänzung oder anstelle eines zahlenmäßigen Aufdruckes. Fünf Widerstandstypen seien genannt:

a) *Schichtwiderstände* sind Widerstände, bei denen eine dünne Metall- oder Kohleschicht meist wendelförmig auf einem zylindrischen Porzellankörper aufgebracht ist (Bild 1.46a). Sie werden von 4,7 Ω bis 12 MΩ (in Spezialausführungen auch bis 10 TΩ) angeboten.
b) *Drahtwiderstände* (Bild 1.46b) sind hochbelastbare Widerstände. Sie bestehen aus einer Drahtwicklung auf einem Keramikkörper. Um induktivitätsarme Widerstände zu realisie-

ren, wird häufig die Bifilarwicklung angewandt, bei der neben jedem Leiter ein weiterer mit gleich starkem, aber entgegengesetzt gerichtetem Strom angeordnet ist.

c) *Massewiderstände* sind hochbelastbare Stäbe oder Scheiben eines gepreßten oder gesinterten Pulvergemisches.

d) *Dünnschichtwiderstände* (Bild 1.44) werden vor allem als integriertes Widerstandsnetzwerk (auch kundenspezifisch) bzw. als Ergänzung von integrierten Schaltkreisen (z.B. Analog-Digital-Umsetzer) eingesetzt. Vorteile sind neben der Integrationsfähigkeit für Hybridschaltungen vor allem die hohe Präzision bzw. Abgleichmöglichkeit durch Laser- oder Elektronenstrahltechnologien, geringe Baugröße und Eignung für hohe Frequenzen. Wichtige Kenngrößen sind außer den Angaben zum Widerstand oder Flächenwiderstand, zur Toleranz und zum Temperaturkoeffizienten die Langzeitstabilität (z.B. für 1000 h: $|\Delta R|/R \leqq 0{,}5\%$ (125 °C) bzw. $\leqq 0{,}3\%$ (100 °C)) sowie zur Leistung oder auch flächenbezogenen Belastbarkeit (z.B. 125 mW/mm^2) Dünnschichtwiderstände werden durch Aufdampfen bzw. Aufstäuben (Sputtern) von Metallschichten auf einem isolierenden Substrat (meist Keramik) hergestellt. Verwendet werden z.B. CrNi- oder FeNi-Schichten.

e) *Dickschichtwiderstände* eignen sich ebenfalls für die Hybridschaltungen. Sie werden im Siebdruckverfahren hergestellt. Als Leitpasten für Verbindungsleitungen verwendet man z.B. Ag-, Au-, Ni-, Cu-Pulver und für Widerstandspasten u.a. Kohlenstoffe in Form von Ruß oder Graphit, eingebettet in Trägersysteme, z.B. Polymere.

Tafel 1.9. Kennzeichnung diskreter Widerstände

Auslieferungstoleranzen		Temperaturkoeffizienten		
	Kode	TK	Abkürzung	Kode
20%	–			
10%	K	$200 \times 10^{-6}/K$	TK 200	/:
5%	J	$100 \times 10^{-6}/K$	TK 100	/
2%	G	$50 \times 10^{-6}/K$	TK 50	//
1%	F	$25 \times 10^{-6}/K$	TK 25	·
0,5%	D	$15 \times 10^{-6}/K$	TK 15	:
0,25%	C	$>200 \times 10^{-6}/K$	>TK 200	ohne
0,1%	B			

Farbkode des Widerstandswertes (TGL 4633)

Farbe	1. Ring (1. Ziffer)	2. Ring (2. Ziffer)	3. Ring (Faktor)	4. Ring (Toleranz)
Silber	–	–	10^{-2}	±10%
Gold	–	–	10^{-1}	±5%
Schwarz	–	0	10^{0}	
Braun	1	1	10^{1}	±1%
Rot	2	2	10^{2}	±2%
Orange	3	3	10^{3}	
Gelb	4	4	10^{4}	
Grün	5	5	10^{5}	
Blau	6	6	10^{6}	
Violett	7	7	10^{7}	
Grau	8	8	10^{8}	
Weiß	9	9	10^{9}	
ohne				±20%

Surface mounted devices. Für Widerstände wie für alle anderen Bauelemente der Elektronik ist die *surface mount technology* (SMT, Aufsetztechnologie) von großer Bedeutung. Sie erfordert die Bauform der *surface mounted devices*[1]) (SMD) und ermöglicht neben einer höheren

[1]) surface mounted devices (engl.): oberflächenmontierbare Bauelemente

Packungsdichte billigere und zuverlässigere Lösungen für Leiterplatten und erleichtert die automatische Bestückung. Außerdem werden durch Reduzierung parasitärer kapazitiver und induktiver Effekte z. T. auch höhere Arbeitsgeschwindigkeiten möglich. SMD werden direkt, also ohne Drahtverbindung, auf die Unter- oder Oberseite von Leiterplatten oder anderen Verdrahtungsträgern aufgesetzt und z. T. gemeinsam mit bedrahteten Bauelementen verwendet (Bild 1.46e).

1.8.2.5 Zusammenschaltung linearer Widerstände

Reihenschaltung. Bei ihr fließt der gleiche Strom durch alle Widerstände, und die Spannungen addieren sich (Bild 1.47). Aus

$$R = \frac{u}{i} = \frac{u_1 + u_2 + \ldots + u_n}{i} = R_1 + R_2 + \ldots + R_n$$

folgt für den Ersatzwiderstand (gleiches Klemmenverhalten) einer

$$\textit{Reihenschaltung}\ R = \sum_{\mu=1}^{n} R_\mu. \qquad (1.112)$$

Der Ersatzwiderstand einer Reihenschaltung ist demnach größer als der größte Teilwiderstand.

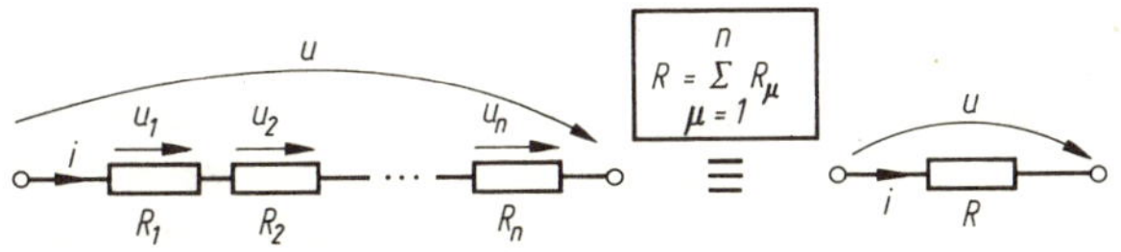

Bild 1.47 Ersatzwiderstand einer Reihenschaltung von n Widerständen

Parallelschaltung. Kennzeichnend sind hierbei die gleiche Spannung an allen Widerständen sowie die Stromaddition (Bild 1.48). Daraus ergibt sich mit $i_\mu = G_\mu u$ für die

$$\textit{Parallelschaltung}\ G = \sum_{\mu=1}^{n} G_\mu \quad \frac{1}{R} = \sum_{\mu=1}^{n} \frac{1}{R_\mu}. \qquad (1.113)$$

Der Ersatzwiderstand einer Parallelschaltung ist demnach stets kleiner als der kleinste Teilwiderstand. Der Ersatzwiderstand einer Parallelschaltung zweier Widerstände (symbolhaft durch $R_1||R_2$ dargestellt) lautet:

$$R = R_1||R_2 = \frac{R_1 R_2}{R_1 + R_2}. \qquad (1.114)$$

Für drei parallelgeschaltete Widerstände gilt $R = 1/G$ mit $G = G_1 + G_2 + G_3$. Der Ersatzwiderstand n parallelgeschalteter gleicher Widerstände R_0 ist $R = R_0/n$.

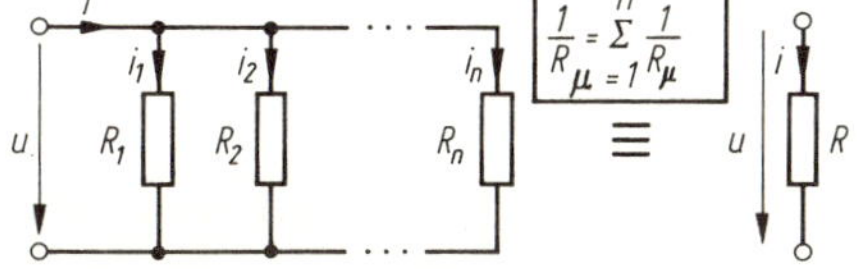

Bild 1.48 Ersatzwiderstand einer Parallelschaltung von n Widerständen

Gemischte Reihen- und Parallelschaltungen. Im Bild 1.49 sind einige Widerstandsnetzwerke dargestellt. Bei der Berechnung des Zweipolersatzwiderstandes ist es zweckmäßig:

- die Widerstände wegzulassen, die den Ersatzwiderstand nicht beeinflussen,

- durch Zusammenfassung von Widerständen und ggf. Umzeichnen der Schaltung eine schrittweise Vereinfachung anzustreben.

Beispiel 1 (Bild 1.49a): R_3 beeinflußt R_{AB} nicht, und R_1 beeinflußt R_{CD} nicht.

Beispiel 2 (Bild 1.49b): R_2 beeinflußt R_{AB} nicht.

Beispiel 3: R_{AB} wird für die Schaltung nach Bild 1.49c schrittweise durch Vereinfachen und Zusammenfassen ermittelt, wie es Bild 1.49d veranschaulicht.

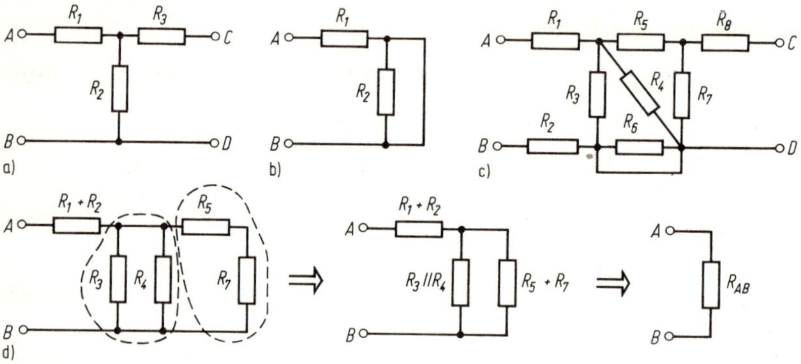

Bild 1.49 Widerstandsnetzwerke

a) bis c) Beispiele; d) Ermittlung von R_{AB} für Netzwerk c) durch schrittweise Bildung von Ersatzwiderständen

Dreieck-Stern- und Stern-Dreieck-Transformationen. Nicht alle Widerstandsnetzwerke lassen sich direkt auf Reihen- bzw. Parallelschaltungen zurückführen. Als nützlich erweisen sich in diesem Fall u. a. *Dreieck-Stern-* bzw. *Stern-Dreieck-Transformationen.* Wie Bild 1.50 veranschaulicht, kann man die Dreieckschaltung (△-Schaltung) auch als π-Schaltung bezeichnen und die Sternschaltung (Y-Schaltung) als T-Schaltung, wenn man von einer Dreipol- zu einer Vierpoldarstellung übergeht. Stellt man sich das Ziel, eine △- durch eine Y-Schaltung zu ersetzen, ohne daß sich das Strom-Spannungs-Verhalten an den Klemmen *1, 2* und *3* ändert *(Äquivalenz)*, so ergibt sich die folgende Vorschrift für die

$$\triangle\text{-Y-}\textit{Transformation}\; R_{10} = \frac{R_{12}R_{13}}{R}, \qquad R_{20} = \frac{R_{12}R_{23}}{R}, \qquad R_{30} = \frac{R_{13}R_{23}}{R} \tag{1.115}$$

mit $R = R_{12} + R_{13} + R_{23}$, d. h.,

$$\text{Y-Widerstand} = \frac{\text{Produkt der } \triangle\text{-Widerstände am Knoten}}{\text{Summe der } \triangle\text{-Widerstände}}.$$

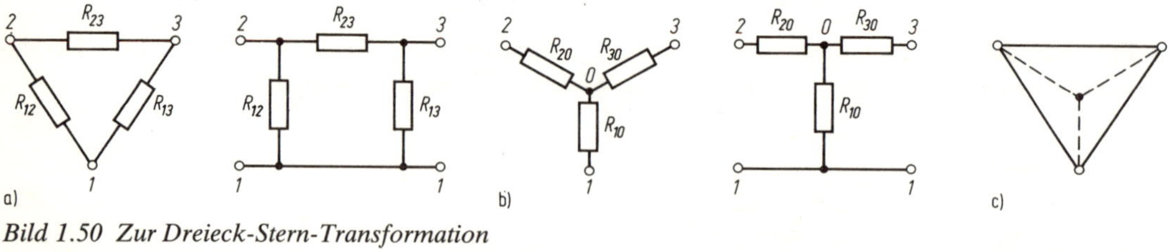

Bild 1.50 Zur Dreieck-Stern-Transformation

a) Dreieck- bzw. π-Schaltung; b) Stern- bzw. T-Schaltung; c) symbolische Graphendarstellung zur Dreieck-Stern-Transformation

Für die Transformation Y- in △-Schaltungen ist die Leitwertdarstellung zweckmäßig, und zwar gilt für die

$$\text{Y-}\triangle\text{-}\textit{Transformation}\; G_{12} = \frac{G_{10}G_{20}}{G}, \qquad G_{13} = \frac{G_{10}G_{30}}{G}, \qquad G_{23} = \frac{G_{20}G_{30}}{G} \tag{1.116}$$

mit $G = G_{10} + G_{20} + G_{30}$, d. h.,

$$\Delta\text{-Leitwert} = \frac{\text{Produkt der Y-Leitwerte am Knoten}}{\text{Summe der Y-Leitwerte}}.$$

Erwähnt sei, daß Stern-Dreieck-Umwandlungen einen Spezialfall von Stern-n-Eck-Umwandlungen ($n \geqq 3$) darstellen. Außerdem werden später Transformationen dieser Art auch für lineare RCL-Wechselstromschaltungen verwendet.

Beispiel: Δ-Y-Transformation bei Brückenschaltungen

Problem: Eine Brückenschaltung (Bild 1.51 a) soll so in eine Reihen-Parallel-Schaltung übergeführt werden, daß R_{AB} direkt berechnet werden kann.

Lösung: Eine Δ-Y-Transformation führt zu Bild 1.51 b. Dabei ergibt sich

$$R_{AB} = R_{AO} + (R_{CO} + R_4) \,||\, (R_{DO} + R_5) \quad \text{mit} \quad R_{AO} = R_1R_2/(R_1 + R_2 + R_3) \text{ usw.}$$

Weitere Lösungsvarianten werden in der Aufgabe 1.30 behandelt.

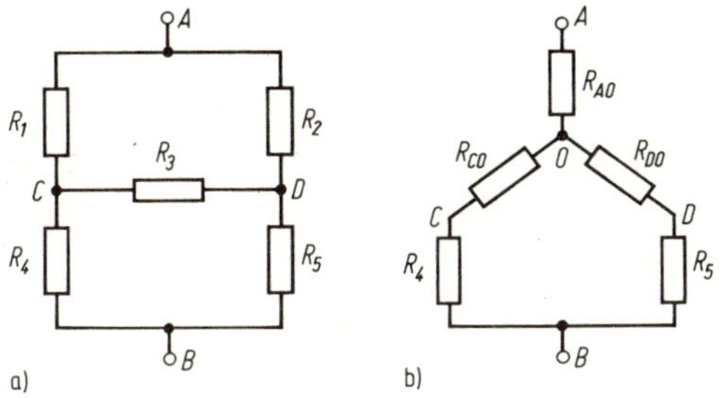

Bild 1.51
Brückenschaltung (a) und Umformung der Brückenschaltung mit der Δ-Y-Transformation in eine gemischte Reihen-Parallel-Schaltung (b)

Aufgabe 1.27 Reihen- und Parallelschaltung

Wie müssen die Widerstände R von 2,9 kΩ und 7 kΩ ergänzt werden, damit ein Widerstand von $R = 5$ kΩ entsteht?

Aufgabe 1.28 Ersatzwiderstand von Reihen- und Parallelschaltungen

a) Berechnen Sie die Ersatzwiderstände R_{AB} für die Netzwerke in den Bildern 1.49 a bis c!
b) Berechnen Sie den Ersatzwiderstand R_{CD} für das Netzwerk im Bild 1.49 c!

Aufgabe 1.29 „Trimmen" von Widerständen durch Reihen- bzw. Parallelschaltung

Infolge der unvermeidlichen Bauelementetoleranzen ist es häufig notwendig, in Schaltungen, in denen ein präziser Widerstandswert R_{AB} benötigt wird, durch Reihen- oder Parallelschaltung eines Widerstandes R_2 eine geringfügige Widerstandsänderung eines vorgegebenen Widerstandes R_1 um $|\Delta R/R_1| = \varepsilon$ mit $\varepsilon \ll 1$ zu realisieren. Geben Sie dafür möglichst einfache Dimensionierungsrichtlinien allgemein und für $\varepsilon = 5\%$ an!

Aufgabe 1.30 Brückenschaltung (Bild 1.51)

Geben Sie für die R_{AB}-Bestimmung mehrere Lösungsmöglichkeiten an, und berechnen Sie R_{AB} auf drei unterschiedlichen Wegen!

Aufgabe 1.31 Beweis der Δ-Y-Transformation*

Leiten Sie die Δ-Y-Transformationsgleichungen ab!

Aufgabe 1.32 Beweis der Y-Δ-Transformation*

Leiten Sie die Y-Δ-Transformationsgleichungen ab!

1.8.2.6 Spannungsteilung mit linearen Widerständen

Einführung. *Spannungsteiler* spielen in der Schaltungstechnik eine wesentliche Rolle. Sie gestatten es, Teilspannungen unterschiedlicher Größe mit hoher Präzision zu erzeugen. Anwendungsgebiete sind u. a. Potential- bzw. Pegelverschiebungen sowie die Ableitung reduzierter Betriebs- und Signalspannungen. Zu unterscheiden sind feste und verstellbare bzw. einstellbare Spannungsteiler mit einem Schleifkontakt (Bild 1.46 d), die man auch Potentiometer nennt.

Unbelasteter Spannungsteiler. Für den einfachsten Spannungsteiler mit zwei vom gleichen Strom durchflossenen Widerständen, den leer laufenden oder unbelasteten Spannungsteiler (Bild 1.52a), ergibt sich aus $u_1 = R_1 i$, $u_2 = R_2 i$ und $u = u_1 + u_2 = (R_1 + R_2)\, i$ bei Quotientenbildung die

$$\textit{Spannungsteilerregel}\ \frac{u_2}{u_1} = \frac{R_2}{R_1}, \qquad \frac{u_2}{u} = \frac{R_2}{R_1 + R_2}. \tag{1.117}$$

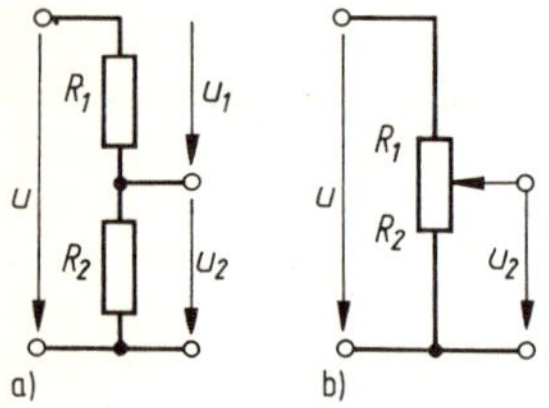

Bild 1.52
Einfachster Spannungsteiler, unbelastet
a) Festspannungsteiler; b) einstellbarer Spannungsteiler (Potentiometer)

Bei Reihenschaltung von n Widerständen gilt (Bild 1.47)

$$\frac{u_\mu}{u_\nu} = \frac{R_\mu}{R_\nu}, \qquad \frac{u_\mu}{u} = \frac{R_\mu}{R} \quad \text{mit} \quad R = \sum_{\mu=1}^{n} R_\mu. \tag{1.118}$$

Die Teilspannungen verhalten sich demnach wie die Teilwiderstände. Die Teilspannung verhält sich zur Gesamtspannung wie der zugeordnete Teilwiderstand zum Gesamtwiderstand. Für die Leistungen ergibt sich wegen $p_\mu = u_\mu i = R_\mu i^2$

$$\frac{p_\mu}{p_\nu} = \frac{R_\mu}{\mathrm{R}_\nu}, \qquad \frac{p_\mu}{p} = \frac{R_\mu}{\mathrm{R}}. \tag{1.119}$$

Die Leistungen verhalten sich somit wegen des übereinstimmenden Stromes wie die Spannungen und damit wie die Widerstände.

Beispiel: Meßbereichserweiterung eines Voltmeters (Bild 1.53)

Problem: Zur Verfügung steht ein Voltmeter mit den Daten: Endausschlag $U_{\mathrm{V\,max}} = 30$ V, Ersatzwiderstand (Innenwiderstand) $R_\mathrm{V} = 500$ kΩ. Es soll im Meßbereich $U_\mathrm{e} \leqq U_{\max} = 300$ V eingesetzt werden. Die Meßbereichserweiterung kann durch Spannungsteilung, d. h. durch Reihenschaltung eines Vorschaltwiderstandes R_r erfolgen. R_r ist zu ermitteln.

Lösung: Der Meßbereich muß um den Faktor $p = U_{\max}/U_{\mathrm{V\,max}}$, d. h. um $p = 300\ \mathrm{V}/30\ \mathrm{V} = 10$ erweitert werden:

$$\frac{U_{\mathrm{V\,max}}}{U_{\max}} = \frac{R_\mathrm{V}}{R_\mathrm{V} + R_\mathrm{r}}, \qquad R_\mathrm{V} + R_\mathrm{r} = R_\mathrm{V}\frac{U_{\max}}{U_{\mathrm{V\,max}}} = pR_\mathrm{V}$$

$$R_\mathrm{r} = (p-1)\, R_\mathrm{V}, \qquad R_\mathrm{r} = 9R_\mathrm{V} = 4{,}5\ \mathrm{M\Omega}.$$

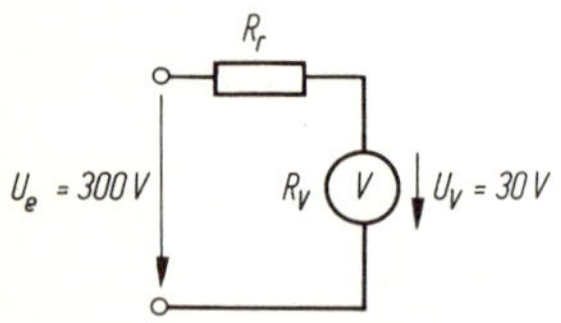

Bild 1.53 Meßbereichserweiterung eines Spannungsmeßgerätes (Voltmeter) durch Reihenschaltung eines Widerstandes

Belasteter Spannungsteiler. Häufig ist an den Spannungsteiler ein Verbraucher angeschlossen, dem der Lastwiderstand $R_\mathrm{L} = u_2/i_\mathrm{L}$ zugeordnet wird (Bild 1.54a). Für die Berechnung dieses oder auch komplizierterer Spannungsteiler erweist es sich oft als zweckmäßig, diese Strukturen auf die Form des einfachsten (unbelasteten) Spannungsteilers zurückzuführen, für den die Spannungsteilerregel abgeleitet wurde, um Fehler zu vermeiden (Bild 1.54b). Für den belasteten Spannungsteiler folgt damit

$$\frac{u_2}{u} = \frac{R_2 \| R_L}{R_1 + (R_2 \| R_L)} = \frac{R_2 R_L}{R_1 R_2 + R_1 R_L + R_2 R_L} = \frac{R_2}{R_1 + R_2 + R_1 R_2 / R_L}. \quad (1.120)$$

Daraus ist ersichtlich, daß die Spannung an einem Spannungsteiler um so stärker absinkt, je kleiner R_L ist, d.h., je höher die Belastung des Spannungsteilers ist. Für $R_L \gg R_1 \| R_2$, also geringe Belastung des Spannungsteilers, gilt näherungsweise $u_2/u = R_2/(R_1 + R_2)$.

Hinweis: Für die Auslegung von Spannungsteilern bezüglich Maximalstromes und Leistung ist jeweils vom ungünstigsten Betriebsfall auszugehen. Bei Potentiometern, die im gesamten Bereich $0 \leqq U_2 \leqq U$ geregelt werden, tritt der Maximalstrom I_{max} als Grenzwert für $U_2 \to U$ in R_1 auf und ist $I_{max} \approx U(1/R + 1/R_L)$ mit $R = R_1 + R_2$ (Potentiometerwiderstand). Meist muß man den gesamten Stellwiderstand für I_{max} auslegen und kann ihm damit die Nennleistung $P_N = I_{max}^2 R$ zuordnen. Um bei vorgegebenem Lastwiderstand R_L die minimale Leistung P_N zu ermitteln, bildet man $dP_N/dR = 0$ und weist $d^2P_N/dR^2 > 0$ für diesen Wert nach. Dabei ergibt sich die Bedingung: *minimale Nennleistung des Potentiometers für $R = R_L$*, d.h., *Potentiometerwiderstand = Lastwiderstand (für Drahtwiderstände).*

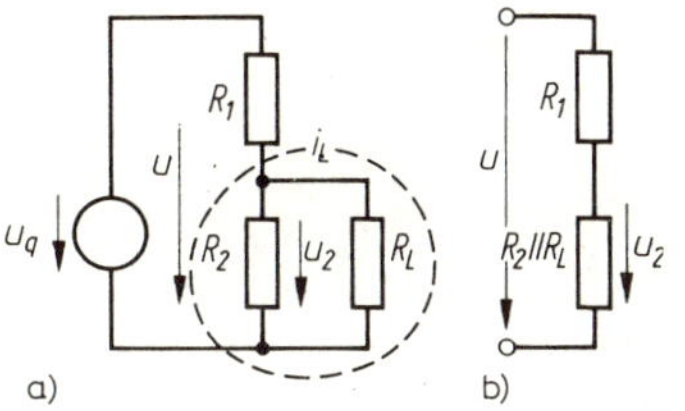

Bild 1.54
Belasteter Spannungsteiler und entsprechende Ersatzschaltung

Beispiel: Meßwertverfälschung durch den endlichen Widerstand von Spannungsmessern

Problem: Um einen Meßfehler zu charakterisieren, können

der absolute Fehler $\Delta U = U^* - U,$ (1.121)

mit *U^* als Meßwert (Istwert) und U als exaktem Wert (Sollwert),*

oder der relative Fehler $\delta = \frac{\Delta U}{U} = \frac{U^* - U}{U} = \frac{U^*}{U} - 1$ (1.122)

herangezogen werden. Bei dem an dieser Stelle behandelten Problem ist U^* die vom Spannungsmesser (exakt) gemessene Spannung, während unter dem exakten Wert U der Spannungswert ohne zugeschaltetes Meßgerät verstanden wird. Zur Erläuterung wird folgendes Beispiel analysiert:

Mit den Widerständen R_1 und R_2 wird ein Spannungsteiler aufgebaut (Bild 1.55a), der exakt die Spannung $U = U_q/3$ liefern soll.

a) Zu berechnen ist R_1 allgemein und für $R_i = 0$, $R_2 = 20\,k\Omega$ und $U_q = 15\,V$.

b) Welche Spannung U_2^* wird mit einem Universalmeßgerät (Innenwiderstand $R_V = 160\,k\Omega$) sowie einem Digitalvoltmeter (Innenwiderstand $R_V = 10\,M\Omega$) gemessen? Welche absoluten und relativen Fehler treten also durch den endlichen Innenwiderstand R_v der Meßgeräte auf?

Lösung:

a) $\frac{U}{U_q} = \frac{R_2}{R_1 + R_2 + R_i} = \frac{1}{3}, \quad R_1 + R_2 + R_i = 3R_2, \quad R_1 = 2R_2 - R_i = 40\,k\Omega.$

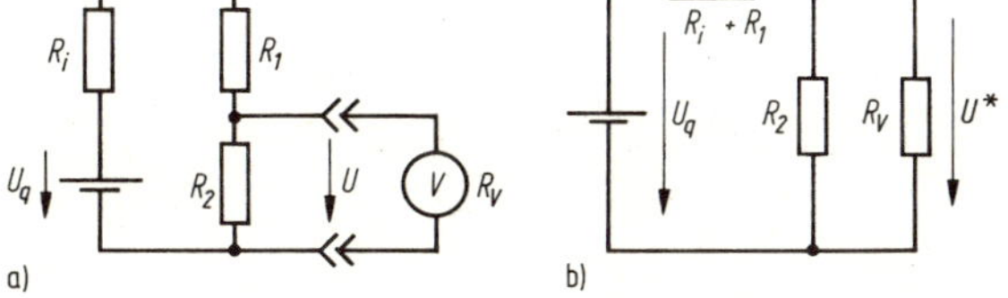

Bild 1.55 Meßwertverfälschung durch den endlichen Innenwiderstand R_v des Spannungsmessers

a) auszumessender Spannungsteiler (Voltmeter noch nicht angeschlossen); b) Ersatzschaltung für die Anwendung der Spannungsteilerregel (Voltmeter angeschlossen)

b) Entsprechend der Ersatzschaltung im Bild 1.55 b wird (für $R_i = 0$) folgendes U^* gemessen:

$$\frac{U^*}{U_q} = \frac{R_2 \parallel R_V}{R_1 + R_2 \parallel R_V} = \frac{R_2 R_V}{R_2 + R_V} \, \frac{1}{R_1 + R_2 R_V/(R_2 + R_V)} = \frac{U_q}{\dfrac{R_1}{R_V} + \dfrac{R_1}{R_2} + 1}; \tag{1.123}$$

exakter Wert: $U = 15\text{ V}/3 = 5\text{ V}$;

Meßwert: $U^* = 4{,}62\text{ V}$ (Universalmeßgerät), $U^* = 4{,}9933\text{ V}$ (Digitalvoltmeter);

absoluter Fehler: $\Delta U = -0{,}38\text{ V}$ (Universalmeßgerät), $\Delta U = -6{,}7\text{ mV}$ (Digitalvoltmeter);

relativer Fehler: $\delta = -7{,}6\%$ (Universalmeßgerät), $\delta = -1{,}34‰$ (Digitalvoltmeter).

Man erkennt, daß beim Einsatz des wesentlich hochohmigeren Digitalvoltmeters (mit kleinerem Leistungsverbrauch) der Meßprozeß das auszumessende System in wesentlich geringerem Maße beeinflußt. Außerdem sei betont, daß neben dem diskutierten Fehlertyp noch der eigentliche Meßfehler des Meßgerätes zu berücksichtigen ist.

Aufgabe 1.33 Mehrfache Anwendung der Spannungsteilerregel

Berechnen Sie u_5 für die Schaltung im Bild 1.56 a!

Hinweis: Zeichnen Sie die Schaltung durch Zusammenfassung von Widerständen jeweils so um, daß die Grundschaltung des Spannungsteilers entsteht (Bilder 1.56 b und 1.56 c)!

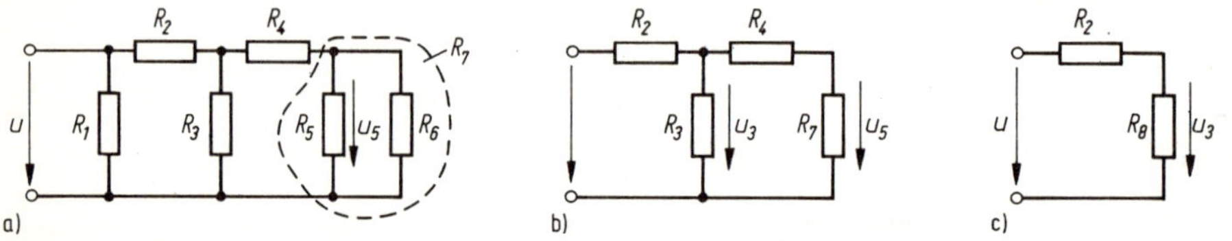

Bild 1.56 Mehrfache Anwendung der Spannungsteilerregel (zur Bestimmung von u_5/u)
a) Schaltung; b) Ersatzschaltung zur Bestimmung von u_5/u_3; c) Ersatzschaltung zur Bestimmung von u_3/u

1.8.2.7 Stromteilung mit linearen Widerständen

Bei Parallelschaltung von Widerständen tritt eine Stromteilung auf. Für den einfachsten Stromteiler (Bild 1.57) gilt $i = i_1 + i_2$, $i_1 = G_1 u$ und $i_2 = G_2 u$. Daraus ergibt sich nach Quotientenbildung die

$$\textit{Stromteilerregel}\ \frac{i_2}{i_1} = \frac{G_2}{G_1} = \frac{R_1}{R_2}, \qquad \frac{i_2}{i} = \frac{G_2}{G_1 + G_2} = \frac{R_1}{R_1 + R_2}. \tag{1.124}$$

Komplizierte Strukturen werden bei Anwendung dieser Regel zweckmäßigerweise auf den einfachsten Stromteiler (gleiche Spannung an den Widerständen!) zurückgeführt. Bei Parallelschaltung von n Widerständen gilt (Bild 1.48)

$$\frac{i_\mu}{i_\nu} = \frac{G_\mu}{G_\nu}, \qquad \frac{i_\mu}{i} = \frac{G_\mu}{G} = \frac{R}{R_\mu}$$

mit

$$G = \sum_{\mu=1}^{n} G_\mu = \sum_{\mu=1}^{n} \frac{1}{R_\mu} = \frac{1}{R}. \tag{1.125}$$

Während sich bei Reihenschaltungen die Teilspannungen wie die zugeordneten Widerstände verhalten, verhalten sich bei einer Parallelschaltung die Teilströme wie die zugeordneten Leit-

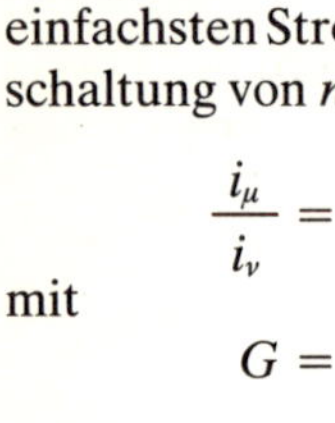

Bild 1.57
Einfachster Stromteiler

werte. Jeder Teilstrom verhält sich zum Gesamtstrom wie der zugeordnete Leitwert zum Gesamtleitwert. Für die Leistungen gilt wegen $p_\mu = ui_\mu = G_\mu u^2$:

$$\frac{p_\mu}{p_\nu} = \frac{G_\mu}{G_\nu}, \qquad \frac{p_\mu}{p} = \frac{G_\mu}{G}. \tag{1.126}$$

Die Leistungen verhalten sich also wegen der übereinstimmenden Spannung wie die Ströme und damit wie die Leitwerte.

Beispiel: Meßbereichserweiterung eines Amperemeters

Problem: Ein Amperemeter mit dem Innenwiderstand $R_A = 0{,}5\ \Omega$ und $I_{A\max} = 1$ A Endausschlag soll für die Messung von Strömen $I \leqq I_{\max} = 100$ A verwendet werden. Zu berechnen ist der parallelzuschaltende Widerstand (Shunt) R_p allgemein und zahlenmäßig.

Lösung: Entsprechend Bild 1.58 gilt mit $p = I_{\max}/I_{A\max} = 10^2$

$$p = \frac{I_{\max}}{I_{A\max}} = \frac{R_p + R_A}{R_p} = 1 + \frac{R_A}{R_p}, \qquad R_p = \frac{R_A}{p-1} = 5{,}05\ \mathrm{m}\Omega. \tag{1.127}$$

Aufgabe 1.34 Stromteilerregel

Wie groß ist i_1 bei vorgegebenem i für die Schaltung im Bild 1.59?

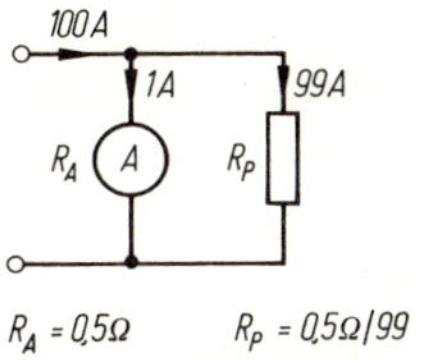

Bild 1.58 Beispiel zur Meßbereichserweiterung eines Strommeßgerätes durch Parallelschaltung eines Widerstandes

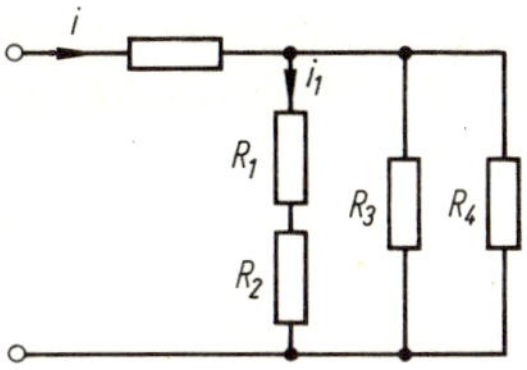

Bild 1.59 Beispiel zur Stromteilerregel

1.8.3 Nichtlineare resistive Zweipole

1.8.3.1 Merkmale nichtlinearer resistiver Zweipole

Alle Zweipole, deren u,i-Relation in der Form $f(u, i) = 0$ darstellbar ist, die Bedingung $i = 0$ für $u = 0$ erfüllt, aber keine Gerade durch den Nullpunkt darstellt, bezeichnet man als nichtlineare resistive Zweipole (Bild 1.39b). Anders ausgedrückt: Nichtlineare resistive Zweipole sind alle resistiven Zweipole, die nicht die Linearitätsbedingung erfüllen. Jedes Netzwerk, das mindestens ein nichtlineares Netzwerkelement enthält, nennt man nichtlinear.

Bei Nichtlinearität gilt $R = u/i = R(i)$ bzw. $R = u/i = R(u)$ und damit zumindest in einem Bereich

$$r = \mathrm{d}u/\mathrm{d}i \neq R = u/i. \tag{1.128}$$

Der differentielle Widerstand ist also, anders als beim linearen Zweipol, nicht mit dem Widerstand identisch. Folgende Beziehungen sind leicht ableitbar, werden aber selten benötigt:

$$r = \frac{\mathrm{d}u}{\mathrm{d}i} = R + i\,\frac{\mathrm{d}R}{\mathrm{d}i}, \qquad g = \frac{\mathrm{d}i}{\mathrm{d}u} = G + u\,\frac{\mathrm{d}G}{\mathrm{d}u}. \tag{1.129}$$

Erwähnt sei, daß bei der Berechnung nichtlinearer resistiver Netzwerke die Darstellung $u = u(i)$ bzw. $i = i(u)$ meist der Darstellung $u = R(i)\,i$ bzw. $i = G(u)\,u$ vorzuziehen ist.

1.8.3.2 Beispiele nichtlinearer resistiver Zweipole

Einführung. Man kann drei Gruppen nichtlinearer resistiver Zweipole unterscheiden:

- Zweipole, die man als *spannungs- oder stromgesteuert* auffassen kann mit eindeutiger $i = i(u)$- und $u = u(i)$-Relation (z. B. übliche pn-Dioden und Varistoren);
- *spannungsgesteuerte* Zweipole mit eindeutiger $i(u)$- und mehrdeutiger $u(i)$-Relation (z. B. die N-förmige $i(u)$-Charakteristik bei Tunneldioden);
- *stromgesteuerte* Zweipole mit eindeutiger $u(i)$- und mehrdeutiger $i(u)$-Charakteristik (z. B. S-förmige i,u-Charakteristika bei Gasentladungsröhren).

Im folgenden wird das Klemmenverhalten der genannten Bauelemente diskutiert. Vorausgesetzt wird, daß diese technischen Bauelemente durch resistive Zweipole modelliert werden können. Das ist für statischen und quasistatischen Betrieb möglich, also für zeitkonstante Klemmengrößen bzw. hinreichend langsam veränderliche Größen, so daß dynamische Effekte vernachlässigbar sind.

Übliche Halbleiterdioden bzw. PN-Dioden (Bild 1.60). Halbleiterdioden sind sowohl für die Elektronik im Bereich kleiner Leistungen – die Informationselektronik – als auch für große elektrische Leistungen, also die Leistungselektronik, von großer Bedeutung.

PN-Dioden bestehen aus einem kristallinen Halbleitermaterial (z. B. Si), in dem ein P- und ein N-leitendes Gebiet aneinandergrenzen (PN-Übergang) und das sowohl am P-Gebiet (Anode) als auch am N-Gebiet (Katode) metallisch kontaktiert ist.

Bei der Kennlinie einer PN-Diode (Bild 1.60a) unterscheidet man je nach Vorzeichen der anliegenden Spannung zwischen Durchlaß- und Sperrbereich. Im *Durchlaßbereich* ist die Spannung zwischen Anode und Katode positiv. Dadurch bewegen sich die Löcher im P-Gebiet und die Elektronen im N-Gebiet auf den PN-Übergang zu (Bild 1.60b). Er wird von Ladungsträgern überschwemmt und kann den Strom leiten. Der Strom steigt an. Allerdings steigt er erst oberhalb einer bestimmten Fluß- oder Schleusenspannung U_{Fo} steil an. Für Siliziumdioden ist die

Flußspannung $U_{\mathrm{Fo}} \approx 0{,}7$ V.

Für Galliumarseniddioden gilt $U_{\mathrm{Fo}} \approx 0{,}8$ V und für Germaniumdioden $U_{\mathrm{Fo}} \approx 0{,}3$ V. Bei Dioden wird häufig der Spannungswert als Flußspannung definiert, der bei einem bestimmten

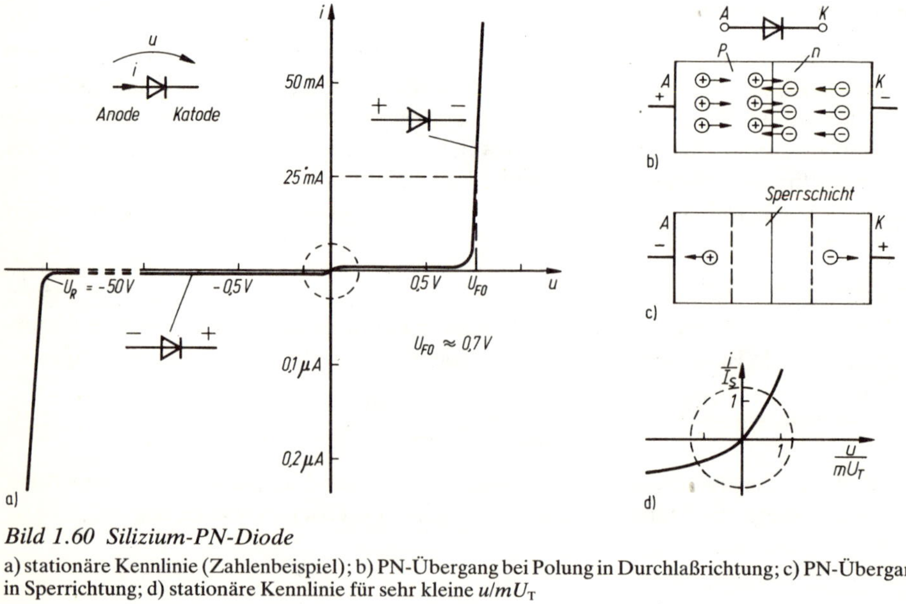

Bild 1.60 Silizium-PN-Diode

a) stationäre Kennlinie (Zahlenbeispiel); b) PN-Übergang bei Polung in Durchlaßrichtung; c) PN-Übergang bei Polung in Sperrichtung; d) stationäre Kennlinie für sehr kleine u/mU_{T}

Strom (z. B. 10% vom Maximalstrom) abfällt (bzw. maximal abfällt). Im *Sperrbereich* ist die Spannung zwischen Anode und Katode negativ. Die Elektronen im N-Gebiet wandern zur Katode und die Löcher im P-Gebiet zur Anode. Der PN-Übergang verarmt an Ladungsträgern (Bild 1.60c). Dadurch kann nur ein sehr kleiner Strom fließen, der sich mit betragsmäßig wachsender Spannung einem Sättigungswert $-I_S$ nähert. Bei sehr hohen negativen Spannungen kann es zu einem Durchbruch kommen, bei dem der Strom betragsmäßig steil zunimmt. Der Durchbruch kann die Diode zerstören und wird deshalb meist vermieden.

Vom Durchbruchverhalten abgesehen, kann das *Klemmenverhalten* der PN-Diode *im gesamten Bereich* mit guter Näherung durch

$$i = I_S \left(\exp \frac{u}{mU_T} - 1 \right) \quad \text{bzw.} \quad u = mU_T \ln (i/I_S + 1) \tag{1.130}$$

beschrieben werden, mit $m = 1 \ldots 2$. Meist kann $m = 1$ gesetzt werden.

Der *Sättigungsstrom* I_S hängt von dem Halbleitermaterial, dem Aufbau der Diode und von der Temperatur ab. Er liegt meist zwischen 10^{-15} und 10^{-4} A. Die

$$\textit{Temperaturspannung } U_T = \frac{kT}{e} \tag{1.131}$$

hängt von der Temperatur T, der Elementarladung e und der

$$\textit{Boltzmann}^{1)}\textit{-Konstante } k = 1{,}381 \cdot 10^{-23} \text{ W} \cdot \text{s/K} \tag{1.132}$$

ab. Sie besitzt bei $T = 300$ K den Wert $U_T = 25{,}9$ mV. Bei der Darstellung der Diodenkennlinie ist zu beachten, daß sich die Kurvenform optisch bei einer Darstellung im Bereich $0 < u < 5U_T$ wesentlich von der im Bereich $0 < u < 50U_T$ unterscheidet (Bilder 1.60a und 1.60d). Für $\exp(u/U_T) \gg 1$ bzw. $\exp(u/U_T) \ll 1$ können aus Gl. (1.130) die Näherungsbeziehungen

$$i = I_S \exp (u/mU_T) \text{ für das Durchlaßgebiet } (u \gtrapprox 5U_T) \tag{1.133}$$

und

$$i = -I_S \text{ für das Sperrgebiet } -u \gtrapprox 5U_T \tag{1.134}$$

abgeleitet werden. Berechnet man aus Gl. (1.133) mit

$$\frac{1}{r} = \frac{\mathrm{d}i}{\mathrm{d}u} = \frac{\mathrm{d}}{\mathrm{d}u} \left(I_S \exp \frac{u}{mU_T} \right) = \frac{I_S}{mU_T} \exp \frac{u}{mU_T} \tag{1.135}$$

den differentiellen Widerstand im Durchlaßbereich, so erhält man

$$r = \mathrm{d}u/\mathrm{d}i = mU_T/i \approx U_T/i, \tag{1.136}$$

also ein Absinken von r mit wachsendem Strom.

Varistoren (Bild 1.61a). Sie werden auch als spannungsabhängige Widerstände (**Var**iable res**istor**) oder VDR-Widerstände (**v**oltage **d**ependent **r**esistor) bezeichnet. Vielfach bestehen sie aus gesintertem halbleitendem SiC in Scheibenform. Ihre Kennlinie (Bild 1.61a) kann meist durch $u = ci^{\beta}$ ($\beta = 0{,}15 \ldots 0{,}3$, c-Konstante) angenähert werden. Varistoren sind – wie natürlich auch ohmsche Widerstände – bilaterale Bauelemente bzw. Bauelemente mit symmetrischen Kennlinien, d. h., ihre Kennlinien stimmen im 1. und 3. Quadranten überein: $i(u) = -i(-u)$. Bei bilateralen Bauelementen wirkt sich eine Vertauschung der Anschlüsse nicht aus.

Einsatzgebiete sind u. a. der Schutz von (parallelgeschalteten) Bauelementen gegen Überspannungen (im Energieversorgungsnetz) sowie Spannungsregelungen. Im Gegensatz zu temperaturgesteuerten Bauelementen reagieren Varistoren nahezu trägheitsfrei.

[1]) Ludwig Boltzmann, österr. Physiker, 1844–1906

Tunneldioden (Bild 1.61b). Tunneldioden sind spezielle hochdotierte PN-Dioden, die sich durch einen sehr steilen PN-Übergang auszeichnen. In Nullpunktnähe steigt der Strom infolge eines quantenmechanischen Tunneleffektes steil an. Bei höheren Durchlaßspannungen sinkt der Strom infolge des Tunneleffektes wieder ab, und die Kennlinie geht in eine normale Diodenkennlinie über. Typische Kennwerte sind Peakstrom I_p und -spannung U_p sowie Tal- (Valley-) Spannung U_v und -strom I_v. Aus der Kennlinie ist ersichtlich, daß die *Tunneldiode* ein *spannungsgesteuertes Bauelement* ist, da jedem u-Wert ein i-Wert zuzuordnen ist, während es einen Bereich gibt, in dem zu einem i-Wert drei Spannungswerte existieren. Das Verhalten der Tunneldiode ist also nur für vorgegebenes u eindeutig bestimmt. Ein weiterer und damit zusammenhängender Unterschied zur üblichen PN-Diode besteht darin, daß zwischen der Spannung U_p und U_v eine *fallende Kennlinie*, d.h. ein *negativer differentieller Widerstand* vorliegt, der zu Instabilitäten, d.h. zu Schwingungen führen kann (Band 2).

Infolge der geringen Trägheit des Tunneleffektes eignet sich die Diode vor allem für Gigahertz- bzw. Subnanosekundenanwendungen, z.B. in rauscharmen Oszillatoren und speziellen schnellen Impulsschaltungen. Ihr Einsatz erfolgt allerdings sehr selten.

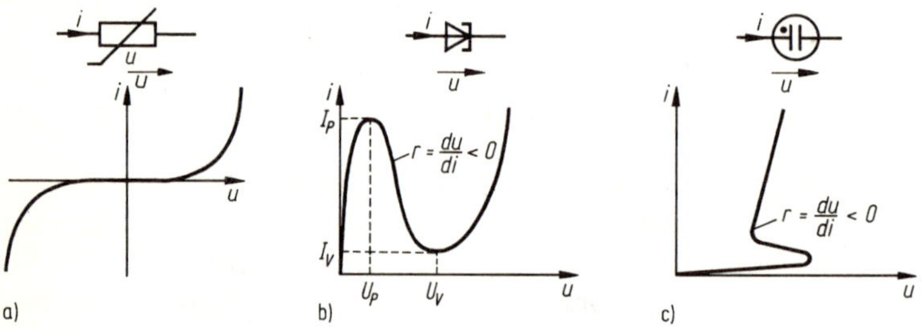

Bild 1.61 Stationäre Kennlinien sowie Symbole weiterer nichtlinearer resistiver Zweipole
a) Varistor; b) Tunneldiode; c) Glimmlampe

Gasentladungsdioden (Bild 1.61c). Sie seien als Beispiel eines stromgesteuerten Bauelementes genannt. Auch hierbei kann ein fallender Kennlinienteil mit negativem differentiellem Widerstand auftreten (s. Abschn. 4.8.3).

Aufgabe 1.35 Varistor

Berechnen Sie für einen Varistor mit $u = c\,(i/A)^{\beta}$ ($c = 250\,\text{V}, \beta = 0{,}2$) R, r, g und die Leistung p, und zeichnen Sie $i(u)$ und r!

Aufgabe 1.36 Nichtlineare resistive Zweipole

Wie lauten die Gleichungen für die Reihenschaltung (a) und Parallelschaltung (b) sowie die Spannungsteilerregel (c) und Stromteilerregel (d) für nichtlineare Widerstände?

Aufgabe 1.37 Kontrollfragen

a) Wie lauten die Spannungs- und Stromteilerregel?
b) Geben Sie grafische Verfahren zur Bestimmung von R und $g = 1/r$ aus nichtlinearen i,u-Charakteristika an!
c) Stellen Sie $i(u)$, $R(u)$ und $r(u)$ für eine PN-Diode (ohne zu rechnen) qualitativ und für den Fall $i = 1\,\text{mA}$ bei einer Flußspannung $U_{Fo} = 0{,}7\,\text{V}$ für $mU_T = 25\,\text{mV}$ rechnerisch und grafisch (quantitativ) im Durchlaßbereich dar!
d) An einer Glühlampe werden folgende Werte bei konstanter Umgebungstemperatur gemessen:
U: 0 20 40 60 100 140 180 200 220 V
I: 0 100 148 169 205 230 248 256 262 mA.
Geben Sie R und $r = \mathrm{d}u/\mathrm{d}i \approx \Delta u/\Delta i = \Delta U/\Delta I$ an, und stellen Sie $I(U)$, $R(U)$ und $r(U)$ dar!

1.8.4 Temperaturabhängigkeit resistiver Zweipole

Temperaturkoeffizient. Der Widerstand resistiver Zweipole hängt von den Stromflußmechanismen und den geometrischen Abmessungen ab. Maßgebend ist häufig die Temperaturabhängigkeit der Stromflußmechanismen, d. h. beispielsweise für lineare Widerstände der des spezifischen Widerstandes $\varrho = \varrho(T)$ bzw. $\varrho = \varrho(\vartheta)$. Für grundlegende physikalische Betrachtungen wird meist die *absolute Temperatur* T bevorzugt und für technische Anwendungen die *Celsiustemperatur* ϑ. Es gilt

$$\vartheta = (T/\mathrm{K} - 273{,}15)\,°\mathrm{C} \quad \text{bzw.} \quad T = (273{,}15 + \vartheta/°\mathrm{C})\,\mathrm{K}, \qquad [T] = \mathrm{K}\,(\text{Kelvin}). \tag{1.137}$$

Temperaturdifferenzen werden stets in Kelvin angegeben.

Als *Temperaturkoeffizient* (TK) α des Widerstandes definiert man die differentielle relative Widerstandsänderung je Temperaturänderung bei einer bestimmten Temperatur T_0 bzw. ϑ_0:

$$\alpha(T_0) = \left(\frac{1}{R}\,\frac{\mathrm{d}R}{\mathrm{d}T}\right)_{T_0} \approx \frac{1}{R}\,\frac{\Delta R}{\Delta T}, \qquad \alpha(\vartheta_0) = \left(\frac{1}{R}\,\frac{\mathrm{d}R}{\mathrm{d}\vartheta}\right)_{\vartheta_0} \approx \frac{1}{R}\,\frac{\Delta R}{\Delta \vartheta}, \qquad [\alpha] = \frac{1}{\mathrm{K}}. \tag{1.138}$$

Natürlich ist $\alpha(T_0) = \alpha(\vartheta_0)$.

Geradenapproximation für $R(T)$. Häufig kann $R(T)$ in einem weiten Bereich durch eine Gerade approximiert werden. Daraus folgt wegen $\mathrm{d}R = \alpha R\,\mathrm{d}T$ die Approximation $\Delta R = \alpha(T_0)\,R(T_0)\,\Delta T$ und daraus mit $\Delta R = R(T) - R(T_0)$ und $\Delta T = T - T_0$ bzw. $\Delta R = R(\vartheta) - R(\vartheta_0)$ und $\Delta\vartheta = \vartheta - \vartheta_0$ (Bild 1.62):

$$R(T) = R(T_0)\,(1 + \alpha\,(T_0)\,(T - T_0)) \tag{1.139}$$

$$R(\vartheta) = R(\vartheta_0)\,(1 + \alpha\,(\vartheta_0)\,(\vartheta - \vartheta_0)). \tag{1.140}$$

Mit der in der Elektrotechnik häufig verwendeten Bezugstemperatur $\vartheta = 20°\mathrm{C}$ entsteht

$$R(\vartheta) = R_{20}\,(1 + \alpha_{20}\,(\vartheta - 20°\mathrm{C})). \tag{1.141}$$

Ist $R\,(20°\mathrm{C}) = R_{20}$ nicht bekannt, sondern nur $R(\vartheta_1)$, so ergibt sich mit $R(\vartheta_1) = R_{20}(1 + \alpha_{20}(\vartheta_1 - 20°\mathrm{C}))$ aus Gl. (1.141):

$$\frac{R(\vartheta)}{R(\vartheta_1)} = \frac{1/\alpha_{20} - 20° + \vartheta}{1/\alpha_{20} - 20° + \vartheta_1} \quad \text{bzw.} \quad R(\vartheta) = R(\vartheta_1)\,\frac{\vartheta + \tau}{\vartheta_1 + \tau} \tag{1.142}$$

mit dem *Temperaturkennwert* $\tau = 1/\alpha_{20} - 20°\mathrm{C}; \quad [\tau] = \mathrm{K}.$ (1.143)

Hinweis: Der Gültigkeitsbereich der Geradenapproximation ist um so kleiner, je größer die Krümmung von $R(T)$ und je größer die Genauigkeitsanforderungen sind. Aus den Gln. (1.138) und (1.139) kann geschlossen werden, daß die Geradenapproximation exakt erfüllt ist, wenn der TK der Bedingung $\alpha(T) = \alpha(T_0)/(1 + \alpha(T_0)\,(T - T_0))$ entspricht.

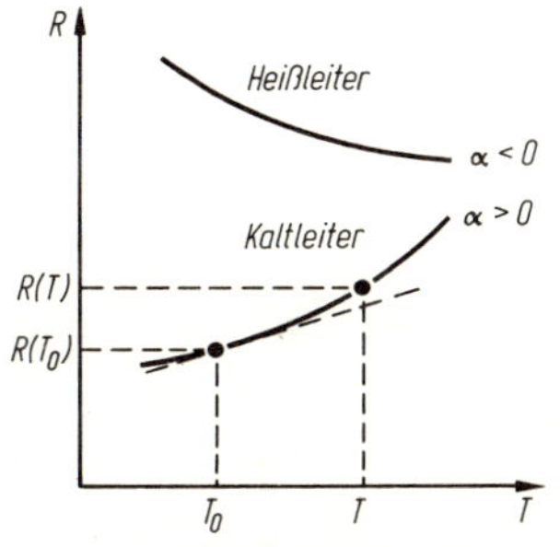

Bild 1.62 Zur Geradenapproximation für die Temperaturabhängigkeit des Widerstandes

Nichtlineares $R(T)$*. Für den Fall, daß eine Linearisierung nicht möglich ist, folgt aus Gl. (1.138) wegen $dR/R = \alpha\, dT$

$$\int_{R_0}^{R} \frac{dR}{R} = \int_{T_0}^{T} \alpha\, dT, \qquad \ln \frac{R(T)}{R(T_0)} = \int_{T_0}^{T} \alpha\, dT.$$

Aus $\exp\left[\ln \frac{R(T)}{R(T_0)}\right] = \exp\left(\int_{T_0}^{T} \alpha\, dT\right)$ ergibt sich

$$R(T) = R(T_0) \exp \int_{T_0}^{T} \alpha(T)\, dT \text{ und für } \alpha = \text{konst.:} \tag{1.144}$$

$$R(T) = R(T_0) \exp\left(\alpha\, (T - T_0)\right). \tag{1.145}$$

Für $|\alpha(T-T_0)| \ll 1$ entsteht mit der Reihenentwicklung $\exp x = 1 - x/1! + x^2/2! - x^3/3! \ldots$ für $|x| \ll 1$ wiederum Gl. (1.139). Neben der Geradenapproximation sind auch stückweise lineare Approximationen mit unterschiedlichen TK und Bezugstemperaturen möglich sowie die quadratische Approximation $R(T) = R(T_0)(1 + \alpha(T_0)(T - T_0) + \beta(T_0)(T - T_0)^2)$. Liegt die Kurve $R/\Omega = f(T/K)$ bzw. $R/\mathrm{k}\Omega = f(T/\mathrm{K})$ vor, so kann der TK α grafisch ermittelt werden, indem man den Winkel φ zwischen Tangente und Abszisse auswertet: $\alpha = \frac{\tan \varphi}{(R/\Omega)\,\mathrm{K}}$ bzw. $\alpha = \frac{\tan \varphi}{(R/\mathrm{k}\Omega)\,\mathrm{K}}$.

Widerstandstypen. R wird bei T-Änderungen vor allem von der Änderung der Geschwindigkeit und der Dichte der quasifreien Ladungsträger (Gl. (1.129)) beeinflußt. Bei wachsendem T sinkt die Geschwindigkeit wegen der stärkeren Wechselwirkung der Ladungsträger mit den bei höheren Temperaturen stärker schwingenden Gitterbausteinen ab. Das führt z. B. bei Metallen wegen der temperaturabhängigen Elektronendichte zu einer Widerstandszunahme und damit zu einem positiven TK. Bei negativem TK, z. B. bei Halbleitern und Elektrolyten, überwiegt die Wirkung einer mit wachsendem T zunehmenden Ladungsträgerdichte. Man kann bezüglich der T-Abhängigkeit folgende drei Widerstandstypen unterscheiden (s. auch Tafel 1.6):

1. Kaltleiter. Sie leiten im kalten Zustand besser, d. h. R-Zunahme mit T und damit $\alpha > 0$ (Bild 1.62). Reine Metalle sind Kaltleiter mit kleinem positivem α, z. B. $\alpha \approx 4‰/\mathrm{K}$ für Cu, Ag und Au (für $-200\,°\mathrm{C} \ldots 600\,°\mathrm{C}$), Al (für $-200\,°\mathrm{C} \ldots 300\,°\mathrm{C}$) und $\alpha \approx 6‰/\mathrm{K}$ für Fe (für $0\,°\mathrm{C} \ldots 100\,°\mathrm{C}$). Kaltleiter sind PTC-Materialien (**p**ositive **t**emperature **c**oefficient). Kaltleiter im engeren Sinn besitzen in einem bestimmten Temperaturbereich ein hohes α und heißen auch *PTC-Widerstände*. Für sie gilt $R(T) = R_0 \exp(\alpha T)$ mit $\alpha > 0$. Sie besitzen eine nichtlineare u,i-Charakteristik (Bild 1.63a) und bestehen häufig aus halbleitenden Sinterkeramiken von Metallverbindungen.

2. Temperaturkonstante Leiter. Bei speziellen Legierungen mit spezieller Vorbehandlung bleibt in einem weiten Temperaturbereich $\alpha \approx 0$, z. B. $\alpha \approx 10^{-2}‰/\mathrm{K}$ für Manganin und $\alpha \approx -5 \cdot 10^{-3}‰/\mathrm{K}$ für Konstantan. Anwendungsgebiete sind vor allem Präzisionswiderstände in der Meßtechnik.

3. Heißleiter. Sie sind durch $\alpha < 0$ charakterisiert (Bild 1.62), also NTC-Materialien (**n**egative **t**emperature **c**oefficient). Dazu zählen Kohlenstoff ($\alpha \approx -(0{,}1 \ldots 1)‰/\mathrm{K}$), Halbleiter ($\alpha \approx -15‰/\mathrm{K}$ für eigenleitendes Si bei 300 K) sowie Elektrolyte. Häufig gilt $R(T) = R_\infty \exp(b/T)$ mit $b > 0$ und damit nach Gl. (1.138) $\alpha = -b/T^2$. Ebenso wie die Begriffe Kaltleiter bzw. PTC-Widerstände werden die Begriffe Heißleiter bzw. *NTC-Widerstände* im engeren Sinn meist nur für spezielle Bauelemente mit besonders ausgeprägter T-Abhängigkeit und nichtlinearer u,i-Charakteristik (Bild 1.63b) benutzt, z. B. für Widerstände aus Sinterkeramiken oxidischer Halbleiter. Als *Thermistoren* (**therm**ally sensitive res**istor**) oder temperaturabhängige Widerstände bezeichnet man Widerstände hoher T-Abhängigkeit und als *Thermistoren* im engeren Sinn spezielle NTC-Widerstände.

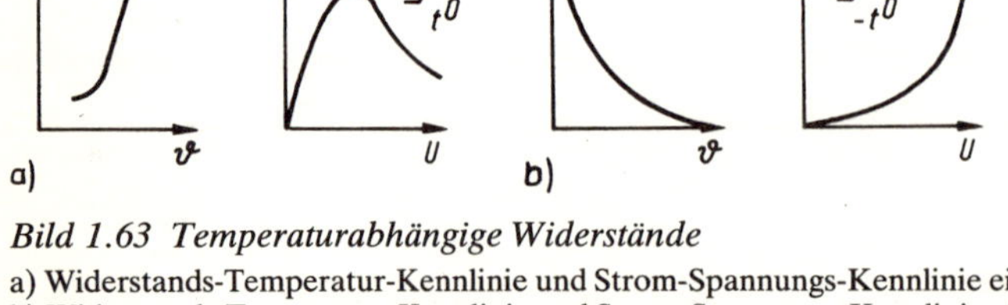

Bild 1.63 Temperaturabhängige Widerstände

a) Widerstands-Temperatur-Kennlinie und Strom-Spannungs-Kennlinie eines Kaltleiters (PTC-Widerstand);
b) Widerstands-Temperatur-Kennlinie und Strom-Spannungs-Kennlinie eines Heißleiters (NTC-Widerstand)

Technische Nutzung der Temperaturabhängigkeit. Genannt seien

- Temperaturmessung und darauf beruhende Messungen, z. B. Leistungsmessung, Messung von Wärmestrahlung, Messung von Wärmeableitung und damit Druckmessung, Messung von Strömungsgeschwindigkeiten, Pegelmessungen usw.;
- Sensoren oder Aktoren in Schutz- und Regelschaltungen, z. B. bei zu hohem Strom oder zur Begrenzung des Einschaltstromes;
- Kompensation von Temperatureinflüssen (zu beachten ist, daß die thermischen Zeitkonstanten i. allg. im Millisekunden-, Sekunden- oder gar Minutengebiet liegen, so daß erwünschte oder auch unerwünschte Verzögerungen auftreten können).

Reduzierung unerwünschter Temperatureinflüsse. Häufig ist die Temperaturabhängigkeit von Widerständen und anderen Bauelementen unerwünscht. Um ihren Einfluß auf die Funktion von Schaltungen oder auch Geräten zu reduzieren, bestehen folgende Möglichkeiten:

- Auswahl von Bauelementen mit kleinem TK;
- Beschränkung auftretender T-Schwankungen, z. B. durch Reduzierung des zulässigen Umgebungstemperaturbereiches, geringere Leistung, geeignete konstruktive Auslegung einschließlich Wärmeableitung, Kühlung, Temperaturkonstanthaltung;
- Kompensation bzw. Reduzierung der T-Abhängigkeit durch geeignete Schaltungstechnik (z. B. Brükkenschaltungen) einschließlich der Verwendung von Bauelementen mit unterschiedlichem Vorzeichen des TK (z. B. Kupfer-Konstantan-Widerstände oder Kupfer-Kohleschicht-Widerstände);
- T-Messung und soft- oder hardwaremäßige Kompensation der T-Einflüsse bei komplexen computergestützten Systemen.

Supraleitung. Während der Widerstand vieler Materialien zwar mit sinkender Temperatur abnimmt, aber bei Annäherung an den absoluten Nullpunkt $T \to 0\,\mathrm{K}$ bzw. $\vartheta \to -273{,}15\,°\mathrm{C}$) einem Grenzwert zustrebt, sinkt der Widerstand der sog. *Supraleiter* bei der Sprung- oder *Übergangstemperatur* T_S auf einen unmeßbar kleinen Wert (Bild 1.64). Als Beispiele für T_S seien genannt: Al (1,2 K), Nb (9,2 K) und NbSn (19 K). Der Übergang in den supraleitenden Zustand ist dadurch gekennzeichnet, daß sich Elektronen zu Paaren, sog. Cooper-Paaren zusammenschließen und sich dabei in einem Zustand tiefster Energie befinden. Daher können diese Elektronenpaare in Wechselwirkung mit Gitterstörungen bzw. -schwingungen keine Energie abgeben. Sie können sich reibungsfrei durch das Kristallgitter bewegen. Der Ladungsträgertransport ohne Energieverlust ist gleichbedeutend mit dem Verschwinden des elektrischen Widerstandes. Der supraleitende Zustand kann durch Überschreiten einer *kritischen magnetischen Feldstärke* und/oder durch Erwärmung aufgehoben werden. Besonders wichtig ist die Entdeckung von *Hochtemperatursupraleitern*[1]), z. B. speziellen keramischen Verbindungen, da diese keine aufwendige Kühlung mit flüssigem Helium (4,2 K) erfordern, sondern lediglich Stickstoffkühlung (77 K). Prognostiziert werden sogar Hochtemperatursupraleiter mit Sprungtemperaturen bei 20 °C und darüber. Supraleiter ermöglichen u. a.

- die Erzeugung hoher Stromdichten und Ströme bei verschwindendem Widerstand und damit die Erzeugung hoher Magnetfelder sowie die Herstellung von elektrischen Maschinen mit hohem Wirkungsgrad,
- eine verlustfreie elektrische Energieübertragung,
- eine verlustfreie Energiespeicherung mit hoher Energiedichte,
- verlustfreie Leitungen für hohe Arbeitsgeschwindigkeiten,
- neuartige elektronische Wirkprinzipien.

Bei Energie- und Kostenbetrachtungen sind die Aufwendungen für die Kühlung einzubeziehen.

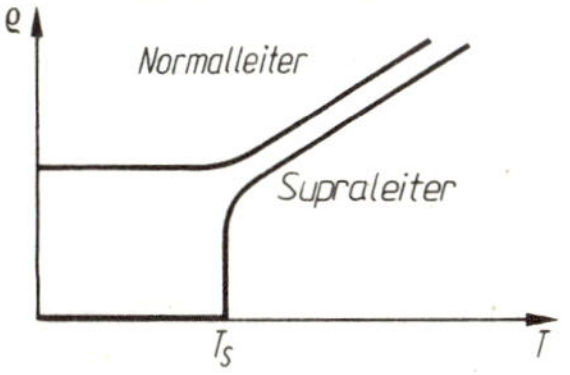

Bild 1.64
Verhalten des Widerstandes von Normal- und Supraleitern bei sehr tiefen Temperaturen (T_s Sprungtemperatur)

Temperaturkoeffizient bei mehreren Variablen. Widerstände mit hohem TK sind, wie schon erwähnt, oft auch spannungs- und stromabhängig. Als TK definiert man für $R = R(u, T)$: $\alpha(u, T) = \left(\frac{1}{R}\frac{\mathrm{d}R}{\mathrm{d}T}\right)_{u=\mathrm{konst.}}$ $= \frac{1}{R}\frac{\partial R}{\partial T} \approx \frac{1}{R}\frac{\Delta R}{\Delta T}$. Vielfach wird der TK nicht auf R, sondern auf u oder i bezogen. Beispielsweise

[1]) 1986 erster Nachweis von Hochtemperatursupraleitung durch Georg Bednorz (BRD) und Alexander Müller (Schweiz) an Barium-Lanthan-Oxid bei −243 °C

kann man für den Strom $i = i(u, T)$ einer Si-PN-Diode im Durchlaßgebiet (Abschn. 1.8.3.2) den TK, hier β genannt, folgendermaßen definieren:

$$\beta(u, T) = \left(\frac{1}{i}\,\frac{\mathrm{d}i}{\mathrm{d}T}\right)_{u=\text{konst.}} = \frac{1}{i}\,\frac{\partial i}{\partial T} \quad \text{(meist } \beta \approx 0{,}1/\text{K).} \tag{1.146}$$

Außer dem TK werden auch andere Kenngrößen für die Temperaturabhängigkeit eingeführt, z. B. für Si-PN-Dioden der *Temperaturdurchgriff*

$$D_\mathrm{T} = (\mathrm{d}u/\mathrm{d}T)_{\mathrm{i}=\text{konst.}} = \partial u/\partial T \quad \text{(meist } D_\mathrm{T} \approx -2\ \text{mV/K).} \tag{1.147}$$

Für n-polige Bauelemente ($n \geqq 2$) bzw. allgemein für Kenngrößen, die von anderen Variablen abhängen, lassen sich die o.g. Überlegungen verallgemeinern, z.B. für $i_1 = i_1(u_1, u_2, T)$: $\alpha = (\partial i_1/\partial T)/i_1$ usw. Erwähnt sei, daß ein temperaturabhängiges Bauelement bei Temperatursteuerung wegen $i(u,t) = i(u(t), T(t))$ als zeitvariantes Bauelement aufgefaßt werden kann.

Aufgabe 1.38 Temperaturabhängiger Widerstand, Einschaltstrom

Berechnen Sie die Stromstärke einer 12 V/10 W-Glühlampe mit Wolframwendel im Einschaltmoment ($\vartheta_1 = 20\,°\mathrm{C}$) und im stationären Betrieb ($\vartheta_2 = 2000\,°\mathrm{C}$)!

Aufgabe 1.39 Temperaturabhängigkeit

Auf wieviel Prozent sinkt die Stromstärke in der Erregerwicklung (Kupferdraht) eines Gleichstrommotors bei konstanter Spannung und Erwärmung von 10 °C auf 70 °C?

Aufgabe 1.40 Temperaturkoeffizient

Für eine Spannungsstabilisierungsschaltung (Nennspannung 5 V bei 20 °C) wird ein Temperaturkoeffizient von 10^{-4}/K angegeben. Welche Werte kann die Ausgangsspannung im Temperaturbereich 0 ... +40 °C annehmen?

Aufgabe 1.41 Temperaturabhängigkeit von PN-Dioden im Durchlaßgebiet ($u \gg U_\mathrm{T}$)

a) Wie hängt i bei konstantem u von der Temperatur T ab, falls $\beta = (\partial i/\partial T)/i = 0{,}1/\mathrm{K}$ ist?
b) Bei welcher Temperaturzunahme erhöht sich i um das a-fache ($a = 2$, $a = 10$)?
c) Geben Sie möglichst einfache Prinzipien für eine Temperaturmessung mit Dioden an!

Aufgabe 1.42 TK von Reihen- und Parallelschaltungen bei Geradenapproximation

Berechnen Sie den TK einer Reihenschaltung (a) sowie einer Parallelschaltung (b) von n Widerständen und geben Sie für vorgegebene TK die Dimensionierungsgleichungen für einen temperaturkompensierten Widerstand ($\alpha = 0$) mit dem Wert R_0 an, der jeweils durch die Reihenschaltung (c) sowie die Parallelschaltung von zwei Widerständen (d) realisiert wird! *Hinweis zu b):* Nutzen Sie die Reihenentwicklung $1/(1 \pm \varepsilon)^n = 1 \mp n\varepsilon$ für $|\varepsilon| \ll 1$!

1.8.5* Zeitvariante lineare und nichtlineare resistive Zweipole

Ein *zeitvarianter linearer Widerstand* $R(t)$ kann z.B. mit einem Potentiometer (Bild 1.45 d) realisiert werden, dessen Schleifkontakt mechanisch bewegt wird (je nach Bauart Rotations- oder Linearbewegung). Dabei ist ein Zweipolanschluß mit dem Schleifkontakt verbunden, ein zweiter mit einem Außenanschluß des Potentiometers, während der dritte Potentiometeranschluß leer läuft. Aus

$$u(t) = R(t)\, i(t) \quad \text{bzw.} \quad i(t) = G(t)\, u(t) \tag{1.148}$$

kann geschlossen werden, daß die Zeitabhängigkeit von u (bzw. i) nicht mehr wie beim zeitvarianten linearen Widerstand lediglich durch i (bzw. u) bestimmt wird, sondern daß durch $R(t)$ (bzw. $G(t)$ neue Zeitfunktionen generiert werden. Anders ausgedrückt: Die Zeitfunktion $i(t)$ (bzw. $u(t)$) wird moduliert.

Beispiel: Für $R = \text{konst.}$ und $i(t) = \hat{\imath}\cos\omega t$ ist $u = R\hat{\imath}\cos\omega t$, besitzt also die gleiche Kreisfrequenz ω. Für $R(t) = R_0 + R_1\cos\omega_1 t$ entsteht $u = (R_0 + R_1\cos\omega_1 t)\,\hat{\imath}\cos\omega t$ und mit $2\cos\alpha\cos\beta = \cos(\alpha+\beta) + \cos(\alpha-\beta)$

$$u = R_0\hat{\imath}\cos\omega t + R_1\hat{\imath}/2 \cdot \cos(\omega + \omega_1)\,t + R_1\hat{\imath}/2 \cdot \cos(\omega - \omega_1)\,t.$$

Demnach werden hier z.B. Signalanteile mit zwei neuen Frequenzen generiert.

Zeitvariante nichtlineare Widerstände sind durch

$$u(t) = u\,(i(t),\,t) \quad \text{bzw.} \quad i = i\,(u(t),\,t) \tag{1.148}$$

charakterisiert. Ein Beispiel ist nach Gl. (1.130) eine temperaturgesteuerte PN-Diode mit

$$i\,(u,T) = I_S(T)\,(\exp\,(u/(mU_T\,(T))) - 1) \quad \text{und} \quad u = u(t) \quad \text{sowie} \quad T = T(t). \tag{1.149}$$

Zeitvariante resistive Halbleiterbauelemente werden häufig auf elektronischem Weg, z. B. mit zusätzlichen Steuerspannungen realisiert. Sie sind teilweise für Modulationsvorgänge in der Kommunikationstechnik von Bedeutung. Erwähnt sei, daß man auch Schaltungen mit mechanischen oder elektronischen Schaltern entweder als zeitvariante Netzwerke im gesamten Zeitraum oder als unterschiedliche zeitinvariante Netzwerke jeweils vor und nach dem Schaltzeitpunkt auffassen kann.

Für zeitvariante Widerstände gelten die Definitionen

$$R = u/i\,; \qquad r = \partial u/\partial i; \qquad g = \partial i/\partial u = 1/r. \tag{1.150}$$

1.9 Kapazitive Zweipole

1.9.1 Grundlagen

Einführung. Im folgenden werden kapazitive Netzwerkelemente beschrieben, die das Verhalten von Kondensatoren, parasitären Kapazitäten, aber auch kapazitive Effekte in verschiedenen technischen Bauelementen modellieren können. *Bei kapazitiven Zweipolen spielt die Speicherung von Ladungen und damit auch die Speicherung elektrischer Feldenergie eine entscheidende Rolle.*

Im einfachsten Fall wird ein Ladungsspeicher mit einem Kondensator realisiert, d. h. mit zwei metallischen Elektroden, die durch einen Isolator (Dielektrikum) getrennt sind, z. B. durch Luft oder Keramik, und auf denen die Ladungen $+Q$ und $-Q$ sitzen. Das Bild 1.65 zeigt als Beispiel einen Plattenkondensator, in dem sich ein annähernd homogenes elektrisches Feld ausbildet.

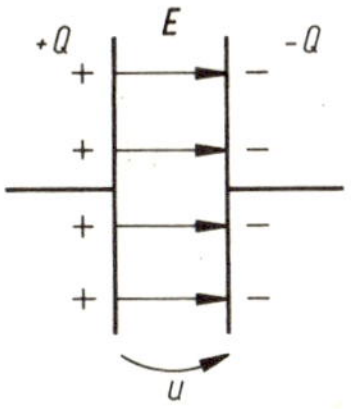

Bild 1.65
Plattenkondensator als Beispiel eines Ladungsspeichers

Definition der Kapazität. Den Quotienten von Ladung Q zur Spannung u zwischen den Elektroden, der das Speichervermögen für Ladungen charakterisiert, definiert man als

$$\text{Kapazität } C = \frac{Q}{u}; \qquad [C] = \frac{\text{As}}{\text{V}} = \text{F (Farad)}^{1)}. \tag{1.151}$$

Ladungsänderungen an einem Kondensator werden von einem Stromfluß verursacht, weshalb dieser nun zunächst betrachtet wird.

Stromkontinuität. Wie schon erwähnt, sind Wirbel des magnetischen Feldes als Kennzeichen des Stromflusses anzusehen. Maxwell[2]) hat als erster erkannt, daß das Gesetz der Stromkontinuität oder, anders ausgedrückt, der erste Kirchhoffsche Satz auch Gültigkeit besitzt, wenn

[1]) Michael Faraday, englischer Physiker und Chemiker, 1791–1867
[2]) James Clerc Maxwell, englischer Physiker, 1831–1879

der Stromkreis Dielektrika enthält. Den Strom, der nicht auf dem Ladungsträgertransport durch ein Medium beruht, bezeichnet man als Verschiebungsstrom i_V. Auch der Verschiebungsstrom wird von einem Magnetfeld umwirbelt. Wegen der Stromkontinuität ist die Stromstärke i_V des Verschiebungsstromes im Nichtleiter gleich der Stromstärke i_K des Konvektionsstromes in der metallischen Zuleitung (Bild 1.66):

$$i_K = i_V = i, \quad \text{Stromkontinuität.} \tag{1.152}$$

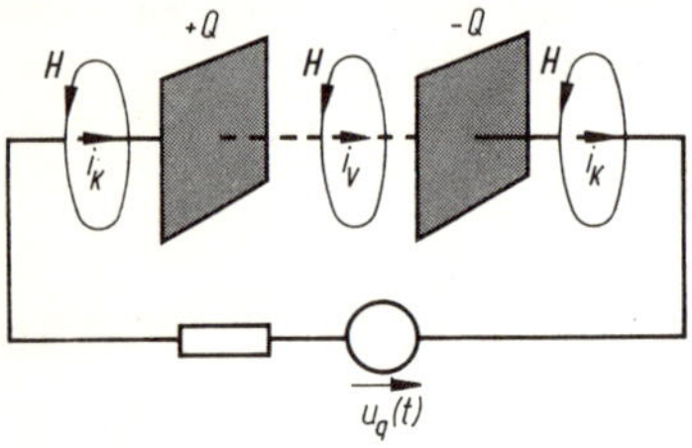

Bild 1.66
Stromkontinuität beim Kondensator
Hinweis: Das Magnetfeld, hier durch eine Feldlinie der magnetischen Feldstärke ***H*** symbolisiert, ist z. B. mit einer Magnetnadel nachweisbar.

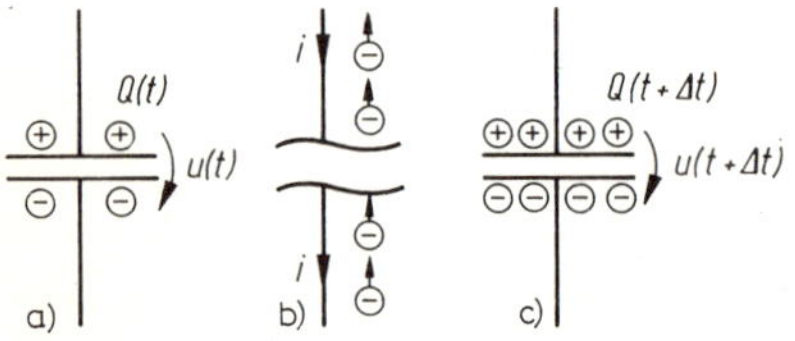

Bild 1.67
Beispiele für die Änderung der Kondensatorladung durch Zu- bzw. Abtransport von Ladungen

Da durch den Nichtleiter keine Ladungsträger transportiert werden, erfolgt eine Änderung der Kondensatorladung nur durch die in den Zuleitungen an- bzw. abtransportierte Ladung. Die in der Zuleitung transportierte Ladung je Zeit $(\mathrm{d}Q/\mathrm{d}t)_\mathrm{L}$ ist gleich der Änderung der im Kondensator gespeicherten Ladung je Zeit $\mathrm{d}Q/\mathrm{d}t$ (Bild 1.67):

$$i_k = \left(\frac{\mathrm{d}Q}{\mathrm{d}t}\right)_\mathrm{L} = \frac{\mathrm{d}Q}{\mathrm{d}t}. \tag{1.153}$$

Daraus und aus Gl. (1.152) folgt

$$i = i_K = i_V = \frac{\mathrm{d}Q}{\mathrm{d}t}. \tag{1.154}$$

Hinweis:* Wie im Abschn. 4 noch dargelegt wird, gilt mit Feldgrößen

$$i_V = \int \frac{\partial \boldsymbol{D}}{\partial t}\,\mathrm{d}A \quad \text{mit} \quad \boldsymbol{D} = \varepsilon \boldsymbol{E} \ (\boldsymbol{D} \text{ elektrische Flußdichte}). \tag{1.155}$$

Für ein homogenes Feld ist die elektrische Feldstärke $E = u/d$ (d Plattenabstand) und damit für konstantes ε:

$$i_V = \varepsilon \frac{\mathrm{d}E}{\mathrm{d}t} A = \varepsilon \frac{A}{d} \frac{\mathrm{d}u}{\mathrm{d}t} \quad (A \text{ Plattenfläche}). \tag{1.156}$$

Ladungsspeicherung. Fließt ein Konvektionsstrom $i = \mathrm{d}Q/\mathrm{d}t$ im Zeitraum $t_0 \dots t$ in den Kondensator, so wird auf der zugeordneten Elektrode wegen $\mathrm{d}Q = i\,\mathrm{d}t$ die Ladung

$$Q(t) = Q(t_0) + \int_{t_0}^{t} i\,\mathrm{d}t \tag{1.157}$$

gespeichert, da die Ladung nicht durch den Isolator wandern kann. $Q(t_0)$ ist die zum Zeitpunkt t_0 vorhandene Anfangsladung. Wegen der Stromkontinuität bzw. nach dem ersten Kirchhoffschen Satz fließt von der gegenüberliegenden Elektrode der gleiche Konvektionsstrom. War der Kondensator zunächst ungeladen, so bildet sich demnach auf der einen Elektrode durch Zufluß von Ladungen die Ladung $+Q$ und auf der anderen durch Abfluß die Ladung $-Q$ aus. Die Ladungen sind demnach betragsmäßig gleich groß, besitzen aber unterschiedliche Polarität. Der Kondensator ist also insgesamt elektrisch neutral. Speziell für $t_0 = 0$ und $Q(t_0) = 0$ folgt

$$Q(t) = \int_0^t i \,\mathrm{d}t. \tag{1.158}$$

War der Kondensator bereits mit $+Q(t_0)$ bzw. $-Q(t_0)$ aufgeladen, so muß Gl. (1.157) angewendet werden, um $+Q(t)$ zu ermitteln, womit auch $-Q(t)$ auf der anderen Elektrode feststeht. Die Gesamtneutralität bleibt erhalten. Das Bild 1.68 zeigt das Symbol eines Kondensators.

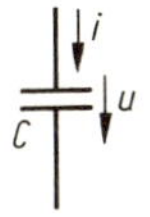

Bild 1.68
Symbol eines Kondensators sowie Strom- und Spannungszählpfeile

Definition der Kapazität und u,i-Relation. Meist kann man $Q = Q(u)$ annehmen.

Damit folgt aus $i = \mathrm{d}Q/\mathrm{d}t$ mit $Q = Cu$ die

Strom-Spannungs-Beziehung der Kapazität[1])

$$i = \frac{\mathrm{d}Q}{\mathrm{d}t} = \frac{\mathrm{d}}{\mathrm{d}t}(Cu) = \left(C + u\frac{\mathrm{d}C}{\mathrm{d}u}\right)\frac{\mathrm{d}u}{\mathrm{d}t}. \tag{1.159}$$

Für spannungsunabhängige C ergibt sich wegen $\mathrm{d}C/\mathrm{d}u = 0$ die

Strom-Spannungs-Gleichung der linearen Kapazität

$$i = C\frac{\mathrm{d}u}{\mathrm{d}t}. \tag{1.160}$$

Wegen $Q = Q\,(u(t))$ folgt aus Gl. (1.154) mit der Kettenregel

$$i = \frac{\mathrm{d}Q\,(u(t))}{\mathrm{d}t} = \frac{\mathrm{d}Q}{\mathrm{d}u}\,\frac{\mathrm{d}u}{\mathrm{d}t}. \tag{1.161}$$

Definiert man als

differentielle Kapazität

$$C_\mathrm{d} = \frac{\mathrm{d}Q}{\mathrm{d}u}; \qquad [C_\mathrm{d}] = [C] = \mathrm{F}, \tag{1.162}$$

d.h. differentielle Ladungsänderung $\mathrm{d}Q$ bezogen auf eine differentielle Spannungsänderung $\mathrm{d}u$, so folgt daraus für beliebige $Q = Q(u)$ eine weitere wichtige Variante der

Strom-Spannungs-Beziehung der Kapazität:

$$i = C_\mathrm{d}\frac{\mathrm{d}u}{\mathrm{d}t} \quad \text{mit} \quad C_\mathrm{d} = \frac{\mathrm{d}Q}{\mathrm{d}u}. \tag{1.163}$$

Aus $C_\mathrm{d} = \mathrm{d}Q/\mathrm{d}u$ und $Q = Cu$ ergibt sich

$$C_\mathrm{d} = C + u\frac{\mathrm{d}C}{\mathrm{d}u}. \tag{1.164}$$

[1]) Während sich der Begriff Kondensator stets auf ein diskretes Bauelement bezieht, kennzeichnet der Begriff Kapazität den Kapazitätswert eines Kondensators oder die kapazitive Wirkung einer anderen Anordnung (z. B. einer Leitung oder eines Halbleitergebietes).

Hinweis:* Vor allem in der englischsprachigen Literatur bezeichnet man den Kehrwert der Kapazität $1/C$ auch als Elastance (deutsch: Elastanz). Erwähnt sei, daß der Begriff Kapazität sowohl für den Quotienten $C = Q/u$ verwendet wird als auch für ein zweipoliges Netzwerkelement, das als Ladungsspeicher wirkt und häufig auch für einen idealen Kondensator und damit als erste Näherung eines technischen Kondensators benutzt wird. Analog zu resistiven Zweipolen kann man bei kapazitiven Zweipolen vier Klassen unterscheiden. Falls man lineare und nichtlineare Q,u-Charakteristiken sowie zeitinvariantes und zeitvariantes Verhalten unterscheidet, entsteht Bild 1.69. Ein Beispiel eines zeitvarianten linearen kapazitiven Zweipols mit $Q(u(t), t)$ ist ein Kondensator an einer Spannungsquelle, bei dem die Kondensatorplatten gegeneinander bewegt werden. Im folgenden werden stets zeitinvariante Kapazitäten vorausgesetzt, falls es nicht ausdrücklich anders angegeben wird.

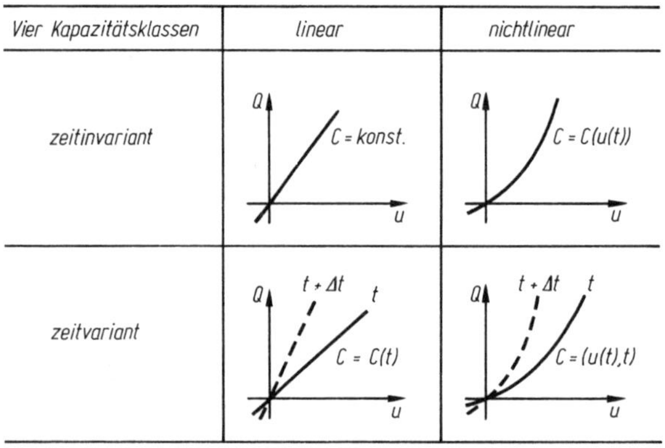

Bild 1.69 Veranschaulichung der vier Kapazitätsklassen anhand von Beispielen mittels der Q, u-Charakteristik sowie mittels $C = Q/u$

Hinweis: Von besonderer technischer Bedeutung sind zeitinvariante lineare Kapazitäten.

1.9.2 Lineare kapazitive Zweipole

1.9.2.1 Strom-Spannungs-Verhalten

Grundlagen. Eine lineare Kapazität liegt vor, wenn sich zwischen zwei Metallelektroden ideale Isolatoren mit feldstärkeunabhängiger Dielektrizitätskonstante befinden. Bei linearen Kapazitäten ist die Funktion $Q(u)$ definitionsgemäß eine Gerade durch den Nullpunkt. Demnach gilt, wie bereits erwähnt,

$$C = \frac{Q}{u} = \text{konst.}, \qquad C_\mathrm{d} = \frac{\mathrm{d}Q}{\mathrm{d}u} = C, \qquad i = C\frac{\mathrm{d}u}{\mathrm{d}t}. \tag{1.165}$$

Bei dieser Formulierung der u,i-Relation ist zu beachten, daß der u- und der i-Zählpfeil stets gleichsinnig orientiert sind (Verbraucher-Zählpfeilsystem). In einem Erzeuger-Zählpfeilsystem müßte es $i = -C\,\mathrm{d}u/\mathrm{d}t$ heißen.

Gl. (1.165) ermöglicht $i(t)$ bei vorgegebenem $u(t)$ zu berechnen. Will man für vorgegebenes $i(t)$ die Spannung $u(t)$ ermitteln, so erhält man wegen

$$\mathrm{d}u = \frac{1}{C}\,i\,\mathrm{d}t \quad \text{und} \quad \int_{u(t_0)}^{u(t)} \mathrm{d}u = \int_{t_0}^{t} \frac{i}{C}\,\mathrm{d}t:$$

$$u(t) = u(t_0) + \frac{1}{C}\int_{t_0}^{t} i\,\mathrm{d}t \quad \text{bzw.} \quad u(t) = u(t_0) + \frac{1}{C}\,(Q(t) - Q(t_0)). \tag{1.166}$$

Der Kondensator wirkt also bezüglich i integrierend. Die Berechnung von $u(t)$ erfordert die Vorgabe von $u(t_0)$ bzw. von $Q(t_0) = Cu(t_0)$, da diese Werte wegen der Speicherwirkung durch die Vorgeschichte bestimmt sind.

Diskussion des *u*-*i*-Verhaltens

a) *Gleichspannung:* Bei $u = U =$ konst. folgt aus Gl. (1.165) $i = 0$.

Durch einen idealen Kondensator fließt nur bei zeitveränderlicher Spannung ein Strom. Bei Gleichspannung kann der Kondensator (für die Schaltungsberechnung, nicht für die Energiebetrachtung!) als Leitungsunterbrechung aufgefaßt werden. Damit können Kondensatoren benutzt werden, um Schaltungsteile gleichspannungsmäßig zu trennen (Abblocken von Gleichspannungen).

b) *Linearer Spannungsanstieg:* Aus $u(t) = U_0 + U_1\, t/t_1$ folgt $i = CU_1/t_1$ (Bild 1.70a). Demnach fließt ein konstanter Strom, solange die Spannung linear ansteigt oder abfällt. Das ist natürlich nur über einen begrenzten Zeitraum möglich, da sonst für $t \to \infty$ $|u| \to \infty$ erforderlich wäre. *Zahlenbeispiel:* $u(t) = 2\,\text{V} - 1\,\text{V} \cdot t/\text{ns}$ an $C = 1\,\text{nF}$ führt zu $i = -1\,\text{A}$.

c) *Wechselspannung mit überlagerter Gleichspannung (Bild 1.70b):*
Für $u = U_0 + \hat{u}\cos(\omega t + \varphi_u)$ ist $i = \hat{\imath}\cos(\omega t + \varphi_u + \pi/2)$ mit

$$\hat{\imath} = \omega C \hat{u} \tag{1.167}$$

Beweis: Aus $i = C\dfrac{\mathrm{d}u}{\mathrm{d}t} = C\hat{u}\dfrac{\mathrm{d}}{\mathrm{d}t}(\cos(\omega t + \varphi_u))$ folgt mit der Substitution $z = \omega t + \varphi_u$, $f(z) = \cos z$ und der Kettenregel

$$\frac{\mathrm{d}f}{\mathrm{d}t} = \frac{\mathrm{d}f}{\mathrm{d}z}\,\frac{\mathrm{d}z}{\mathrm{d}t} = -\sin z \cdot \omega = -\omega\sin(\omega t + \varphi_u) = \omega\cos(\omega t + \varphi_u + \pi/2).$$

i und u besitzen aufgrund der Linearität die gleiche Frequenz. Die Stromamplitude wächst bei einer Wechselspannung proportional zur Kreisfrequenz $\omega = 2\pi f$ (f Frequenz), zur Spannungsamplitude $\hat{u}$ und zur Kapazität C. Die Phasenverschiebung zwischen i und u ist $\pi/2$, also frequenzunabhängig.

Beispiel: Für $C = 20\,\mu\text{F}$, $f = 50\,\text{Hz}$ und $u = \sqrt{2} \cdot 220\,\text{V}\cos\omega t$ ist $i = 1{,}9\,\text{A}\cos(\omega t + \pi/2)$.

Aus Gl. (1.167) kann auch auf u geschlossen werden, wenn eine Stromeinspeisung mit $i = \hat{\imath}\cos(\omega t + \varphi_i)$ vorgegeben ist:

$$u = U_0 + \hat{u}\cos(\omega t + \varphi_u) \quad \text{mit} \quad \hat{u} = \hat{\imath}/(\omega C) \quad \text{und} \quad \varphi_u = \varphi_i - \pi/2 \quad \text{und}$$
$$U_0 = u(t_0) - \hat{u}\cos(\omega t_0 + \varphi_i - \pi/2). \tag{1.168}$$

Speziell für $t_0 = 0$, $u(t_0) = 0$ und $\varphi_i = 0$ ist $u = \hat{u}\cos(\omega t - \pi/2)$. Gl. (1.168) ergibt sich natürlich auch aus Gl. (1.166). Dabei ist es zweckmäßig, zur Auswertung von $\int\cos(\omega t + \varphi_u)\,\mathrm{d}t$ die Substitution $z = \omega t + \varphi_u$ einzuführen. Mit $\mathrm{d}z = \omega\,\mathrm{d}t$ bzw. $\mathrm{d}t = \mathrm{d}z/\omega$ entsteht

$$\begin{aligned}\int_{t_0}^{t}\cos(\omega t + \varphi_u)\,\mathrm{d}t &= \frac{1}{\omega}\int_{z_0}^{z}\cos z\,\mathrm{d}z = \frac{1}{\omega}(\sin z - \sin z_0)\\ &= \frac{1}{\omega}(\sin(\omega t + \varphi_u) - \sin(\omega t_0 + \varphi_u)).\end{aligned} \tag{1.169}$$

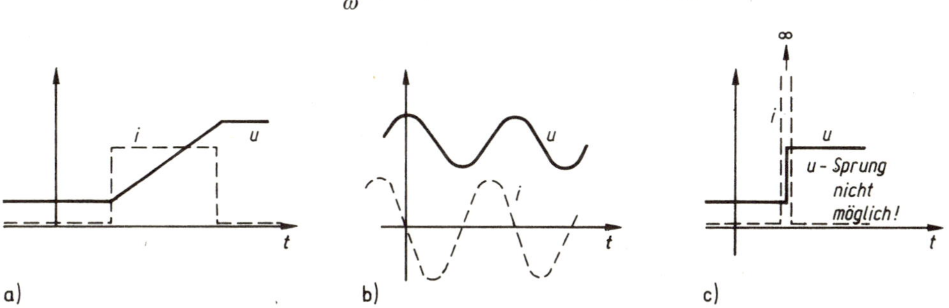

Bild 1.70 i-u-Verhalten einer linearen Kapazität

a) konstanter Strom bei linearem Spannungsanstieg; b) Wechselstrom bei Wechselspannung mit überlagerter Gleichspannung; c) zur Stetigkeit der Kondensatorspannung

Kondensatoren können in Verbindung mit anderen Bauelementen, z.B. Widerständen, benutzt werden, um für unterschiedliche Frequenzen unterschiedliches Verhalten zu realisieren (z.B. Filter) sowie Impulse zu formen bzw. zu verformen (Band 2).

d) *Stetigkeit von u:* Aus $i = C\,\mathrm{d}u/\mathrm{d}t$ kann man schließen, daß sprunghafte Spannungsänderungen an Kondensatoren wegen $\mathrm{d}u/\mathrm{d}t \to \infty$ und damit $i \to \infty$ sowie wegen $p = ui = Cu\,\mathrm{d}u/\mathrm{d}t$ ($p \triangleq$ Leistung, s. Abschn. 1.5) nicht realisierbar sind (Bild 1.70c).

Die Kondensatorspannung ist stets stetig.

Diese Aussage ist vor allem für die Schaltvorgänge bedeutungsvoll. Die Kondensatorspannung besitzt unmittelbar nach der Betätigung eines Schalters in einer Schaltung stets die gleiche Spannung wie unmittelbar davor.

Aufgabe 1.43 u,i-Relation des Kondensators

Berechnen Sie den Strom, der durch einen 1-µF-Kondensator fließt, für die angegebenen Spannungen a) $u = 6\,\mathrm{V}$, b) $u = -10\,\mathrm{V} \cdot t/\mu\mathrm{s}$, c) $u = \hat{u}\cos\omega t$ mit $\hat{u} = \sqrt{2} \cdot 220\,\mathrm{V}$ und $\omega = 2\pi f$ sowie $f = 50\,\mathrm{Hz}$, und stellen Sie $u(t)$, $Q(t)$ und $i(t)$ grafisch dar!

Aufgabe 1.44 u,i-Relation des Kondensators

Berechnen Sie $u(t)$ und $Q(t)$ für einen Kondensator der Kapazität C und mit $u(0) = U_0$ für a) $i = 0$, b) $i = I_0$, c) $i = I_0$ für $0 \leqq t \leqq t_0$ und $i = I_0(t - t_0)/T + I_0$ für $t > t_0$, d) $i = \hat{\imath}\sin\omega t$, und stellen Sie $i(t)$, $u(t)$ und $Q(t)$ qualitativ dar!

Aufgabe 1.45 Kapazitätsmessung

Überlegen Sie sich ein möglichst einfaches Kapazitätsmeßprinzip, bei dem ein Stromsprung von 0 auf I_0 verwendet wird!

1.9.2.2 Bemessungsgleichung für Kapazitäten

Ohne Beweis sei die für ein homogenes Feld, d.h. für einen Plattenkondensator (Bild 1.71), bei Vernachlässigung des Randfeldes gültige

$$\textit{Bemessungsgleichung}\quad C = \varepsilon\,\frac{A}{d} \tag{1.170}$$

angegeben (Ableitung und weitere Fälle s. Abschn. 4). Die Kapazität ist demnach um so größer, je größer die Permittivität ε und die Plattenfläche A sind und je kleiner der Abstand d ist.

Beispiel: Bemessungsgleichung eines Kondensators

Problem: Ein Papierkondensator der Kapazität $C = 1\,\mu\mathrm{F}$ soll aus zwei Aluminiumfolien mit einer Dicke von je 10 µm und einer wirksamen Breite von 20 mm hergestellt werden, die durch eine imprägnierte Papierzwischenlage ($\varepsilon_r = 3{,}6$) mit einer Dicke von 20 µm isoliert sind. Welche Folienlänge ist erforderlich?

Lösung: $C = \varepsilon A/d$, $A = lb$, $l = Cd/b\varepsilon = 31{,}3\,\mathrm{m}$ (Voraussetzung: homogene Feldnäherung, Kapazitätsverdopplung durch Aufwicklung, s. nächsten Abschn., nicht berücksichtigt.)

Diskussion: Aus diesem Zahlenbeispiel erkennt man, daß bereits 1 µF aus der Sicht der technischen Realisierung eine außerordentlich hohe Kapazität ist.

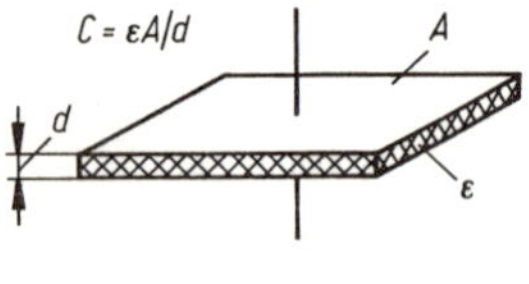

Bild 1.71
Aufbau und Bemessungsgleichung eines Plattenkondensators

1.9.2.3 Technische Kondensatoren

Ersatzschaltbilder. Technische Kondensatoren (Bild 1.72a) lassen sich nur in erster Näherung durch das Netzwerkelement lineare Kapazität beschreiben (Bild 1.72b). In zweiter Näherung ist im Ersatzschaltbild ein Widerstand R_p parallelzuschalten (Bild 1.72c). R_p berücksichtigt die bei Wechselspannung auftretenden dielektrischen Verluste sowie u. U. den Leckwiderstand und kann oft nicht als linearer Widerstand aufgefaßt werden. Als *Verlustfaktor* $\tan\delta$ bzw. Verlustwinkel δ definiert man (s. auch Band 2)

$$\tan\delta = 1/(\omega C R_p); \qquad \omega \triangleq \text{Kreisfrequenz}. \tag{1.171}$$

Bei sehr hohen Frequenzen ist eine Induktivität (für die Zuleitungen) in Reihe zu schalten.

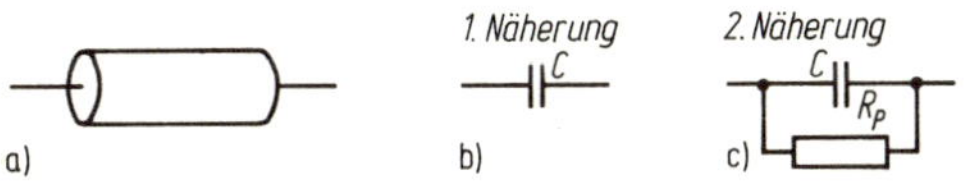

Bild 1.72 Kondensator

Technische Ausführung (a); Ersatzschaltbild in erster (b) und in zweiter Näherung (c)

Schaltzeichen und Bauformen. Im Bild 1.73 sind die Schaltzeichen von Kondensatoren zusammengestellt. *Kondensatoren* werden häufig als ebene Mehrlagenanordnungen (Scheibenkondensatoren) oder zylindrische Kondensatorwickel realisiert. Wie Bild 1.74a am Beispiel des *Scheibenkondensators* veranschaulicht, befinden sich mit Ausnahme der äußeren Elektroden jeweils auf der Vorder- und Rückseite Ladungen. Dadurch wird eine, bezogen auf die Elektrodenfläche, hohe Kapazität erreicht, und zwar bei n Platten bzw. Lagen der Fläche A_S

$$C = (n-1)\,\varepsilon A_S/d. \tag{1.172}$$

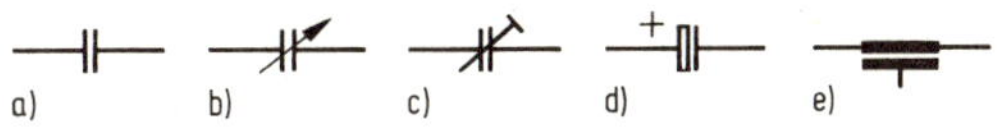

Bild 1.73 Schaltzeichen von Kondensatoren

a) Festkondensator (oder Kondensator allgemein); b) veränderbarer Kondensator; c) einstellbarer Kondensator (z. B. mit Schraubenzieher; Trimmer); d) gepolter Kondensator (Elektrolytkondensator); e) Durchführungskondensator

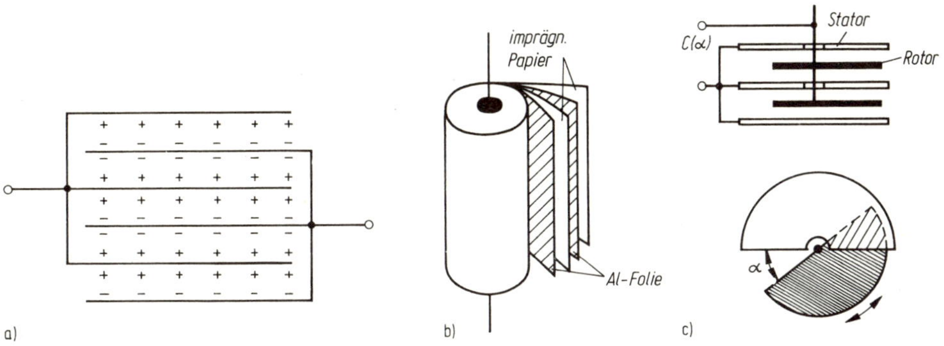

Bild 1.74 Technische Kondensatoren

a) Scheibenkondensator; b) Wickelkondensator; c) Drehkondensator (mit Kreisplattenquerschnitt)

Der Wickelkondensator (Bild 1.74b) enthält zwei durch Isolatoren getrennte und aufgewickelte Metallfolien, deren Fläche jeweils A ist. Das Prinzip der Zweifachladung trifft wiederum bis auf die Außenlage zu, so daß sich die Kapazität gegenüber einem Aufbau ohne Wicklung nahezu verdoppelt

$$C \approx 2\varepsilon A/d. \tag{1.173}$$

Charakteristika von Festkondensatoren sind u. a. folgende (jeweils mit einem Zahlenbeispiel erläuterte) Größen: Kapazität (0,1 μF), Kapazitätstoleranz (±10%), Nennspannung (160 V), Prüfspannung (480 V), Betriebstemperaturbereich (−40°C bis +70°C), Temperaturkoeffizient der Kapazität ($\leqq 2{,}5 \cdot 10^{-3}$/K), Isolierwiderstand (<12 GΩ), Verlustfaktor (bei 20°C und 800 Hz: $\leqq 10 \cdot 10^{-3}$), zeitliche Kapazitätsänderung im ersten Jahr (< ±3%). Tafel 1.10 gibt ohne Anspruch auf Vollständigkeit Aufschluß über einige Ausführungsformen. Die Nennkapazitäten liegen zwischen 0,01 pF und 10 μF (bzw. 4,7 mF für Elektrolytkondensatoren). Bei Elektrolytkondensatoren muß auf richtige Polung geachtet werden. Bei Verpolung kann es zur Zerstörung der Kondensatoren kommen (Gefahr des Auslaufens). Auch bei Kondensatoren sind nur diskrete, entsprechend der sog. E-Reihe gestaffelte Werte möglich. Bezüglich der äußeren Bauform sind ähnliche Varianten wie bei Widerständen möglich (Bild 1.46e), z. B. auch SMD.

Die Auswahl von Kondensatoren wird von den Anforderungen bestimmt, bei denen außer den genannten Größen, dem Preis und der Zuverlässigkeit u. a. auch der Frequenzbereich, unerwünschte Spannungsabhängigkeiten der Kapazität und nichtlineares Temperaturverhalten mit Hysterese von Bedeutung sind. Erwähnt sei, daß die *Alterung* von Kapazitäten oft durch ein logarithmisches Gesetz $C(t) = C(t_0) \times (1 - k \log (t/t_0))$ beschrieben werden kann. k, die sogenannte Alterungskonstante, gibt dabei die relative Abnahme von C innerhalb einer Zeitdekade ($t/t_0 = 10$) an, z. B. $k = 0{,}1$ bei 10% Alterung in 10 t_0 (z. B. $t_0 = 1$ Jahr).

Abgleichbare Kondensatoren (Trimmer) werden mit Luft oder Keramik als Dielektrikum (2 ... 80 pF) realisiert. Bei *veränderbaren Kondensatoren* (Drehkondensatoren entsprechend Bild 1.74c) dient meist Luft oder Polystyrol als Dielektrikum (10 ... 1000 pF). Drehkondensatoren werden als Scheibenkondensatoren realisiert, bei denen die Rotorelektroden gegen die Statorelektroden verdreht werden. Die Kapazität hängt entsprechend der Gestaltung der Elektrodenflächen linear oder auch entsprechend anderen Funktionen (z. B. logarithmisch) vom Drehwinkel α ab.

Tafel 1.10. Kondensatortypen

Bezeichnung	Dielektrikum	Eigenschaften
Papierkondensatoren	imprägniertes Spezialpapier	niedrige Herstellungskosten
Metallpapierkondensatoren	imprägniertes Spezialpapier	kleine Abmessungen, kurzschlußsicher, selbstheilend bei Durchschlägen
Kunststoffoliekondensatoren	Polystyrolfolie Polyesterfolie	hohe Kapazitätskonstanz, geringe Verluste
Keramikkondensatoren	gesinterte keramische Stoffe (z. B. Epsilan)	hohe Kapazitätskonstanz, geringe Verluste, hohe Isolationswiderstände
Aluminium-Elektrolytkondensatoren	Al_2O_3 zwischen Al-Folie und Elektrolyt (z. T. aufgerauht)	große Kapazität, bezogen auf Raumbedarf und Preis, instabil, hoher Reststrom, hohe Kapazitätstoleranz, *Zerstörung bei Verpolung*
Tantal-Elektrolytkondensatoren	Ta_2O_5	im Vergleich zu Al-Elkos höhere Kapazität je Volumen, höhere Zuverlässigkeit, kleinere Restströme und Verluste, kleinerer TK, aber hohe Herstellungskosten, *Zerstörung bei Verpolung*

1.9.2.4 Zusammenschaltung linearer Kapazitäten

Reihenschaltung. Wie Bild 1.75a veranschaulicht, gilt für die Ersatzkapazität zweier Kapazitäten wegen $u = u_1 + u_2$

$$\frac{1}{C} = \frac{u}{Q} = \frac{u_1 + u_2}{Q} = \frac{1}{C_1} + \frac{1}{C_2} \quad \text{bzw.} \quad C = \frac{C_1 C_2}{C_1 + C_2}. \tag{1.174}$$

Wichtig ist dabei die Voraussetzung, daß die Innenelektroden insgesamt die Ladung $+Q - Q = 0$ tragen. Das ist erfüllt, wenn die Anfangsladung irgendwann Null war und auch nicht zeitweise eine direkte Ladungszufuhr zu den Innenelektroden erfolgt (Gesamtneutralität der Schaltung).

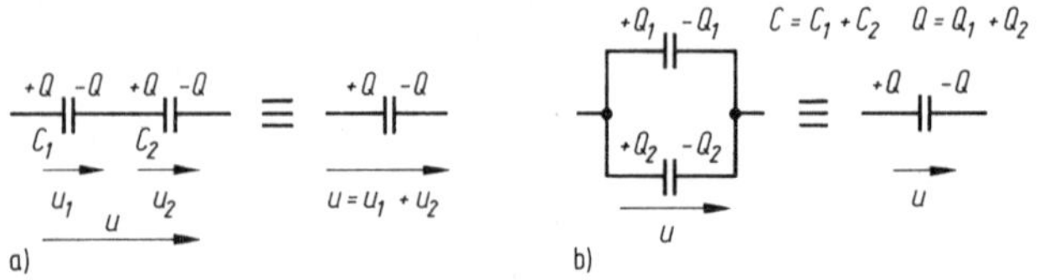

Bild 1.75
Zusammenschaltung von Kondensatoren
a) Reihenschaltung und b) Parallelschaltung

Verallgemeinert man den o. g. Beweis, so ergibt sich für die Ersatzkapazität C einer

$$\textit{Reihenschaltung}\ \frac{1}{C} = \sum_{\mu} \frac{1}{C_\mu}. \tag{1.175}$$

Der Kehrwert der Ersatzkapazität ergibt sich also aus der Summe der Kehrwerte der Teilkapazitäten.

Die Ersatzkapazität einer Reihenschaltung ist demnach kleiner als die kleinste Teilkapazität. Die Ersatzkapazität einer Reihenschaltung von n Kondensatoren gleicher Kapazität C_0 ist $C = C_0/n$.

Parallelschaltung (Bild 1.75 b). Ebenso leicht ableitbar, und zwar aus $C = Q/u = (Q_1 + Q_2)/u = C_1 + C_2$ und durch entsprechende Verallgemeinerung ist die Ersatzkapazität einer

$$\textit{Parallelschaltung}\ C = \sum_{\mu=1}^{n} C_\mu. \tag{1.176}$$

Die Ersatzkapazität einer Parallelschaltung ist demnach größer als die größte Teilkapazität.

Mit diesen Gleichungen lassen sich auch gemischte Reihen- und Parallelschaltungen analysieren.

Aufgabe 1.46 Ersatzkapazität einer gemischten Reihen-Parallel-Schaltung (Bild 1.76).
Wie groß ist C_{AB} a) allgemein und b) für $C_1 = C_2 = C_3 = 0{,}1\,\mu F$, $C_4 = C_5 = 0{,}47\,\mu F$?

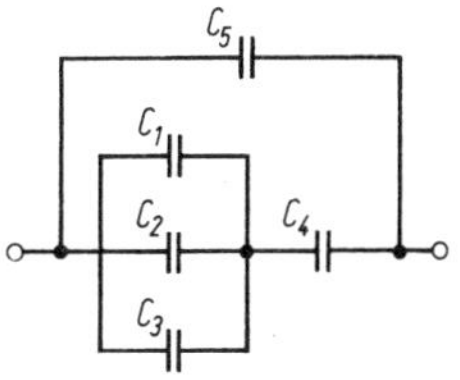

Bild 1.76 Gemischte Reihen-Parallel-Schaltung (s. Aufgabe 1.46)

Aufgabe 1.47 Zur Ableitung der Ersatzkapazität
Kann man die Gln. (1.175) und (1.176) auch mit $i = C\,du/dt$ ableiten?

Aufgabe 1.48 Ersatzkapazität und Temperaturkoeffizient
Wie groß sind Kapazität, gespeicherte Ladung und TK $\alpha = (dC/dT)/T$ einer Parallelschaltung (a) und einer Reihenschaltung (b) zweier Kapazitäten ($C_1 = 470\,nF$, $\alpha_1 = 5 \cdot 10^{-4}/K$; $C_2 = 47\,nF$, $\alpha_2 = 2 \cdot 10^{-4}/K$)? *Hinweis:* Analogie zu Reihenschaltung (bei a) und Parallelschaltung (bei b) von Widerständen (Aufgabe 1.42) beachten.

1.9.2.5 Spannungs- und Stromteilung mit linearen Kapazitäten

Spannungsteilung. Bei Reihenschaltung linearer Kapazitäten (Bild 1.75 a) kann aus $u_1 = Q/C_1$, $u_2 = Q/C_2$ und $u = u_1 + u_2$ die

$$\textit{Spannungsteilerregel}\ \frac{u_2}{u_1} = \frac{C_1}{C_2}, \qquad \frac{u_2}{u} = \frac{C_1}{C_1 + C_2} \tag{1.177}$$

abgeleitet werden. Bei Verallgemeinerung für Reihenschaltungen mit zwei und mehr Kapazitäten entsteht

$$\frac{u_\mu}{u_\nu} = \frac{C_\nu}{C_\mu}; \qquad \frac{u_\mu}{u} = \frac{1/C_\mu}{\sum_{\mu} 1/C_\mu}. \tag{1.178}$$

Stromteilung. Bei Parallelschaltung tritt eine Stromteilung auf. Aus $i_1 = C_1\,du/dt$, $i_2 = C_2\,du/dt$ und $i = i_1 + i_2$ ergibt sich für $du/dt \neq 0$ durch Quotientenbildung die

$$\textit{Stromteilerregel}\ \frac{i_2}{i_1} = \frac{C_2}{C_1}, \qquad \frac{i_2}{i} = \frac{C_2}{C_1 + C_2}. \tag{1.179}$$

Eine Verallgemeinerung auf beliebige Parallelschaltungen führt zu

$$\frac{i_\mu}{i_\nu} = \frac{C_\mu}{C_\nu}; \qquad \frac{i_\mu}{i} = \frac{C_\mu}{\sum\limits_\mu C_\mu}. \tag{1.180}$$

Kompliziertere Fälle der Spannungs- und Stromteilung lassen sich meist auf die einfachsten Fälle zurückführen (Voraussetzungen beachten!).

Bei der Analyse technischer Kondensatoren muß vielfach der parallelgeschaltete Widerstand (Bild 1.72b) berücksichtigt werden.

1.9.3 Nichtlineare kapazitive Zweipole

Differentielle Kapazität und *i*-*u*-Relation. Eine Kapazität ist linear, wenn $Q(u)$ eine Gerade durch den Nullpunkt darstellt. Kapazitäten, die diese Bedingung nicht erfüllen, sind nichtlinear. Für lineare und nichtlineare Kapazitäten gelten nach Abschn. 1.9.1 wegen $Q = Q\,(u(t))$ und $Q = Cu$ zwei Darstellungsformen:

$$i = \frac{\mathrm{d}Q}{\mathrm{d}t} = \frac{\mathrm{d}Q}{\mathrm{d}u}\frac{\mathrm{d}u}{\mathrm{d}t} \quad \text{bzw.} \quad i = C_\mathrm{d}\frac{\mathrm{d}u}{\mathrm{d}t} \quad \text{mit} \quad C_\mathrm{d} = \frac{\mathrm{d}Q}{\mathrm{d}u} \tag{1.181}$$

($C_\mathrm{d} \triangleq$ differentielle Kapazität);

$$i = \frac{\mathrm{d}Q}{\mathrm{d}t} = \frac{\mathrm{d}}{\mathrm{d}t}(Cu) \quad \text{bzw.} \quad i = \left(C + u\frac{\mathrm{d}C}{\mathrm{d}u}\right)\frac{\mathrm{d}u}{\mathrm{d}t}. \tag{1.182}$$

Für nichtlineare Kapazitäten ist also $C = Q/u$ spannungsabhängig, und damit folgt wegen $C_\mathrm{d} = C + u\,\mathrm{d}C/\mathrm{d}u$ im Gegensatz zu linearen Kapazitäten $C_\mathrm{d} \neq C$. Für die Berechnung von Netzwerken mit nichtlinearen Kapazitäten wird die Beziehung $i = C_\mathrm{d}\,\mathrm{d}u/\mathrm{d}t$ gegenüber Gl. (1.182) bevorzugt. Aus $i\,\mathrm{d}t = C_\mathrm{d}u$ ergibt sich

$$Q(t) - Q(t_0) = \int_{t_0}^{t} i\,\mathrm{d}t = \int_{u(t_0)}^{u(t)} C_\mathrm{d}(u)\,\mathrm{d}u. \tag{1.183}$$

Diese Gleichung ist nur in Sonderfällen nach u auflösbar. Nichtlineare Kapazitäten sind vor allem als Netzwerkelemente für die Netzwerkmodellierung des dynamischen Verhaltens von elektronischen Bauelementen wichtig, z. B. von Dioden, Transistoren oder auch von anderen Bauelementen, in denen die Ladungsspeicherung eine Rolle spielt und Q und u nichtlinear zusammenhängen.

Beispiel: Differentielle Kapazität C_d von Si-PN-Übergängen[1])

a) $C_\mathrm{d} = C_{s0}\,(1 - u/U_\mathrm{D})^{-q}$ für Sperrpolung ($u < 0$) (1.184)

C_{s0}, U_D und q sind spannungsunabhängig. C_{s0} ist die Kapazität bei $u = 0$. Meist gilt $U_\mathrm{D} \approx 0{,}8\,\mathrm{V}$. q ist ein Zahlenwert zwischen 1/3 und 1. Er nimmt für abrupte PN-Übergänge den Wert 1/2 an und für lineare PN-Übergänge den Wert 1/3.

b) $C_\mathrm{d} = C_0 \exp\,(u/U_0)$ für Durchlaßpolung ($u > 0$) (1.185)

C_0 und U_0 sind spannungsunabhängig.

Elektronisch variable Kapazität*. Darunter versteht man Bauelemente, deren Anwendungen speziell auf einer ausgeprägten Spannungsabhängigkeit der Kapazität beruhen. Man nennt sie auch Varicap[2]) oder Varaktor- oder Kapazitätsdioden. Die Spannungsabhängigkeit der Kapazität einer Sperrschichtvaraktordiode (Gl. (1.184)) ist im Bild 1.77 dargestellt. Häufig wird der Arbeitspunkt mit einer Gleichspannung eingestellt, um den dann die eigentliche Signalspannung schwankt. Außer PN-Varaktoren werden auch MIS-Varaktoren[3]) verwendet.

[1]) C_d ist hier allgemein die differentielle Kapazität. Häufig wird mit C_d auch nur die Diffusionskapazität (b) bezeichnet.
[2]) engl.: variable capacitor
[3]) engl.: metal insulator semiconductor

Kleinsignalverhalten. Bei kleinen Spannungsschwankungen um eine Gleichspannung U_0 kann $C(u)$ näherungsweise durch $C(U_0)$ ersetzt werden, wie später im Abschnitt 1.15.2 noch diskutiert wird. Im Kleinsignalfall ist also die differentielle Kapazität konstant.

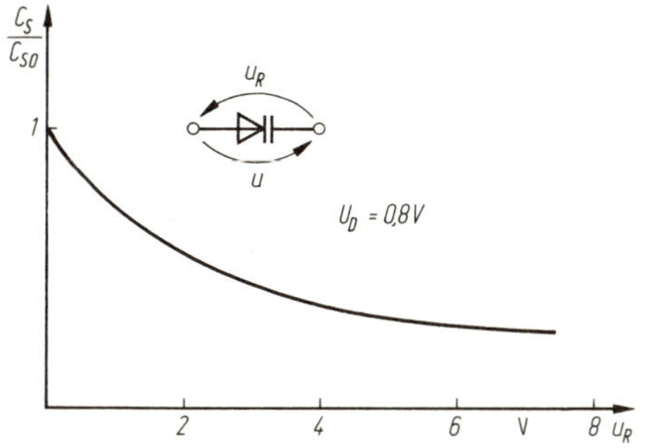

Bild 1.77
Spannungsabhängigkeit der Sperrschichtkapazität einer Varaktordiode sowie Symbol (u_R Rückwärtsspannung)

Ersatzschaltbild einer zweipoligen Halbleiterstruktur*. In Halbleitern treten Konvektionsströme und bei raschen zeitlichen Änderungen – wie schon erwähnt – Verschiebungsströme auf. Im Bild 1.78 sind die fließenden Konvektionsströme i_{K0} und i_{K1} sowie die durch Änderung der gespeicherten Ladung $\pm Q$ fließenden Verschiebungsströme i_{V1} und i_{V2} schematisch dargestellt. Mit der Strombilanzgleichung für die Hüllfläche kann das angegebene Ersatzschaltbild mit nichtlinearen resistiven Bauelementen und meist nichtlinearen differentiellen Kapazitäten aufgestellt werden. Die Dimensionierung dieser Elemente erfordert eine Analyse komplizierter innerelektronischer Vorgänge.

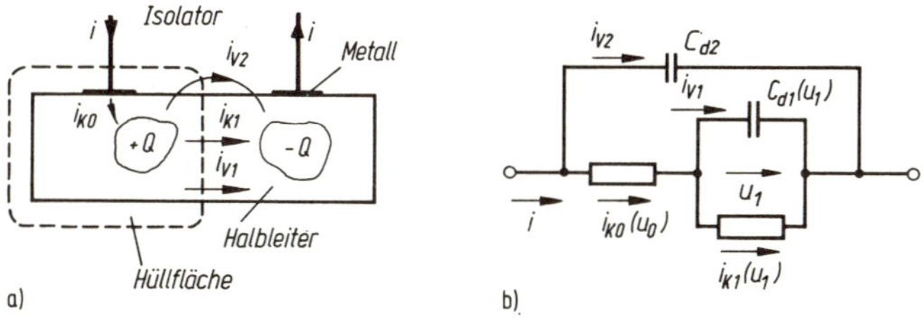

Bild 1.78
Zweipolige Halbleiterstruktur
a) Aufbau; b) Ersatzschaltbild

1.9.4 Bilanzgleichung für Ladungen an einem Knoten

An einem Knoten, in dem insgesamt ein Konvektionsstrom i_K – in der Literatur auch resistiver Strom genannt – fließt und an dem n Kapazitäten angeschlossen sind, folgt bei Beachtung der im Bild 1.79 angenommenen Zählrichtungen wegen des ersten Kirchhoffschen Satzes:

$$\sum_{\mu=1}^{n} i_\mu - i_K = 0 \quad \text{mit} \quad i_\mu = \frac{dQ_\mu}{dt}$$

und damit die

$$\text{Ladungsbilanzgleichung } i_K = \frac{dQ}{dt} \quad \text{mit} \quad Q = \sum_{\mu=1}^{n} Q_\mu \qquad (1.186)$$

oder auch

$$i_K = \frac{dQ}{dt} = \sum_{\mu=1}^{n} \frac{dQ_\mu}{dt} = \sum_{\mu=1}^{n} C_{d\mu} \frac{du_\mu}{dt}$$

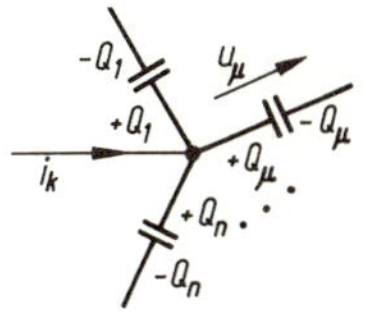

Bild 1.79 Zur Ladungsbilanzgleichung an einem Knoten mit einem resistiven Strom sowie Kapazitäten

und für lineare C

$$i_K = \frac{dQ}{dt} \quad \text{mit} \quad Q = \sum_{\mu=1}^{n} C_\mu u_\mu. \tag{1.187}$$

Die Ladungsänderung am Knoten erfolgt also durch Zu- bzw. Abfluß ($i_K > 0$ bzw. $i_K < 0$). Für $i_K = 0$ ist $dQ/dt = 0$. Ist i_K stets Null, sind also z. B. nur Kapazitäten am Knoten, so bleibt die Ladung zeitkonstant: $Q(t) = Q(t_0)$. Kann man davon ausgehen, daß am Knoten ungeladene Kapazitäten zusammengefügt sind und keine zwischenzeitliche Ladungszufuhr (durch Zu- und Abschaltung von Leitungen) erfolgt, so ist

$$Q(t) = 0 \quad \text{mit} \quad Q = \sum_{\mu} Q_\mu \ \text{Ladungserhaltung am } C\text{-Knoten}. \tag{1.188}$$

Erwähnt sei, daß Gl. (1.186) eine Formulierung der im Abschnitt 1.3.6 behandelten Ladungsbilanzgleichung darstellt, wenn man die Hüllfläche durch die Elektroden der Kapazitäten führt.

1.9.5 RC-Netzwerke bei Gleichspannung

Setzt man voraus, daß in einem RC-Netzwerk alle mit dem Einschalten der Quellen verbundenen zeitlichen Änderungen abgeklungen sind, d. h., alle Ströme und Spannungen sind konstant, so folgt aus $i = C\,du/dt$, daß die Ströme durch alle Kapazitäten verschwinden. Demnach können die Kapazitäten für die Schaltungsberechnung (aber nicht für die Ladungs- und Energieberechnung!) durch Leitungsunterbrechungen ersetzt werden (siehe z. B. Bild 1.80). Bei RC-Parallelschaltungen werden die Spannungen demnach nur von den Widerständen bestimmt.

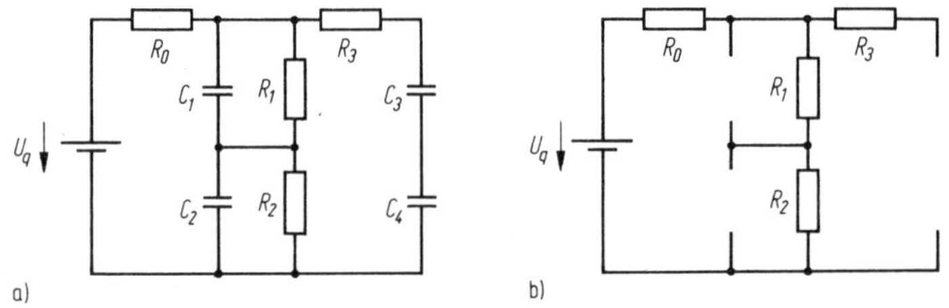

Bild 1.80 RC-Schaltung bei Gleichspannung (a) sowie Vereinfachung zur Schaltungsberechnung (b)

Aufgabe 1.49 RC-Netzwerk bei Gleichspannung
Geben Sie für das Netzwerk im Bild 1.80a alle Ströme, Spannungen und Ladungen an!

Aufgabe 1.50 Oberwellengeneration bei spannungsgesteuerter nichtlinearer Kapazität*
Für die Ladung eines Kondensators gelte $Q = au^2$ (a = konst.).
a) Wie groß ist $i(t)$ für $u = U_0 + \hat{U}_1 \sin \omega t$?;
b) Wie groß ist u für $i = I_0 + I_1 \sin \omega t$ für vorgegebenes $u(t_0)$?

1.9.6 Zeitvariante lineare und nichtlineare kapazitive Zweipole

Zeitvariante lineare Kapazitäten. Eine Kapazität kann in Sonderfällen zeitvariant sein, d. h., die Ladung Q hängt nicht nur von der Spannung $u(t)$ und damit implizit von der Zeit t ab, sondern Q ist auch explizit zeitabhängig: $Q = Q(u(t), t)$. Für lineare Kapazitäten ergibt sich aus $i = dQ/dt$ und $Q = Cu$

$$i = C\frac{du}{dt} + u\frac{dC}{dt} \quad \text{bzw. für} \quad u = \text{konst.}\ i = u\frac{dC}{dt}. \tag{1.189}$$

Demnach kann mit zeitvarianten linearen Kapazitäten eine u,i-Relation realisiert werden, die durch eine eingeprägte Zeitfunktion $C(t)$ steuerbar ist. Interessant ist auch, daß für die Gleichspannung $u = U =$ konst. der Strom nicht wie bei zeitinvariantem C verschwindet, sondern zeitabhängig ist. Außerdem ist wegen $Q = Cu$ eine zeitkonstante Ladung mit einer zeitveränderlichen Spannung verknüpft. Vor allem bei sehr kleinen Signalen ist die Messung von Wechselströmen bzw. -spannungen, vor allem bei vorgegebener Frequenz als selektive Messung, einfacher als die von Gleichströmen bzw. -spannungen (Drift, Rauschen). Deshalb kann die Verwendung zeitvarianter Kapazitäten für diese Anwendungen sowie Ladungsmessungen vorteilhaft sein.

Beispiel: Schwingkondensator für Zerhackerverstärker

Wegen $C = \varepsilon A/d$ (Gl. (1.170)) kann $C(t)$ durch zeitliche Variation von ε bzw. A bzw. d erreicht werden. Beim Schwingkondensatorverstärker wird meist der Plattenabstand d durch Bewegung einer Elektrode (z. B. mit einem Wechselstrommagneten) periodisch variiert. Dadurch werden die ursprünglich zeitkonstanten Größen, z. B. die Ladung bzw. Spannung bzw. der Strom, zerhackt und können mit einem Selektivverstärker gemessen werden. Speziell für $Q =$ konst. und $d = d_0 + d_1 \cos \omega t$ ist $u = Q/C = Qd/\varepsilon A = Q\,(d_0 + d_1 \cos \omega t)/\varepsilon A$.

Zeitvariante nichtlineare Kapazitäten*. Aus

$$i = \frac{\mathrm{d}}{\mathrm{d}t}\,[Q,\,(u(t),\,t)] = \frac{\partial Q}{\partial u}\,\frac{\mathrm{d}u}{\mathrm{d}t} + \frac{\partial Q}{\partial t} \tag{1.190}$$

ergibt sich mit der differentiellen Kapazität $C_\mathrm{d} = \partial Q/\partial u$ und $Q = Cu$

$$i = C_\mathrm{d}(u)\,\frac{\mathrm{d}u}{\mathrm{d}t} + u\,\frac{\partial C}{\partial t}. \tag{1.191}$$

Der Operator $\partial/\partial t$ beschreibt eine partielle Differentiation, bei der nach t differenziert wird, während die anderen Variablen bei der Differentiation als konstant angenommen werden.

Eine andere Berechnungsvariante geht von $i = \mathrm{d}Q/\mathrm{d}t$ mit $Q = Cu$ und $C = C(u(t), t)$ aus. Daraus folgt

$$i = C\,\frac{\mathrm{d}u}{\mathrm{d}t} + u\,\frac{\mathrm{d}C}{\mathrm{d}t} \quad \text{mit} \quad \frac{\mathrm{d}C}{\mathrm{d}t} = \frac{\partial C}{\partial u}\,\frac{\mathrm{d}u}{\mathrm{d}t} + \frac{\partial u}{\partial t}$$

bzw.

$$i = \left(C + u\,\frac{\partial C}{\partial u}\right)\frac{\mathrm{d}u}{\mathrm{d}t} + u\,\frac{\partial C}{\partial t}. \tag{1.192}$$

Nichtlineare zeitvariante Kapazitäten treten u. a. bei Halbleiterbauelementen auf und werden für parametrische Verstärker genutzt.

Aufgabe 1.51 Kontrollfragen

a) Wie lauten die Definitionen der Kapazität und der differentiellen Kapazität?
b) Geben Sie die i,u- und u,i-Relation von Kapazitäten allgemein und für den Kleinsignalfall an!
c) Berechnen und zeichnen Sie $C(t)$ und $u(t)$ für einen Dreieck- und einen Rechteckstromimpuls!
d) Geben Sie die Dimensionierungsvorschrift für einen 1:10-Spannungs- und einen 1:10-Stromteiler mit idealen Kondensatoren an!
e) Wie unterscheiden sich lineare und nichtlineare sowie zeitinvariante und zeitvariante Kapazitäten?
f) Wie sind Kondensatoren bei ebener Elektrodenanordnung zu gestalten, um möglichst hohe Kapazitätswerte zu erzielen?

1.10 Induktive Zweipole

1.10.1 Induktionsgesetz

Einführung. Im Mittelpunkt der folgenden Abschnitte stehen Induktionsprozesse, die das Verhalten von Spulen bestimmen und damit u. a. auch für die Beschreibung von Transformatoren, Generatoren, Motoren, Relais und Induktionsöfen von Bedeutung sind. Außerdem sind induktive Netzwerkelemente aber auch für die Modellierung von Leitungen und alle Bauelemente wichtig, bei denen die Speicherung magnetischer Feldenergie funktionsbeeinflussend wirkt. Grundlage für das Verständnis der Wirkungsweise von Spulen ist das *Induktionsgesetz*[1]), dessen Bedeutung allerdings weit darüber hinausgeht.

Experiment zur Induktion. Das Induktionsgesetz wurde 1831 von Faraday angegeben. Er ging von folgendem Gedanken aus: Mit einem Strom kann bekanntlich ein Magnetfeld erzeugt werden. Kann man nicht auch mit einem Magnetfeld einen Strom bzw. eine Spannung erzeugen? Das Prinzip seines Experimentes ist im Bild 1.81a dargestellt. Das Magnetfeld wird vom Strom in der Drahtschleife *1* erzeugt und umwirbelt – wie mit einer Magnetnadel nachweisbar ist (s. auch Bild 1.6) – den Leiter *1*. Ein Teil des Magnetfeldes durchsetzt Schleife *2*, in der die induzierte Spannung bzw. der induzierte Strom gemessen wird. Beim Experiment zeigt sich, daß bei Gleichstrom keine Spannung meßbar wird, sondern nur bei zeitveränderlichem Strom (durch Zu- und Abschalten der Gleichspannung) in Schleife *1* und damit zeitveränderlichem Magnetfeld. Angemerkt sei, daß Faraday bei seinem Experiment nicht nur je eine Windung benutzte, sondern zwei voneinander isolierte übereinander liegende Drahtwicklungen auf einem Holzzylinder. Er wies den induzierten Strom durch Ablenkung einer Magnetnadel nach, die sich an einem Torsionsfaden zwischen zwei weiteren mit der Spule *2* in Reihe geschalteten Spulen befand.

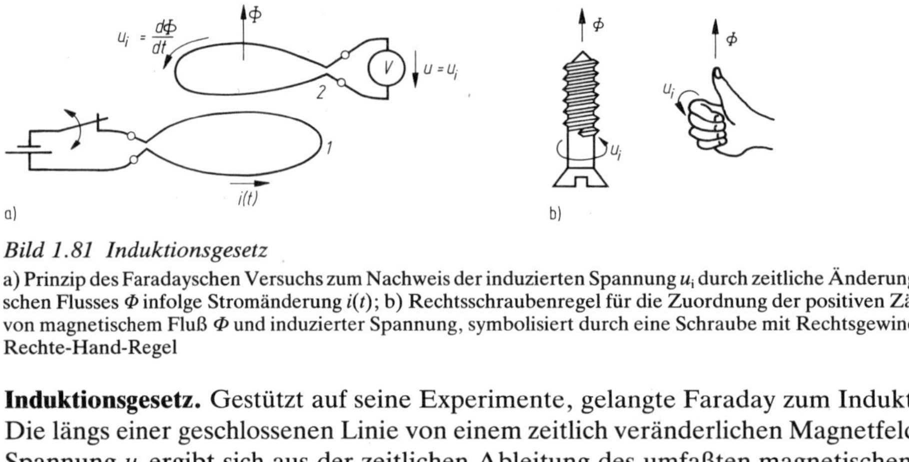

Bild 1.81 Induktionsgesetz

a) Prinzip des Faradayschen Versuchs zum Nachweis der induzierten Spannung u_i durch zeitliche Änderung des magnetischen Flusses Φ infolge Stromänderung $i(t)$; b) Rechtsschraubenregel für die Zuordnung der positiven Zählrichtungen von magnetischem Fluß Φ und induzierter Spannung, symbolisiert durch eine Schraube mit Rechtsgewinde sowie die Rechte-Hand-Regel

Induktionsgesetz. Gestützt auf seine Experimente, gelangte Faraday zum Induktionsgesetz: Die längs einer geschlossenen Linie von einem zeitlich veränderlichen Magnetfeld induzierte Spannung u_i ergibt sich aus der zeitlichen Ableitung des umfaßten magnetischen Flusses Φ, d.h.

$$u_i = \frac{d\Phi}{dt} \quad \textit{(Induktionsgesetz)}. \tag{1.193}$$

Der magnetische Fluß ist eine integrale Größe für das von der betrachteten Linie umfaßte Magnetfeld mit der Einheit

$$[\Phi] = V \cdot s = Wb \quad \text{(Weber)}^{2)}$$

und wird durch einen Zählpfeil symbolisiert.

Die positiven Zählrichtungen des magnetischen Flusses Φ und der induzierten Spannung u_i, die beide im Abschn. 1, Bd. 2, noch näher erläutert werden, sind dabei nach der Rechtsschrau-

[1]) inducere (lat.): einführen
[2]) Wilhelm Eduard Weber, deutscher Physiker, 1804–1891

benregel verknüpft (Bild 1.18b). Andernfalls ist in Gl. (1.193) ein negatives Vorzeichen einzuführen.

Experimentell nachweisbar ist auch die Gültigkeit der Maschengleichung $\sum_\nu u_\nu = 0$, *wenn man die induzierte Spannung* u_i *einbezieht.*

Für Bild 1.81 a ist also $u - u_i = 0$ bzw. $u = u_i$.

Ein Magnetfeld kann durch einen Strom (Konvektions- und/oder Verschiebungsstrom) und/oder magnetisiertes Material (z. B. einen Permanentmagneten) erzeugt werden. Demnach sind für die Induktion einer elektrischen Feldstärke bzw. Induktion einer Spannung längs eines geschlossenen Weges folgende Ursachen möglich:

- zeitlich veränderliche Ströme,
- Bewegung des betrachteten Bezugssystems (z. B. eine Drahtschleife) durch ein Magnetfeld,
- bewegtes magnetisiertes Material bzw. magnetisierbares Material, das ein bereits vorhandenes Magnetfeld beeinflußt.

Im folgenden wird lediglich die Spannungsinduktion durch zeitveränderliche Ströme betrachtet. Um eine möglichst große magnetische Energie auf kleinem Raum zu speichern bzw. eine möglichst große Spannung zu induzieren, realisiert man *Spulen*. Eine Spule besteht meist aus w Windungen ($w \geqq 1$) eines metallischen Drahtes (s. z. B. Bild 1.82) und erhält u. U. auch einen ferro- oder ferrimagnetischen Kern. Umfaßt die ν-te Windung den Fluß Φ_ν, so folgt für die in den w Windungen insgesamt *induzierte Spannung*:

$$u_i = \sum_{\nu=1}^{w} \frac{d\Phi_\nu}{dt} = \frac{d}{dt}\left(\sum_{\nu=1}^{w} \Phi_\nu\right). \tag{1.194}$$

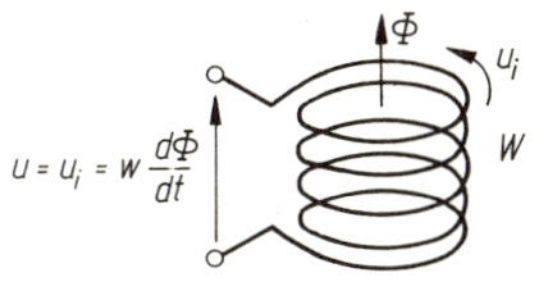

Bild 1.82 Spannungsinduktion in einer Spule

Als *verketteten Fluß* ψ einer Spule definiert man

$$\psi = \sum_{\nu=1}^{w} \Phi_\nu, \qquad [\psi] = \mathrm{V \cdot s = Wb\ (Weber)}, \tag{1.195}$$

bzw. bei gleichem Fluß Φ durch alle Windungen, d. h. $\Phi_\nu = \Phi \quad (\nu = 1(1)\,w)$[1])

$$\psi = w\Phi. \tag{1.196}$$

Damit kann das *Induktionsgesetz für eine Spule* auch in der Form

$$u_i = \frac{d\psi}{dt} \quad \text{mit} \quad \psi \text{ als verkettetem Fluß} \tag{1.197}$$

geschrieben werden, woraus sich speziell für $\psi = w\Phi$ die *induzierte Spannung*

$$u_i = w\,\frac{d\Phi}{dt} \; (w \triangleq \text{Windungszahl}, \Phi \triangleq \text{magnetischer Fluß}) \tag{1.198}$$

ergibt. Dabei ist es möglich, Φ auch als mittleren Fluß entsprechend $\Phi = \sum_{\nu=1}^{w} \Phi_\nu / w$ aufzufassen. Der verkettete Fluß ψ kann unterschiedliche Ursachen haben, die im folgenden aus der Sicht elektrischer Schaltungen diskutiert werden.

[1]) Diese Darstellung bedeutet $\nu = 1, 2, \ldots, w$ (Schrittweite 1).

1.10.2 Selbstinduktion

Definition der Selbstinduktion. Als Selbstinduktion in einer Spule bezeichnet man die Induktion einer Spannung u_i infolge der zeitlichen Änderung des Magnetfeldes, das der durch die Spule fließende Strom verursacht. Um vom Induktionsgesetz $u_i = d\psi/dt$ zu einer Strom-Spannungs-Relation für die Spule zu gelangen, muß $\psi(i)$ bekannt sein. ψ erhöht sich mit wachsendem i und ist vielfach näherungsweise oder exakt proportional zu i. Demnach liegt der Ansatz $\psi = Li$ nahe, wobei L als Selbstinduktivität bezeichnet wird.

Die *Definition der Selbstinduktivität* (häufig auch nur als Induktivität bezeichnet) einer Spule lautet demnach:

$$L = \frac{\psi}{i} \quad \text{mit} \quad \psi = \sum_{\nu=1}^{w} \Phi_\nu; \qquad [L] = \mathrm{V \cdot s/A = H = Henry^{1)}}. \tag{1.199}$$

ψ ist dabei der vom Strom i verursachte verkettete magnetische Fluß. Unter der Voraussetzung, daß alle w Windungen vom gleichen Fluß Φ durchsetzt werden, folgt daraus für die Selbstinduktivität

$$L = \frac{\psi}{i} \quad \text{mit} \quad \psi = \frac{w\Phi}{i}. \tag{1.200}$$

Für den Spezialfall $\psi \sim i$ hängt demnach L nur vom Aufbau der Spule und nicht vom Stromfluß durch die Spule ab.

Vier Induktivitätsklassen. Analog zu Widerständen und Kapazitäten kann man auch bei Induktivitäten mit den Kriterien linearer bzw. nichtlinearer $\psi(i)$-Zusammenhang und zeitinvarianter Zusammenhang, d.h. $\psi = \psi(i(t))$, bzw. zeitvarianter Zusammenhang, d.h. $\psi = \psi(i(t), t)$, vier Klassen von Induktivitäten[2]) unterscheiden (Bild 1.83). Von besonderer Bedeutung für die Elektronik sind zeitinvariante lineare Induktivitäten, während für die elektrische Energietechnik auch zeitinvariante nichtlineare Induktivitäten (mit Eisenkern) wesentlich sind. In Spezialfällen treten auch zeitvariante Induktivitäten auf, z.B. bei magnetischen Eisenkreisen mit zeitlich veränderlichem Luftspalt (z.B. bei Relais und Elektromagneten im Bewegungszeitraum).

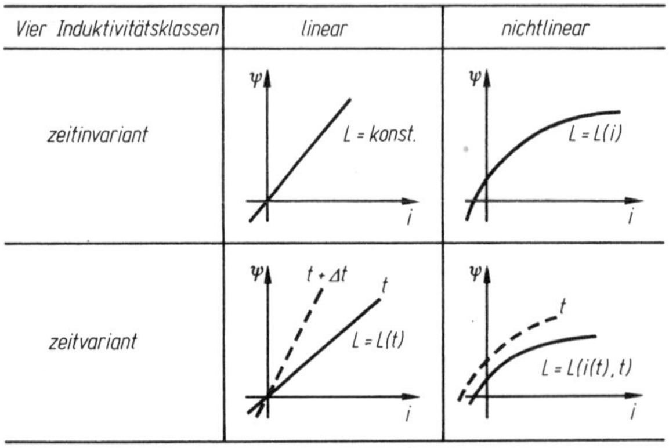

Bild 1.83
Veranschaulichung der vier Induktivitätsklassen anhand der ψ, i-Charakteristik sowie mittels $L = \psi/i$. Besonders wichtig sind zeitinvariante Induktivitäten.

***u,i*-Relation der Spule.** Mit $\psi = Li$ und $u_i = d\psi/dt$ ergibt sich für den Zusammenhang zwischen induzierter Spannung u_i – im folgenden einfach mit u bezeichnet, da sie nach der Maschengleichung mit der gemessenen Klemmenspannung u übereinstimmt – und Strom i einer Spule

$$u = \frac{d\psi}{dt} = \frac{d}{dt}(Li) = L\frac{di}{dt} + i\frac{dL}{dt} = \left(L + i\frac{dL}{di}\right)\frac{di}{dt}. \tag{1.201}$$

1) Joseph Henry, amerikanischer Physiker, 1797–1878

2) Während sich der Begriff „Spule" stets auf ein Bauelement bezieht, kennzeichnet der Begriff „Induktivität" den Induktivitätswert einer Spule oder die induktive Wirkung einer anderen Anordnung (z.B. einer Leitung).

Für den Fall stromunabhängiger Induktivitäten, d. h. für einen linearen $\psi(i)$-Zusammenhang, also *lineare Induktivitäten*, lautet die u,i-Relation demnach

$$u = L \frac{\mathrm{d}i}{\mathrm{d}t} \quad \text{mit} \quad L = \text{konst.} \tag{1.202}$$

Die positiven Zählrichtungen für Strom und Spannung sind entsprechend Bild 1.84a zu wählen. Bei der symbolischen Darstellung nach Bild 1.84b sind also die Zählpfeile für u und i immer gleichsinnig (Verbraucher-Zählpfeilsystem). In einem Erzeuger-Zählpfeilsystem würde es $u = -L\, \mathrm{d}i/\mathrm{d}t$ heißen.

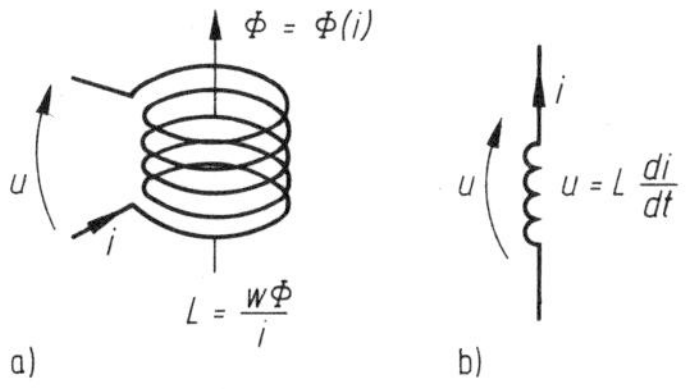

Bild 1.84 Spule

a) Aufbau und Definition der Selbstinduktivität; b) Schaltungssymbol und Strom-Spannungs-Beziehung

Wegen $\psi = \psi\,(i(t))$ kann mit der Kettenregel aus dem Induktionsgesetz auch

$$u = \frac{\mathrm{d}\psi\,(i(t))}{\mathrm{d}t} = \frac{\mathrm{d}\psi}{\mathrm{d}i}\,\frac{\mathrm{d}i}{\mathrm{d}t} \tag{1.203}$$

geschlossen werden. Führt man nun außer der Induktivität $L = \psi/i$ die *Definition der differentiellen Induktivität*

$$L_\mathrm{d} = \frac{\mathrm{d}\psi}{\mathrm{d}i}, \qquad [L_\mathrm{d}] = [L] = \mathrm{H}, \tag{1.204}$$

ein, so lautet die u,i-Relation der Spule

$$u = L_\mathrm{d} \frac{\mathrm{d}i}{\mathrm{d}t} \quad (L_\mathrm{d} = \text{differentielle Induktivität}). \tag{1.205}$$

Für den Zusammenhang zwischen differentieller Induktivität L_d und Induktivität L folgt aus $L_\mathrm{d} = \mathrm{d}\psi/\mathrm{d}i$ mit $\psi = Li$

$$L_\mathrm{d} = L + i\,\frac{\mathrm{d}L}{\mathrm{d}i} \quad \text{bzw.} \quad L_\mathrm{d} = L \quad \text{für} \quad L = \text{konst.} \tag{1.206}$$

sowie bei vorgegebener differentieller Induktivität mit den Gln. (1.200) und (1.204)

$$L(i) = \frac{1}{i}\int_0^i L_\mathrm{d}(i)\,\mathrm{d}i \;(\text{für } \psi(0) = 0). \tag{1.207}$$

Es sei erwähnt, daß bei nichtlinearen Induktivitäten meist die Verwendung der differentiellen Induktivität, also die Gl. (1.205) der Gl. (1.201) vorzuziehen ist. Analoges war bereits für die Kapazität bei der Berechnung nichtlinearer Kapazitäten im Abschnitt 1.9.3 festgestellt worden.

Analogien zwischen Kapazitäten und Induktivitäten. Vergleicht man die Beschreibung von Kapazitäten, also von Speichern elektrischer Feldenergie bzw. der Ladung Q mit der von Induktivitäten, also von Speichern magnetischer Feldenergie bzw. des magnetischen Flusses ψ, so erhält man

$$i = \mathrm{d}Q/\mathrm{d}t, \quad C = Q/u, \quad C_\mathrm{d} = \mathrm{d}Q/\mathrm{d}u, \quad i = C_\mathrm{d}\,\mathrm{d}u/\mathrm{d}t, \quad i = C\,\mathrm{d}u/\mathrm{d}t \quad (C = \text{konst.});$$

$$u = \mathrm{d}\psi/\mathrm{d}t, \quad L = \psi/i, \quad L_\mathrm{d} = \mathrm{d}\psi/\mathrm{d}i, \quad u = L_\mathrm{d}\,\mathrm{d}i/\mathrm{d}t, \quad u = L\,\mathrm{d}i/\mathrm{d}t \quad (L = \text{konst.}).$$

Demnach kann man viele der Aussagen über Kapazitäten sinngemäß auf Induktivitäten übertragen und umgekehrt, wenn die Transformationen

$$Q \leftrightarrow \psi, \qquad i \leftrightarrow u, \qquad C \leftrightarrow L, \qquad C_d \leftrightarrow L_d$$

berücksichtigt werden.

1.10.3 Lineare induktive Zweipole

1.10.3.1 Strom-Spannungs-Verhalten

Strom-Spannungs-Relation. Bei linearen Induktivitäten ist $\psi(i)$ definitionsgemäß eine Gerade durch den Nullpunkt. Demnach gilt nach Abschnitt 1.10.2:

$$L = \frac{\psi}{i} = \text{konst.}, \qquad L_d = \frac{d\psi}{di} = L, \qquad u = L\frac{di}{dt}, \tag{1.208a–c}$$

u ist demnach um so größer, je größer die zeitliche Änderung von i ist. Bei vorgegebenem u kann wegen $di = u\,dt/L$ auch

$$i(t) = i(t_0) + \frac{1}{L}\int_{t_0}^{t} u\,dt \tag{1.209}$$

geschrieben werden. Bei der linearen Induktivität ist also die Spannung dem Differentialquotienten des Stromes proportional oder, anders ausgedrückt, der Strom ist proportional zum Integral über die Spannung. Eine lineare Induktivität liegt vor, wenn sich eine Drahtwicklung in einem Medium konstanter Permeabilität (z. B. in Luft) befindet und der ohmsche Widerstand der Wicklung vernachlässigbar ist.

Diskussion des i,u-Verhaltens:

a) *Gleichstrom:* Bei $i = I =$ konst. folgt aus $u = L\,di/dt$: $u = 0$. Nur bei zeitveränderlichem Strom fällt also über einer idealen Spule eine Spannung ab. Für Gleichstrom kann die ideale Spule (für die Schaltungsanalyse, nicht für Energiebetrachtungen!) durch einen Kurzschluß bzw. eine ideale Leitung ersetzt werden.

b) *Linearer Stromanstieg:* Für $i = I_0 + I_1 t/t_0$ ist $u = L\,di/dt = LI_1/t_0$, also konstant. Wegen $i \to \infty$ für $t \to \infty$ kann dieser Verlauf nur für einen endlichen Zeitraum realisiert werden.
Beispiel: An einer linearen Spule mit der Induktivität $L = 0{,}1$ mH (Bild 1.85a) wird der im Bild 1.85b dargestellte Stromverlauf gemessen. Um $u(t)$ zu berechnen, kann die für stückweise lineare $i(t)$-Verläufe gültige Beziehung $u = L\,di/dt = L\,\Delta i/\Delta t$ genutzt werden. Es entsteht Bild 1.85c.

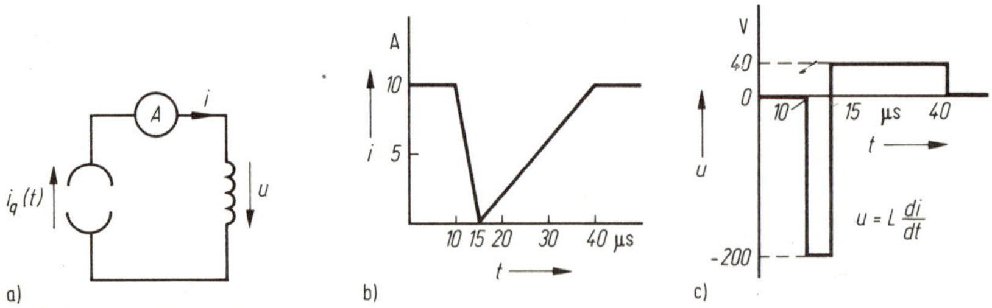

Bild 1.85 Beispiel für Strom-Spannungs-Verhalten einer Spule
a) Schaltung; b) Strom; c) Spannung

c) *Wechselstrom und -spannung:* Für $i = \hat{\imath}\sin\omega t + i(0)$ ist $u = \omega L\hat{\imath}\cos\omega t = \hat{u}\sin(\omega t + \pi/2)$ mit $\hat{u} = \omega L\hat{\imath}$. u eilt also i um $\pi/2$ vor (Bild 1.86a). Bei frequenzunabhängiger Amplitude $\hat{u}$ ist $\hat{\imath} = \hat{u}/\omega L \sim 1/\omega$, nimmt also mit wachsender Frequenz ab (s. auch ausführliche Darstellung im Band 2).

d) *Stetigkeit des Spulenstromes:* Aus $u = L\,di/dt$ kann man schlußfolgern, daß sprunghafte Stromänderungen wegen $di/dt \to \infty$ und damit $u \to \infty$ sowie wegen $p = ui = Li\,di/dt \to \infty$ (p Leistung) nicht realisierbar sind (Bild 1.86b).

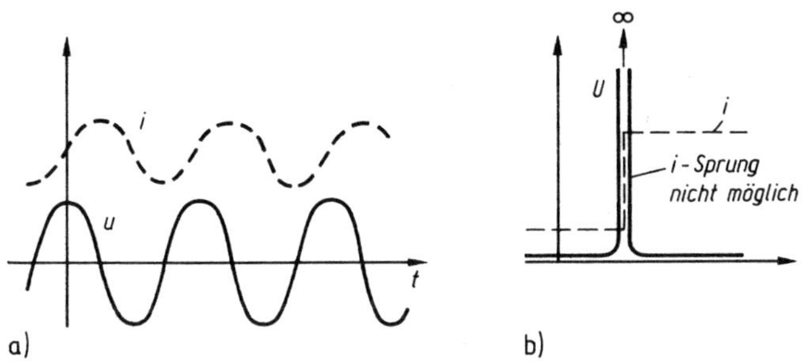

Bild 1.86 Strom-Spannungs-Verhalten einer Spule

a) Wechselspannungsverhalten bei Wechselstrom mit überlagertem Gleichstrom; b) zur Stetigkeit des Spulenstromes

Aufgabe 1.52 i,u-Verhalten einer linearen Spule

Vorgegeben ist eine Spannung an einer Spule der Induktivität $L = 100\,\mu\text{H}$ mit folgenden Merkmalen: $u = U_1$ für $0 \leqq t \leqq t_1$, linearer Anstieg von U_1 auf U_2 im Zeitraum $t_1 < t \leqq t_2$, $u = U_2$ für $t_2 < t \leqq t_3$, $u = U_3$ für $t_3 < t \leqq t_4$, $u = U_4$ für $t_4 < t$ mit $U_1 = 5$ V, $U_2 = 15$ V, $U_3 = -5$ V, $U_4 = 0$, $t_1 = 10$ µs, $t_2 = 20$ µs, $t_3 = 30$ µs, $t_4 = 40$ µs.

a) Stellen Sie $u(t)$ grafisch und formelmäßig dar!

b) Berechnen Sie $i(t)$ für $i(0) = 0{,}5$ A und stellen Sie es dar!

Hinweise:

- Stetigkeit des Spulenstromes beachten,
- Kontrolle der i-Berechnung durch u-Berechnung empfehlenswert.

Aufgabe 1.53 Störspannung durch Zuleitungsinduktivität

Welche Störspannung entsteht durch einen Schaltkreisanschluß mit einer Zuleitungsinduktivität $L = 40$ nH bei einem trapezförmigen Stromimpuls mit den Eckpunkten $i(1\text{ ns}) = 0$, $i(2\text{ ns}) = 10$ mA, $i(3\text{ ns}) = 10$ mA, $i(4\text{ ns}) = 0$?

1.10.3.2 Bemessungsgleichung

Für die Dimensionierung der Induktivität von Spulen erweist sich die Einführung des Begriffes

$$\textit{magnetischer Widerstand } R_\text{m} = \frac{w^2 i}{\psi} = \frac{wi}{\Phi}, \qquad [R_\text{m}] = \frac{\text{A}}{\text{V} \cdot \text{s}} \tag{1.210}$$

als zweckmäßig. Damit erhält man mit $L = \psi/i$ bzw. $\psi = w\Phi$ die

$$\textit{Bemessungsgleichung } L = \frac{w^2}{R_\text{m}} = w^2 a_\text{L}. \tag{1.211}$$

Den zu R_m reziproken Wert a_L bezeichnet man als Induktivitätsfaktor. Die Grundlagen zur Berechnung magnetischer Kreise werden ausführlich im Band 2 dargelegt. An dieser Stelle seien ohne Beweis Näherungen für die magnetischen Widerstände einer Luftspule (Bild 1.87a) sowie einer Spule mit ferromagnetischem Kern und Luftspalt (Bild 1.87b) an-

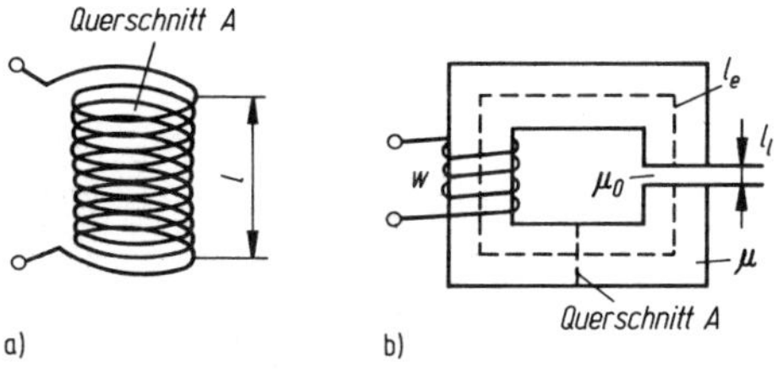

Bild 1.87 Spulen

a) Luftspule; b) Spule mit ferromagnetischem Kern und Luftspalt gegeben:

$$R_m = \frac{l}{\mu_0 A}, \quad (1.212)$$

$$R_m = \frac{l_e}{\mu A} + \frac{l_l}{\mu_0 A}. \quad (1.213)$$

R_m hängt demnach von den geometrischen Daten (Länge l, Querschnitt A) und der Permeabilität μ ab. Die *Permeabilität* kann in der Form

$$\mu = \mu_r \mu_0 \quad \text{mit} \quad \mu_0 = 4\pi \cdot 10^{-7}\ \text{V} \cdot \text{s}/(\text{A} \cdot \text{m}) \quad (1.214)$$

dargestellt werden. μ_0, die *absolute Permeabilität* des Vakuums (magnetische Feldkonstante), ist eine Naturkonstante. μ_r, die *relative Permeabilität*[1]), charakterisiert die magnetischen Eigenschaften des Materials. Für Vakuum ist $\mu_r = 1$. Für Luft gilt $\mu_r = 1 + 0{,}4 \cdot 10^{-6}$, also näherungsweise $\mu_r = 1$. Häufig werden Kerne mit ferromagnetischem Material (z. B. Eisen, Kobalt, Nickel) benutzt. Dafür kann $\mu_r \gg 1$ sein (z. B. $\mu_r = \ldots 10^2 \ldots 10^4 \ldots$), feldstärkeabhängig sein und Hystereseeigenschaften aufweisen, so daß teilweise nichtlineare Effekte zu berücksichtigen sind.

Aufgabe 1.54 Bemessung von Spulen

a) Wie groß ist die Induktivität einer Spule mit $w = 100$ Windungen und einem Eisenkern mit $\mu_r = 1000$, einem Querschnitt von 4 cm² und einer mittleren Eisenlänge von 20 cm?
b) Auf einem Eisenkern mit dem Induktivitätsfaktor $a_L = 2$ nH soll eine Spule gewickelt werden. Welche Windungszahl ist für $L \approx 6$ µH zu wählen?

1.10.3.3 Zusammenschaltung linearer Induktivitäten

In der Aufgabe 1.56 wird die Ersatzinduktivität der

$$\textit{Reihenschaltung}\ L = \sum_{\mu=1}^{n} L_\mu \quad (1.215)$$

von n magnetisch nicht verkoppelten Spulen der Induktivität L_μ abgeleitet. *Die Ersatzinduktivität einer Reihenschaltung ist demnach größer als die größte Teilinduktivität.* Für den verketteten Fluß der Reihenschaltung ergibt sich

$$\psi = \sum_{\mu=1}^{n} \psi_\mu. \quad (1.216)$$

Wie ebenfalls bei der Aufgabe 1.55 gezeigt wird, gilt für die Ersatzinduktivität einer

$$\textit{Parallelschaltung}\ \frac{1}{L} = \sum_{\mu=1}^{n} \frac{1}{L_\mu}. \quad (1.217)$$

Die Ersatzinduktivität L einer Parallelschaltung ist demnach kleiner als die kleinste Teilinduktivität. Allen Induktivitäten ist bei Parallelschaltung (Aufgabe 1.55) der gleiche Fluß zuzuordnen, d. h.

$$\psi_\mu = \psi. \quad (1.218)$$

Speziell für die Parallelschaltung zweier Induktivitäten ergibt sich

$$L = L_1 L_2/(L_1 + L_2). \quad (1.219)$$

Bei der Zusammenschaltung technischer Spulen gelten diese Beziehungen nur in erster Näherung.

[1]) bei feldunabhängiger Permeabilität auch als Permeabilitätszahl bezeichnet

Aufgabe 1.55 Zusammenschaltung idealer Spulen

Wie groß ist die Ersatzinduktivität der Parallelschaltung von $L_1 = 1$ mH und $L_2 = 4$ mH in Reihe zu $L_3 = 2$ mH?

Aufgabe 1.56 Ersatzinduktivität von Reihen- und Parallelschaltungen

Beweisen Sie die Gln. (1.215) bis (1.218)!

1.10.3.4 Spannungs- und Stromteilung mit linearen Induktivitäten

Aus Bild 1.88a kann mit $u = u_1 + u_2$ und $u_1 = L_1\,\mathrm{d}i/\mathrm{d}t$ sowie $u_2 = L_2\,\mathrm{d}i/\mathrm{d}t$ unter der Voraussetzung $\mathrm{d}i/\mathrm{d}t \neq 0$ und damit $u \neq 0$ für die Reihenschaltung die

$$\textit{Spannungsteilerregel}\ \frac{u_2}{u_1} = \frac{L_2}{L_1}, \qquad \frac{u_2}{u} = \frac{L_2}{L_1 + L_2} \tag{1.220}$$

abgeleitet werden. Eine Verallgemeinerung führt zu

$$\frac{u_\mu}{u_\nu} = \frac{L_\mu}{L_\nu}; \qquad \frac{u_\mu}{u} = \frac{L_\mu}{\sum\limits_\mu L_\mu}. \tag{1.221}$$

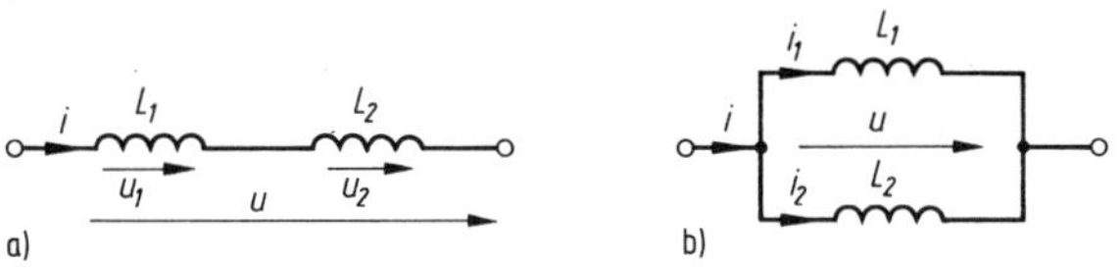

Bild 1.88 Spannungs- und Stromteilung bei idealen Spulen

a) bei einer Reihenschaltung und b) bei einer Parallelschaltung

Bei der Parallelschaltung (Bild 1.88b) tritt eine Stromteilung auf. Mit $i = i_1 + i_2$ sowie $i_\mu(t) = i_\mu(t_0) + \left(\int_{t_0}^{t} u\,\mathrm{d}t\right)\Big/ L_\mu$ und $i_\mu(t_0) = 0$ ergibt sich die

$$\textit{Stromteilerregel}\ \frac{i_2}{i_1} = \frac{L_1}{L_2}, \qquad \frac{i_2}{i} = \frac{L_1}{L_1 + L_2}. \tag{1.222}$$

Durch die Verallgemeinerung entsteht

$$\frac{i_\mu}{i_\nu} = \frac{L_\nu}{L_\mu}; \qquad \frac{i_\mu}{i} = \frac{1/L_\mu}{\sum\limits_\mu 1/L_\mu}. \tag{1.223}$$

Bei technischen Spulen gelten diese Beziehungen nur in erster Näherung, da die Ersatzschaltung außer der Induktivität weitere Elemente enthält.

1.10.4 Nichtlineare induktive Zweipole

Strom-Spannungs-Verhalten. Nichtlineare Induktivitäten zeichnen sich dadurch aus, daß $\psi(i)$ nicht als Gerade durch den Nullpunkt dargestellt werden kann. Die Induktivität L und die differentielle Induktivität L_d sind stromabhängig und unterscheiden sich:

$$L = \psi/i \neq L_\mathrm{d} = \mathrm{d}\psi/\mathrm{d}i. \tag{1.224}$$

Von den beiden Gln.

$$u = \frac{\mathrm{d}\psi}{\mathrm{d}t} = \left(L + i\,\frac{\mathrm{d}L}{\mathrm{d}i}\right)\frac{\mathrm{d}i}{\mathrm{d}t} \tag{1.201}$$

und

$$u = \frac{d\psi}{dt} = L_d \frac{di}{dt} \tag{1.205}$$

ist die zweite meist vorzuziehen, bei der die differentielle Induktivität verwendet wird (in Analogie zur Beschreibung nichtlinearer Kapazitäten). Eine Auflösung der Gl. (1.205) nach i ist wegen $u\,dt = L_d\,di$ bzw.

$$\int_{i(t_0)}^{i(t)} L_d(i)\,di = \int_{t_0}^{t} u\,dt \tag{1.225}$$

nur in Sonderfällen möglich.

Spulen mit ferromagnetischem Kern sind eine nichtlineare $\psi(i)$-Charakteristik und damit auch stromabhängige und u. U. durch Hysterese mehrdeutige L_d bzw. L zuzuordnen. Allerdings können Spulen mit ferromagnetischem Kern und Luftspalt und Spulen mit ferrimagnetischem Kern häufig als lineare Spulen genähert werden (Band 2).

Kleinsignalverhalten*. Bei kleinen Stromschwankungen um einen Gleichstrom I_0 kann $L_d(i)$ näherungsweise durch $L_d(I_0)$ ersetzt werden, wie später im Abschnitt 1.15.3 noch diskutiert wird. Im Kleinsignalfall ist also die differentielle Induktivität konstant.

Aufgabe 1.57 Reihen- und Parallelschaltung nichtlinearer Induktivitäten*

Beweisen Sie für den Kleinsignalfall ($i_\mu = I_{0\mu} + \Delta i_\mu$) folgende Gleichungen:

Reihenschaltung $L_d(I_0) = \sum_\mu L_{d\mu}(I_0),\ u_\mu/u = L_{d\mu}(I_0)/\sum_\mu L_{d\mu}(I_0)$;

Parallelschaltung $1/L_d(I_0) = \sum_\mu 1/L_{d\mu}(I_{0\mu}),\ \Delta i_\mu/\Delta i = (1/L_{d\mu}(I_{0\mu}))/\sum_\mu 1/L_{d\mu}(I_{0\mu})$.

Aufgabe 1.58 Nichtlineare Induktivität*

Das Verhalten einer nichtlinearen Spule mit Eisenkern werde näherungsweise durch den Ansatz $\psi = c_1 i - c_2 i^2$ ($c_1 > 0$, $c_2 > 0$) beschrieben, der im Bereich $|i| < c_1/2c_2$ gültig sei.

a) Zeichnen Sie $\psi(i)$ qualitativ!

b) Geben Sie die Einheiten der Konstanten c_1 und c_2 an!

c) Berechnen Sie L_d sowie u für $i = I_0 + \hat{\imath}\cos\omega t$ allgemein und im Kleinsignalfall!

1.10.5 Technische Spulen

Ersatzschaltbilder. Technische Spulen lassen sich nur in erster Näherung durch das Netzwerkelement „ideale Spule" beschreiben (Bild 1.89a). In zweiter bzw. dritter Näherung werden sogenannte Wicklungs- und Kernverluste durch ohmsche Widerstände (Bilder 1.89b und 1.89c) berücksichtigt. Bei hohen Frequenzen können noch kapazitive Effekte zwischen den auf unterschiedlichen Spannungen befindlichen Windungen bzw. dem Kern auftreten (4. Näherung). Bei Luftspulen entfällt R_K. Bezogen auf die Ersatzschaltung im Bild 1.89b, definiert man bei der Kreisfrequenz ω als

$$\text{Verlustfaktor } d = \tan\delta = R/(\omega L). \tag{1.226}$$

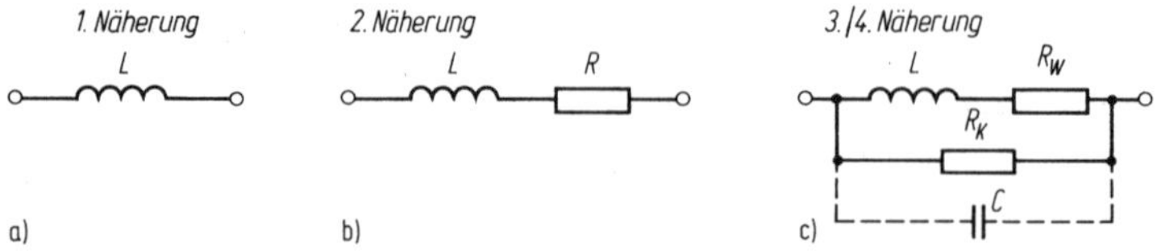

Bild 1.89 Ersatzschaltbilder einer Spule mit ferromagnetischem Kern mit unterschiedlicher Genauigkeit

a) ideale Spule, d. h. unter Vernachlässigung der Wicklungs- und Kernverluste; b) Modellierung der Wicklungs- und Kernverluste durch den Widerstand R; c) Modellierung der Wicklungs- und Kernverluste mit den Widerständen R_W und R_K sowie kapazitiver Effekte durch C (für hohe Frequenzen)

δ nennt man Verlustwinkel. Meist ist $\delta \ll 1$ und damit näherungsweise $d = \delta$. Als Güte wird $Q = 1/d$ bezeichnet (Band 2).

Schaltzeichen und Bauformen. Die Schaltzeichen technischer Spulen sind aus Bild 1.90 ersichtlich. Eine Variation des Induktivitätswertes kann durch Veränderung des magnetischen Kreises erfolgen (Kernverschiebung, Luftspaltänderung, s. Gl. (1.213)). Bei Kleinsignalverhalten ist mit Variation des Gleichstromes I_0, d. h. Arbeitspunktverschiebung, eine elegante elektronische L_d-Variation möglich. Technische Spulen weisen je nach Einsatzgebiet in der Elektronik oder elektrischen Energietechnik und dem Frequenzbereich (Niederfrequenz (NF), Hochfrequenz (HF)) sehr unterschiedliche Bauformen für die Wicklungs- und Kerngestaltung auf. In der Elektronik dominieren für viele Anwendungen lineare Spulen. Luftspulen verhalten sich linear. Das gleiche gilt für Dünnschichtinduktivitäten (z. B. ebener spiralförmiger Leiterzug auf einem Isolierkörper) sowie näherungsweise bei ferrimagnetischem Kern. Spulen mit ferromagnetischem Kern sind im allgemeinen Fall nichtlinear. Durch einen Luftspalt tritt eine Linearisierung ein. Außerdem liegt bei Kleinsignalsteuerung eine konstante (aber arbeitspunktabhängige) differentielle Induktivität vor.

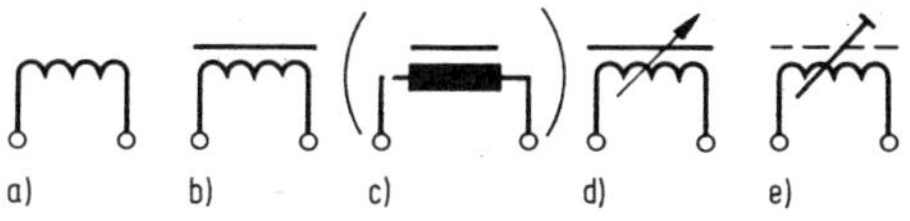

Bild 1.90 Schaltzeichen von Spulen

a) Spule (allgemein sowie Luftspule); b) Spule mit ferromagnetischem Kern; c) Spule mit ferromagnetischem Kern (veraltet!); d) stetig verstellbare Spule mit ferromagnetischem Kern; e) Spule mit einstellbarem ferrimagnetischem Massekern

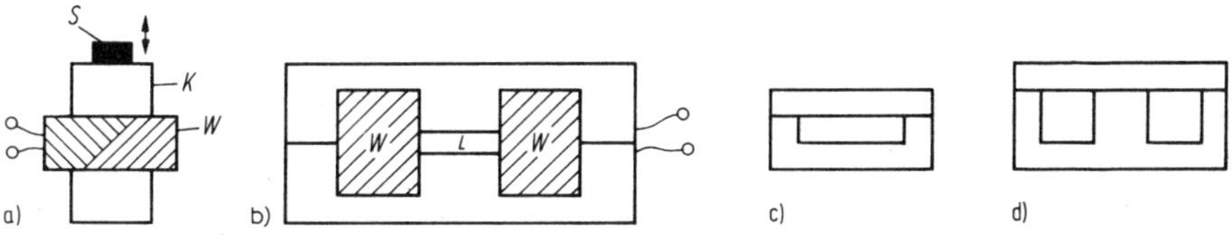

Bild 1.91 Bauformen von Spulen

a) HF-Kreuzwickelspule (kapazitätsarm) mit Ferritschraubkern (*K* Kern, *S* Schraubkern, *W* Wicklung) geeignet für Induktivitätseinstellung durch Einstellung des Schraubkerns; b) HF-Spule mit Ferritschalenkern (*W* Wicklung, *L* Luftspalt); c) Kern mit UI-Schnitt, z. B. für Netzfrequenzspule; d) Kern mit EI-Schnitt, z. B. für Netzfrequenzspule

Nach der Kernform unterscheidet man

- nicht eisengeschlossene Kerne: u. a. Stift- und Zylinderkerne (Bild 1.91 a);
- vollständig bzw. nahezu vollständig eisengeschlossene Kerne (mit Luftspalt): u. a. Ring-, Schalen-, Topf-, M-, EI-, UI-, UU-, EE-, FF-, LL-Kerne (Bilder 1.91 b bis 1.91 d).

1.10.6* Zeitvariante lineare und nichtlineare induktive Zweipole

Zeitvariante lineare Induktivitäten. Die Betrachtungen erfolgen analog zu zeitvarianten Kapazitäten (Abschn. 1.9.6). Induktivitäten können in Sonderfällen zeitvariant sein, d. h., der verkettete Magnetfluß ψ hängt nicht nur vom Strom $i(t)$ und damit implizit von der Zeit t ab, sondern ψ ist auch explizit zeitabhängig: $\psi = \psi(i(t), t)$. Speziell für lineare Induktivitäten ergibt sich aus $u = \mathrm{d}\psi/\mathrm{d}t$ mit $\psi = Li$ wegen $L =$ konst.:

$$u = L\frac{\mathrm{d}i}{\mathrm{d}t} + i\frac{\mathrm{d}L}{\mathrm{d}t} \quad \text{bzw. für} \quad i = \text{konst.} \; u = i\frac{\mathrm{d}L}{\mathrm{d}t}. \tag{1.227}$$

Zeitvariante nichtlineare Induktivitäten. Aus

$$u = \frac{\mathrm{d}}{\mathrm{d}t}(\psi(i(t), t)) = \frac{\partial\psi}{\partial i}\frac{\mathrm{d}i}{\mathrm{d}t} + \frac{\partial\psi}{\partial t} \tag{1.228}$$

folgt mit der differentiellen Induktivität $L_d = \partial\psi/\partial i$ und $\psi = Li$

$$u = L_d(i)\,\frac{di}{dt} + i\,\frac{\partial L}{\partial t}. \tag{1.229}$$

Wegen $u = d\psi/dt$ und $L = L\,(i(t), t)$ ergibt sich statt dessen auch

$$u = L\,\frac{di}{dt} + i\,\frac{dL}{dt} \quad \text{mit} \quad \frac{dL}{dt} = \frac{\partial L}{\partial i}\,\frac{di}{dt} + \frac{\partial L}{\partial t}$$

bzw.

$$u = \left(L + i\,\frac{\partial L}{\partial i}\right)\frac{di}{dt} + i\,\frac{\partial L}{\partial t}. \tag{1.230}$$

Diskussion. Zeitvariante Induktivitäten weisen gegenüber zeitinvarianten Induktivitäten zwei Unterschiede auf: explizit zeitabhängige Induktivitäten und einen zusätzlichen Term $i\,dL/dt$ bzw. $i\,\partial L/\partial t$. Dadurch wird u zusätzlich moduliert.

L ist zeitvariant, falls der magnetische Widerstand (Abschn. 1.10.3.2) zeitvariant ist, z.B. bei mechanischer Luftspaltvariation oder bei zeitlich gesteuerter Temperaturbeeinflussung der Permeabilität μ.

Aufgabe 1.59 Zeitvariante lineare Induktivität*

Mit einer vom Gleichstrom I_0 durchflossenen Spule mit der zeitvarianten Induktivität $L(t)$ soll ein Rechteckimpuls ($u = U_0 < 0$ für $0 \leqq t \leqq T$, $u = 0$ sonst) erzeugt werden. Wie ist $L(t)$ zu wählen, und wie groß ist U_0 für $L_{min} \leqq L \leqq L_{max}$?

1.10.7* Selbst- und Gegeninduktion bei magnetisch verkoppelten Spulen

Induktionsgesetz bei magnetisch verkoppelten Spulen. Das Verhalten von Spulen, die über das Magnetfeld verkoppelt sind, wird anhand der Anordnung im Bild 1.92a erläutert. Der verkettete magnetische Fluß ψ_1 in der Spule *1* hängt nicht nur vom Strom i_1 in dieser Spule, sondern auch vom Strom i_2 in der anderen Spule ab, d.h., $\psi_1 = \psi_1(i_1, i_2)$. Analog dazu ist $\psi_2 = \psi_2(i_1, i_2)$. Die in *1* und *2* induzierten Spannungen

$$u_1 = \frac{d\psi_1\,(i_1, i_2)}{dt} \quad \text{und} \quad u_2 = \frac{d\psi_2\,(i_1, i_2)}{dt} \tag{1.231a, b}$$

werden demnach nicht nur von der bereits beschriebenen Selbstinduktion bestimmt, sondern auch von der Wechselwirkung mit der jeweils anderen Spule, die man auch als Gegeninduktion bezeichnet. Die symbolische Darstellung zweier magnetisch verkoppelter Spulen ist aus Bild 1.92b ersichtlich.

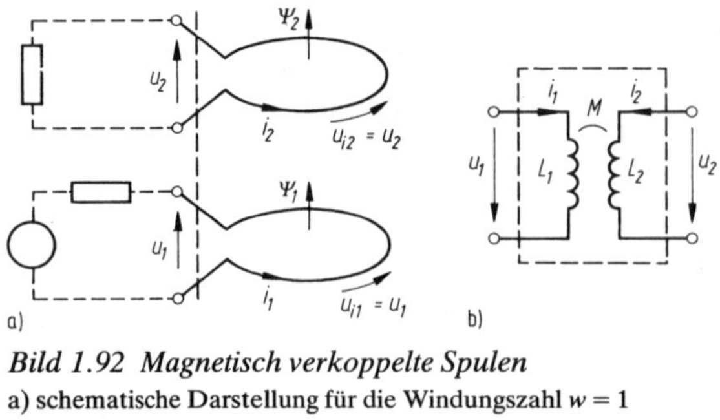

Bild 1.92 Magnetisch verkoppelte Spulen

a) schematische Darstellung für die Windungszahl $w = 1$

Hinweis: Die angeschlossenen Schaltelemente sind als Beispiel aufzufassen

b) Schaltsymbol für zwei magnetisch verkoppelte Spulen mit den Induktivitäten L_1 und L_2 sowie der Gegeninduktivität M

Strom-Spannungs-Relationen magnetisch verkoppelter linearer Spulen. Als lineare Spulen bezeichnet man Anordnungen, bei denen der Ansatz

$$\psi_1\,(i_1,\,i_2) = L_{11}i_1 + L_{12}i_2 \tag{1.232}$$

$$\psi_2\,(i_1,\,i_2) = L_{21}i_1 + L_{22}i_2 \tag{1.233}$$

mit konstanten Koeffizienten L_{jk} ($j = 1,2$; $k = 1,2$) möglich ist. Die Einheit der L_{jk} ist V · s/A = H (Henry).

Ausgehend von diesen Gleichungen können folgende Definitionen eingeführt werden:

$$\textit{Selbstinduktivitäten}\ L_{11} = \left(\frac{\psi_1}{i_1}\right)_{i_2=0}, \qquad L_{22} = \left(\frac{\psi_2}{i_2}\right)_{i_1=0}; \tag{1.234a, b}$$

$$\textit{Gegeninduktivitäten}\ L_{12} = \left(\frac{\psi_1}{i_2}\right)_{i_1=0}, \qquad L_{21} = \left(\frac{\psi_2}{i_1}\right)_{i_2=0}. \tag{1.235a, b}$$

Damit ergeben sich aus dem Induktionsgesetz die *Strom-Spannungs-Relationen zweier magnetisch verkoppelter linearer Spulen:*

$$u_1 = L_{11}\frac{\mathrm{d}i_1}{\mathrm{d}t} + L_{12}\frac{\mathrm{d}i_2}{\mathrm{d}t}; \tag{1.236}$$

$$u_2 = L_{21}\frac{\mathrm{d}i_1}{\mathrm{d}t} + L_{22}\frac{\mathrm{d}i_2}{\mathrm{d}t}. \tag{1.237}$$

Vielfach führt man die Bezeichnungen

$$L_{11} = L_1, \qquad L_{22} = L_2, \qquad L_{12} = M_{12}, \qquad L_{21} = M_{21} \tag{1.238}$$

ein. Mit dem Reziprozitätsprinzip (Band 2) kann man $M_{12} = M_{21} = M$ nachweisen. Damit folgt in Matrixschreibweise:

$$\begin{pmatrix} u_1 \\ u_2 \end{pmatrix} = \begin{pmatrix} L_1 & M \\ M & L_2 \end{pmatrix} \begin{pmatrix} \mathrm{d}i_1/\mathrm{d}t \\ \mathrm{d}i_2/\mathrm{d}t \end{pmatrix}. \tag{1.239}$$

Bemessungsgleichung der Gegeninduktivität. Eine mögliche Form der Bemessungsgleichung für die Gegeninduktivität M lautet

$$M = k\sqrt{L_1L_2} \quad \text{mit} \quad 0 \leqq k \leqq 1 \ (k \text{ Koppelfaktor}). \tag{1.240}$$

Magnetisch entkoppelte Spulen besitzen den Koppelfaktor $k = 0$. Bei Spulen, die beide vom gleichen magnetischen Fluß Φ durchsetzt werden, ist $k = 1$. Für alle anderen gilt $0 < k < 1$.

Strom-Spannungs-Relationen magnetisch verkoppelter nichtlinearer Spulen. Für nichtlineare magnetische Kreise, z. B. Kreise mit Eisenkern, ist es zweckmäßig, von

$$u_1 = \frac{\mathrm{d}\psi_1\,(i_1,\,i_2)}{\mathrm{d}t} = \frac{\partial\psi_1}{\partial i_1}\frac{\mathrm{d}i_1}{\mathrm{d}t} + \frac{\partial\psi_1}{\partial i_2}\frac{\mathrm{d}i_2}{\mathrm{d}t}; \tag{1.241}$$

$$u_2 = \frac{\mathrm{d}\psi_2\,(i_1,\,i_2)}{\mathrm{d}t} = \frac{\partial\psi_2}{\partial i_1}\frac{\mathrm{d}i_1}{\mathrm{d}t} + \frac{\partial\psi_2}{\partial i_2}\frac{\mathrm{d}i_2}{\mathrm{d}t} \tag{1.242}$$

auszugehen, d. h. folgende Kenngrößen einzuführen:

$$\textit{differentielle Selbstinduktivitäten}\ L_{\mathrm{d}11} = \frac{\partial\psi_1}{\partial i_1}, \qquad L_{\mathrm{d}22} = \frac{\partial\psi_2}{\partial i_2}; \tag{1.243a, b}$$

$$\textit{differentielle Gegeninduktivitäten}\ L_{\mathrm{d}12} = \frac{\partial\psi_1}{\partial i_2}, \qquad L_{\mathrm{d}21} = \frac{\partial\psi_2}{\partial i_1}. \tag{1.244a, b}$$

Die Selbst- und Gegeninduktion bei magnetisch verkoppelten Kreisen wird im Band 2, ausgehend von Feldbetrachtungen, intensiver behandelt. An dieser Stelle sei nur noch vermerkt, daß bei Änderung der Zählrichtungen gegenüber Bild 1.92a entsprechende Vorzeichenwechsel in den Gln. (1.241) und (1.242) auftreten. Ändert man z. B. die Pfeilrichtung von i_2, so ist anstelle von i_2 in allen Gleichungen $-i_2$ einzusetzen.

Bei der Beschreibung magnetisch verkoppelter technischer Spulen sind häufig noch die endlichen ohmschen Widerstände der Wicklungen jeweils durch Reihenschaltung ohmscher Widerstände zu berücksichtigen. Wesentlich seltener sind kapazitive Effekte bedeutsam.

Aufgabe 1.60 Kontrollfragen

a) Wie sind Induktivitäten und differentielle Induktivitäten sowie Kapazitäten und differentielle Kapazitäten definiert?
b) Stellen Sie die u,i-Relationen linearer und nichtlinearer Induktivitäten denen linearer und nichtlinearer Kapazitäten gegenüber.
c) Geben Sie $u(t)$ für eine lineare Spule bei $i = I_0$, bei einem trapezförmigen Stromimpuls sowie für $i = \hat{\imath} \sin(\omega t + \varphi_i)$ an!
d) Welcher Strom fließt durch eine lineare Spule, an die eine rechteckförmige Spannung gelegt wird?
e) Wie lauten die Stetigkeitsbedingungen für das Verhalten von Induktivitäten und Kapazitäten?

1.11 Ersatzschaltbilder aktiver Zweipole

Unter einem aktiven Zweipol wird an dieser Stelle ein Zweipol verstanden, der mindestens eine Quelle enthält. Im Gegensatz dazu enthält ein passiver Zweipol keine Quellen, sondern lediglich resistive und/oder kapazitive und/oder induktive Netzwerkelemente.

1.11.1 Satz von Helmholtz

Überblick. Der Satz von *Helmholtz* und *Mayer*, der in der englischsprachigen Literatur auch Theorem von *Thevenen* und *Norton* genannt wird, lautet:

Jeder lineare aktive Zweipol, der aus idealen Quellen und linearen Widerständen besteht, kann bezüglich seines Klemmenverhaltens durch eine Spannungsquellen- oder eine Stromquellenersatzschaltung ersetzt werden.

Diesen bedeutenden Satz, der später auch abgeleitet wird, veranschaulicht Bild 1.93.

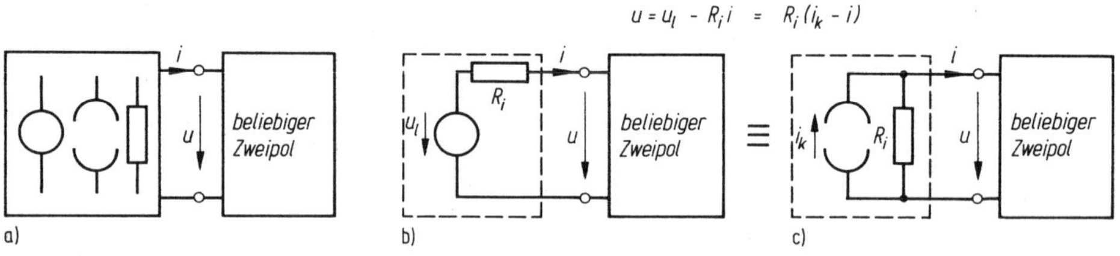

Bild 1.93 Veranschaulichung des Satzes von Helmholtz
Ersatz eines aktiven resistiven Zweipols (a) durch eine Spannungsquellenersatzschaltung (b) und durch eine Stromquellenersatzschaltung (c)

Die *Spannungsquellenersatzschaltung* besteht aus der Reihenschaltung einer idealen Spannungsquelle mit der Quellenspannung u_L und eines linearen Widerstandes R_i, den man Innenwiderstand nennt.

Eine *Stromquellenersatzschaltung* besteht aus der Parallelschaltung einer idealen Stromquelle mit dem Quellenstrom i_k und eines linearen Widerstandes, des Innenwiderstandes R_i.

Die u,i-Relation der Spannungsquellenersatzschaltung lautet

$$u = u_l - R_i i \quad \text{bzw.} \quad i = (u_l - u)/R_i. \tag{1.245}$$

Bei Leerlauf (Bild 1.94a), d.h. leer laufenden und damit stromlosen Anschlüssen, ist demnach

$$i = 0; \qquad u = u_l \quad (u_l \text{ Leerlaufspannung}) \tag{1.246}$$

und bei Kurzschluß (Bild 1.94b)

$$u = 0; \qquad i = u_l/R_\mathrm{i} = i_\mathrm{k} \quad (i_\mathrm{k} \textit{ Kurzschlußstrom}). \tag{1.247}$$

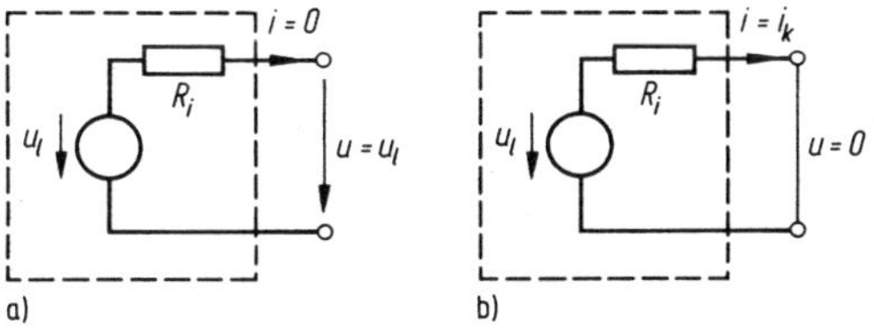

Bild 1.94
Spannungsquellenersatzschaltung
a) Bestimmung der Leerlaufspannung;
b) Bestimmung des Kurzschlußstromes

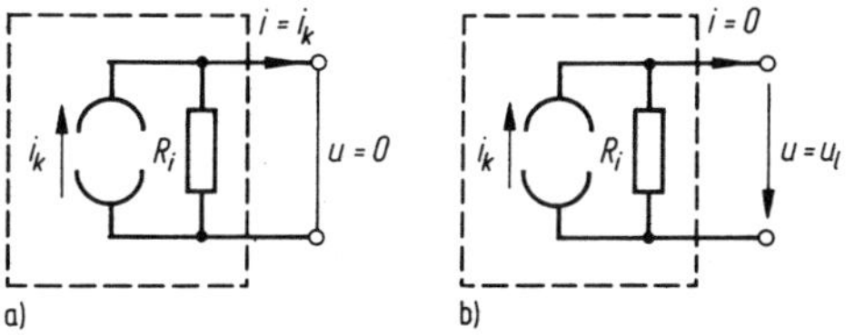

Bild 1.95
Stromquellenersatzschaltung
a) Bestimmung des Kurzschlußstromes;
b) Bestimmung der Leerlaufspannung

Die *u,i-Relation der Stromquellenersatzschaltung* lautet

$$i = i_\mathrm{k} - u/R_\mathrm{i} \quad \text{bzw.} \quad u = R_\mathrm{i}\,(i_\mathrm{k} - i). \tag{1.248}$$

Bei *Kurzschluß* (Bild 1.95a) gilt ebenfalls $u = 0$ und $i = i_\mathrm{k}$. Bei *Leerlauf* (Bild 1.95b) ist $i = 0$ und $u = R_\mathrm{i} i_\mathrm{k} = u_l$.

Äquivalenz von Spannungs- und Stromquellenersatzschaltung. Die Äquivalenz von Spannungs- und Stromquellenersatzschaltung wurde bisher lediglich genannt, soll nun aber näher untersucht werden. Dazu werden die beiden Schaltungen jeweils durch den Index *1* und *2* gekennzeichnet und gefordert, daß das Klemmenverhalten sich nicht unterscheidet. Aus

$$u = u_{l1} - R_{\mathrm{i}1} i \quad \text{und} \quad i = i_{\mathrm{k}2} - u/R_{\mathrm{i}2}$$

folgt, daß für beliebiges i bei Äquivalenz

$$u_{l1} - R_{\mathrm{i}1} i = R_{\mathrm{i}2} i_{\mathrm{k}2} - R_{\mathrm{i}2} i$$

gelten muß. Für $i = 0$ ergibt sich demnach $u_{l1} = R_{\mathrm{i}2} i_{\mathrm{k}2}$ und für beliebige $i \neq 0$

$$R_{\mathrm{i}1} = R_{\mathrm{i}2} = R_\mathrm{i}. \tag{1.249}$$

Demnach sind die beiden Ersatzschaltungen bezüglich ihres Klemmenverhaltens (für $R_\mathrm{i} > 0$, endlich) ineinander umzuwandeln, falls folgende Bedingung erfüllt ist (Bild 1.96):

gleicher Innenwiderstand R_i *und* $u_l = R_\mathrm{i} i_\mathrm{k}$.

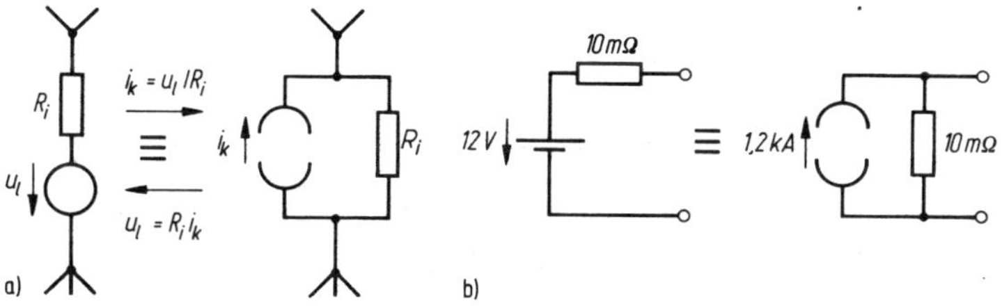

Bild 1.96 Äquivalenz von Spannungs- und Stromquellenersatzschaltung
a) allgemein; b) für ein Beispiel

Zu beachten ist die unterschiedliche Pfeilrichtung für u_l und i_k.

Für $R_i = 0$ liegt eine ideale Spannungsquelle vor, die nicht in eine Stromquellenersatzschaltung umgewandelt werden kann. Für $R_i \to \infty$ liegt eine ideale Stromquelle vor, die nicht in eine Spannungsquellenersatzschaltung transformiert werden kann. Für $R_i > 0$ (endlich) kann man die Umwandlung stets vornehmen und beide Ersatzschaltungen gleichberechtigt nutzen. Allerdings wird häufig

für $R_i \ll u/i$ die Spannungsquellenersatzschaltung und
für $R_i \gg u/i$ die Stromquellenersatzschaltung

bevorzugt, da sich das Verhalten des aktiven Zweipols im ersten Fall dem einer idealen Spannungsquelle annähert und im zweiten Fall dem einer idealen Stromquelle.

Hinweis: Leicht ableitbar sind auch die Aussagen, daß eine Spannungsquelle mit Parallelwiderstand (bzw. eine Stromquelle mit Serienwiderstand) bezüglich ihres Klemmenverhaltens durch eine Spannungsquelle (bzw. Stromquelle) ersetzt werden kann (aufzeichnen!).

Strom-Spannungs-Diagramm und Ermittlung des Arbeitspunktes. Für beide Ersatzschaltungen folgt aus $u = u_l - R_i i$ bzw. $u_l = R_i i_k$ das i,u-Diagramm im Bild 1.97. Der Schnittpunkt auf der u-Achse ist wegen $i = 0$ durch $u = u_l$, also die Leerlaufspannung, gegeben und der auf der i-Achse wegen $u = 0$ durch $i = i_k = u_l/R_i$, also durch den Kurzschlußstrom.

Für $R_i = 0$ bzw. $R_i \to \infty$ ergeben sich die Kennlinien von idealen Spannungs- bzw. Stromquellen.

Die Fälle $i < 0$ bzw. $u < 0$ können übrigens lediglich bei Anschluß von Zweipolen mit gegengeschalteten Quellen und/oder C bzw. L auftreten.

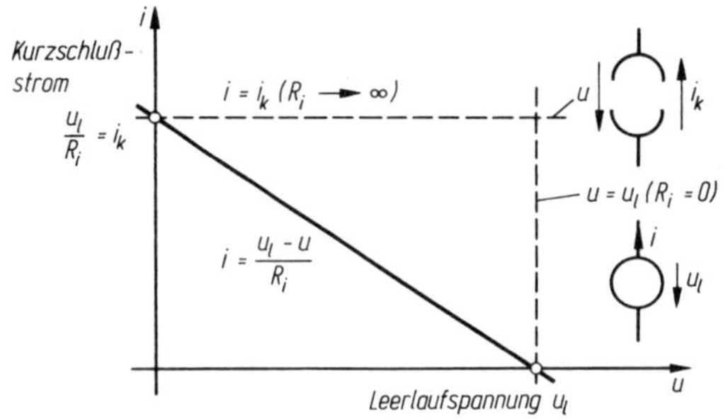

Bild 1.97
Strom-Spannungs-Beziehung eines aktiven Zweipols nach Bild 1.93

Die angegebene Zweipolcharakteristik gilt für beliebige Lastzweipole, also z.B. auch für *RLC*-Zweipole mit Quellen. Der Arbeitspunkt, der sich einstellt, hängt vom angeschlossenen Zweipol ab. Er kann rechnerisch oder grafisch ermittelt werden. Vor allem für nichtlineare resistive Zweipole kann das grafische Verfahren, bei dem der Schnittpunkt der beiden $i(u)$-Kennlinien ermittelt wird, vorteilhaft sein.

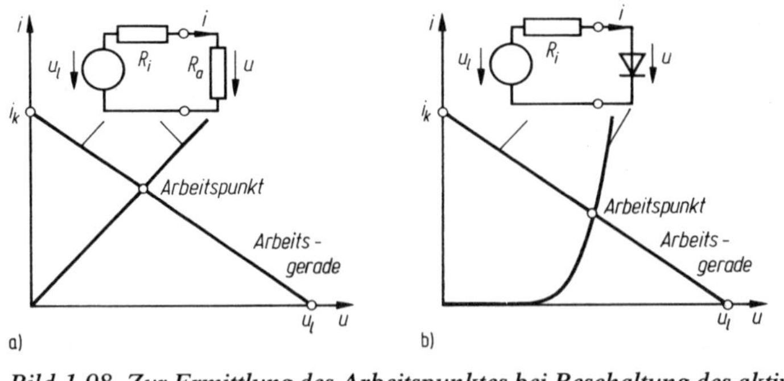

Bild 1.98 Zur Ermittlung des Arbeitspunktes bei Beschaltung des aktiven linearen Zweipols
a) mit einem linearen Widerstand; b) mit einer Diode

Beispiele für das grafische Verfahren sind aus den Bildern 1.98a und 1.98b ersichtlich. Weitere Beispiele folgen u. a. im Abschnitt 2.5.

Die rechnerische Ermittlung für den linearen Widerstand R_a (Bild 1.98a) führt zu

$$i = \frac{u_l - u}{R_i} = \frac{u}{R_a}, \qquad u = \frac{R_a}{R_i + R_a} u_l, \qquad i = \frac{u_l}{R_i + R_a}. \tag{1.250}$$

Begründung des Spannungs- bzw. Stromquellenersatzschaltbildes. Ausgehend von Bild 1.93a soll die Wahl der Ersatzschaltbilder, die bereits vorgestellt wurden, noch einmal erläutert werden.

Das i,u-Verhalten eines linearen Zweipols, der nur Quellen und lineare Widerstände enthält, läßt sich durch

$$u = c_1 + c_2 i$$

beschreiben. Offensichtlich gilt für

Leerlauf: $i = 0;\quad u_{i=0} = u_l = c_1,$

Kurzschluß: $u = 0;\quad i_{u=0} = i_k = -\frac{c_1}{c_2} = -\frac{u_l}{c_2},\qquad c_2 = -\frac{u_l}{i_k}$

und damit $u = u_l - (u_l/i_k)\, i$ bzw. mit der Definition des Innenwiderstandes $R_i = u_l/i_k$

$$u = u_l - R_i i \quad \text{bzw.} \quad u_l = R_i i + u.$$

Nach dem Maschensatz kann man diese Gleichung in eine Reihenschaltung einer Spannungsquelle mit der Quellenspannung u_l und eines Widerstandes R_i umsetzen (Bild 1.93b).

Löst man $u = u_l - R_i i$ nach i auf, so entsteht

$$i = \frac{u_l - u}{R_i} = \frac{u_l}{R_i} - \frac{u}{R_i}$$

und damit nach der Knotengleichung die Parallelschaltung einer Stromquelle mit dem Quellenstrom u_l/R_i und eines Widerstandes R_i (Bild 1.93c).

Ermittlung der Zweipolparameter. Die Vorschrift zur Ermittlung der Zweipolparameter u_l, i_k und R_i folgt aus Gl. (1.245) bzw. (1.248) und lautet:

- *Bestimmung der Leerlaufspannung* u_l als Spannung bei leer laufendem aktivem Zweipol, also abgetrennter Last (Bild 1.99a);
- *Bestimmung des Kurzschlußstromes* i_k als Strom bei kurzgeschlossenem aktivem Zweipol, d.h., der Lastzweipol wird durch einen Kurzschluß ersetzt (Bild 1.99b);
- *Bestimmung des Innenwiderstandes* R_i bei bekannten u_l und i_k aus

$$R_i = u_l/i_k \tag{1.251}$$

oder aus der Beziehung

$$R_i = R_{AB} \tag{1.252}$$

mit R_{AB} entsprechend Bild 1.99c. R_{AB} ist der Widerstand, der am Zweipol bei abgetrenntem Lastzweipol zu bestimmen ist, wenn die Spannungsquellen durch Kurzschlüsse ersetzt werden und die Stromquellen durch Leitungsunterbrechungen. Legt man eine Spannungsquelle an und bestimmt den Strom oder speist man einen Strom ein und bestimmt die Spannung, so ergibt sich also R_i aus dem Quotienten von Spannung und Strom.

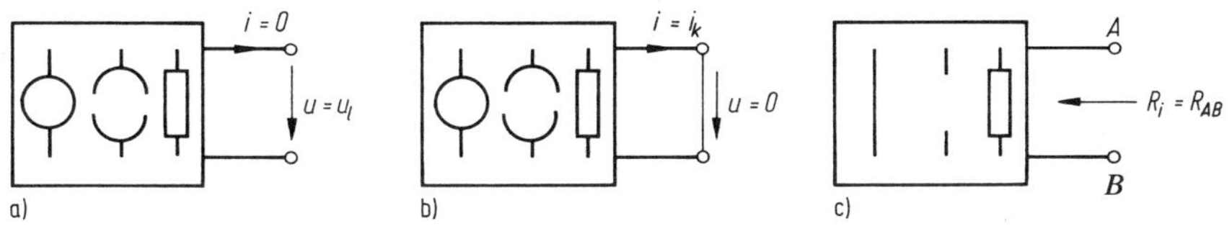

Bild 1.99 Zur Bestimmung der Zweipolparameter

a) Bestimmung der Leerlaufspannung u_l; b) Bestimmung des Kurzschlußstromes i_k; c) Bestimmung des Innenwiderstandes R_i

Der genannte Satz zur R_i-Bestimmung leuchtet ein, wenn man die einfachste mögliche Struktur eines aktiven Zweipols entsprechend Bild 1.96 betrachtet; er kann aber auch allgemein bewiesen werden, wenn man den Superpositionssatz anwendet (s. Abschnitt 1.12). Da wegen $u_l = R_i i_k$ nur zwei der drei Zweipolparameter unabhängig voneinander sind, kann man problemabhängig entscheiden, ob man sich für u_l, R_i oder i_k, R_i oder u_l, i_k entscheidet.

Beispiel 1: Zweipolersatzschaltbild

Problem: Für den Zweipol A im Bild 1.100a sind a) eine Spannungsquellenersatzschaltung und b) eine Stromquellenersatzschaltung anzugeben sowie c) I zu ermitteln.

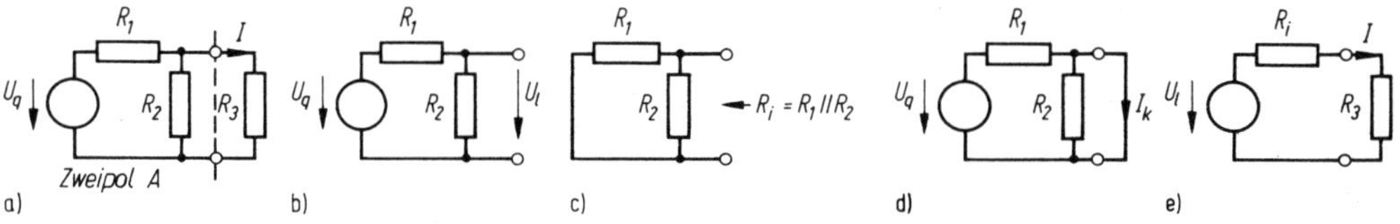

Bild 1.100 Anwendung des Satzes von Helmholtz

a) Schaltungsbeispiel; b) Bestimmung der Leerlaufspannung U_l; c) Bestimmung des Innenwiderstandes R_i; d) Bestimmung des Kurzschlußstromes I_k; e) Spannungsquellenersatzschaltung für a)

Lösung:

a) Ermittlung der Leerlaufspannung U_l (Lastwiderstand R_3 abgetrennt) entsprechend Bild 1.100b, z.B. mit der

Spannungsteilerregel $U_l = U_q R_2/(R_1 + R_2)$;

Ermittlung des *Innenwiderstandes* (Spannungsquelle durch Kurzschluß ersetzt) entsprechend Bild 1.100c

$$R_i = R_1 \| R_2 = R_1 R_2/(R_1 + R_2)$$

oder aus $R_i = U_l/I_k$, falls der Kurzschlußstrom entsprechend Bild 1.100d bestimmt wird:

$$I_k = U_q/R_1 \quad \text{und damit} \quad R_i = U_l/I_k = R_1 R_2/(R_1 + R_2).$$

b) Siehe Bild 1.93c mit den in a) ermittelten Werten von I_k und R_i

c)
$$I = \frac{U_l}{R_i + R_3} = \frac{R_2 U_q}{R_1 + R_2} \, \frac{1}{\dfrac{R_1 R_2}{R_1 + R_2} + R_3} = \frac{R_2 U_q}{R_1 R_2 + R_1 R_3 + R_2 R_3}$$

oder mit $I = I_k R_i/(R_i + R_3)$.

Beispiel 2: Spannungsquellenersatzschaltung/Meßfehler

Problem: Zu berechnen ist der relative Meßfehler, der in der angegebenen Schaltung (Bild 1.101a) bei der Messung von U durch den endlichen Innenwiderstand R_V des Spannungsmessers entsteht (Bild 1.101b). Hierzu wird R_V als Lastwiderstand einer Zweipolersatzschaltung (Bild 1.101c) aufgefaßt (vergleichen Sie mit dem Lösungsverfahren im Abschnitt 1.8.2.6).

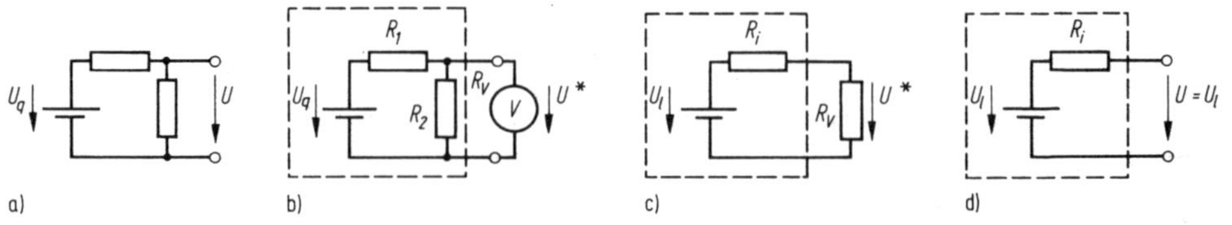

Bild 1.101 Fehler bei der Spannungsmessung bei endlichem Voltmeterwiderstand

a) Schaltungsbeispiel; b) Schaltung mit angeschlossenem Voltmeter; c) Ersatzschaltung für b); d) Ersatzschaltung zur Bestimmung der Spannung bei abgetrenntem Spannungsmesser

Lösung: Relativer Meßfehler $\delta = \dfrac{\Delta U}{U} = \dfrac{U^* - U}{U} = \dfrac{U^*}{U} - 1.$ (1.253)

$U = U_l$ ist die Spannung, die ohne angeschlossenes Voltmeter vorliegen würde (Bild 1.101 d). Gemessen wird U^*. Aus Bild 1.101 c ergibt sich $U^*/U_l = R_V/(R_i + R_V)$, $R_i = R_1 \| R_2$ (s. Beispiel 1). Demnach gilt

$$\delta = \frac{R_V}{R_i + R_V} - 1 = -\frac{R_i}{R_i + R_V} = \frac{1}{1 + R_i/R_V} - 1.$$

Für $R_i/R_V \ll 1$ folgt mit der Reihenentwicklung $1/(1+x) \approx 1 - x$ für $|x| \ll 1$ als Näherungsformel für den relativen Meßfehler durch endliches R_V:

$$\delta \approx -R_i/R_V. \tag{1.254}$$

Dieses Ergebnis kann auch direkt aus $\delta = -R_i/(R_i + R_V)$ geschlossen werden.

Schlußfolgerung (mit R_i als Innenwiderstand der Schaltung ohne Meßgerät):

Bei Spannungsmessungen ist im Interesse eines kleinen Einflusses des Meßgerätes auf den Meßwert $R_V \gg R_i$ zu wählen (R_V Innenwiderstand des Spannungsmessers).

Aus analogen Betrachtungen am Stromquellenersatzschaltbild folgt:

Bei Strommessungen ist $R_A \ll R_i$ zu wählen (R_A Innenwiderstand des Strommessers).

Beispiel 3: Stromquellenersatzschaltung/Meßfehler

Problem: Wie groß ist der relative Fehler δ, der bei der Messung von i_4 (Bild 1.102 a) durch den endlichen Innenwiderstand R_A des Amperemeters auftritt?

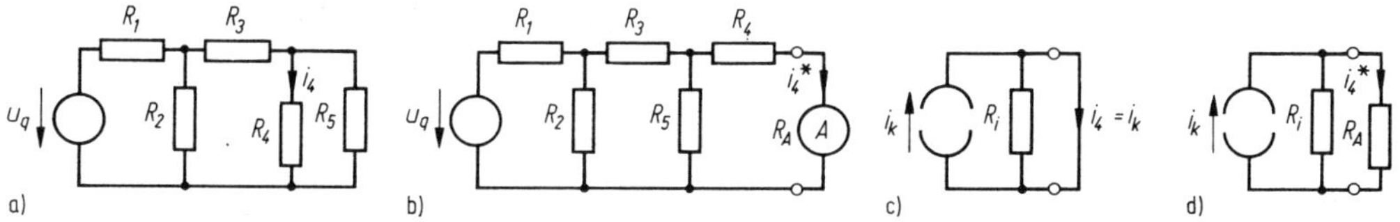

Bild 1.102 Fehler bei der Strommessung durch den von Null verschiedenen Amperemeterwiderstand
a) Schaltungsbeispiel; b) Meßschaltung; c) Ersatzschaltung zu a) (bzw. b) für $R_A = 0$; d) Ersatzschaltung zu b)

Lösung: i_4^* ist der gemessene Wert, i_4 der Wert für $R_A = 0$. $\delta = (i_4^* - i_4)/i_4 = i_4^*/i_4 - 1$ (Bild 1.102 b). $i_4^*/i_4 = R_i/(R_i + R_A)$ (Bild 1.102 c/d). $\delta = -R_A/(R_i + R_A)$ mit $R_i = R_4 + R_5 \| (R_3 + R_1 \| R_2) = 800\,\Omega$, $\delta = -6‰$. Für $|\delta| \ll 1$ muß $R_A \ll R_i$ sein. Dann gilt

$$\delta \approx -R_A/R_i. \tag{1.255}$$

1.11.2 Technische Spannungsquellen

Technische Spannungsquellen können häufig in erster Näherung als ideale Spannungsquellen modelliert werden. In zweiter Näherung ist aber ein endlicher Innenwiderstand R_i zu berücksichtigen (Bild 1.103), vor allem um das Absinken der Klemmenspannung bei hohen Strömen zu beschreiben sowie die verschwindende Spannung bei Kurzschluß (vgl. Bild 1.97). Die Einbeziehung von $R_i > 0$ kann also die Genauigkeit erhöhen, kann aber auch unumgänglich für

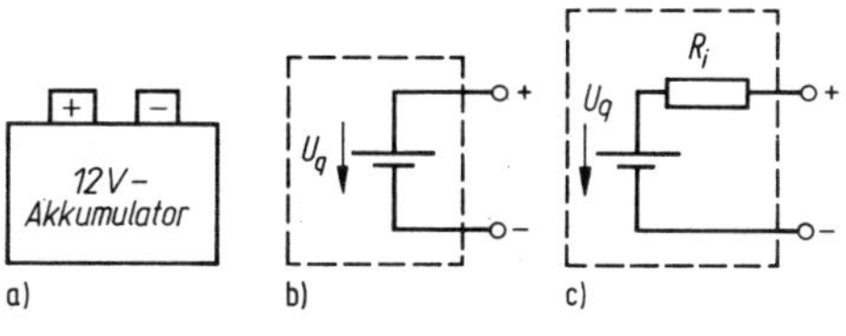

Bild 1.103 Spannungsquelle
a) technische Ausführung; b) Ersatzschaltung in erster Näherung und c) in zweiter Näherung
Zahlenbeispiel: $U_L = 12{,}3$ V, $R_i = 10$ mΩ

eine richtige Schaltungsbeschreibung sein, u. a. bei der Parallelschaltung technischer Spannungsquellen unterschiedlicher Quellenspannungen. In dritter Näherung muß übrigens in Einzelfällen ein nichtlinearer – oft mit wachsendem Strom zunehmender – Innenwiderstand einbezogen werden. Außerdem ist bei elektrochemischen Spannungsquellen u. U. eine im Laufe der Zeit absinkende Leerlaufspannung zu berücksichtigen.

Beispiel: Messung der Zweipolparameter eines Akkumulators

Problem: Die Leerlaufspannung U_l und der Innenwiderstand R_i der Spannungsquellenersatzschaltung des Akkumulators eines Kfz sind meßtechnisch zu bestimmen.

Lösung: An den Klemmen des Akkumulators wird mit einem hochohmigen Voltmeter (Eingangswiderstand $R_V \gg R_i$) eine Leerlaufspannung $U_l = 12{,}5$ V bestimmt (Bild 1.104a). Beim Anlassen des Motors werden eine Klemmenspannung von 11 V sowie ein Strom von 200 A gemessen. R_l ist der Widerstand der Verbindungsleitungen (Bild 1.104b). Aus $U = U_l - R_i I$ folgt $R_i = (U_l - U)/I = 7{,}5\,\text{m}\Omega$ sowie ein Kurzschlußstrom $I_k = U_l/R_i = 1{,}67$ kA. Eine direkte Kurzschlußstrommessung ist meist zu vermeiden. Erwähnt sei, daß das Absinken der Bordspannung bzw. der Lichtleistung beim Anlassen eines Kfz außer auf $R_i > 0$ auch auf endliche Übergangswiderstände an den Polklemmen zurückzuführen sein kann.

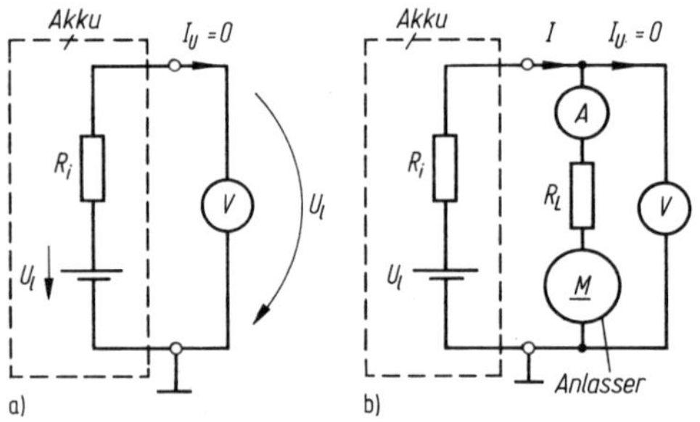

Bild 1.104
Bestimmung der Parameter eines Akkumulators
a) Leerlaufspannung U_l und b) der Klemmenspannung und des -stromes beim Anlaßvorgang eines Kfz

Reihenschaltung technischer Spannungsquellen (Bild 1.105). Aus der Maschengleichung folgt

$$u_l = u_{l1} + u_{l2}, \qquad R_i = R_{i1} + R_{i2}. \tag{1.256}$$

Die Leerlaufspannungen und Innenwiderstände addieren sich. Bei chemischen Spannungsquellen wird die Stromergiebigkeit (Kapazität), d.h. die zur Verfügung stehende Amperestundenzahl (z.B. 56 Ah), von der Quelle mit der kleineren Kapazität bestimmt, da durch beide Quellen der gleiche Strom fließt. Bei Verpolung der Quelle 2, d.h. Verbindung gleichnamiger Pole, fließt beim Lastwiderstand R_a der Strom $I = (U_{l1} - U_{l2})/(R_{i1} + R_{i2} + R_a)$, also meist ein kleinerer Strom. Die Quelle mit der kleineren Leerlaufspannung wirkt als Verbraucher. Sie wird bei Sekundärzellen aufgeladen.

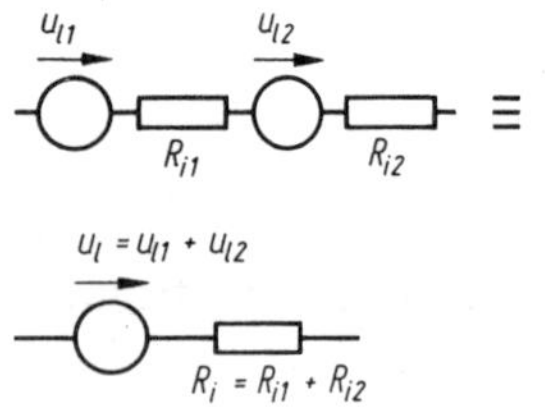

Bild 1.105
Ersatzschaltung für die Reihenschaltung zweier technischer Spannungsquellen

Parallelschaltung technischer Spannungsquellen (Bild 1.106a). Die Berechnung kann z.B. über die Umwandlung der Spannungsquellenersatzschalt- in Stromquellenersatzschaltbilder (Bilder 1.106b bis 1.106d) erfolgen:

$$i_k = i_{k1} + i_{k2} = \frac{u_l}{R_{i1}} + \frac{u_l}{R_{i2}}, \qquad R_i = \frac{R_{i1}R_{i2}}{R_{i1} + R_{i2}}; \tag{1.257}$$

$$u_l = R_i i_k = u_{l1}\frac{R_{i2}}{R_{i1} + R_{i2}} + u_{l2}\frac{R_{i1}}{R_{i1} + R_{i2}}. \tag{1.258}$$

Für gleichartige Spannungsquellen bleibt demnach bei Parallelschaltung die Leerlaufspannung erhalten: $u_l = u_{l1} = u_{l2}$. Der Innenwiderstand halbiert sich: $R_i = R_{i1}/2 = R_{i2}/2$.

Die Stromergiebigkeit, d. h., die zur Verfügung stehende Amperestundenzahl (Kapazität) chemischer Spannungsquellen verdoppelt sich natürlich. Die Parallelschaltung von Spannungsquellen sehr unterschiedlicher Leerlaufspannungen kann problematisch sein, da die Quelle mit der höheren Leerlaufspannung (bereits im Leerlauf der Parallelschaltung) einen sehr hohen Strom durch die andere Quelle treibt. Für $R_{i1} = R_{i2} \ll R_3$ (Lastwiderstand) gilt für diesen Strom $i \approx (u_{q1} - u_{q2})/2R_{i1}$. Bei Akkumulatoren wird die Quelle mit der höheren Leerlaufspannung entladen, und die andere kann aufgeladen werden.

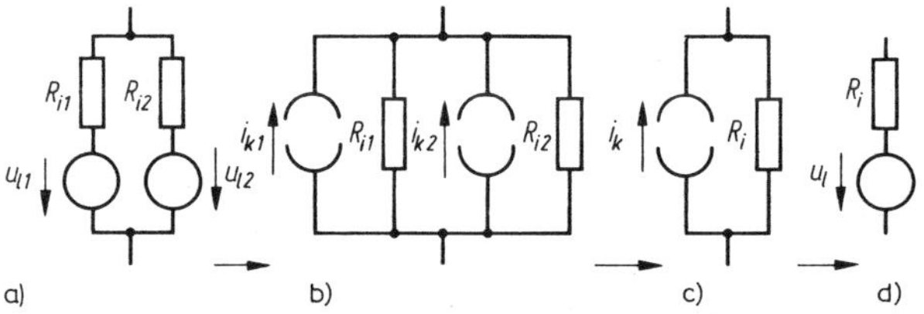

Bild 1.106
Parallelschaltung zweier technischer Spannungsquellen
a) Schaltung; b) Umformung von a) mit Hilfe von Stromquellenersatzschaltungen; c) Stromquellenersatzschaltung von a); d) Spannungsquellenschaltung von a)

Bei Verpolung, d. h. bei der Parallelschaltung ungleichnamiger Pole, entladen sich beide Quellen mit der hohen Stromstärke $i \approx (u_{l1} + u_{l2})/(R_{i1} + R_{i2})$, falls $R_a \gg R_{i1}, R_{i2}$ (s. Aufgabe 1.63) ist.

Das innere Verhalten kann natürlich aus der Ersatzschaltung nicht abgelesen werden. Damit wird am Beispiel noch einmal die triviale Aussage deutlich, daß Ersatzschaltungen wirklich nur das Klemmenverhalten modellieren und nicht die Prozesse im Inneren der Schaltungen.

1.11.3 Anwendung von aktiven Zweipolersatzschaltungen

Überblick. Folgende Anwendungen seien hervorgehoben:

- die Beschreibung technischer Spannungs- und Stromquellen (Abschn. 1.11.2);
- die Transformation von Spannungsquellen- in Stromquellenersatzschaltbilder und umgekehrt;
- die Zusammenfassung von linearen Schaltungsteilen zur Vereinfachung der Schaltungsstruktur und zur Vereinfachung der Netzwerkanalyse, z. B. bei
  - der Berechnung des Einflusses von Meßgeräten auf den Meßwert (Abschn. 1.11.2),
  - der rechnerischen oder grafischen Analyse nichtlinearer Schaltungen (Bild 1.98),
  - der Berechnung ausgewählter Ströme und Spannungen.

Hopkinsches Verfahren. In der englischsprachigen Literatur wird die systematische und meist schrittweise Schaltungsvereinfachung mit Zweipolersatzschaltungen oft als Hopkinsches Verfahren bezeichnet. Es wird bevorzugt angewendet, wenn nicht alle, sondern nur wenige Ströme und Spannungen zu ermitteln sind. Das wird mit den Bildern 1.107 a bis 1.107 d für die Bestimmung von i_5 veranschaulicht (Beispiel: $i_{q5} = u_{q2}/R_2$, $R_6 = R_3 \| R_4$).

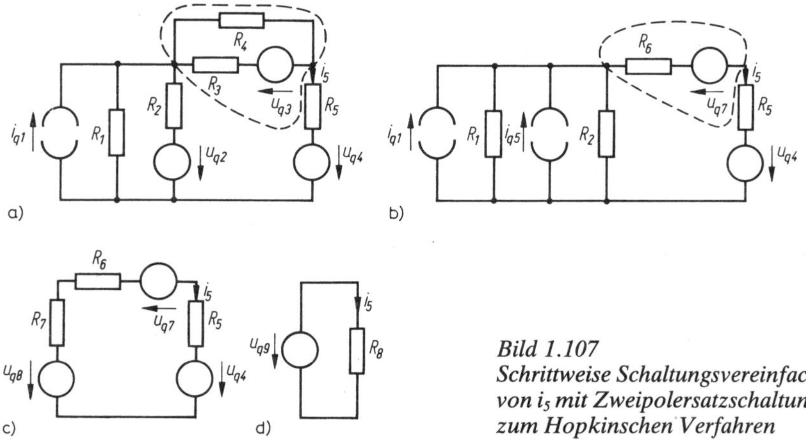

Bild 1.107
Schrittweise Schaltungsvereinfachung zur Berechnung von i_5 mit Zweipolersatzschaltungen als Beispiel zum Hopkinschen Verfahren

Dabei gilt i. allg. die Regel:

Zusammenfassung paralleler Zweige mit Stromquellenersatzschaltungen und serieller Zweige mit Spannungsquellenersatzschaltungen.

Aufgabe 1.61 Hopkinsches Verfahren

Berechnen Sie i_5 für Bild 1.107a allgemein und für $R_m = 1\ \text{k}\Omega$ ($m = 1 \ldots 5$), $i_{q1} = 0{,}1$ A, $u_{qn} = 10$ V ($n = 2 \ldots 4$)!

1.11.4* Verlegung von Quellen

Verlegung von Spannungsquellen (Spannungsquellenverschiebungssatz). Bei manchen Netzwerkanalyseverfahren kann es vorteilhaft oder notwendig sein, einen Zweig zu eliminieren, der lediglich aus einer idealen Spannungsquelle besteht und wegen des fehlenden passiven Serienbauelementes auch nicht in eine äquivalente Stromquellenersatzschaltung übergeführt werden kann. Hierzu kann die Verlegung von Spannungsquellen dienen.

Eine Spannungsquelle läßt sich verlegen, indem sie über einen Knoten in alle benachbarten Zweige verschoben wird (Bild 1.108).

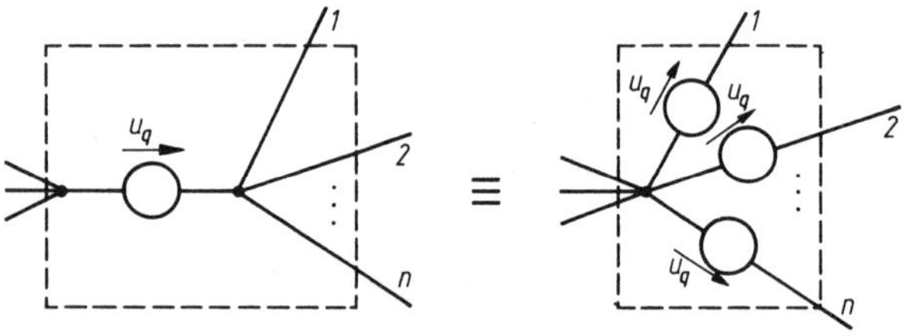

Bild 1.108
Veranschaulichung des Spannungsquellenverschiebungssatzes

Beweis:* Nach der Maschengleichung kann eine Spannungsquelle durch Parallelschaltung von n Spannungsquellen mit gleichem u_q ersetzt werden (Spannungsquellenvervielfachung, Bilder 1.109a und 1.109b für $n = 2$). Da die Knoten A und A' auf gleichem Potential liegen, kann die Verbindung a herausgetrennt werden, ohne daß sich das NW-Klemmenverhalten ändert (Bild 1.109c). Verallgemeinerung führt zu Bild 1.108.

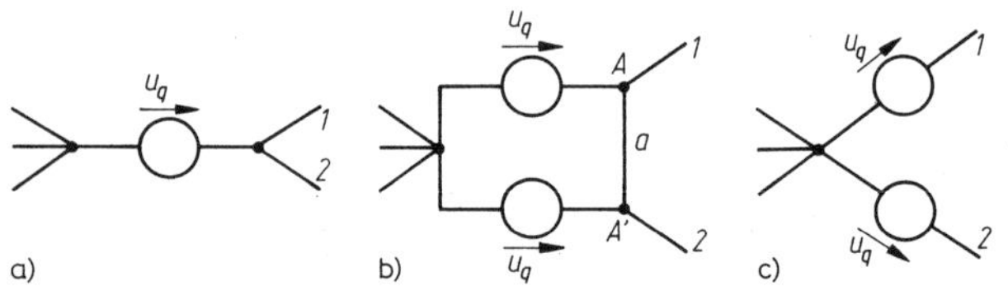

Bild 1.109
Zum Beweis des Spannungsquellenverschiebungssatzes

Verlegung von Stromquellen (Stromquellenverschiebungssatz). Will man einen Zweig eliminieren, der lediglich eine ideale Stromquelle enthält und demzufolge auch nicht in eine äquivalente Spannungsquellenersatzschaltung übergeführt werden kann, so kann man den Stromquellenverschiebungssatz anwenden.

Eine Stromquelle wird verlegt, indem sie n-mal vervielfacht wird ($n \geqq 2$) und dann mit n beliebig gewählten Knoten des Netzwerkes verknüpft wird (Bilder 1.110a bis 1.110d).

Beweis:* Er folgt aus der Tatsache, daß man eine Stromquelle durch eine Reihenschaltung von n Stromquellen gleichen Quellenstromes ersetzen kann (Bild 1.110b), sowie dem Knotensatz, wenn man beachtet, daß man Verbindungsleitungen anschließen kann, ohne die Netzwerkfunktion zu verändern (Bild 1.110c). Zeichnet man das Netzwerk um, so entsteht Bild 1.110d.

Beispiele zu den Quellenverschiebungssätzen: Die Bilder 1.111 und 1.112 veranschaulichen jeweils Netzwerktransformationen mit den Quellenverschiebungssätzen.

Unabhängig von den Verschiebungssätzen erweisen sich folgende leicht zu beweisende Aussagen als nützlich: Bezogen auf das Klemmenverhalten läßt sich eine Reihenschaltung aus

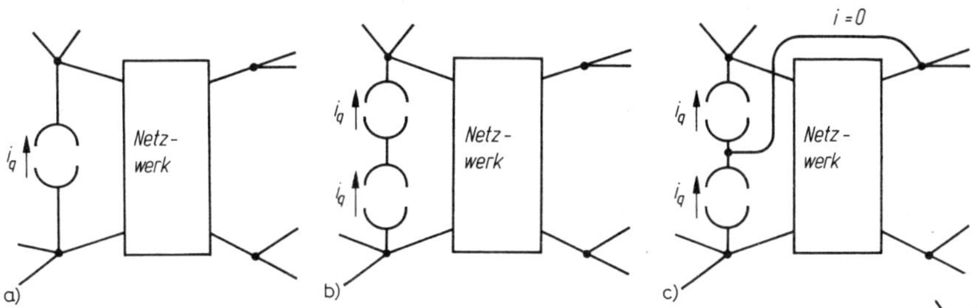

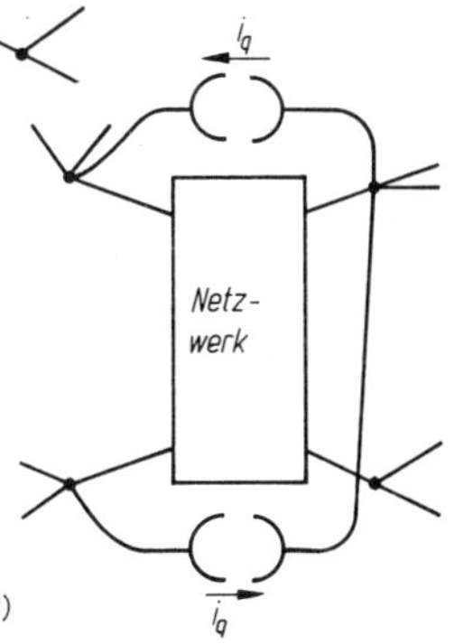

Bild 1.110 Veranschaulichung des Stromquellenverschiebungssatzes (für n = 2)
Hinweis: Überlegen Sie, wie der Verschiebungssatz für $n = 3$, also Verdreifachung der Stromquellen, zu realisieren ist!

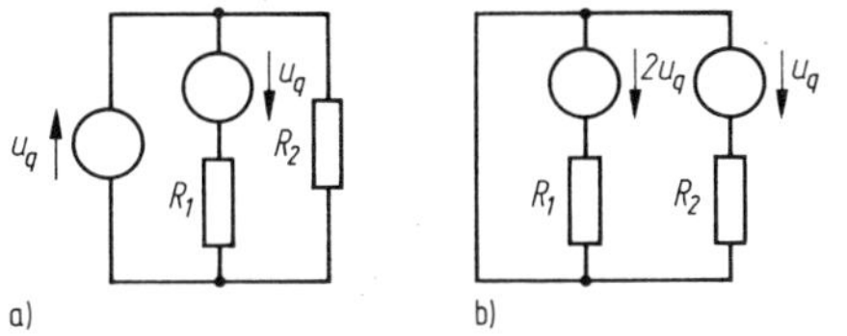

Bild 1.111 Beispiel zum Spannungsquellenverschiebungssatz
a) Schaltung vor und b) nach Verschiebung der Spannungsquelle im linken Zweig

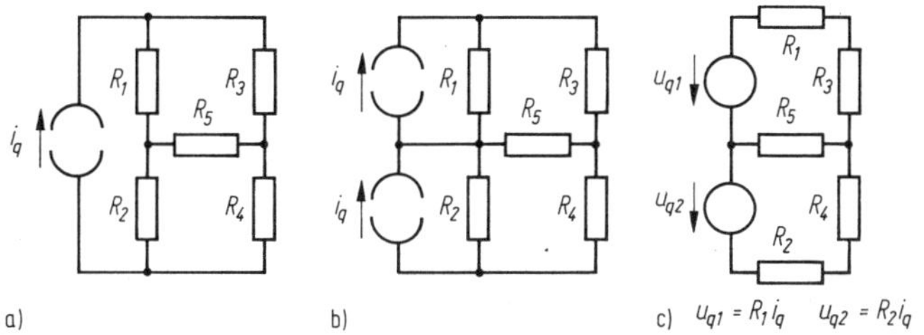

Bild 1.112 Beispiel zum Stromquellenverschiebungssatz
a) Schaltung; b) Elimination des Zweiges, der nur eine Stromquelle enthält, mit dem Verschiebungssatz; c) Transformation der Stromquellenersatzschaltbilder

Stromquelle und beliebigem Zweipol durch die Stromquelle ersetzen und eine Parallelschaltung aus Spannungsquelle und beliebigem Zweipol durch die Spannungsquelle (aufzeichnen!).

Aufgabe 1.62 Quellentransformationen bzw. -verschiebungen
Beweisen Sie jeweils die Äquivalenz der Netzwerke im Bild 1.113a sowie im Bild 1.113b!

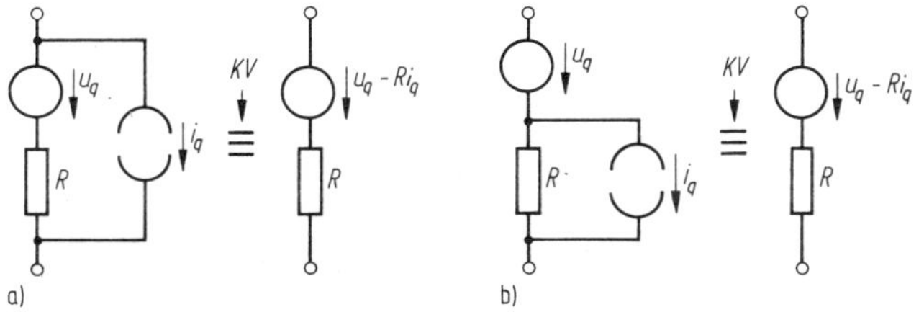

Bild 1.113
Transformation von Zweipolen in bezüglich des Klemmenverhaltens (KV) äquivalente Zweipole

Aufgabe 1.63 Kontrollfragen
a) Beschreiben Sie die Begriffe Helmholtzscher Satz, Zweipolparameter, Hopkinsches Verfahren und Quellenverschiebungssätze!
b) Diskutieren Sie die Zusammenschaltung technischer Spannungsquellen!
c) Geben Sie Kriterien für den Fehler beim Einsatz von Spannungs- und Strommeßgeräten an!

1.12 Superpositionssatz

Eine allgemeine Formulierung des *Superpositionssatzes* bzw. *Überlagerungssatzes* lautet:

Bei linearen Systemen überlagern sich die durch Teilursachen U_μ verursachten Teilwirkungen $W_\mu = c_\mu U_\mu$[1]) linear zur Gesamtwirkung W, d.h.

$$W = \sum_\mu c_\mu U_\mu. \tag{1.259}$$

Die Teilwirkungen lassen sich demnach bestimmen, indem man alle Teilursachen bis auf die gerade betrachtete ausschaltet:

$$W_\mu = (W)_{U_\nu = 0}, \quad \text{wobei} \quad \nu \neq \mu. \tag{1.260}$$

Die Gesamtwirkung ergibt sich aus der Summe der Teilwirkungen:

$$W = \sum_\mu W_\mu. \tag{1.261}$$

Der Überlagerungssatz ist von allgemeiner Bedeutung für lineare Probleme, z.B. bei elektrischen und magnetischen Feldern sowie bei mechanischen und thermischen Problemen.

Bei *linearen Netzwerken mit mehreren Quellen*, die sich nicht zusammenfassen lassen, *ermöglicht der Superpositionssatz* häufig eine *effektive Netzwerkanalyse*. Als Teilursachen sind Spannungs- und Stromquellen aufzufassen und als Teilwirkungen die verursachten Teilströme und Teilspannungen. Demnach ist der folgende Algorithmus für die Anwendung des Superpositionssatzes in der Netzwerkanalyse zu wählen:

1. *Alle Teilursachen sind bis auf eine in ihrer Wirkung auszuschalten,* d.h., alle Spannungsquellen sind bis auf eine durch einen Kurzschluß zu ersetzen bzw. alle Stromquellen bis auf eine herauszutrennen;
2. *Bestimmung der Teilwirkung*, d.h. eines Teilstromes (z.B. mit der Stromteilerregel) oder einer Teilpannung (z.B. mit der Spannungsteilerregel);
3. *Wiederholung von 1. und 2., bis alle Teilwirkungen bestimmt sind;*
4. *Überlagerung aller Teilwirkungen zur Gesamtwirkung* (Vorzeichen beachten), z.B. zum Gesamtstrom in einem Zweig oder zur Gesamtspannung an einem Zweig.

Vor Anwendung des Superpositionssatzes ist zu prüfen, ob durch Zusammenfassung von Quellen bzw. passiven Bauelementen eine Schaltungsvereinfachung möglich ist. Der Überlagerungssatz stellt vor allem dann eine effektive Methode dar, wenn das Netzwerk mehrere Quellen enthält und nur ausgewählte Ströme bzw. Spannungen zu ermitteln sind. Falls sämtliche Ströme bzw. Spannungen eines Netzwerkes zu berechnen sind, kann die wiederholte Anwendung des Superpositionsprinzips aufwendiger als ein anderes Verfahren sein, bei dem diese Größen gleichzeitig ermittelt werden.

Der Überlagerungssatz gilt nur für lineare Netzwerke. Er kann allerdings auch für die Analyse nichtlinearer Netzwerke bedeutsam sein, z.B. wenn für einen linearen Schaltungsteil mit seiner Hilfe eine Ersatzschaltung errechnet wird.

Beispiel: Anwendung des Superpositionssatzes, gepufferte Elektroanlage (Bild 1.114)

Problem: In einem Kfz wird ein Akkumulator (Quellenspannung U_{q2}, Innenwiderstand R_2) genutzt, um den Anlasser zu betätigen bzw. die elektrischen Verbraucher bei niedrigen Drehzahlen zu betreiben. Vom Regler wird die Gleichstrom- oder Drehstromlichtmaschine (mit Gleichrichter), d.h. ein elektrischer Generator (symbolisiert durch U_{q1}, R_1) zugeschaltet, wenn die Drehzahl bzw. Generatorspannung einen bestimmten Wert überschreitet. In diesem Fall werden die elektrischen Verbraucher (Gesamtwiderstand R_3) vom Generator betrieben, der gleichzeitig den Akkumulator auflädt, falls das noch möglich ist. Zu ermitteln sind die Bedingungen dafür, daß der Akkumulator aufgeladen wird sowie der Ladestrom.

[1]) *W* und *U* kennzeichnen an dieser Stelle Wirkung und Ursache und nicht Energie und Spannung.

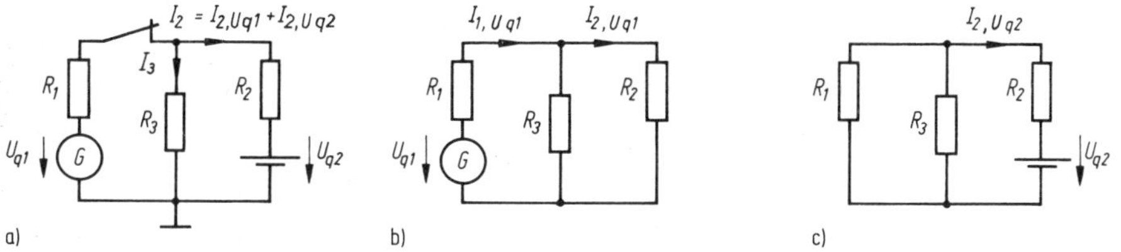

Bild 1.114 Zur Anwendung des Überlagerungssatzes
a) Schaltung mit zwei auf einen Verbraucher arbeitenden Spannungsquellen; b) Ersatzschaltung für die Bestimmung des von U_{q1} verursachten Teilstromes $I_{2,U_{q1}}$; c) Ersatzschaltung für die Bestimmung des von U_{q2} verursachten Teilstromes $I_{2,U_{q2}}$

Lösung: Entsprechend Bild 1.114a gilt $I_2 = I_{2,U_{q1}} + I_{2,U_{q2}}$. Zur Ermittlung von $I_{2,U_{q1}}$ wird U_{q2} durch einen Kurzschluß ersetzt (Bild 1.114b) und die Stromteilerregel angewendet:

$$I_{2,U_{q1}} = I_{1,U_{q1}} R_3/(R_2 + R_3) \quad \text{mit} \quad I_{1,U_{q1}} = U_{q1}/(R_1 + R_2 \| R_3).$$

Für den durch U_{q2} verursachten Teilstrom $I_{2,U_{q2}}$ ergibt sich entsprechend Bild 1.114c $I_{2,U_{q2}} = -U_{q2}/(R_2 + R_1 \| R_3)$, und damit entsteht der Ladestrom

$$I_2 = \frac{R_3 U_{q1} - (R_1 + R_3)\, U_{q2}}{R_1 R_2 + R_1 R_3 + R_2 R_3}. \tag{1.262}$$

Demnach wird der Akkumulator aufgeladen ($I_2 > 0$), falls die Generatorspannung $U_{q1} > (1 + R_1/R_3)\, U_{q2}$ ist.

Aufgabe 1.64 Kontrollfragen
a) Wie lautet der Superpositionssatz allgemein, und wie ist er bei Schaltungen anzuwenden?
b) Berechnen Sie I_3 im Bild 1.114!

1.13 Mehrpole

1.13.1 Ströme und Spannungen bei Mehrpolen

Mehrpolige Netzwerkelemente sind sowohl für die Modellierung mehrpoliger technischer Bauelemente, z. B. Transistoren, Schaltkreise oder Transformatoren, als auch für die Makromodellierung größerer Schaltungs- bzw. Netzwerkkomplexe von Bedeutung, die aus Zweipolen und/oder Mehrpolen bestehen.

Ein n-Pol ($n \geqq 2$) kann durch $(n-1)$ Klemmenströme und $(n-1)$ auf einen Anschluß (Referenzanschluß oder -knoten) oder jeweils auf $(n-1)$ benachbarte Anschlüsse bezogene Klemmenspannungen charakterisiert werden (Bild 1.115).

Der n-te Strom kann mit der Knotengleichung ermittelt werden. Alle anderen Klemmenspannungen folgen aus den Maschengleichungen.

Hinweis:* Einem n-Pol können bei Kombination aller Möglichkeiten $n\,(n-1)$ Spannungen zugeordnet werden bzw. bei Berücksichtigung von $u_{\mu\nu} = -u_{\nu\mu}$ entsprechend der Maschengleichung $n\,(n-1)/2$. Bei einem linearen Vierpol sind es z. B. 6 Klemmenspannungen (u_{12}, u_{13}, u_{14}, u_{23}, u_{24}, u_{34}). Führt man jeweils die Spannungen zwischen zwei benachbarten Anschlüssen ein, so ergeben sich n Spannungen, wovon eine mit Hilfe der Maschengleichung eliminiert werden kann, so daß $(n-1)$ Spannungen übrigbleiben. Häufiger werden allerdings $(n-1)$ auf den Referenzanschluß bezogene Spannungen verwendet.

Mit den im Bild 1.115 gewählten Beziehungen liegen die $2\,(n-1)$ Klemmengrößen i_1, $i_2 \ldots i_{n-1}$ und u_1, $u_2 \ldots u_{n-1}$ vor.

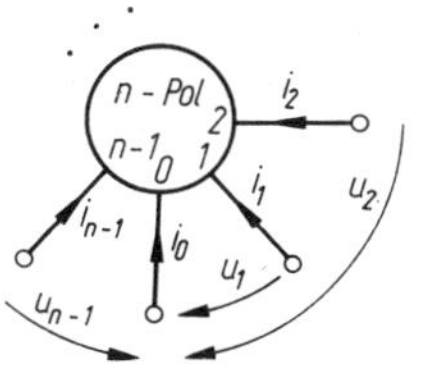

Bild 1.115
n-Pol mit auf den Anschluß 0 (Referenzanschluß) bezogenen Spannungen

1.13.2 Resistive Mehrpole

Bei einem resistiven n-Pol werden $(n-1)$ der $2(n-1)$ Klemmengrößen durch die äußere Beschaltung bestimmt. So kann man z. B. $(n-1)$ Spannungsquellen oder $(n-1)$ Stromquellen anschließen oder auch m Spannungsquellen und $(n-1-m)$ Stromquellen oder auch $(n-1)$ Zweipole, bestehend aus Quellen und passiven Netzwerkelementen, usw. Voraussetzung ist dabei natürlich, daß die inneren Eigenschaften des n-Pols den Anschluß dieser Netzwerkelemente zulassen, also z. B. kein Kurzschluß zwischen zwei Klemmen bei Anschluß einer idealen Spannungsquelle. Das Klemmenverhalten des n-Pols muß sich demnach durch $2(n-1)-(n-1)$, d. h.

$(n-1)$ *unabhängige u,i-Relationen*

beschreiben lassen, also $(n-1)$ unabhängige Gleichungen, womit dann alle Klemmengrößen bestimmbar sind. Bei einem Dreipol sind es z. B. im allgemeinen Fall $(3-1)=2$ Gleichungen des Typs

$$F_1(i_1, i_2, u_1, u_2) = 0; \qquad F_2(i_1, i_2, u_1, u_2) = 0. \tag{1.263}$$

Kann man bei einem resistiven n-Pol die Klemmenströme eindeutig als Funktion der Klemmenspannungen angeben, so nennt man ihn *spannungsgesteuert*, z. B.

$$i_1 = i_1(u_1, u_2); \qquad i_2 = i_2(u_1, u_2), \tag{1.264}$$

und im umgekehrten Fall *stromgesteuert*, z. B.

$$u_1 = u_1(i_1, i_2); \qquad u_2 = u_2(i_1, i_2). \tag{1.265}$$

Abgesehen von n-Polen mit rückläufigen Kennlinien (siehe z. B. Abschnitt 1.8.3.2) können n-Pole meist als strom- oder spannungsgesteuert und damit z. B. auch in einer *Hybridform*

$$u_1 = u_1(i_1, u_2); \qquad i_2 = i_2(i_1, u_2) \tag{1.266}$$

dargestellt werden. Insgesamt existieren für den Dreipol 6 Beschreibungsvarianten.

Allgemein kann man die $(n-1)$ Gleichungen zur n-Pol-Beschreibung als Fläche in einem $2(n-1)$ dimensionalen Raum darstellen, dessen Achsen alle Klemmenspannungen und -ströme mit Ausnahme der des Referenzknotens repräsentieren. Beim Zweipol entartet die Fläche zu einer Kurve in der i,u-Ebene. Beim Dreipol entstehen eine Fläche im 4dimensionalen Raum oder zwei Flächen in einem 3dimensionalen Raum. So kann man z. B. die Gln. (1.264a, b) als zwei Gebirgsdarstellungen über einer u_1,u_2-Ebene interpretieren. Von wesentlich größerer praktischer Bedeutung sind aber die Parameterdarstellungen, bei denen jeweils eine unabhängige Variable als konstanter Parameter angenommen wird, z. B. nach Gl. (1.264b)

$$i_2 = i_2(u_1, u_2)\big|_{u_2=\text{konst.}} = i_2(u_1) \quad \text{für} \quad u_2 \text{ als Parameter} \tag{1.267}$$

oder auch die Darstellung

$$i_2 = i_2(u_1, u_2)\big|_{u_1=\text{konst.}} = i_2(u_2) \quad \text{für} \quad u_1 \text{ als Parameter.} \tag{1.268}$$

Dabei entstehen bei l Parameterwerten l Kurvenscharen, die man häufig als Kennlinienfelder bezeichnet. Bei hinreichend großer Parameterzahl sind die Darstellungen nach Gl. (1.267) bzw. (1.268) bei Nutzung von Interpolationen ineinander überführbar.

Ein Beispiel für Parameterdarstellungen, und zwar Kennlinienfelder des MOS-Transistors werden im folgenden näher erläutert. Dabei wird der physikalische Wirkungsmechanismus zur Veranschaulichung angedeutet, er steht aber nicht im Vordergrund.

1.13.3* MOS-Transistor als resistiver Mehrpol

Ein MOS-Feldeffekttransistor[1]) (MOS-FET) des N-Kanal-Anreicherungstyps wird aus P-leitendem Si-Halbleiterkristall aufgebaut, in dem N-leitende Source-[2]) und Draingebiete[3]) durch Dotierung mit 5wertigen Atomen erzeugt werden (Bild 1.116). Die Steuerelektrode (Gateelektrode)[4]) ist (meist durch eine Oxidschicht) vom Halbleiter isoliert. Liegt zwischen Gate- und Sourceelektrode nur eine niedrige Spannung u_{GS}, so ist der Kanal unterhalb des Gates an Ladungsträgern verarmt, und der Drainstrom i_D ist Null. Erhöht man u_{GS} über eine Schwellspannung U_p, so lädt sich die Gateelektrode so weit positiv auf, daß sie an der Halbleiteroberfläche im gesamten Gatebereich negative Ladungsträger (Elektronen) anzieht und positive

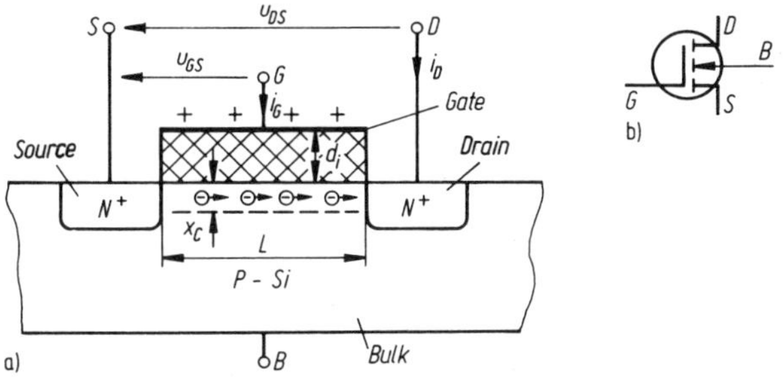

Bild 1.116 MOS-Feldeffekttransistor vom N-Kanal-Anreicherungstyp (Enhancementtyp)
a) prinzipieller Aufbau; b) Schaltsymbol

Ladungen (Löcher) abstößt (Influenz, s. auch Abschn. 4.2.4). Damit entsteht durch Anreicherung (engl. enhancement) der Elektronen ein N-leitender Kanal, und bei positiver Drain-Source-Spannung u_{DS} kann ein Drainstrom i_D vom Drain zum Source fließen (Elektronenbewegung vom Source- zum Draingebiet). Mit der positiven Gatespannung u_{GS} kann demnach der Drainstrom gesteuert werden. Da das Gate isoliert ist, fließt kein Strom über das Gate, wenn kapazitive Stromanteile vernachlässigbar sind, d. h.

Gatestrom $i_G = 0$.

Da die mittlere Leitfähigkeit $\varkappa$ des Kanals von der Gateladung bzw. -spannung u_{GS} abhängt und für den Strom in einem leitenden Kanal der Länge L, der Breite b und der Tiefe x_c bei einer angelegten Spannung u_{DS} mit Gl. (1.101)

$$i_D = \varkappa x_c b u_{DS}/L \tag{1.269}$$

gilt, ergibt sich – wie hier ohne Beweis angegeben sei – bei hinreichend langsamen Spannungsänderungen

$$i_D = K\frac{b}{L}(2(u_{GS} - U_p) - u_{DS})\,u_{DS} \quad \text{für} \quad u_{DS} \leqq u_{GS} - U_p. \tag{1.270}$$

K ist eine von der Beweglichkeit abhängige Material- und Konstruktionskonstante (Größenordnung $10\,\mu A/V^2$). U_p ist die bereits erwähnte Schwellspannung, die man mindestens an das Gate anlegen muß, damit der Stromfluß einsetzt ($U_p \approx 0{,}5 \ldots 1$ V). Für $u_{DS} > u_{GS} - U_p$ bleibt i_D nahezu konstant, und zwar auf dem Wert für $u_{DS} = u_{GS} - U_p$, also nach Gl. (1.270) auf

$$i_D = K\frac{b}{L}(u_{GS} - U_p)^2 \quad \text{für} \quad u_{DS} > u_{GS} - U_p. \tag{1.271}$$

[1]) MOS bezieht sich auf den Aufbau: metal oxide semiconductor (engl.), d. h. Metall-Oxid-Halbleiter, wird aber auch bei anderer Isolation, z. B. mit SiN_4, verwendet. Eine weitere mögliche Bezeichnung ist MIS-Transistor (I-Isolator).
[2]) source (engl.): Quelle
[3]) drain (engl.): Senke
[4]) gate (engl.): Tor, Gatter

Diesen Bereich nennt man Pinch-off-Bereich, weil in diesem Bereich der Kanal am drainseitigen Rand eingeschnürt ist. Stellt man die Gln. (1.270) und (1.271) für $i_D = i_D(u_{DS})$ mit u_{GS} als Parameter dar, so entsteht das *Ausgangskennlinienfeld* im Bild 1.117a. Das *Transferkennlinienfeld* verknüpft die Ausgangsgröße i_D mit der Eingangsgröße u_{GS}, wobei u_{DS} als Parameter wirkt (Bild 1.117b). Für $u_{DS} > u_{GS} - U_p$ bzw. $u_{GS} < u_{DS} + U_p$ beeinflußt u_{DS} nach Gl. (1.271) i_D nicht mehr, so daß das Kennlinienfeld in diesem Bereich zur Kennlinie $i_D(u_{GS})$ entartet. Wichtig ist die Feststellung, daß die beiden Kennlinienfelder prinzipiell ineinander überführbar sind, wenn man Zwischenwerte interpoliert (durchführen für Konstruktion von b) aus a)!)

Im Bild 1.117 sind auch die Meßschaltungen zur Kennlinienaufnahme schematisch angegeben.

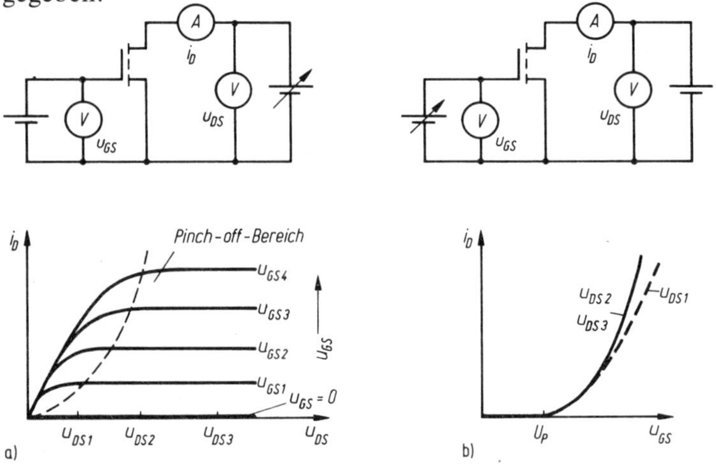

Bild 1.117 MOS-Feldeffekttransistor vom N-Kanal-Anreicherungstyp sowie Prinzip der Meßschaltungen
a) Ausgangskennlinienfeld; b) Transferkennlinienfeld

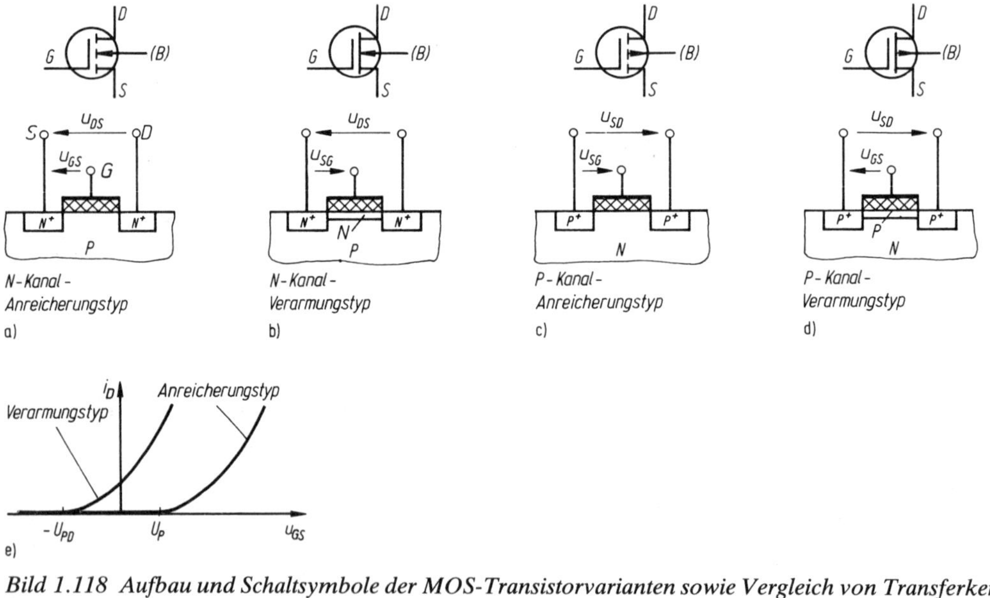

Bild 1.118 Aufbau und Schaltsymbole der MOS-Transistorvarianten sowie Vergleich von Transferkennlinien
a) N-Kanal-Anreicherungstransistor; b) N-Kanal-Verarmungstransistor; c) P-Kanal-Anreicherungstransistor; d) P-Kanal-Verarmungstransistor; e) Vergleich der Transferkennlinien eines N-Kanal-Anreicherungs- und eines N-Kanal-Verarmungstransistors

Neben dem beschriebenen N-Kanal-Anreicherungstransistor (Bild 1.118a), auch N-Kanal-Enhancementtransistor genannt, sind weitere Varianten möglich. Einen Überblick gibt das Bild 1.118. Bei dem N-Kanal-Verarmungstyp, auch N-Kanal-Depletiontyp genannt, wird zwischen Drain und Source – meist durch Dotierung mit fünfwertigen Atomen (durch Ionenimplantation) – ein N-Kanal erzeugt (Bild 1.118b). Dadurch ist auch für $u_{GS} = 0$ (Bild 1.118e) ein Stromfluß möglich. Bei einer negativen Gate-Source-Spannung werden die Elektronen vom Gate abgestoßen, und im Kanal tritt eine Verarmung der Elektronen ein. Wird u_{GS} unter die negative Schwellspannung $-U_{pD}$ abgesenkt, so wird der Strom i_{DS} Null. Im Bild 1.118e ist die Transferkennlinie von N-Kanal-Verarmungstransistoren der für N-Kanal-Anreicherungstransistoren gegenübergestellt. Die Kennlinienberechnung kann meist ebenfalls mit den Gln. (1.270) und (1.271) erfolgen, wobei $U_p < 0$ (z. B. $U_p = -U_{pD} \approx -3$ V) zu berücksichtigen ist.

Außer den N-Kanal-Transistoren werden auch P-Kanal-Transistoren realisiert, bei denen der unipolare Stromfluß von Löchern getragen wird. Demnach ist im Normalbetrieb eine negative Drain-Source-Spannung anzulegen, damit sich die Löcher in Source-Drain-Richtung bewegen. Für die Anreicherung von Löchern (Anreicherungstyp) ist eine negative Gate-Source-Spannung erforderlich und für die Verarmung (Verarmungstyp) eine positive Gate-Source-Spannung (Bild 1.118c bzw. 1.118d).

In manchen Fällen ist übrigens für MOSFET noch ein weiterer Anschluß, der Bulkanschluß B[1]), zu berücksichtigen, der die Unterseite des Halbleitergebietes kontaktiert. In diesem Fall liegt also ein vierpoliges Bauelement vor, was bei genauen Schaltungsberechnungen zu berücksichtigen ist[2]).

1.13.4* Gegenüberstellung resistiver, kapazitiver und induktiver Mehrpole

Kapazitive Mehrpole. Während resistive n-Pole durch $(n-1)$ Strom-Spannungs-Relationen charakterisiert werden können, sind es definitionsgemäß bei kapazitiven n-Polen $(n-1)$ Ladungs-Spannungs-Relationen, z. B. für einen spannungsgesteuerten Dreipol bzw. ein spannungsgesteuertes vierpoliges Zweitor

$$Q_1 = Q_1\,(u_1, u_2); \qquad Q_2 = Q_2\,(u_1, u_2). \tag{1.272}$$

Die Ströme folgen dann aus

$$i_1 = \frac{dQ_1}{dt} = C_{d11}\frac{du_1}{dt} + C_{d12}\frac{du_2}{dt};$$
$$i_2 = \frac{dQ_2}{dt} = C_{d21}\frac{du_1}{dt} + C_{d22}\frac{du_2}{dt} \tag{1.273}$$

mit den differentiellen Kapazitäten

$$C_{djk} = \frac{\partial Q_j}{\partial u_k}\,(u_1, u_2). \tag{1.274}$$

Induktive Mehrpole. Induktive n-Pole sind durch $(n-1)$ Fluß-Spannungs-Relationen charakterisiert, z. B. für einen stromgesteuerten Dreipol bzw. ein stromgesteuertes vierpoliges Zweitor (Bild 1.92b)

$$\psi_1 = \psi_1\,(i_1, i_2); \qquad \psi_2 = \psi_2\,(i_1, i_2). \tag{1.275}$$

[1]) bulk (engl.): Volumen oder Substrat

[2]) Anstelle der zwei Gleichungen für das dreipolige Bauelement, z. B. $i_G = i_G\,(u_{GS}, u_{DS})$, $i_D = i_D\,(u_{GS}, u_{DS})$ treten für das vierpolige Bauelement drei Gleichungen, z. B. $i_G = i_G\,(u_{GS}, u_{DS}, u_{BS})$, $i_D = i_D\,(u_{GS}, u_{DS}, u_{BS})$ und $i_B = i_B\,(u_{GS}, u_{DS}, u_{BS})$

Die Spannungen folgen aus

$$u_1 = \frac{\mathrm{d}\psi_1}{\mathrm{d}t} = L_{\mathrm{d}11}\frac{\mathrm{d}i_1}{\mathrm{d}t} + L_{\mathrm{d}12}\frac{\mathrm{d}i_2}{\mathrm{d}t};$$

$$u_2 = \frac{\mathrm{d}\psi_2}{\mathrm{d}t} = L_{\mathrm{d}21}\frac{\mathrm{d}i_1}{\mathrm{d}t} + L_{\mathrm{d}22}\frac{\mathrm{d}i_2}{\mathrm{d}t} \tag{1.276}$$

mit den differentiellen Induktivitäten

$$L_{\mathrm{djk}} = \frac{\partial\psi_{\mathrm{j}}}{\partial i_{\mathrm{k}}}(i_1, i_2). \tag{1.277}$$

MOS-Transistormodell als Kombination resistiver und kapazitiver Netzwerkelemente. In Halbleiterbauelementen und z. T. auf den Elektroden treten i. allg. Raumladungen auf. Die Ladungsspeicherung (bei verschwindender Gesamtladung) kann man im Netzwerkmodell durch von den Klemmengrößen abhängige Ladungen bzw. differentielle Kapazitäten beschreiben, die im allgemeinen Fall (s. Gl. (1.274)) miteinander verkoppelt sind. Als Beispiel sei das Netzwerkmodell eines MOS-Transistors im Bild 1.119 genannt, in dem die differentiellen Gate-Source-, Gate-Drain- und Drain-Source-Kapazitäten C_{GS}, C_{GD} und C_{DS} eingeführt werden. Bei Gleichspannungen bzw. nicht zu schnellen Änderungen der Klemmenspannungen sind die kapazitiven Ströme Null bzw. gegen die resistiven Ströme zu vernachlässigen, so daß diese Kapazitäten bei der Netzwerkbeschreibung entfallen können. Der resistive Drainstrom $i_{\mathrm{D}} = i_{\mathrm{D}}(u_{\mathrm{GS}}, u_{\mathrm{DS}})$ (s. Gln. (1.270) und (1.271)) kann als durch u_{GS} und u_{DS} gesteuerte Stromquelle aufgefaßt werden und wurde auch in dieser Form dargestellt. Die Eigenschaften gesteuerter Quellen werden im nächsten Abschnitt näher beschrieben.

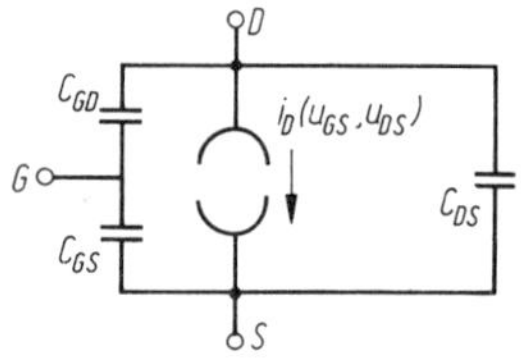

Bild 1.119 Modell des MOS-Transistors (C_{DS} oft vernachlässigbar)

Aufgabe 1.65 Kontrollfragen

a) Wie viele unabhängige u,i-Relationen kennzeichnen einen n-Pol?
b*) Geben Sie Aufbau, Wirkungsweise und die Kennlinienfelder von MOS-Transistoren an!
c*) Wie sind kapazitive und induktive n-Pole zu beschreiben?

1.14 Ersatzschaltbilder mit gesteuerten Quellen

Grundlagen. Bisher wurden Quellen mit eingeprägtem Spannungs- bzw. Stromverhalten betrachtet, die man auch als unabhängige Quellen bezeichnet.

Vor allem für die Beschreibung mehrpoliger Netzwerkelemente kann es zweckmäßig sein, gesteuerte Quellen einzuführen. Für die Netzwerkbeschreibung von aktiven Bauelementen, wie z. B. Transistoren und Verstärkern, bei denen Ströme, Spannungen bzw. Leistungen gesteuert werden, ist die Einführung gesteuerter Quellen unumgänglich.

Bei gesteuerten Stromquellen ist der Quellenstrom bzw. bei gesteuerten Spannungsquellen die Quellenspannung eine Funktion von einer oder mehreren Strömen und/oder Spannungen an anderen Stellen des Netzwerkes oder gar in einem anderen Netzwerk.

Also gilt allgemein für gesteuerte Strom- bzw. Spannungsquellen:

$$i_{q\delta} = i_{q\delta}\,(u_\mu,\, i_\nu) \quad \text{bzw.} \quad u_{q\delta} = u_{q\delta}\,(u_\mu,\, i_\nu) \qquad (\mu \neq \delta,\ \nu \neq \delta). \tag{1.278}$$

Als *Spezialfälle* kann man

– *spannungsgesteuerte Spannungsquellen* $u_{q\delta} = u_{q\delta}(u_\mu)$, (1.279)

– *stromgesteuerte Spannungsquellen* $u_{q\delta} = u_{q\delta}(i_\nu)$, (1.280)

– *spannungsgesteuerte Stromquellen* $i_{q\delta} = i_{q\delta}(u_\mu)$, (1.281)

– *stromgesteuerte Stromquellen* $i_{q\delta} = i_{q\delta}(i_\nu)$ (1.282)

unterscheiden. In vielen Fällen wird eine gesteuerte Quelle durch das Produkt eines Steuerfaktors mit der Steuergröße (Index *st*) beschrieben. Folgende Bezeichnungen haben sich für die Steuerfaktoren eingebürgert

$u_q = v u_{st}$, v *(Leerlauf-)Spannungsverstärkung*;

$u_q = Z i_{st}$, Z *Transferwiderstand*;

$i_q = S u_{st}$, S *Transferleitwert, Steilheit*;

$i_q = B i_{st}$, B *(Kurzschluß-)Stromverstärkung, Stromübersetzung*.

Häufig ist die Abhängigkeit von der Steuergröße linear (lineare gesteuerte Quelle), d.h., es liegt ein konstanter Steuerfaktor vor.

Spannungsgesteuerte Spannungsquelle. Am Beispiel der spannungsgesteuerten Spannungsquelle werden im Bild 1.120 Darstellungsvarianten gesteuerter Quellen veranschaulicht. Das Bild 1.121a veranschaulicht die Steuercharakteristik einer linearen und nichtlinearen (gestrichelt gezeichnet) spannungsgesteuerten Spannungsquelle, für die

$$u_a = v_d u_e \quad \text{mit} \quad v_d = \text{konst.} \quad \text{bzw.} \quad v_d = v_d(u_e) \tag{1.283}$$

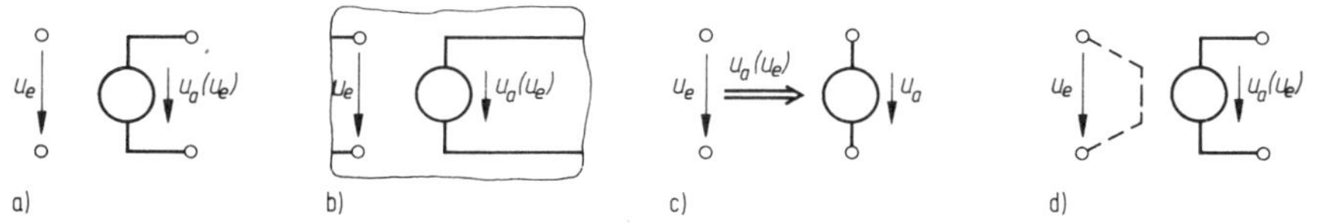

Bild 1.120 Darstellung spannungsgesteuerter Spannungsquellen

a) spannungsgesteuerte Spannungsquelle; b) spannungsgesteuerte Spannungsquelle in einer NW-Umgebung; c) und d) weitere Darstellungsvarianten zu a)

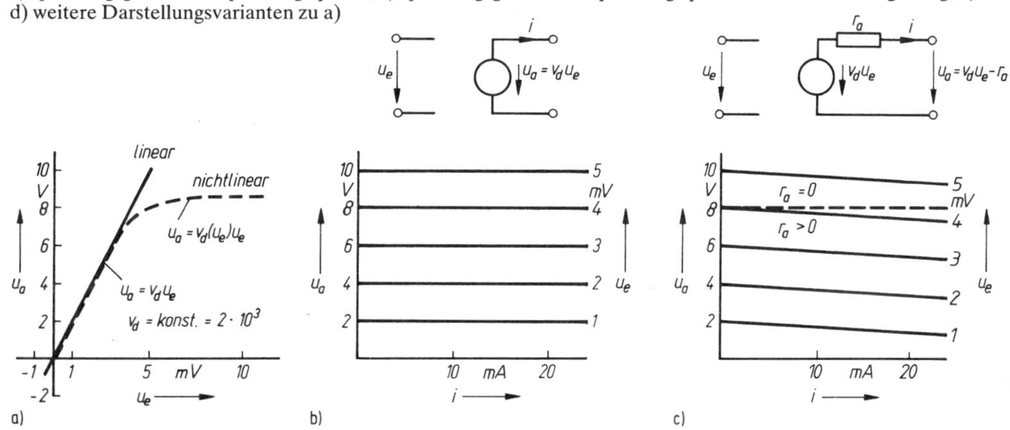

Bild 1.121 Beispiel einer spannungsgesteuerten Spannungsquelle

a) Zusammenhang zwischen Quellenspannung u_a und Steuerspannung u_e (Steuercharakteritistik); b) Strom-Spannungs-Verhalten der spannungsgesteuerten Spannungsquelle als Kennlinienfeld für (willkürlich) ausgewählte Steuerspannungen u_e als Parameter; c) wie b) mit endlichem Innenwiderstand gilt. Das Bild 1.121 b zeigt das i,u-Verhalten der linearen spannungsgesteuerten Spannungsquelle mit der stromunabhängigen und spannungssteuerbaren Quellenspannung sowie der Steuerspannung u_e als Parameter. Liegt in Reihe ein Widerstand r_a (Innenwiderstand der gesteuerten Quelle), so kommt noch der Spannungsabfall $r_a i$ hinzu, und es entstehen die Kennlinien im Bild 1.121 c.

Beispiel: Operationsverstärker*

Die spannungsgesteuerte Spannungsquelle (Bild 1.120 a) kann als erste Näherung für das Makromodell eines Operationsverstärkers (OV) bezüglich der Eingangs- und Ausgangssignalspannungen dienen. OV werden meist als integrierte Schaltung (z. B. mit über 100 Transistoren) oder manchmal auch als Teil eines Schaltkreises realisiert, so daß für den Anwender vor allem das Klemmenverhalten von Interesse ist. OV ermöglichen bei entsprechender Beschaltung vielfältige Anwendungen, z. B. *Verstärkung* und *Regelung*, aber auch *analoge Rechenoperationen* (deshalb auch *Operations*verstärker) wie Addition, Subtraktion, Differentiation, Integration, Logarithmierung. Das Bild 1.122 a zeigt das Schaltsymbol, in dem die wichtigsten Anschlußklemmen des OV angegeben werden: der N-Eingang (auch „−“-Eingang), der P-Eingang (auch „+“-Eingang), der Ausgang sowie die Anschlüsse für die Betriebsspannung, im allgemeinen eine positive und eine negative (z. B. ±15 V), und die Masse. Häufig läßt man bei der symbolischen Darstellung die Betriebsspannungsanschlüsse weg und legt den P-Eingang neben die Masse (Bild 1.122 b). Für den idealen OV kann die Ausgangsspannung u_a aus dem Differenzeingangssignal $u_d = u_P - u_N$ sowie der Differenzverstärkung v_d berechnet werden:

$$u_a = v_d u_d = v_d\,(u_P - u_N), \tag{1.284}$$

wobei $v_d \to \infty$ geht. Die Differenzverstärkung v_d nennt man auch Leerlaufverstärkung oder offene Schleifenverstärkung (open loop gain). Verbindet man den P-Eingang mit Masse ($u_P = 0$), so gilt also $u_a = -v_d u_N$, d. h., die Spannung zwischen N-Eingang und Masse wird verstärkt und in ihrer Polarität invertiert, weshalb man N- oder *invertierender* Eingang sagt. Für $u_N = 0$ ist $u_a = v_d u_P$, weshalb man den P-Eingang auch als *nichtinvertierenden* Eingang bezeichnet.

Beispiel: Für $u_N = 1$ mV, $u_P = 0{,}9$ mV und $v_d = 10^4$ ist $u_a = -1$ V.

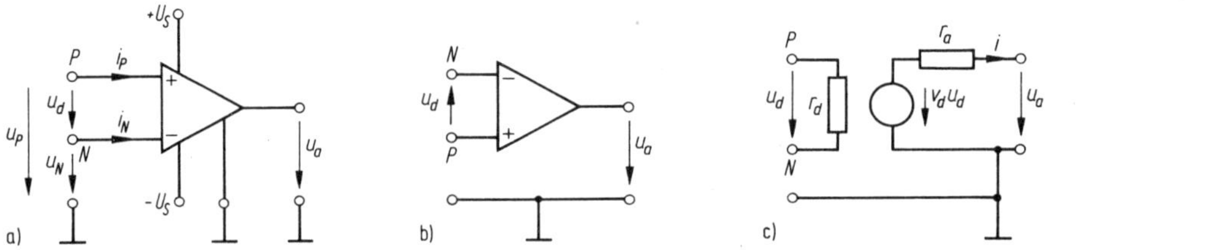

Bild 1.122 Operationsverstärker

a) symbolische Darstellung mit den wichtigsten Anschlüssen; b) Schaltungssymbol sowie Masseleitung; c) Ersatzschaltbild

Hinweis: Idealer OV für $r_d \to \infty$, $r_a = 0$ und $v_d \to \infty$.

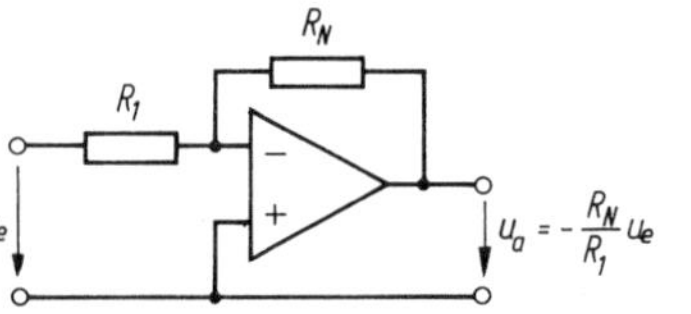

Bild 1.123
Umkehrverstärker als Beispiel eines Operationsverstärkers mit Gegenkopplung

Das Ersatzschaltbild des *realen OV* (Bild 1.122 c) weist einen endlichen Differenzeingangswiderstand r_d, einen von Null verschiedenen Innenwiderstand r_a sowie ein endliches v_d auf. Bild 1.123 zeigt die Schaltung eines *Umkehrverstärkers* (Aufgabe 1.66) mit der Ausgangsspannung

$$u_a = v u_e \quad \text{mit} \quad v = -R_N/R_1 \quad (\text{für } v_d \to \infty). \tag{1.285}$$

Spannungsgesteuerte Stromquelle. Das Ersatzschaltbild eines MOS-Feldeffekttransistors (MOSFET) kann, wie schon erwähnt, mittels einer durch zwei Spannungen oder bei Einbeziehung des Bulkanschlusses durch drei Spannungen *gesteuerten Stromquelle* beschrieben werden (Bild 1.124). Bei Gleichspannung gilt für den Gatestrom $i_G = 0$. Die Drainstromstärke hängt von der Gate-Source-Spannung u_{GS} und der Drain-Source-Spannung u_{DS} sowie ggf. der Bulk-Source-Spannung u_{BS} ab (Abschn. 1.13.3). Die Kapazitäten sind spannungsabhängig.

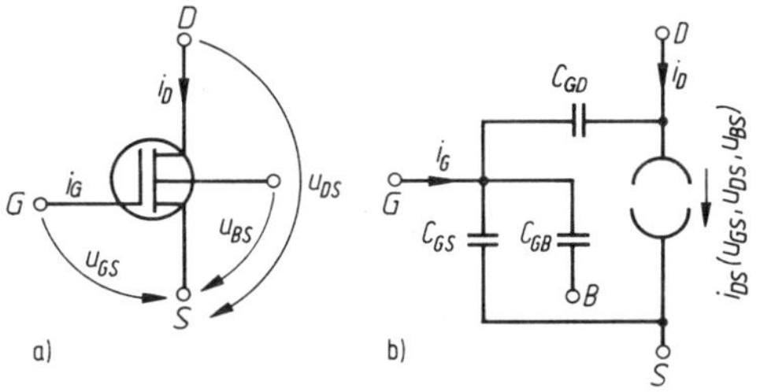

Bild 1.124 MOS-Transistor
a) Schaltungssymbol (Verarmungstyp) mit Zählpfeilen; b) dynamisches Ersatzschaltbild mit spannungsgesteuerter Stromquelle unter Berücksichtigung des Bulkanschlusses

Stromgesteuerte Stromquelle. Als Beispiel einer *stromgesteuerten Stromquelle* sei ohne Beweis im Bild 1.125 ein einfaches quasistatisches Ersatzschaltbild eines NPN-Bipolartransistors angegeben, das als eine Näherung für das Gleichstromverhalten bzw. Verhalten im Niederfrequenzgebiet in sog. aktiv normaler Emitterschaltung angesehen werden kann. Der kleine Basisstrom i_B steuert eine Stromquelle, die den (großen) Kollektorstrom $i_C = i_C(i_B, u_{CE})$ liefert. Häufig wird $i_C = B_N i_B$ angesetzt. Der Steuerfaktor B_N (auch aktiv normale Stromverstärkung in Emitterschaltung genannt) kann bei vielen Anwendungen in erster Näherung als konstant angenommen werden, z. B. $B_N = 60$. In zweiter Näherung ist $B_N = B_N(i_B, u_{CE})$. Übrigens wurde im Bild 1.125 für das dreipolige Netzwerkelement eine Vierpoldarstellung gewählt, um die Eingangs-Ausgangs-Relation des Bauelementes zu veranschaulichen.

Beachtet man, daß i_B als Funktion von u_{BE} darstellbar ist (s. Gl. (1.130)), so kann man den Kollektorstrom auch als spannungsgesteuerte Stromquelle $i_C = i_C(u_{BE}, u_{CE})$ beschreiben. Allerdings ist das Verhalten dann – auch näherungsweise – nicht mehr linear, so daß man die Darstellung $i_C = i_C(i_B, u_{CE}) \approx B_N i_B$ vorzieht.

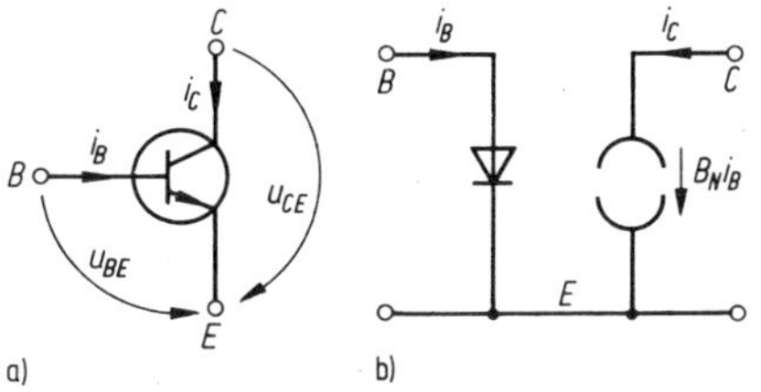

Bild 1.125 NPN-Transistor
a) Schaltungssymbol mit Zählpfeilen; b) einfaches Ersatzschaltbild mit stromgesteuerter Stromquelle für den aktiv normalen Betrieb ($u_{BE} > 0$, $u_{CB} > 0$) bei Gleichstrom bzw. niedrigen Frequenzen

Umwandlung gesteuerter Quellen. Eine stromgesteuerte Spannungsquelle (bzw. Stromquelle) kann als *spannungsgesteuerte Spannungsquelle* (bzw. Stromquelle) aufgefaßt werden, falls Strom und Spannung in dem Zweig, in dem der steuernde Strom fließt, eindeutig miteinander verknüpft sind (siehe z. B. Bild 1.126 a) und umgekehrt.

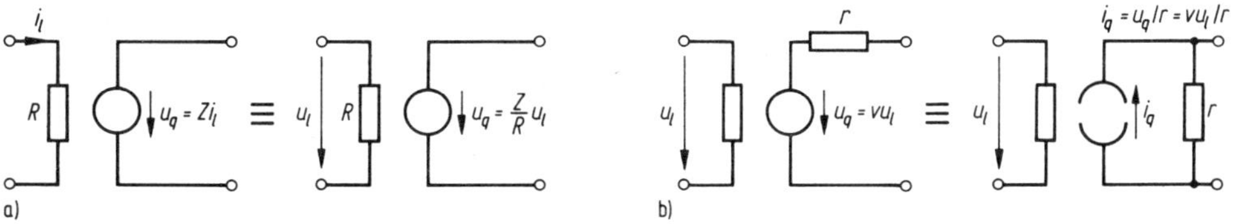

Bild 1.126 Transformationen gesteuerter Quellen
a) Umwandlung einer stromgesteuerten in eine spannungsgesteuerte Spannungsquelle und umgekehrt; b) Umwandlung einer gesteuerten Spannungsquelle mit Innenwiderstand in eine gesteuerte Stromquelle mit Innenwiderstand und umgekehrt

Demnach ist eine Umwandlung nicht möglich, falls es sich bei dem steuernden Zweig um eine steuernde Spannungsquelle mit dem Innenwiderstand $r_i = 0$ oder um eine steuernde Stromquelle mit $r_i \to \infty$ handelt.

Eine gesteuerte Spannungsquelle mit einem Innenwiderstand $r > 0$ kann in eine gesteuerte Stromquelle mit dem gleichen Innenwiderstand (Bilder 1.126a und 1.126b) umgewandelt werden und umgekehrt. Wegen $u = u_q - ri = ri_q - ri$ gilt dabei für den Zusammenhang zwischen Quellenspannung u_q und Quellenstrom $i_q = u_q/r$.

Mehrpolmodellierung mit gesteuerten Quellen*. Allgemein kann ein resistiver n-Pol durch $(n - 1)$ unabhängige u,i-Relationen beschrieben werden, die sich als gesteuerte Quellen interpretieren lassen.

Demnach kann ein resistiver n-Pol in jedem Fall durch $(n - 1)$ gesteuerte Quellen modelliert werden.

Im Bild 1.127 ist das am Beispiel eines Dreipols erläutert. Erwähnt sei, daß diese spannungsgesteuerten Stromquellen bei Stromeinspeisung durch stromgesteuerte Spannungsquellen zu ersetzen sind. Die gesteuerten Quellen können zu beliebigen Netzwerkelementen, wie Widerständen und unabhängigen Quellen, entarten. Häufig wird versucht, Ersatzschaltbilder durch Einbeziehung weiterer Elemente so zu gestalten, daß die auftretenden gesteuerten Strom- bzw. Spannungsquellen wirklich unabhängig von der anliegenden Spannung bzw. dem durchfließenden Strom sind.

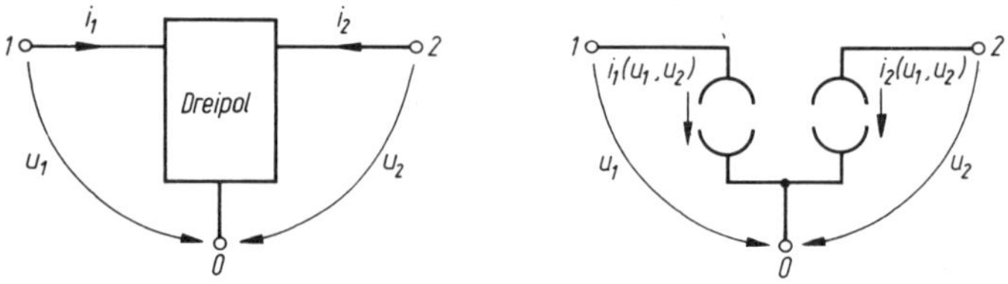

Bild 1.127
Darstellung eines n-Pols mit (n − 1) gesteuerten Quellen am Beispiel eines Dreipols

Aufgabe 1.66 Umkehrverstärker (Bild 1.123)

Für einen Umkehrverstärker mit OV ist ein Ersatzschaltbild anzugeben sowie u_a zu berechnen, und zwar
a) für die OV-Werte $r_a = 0$, $r_d \to \infty$, $v_d \to \infty$;
b) für die OV-Werte $r_a = 0$, r_d endlich sowie v_d endlich;
c) für $R_N/R_1 = 10$, $r_a = 0$, $r_d \to \infty$, $v_d = 10^2$, $v_d = 10^4$, $v_d \to \infty$.

Aufgabe 1.67 Kontrollfragen

Diskutieren Sie die Begriffe gesteuerte Quellen, Steuerfaktor, Strom- und Spannungsverstärkung, Transferwiderstand und -leitwert, Operationsverstärker, Umkehrverstärker allgemein und anhand von Beispielen.

1.15 Kleinsignalverhalten von Bauelementen und Schaltungen

1.15.1 Kleinsignalverhalten resistiver Zweipole

Einführung. In der Technik dominieren Schaltungen mit nichtlinearen Bauelementen. Häufig treten jedoch Anwendungen auf, bei denen ein lineares oder nahezu lineares Verhalten gewünscht wird, z. B. für viele Schaltungen der Analogtechnik (u. a. Verstärker), die man deshalb oft auch lineare Schaltungen nennt. Um eine Linearisierung nichtlinearer $i(u)$-, $Q(u)$- bzw. $\psi(i)$-Kennlinien zu erreichen, muß man sich auf kleine Aussteuerungen und/oder schwach nichtlineare Kennlinien beschränken, die man auch durch geeignete schaltungstechnische Maßnahmen erzielen kann.

Die näherungsweise Analyse nichtlinearer Schaltungen durch Linearisierung bei kleinen Aussteuerungen um einen Arbeitspunkt bezeichnet man als Kleinsignalanalyse.

Kleinsignalanalyse bei resistiven Zweipolen. Das Problem wird anhand der Kennlinie im Bild 1.128 erläutert, die z.B. eine Diodenkennlinie darstellt. Vorgegeben sei die Spannung u, die als Summe einer Spannung u_0 und einer kleinen Spannung Δu dargestellt werden kann: $u = u_0 + \Delta u$. Häufig ist u_0 eine Gleichspannung, d.h., $u_0 = U_0$ und Δu eine kleine zeitveränderliche Spannung $\Delta u\,(t)$, so daß in diesem Fall auch – wie im Bild 1.128 angenommen –

$$u(t) = U_0 + \Delta u\,(t) \quad \text{bzw.} \quad \Delta u = u - U_0 \tag{1.286}$$

geschrieben werden kann. Den durch U_0 bzw. $i(U_0) = I_0$ charakterisierten Kennlinienpunkt bezeichnet man auch als *Arbeitspunkt*.

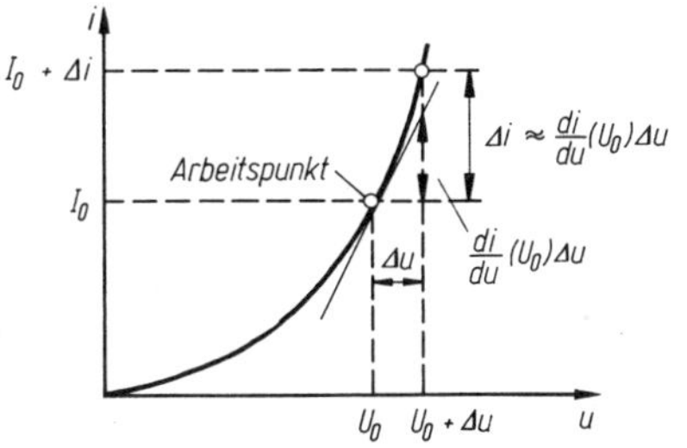

Bild 1.128 Linearisierung einer nichtlinearen Kennlinie bei Kleinsignalverhalten am Beispiel einer Diodenkennlinie

Gesucht sei nun der Strom $i(u)$, wobei $i(U_0)$ bekannt sei. Um i zu ermitteln, kann $i(u)$ für $u = U_0 + \Delta u$ ausgewertet werden, also z.B. für eine PN-Diode nach Gl. (1.130) $i = I_s\,(\exp\,(u/mU_T) - 1)$. Ein anderer Weg besteht in einer Taylorreihenentwicklung um den Punkt $i(U_0)$:

$$i(u) = i(U_0) + \frac{\mathrm{d}i}{\mathrm{d}u}\,(U_0)\,(u - U_0) + \frac{1}{2}\,\frac{\mathrm{d}^2 i}{\mathrm{d}u^2}\,(U_0)\,(u - U_0)^2 + \ldots \tag{1.287}$$

Falls $|\Delta u| = |u - U_0|$ stets so klein ist, daß die Taylorreihe nach dem linearen Glied abgebrochen werden kann, entsteht die lineare Näherung

$$\Delta i = i(u) - i(U_0) = \frac{\mathrm{d}i}{\mathrm{d}u}\,(U_0)\,\Delta u \quad \text{mit} \quad \Delta u = u - U_0 \quad \text{bzw.} \quad \frac{\Delta i}{\Delta u} = \frac{\mathrm{d}i}{\mathrm{d}u}. \tag{1.288}$$

Unter Verwendung von

$$\frac{\mathrm{d}i}{\mathrm{d}u}\,(U_0) = g(U_0) = \frac{1}{r(U_0)} \tag{1.289}$$

folgen daraus mit dem differentiellen Leitwert g bzw. differentiellen Widerstand r

$$i(u) = i(U_0) + g(U_0)\,\Delta u; \tag{1.290}$$

$$\Delta i = i(u) - i(U_0) = g(U_0)\,\Delta u = g_0\,\Delta u \quad \text{bzw.} \quad \Delta u = r_0\,\Delta i. \tag{1.291}$$

Die nichtlineare i,u-Kennlinie wird demnach am Arbeitspunkt durch eine Gerade approximiert (Bild 1.128), deren Anstieg proportional zu $g_0 = g(U_0) = g(I_0)$ ist.

Bei Kleinsignalsteuerung kann ein nichtlinearer resistiver Zweipol bezüglich der Strom- und Spannungsdifferenzen zum Arbeitspunkt als linear angenähert werden.

Bei einer sinusförmigen Kleinsignalaussteuerung um einen Arbeitspunkt, z.B. $\Delta u\,(t) = u(t) - U_0 = \hat{u}\sin\omega t$, fließt demzufolge näherungsweise wiederum ein sinusförmiger Wechselstrom der gleichen Frequenz: $\Delta i(t) = g_0\,\hat{u}\sin\omega t$.

Zu beachten ist, daß für einen linearen resistiven Zweipol wegen $i = Gu$ stets $\Delta i/i = \Delta u/u$

gilt, während für einen *nichtlinearen resistiven Zweipol* bei Kleinsignalaussteuerung im allgemeinen Fall wegen

$$g \neq G \qquad \Delta i/i = (g/G) \cdot \Delta u/u \neq \Delta u/u$$

ist.

Man kann also z. B. für $g \gg G = i/u$ (oft typisch für Dioden) mit einer kleinen relativen Spannungsänderung eine wesentlich größere relative Stromänderung verursachen bzw. bei Einspeisung eines schwankenden Stromes die Spannung trotzdem als nahezu konstant ansehen.

Die Bedingungen für eine Kleinsignalnäherung mit geringem Fehler sind nach Gl. (1.287) bzw. Bild 1.128 um so günstiger, je kleiner die Krümmung der Kennlinie ist und je kleiner die Aussteuerung bezogen auf die Größen am Arbeitspunkt ist.

Bei starker Aussteuerung an nichtlinearen resistiven Bauelementen muß die Nichtlinearität unbedingt beachtet werden. Während sich bei Linearität bzw. Kleinsignalaussteuerung die Strom- und Spannungsformen nicht unterscheiden, treten bei *Großsignalaussteuerung* unterschiedliche Strom- und Spannungsverläufe auf. Es entstehen *Verzerrungen* bzw. Oberwellen (Band 2), die meist unerwünscht sind (z. B. bei Rundfunkempfängern), aber auch technisch genutzt werden (z. B. bei der Frequenzvervielfachung).

Hinweis:* Es sei erwähnt, daß die Beziehungen $\Delta i = g_0 \Delta u$ bzw. $\Delta u = r_0 \Delta i$ nicht nur aus der Taylorentwicklung, sondern wegen $r = \mathrm{d}u/\mathrm{d}i$ und $g = \mathrm{d}i/\mathrm{d}u$ für den Kleinsignalfall auch aus

$$\Delta i = i - i_0 = \int_{u_0 i}^{u} g(u)\,\mathrm{d}u \approx g(u_0) \cdot \int_{u_0 i}^{u} \mathrm{d}u = g(u_0)\,(u - u_0); \tag{1.292}$$

bzw.

$$\Delta u = u - u_0 = \int_{i_0}^{i} r(i)\,\mathrm{d}i \approx r(i_0) \cdot \int_{i_0}^{i} \mathrm{d}i = r(i_0)\,(i - i_0) \tag{1.293}$$

folgen. Aus diesen Gleichungen sind auch Ansatzpunkte einer vereinfachten Großsignalanalyse zu erkennen, z. B. durch Anwendung der Trapezregel für die Auswertung der Integranden. Das kann u. U. vorteilhafter als die Benutzung weiterer Glieder der Taylorreihe sein.

Das Bild 1.129 veranschaulicht die Modellierung eines nichtlinearen Zweipols (a) durch i,u-Ersatzschaltbilder (b) bzw. (c), die jeweils in der Umgebung des Arbeitspunktes gültig sind (nachrechnen!) und selten benutzt werden. Wichtig ist aber das $\Delta u, \Delta i$-Ersatzschaltbild (d) für das Kleinsignalverhalten, das man *Kleinsignal-* oder manchmal auch *Wechselstromersatzschaltbild* nennt. In ihm erfolgt die Beschreibung mit dem arbeitspunktabhängigen, aber konstanten differentiellen Widerstand $r = \mathrm{d}u/\mathrm{d}i$.

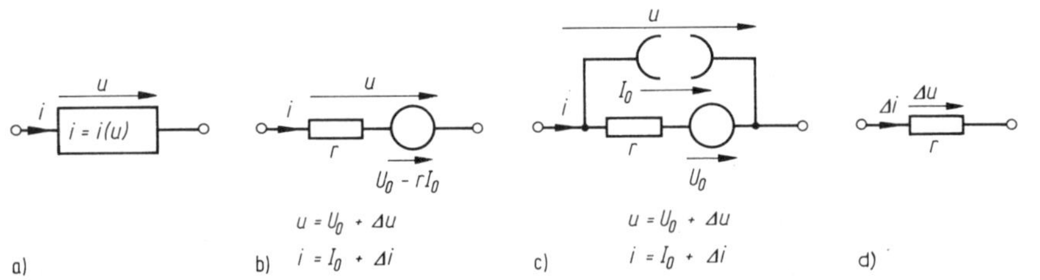

Bild 1.129 Ersatzschaltbilder eines beliebigen nichtlinearen Zweipols (z. B. einer PN-Diode)
a) nichtlinearer resistiver Zweipol; b) und c) i,u-Ersatzschaltbilder, die in der Nähe des Arbeitspunktes gültig sind; d) i,u-Ersatzschaltbild (Kleinsignalersatzschaltbild)

Beispiel 1: Kleinsignalwiderstand an einer PN-Diode

Nach Gl. (1.136) gilt für PN-Dioden $g = \mathrm{d}i/\mathrm{d}u = i/(mU_T)$ und damit $g(U_0) = i(U_0)/(mU_T)$ sowie als Kleinsignalnäherung für das i,u-Verhalten am Arbeitspunkt $i(U_0) = I_0$:

$$\Delta i = g\,\Delta u = \Delta u/r \quad \text{mit} \quad g = 1/r = I_0/(mU_T). \tag{1.294}$$

Damit ist $\Delta i/i \approx \Delta i/I_0 = \Delta u/(mU_T)$ für $U_0 \approx mU_T$ viel größer als $\Delta u/u \neq \Delta u/U_0$.

Beispiel 2: Kleinsignaldiodenschaltung

Häufig tritt in der Elektronik eine Schaltung entsprechend Bild 1.130a auf. Nach Ermittlung des Gleichstromarbeitspunktes (Bild 1.130b) ermöglicht die Kleinsignalersatzschaltung (Bild 1.130c) die Berechnung von

$$\Delta i = \Delta u_e \,(R + r), \qquad \Delta u = r\,\Delta i, \qquad \Delta u_R = R\,\Delta i. \tag{1.295}$$

Aufgabe 1.68 Kleinsignalverhalten einer PN-Diode

a) Durch eine PN-Diode ($mU_T = 35$ mV) fließt bei $U_0 = 0{,}7$ V ein Strom $I_0 = 10$ mA. Berechnen Sie am Arbeitspunkt den differentiellen Leitwert g_0, und geben Sie für eine Erhöhung der Spannung um $\Delta u = 3{,}5$ mV die absolute und relative Stromänderung an!

b) Berechnen Sie den relativen Fehler ε, der bei Anwendung der Kleinsignalnäherung $\Delta i = i_0\,\Delta u/mU_T$ für eine PN-Diode im Durchlaßbereich für $\Delta u/mU_T \ll 1$ allgemein und für $\Delta u/mU_T = 0{,}2$ auftritt!

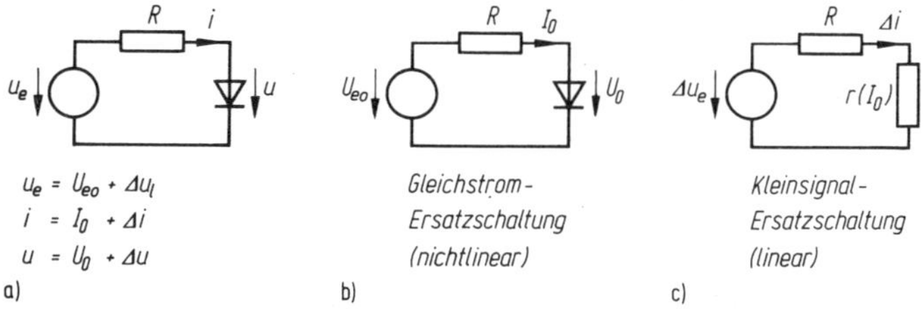

Bild 1.130 Analyse einer nichtlinearen Schaltung bei Kleinsignalaussteuerung

a) Schaltung, b) Gleichstromersatzschaltung zur Ermittlung von U_0 und I_0. Oft gilt für Si-Dioden $I_0 = (U_{e0} - U_0)/R$ mit $U_0 = 0{,}7$ V; c) lineare Kleinsignalersatzschaltung

Hinweis: Die Überlagerung der Gleichstrom- und Kleinsignalgrößen erfolgt entsprechend dem Superpositionssatz.

1.15.2 Kleinsignalverhalten kapazitiver Zweipole

Unter Kleinsignalaussteuerung versteht man bei Kapazitäten kleine Spannungs- bzw. Ladungsänderungen. In diesem Fall ist es möglich, auch bei nichtlinearer $Q(u)$-Relation eine Linearisierung vorzunehmen. Aus der Taylorreihenentwicklung (um die Spannung u_0)

$$Q(u) = Q(u_0) + \frac{\mathrm{d}Q}{\mathrm{d}u}(u_0)\,(u - u_0) + \frac{1}{2}\,\frac{\mathrm{d}^2Q}{\mathrm{d}u^2}(u_0)\,(u - u_0)^2 + \ldots$$

folgt als lineare Näherung bei Vernachlässigung der Glieder höherer Ordnung sowie mit $C_d = \mathrm{d}Q/\mathrm{d}u$:

$$Q(u) = Q(u_0) + C_d(u_0)\,(u - u_0); \tag{1.297}$$

$$\Delta Q = C_d(u_0)\,\Delta u \quad \text{mit} \quad \Delta Q = Q(u) - Q(u_0), \qquad \Delta u = u - u_0. \tag{1.298}$$

Häufig tritt eine kleine Schwankung um eine Gleichspannung U_0 auf. Demnach gilt:

$$\Delta u = u - U_0, \qquad \mathrm{d}\,(\Delta u)/\mathrm{d}t = \mathrm{d}u/\mathrm{d}t \quad \text{wegen} \quad \mathrm{d}U_0/\mathrm{d}t = 0; \tag{1.299}$$

$$\Delta i = i - I_0, \qquad \Delta i = i \quad \text{wegen} \quad I_0 = i(U_0) = C_d(U_0)\,\mathrm{d}U_0/\mathrm{d}t = 0. \tag{1.300}$$

Mit Gl. (1.297) folgt daraus als *Kleinsignalnäherung*

$$i = \frac{\mathrm{d}Q}{\mathrm{d}t} = C_d(U_0)\,\frac{\mathrm{d}u}{\mathrm{d}t}; \qquad i = \Delta i = \frac{\mathrm{d}\,(\Delta Q)}{\mathrm{d}t} = C_d(U_0)\,\frac{\mathrm{d}\,(\Delta u)}{\mathrm{d}t}. \tag{1.301}$$

Im Kleinsignalfall kann also auch bei nichtlinearen Kapazitäten mit einer konstanten differentiellen Kapazität und damit für die Schaltungsanalyse linearen Kapazität gerechnet werden, die aber vom Arbeitspunkt U_0 abhängt.

Für die Ladung $Q(u) = Q(U_0) + \Delta Q$ ist näherungsweise

$$Q(u) = C(U_0)\,U_0 + C_d(U_0)\,\Delta u. \tag{1.302}$$

Hinweis:* In speziellen Fällen, z.B. bei parametrischen Verstärkern, kann der Fall $u(t) = u_0(t) + \Delta u(t)$ von Interesse sein. Aus $i = C_d(u)\frac{du}{dt} = C_d(u_0)\frac{du}{dt} + (C_d(u) - C_d(u_0))\frac{du}{dt}$ folgt unter der Voraussetzung $|C_d(u) - C_d(u_0)| \ll |C_d(u_0)|$ auch in diesem Fall die Näherung

$$i = C_d(u_0)\,\frac{du}{dt}. \qquad (1.303)$$

1.15.3 Kleinsignalverhalten induktiver Zweipole

Die Kleinsignalaussteuerung ist bei Induktivitäten durch kleine Stromänderungen Δi bzw. Flußänderungen $\Delta\psi$ gekennzeichnet. Demnach kann analog zu Gl. (1.297) aus einer Reihenentwicklung als lineare Kleinsignalnäherung für eine nichtlineare $\psi(i)$-Charakteristik

$$\psi(i) = \psi(i_0) + \frac{d\psi}{di}(i_0)\,(i - i_0) \qquad (1.304)$$

geschlossen werden (Analogie zu Bild 1.128). Mit der differentiellen Induktivität $L_d = d\psi/di$ entsteht

$$\Delta\psi = L_d(i_0)\,\Delta i \quad \text{mit} \quad \Delta\psi = \psi(i) - \psi(i_0), \qquad \Delta i = i - i_0. \qquad (1.305)$$

Für kleine Stromschwankungen um einen Gleichstrom gilt

$$\Delta i = i - I_0, \qquad d(\Delta i/dt) = di/dt \quad \text{wegen} \quad dI_0/dt = 0; \qquad (1.306)$$

$$\Delta u = u - U_0, \qquad \Delta u = u \quad \text{wegen} \quad U_0 = u(I_0) = L_d(I_0)\,dI_0/dt = 0. \qquad (1.307)$$

Mit der Gl. (1.304) ergibt sich daraus als Kleinsignalnäherung

$$u = \frac{d\psi}{dt} = L_d(I_0)\,\frac{di}{dt}; \qquad u = \Delta u = \frac{d(\Delta\psi)}{dt} = L_d(I_0)\,\frac{d(\Delta\psi)}{dt}. \qquad (1.308)$$

Im Kleinsignalfall kann also auch bei nichtlinearen Induktivitäten mit einer konstanten differentiellen Induktivität und damit für die Schaltungsanalyse linearen Induktivität gerechnet werden, die aber vom Arbeitspunkt I_0 abhängt.

Für den Fluß $\psi(i) = \psi(I_0) + \Delta\psi$ gilt mit Gl. (1.305) näherungsweise:

$$\psi(i) = L(I_0)\,I_0 + L_d(I_0)\,\Delta i. \qquad (1.309)$$

Hinweis:* In speziellen Fällen kann auch der Fall $i(t) = i_0(t) + \Delta i(t)$ von Interesse sein. Aus

$$u = L_d(i)\,\frac{di}{dt} = L_d(i_0)\,\frac{di}{dt} + (L_d(i) - L_d(i_0))\,\frac{di}{dt} \qquad (1.310)$$

folgt unter der Voraussetzung $|L_d(i) - L_d(i_0)| \ll L_d(i_0)$ auch in diesem Fall die Näherung

$$u = L_d(i_0)\,\frac{di}{dt}. \qquad (1.311)$$

1.15.4* Kleinsignalverhalten von Mehrpolen

Resistive Vierpole. Als Beispiel wird zunächst ein Dreipol (z.B. Transistor) bzw. ein Vierpol als Zweitor (Bild 1.131a) diskutiert, der durch $i_1 = i_1(u_1, u_2)$ und $i_2 = i_2(u_1, u_2)$ beschrieben werden kann. Im Kleinsignalfall folgt als Näherung mit

$$\begin{aligned} u_1 &= U_{10} + \Delta u_1; \qquad & u_2 &= U_{20} + \Delta u_2; \\ i_1 &= I_{10} + \Delta i_1; & i_2 &= I_{20} + \Delta i_2; \end{aligned} \qquad (1.312)$$

$$\Delta i_1 = \frac{\partial i_1}{\partial u_1}(U_{10}, U_{20})\,\Delta u_1 + \frac{\partial i_1}{\partial u_2}(U_{10}, U_{20})\,\Delta u_2; \qquad (1.313)$$

$$\Delta i_2 = \frac{\partial i_2}{\partial u_1}(U_{10}, U_{20})\,\Delta u_1 + \frac{\partial i_2}{\partial u_2}(U_{10}, U_{20})\,\Delta u_2 \qquad (1.314)$$

oder mit den differentiellen Leitwerten $g_{jk} = \partial i_j/\partial u_k$

$$\Delta i_1 = g_{11}\,\Delta u_1 + g_{12}\,\Delta u_2; \tag{1.315}$$

$$\Delta i_2 = g_{21}\,\Delta u_1 + g_{22}\,\Delta u_2. \tag{1.316}$$

Die Verallgemeinerung dieser Aussagen lautet:

Bei Kleinsignalverhalten läßt sich ein resistiver n-Pol durch $(n-1)$ lineare Gleichungen beschreiben, deren Koeffizienten vom Arbeitspunkt abhängen.

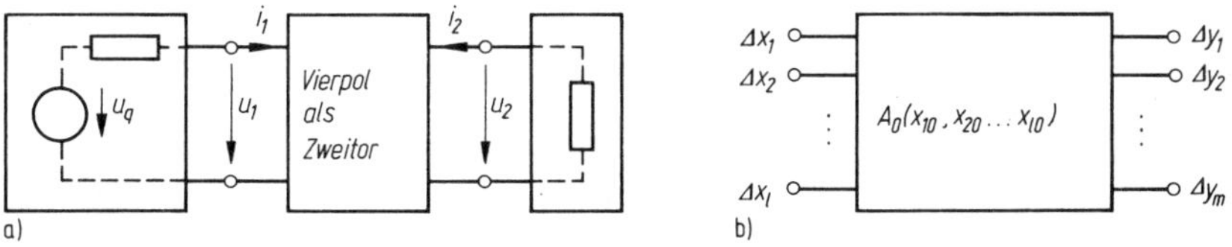

Bild 1.131 Mehrpole

a) Vierpol, mit zwei Zweipolen abgeschlossen (Zweitor, Ströme paarweise gleich)
Hinweis: Die Zweipolschaltungen sind als Beispiel aufzufassen.
b) n-Pol als nichtlineares System

Beliebige resistive Mehrpole als nichtlineare Systeme*. Für einen beliebigen Mehrpol oder, noch allgemeiner, für ein System, das sich durch ein nichtlineares Gleichungssystem der Form

$$y_j = y_j\,(x_1 \ldots x_l), \qquad j = 1, 2, \ldots, m, \tag{1.317}$$

beschreiben läßt, gilt:

$$\Delta y_j = \sum_{k=1}^{l} \frac{\partial y_j}{\partial x_k}\,\Delta x_k \qquad j = 1, 2, \ldots, m;\ k = 1, 2, \ldots, l, \tag{1.318}$$

oder in Matrixschreibweise

$$\Delta \underline{y} = \begin{pmatrix} \Delta y_1 \\ \vdots \\ \Delta y_m \end{pmatrix} = \begin{pmatrix} \dfrac{\partial y_1}{\partial x_1} & \cdots & \dfrac{\partial y_1}{\partial x_l} \\ \vdots & & \\ \dfrac{\partial y_m}{\partial x_1} & & \dfrac{\partial y_m}{\partial x_l} \end{pmatrix}_{x_k = x_{k0}} \cdot \begin{pmatrix} \Delta x_1 \\ \vdots \\ \Delta x_l \end{pmatrix} = A_0 \underline{x}. \tag{1.319}$$

Die Matrix A_0 nennt man *Jacobi-Matrix*. Sie enthält die partiellen ersten Ableitungen der Funktionen $y_1 \ldots y_m$ nach allen unabhängigen Variablen $x_1 \ldots x_l$. Interpretiert man die unabhängigen Kleinsignalvariablen als Eingangsgrößen und die resultierenden Kleinsignalschwankungen als Ausgangsgrößen eines allgemeinen Systems, so entsteht Bild 1.131 b. Setzt man alle Eingangsschwankungen bis auf Δx_s Null, d. h.

$$\Delta x_k = 0 \quad \text{für} \quad k = 1, 2, \ldots, l \quad \text{und} \quad k \neq s; \qquad \Delta x_s \neq 0, \tag{1.320}$$

so ergibt sich aus Gl. (1.318):

$$\Delta y_j = \frac{\partial y_j}{\partial x_s}\,(x_{10} \ldots x_{l0})\,\Delta x_s, \qquad j = 1, 2, \ldots, m. \tag{1.321}$$

Da s beliebige Werte zwischen $k = 1$ und l annehmen kann, ist also jedes Matrixelement $\partial y_j/\partial x_s$ als Proportionalitätsfaktor zwischen einer Schwankung am Ausgang j und der verursachenden Schwankung am Eingang s anzusehen.

Kapazitive Mehrpole. Für einen kapazitiven Dreipol bzw. einen Vierpol als Zweitor kann nach Abschnitt 1.13.4 mit $Q_j = Q_j\,(u_1, u_2)$, $(j = 1, 2)$ sowie $i_j = dQ_j/dt$ für den Kleinsignalfall am Arbeitspunkt U_{10}, U_{20}

$$i_1 = C_{d11}(U_{10}, U_{20}) \frac{du_1}{dt} + C_{d12}(U_{10}, U_{20}) \frac{du_2}{dt}; \quad (1.322)$$

$$i_2 = C_{d21}(U_{10}, U_{20}) \frac{du_1}{dt} + C_{d22}(U_{10}, U_{20}) \frac{du_2}{dt} \quad (1.323)$$

geschrieben werden. Die differentiellen Kapazitäten $C_{djk} = \partial Q_j/\partial u_k$ sind also als konstant, aber arbeitspunktabhängig anzusehen.

Induktive Mehrpole. Bei Einführung der differentiellen Induktivitäten folgt entsprechend Abschnitt 1.13.4 wegen $\psi_j = \psi_j(i_1, i_2)$, $(j = 1, 2)$ und $u_j = d\psi_j/dt$ für den induktiven Dreipol bzw. Vierpol als Zweitor in Matrixschreibweise

$$\begin{pmatrix} u_1 \\ u_2 \end{pmatrix} = \begin{pmatrix} L_{d11}(I_{10}, I_{20}) & L_{d12}(I_{10}, I_{20}) \\ L_{d21}(I_{10}, I_{20}) & L_{d22}(I_{10}, I_{20}) \end{pmatrix} \begin{pmatrix} di_1/dt \\ di_2/dt \end{pmatrix}. \quad (1.324)$$

Die differentiellen Induktivitäten L_{djk} (j = k) bzw. differentiellen Gegeninduktivitäten L_{djk} ($j \neq k$) sind als konstant, aber arbeitspunktabhängig anzunehmen. Eine Verallgemeinerung der Aussagen für beliebige n-Pole ist leicht möglich.

1.15.5 Kleinsignalverhalten von Quellen

Unabhängige Quellen. Aus $u_q = U_{q0} + \Delta u_q$ folgt, daß Spannungsquellen im Kleinsignalfall als Reihenschaltung einer Gleichspannungsquelle und einer Kleinsignalspannungsquelle darstellbar sind. Analog kann aus $i_q = I_{q0} + \Delta i_q$ bei Stromquellen auf eine Parallelschaltung einer Gleichstrom- und einer Kleinsignalstromquelle geschlossen werden. Im Kleinsignalersatzschaltbild einer Schaltung sind demnach die Gleichspannungsquellen durch einen Kurzschluß und Gleichstromquellen durch eine Leitungsunterbrechung zu ersetzen.

Gesteuerte Quellen. Als Beispiel für das Kleinsignalverhalten einer gesteuerten Quelle wird die spannungsgesteuerte Spannungsquelle gewählt, die durch $u_a = v(u_e)\, u_e$ (v Spannungsverstärkung) beschrieben wird. Bei kleiner Aussteuerung Δu_e um einen Gleichspannungsarbeitspunkt U_{e0} der Eingangsspannung gilt exakt

$$u_a = v\,(U_{e0} + \Delta u_e) \cdot (U_{e0} + \Delta u_e) = U_{a0} + \Delta u_a \quad (1.325)$$

und als Kleinsignalnäherung

$$\Delta u_a = v_d(U_{e0})\, \Delta u_e \quad (v_d = du_a/du_e \text{ Kleinsignalverstärkung}). \quad (1.326)$$

Im Kleinsignalersatzschaltbild tritt also an die Stelle der mit der Spannungsverstärkung mal u_e gesteuerten Spannungsquelle die mit der differentiellen Spannungsverstärkung gesteuerte Kleinsignalspannungsquelle. Analog ist z.B. das Kleinsignalverhalten einer gesteuerten Stromquelle durch $\Delta i_q = b\, \Delta i_{st}$ mit $b = di_q/di_{st}$, also einer differentiellen Stromverstärkung, zu beschreiben.

1.15.6 Kleinsignalverhalten von Schaltungen

Überblick zur Kleinsignalaussteuerung von Zweipolen. Im Bild 1.132 ist das diskutierte Kleinsignalverhalten von Zweipolen noch einmal im Überblick zusammengestellt. Die erste Spalte beschreibt das Klemmenverhalten allgemein. In der zweiten Spalte sind die i,u-Ersatzschaltbilder bei kleiner Aussteuerung um den Arbeitspunkt U_0, I_0 angegeben. Diese Ersatzschaltungen werden selten angewendet. Das Verhalten am Arbeitspunkt, also bei Gleichspannung bzw. -strom, folgt ebenfalls aus Spalte 1 und kann Spalte 3 entnommen werden. Die Kleinsignalersatzschaltungen sind in Spalte 4 dargestellt. Die Spalten 3 und 4 sind natürlich mit Spalte 2 nach dem wegen der Linearisierung gültigen Superpositionsprinzip verknüpft. Das bedeutet Reihenschaltung für die Spannungsaddition $u = U_0 + \Delta u$ und Parallelschaltung für die Stromaddition $i = I_0 + \Delta i$. Dem Leser wird empfohlen, die Aussagen im Bild 1.132 noch

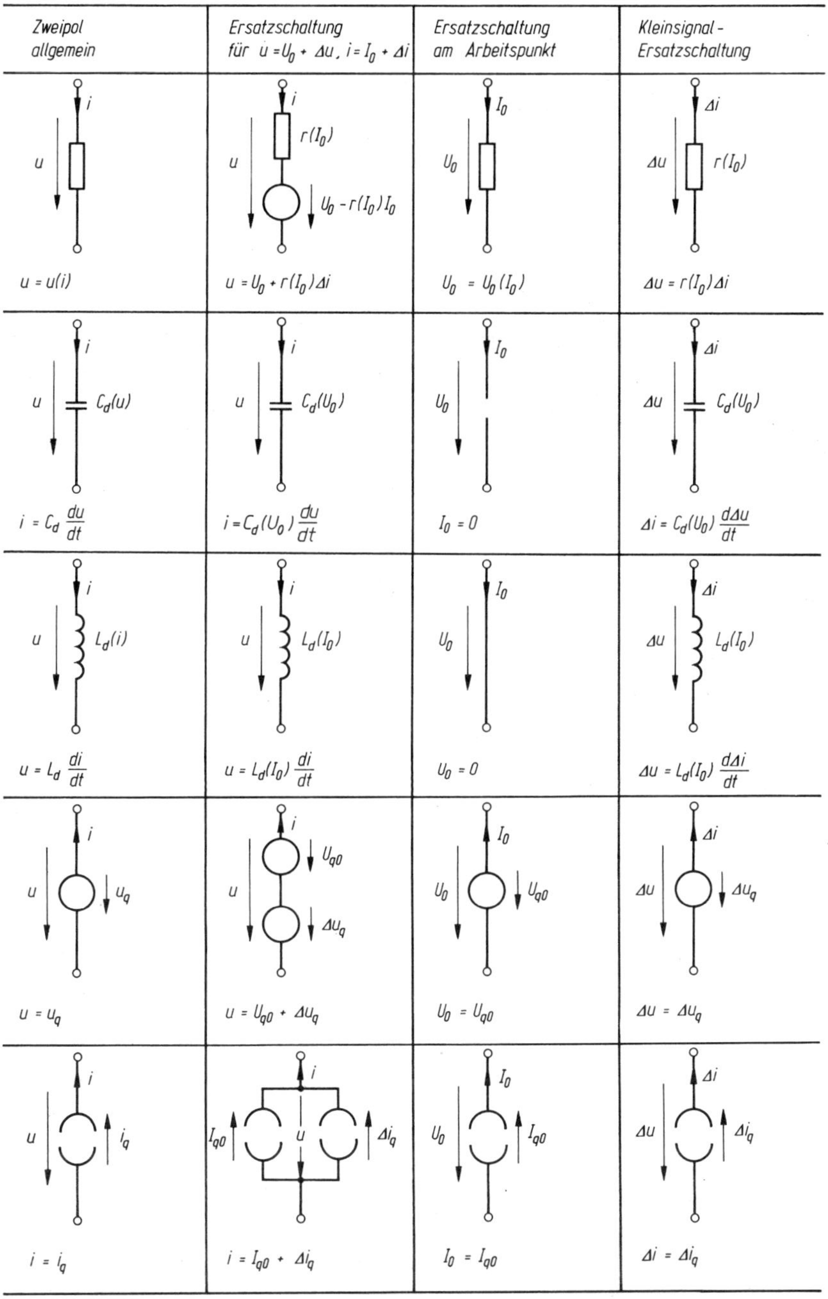

Bild 1.132 Ersatzschaltungen von Zweipolen

Hinweise: Weitere Variante für i,u-Ersatzschaltung bei resistivem Zweipol s. Bild 1.129. Für die Quellen wurde ein Verbraucher-Zählpfeilsystem gewählt.

einmal zu überprüfen und aus dem Gedächtnis zu rekonstruieren. Zu beachten ist, daß die Spalten 2 und 4 für nichtlineare R, L, C und nichtlineare gesteuerte Quellen Näherungen für das Kleinsignalverhalten darstellen, aber für unabhängige Quellen exakt gelten. Für lineare Zweipole sind alle Aussagen für beliebige Δi und Δu gültig, da $R = r$, $C = C_d$ und $L = L_d$ ist und sich die Steuerfaktoren und die differentiellen Steuerfaktoren der gesteuerten Quellen nicht unterscheiden.

Algorithmus für die Kleinsignalanalyse von Schaltungen. Aus den vollständigen Kirchhoffschen Gleichungen

$$\sum_\mu i_\mu = 0; \qquad \sum_\nu u_\nu = 0 \quad (u_\nu, i_\nu\text{-Relationen}) \tag{1.326}$$

folgt mit $u_\nu = U_{0\nu} + \Delta u_\nu$, $i_\nu = I_{0\nu} + \Delta i_\nu$

$$\sum_\mu I_{0\mu} + \sum_\mu \Delta i_\mu = 0;$$

$$\sum_\nu U_{0\nu} + \sum_\nu \Delta u_\nu = 0 \quad ((U_{0\nu} + \Delta u_\nu), (I_{0\nu} + \Delta i_\nu)\text{-Relationen}). \tag{1.327}$$

Setzt man voraus, daß die Kleinsignalaussteuerung eine Linearisierung an den jeweiligen Arbeitspunkten ermöglicht, so läßt sich mit dem Superpositionsprinzip (z. B. durch Verallgemeinerung des im Bild 1.130 beschrittenen Lösungsweges) folgender *Algorithmus* ableiten:

1. Analyse des Gleichstrombetriebes

1.1. Gleichstromersatzschaltung erstellen:

Kleinsignalspannungsquellen und Induktivitäten durch Kurzschluß und Kleinsignalstromquellen sowie Kapazitäten durch Leitungsunterbrechung ersetzen (Bild 1.132).

1.2. Lösung des nichtlinearen Gleichungssystems (Arbeitspunktermittlung)

$$\sum_\mu I_{0\mu} = 0; \qquad \sum_\nu U_{0\nu} = 0 \quad (U_{0\nu}, I_{0\nu}\text{-Relationen}):^{1)} \tag{1.328}$$

$$U_0 = U_0(I_0); \qquad U_0 = U_{q0}; \qquad I_0 = I_{q0}.$$

2. Analyse des Kleinsignalverhaltens

2.1. Kleinsignalersatzschaltung erstellen:

Gleichspannungsquellen durch Kurzschluß und Gleichstromquellen durch Leitungsunterbrechung ersetzen sowie weitere Netzwerkelemente durch Kleinsignalnetzwerkelemente ersetzen (Bild 1.132). Bei linearen Netzwerkelementen sind Klein- und Großsignalnetzwerkelemente identisch.

2.2. Lösung des linearen Gleichungssystems für die Kleinsignalgrößen (am Arbeitspunkt)

$$\sum_\mu \Delta i_\mu = 0; \qquad \sum_\nu \Delta u_\nu = 0 \quad (\Delta u_\nu, \Delta i_\nu\text{-Relationen}):^{1)} \tag{1.329}$$

$$\Delta u = r\,\Delta i; \qquad \Delta i = C_d(U_0)\,\frac{d\,(\Delta i)}{dt};$$

$$\Delta u = L_d(I_0)\,\frac{d\,(\Delta i)}{dt}; \qquad \Delta u = \Delta u_q; \qquad \Delta i = \Delta i_q \tag{1.330}$$

3. Überlagerung der Gleichstrom- und Kleinsignalgrößen

$$u_\nu = U_{0\nu} + \Delta u_\nu; \qquad i_\nu = I_{0\nu} + \Delta i_\nu.$$

Erwähnt sei, daß häufig anstelle von Δu bzw. Δi die Bezeichnung u bzw. i verwendet wird, so daß Gesamtspannung bzw. -strom nur in der Form $U + u$ und $I + i$ verwendet werden.

[1]) Indizes werden in der nächsten Zeile weggelassen, um die Übersichtlichkeit zu erhöhen.

Aufgabe 1.69 Ersatzschaltbilder für Kleinsignalanalyse*

Bild 1.133 zeigt einen Verstärker (a) mit einem NPN-Transistor in Emitterschaltung sowie eine vereinfachte Großsignal-Transistorersatzschaltung (b) für den aktiv normalen Betrieb. Geben Sie das Gleichstrom- sowie das Kleinsignalersatzschaltbild an!

Aufgabe 1.70 Kontrollfragen

a) Geben Sie die Kleinsignalbeschreibung von nichtlinearen resistiven, kapazitiven und induktiven Zwei- und Mehrpolen sowie gesteuerten Quellen an!
b) Wie lautet der Algorithmus für die Kleinsignalanalyse?
c) *Diskutieren Sie den Begriff Jacobi-Matrix allgemein und anhand eines Beispiels!

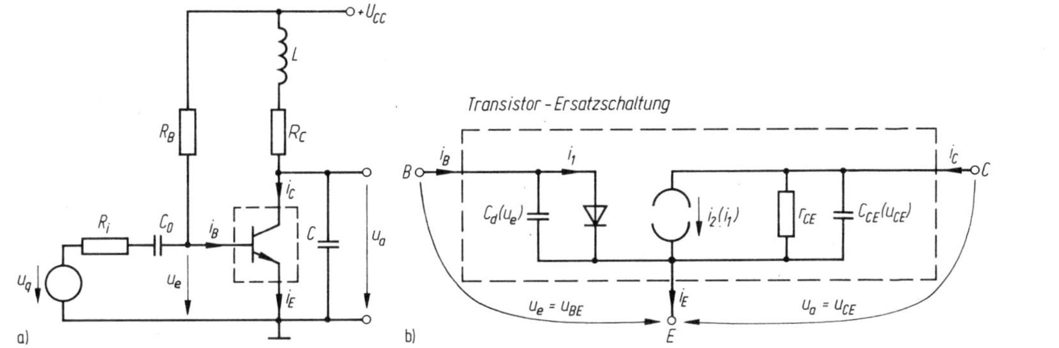

Bild 1.133 Verstärkerschaltung mit Transistor in Emitterschaltung

a) Schaltung und b) einfache Großsignalersatzschaltung im aktiv normalen Gebiet

Hinweis: u_q, R_i Signalquelle; C_0 Koppelkapazität; R_B stellt U_{BE} ein; U_{CC} positive Betriebsspannung; $C_d(u_e)$ Basis-Emitter-Diodenkapazität; $i_2(i_1)$ nichtlineare gesteuerte Stromquelle; r_{CE} konstanter differentieller Widerstand; C_{CE} spannungsabhängige Kollektor-Emitter-Kapazität; R_c und L ohmsche und induktive Last; C konstante Kapazität; u_a Ausgangsspannung

1.16* Nullatoren, Noratoren und Nulloren

Vor allem für netzwerktheoretische Betrachtungen kann die Definition folgender Netzwerkelemente von Bedeutung sein.

Nullator: Zweig, für den stets $i = 0$ und $u = 0$ gilt;

Norator: Zweig, in dem der Zweigstrom in keinem bestimmten Zusammenhang zur Zweigspannung steht.

Die Symbole sind aus den Bildern 1.134a und 1.134b ersichtlich. Als Anwendungsbeispiel wird die Beschreibung eines *idealen Operationsverstärkers (OV)* gewählt. Man interpretiert das Eingangstor als *Null*atorzweig und das Ausgangstor als Nora*tor*zweig und bezeichnet das

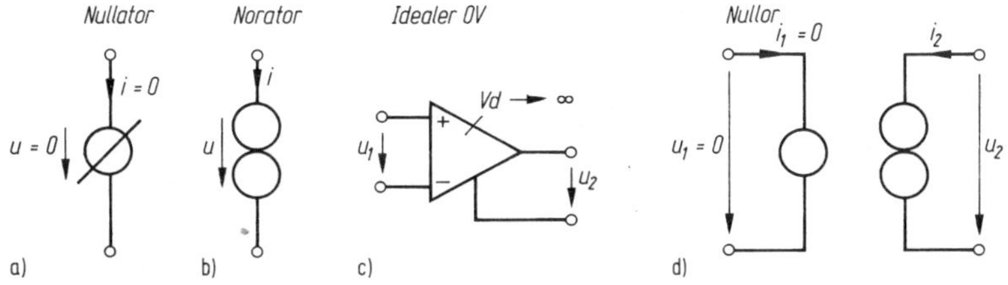

Bild 1.134 Nullatoren, Noratoren und Nulloren

a) Nullator; b) Norator; c) idealer Operationsverstärker und d) Nullorersatzschaltung entstehende Zweitor als *Nullor* (Bild 1.134c). Der Eingang kann als Nullator beschrieben werden, da beim idealen OV voraussetzungsgemäß $i_1 \to 0$ geht (Eingangswiderstand $\to \infty$) und da wegen $v_D \to \infty$ bei endlicher Ausgangsspannung $u_1 \to 0$ geht. Die Interpretation des Ausgangs als Norator ist darauf zurückzuführen, daß die u,i-Relation des Ausgangs allein durch die äußere Beschaltung festgelegt wird.

1.17 Überblick zur Netzwerkanalyse

1.17.1 Netzwerkbeschreibung

Nachdem die Knoten- und Maschengleichungen sowie die u,i-Relationen der Netzwerkelemente behandelt wurden, schließt sich nun eine wiederholende vertiefende Übersicht für die Netzwerkanalyse an. Im allgemeinen Fall besteht ein Netzwerk (NW) aus n-Polen ($n \geqq 2$), wobei man die Verbindungsstellen zwischen zwei oder mehr n-Pol-Anschlüssen als *Knoten*[1]) bezeichnet. Da sich n-Pole durch Zweipole modellieren lassen, wird im folgenden lediglich ein aus Zweipolen bestehendes Netzwerk vorausgesetzt. *Ein Knoten ist damit eine Verbindungsstelle zwischen zwei oder mehr Zweipolen.* Meist strebt man die Einführung von Knoten nur an Stromverzweigungen an, also als Verbindung von mehr als zwei Zweipolen. *Als Zweig*

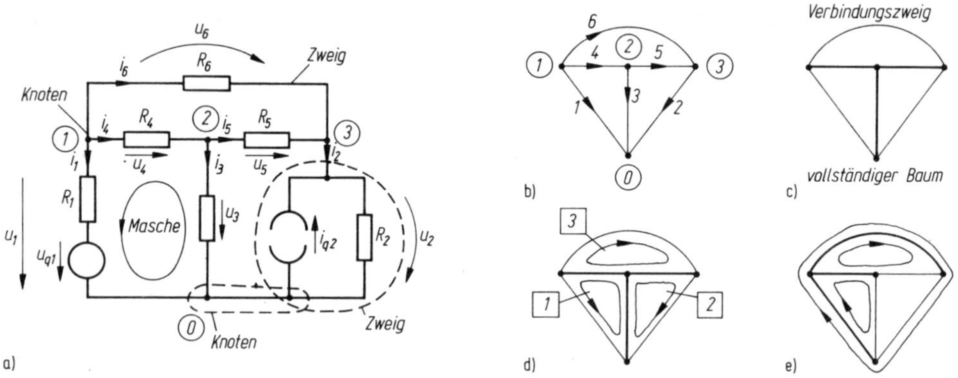

Bild 1.135 Beispiel für die Netzwerkbeschreibung

a) Schaltbild; b) zugeordneter gerichteter Graph (hier Zweigstromgraph); c) Beispiel eines vollständigen Baumes; d) Bild c) zugeordnete unabhängige Maschen (Fenstermaschen); e) weiterer Satz unabhängiger Maschen

bezeichnet man einen zwischen zwei Knoten liegenden Zweipol. Ein Netzwerk läßt sich durch die u,i-Relationen der Zweige sowie die Netzwerkstruktur *(Topologie)* beschreiben. Die Zahl der Zweige wird im folgenden mit z bezeichnet und die der Knoten mit k. So besitzt das als Beispiel betrachtete Netzwerk im Bild 1.135a $z = 6$ Zweige und $k = 4$ Knoten. Zu beachten ist, daß man häufig Zweige, die lediglich unabhängige Strom- bzw. Spannungsquellen enthalten (und damit bekannte Zweigströme bzw. -spannungen), vermeidet. Das erfolgt durch Einbeziehung parallel- bzw. in Reihe liegender Netzwerkelemente in den Zweig oder, falls das nicht möglich ist, durch eine Quellenverschiebung (Abschn. 1.11.4).

Die Netzwerkstruktur läßt sich durch einen *Netzwerkgraphen* beschreiben, indem man jedem NW-Knoten einen Knoten im Graphen und jedem Zweigelement eine Kante im Graphen zuordnet. Letztere wird als Zweig des Graphen bezeichnet und ist also eine Linie zwischen zwei Knoten (siehe z. B. Bild 1.135b). Bei Angabe der Zählpfeile für die Zweig-

[1]) In der englischsprachigen Literatur werden für die Anschlüsse eines n-Pols im netzwerktheoretischen Sinn die Begriffe Node (Knoten) oder im technischen Sinn Terminal benutzt.

ströme (bzw. Zweigspannungen) spricht man von einem gerichteten Zweigstromgraphen (bzw. Zweigspannungsgraphen) und andernfalls von einem ungerichteten Graphen.

Von einem Netzwerk mit bekannten Quellen und bekannten u,i-Relationen der Zweige sind *z unbekannte Zweigströme* und *z unbekannte Zweigspannungen* zu ermitteln. Im allgemeinen Fall liegen also $2z$ *Unbekannte* vor. Zur Verfügung stehen

z	*u,i-Relationen der Zweige*[1])
$k-1$	*unabhängige Knotengleichungen*
$m = z-(k-1)$	*unabhängige Maschengleichungen.*

Führt man die Netzwerkanalyse mit den oben genannten Gleichungen aus, so spricht man von der Lösung des *vollständigen Kirchhoffschen Gleichungssystems* (s. auch Abschn. 1.17.3), d. h., man löst bei der *vollständigen Zweigstrom-Zweigspannungs-Analyse* $2z$ *Gleichungen.* Häufig versucht man, bereits im Ansatz die Zahl der Gleichungen zu reduzieren, um die Übersichtlichkeit und vor allem die Effektivität der Lösung zu erhöhen.

Bei der Zweigstromanalyse eliminiert man mit Hilfe der z u,i-Relationen die Zweigspannungen. Demnach sind bei der

Zweigstromanalyse z Gleichungen, und zwar $(k-1)$ Knotengleichungen und $z-(k-1)$ Maschengleichungen

zu lösen (s. Abschn. 1.17.4).

Durch Einführung der sog. *Knotenspannungen*, d. h. Elimination der Maschengleichungen und Elimination der u,i-Relationen, gelingt es, das Gleichungssystem weiter zu reduzieren. Demnach sind bei der

Knotenspannungsanalyse $z-m=k-1$ *Knotengleichungen*

zu lösen (s. Abschn. 2.6).

Durch Einführung der sog. Maschenströme, d. h. Elimination der Maschengleichungen und Elimination der u,i-Relationen, sind bei der

Maschenstromanalyse $m=z-(k-1)$ *Maschengleichungen*

zu lösen (s. Abschn. 2.7).

Weitere Möglichkeiten sind die *Zweigspannungsanalyse* sowie *gemischte Analyseformen*, z. B. teilweise mit Zweigströmen und teilweise mit Zweigspannungen. Beachtet man, daß sich aus den vollständigen Kirchhoffschen Gleichungen eine Reihe weiterer Verfahren ableiten läßt, z. B. Verwendung von Ersatzschaltungen, Spannungs- und Stromteilerregel, Superpositionsprinzip usw., so ergibt sich eine Fülle von Lösungsverfahren. Dabei sind häufig auch die Kombinationen verschiedener Verfahren sinnvoll, z. B. Schaltungsvereinfachung mittels Ersatzschaltungen sowie Zweigstromanalyse. Charakteristisch für die Berechnung technischer Schaltungen ist der Ablauf:

1. Modellierung der technischen Schaltung durch ein Netzwerk;
2. Auswahl der Lösungsmethode in Abhängigkeit von Art und Größe der Schaltung, von der Aufgabenstellung sowie den verfügbaren Hilfsmitteln (z. B. Computern);
3. Aufbereitung des Netzwerkes (z. B. Ersatzschaltung von Schaltungsteilen, Zählpfeile, Bezeichnung von Knoten und Maschen usw.);
4. Aufstellen der Netzwerkgleichungen;
5. Lösung;
6. Überprüfung und Diskussion der Lösung.

[1]) Falls man annimmt, daß zwischen zwei Knoten maximal ein Zweig auftritt, existieren in einem NW mit k Knoten maximal $\binom{k}{2} = k(k-1)/2$ Zweige.

1.17.2 Auswahl der unabhängigen Knoten und Maschen

Die Auswahl der $(k-1)$ unabhängigen Knoten ist unproblematisch. Um die Anzahl der Knotengleichungen so klein wie möglich zu halten, faßt man Knoten, die durch ideale Leitungen verbunden sind und sich damit auf gleichem Potential befinden, zu einem Knoten zusammen (Bild 1.135a). Bei der Auswahl der $m = z - (k-1)$ unabhängigen Maschen können verschiedene Methoden gewählt werden:

a) Bei der Methode des vollständigen Baumes konstruiert man einen sog. *vollständigen Baum*, indem man alle *k Knoten des Netzwerkgraphen direkt oder indirekt nur auf einem Weg verbindet*, also maschenlos. Dazu geht man von einem beliebig gewählten Knoten aus und verbindet diesen über einen Zweig mit einem benachbarten Knoten. Fährt man auf diese Weise fort, bis alle k Knoten miteinander verbunden sind, so entsteht ein vollständiger Baum (siehe z.B. Bild 1.135c).

Der vollständige Baum ist also eine Teilmenge von genau $(k-1)$ der z Zweige. Hätte der vollständige Baum nämlich weniger als $(k-1)$ Zweige, so wären nicht alle k Knoten verbunden. Andererseits würden mehr als $(k-1)$ Zweige bedeuten, daß der vollständige Baum nicht maschenlos ist.

Die übrigen $m = z - (k-1)$ Zweige nennt man *unabhängige Zweige* (oder *Verbindungszweige*).

Ergänzt man jeden einzelnen unabhängigen Zweig jeweils über den vollständigen Baum zu einer Masche, so entsteht ein vollständiges System unabhängiger Maschen – ein sog. Fundamentalsystem.

Zu einem Netzwerk existieren mehrere vollständige Bäume und damit mehrere Möglichkeiten, unabhängige Maschen zu wählen (z.B. 16 Fundamentalsysteme für das Netzwerk im Bild 1.135a, aufzeichnen!). Die Wahl des vollständigen Baumes kann in Abhängigkeit vom Lösungsverfahren den Lösungsaufwand beeinflussen. Häufig wird eine sternförmige Struktur gewählt (Bilder 1.135c und 1.135d). Eine andere Variante zeigt Bild 1.135e.

b)* Ausgangspunkt der *Kennzeichnungs- oder Auftrennmethode* ist folgende Überlegung:

Falls bei der Wahl eines neuen Maschenumlaufes im Netzwerk mindestens ein Zweig berücksichtigt wird, der in den vorhergehenden Maschen nicht enthalten war, so ist die entstehende Maschengleichung nicht aus den vorhergehenden Gleichungen ableitbar und demnach eine unabhängige Gleichung. Es ergibt sich folgendes Vorgehen:

- *Maschenumlauf sowie Kennzeichnung eines Zweiges dieser Masche, der nicht Bestandteil einer neuen Masche sein darf*;
- *Wiederholung des Verfahrens, bis kein weiterer Umlauf möglich ist* (bei $m = z - (k-1)$ Maschen erreicht). Ein Beispiel zeigt Bild 1.136.

c) Bei der *Fenstermaschenmethode* werden die Maschen fensterartig gewählt. Diese Methode, die im Bild 1.135d an einem Beispiel veranschaulicht wird, *führt in sehr einfacher Weise zu einem System unabhängiger Maschen*, ist aber *nur für ebene Graphen* anwendbar. Außerdem ist zu beachten, daß diese Methode eben nur *ein* Fundamentalsystem unabhängiger Maschen liefert, das nicht unbedingt immer optimal für eine effektive Lösung ist.

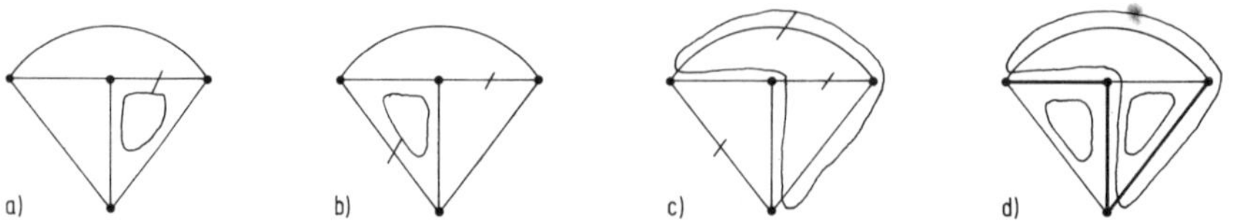

Bild 1.136 Beispiel zur Auswahl der unabhängigen Maschen mit der Auftrennmethode

a) bis c) Konstruktion der unabhängigen Maschen; d) Darstellung der unabhängigen Maschen und des vollständigen Baumes

Hinweis: Ein ebener Graph enthält keine Überkreuzungen*, die nicht durch Verbiegen von Zweigen annulliert werden können. Nach dem *Satz von Kuratowski* gilt: Ein Graph ist genau dann eben, wenn er als Teilgraphen weder ein vollständiges Fünfeck noch ein Sechseck mit den drei Hauptdiagonalen besitzt (Bild 1.137).

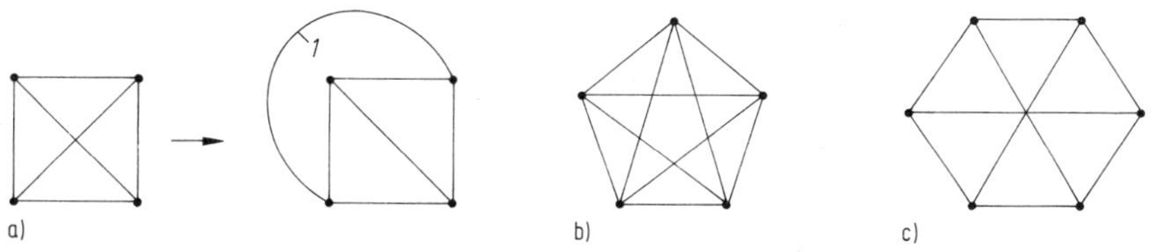

Bild 1.137 Zum Satz von Kuratowski

a) vollständiges Viereck (ebener Graph); b) vollständiges Fünfeck (nicht eben); c) Sechseck mit den drei Hauptdiagonalen (nicht eben)

1.17.3 Analyse mit dem vollständigen Kirchhoffschen Gleichungssystem

Nach Abschnitt 1.17.1 ergibt sich der folgende *Algorithmus*:

1. Auswahl von $(k-1)$ Knoten und $m = z - (k-1)$ unabhängigen Maschen sowie Festlegung der positiven Zählrichtungen für alle Zweigströme und -spannungen
2. Aufstellen der z u,i-Relationen der Zweige sowie der $(k-1)$ Knoten- und m Maschengleichungen
3. Lösung der $2z$ Gleichungen.

Beispiel 1: Vollständiges Gleichungssystem des Netzwerkes von Bild 1.135a

Wegen $z = 6$ sind $2z = 12$ Gleichungen aufzustellen, und zwar $z = 6$ Zweiggleichungen, $k - 1 = 4 - 1 = 3$ Knotengleichungen und $z - k + 1 = 6 - 3 = 3$ Maschengleichungen:

Zweig-Nr.	Zweiggleichungen (Zweigspannungen wie -ströme orientiert)
1	$u_1 = u_{q1} + R_1 i_1$
2	$i_2 = -i_{q2} + G_2 u_2$
3…6	$u_\nu = R_\nu i_\nu \qquad \nu = 3, 4, 5, 6$

Knoten-Nr.	Knotengleichungen
①	$i_1 + i_4 + i_6 = 0$
②	$i_3 - i_4 + i_5 = 0$
③	$i_2 - i_5 - i_6 = 0$

Auswahl des vollständigen Baumes mit den Zweigen 3, 4 und 5 (willkürlich) und Wahl der Maschenumlaufrichtung entsprechend der Verbindungszweige 1, 2 und 6 (Bild 1.135b, zweckmäßig, aber nicht notwendig):

Maschen-Nr.	Maschengleichungen
1	$u_1 - u_3 - u_4 = 0$
2	$u_2 - u_3 + u_5 = 0$
3	$-u_4 - u_5 + u_6 = 0$

Beispiel 2: Bestimmung von i_2 für das Netzwerk im Bild 1.138a

Darstellung entsprechend Bild 1.138b: Stromquelle, mit parallelem Widerstand als 1 Zweig aufgefaßt, führt zu $z = 3$, $k = 2$, also 3 Zweiggleichungen, 1 Knotengleichung und 2 Maschengleichungen. Wahl der Zählpfeile entsprechend dem Graphen im Bild 1.138c:

z Zweiggleichungen	$(k-1)$ Knotengleichungen	$(z-k+1)$ Maschengleichungen
$u_1 = R_1 i_1 - u_{q1}$	$-i_1 - i_2 + i_3 = 0$	$u_1 + u_3 = 0$
$i_2 = i_{q2} + G_2 u_2$		$u_2 + u_3 = 0$
$u_3 = R_3 i_3$		

Lösung: $$i_2 = \frac{(R_1R_2 + R_2R_3)\, i_{q2} - R_3u_{q1}}{R_1R_2 + R_1R_3 + R_2R_3} \tag{1.331}$$

Hinweis: Natürlich kann auch von Anfang an $-u_1 = -u_2 = u_3 = u$ berücksichtigt werden, d. h. lediglich die Zweigspannung u für die parallelgeschalteten Zweige eingeführt werden. In diesem Fall sind die Zweigströme in den Zweigen 1 und 3 jeweils anders als die Zweigspannung orientiert. Demnach unterscheiden sich in diesem Fall der Zweigstrom- und der Zweigspannungsgraph (aufzeichnen!).

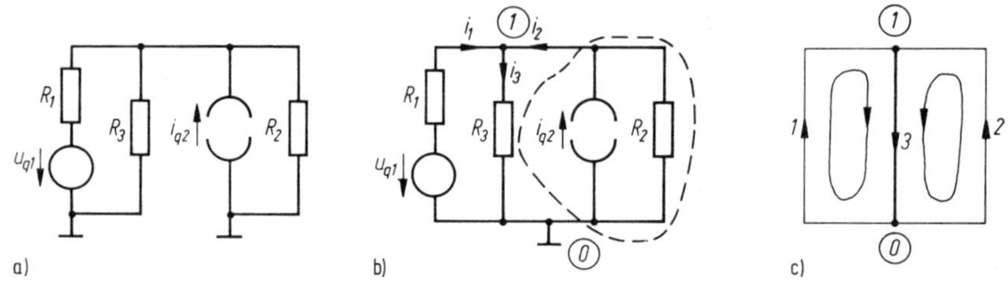

Bild 1.138 Netzwerk (a) sowie umgezeichnetes Netzwerk (b) und ein Zweigstrom- und Zweigspannungsgraph (c)

1.17.4 Zweigstromanalyse

Nach Elimination der z Zweiggleichungen reduziert sich die Zahl der Gleichungen von $2z$ auf z, und damit sinkt der Aufwand erheblich. Der *Algorithmus* lautet:

1. Auswahl von $(k - 1)$ Knoten und $(m = z - (k - 1))$ unabhängigen Maschen sowie Festlegung der positiven Zählrichtungen für alle z Zweigströme
2. Aufstellen der $(k - 1)$ Knoten- und m Maschengleichungen bei gleichzeitiger Elimination der unbekannten Spannungen mit Hilfe der u,i-Relationen
3. Lösung der z Gleichungen

Beispiel: Bestimmung von i_2 für das Netzwerk im Bild 1.138

Aufstellen von $k - 1 = 1$ Knotengleichungen und $z - k + 1 = 2$ Maschengleichungen; Ordnung der Größen entsprechend dem Index sowie Anordnung der Quellen auf der rechten Seite:

$$\left.\begin{aligned} i_1 \quad + i_2 - i_3 &= 0 \\ R_1 i_1 \quad - u_{q1} + R_3 i_3 &= 0 \\ R_2(i_2 - i_{q2}) \quad + R_3 i_3 &= 0 \end{aligned}\right\} \rightarrow \begin{aligned} i_1 + i_2 - i_3 &= 0 \\ R_1 i_1 \quad + R_3 i_3 &= u_{q1} \\ R_2 i_2 + R_3 i_3 &= R_2 i_{q2} \end{aligned}$$

Lösung: s. Gl. (1.331)

1.17.5 *Algebro-Differentialgleichungen bei der Netzwerkanalyse

Einführung. Bisher wurden resistive Netzwerke als Beispiele gewählt. Die gesamten Überlegungen bleiben prinzipiell auch dann gültig, wenn die Netzwerke auch reaktive Netzwerkelemente, also Kapazitäten und Induktivitäten enthalten. Dabei entstehen aber nicht nur gewöhnliche Gleichungen, sondern auch *Differentialgleichungen* bzw. *Integro-Differentialgleichungen* bzw. entsprechende Systeme solcher Gleichungen. Differentialgleichungen (Dgln.) sind Gleichungen, in denen Differentialquotienten der gesuchten Größe(n) auftreten. Integro-Differentialgleichungen enthalten zusätzlich Integrale der gesuchten Größe(n). Sie können mittels Differentiation in Differentialgleichungssysteme übergeführt werden. Im allgemeinen Fall besteht das Gleichungssystem nicht nur aus Differentialgleichungen, sondern auch aus algebraischen Gleichungen, weshalb man auch den Ausdruck *Algebro-Differentialgleichungssystem* verwendet. Diese Gleichungssysteme sind bei Netzwerken, die technische Schaltungen repräsentieren, meist nichtlinear. Enthalten die Netzwerke jedoch nur lineare Netzwerkelemente, so entstehen lineare Differentialgleichungssysteme bzw. Algebro-Differentialgleichungssysteme.

Beispiel 1: Differentialgleichung erster Ordnung, Entladung eines Kondensators

Ein Kondensator mit der Ladung Q_0 und der Spannung $U_0 = Q_0/C$ wird zum Zeitpunkt $t = 0$ über einen idealen Schalter mit einem Widerstand R verbunden (Bild 1.139a). Für $t \geqq 0$ setzt eine Entladung ein, die mit der Schaltung im Bild 1.139b beschrieben wird. Es gilt $u_R + u_C = 0$, $u_R = Ri$ und $i = C\,du/dt$. Daraus folgt durch Elimination von i die Differentialgleichung

$$RC\,\frac{du_C}{dt} + u_C = 0$$

und mit der Abkürzung

$$\tau = RC \quad \text{mit} \quad \tau \text{ als Zeitkonstante:} \tag{1.332}$$

$$\tau\,\frac{du_C}{dt} + u_C = 0. \tag{1.333}$$

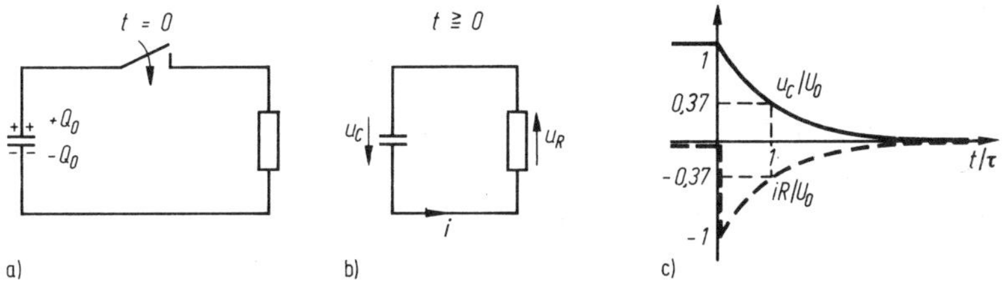

Bild 1.139 Entladung eines Kondensators

a) Schaltung; b) Ersatzschaltung für $t = 0$; c) Kondensatorspannung und -strom in normierter Darstellung

Das ist eine homogene lineare Differentialgleichung erster Ordnung mit konstanten Koeffizienten. Sie ist linear, da u bzw. die Ableitungen von u nur linear vorkommen (also z. B. nicht $\sqrt{u}$ oder $(du/dt)^2$ usw.), und erster Ordnung, da das die höchste vorkommende Ableitung ist. Sie ist homogen, da die rechte Seite Null ist. Von konstanten Koeffizienten spricht man, da die Faktoren vor u bzw. du/dt zeitunabhängig sind. Nach Trennung der Variablen, also $du_C/u_C = -dt/\tau$, ergibt sich:

$$\int_{u_C(0)}^{u_C(t)} \frac{du_C}{u_C} = -\int_0^t \frac{dt}{\tau} \quad \text{bzw.} \quad \ln\frac{u_C(t)}{u_C(0)} = -\frac{t}{\tau}. \tag{1.334}$$

Beachtet man $\exp(\ln z) = z$, so entsteht

$$u_C(t) = u_c(0)\,e^{-t/\tau}; \qquad i = -\frac{u_C}{R} = -\frac{u_C(0)}{R}\,e^{-t/\tau}. \tag{1.335}$$

Da die Kondensatorspannung stets stetig ist (Abschn. 1.9.2.1), ändert sie sich zum Schaltzeitpunkt nicht, so daß $u_C(0) = U_0$ ist. Mit der während der Entladung absinkenden Kondensatorspannung sinkt auch der Entladestrom ab (Bild 1.139c). Die Entladung erfolgt um so rascher, je kleiner die Zeitkonstante τ, je kleiner also die Kapazität C und der Entladewiderstand R sind. Innerhalb des Zeitraumes $t = \tau$ (τ Zeitkonstante) sinkt u_C nach Gl. (1.335) auf $u_C(0)/e \approx 0{,}37 u_C(0)$ also auf das 1/e-fache ab.

Beispiel 2: Integro-Differentialgleichung bzw. Differentialgleichung zweiter Ordnung*

Für das Netzwerk im Bild 1.140a ergibt sich mit der Maschengleichung und den u,i-Relationen der Netzwerkelemente

$$u_D + u_R + u_L + u_C = u_q; \qquad u_D = mU_T \ln(i/I_S + 1);$$

$$u_R = Ri, \qquad u_L = L\,di/dt; \qquad u_C = \frac{1}{C}\int_{t_0}^{t} i\,dt + u_C(t_0)$$

mit geordneter Schreibweise die Integro-Differentialgleichung

$$L\,\frac{di}{dt} + Ri + mU_T \ln(i/I_S + 1) + \frac{1}{C}\int_{t_0}^{t} i\,dt + u_C(t_0) = u_q. \tag{1.336}$$

Durch Differentiation entsteht aus der Integro-Differentialgleichung eine Differentialgleichung:

$$L\,\frac{d^2 i}{dt^2} + R\,\frac{di}{dt} + \frac{mU_T}{i + I_S}\,\frac{di}{dt} + \frac{1}{C}\,i = \frac{du_q}{dt}. \tag{1.337}$$

Das ist eine nichtlineare inhomogene Differentialgleichung zweiter Ordnung, für deren Lösung ebenso wie für die der Integro-Differentialgleichung zwei Anfangsbedingungen anzugeben sind:

$u_C(t_0)$, $i(t_0)$ für die Integro-Differentialgleichung bzw. $i(t_0)$ und $\frac{di}{dt}(t_0)$ für die Differentialgleichung.

Bekannt sein muß also der Zustand der Energiespeicher C und L zu einem Zeitpunkt $t_0 < t$, d. h. $u_C(t_0)$ und $i(t_0)$. Daraus folgt mit Gl. (1.336) auch

$$\frac{di}{dt}(t_0) = \frac{1}{L}(u_q(t_0) - Ri(t_0) - mU_T \ln(i(t_0)/I_S + 1)). \tag{1.338}$$

Differentialgleichungen mit den Zustandsvariablen. Bei der Beschreibung eines Netzwerkes, das reaktive Netzwerkelemente enthält, ist es häufig zweckmäßig, alle Zustandsgrößen der reaktiven Netzwerkelemente in das System der unabhängigen Variablen einzubeziehen. Unter Zustandsvariablen versteht man die Größen, die den energetischen Zustand dieser Netzwerkelemente charakterisieren, also die Spannungen (oder Ladungen) an den Kapazitäten und die Ströme (oder magnetischen Flüsse) durch die Induktivitäten. Wie man z. B. mit den Kirchhoffschen Gleichungen und den u,i-Relationen zeigen kann, entsteht dabei bei n reaktiven Netzwerkelementen ein System von n gewöhnlichen Differentialgleichungen erster Ordnung (u. U. als Bestandteil eines Algebro-Differentialgleichungssystems), das im allgemeinen Fall – also auch für nichtlineare Netzwerke – die Form

$$\underline{F}(\dot{\underline{x}}, \underline{x}, t) = 0 \quad \text{mit} \quad \dot{x} = dx/dt \tag{1.339}$$

besitzt und dessen Lösung n Anfangsbedingungen $x(0)$ erfordert. Vielfach ist eine explizite Darstellung möglich, d. h.

$$\dot{\underline{x}} = \underline{f}(\underline{x}, t). \tag{1.340}$$

$\underline{x}$ ist dabei der Lösungsvektor. Als Anfangsbedingungen für die Zustandsgleichungen dienen die induktiven Ströme und kapazitiven Spannungen zum Anfangszeitpunkt. Abschließend sei erwähnt, daß Algebro-Differentialgleichungen und ihre Lösungen im Band 2 vertieft behandelt werden.

Beispiel: Zustandsgleichungen für das Netzwerk im Bild 1.140 a

$$L\frac{di}{dt} + Ri + mU_T \ln\left(\frac{i}{I_S} + 1\right) + u_C = u_q; \qquad i = C\frac{du}{dt}$$

$$\frac{di}{dt} = -\frac{R}{L}i - \frac{mU_T}{L}\ln\left(\frac{i}{I_S} + 1\right) - \frac{u_C}{L} + \frac{u_q}{L}; \qquad \frac{du}{dt} = \frac{i}{C}. \tag{1.341}$$

Anfangsbedingungen: $u_C(t_0)$, $i(t_0)$.

Aufgabe 1.71 Zustandsgleichungen für ein Netzwerk

Für das Netzwerk im Bild 1.140 b sind die Zustandsgleichungen aufzustellen und die Anfangsbedingungen anzugeben, falls für $t < 0$ $u_C(t) = 0$ gilt.

Aufgabe 1.72 Kontrollfragen

a) Wie lauten die Algorithmen zur NW-Analyse mit den vollständigen Kirchhoffschen Gleichungen, den Zweigstromgleichungen sowie den Zustandsgleichungen?

b) Wie viele Anfangsbedingungen benötigt man zur Lösung eines Systems von n unabhängigen Differentialgleichungen erster Ordnung?

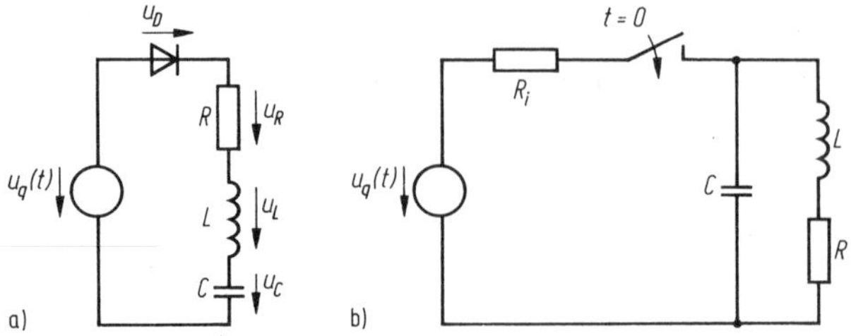

Bild 1.140
Netzwerke mit zwei Energiespeichern
a) nichtlineares Netzwerk; b) lineares Netzwerk

1.18 Leistung und Energie

1.18.1 Energieerhaltungssatz und Leistungsbilanz

Satz von der Erhaltung der Energie in einem abgeschlossenen System. Der Satz von der Erhaltung der Energie (Energiesatz) ist eines der fundamentalen Prinzipien der Physik und besitzt natürlich auch für elektrische Schaltungen Gültigkeit. Er lautet:

Die Summe der Energien in einem abgeschlossenen System (Bild 1.141 a) ist konstant, also zeitunabhängig:

$$W = \sum_{\nu} W_{\nu} = \text{konst.}, \qquad \textit{Energiesatz}. \tag{1.342}$$

Mit der Einführung der Energieänderung je Zeiteinheit, der *Leistung*

$$p_{\nu} = \frac{\mathrm{d}W_{\nu}}{\mathrm{d}t}, \tag{1.343}$$

folgt daraus durch Differentiation nach der Zeit

$$\frac{\mathrm{d}W}{\mathrm{d}t} = \sum_{\nu} p_{\nu} = 0. \tag{1.344}$$

Im Zusammenhang mit dem Energiesatz bedeutet „abgeschlossen", daß kein Energiefluß durch die Oberfläche stattfindet.

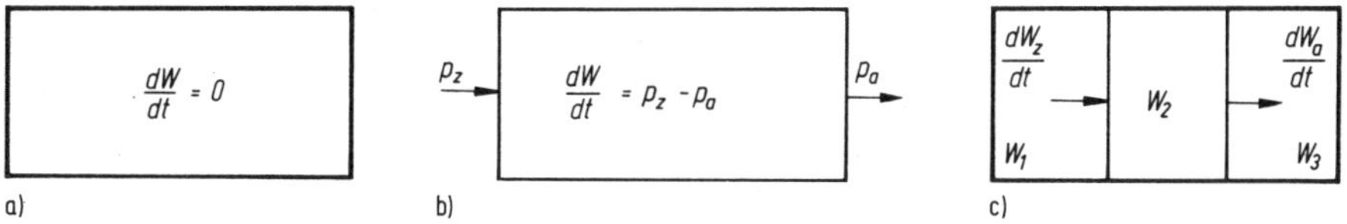

Bild 1.141 Energieerhaltungssatz

a) Energieerhaltungssatz in einem abgeschlossenen System; b) Änderung der Systemenergie durch Leistungszufluß bzw. -abfluß; c) Leistungsfluß zwischen drei Teilsystemen in einem abgeschlossenen System

Anwendung des Energieerhaltungssatzes auf ein nichtabgeschlossenes System. Wie noch gezeigt wird, kann man aus Gl. (1.344) für ein nicht abgeschlossenes System (Bild 1.141 b) die folgende Energiebilanzgleichung ableiten:

Die Änderung dW/dt *der Systemenergie je Zeitintervall* dt *ergibt sich aus der Differenz der zugeführten Leistung* p_z *und der abgeführten Leistung* p_a:

$$\frac{\mathrm{d}W}{\mathrm{d}t} = \frac{\mathrm{d}W_z}{\mathrm{d}t} - \frac{\mathrm{d}W_a}{\mathrm{d}t} \quad \text{bzw.} \quad p = p_z - p_a. \tag{1.345}$$

Man beachte die Analogie dieser Bilanzgleichung für die Energie mit anderen Bilanzgleichungen (bzw. Erhaltungssätzen), z.B. für die Ladung (Abschn. 1.3.6), die Masse, den Impuls oder Drehimpuls. Wichtig ist, daß die Anwendung des Energieerhaltungssatzes keine Detailkenntnisse über die betrachteten Systeme erfordert.

Der Vollständigkeit wegen sei erwähnt, daß bei Kernreaktionen bzw. Elementarteilchenwechselwirkungen wegen der Einsteinschen Energie-Masse-Äquivalenzrelation $\Delta W = \Delta mc^2$ Energie- und Masseerhaltungssatz in Verbindung gesetzt werden müssen.

Ableitung von Gl. (1.345):*

Für das aus drei nicht abgeschlossenen Teilsystemen im Bild 1.141 c bestehende abgeschlossene System kann unter Berücksichtigung der Gl. (1.342)

$$W_1 + W_2 + W_3 = \text{konst.} \quad \text{bzw.} \quad \frac{\mathrm{d}W_1}{\mathrm{d}t} + \frac{\mathrm{d}W_2}{\mathrm{d}t} + \frac{\mathrm{d}W_3}{\mathrm{d}t} = 0$$

geschrieben werden. Mit

$$\frac{dW_1}{dt} = -\frac{dW_z}{dt}, \quad \frac{dW_2}{dt} = \frac{dW}{dt}, \quad \frac{dW_3}{dt} = \frac{dW_a}{dt}$$

folgt daraus Gl. (1.345).

Führt man einem System insgesamt die Leistung p zu, die als Differenz aller zugeführten und abgeführten Leistungen definiert sei, so gilt wegen

$$p = \frac{dW}{dt} \tag{1.346}$$

für die Änderung ΔW der Systemenergie W im Zeitraum $t_0 \dots t$

$$\Delta W = W(t) - W(t_0) = \int_{t_0}^{t} p(t)\, dt. \tag{1.347}$$

Speziell für $p =$ konst. $= P$ ergibt sich mit $\Delta t = t - t_0$

$$\Delta W = P\, \Delta t. \tag{1.348}$$

Als mittlere Leistung $\overline{p}$ im Zeitraum $t_0 \dots t_1$ definiert man

$$\overline{p} = \frac{1}{t_1 - t_0} \int_{t_0}^{t_1} p(t)\, dt = \frac{\Delta W}{\Delta t} \quad \text{mit} \quad \Delta t = t_1 - t_0. \tag{1.349}$$

Beispiel 1: Energiebilanzgleichung

Für die Schaltung im Bild 1.142a, nach der ein Akkumulator eine Glühlampe (im stationären Betrieb) mit elektrischer Leistung versorgt, ergibt sich aus Gl. (1.345) $p = -p_C$ und $p = p_w + p_l$. Die Interpretation dieser Beziehung lautet:

- Die je Zeitintervall erzeugte elektrische Energie p ist mit einem Absinken der chemischen Energie p_C der Spannungsquelle je Zeitintervall verbunden.
- In der Glühlampe wird die zugefügte elektrische Leistung vollständig in Wärmeleistung p_w und Lichtleistung p_l (meist <1%) umgesetzt. Die Wärmeerzeugung in der Spannungsquelle und den Zuleitungen wird in diesem einfachen Modell vernachlässigt.

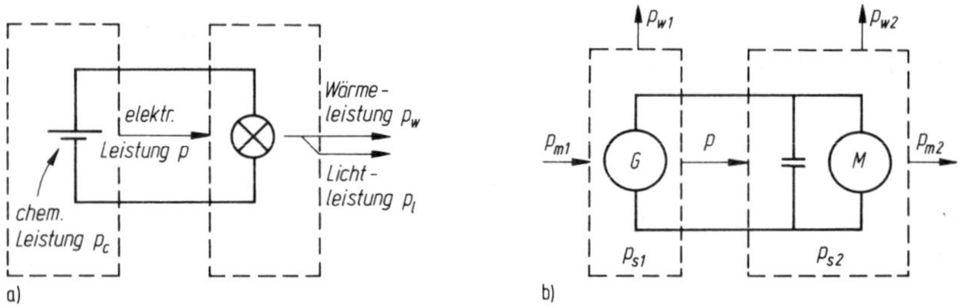

Bild 1.142 Beispiele zum Leistungsumsatz

a) Anlage mit Glühlampe; b) Anlage mit Generator, Motor sowie Energiespeicher

Beispiel 2: Energiebilanzgleichung bei Energiespeicherung

Der Satz von der Energieerhaltung soll auch anhand der Zusammenschaltung eines Generators G mit einem Motor M sowie einem Speicher S elektrischer Energie (z.B. einem Kondensator) entsprechend Bild 1.142b diskutiert werden. Der Generator (z.B. mit Dampf- oder Wasserturbine) wird mit Hilfe mechanischer Leistung p_{m1} angetrieben und wandelt diese in elektrische Leistung p sowie in unerwünschte Wärmeleistung um. Die nach außen abgeführte Wärmeleistung wird mit p_{w1} bezeichnet. Außerdem kann noch eine Energiespeicherung in Form von Feld- und/oder Wärmeenergie im Generator auftreten, die durch die gespeicherte Leistung p_{s1} beschrieben wird.

Die erzeugte elektrische Leistung p wird im Motor teilweise in mechanische Leistung p_{m2} umgewandelt. Außerdem entsteht eine unerwünschte Wärmeleistung, von der p_{w2} nach außen abgeführt wird. Die gespeicherte Wärmeleistung wird gemeinsam mit der gespeicherten Feldenergie je Zeitintervall zur gespeicherten Leistung p_{s2} zusammengefaßt.

Demnach lauten die Energiebilanzgleichungen für die gekoppelten Systeme 1 und 2:

$$p_{m1} = p_{s1} + p + p_{w1} \quad \text{und} \quad p = p_{s1} + p_{m2} + p_{w2}.$$

Wirkungsgrad. Man definiert als Wirkungsgrad eines Systems (s. Bild 1.143a)

$$\textit{Wirkungsgrad}\ \eta = \frac{\textit{Nutzleistung}}{\textit{aufgewendete Leistung}} = \frac{p_n}{p}, \quad \text{wobei} \quad \eta \leqq 1 \quad \text{ist.} \tag{1.350}$$

Aus dem Energieerhaltungssatz folgt stets $\eta \leqq 1$. Ein Perpetuum mobile erster Art, also eine periodisch arbeitende Maschine, die mehr Arbeit leisten kann, als der ihr von außen zugeführten Energie entspricht, würde $\eta > 1$ erfordern und damit den Energieerhaltungssatz verletzen. Für die *Verlustleistung* p_v gilt wegen $p_v = p - p_n$

$$p_v = (1 - \eta)\, p. \tag{1.351}$$

Der Wirkungsgrad wird sinnvollerweise für den stationären Betrieb definiert oder auch als zeitlicher Mittelwert $\overline{\eta} = \overline{p_n/p}$.

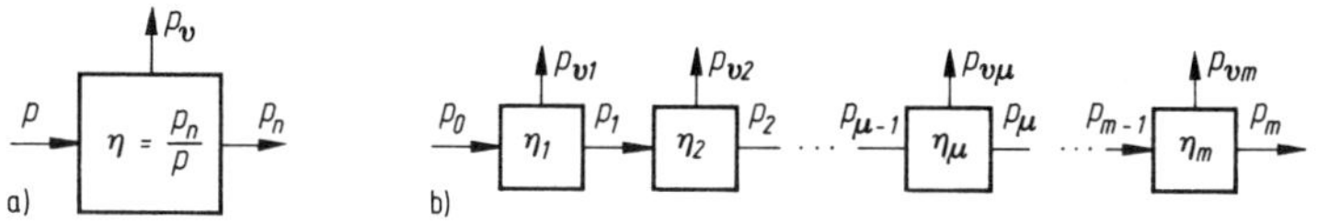

Bild 1.143 Wirkungsgrad

a) zur Definition des Wirkungsgrades η als Verhältnis von Nutz- und aufgewendeter Leistung; b) zur Berechnung des Wirkungsgrades bei einem aus m Teilsystemen bestehenden System mit aufeinanderfolgenden Energiewandlungen

Für ein System der im Bild 1.143b angegebenen Art, d.h. mit aufeinanderfolgenden Energiewandlungen, ergibt sich der *Gesamtwirkungsgrad* aus

$$\eta = \frac{p_m}{p_0} = \frac{p_{m-1}\eta_m}{p_0} = \frac{p_{m-2}\eta_m\eta_{m-1}}{p_0} = \dots = p_0\eta_m \frac{\eta_{m-1}\dots\eta_1}{p_0},$$

d.h. aus dem Produkt der Teilwirkungsgrade $\eta_\mu = p_\mu / p_{\mu-1}$:

$$\eta = \frac{p_m}{p_0} = \eta_1\eta_2 \dots \eta_m = \prod_{\mu=1}^{m} \eta_\mu. \tag{1.352}$$

Beispiel: Für das System im Bild 1.142b gilt für den Wirkungsgrad des Generators $\eta_1 = p/p_{m1}$, den des Motors $\eta_2 = p_{m2}/p$ und den des Gesamtsystems $\eta = p_{m2}/p_{m1} = \eta_2 p/p_{m1} = \eta_1\eta_2$, falls stationärer Betrieb ($p_{s1} = p_{s2} = 0$) vorausgesetzt wird.

Energiewirkungsgrad. Neben dem durch Gl. (1.350) definierten leistungsbezogenen Wirkungsgrad kann auch ein Energiewirkungsgrad definiert werden:

$$\textit{Energiewirkungsgrad}\ \eta_w = \frac{\textit{Nutzenergie}}{\textit{aufgewendete Energie}} = \frac{W_n}{W}. \tag{1.353}$$

Beispiel: Für einen 12-V-Akkumulator mit einer Kapazität von 56 Ah wird ein Energiewirkungsgrad $\eta_w = 0{,}8$ angegeben. Demnach wird für die Aufladung eine Energie von 12 V · 56 Ah/0,8 = 840 Wh benötigt.

Maßeinheiten bei Energieumwandlungen. Für Energieumwandlungen kann die Umrechnung von Maßeinheiten sinnvoll sein: 1 W · s = 1 N · m = 1 J (Joule)[1]; 1 kW · h = 3,6 MJ; 1 eV = 1,602 · 10^{-19} J (Elektronenvolt).

[1]) James Prescott Joule, englischer Physiker, 1818–1889

Hinweise:

1. Die in der älteren Literatur teilweise noch zu findenden Maßeinheiten kp · m, kcal, erg, PS (Pferdestärke) dürfen *nicht* mehr verwendet werden. Es gilt: 1 kp · m = 9,81 J, 1 kcal = 427 kp · m = 4,19 kJ, 1 erg = 10^{-7} J, 1 PS = 735,5 W.
2. *Bevorzugte Einsatzgebiete der Maßeinheiten:* W · s → elektrische Energie, J → Wärmeenergie bzw. chemische Energie, N · m → mechanische Energie, eV → Atom- und Festkörperphysik.
3. 1 kcal = 4,19 kJ ist die Wärmemenge, die man 1 kg Wasser zuführen muß, um es um 1 K zu erwärmen (genauer von 14,5 °C auf 15,5 °C).

1.18.2 Leistung und Energie bei Zweipolen

Beliebige Zweipole. Wie bereits im Abschnitt 1.4 dargelegt, gilt für die in einem Zweipol umgesetzte elektrische Leistung bei einem Verbraucher-Zählpfeilsystem

$$p = ui \qquad [p] = \mathrm{W}, \tag{1.354}$$

und damit wegen $p = \mathrm{d}W/\mathrm{d}t$ für die umgesetzte elektrische Energie im Zeitraum $t_0 \dots t$:

$$\Delta W = W(t) - W(t_0) = \int_{t_0}^{t} ui \,\mathrm{d}t. \tag{1.355}$$

Aus Gl. (1.354) ergibt sich folgende Zuordnung

$p > 0$ *Verbraucher* elektrischer Energie (Senke elektrischer Energie)

$p < 0$ *Erzeuger* elektrischer Energie (Quelle elektrischer Energie, Generatorwirkung).

Beim Erzeuger-Zählpfeilsystem ist $p = ui$ die erzeugte Leistung, und die obigen Zuordnungen sind zu vertauschen (s. Tafel 1.4).

Ableitung von Gl. (1.354) (in Vertiefung der Überlegungen von Abschn. 1.4):* Treten $\mathrm{d}N_1$ Ladungsträger ($\mathrm{d}N_1$ differentielle Anzahl) mit der Energie W_1 je Ladungsträger im Zeitintervall $\mathrm{d}t$ in das betrachtete, den Zweipol umhüllende Volumen ein und gleichzeitig $\mathrm{d}N_2$ Ladungsträger mit der Energie W_2 aus, so wird im Volumen die Energie

$$\mathrm{d}W = \mathrm{d}W_1 - \mathrm{d}W_2 = \mathrm{d}N_1 W_1 - \mathrm{d}N_2 W_2 \tag{1.356}$$

umgesetzt, falls keine elektromagnetische Energie abgestrahlt wird. Die Energie der Ladungsträger ergibt sich aus der Summe von potentieller Energie (in Halbleitern elektrochemische Energie) und kinetischer Energie W_{kin}. Aus

$$W_1 = eu_1 + W_{\mathrm{kin1}}, \qquad W_2 = eu_2 + W_{\mathrm{kin2}}; \tag{1.357}$$

$$e\,\mathrm{d}N_1 = \mathrm{d}Q_1, \qquad e\,\mathrm{d}N_2 = \mathrm{d}Q_2, \qquad \mathrm{d}Q_1 = \mathrm{d}Q_2 = \mathrm{d}Q \tag{1.358}$$

sowie mit $u_1 - u_2 = u$ und unter der Voraussetzung $W_{\mathrm{kin1}} = W_{\mathrm{kin2}}$ folgt

$$\mathrm{d}W = u\,\mathrm{d}Q = ui\,\mathrm{d}t \quad \text{bzw.} \quad p = \mathrm{d}W/\mathrm{d}t = ui. \tag{1.359}$$

Leistung und Energie bei Quellen. Für Spannungsquellen bzw. Stromquellen ist die erzeugte elektrische Leistung im Erzeuger-Pfeilsystem (Bilder 1.144a und 1.144b)

$$p = u_{\mathrm{q}}i \quad \text{oder} \quad p = ei^{1)} \quad \text{bzw.} \quad p = ui_{\mathrm{q}} \tag{1.360}$$

und die erzeugte elektrische Energie

$$\Delta W = W(t) - W(t_0) = \int_{t_0}^{t} u_{\mathrm{q}} i \,\mathrm{d}t$$

bzw.

$$\Delta W = W(t) - W(t_0) = \int_{t_0}^{t} ui_{\mathrm{q}} \,\mathrm{d}t. \tag{1.361}$$

[1]) e ist hierbei die elektromotorische Kraft (Abschn. 1.7.1), die an sich nicht mehr verwendet werden sollte, und nicht die Elementarladung wie in Gl. (1.357).

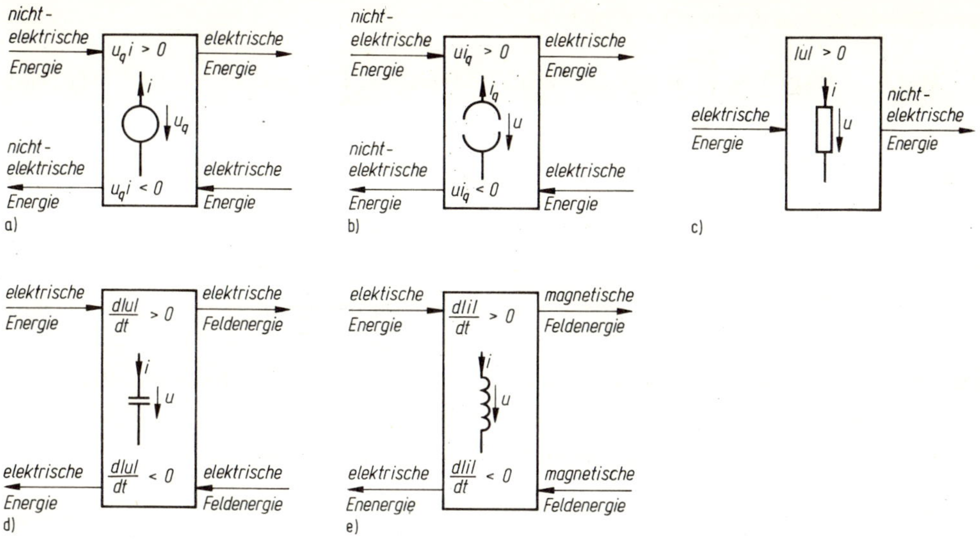

Bild 1.144 Energiewandlungen

a) in Spannungsquellen; b) in Stromquellen; c) in Widerständen; d) in Kapazitäten; e) in Induktivitäten

Als Normalbetrieb kann der Fall $p > 0$ angesehen werden, bei dem $\operatorname{sign} u = \operatorname{sign} i$[1]) ist und nichtelektrische zur Erzeugung elektrischer Energie dient. Aber auch der umgekehrte Fall, die Quelle als Verbraucher elektrischer Energie, ist möglich.

Resistive Zweipole. Für lineare und nichtlineare Widerstände gilt für ein Verbraucherpfeilsystem wegen $u = Ri$ für die umgesetzte elektrische Leistung und Energie

$$p = ui = Ri^2 = u^2/R; \tag{1.362}$$

$$\Delta W = W(t) - W(t_0) = \int_{t_0}^{t} ui \, \mathrm{d}t = \int_{t_0}^{t} Ri^2 \, \mathrm{d}t = \int_{t_0}^{t} \frac{u^2}{R} \, \mathrm{d}t. \tag{1.363}$$

Stets ist demnach $p \geqq 0$, d.h., es findet eine irreversible Umwandlung elektrischer in nichtelektrische Energie (meist Wärme, aber auch Licht, Schall, mechanische oder chemische Energie) statt (Bild 1.144c). Für nichtlineare resistive Zweipole, z.B. Dioden, ist meist die Beziehung $p = ui$ am zweckmäßigsten. Bei linearen Widerständen kann Gl.(1.363) in folgende Form gebracht werden:

$$\Delta W = W(t) - W(t_0) = \int_{t_0}^{t} ui \, \mathrm{d}t = R \int_{t_0}^{t} i^2 \, \mathrm{d}t = \frac{1}{R} \int_{t_0}^{t} u^2 \, \mathrm{d}t. \tag{1.364}$$

Kapazitive Zweipole. Für lineare und nichtlineare Kapazitäten mit der Ladung Q sowie der differentiellen Kapazität C_d folgt mit $i = \mathrm{d}Q/\mathrm{d}t = C_\mathrm{d}\,\mathrm{d}u/\mathrm{d}t$ (s. Abschn. 1.9.2.1)

$$p = ui = u\frac{\mathrm{d}Q}{\mathrm{d}t} = C_\mathrm{d} u \frac{\mathrm{d}u}{\mathrm{d}t} = C_\mathrm{d} \frac{\mathrm{d}}{\mathrm{d}t}\left(\frac{u^2}{2}\right). \tag{1.365}$$

Bei zeitlich zunehmenden u^2 und damit zunehmendem Spannungsbetrag ist $p > 0$, d.h., es wird elektrische Energie aufgenommen und in elektrische Feldenergie umgewandelt; die im Dielektrikum gespeicherte elektrische Feldenergie nimmt zu. Bei abnehmendem $|u|$ ist $p < 0$, und die gespeicherte elektrische Feldenergie nimmt ab (Bild 1.144d); es wird elektrische Energie abgegeben.

[1]) sign bedeutet Signum (Vorzeichen)

Wegen $\mathrm{d}W = p\,\mathrm{d}t = ui\,\mathrm{d}t = u\,\mathrm{d}Q = C_\mathrm{d}u\,\mathrm{d}u$ ist

$$W(Q) - W(Q_0) = \int_{Q_0}^{Q} u\,\mathrm{d}Q, \qquad W(u) - W(u_0) = \int_{u_0}^{u} C_\mathrm{d}u\,\mathrm{d}u; \tag{1.366}$$

$$W(t) - W(t_0) = \int_{t_0}^{t} C_\mathrm{d}u\,\frac{\mathrm{d}u}{\mathrm{d}t}\,\mathrm{d}t. \tag{1.367}$$

Für lineare Kapazitäten ergibt sich $C_\mathrm{d} = C = Q/u = \text{konst.}$ und damit

$$W(Q) - W(Q_0) = \frac{Q^2}{2C} - \frac{Q_0^2}{2C}, \qquad W(u) - W(u_0) = \frac{C}{2}u^2 - \frac{C}{2}u_0^2. \tag{1.368}$$

Die gespeicherte elektrische Feldenergie bei $u = 0$ kann als Null angesetzt werden, so daß für die

in einer linearen Kapazität gespeicherte elektrische Feldenergie

$$W = \frac{C}{2}u^2 = \frac{Q^2}{2C} = \frac{Qu}{2} \tag{1.369}$$

folgt, wobei $W \geqq 0$ ist.

Induktive Zweipole. Für lineare oder nichtlineare Induktivitäten können analoge Schlüsse wie für Kapazitäten gezogen werden. Führt man den verketteten Fluß ψ sowie die differentielle Induktivität L_d ein, so folgt aus $u = \mathrm{d}\psi/\mathrm{d}t$ bzw. $u = L_\mathrm{d}\mathrm{d}i/\mathrm{d}t$:

$$p = ui = \frac{\mathrm{d}\psi}{\mathrm{d}t}i = L_\mathrm{d}i\frac{\mathrm{d}i}{\mathrm{d}t} = L_\mathrm{d}\frac{\mathrm{d}}{\mathrm{d}t}\left(\frac{i^2}{2}\right). \tag{1.370}$$

Bei zunehmendem Betrag von i ist $p > 0$. Es wird elektrische Energie aufgenommen und in magnetische Feldenergie umgewandelt, d.h., die gespeicherte magnetische Feldenergie nimmt zu. Bei abnehmendem $|i|$ nimmt die gespeicherte magnetische Feldenergie ab, und es wird elektrische Leistung abgegeben (Bild 1.144e).

Wegen $\mathrm{d}W = p\,\mathrm{d}t = iu\,\mathrm{d}t = i\,\mathrm{d}\psi = L_\mathrm{d}i\,\mathrm{d}i$ ist

$$W(\psi) - W(\psi_0) = \int_{\psi_0}^{\psi} i\,\mathrm{d}\psi, \qquad W(i) - W(i_0) = \int_{i_0}^{i} L_\mathrm{d}i\,\mathrm{d}i; \tag{1.371}$$

$$W(t) - W(t_0) = \int_{t_0}^{t} L_\mathrm{d}i\,\frac{\mathrm{d}i}{\mathrm{d}t}\,\mathrm{d}t. \tag{1.372}$$

Für lineare Induktivitäten ist $L_\mathrm{d} = L = \psi/i = \text{konst.}$, und damit ergibt sich für die

in einer linearen Induktivität gespeicherte magnetische Feldenergie

$$W = \frac{L}{2}i^2 = \frac{\psi^2}{2L} = \frac{\psi i}{2}, \tag{1.373}$$

wobei stets $W \geqq 0$ ist.

Während Widerstände stets irreversibel elektrische Energie verbrauchen, können Kapazitäten und Induktivitäten elektrische Energie aufnehmen, in Form von elektrischer und magnetischer Feldenergie speichern und danach auch wieder abgeben.

Es sei bereits hier erwähnt, daß in Spulen wesentlich höhere Energiedichten als in Kondensatoren möglich sind und sich damit bei vorgegebenem Volumen auch wesentlich höhere Energien speichern lassen (Band 2).

Leistung und Energie für nichtlineare zeitvariante Widerstände, Kapazitäten und Induktivitäten*. Für zeitvariante nichtlineare Netzwerkelemente lauten die u,i-Relationen:

$$u(t) = R\,(i(t),\,t)\;i(t) \quad \text{bzw.} \quad i(t) = G\,(i(t),\,t)\;u(t); \tag{1.374}$$

$$i(t) = \frac{\mathrm{d}}{\mathrm{d}t}\,[Q\,(u(t),\,t)]; \qquad u(t) = \frac{\mathrm{d}}{\mathrm{d}t}\,\psi\,[(i(t),\,t)]. \tag{1.375}$$

Leistungsberechnungen sind mit $p = ui$ möglich. Für den *Energieumsatz* zeitvarianter nichtlinearer Zweipole können Gl. (1.355) oder folgende Gleichungen benutzt werden:

$$\Delta W = \int_{t_0}^{t} Ri^2\,\mathrm{d}t \quad \text{bzw.} \quad \Delta W = \int_{t_0}^{t} Gu^2\,\mathrm{d}t; \tag{1.376}$$

$$\Delta W = \int_{Q_0}^{Q} u\,\mathrm{d}Q \quad \text{bzw.} \quad \Delta W = \int_{\psi_0}^{\psi} i\,\mathrm{d}\psi. \tag{1.377}$$

Bei zeitvarianten Elementen, die auf mechanischen Bewegungen beruhen, tritt neben den bei zeitinvarianten Elementen auftretenden Energiewandlungen infolge der wirkenden Kräfte auch die Vernichtung bzw. Erzeugung mechanischer Energie auf.

Leistung und Energie bei gesteuerten Quellen. Bei gesteuerten Spannungs- bzw. Stromquellen gelten wie für unabhängige Quellen die Beziehungen für die erzeugten Leistungen (im Erzeuger-Zählpfeilsystem) $p = u_q i$ und $p = u i_q$. Dabei können die gesteuerten Quellen als Verbraucher elektrischer Energie wirken (z. B. im Ersatzschaltbild des Bipolar- und des Feldeffekttransistors in den Bildern 1.124 und 1.125) oder auch als Quellen elektrischer Energie (z. B. im Ersatzschaltbild des Operationsverstärkers im Bild 1.122c oder in Kleinsignalersatzschaltbildern von Transistoren, s. Abschn. 1.15). Im ersten Fall wird elektrische Energie (z. B. der Betriebsspannungsquelle) in nichtelektrische Energie (meist Wärme) umgesetzt, und im zweiten Fall rührt die abgegebene elektrische Energie der gesteuerten Quelle meist von elektrischer Energie (z. B. der Betriebsspannungsquelle) her.

Das Bild 1.122c stellt für $r_d \rightarrow \infty$ ein Beispiel für eine leistungslose Steuerung dar. Während die Steuerleistung am Eingang wegen des verschwindenden Steuerstromes Null ist, wird am Ausgang die Leistung $p = u_a i$ abgegeben, d. h., die Leistungsverstärkung geht gegen unendlich. Will man die Energiebilanzgleichung aufstellen, so ist die Abgabe elektrischer Energie durch die Betriebsspannungsquelle mit einzubeziehen, d. h., das Modell ist zu erweitern.

Leistungsmessung an Zweipolen. Anhand des Gleichstromfalles werden zwei Varianten für die Leistungsmessung vorgestellt:

- *Messung von U und I* und Bildung des Produktes UI (z. B. in rechnergestützten Systemen mit dem Computer) (Bilder 1.145a, 1.145b und 1.145c);
- *Einsatz eines Leistungsmessers* (Wattmeter, Bild 1.145d), bei dem sich der Ausschlag aufgrund des Meßprinzips direkt aus $P = UI$ ergibt (Band 2).

Beim Anschluß von Gleichstrominstrumenten ist die Polarität zu beachten, die auf den Instrumenten markiert ist. Beim Wattmeter sind die Strom- bzw. Spannungsklemmen durch I–I bzw. U–U gekennzeichnet.

Bei gleichzeitiger Strom- und Spannungsmessung sind zwei Varianten möglich:

- spannungsrichtige Messung (Bilder 1.145a und 1.145b) mit dem Meßfehler $\Delta I = U/R_V$ (R_V Voltmeterwiderstand),
- stromrichtige Messung (Bild 1.145c) mit dem Meßfehler $\Delta U = R_A I$ (R_A Amperemeterwiderstand).

Erfolgt die Messung an einem Zweipol mit dem Widerstand R, so ist wegen $\Delta I/I = R/R_V$ und $\Delta U/U = R_A/R$

$$\Delta I/I \lesseqqgtr \Delta U/U \quad \text{für} \quad R \lesseqqgtr \sqrt{R_A R_V}. \tag{1.378}$$

Demnach ist für $R < \sqrt{R_A R_V}$ die spannungsrichtige Schaltung vorzuziehen.

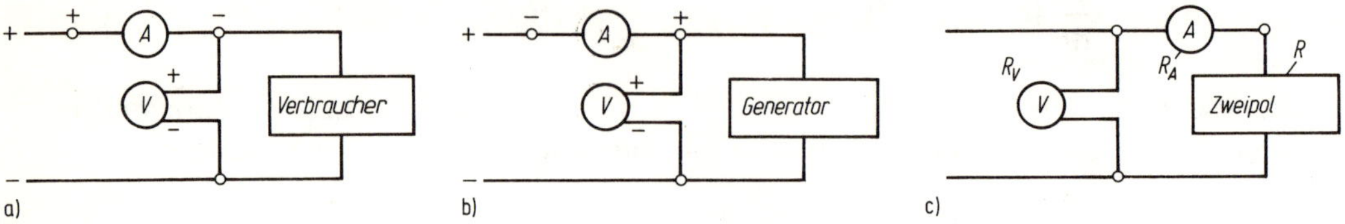

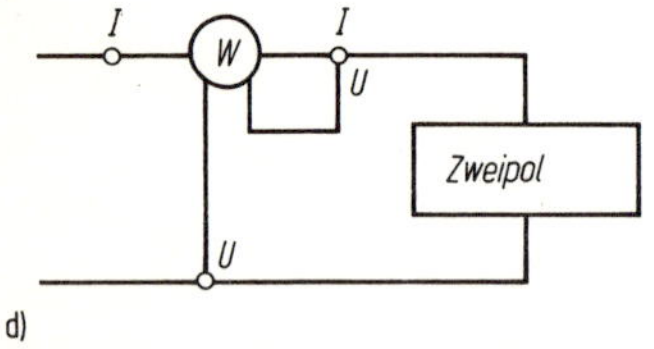

Bild 1.145 Leistungsmessung

a) durch Strom-Spannungs-Messung an einem Verbraucher (spannungsrichtig) bei Gleichstrom; b) durch Strom-Spannungs-Messung an einem Generator (spannungsrichtig) bei Gleichstrom; c) durch Strom-Spannungs-Messung an einem Zweipol (stromrichtig); d) mit einem Wattmeter

Aufgabe 1.73 Leistung einer Glühlampe

Eine Glühlampe trägt die Aufschrift 220 V/100 W. Wie groß sind der Widerstand R sowie die Leistung P bei 200 V, falls die Temperaturabhängigkeit von R vernachlässigbar ist?

Aufgabe 1.74 Leistung eines Widerstandes

Ein ohmscher Festwiderstand von 2,2 kΩ, für den eine maximale Verlustleistung von 0,1 W angegeben wird, liegt in Reihe zu einem veränderbaren Widerstand ($R_1 = 0 \ldots 10$ kΩ) an $U_0 = 9$ V. Kann er überlastet werden?

Aufgabe 1.75 Leistung und Wirkungsgrad eines Gleichstrommotors

Das Leistungsschild eines Gleichstrommotors enthält folgende Daten: 220 V (Nennspannung), 2,5 A (Nennstrom), 5 kW (abgegebene mechanische Leistung). Eine mit dem Motor betriebene Pumpe hat eine Förderleistung von 3,5 kW. Berechnen Sie
a) den Wirkungsgrad des Elektromotors;
b) die in 8 h verbrauchte elektrische Energie, die dafür entstehenden Kosten (bei einem Tarif von 0,08 M/kW · h) sowie die in diesem Zeitraum entstehende Wärmemenge;
c) den Wirkungsgrad der Pumpe und den Gesamtwirkungsgrad der Anlage;
d) die Wassermenge, die bei einer Förderhöhe von 7,5 m in 8 h aus einer Grube abgepumpt wird!

Aufgabe 1.76 Leistungsänderung bei Spannungsänderung

Wie groß ist die durch eine relative Spannungsänderung $\Delta u/u = 5\%$ verursachte relative Leistungsänderung a) an einem linearen Widerstand; b) an einer PN-Diode ($u = 0{,}7$ V, $mU_T = 25$ mV)?

Aufgabe 1.77 Leistung in Zweipolen

Berechnen Sie die elektrische Leistung, die in den im Bild 1.146 angegebenen Zweipolen umgesetzt wird, und geben Sie an, ob es sich wirklich um einen Verbraucher (V) oder um einen Erzeuger (E) elektrischer Energie handelt!

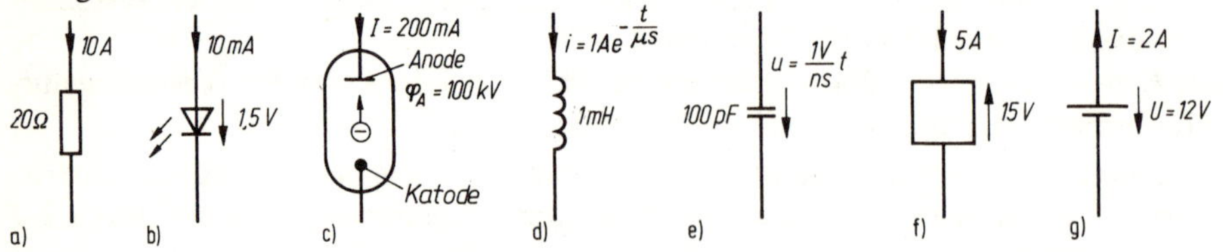

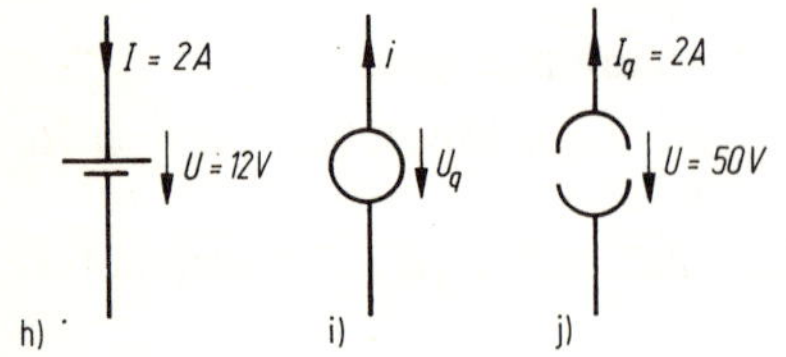

Bild 1.146 Beispiele zur Leistungsberechnung an Zweipolen

a) Widerstand; b) Lichtemitterdiode; c) Zweipolhochvakuumröhre; d) Spule; e) Kondensator; f) allgemeiner Zweipol; g) und h) elektrochemische Spannungsquellen; i) Spannungsquelle; j) Stromquelle

Aufgabe 1.78 Strom- und Leistungsbestimmung mittels eines Zählers

Ein Monteur will die Strom- bzw. Leistungsaufnahme einer Waschmaschine (220 V/1,2 kW) überprüfen. Da er kein Meßgerät zur Verfügung hat, bestimmt er die Leistung mit Hilfe des Zählers (Zählerkonstante 1200 kW · h, d.h. 1200 Umdrehungen für 1 kWh). Für 10 Umdrehungen stellte er 25 s fest. Welchen Schluß kann er ziehen?

Aufgabe 1.79 Energie bei Kapazitäten

a) Als Energiequelle eines Blitzgerätes soll ein Kondensator dienen, der (bei 500 V) 20 W · s speichert. Welche Kapazität muß er besitzen?
b) Die Ladung einer nichtlinearen Kapazität kann durch $Q = au^n$ (a, n = konst.) beschrieben werden. Welche Energie wird bei der Spannung u_1 gespeichert?

Aufgabe 1.80 Energie bei Induktivitäten

Welcher Strom ist in eine Spule der Induktivität von 2H einzuspeisen, damit diese eine magnetische Feldenergie von 10kW · s speichert?

1.18.3 Leistung und Energie bei *n*-Polen ($n \geqq 3$)

Für n-polige Netzwerkelemente gilt für die umgesetzte elektrische Leistung bei dem im Bild 1.147 gewählten Zählpfeilsystem

$$p = \sum_{\nu=1}^{n-1} u_{\nu 0} i_\nu = \sum_{\nu=0}^{n-1} u_{\nu e} i_\nu. \tag{1.379}$$

Für $p > 0$ liegt ein Verbraucher und für $p < 0$ ein Erzeuger elektrischer Energie vor. Der Beweis für Gl. (1.379) kann durch Erweiterung der Überlegungen des Abschnitts 1.18.2 von zwei auf n Anschlüsse geführt werden[1]). Die Spannungen in Gl. (1.379) beziehen sich einmal auf den Anschluß 0 des n-Pols und zum anderen auf einen Punkt e außerhalb des n-Pols (z. B. die Erde). Bei den Anschlußbezeichnungen 1 ... n anstelle 0 ... $n-1$ entsteht Gl. (1.65).

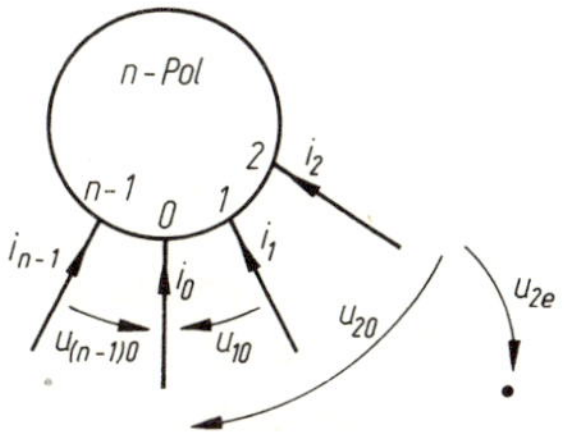

Bild 1.147
Zur Zählpfeilfestlegung bei n-Polen für die Leistungsberechnung nach Gl. (1.379)

Die Gl. (1.379) gilt auch für technische Bauelemente wie Transistoren, Thyristoren und Schaltkreise oder elektrische Maschinen mit mehreren Zuleitungen, falls durch die gedachte Hüllfläche, in der die Ströme und Spannungen bestimmt werden, keine bzw. vernachlässigbare Verschiebungsströme auftreten. Demnach darf kein Stromfluß durch parasitäre Kapazitäten zwischen den Anschlüssen auftreten, wie es z. B. bei Höchstfrequenzbauelementen möglich ist. Innerhalb der Hüllfläche, also z. B. im Bauelement, können Verschiebungsströme fließen, so daß Gl. (1.379) für nicht zu hohe Frequenzen in fast allen Fällen anwendbar ist. Zu beachten sind natürlich auch Kriechströme außerhalb der vorgesehenen Anschlüsse.

Aufgabe 1.81 Leistungsverbrauch eines Transistors

Zu berechnen ist der Leistungsverbrauch eines NPN-Transistors mit einer Stromverstärkung $B_N = I_C/I_B = 50$ für $I_C = 20$ mA, $U_{BE} = 0{,}7$ V und $U_{CE} = 2$ V (Bild 1.148).

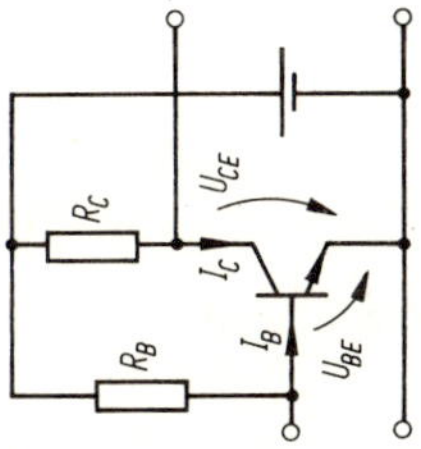

Bild 1.148
NPN-Transistor in einer Verstärkerschaltung (s. Aufgabe 1.81)

[1]) Dabei sind auch der 1. und 2. Kirchhoffsche Satz zu berücksichtigen.

Aufgabe 1.82 Leistungsberechnung an einem Schaltkreis

An einer integrierten Schaltung (IC) mit den Pins (Anschlüssen) *1 ... 6* werden die in den IC fließenden Ströme i_2, i_3, i_4 und i_5 sowie die Spannungen u_{23}, u_{34}, u_{54} und u_{64} gemessen. Pin *1* ist nicht belegt, d. h. intern nicht angeschlossen.

a) Berechnen Sie i_6 sowie u_{21}, u_{32} und u_{62}!

b) Geben Sie die im IC umgesetzte Leistung p an!

1.18.4 Leistung in Schaltungen

Grundlagen. Im Bild 1.149 sind die möglichen Energieflüsse in einem Netzwerk veranschaulicht, wie sie sich aus den Aussagen des vorhergehenden Abschnittes ergeben. *Nach dem Energieerhaltungssatz ist die Summe der erzeugten elektrischen Leistungen gleich der Summe der verbrauchten elektrischen Leistungen.*

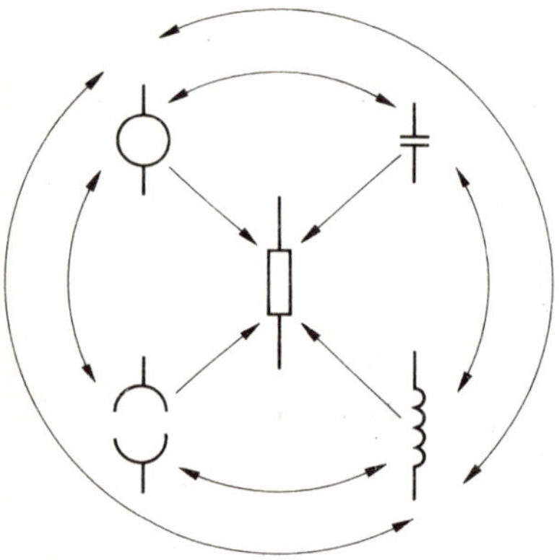

Bild 1.149 Mögliche Energieflußrichtungen in einem Netzwerk

Wählt man für alle Verbraucher ein einheitliches Zählpfeilsystem, z. B. ein Verbraucher-Zählpfeilsystem, bei dem alle verbrauchten Leistungen positiv sind und alle erzeugten negativ, so lautet der Energiesatz für ein Netzwerk mit z Zweigen und den Zweigspannungen u_μ sowie den Zweigströmen i_μ

$$\sum_{\mu=1}^{z} p_\mu(t) = \sum_{\mu=1}^{z} u_\mu(t)\, i_\mu(t) = 0 \quad \text{für alle } t. \tag{1.380}$$

Diese Aussagen bezeichnet man auch als *Satz von Tellegen*. Legt man einen Schnitt durch ein Netzwerk, so gilt ebenfalls, daß die vorzeichenbehaftete Summe der elektrischen Leistungen verschwindet, wenn man auch den Leistungsfluß durch die Schnittlinie berücksichtigt. Man kann nachweisen, daß von den drei Gleichungssystemen, die sich aus dem Knotensatz, dem Maschensatz und dem Energiesatz ergeben, nur zwei voneinander unabhängig sind. Demnach läßt sich z. B. der o. g. Energiesatz aus den Knoten- und Maschengleichungen ableiten.

Für zwei Netzwerke mit dem gleichen Netzwerkgraphen und der gleichen Zweignumerierung gilt nach Gl. (1.380) – auch bei völlig unterschiedlichen Zweigfunktionen

$$\sum_\mu u_\mu i_\mu = \sum_\mu u_\mu^* i_\mu^* = 0. \tag{1.381}$$

Tellegen hat nun in Erweiterung des o. g. Theorems nachgewiesen, daß außerdem die folgende Aussage zutrifft:

$$\sum_\mu u_\mu i_\mu^* = \sum_\mu u_\mu^* i_\mu = 0. \tag{1.382}$$

Diese auf den ersten Blick erstaunliche Aussage, bei der Ströme und Spannungen aus verschiedenen Netzwerken (mit und ohne *), aber mit gleichem Graphen verknüpft werden, läßt sich mit Hilfe der Knoten- und Maschengleichungen nachweisen, bei denen eben aber auch nur noch die Netzwerkstruktur, aber nicht die Eigenschaften der Netzwerkelemente eingehen. Für die Gl. (1.382) gibt es keine energetische Interpretation.

Leistung bei Ersatzschaltungen. Die Erläuterung erfolgt am Beispiel einer Zweipolersatzschaltung A^*, läßt sich aber verallgemeinern. Die Ersatzschaltung besitzt definitionsgemäß das gleiche Klemmenverhalten wie das zu ersetzende Netzwerk A selbst. Demzufolge wird auch die Leistung, die der Zweipol A an einen Zweipol B abgibt bzw. von ihm aufnimmt, durch die Ersatzschaltung A^* richtig beschrieben. Interne Energiewandlungen, also z. B. Leistungsflüsse zwischen Quellen und Widerständen oder zwischen den Energiespeicherelementen L und C und anderen Netzwerkelementen im Zweipol A, werden aber nur in Spezialfällen erfaßt, z. B. für den Fall, daß A weder Quellen noch Speicher elektrischer Energie, also nur resistive Elemente enthält. Das wird am Beispiel der aktiven Zweipolersatzschaltung im Bild 1.100e deutlich. Bei Leerlauf ($R_3 \to \infty$) ist der Leistungsumsatz bei der Spannungsquellenersatzschaltung stets Null, während im zu ersetzenden Zweipol Energie aus der Quelle an R_1 und R_2 in Wärme umgesetzt wird. Demnach beschreibt die Zweipolersatzschaltung die Leistungsabgabe über die Klemmen richtig, nicht aber die an die Umgebung. Auch bei der Umwandlung eines Spannungsquellen- in ein Stromquellenersatzschaltbild wird die interne Leistungsbilanz verändert.

Leistung bei Kleinsignalverhalten. Der Momentanwert der Leistung ist

$$p = ui = (U_0 + \Delta u)\,(I_0 + \Delta i) = U_0 I_0 + U_0\,\Delta i + I_0\,\Delta u + \Delta u\,\Delta i. \qquad (1.383)$$

Die Leistung kann also, wie zu erwarten, nicht einfach durch Überlagerung der Leistung $U_0 I_0$ am Arbeitspunkt sowie der Kleinsignalleistung ermittelt werden, sondern es treten zusätzliche Terme auf.

Aufgabe 1.83 Leistungsberechnung und Zählpfeilsysteme
Diskutieren Sie die Leistungsbilanz für die Schaltungen im Bild 1.150!

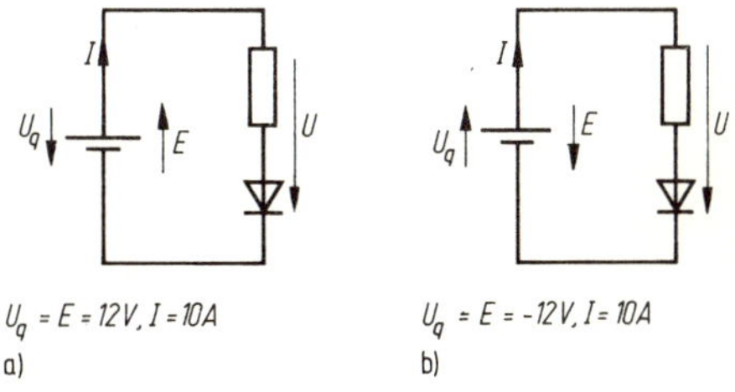

Bild 1.150
Schaltung mit gemischtem Zählpfeilsystem (a) und reinem Verbraucher-Zählpfeilsystem (b) (selten angewendet)

Aufgabe 1.84 Reihenschaltung technischer Spannungsquellen, Leistung
Wie lange kann ein Boot mit einem 12-V-Gleichstrommotor mit der Leistungsaufnahme von 240 W betrieben werden, wenn zwei 6-V-Akkumulatoren mit der Nennkapazität 56 Ah und einer tatsächlichen Kapazität von 45 Ah und 55 Ah zur Verfügung stehen?

Aufgabe 1.85 Zusammenhang zwischen Energie-, Knoten- und Maschensatz
Leiten sie für das Netzwerk im Bild 1.151 aus der Knotengleichung und Leistungsbetrachtungen z. B. für die gestrichelten Gebiete zwei Maschengleichungen ab!

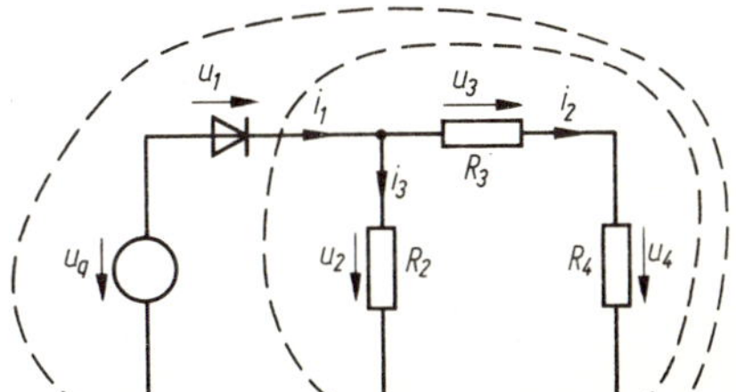

Bild 1.151
Zur Ableitung der Maschengleichungen aus den Knoten- und Leistungsbilanzgleichungen

Aufgabe 1.86 Ersatzwiderstand, Leistung*
12 Widerstände von je 1 Ω werden so angeordnet, daß sie die Kanten eines Kubus bilden. Berechnen Sie den Widerstand R_{AB} zwischen zwei diagonal gelegenen Knotenpunkten A und B sowie die Leistung, wenn die Spannung $U = 1$ V an diese Knoten gelegt wird!

Lösungshinweis: Anwendung der Y-△-Transformation (Abschn. 1.8.2.5).

Aufgabe 1.87 Kontrollfragen

a) Wie lauten der Energieerhaltungssatz sowie Leistung und Energie bei linearen und nichtlinearen resistiven, kapazitiven und induktiven Zweipolen sowie für Schaltungen?
b) Wie sind der Wirkungsgrad sowie der Energiewirkungsgrad allgemein und bei einem Akkumulator definiert?
c) Wie können Leistungen an einem Zweipol gemessen werden?
d)* Geben Sie eine Formel für die Momentanleistung an, die ein MOS-Transistor bei bekanntem Klemmenverhalten im dynamischen Betrieb aufnimmt!
e) Diskutieren Sie die Leistung bei Kleinsignalverhalten sowie gesteuerten Quellen!

2 Resistive Schaltungen

Ziel: Nach dem Studium des Abschnittes 2 beherrscht der Leser für resistive Schaltungen
- Leistungsbetrachtungen am Grundstromkreis
- die Grundlagen analytischer, grafischer und numerischer Analyseverfahren für nichtlineare Schaltungen
- die Knotenspannungsanalyse
- die Maschenstromanalyse
- Anwendungen von Dioden zur Spannungsstabilisierung und -begrenzung.

Die Ausführungen in diesem Abschnitt beziehen sich auf Gleichstrom und auch auf zeitlich veränderliche Ströme, wobei aber kapazitive und induktive Erscheinungen – auch als parasitäre Effekte – voraussetzungsgemäß nicht von Bedeutung sind. Bei der Netzwerkanalyse werden bereits behandelte Verfahren, aber auch darüber hinausgehende Verfahren angewendet. Viele der gewonnenen Erkenntnisse lassen sich – wie im Band 2 sichtbar wird – auch auf Schaltungen mit kapazitiven und induktiven Energiespeichern verallgemeinern.

2.1 Grundstromkreis

Strom-Spannungs-Verhalten. Die einfachste Zusammenschaltung eines Generators (mit der Leerlaufspannung u_l und dem Innenwiderstand R_i) mit einem resistiven Verbraucher R_a bezeichnet man als Grundstromkreis (Bild 2.1). Den Widerstand der Leitungen zwischen Generator und Last kann man in R_i bzw. R_a einbeziehen.

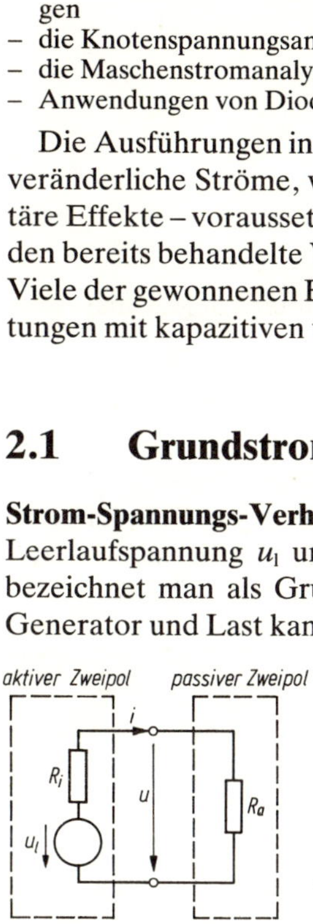

Bild 2.1 Grundstromkreis

Nach der Maschengleichung gilt:

$$u_l = i\,(R_i + R_a), \qquad i = u_l/(R_i + R_a), \qquad u = R_a i = R_a u_l/(R_i + R_a). \tag{2.1}$$

Für eine möglichst allgemeingültige Darstellung erweist sich die Normierung auf die Leerlaufspannung u_l bzw. den Kurzschlußstrom $i_k = u_l/R_i$ (s. Abschn. 1.11.1) bzw. den Innenwiderstand R_i als zweckmäßig:

$$\frac{u}{u_l} = \frac{R_a}{R_i + R_a} = \frac{R_a/R_i}{1 + R_a/R_i}, \qquad \frac{i}{i_k} = \frac{R_i}{R_i + R_a} = \frac{1}{1 + R_a/R_i}. \tag{2.2}$$

Man unterscheidet die Arbeitspunkte

Kurzschluß: $R_a/R_i = 0, \quad u = 0, \quad i = i_k;$ (2.3)

Leerlauf: $R_a/R_i \to \infty, \quad u = u_l, \quad i = 0;$ (2.4)

Anpassung: $R_a/R_i = 1, \quad u = u_l/2, \quad i = i_k/2.$ (2.5)

Kurvendiskussion: Bei der Darstellung von i/i_k und u/u_l als Funktion des normierten Lastwiderstandes R_a/R_i kann man zunächst von diesen drei Arbeitspunkten ausgehen und danach den Verlauf zwischen den Arbeitspunkten analysieren, indem man differenziert, z. B.

$$y = 1/(1 + x) \quad \text{mit} \quad y = i/i_k \quad \text{und} \quad x = R_a/R_i \geqq 0;$$

$$dy/dx = -1/(1 + x)^2 < 0, \qquad d^2y/dx^2 = 2/(1 + x)^3 > 0.$$

Also liegen weder Extrema noch Wendepunkte vor, sondern ein monotoner Verlauf von y und dy/dx. Bild 2.2 veranschaulicht das Ergebnis.

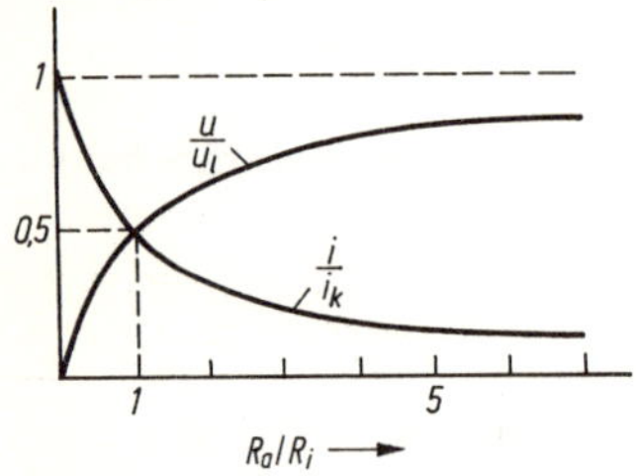

Bild 2.2 Strom sowie Verbraucherspannung beim Grundstromkreis als Funktion des Lastwiderstandes (normierte Darstellung)

Leistungsbilanz sowie Anpassung. Bei einer *Leistungsbetrachtung* unterscheidet man sinnvollerweise:

– die erzeugte (aufgewendete) elektrische Leistung $p = u_l i = (R_a + R_i)\, i^2;$ (2.6)

– die Verlustleistung im Innenwiderstand $p_i = R_i i^2;$ (2.7)

– die im Verbraucher umgesetzte Leistung $p_a = R_a i^2.$ (2.8)

Erwartungsgemäß ist $p = p_a + p_i$, so daß sich der Energieerhaltungssatz am Beispiel bestätigt. Definiert man als Wirkungsgrad η das Verhältnis von der im Verbraucher umgesetzten Leistung p_a zu der aufgewendeten elektrischen Leistung p, so erhält man (Bild 2.3a):

$$\eta = \frac{p_a}{p} = \frac{R_a}{R_i + R_a} = \frac{1}{1 + R_i/R_a}. \tag{2.9}$$

Die Verbraucherleistung (Bild 2.3b)

$$p_a = R_a i^2 = u_l^2 \frac{R_a}{(R_i + R_a)^2} \tag{2.10}$$

besitzt ihr Maximum bei $R_a = R_i$ (s. Aufgabe 2.3) und damit bei $u = u_l/2$ und $i = i_k/2$. Demnach ist die maximale Leistung

$$p_{a\,max} = u_l^2/(4R_i). \tag{2.11}$$

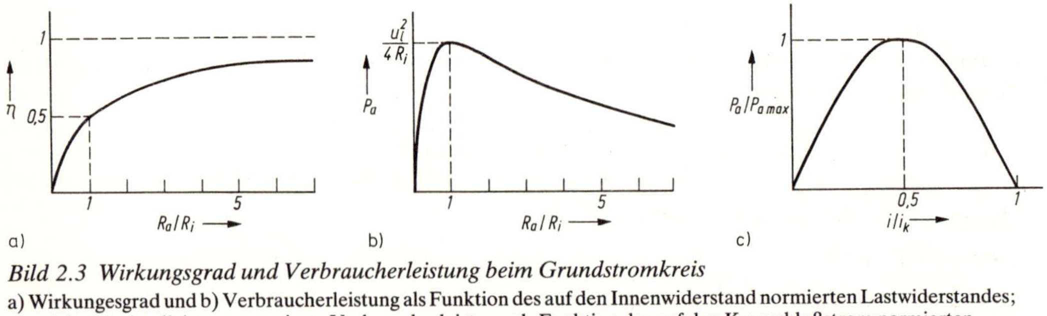

Bild 2.3 Wirkungsgrad und Verbraucherleistung beim Grundstromkreis

a) Wirkungesgrad und b) Verbraucherleistung als Funktion des auf den Innenwiderstand normierten Lastwiderstandes; c) auf die Maximalleistung normierte Verbraucherleistung als Funktion des auf den Kurzschlußstrom normierten Stromes

Zusammenfassend kann unter Berücksichtigung von Gl. (2.9) bei vorgegebenem Innenwiderstand R_i festgestellt werden:

Die maximale Verbraucherleistung liegt bei $R_a = R_i$ vor (Anpassung), und der Wirkungsgrad beträgt bei Anpassung $\eta = 1/2$. (2.13)

Auch für R_i = konst. und nichtlinearen Verbraucherwiderstand $R_a = R_a(i)$ wird die maximale Verbraucherleistung für $u = u_l/2$ und $i = i_k/2$ bzw. $R_a(i) = R_i$ umgesetzt (Aufgabe 2.3). Bild 2.3c zeigt die für lineare und nichtlineare Verbraucher bei R_i = konst. gültige normierte Verbraucherleistung als Funktion des normierten Stromes:

$$p_a/p_{a\,max} = 4i/i_k\,(1 - i/i_k). \qquad (2.14)$$

In der *Elektronik* steht häufig maximale Verbraucherleistung bei vorgegebenem Innenwiderstand im Vordergrund. Anzustreben ist dabei also die Anpassung von Verbraucher und Generator. Im Gegensatz dazu ist für die *elektrische Energietechnik* meist die Vermeidung von Verlustleistungen besonders wichtig, also ein hoher Wirkungsgrad und damit $R_a \gg R_i$.

Hinweis:* Bei Anschluß von Verbrauchern über elektrisch lange Leitungen und zeitveränderlichen Spannungen wird in der Elektronik als Lastwiderstand oft der sog. Wellenwiderstand gewählt (Band 2).

Überanpassung bei begrenzter Generatorverlustleistung. Falls die zulässige Verlustleistung des Generators $p_{iz} = i^2 R_i < u_l^2/(4R_i)$ ist, würde der Generator bei Anpassung überlastet und u. U. zerstört werden. Demzufolge muß in diesem Fall der Strom i gegenüber dem Anpassungsfall reduziert werden und $R_a > R_i$ (Überanpassung) gewählt werden (Aufgabe 2.2).

Wahl des Innenwiderstandes bei vorgegebener Last. In diesem Fall besitzt die Ausgangsleistung $p_a = u_l^2 R_a/(R_i + R_a)^2$ für $R_i = 0$ den größten Wert, und zwar den Wert

$$p_{a0} = u_l^2/R_a,$$

da keine Verlustleistung im Generator auftritt. Die größtmögliche Leistung liegt damit um den Faktor 4 über der bei Anpassung im Fall vorgegebenen Innenwiderstandes $R_i > 0$. Beim Vergleich der Bilder 2.3a und 2.4 ist zu beachten, daß für die Abszisse einmal der normierte Lastwiderstand und zum anderen der normierte Innenwiderstand gewählt wurde.

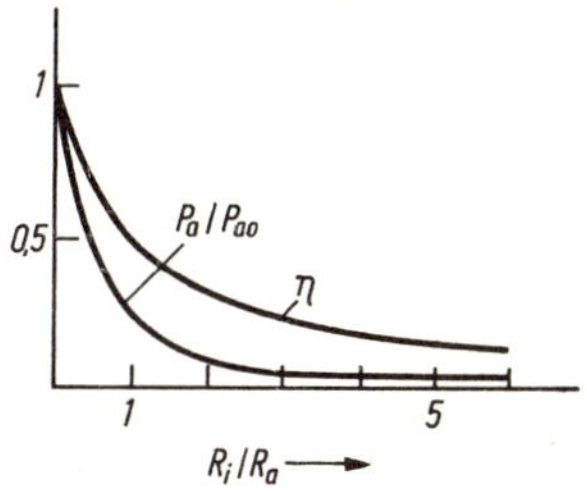

Bild 2.4 Wirkungsgrad η und auf die Maximalleistung $p_{a0} = u_l^2/R_a$ normierte Verbraucherleistung beim Grundstromkreis als Funktion des auf den Lastwiderstand normierten Innenwiderstandes

Aufgabe 2.1 Maximalleistung eines Lautsprechers

Ein Transistorverstärker für eine Lautsprecheranlage kann bezüglich der Signalspannungen als Spannungsquelle mit einem Innenwiderstand R_i aufgefaßt werden.

a) Zur Verfügung stehen Lautsprecher, für die jeweils ein Widerstand von 2 Ω, 6 Ω und 12 Ω angegeben wird. Welcher Typ ist im Interesse einer möglichst hohen Leistung im Lautsprecher für R_i = 6 Ω auszuwählen?
b) Welches R_i ist anzustreben, um in einem 12-Ω-Lautsprecher bei vorgegebener Leerlaufspannung größtmögliche Leistung umzusetzen?

Aufgabe 2.2 Lastwiderstand R_a bei begrenzter Generatorverlustleistung p_{iz}

Wie ist R_a für maximale Verbraucherleistung zu wählen?

Aufgabe 2.3 Maximale Verbraucherleistung bei nichtlinearer Last

Vorgegeben seien u_l und R_i.
a) Wie ist R_a für R_a = konst. und
b) für $R_a = R_a(i)$ zu wählen, damit die Verbraucherleistung ihr Maximum erreicht?

Aufgabe 2.4 Stromstärke und Leistung bei vernachlässigbarem Innenwiderstand

An einem 220-V-Gleichstromnetz sollen an einer Steckdose parallel drei Verbraucher mit je 2 kW sowie an einer anderen Steckdose ein Verbraucher mit 5 kW betrieben werden. Zeichnen Sie ein Schaltbild, und geben Sie bei Vernachlässigung der Zuleitungswiderstände alle zu erwartenden Ströme an!

2.2 Einführung in die Analyse nichtlinearer resistiver Schaltungen

Überblick. Eine Schaltung bzw. ihr Netzwerkmodell ist nichtlinear, wenn sie mindestens ein nichtlineares Bauelement bzw. Netzwerkelement enthält. Mögliche Bestandteile nichtlinearer resistiver Schaltungen sind unabhängige Quellen, lineare und resistive Zwei- und Mehrpole sowie lineare und nichtlineare gesteuerte Quellen. Als Beispiele technisch besonders wichtiger nichtlinearer resistiver Bauelemente seien Dioden, Transistoren, Thyristoren sowie Schaltkreise in Betriebsfällen genannt, in denen kapazitive und induktive Effekte für das Klemmenverhalten vernachlässigbar sind. Meist werden – wie auch bei anderen Problemen – drei Stufen bei der Lösung durchlaufen:

1. *Problemaufbereitung*, z. B. Modellbildung, Schaltungsvereinfachung, Kennlinienbeschreibung sowie Normierung;
2. *Verfahrensauswahl (analytisch, grafisch, numerisch, gemischt) sowie Lösung*;
3. *Diskussion* und möglichst auch *Überprüfung* der Lösung.

Bei der Analyse nichtlinearer Netzwerke ist der Aufwand in allen drei Stufen meist höher als bei der Analyse linearer Netzwerke vergleichbarer Größe. Problemaufbereitung und Verfahrensauswahl sind eng verkoppelt zu betrachten und entscheiden vielfach nicht nur über den Lösungsaufwand, sondern vielfach sogar über die Lösbarkeit.

Kennliniendarstellung und -approximation. Die Erläuterung erfolgt am Beispiel der Kennlinie einer PN-Diode (Bild 2.5a). Mögliche Formen der Kennliniendarstellung sind:

- formelmäßige Darstellung (u. U. auch bereichsweise),
- Darstellung als Kurve oder Punktmenge.

Bei nichtlinearen Bauelementen liegen Kennlinien häufig als Kurven oder Punktmengen vor, und zwar als Ergebnis von Messungen oder von numerischen Berechnungen des inneren elektronischen Verhaltens und damit auch des Klemmenverhaltens. Formelmäßige Darstellungen entstehen durch Approximation von Kurven bzw. Punktmengen oder durch die analytische Beschreibung innerer elektronischer Vorgänge oder als Mischung beider Darstellungsformen. Verwendet man Formeln mit freien Parametern und bestimmt diese Parameter durch Anpassung der Formeln an vorliegende Kurven, also empirisch, so spricht man von *Fitting*.

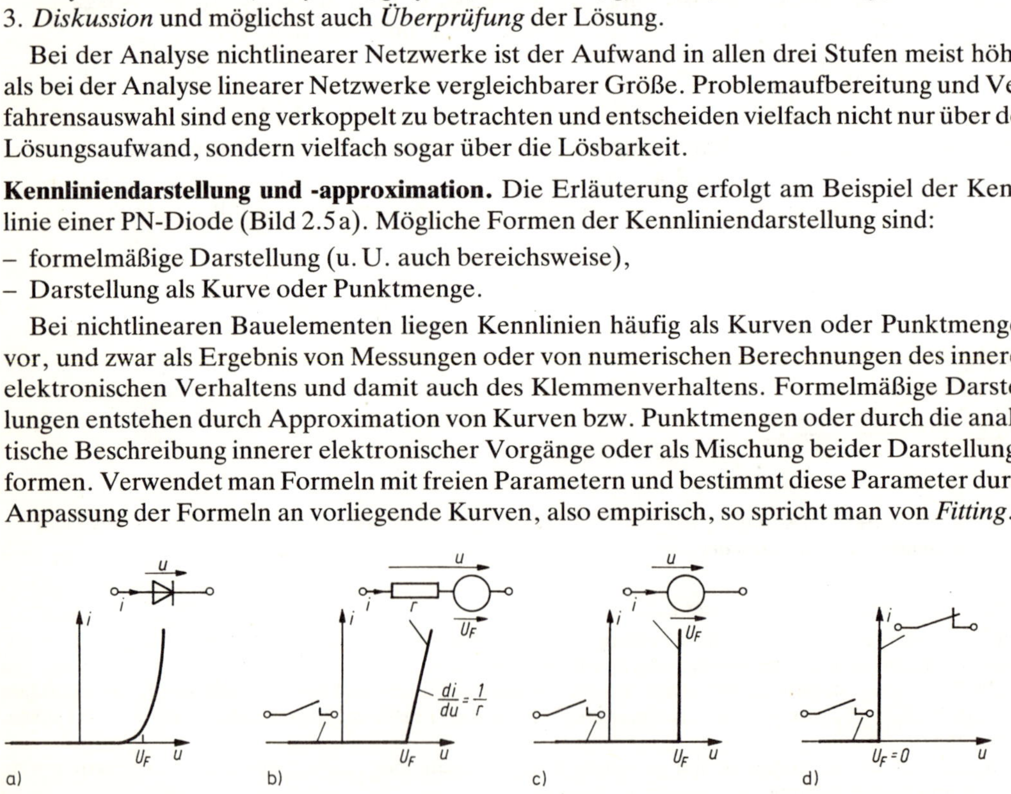

Bild 2.5 Schrittweise Vereinfachung der Kennlinie einer PN-Diode

a) exakte Kennlinie (ohne Durchbruch); b) bis d) stückweise lineare Approximationen und Ersatzschaltbilder unterschiedlicher Genauigkeit

Beispiel: Kennlinie einer PN-Diode ohne Durchbruch (Abschn. 1.8.3.2)

$$i = I_S\,(\exp\,(u/(mU_T)) - 1) \quad \text{bzw.} \quad u = mU_T \ln\,(i/I_S + 1). \tag{2.15}$$

Die Konstanten I_S und mU_T werden mittels Rechnungen oder aus Messungen bestimmt. Um die Auswertung zu vereinfachen, wählt man bei Exponentialfunktionen oft eine halblogarithmische Darstellung, da dabei Geraden entstehen. Normiert man z. B. Gl. (2.15) auf Ampere, bildet auf beiden Seiten den Logarithmus und setzt $\exp\,(u/(mU_T)) \gg 1$ voraus, so entsteht

$$\lg \frac{i}{A} = \lg \left(\frac{I_S}{A} \exp\left(\frac{u}{mU_T}\right)\right). \tag{2.16}$$

Mit $\lg\,(e^x) = x \cdot \lg e = 0{,}43429 \cdot x$ folgt

$$\lg \frac{i}{A} = \lg \frac{I_S}{A} + \lg e \cdot \frac{u}{mU_T}. \tag{2.17}$$

Bei logarithmischer Darstellung von i kann demnach I_S/A aus dem Schnittpunkt mit der Ordinate und mU_T aus dem Anstieg der Geraden ermittelt werden (aufzeichnen!). Wählt man zwei Punkte aus, so gilt nach Gl. (2.17)

$$mU_T = 0{,}43429 \cdot (u_1 - u_2)/(\lg i_1/A - \lg i_2/A). \tag{2.18}$$

Häufig führt man (stückweise) Kennlinienapproximationen ein, z. B. mit Polynomen verschiedenen Grades, Exponentialfunktionen, tanh-Funktionen usw. Dabei kann es auch wichtig sein, daß für das Netzwerk eine analytische Lösung möglich ist. Folgende Kriterien spielen bei der Approximation eine Rolle: Genauigkeitsforderungen, Eignung für das gewählte Verfahren (z. B. analytische Lösbarkeit, numerische Anforderungen). Von besonderer Bedeutung sind *stückweise lineare Approximationen*, die zu bereichsweise gültigen linearen Ersatzschaltungen mit linearen Widerständen und unabhängigen – als Verbraucher wirkenden – Quellen führen. Im Bild 2.5 sind für eine PN-Diode Beispiele unterschiedlichen Genauigkeitsgrades sowie die Ersatzschaltungen dargestellt. Problematisch bei der stückweise linearen Modellierung nichtlinearer Schaltungen sind u. U. neben Genauigkeitsproblemen bei manchen numerischen Verfahren die fehlende Differenzierbarkeit.

2.3 Analytische Analyse nichtlinearer resistiver Schaltungen

Sie ist nur in wenigen Ausnahmefällen und für kleine Schaltungen exakt möglich. Näherungslösungen sind teilweise durch Kleinsignalnäherungen (Linearisierung am Arbeitspunkt, s. Abschn. 1.15.1), stückweise lineare Approximation, Reihenentwicklungen (z. B. quadratische Näherungen) und andere Näherungsverfahren möglich und vielfach auch anzustreben.

Beispiel: Für die Schaltung im Bild 2.6 ergeben sich aus $Ri + u = u_q$ mit Gl. (2.15) folgende Varianten:

$$F_1(i) = i + \frac{mU_T}{R} \ln\left(\frac{i}{I_S} + 1\right) - \frac{u_q}{R} = 0, \tag{2.19}$$

$$F_1(u) = -u + mU_T \ln\left(\frac{u_q - u}{RI_S} + 1\right) = 0, \tag{2.20}$$

$$F_2(i) = i - I_S\left(\exp\left(\frac{u_q - Ri}{mU_T}\right) - 1\right) = 0, \tag{2.21}$$

$$F_2(u) = u + RI_S\,(\exp\,(u/mU_T) - 1) - u_q = 0. \tag{2.22}$$

Die *Normierung* der obenstehenden Gleichungen ermöglicht eine dimensionslose Darstellung, oft auch eine Vereinfachung sowie einen günstigen Zahlenbereich, vor allem aber eine Verallgemeinerung des Problems.

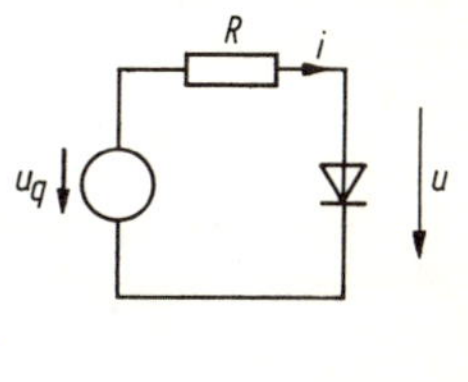

Bild 2.6 Beispiel einer einfachen und technisch wichtigen nichtlinearen Schaltung

Normiert man z. B. Gl. (2.19) mit $i_N = i/\text{mA}$, so entsteht

$$i_N + c_1 \ln (c_2 i_N + 1) - c_3 = 0 \tag{2.23}$$

mit $c_1 = mU_T/(R \cdot \text{mA})$, $c_2 = \text{mA}/I_S$ und $c_3 = u_q/(R \cdot \text{mA})$. Häufig wird der Index N weggelassen. Speziell für $u_q = 5$ V, $I_S = 5 \cdot 10^{-15}$ A, $mU_T = 25$ mV und $R = 500\ \Omega$ folgt damit

$$i + c_1 \ln (c_2 i + 1) - c_3 = 0 \tag{2.24}$$

mit $c_1 = 5 \cdot 10^{-2}$, $c_2 = 2 \cdot 10^{11}$ und $c_3 = 10$. Selbst für die einfache Schaltung im Bild 2.6 ist keine exakte Lösung möglich. Vielfach reicht aber eine Näherungslösung aus. Mit der Näherung aus Bild 2.5b folgt $Ri + ri + U_{FO} = u_q$ bzw. $i = (u_q - U_{FO})/(r + R)$ und für die Kennlinie aus Bild 2.5c, also mit $r \ll R$ $i = (u_q - U_{FO})/R$. Nicht ohne Willkür wird als U_{FO} die Spannung definiert, bei der 10% des möglichen Maximalstromes i_{max} in der Schaltung, also $i = 0{,}1 i_{max} = 0{,}1 u_q/R = 1$ mA fließen. Damit ergibt sich

$$U_{FO} = mU_T \ln (0{,}1 \cdot i_{max}/I_S + 1) = 650{,}54 \text{ mV}$$

sowie als Näherungslösung

$$i = (u_q - U_{FO})/R = 8{,}6989 \text{ mA} \quad \text{und} \quad u = u_q - Ri = 650{,}55 \text{ mV}$$

(exakte Lösung $i = 8{,}5913829$ mA, $u = 0{,}70430858$ V s. Abschn. 2.4.2, Aufgabe 2.5).

2.4 Iterationsverfahren für die numerische Analyse nichtlinearer resistiver Schaltungen

2.4.1* Fixpunktverfahren

Bei der Analyse nichtlinearer resistiver Netzwerke treten u. a. nichtlineare Gleichungen des speziellen Typs

$$y = F(y) \tag{2.25}$$

auf. Eine Lösung der Gl. (2.25), die im Definitionsbereich der Abbildung F liegt, bezeichnet man als Fixpunkt y^*. Für die Bestimmung der Lösung führt in vielen Fällen die Iterationsvorschrift

$$y_{k+1} = F(y_k), \qquad k = 0, 1, 2, \ldots \tag{2.26}$$

zum Erfolg. Sie kann mit folgendem *Algorithmus* beschrieben werden, den man *Fixpunktverfahren* oder *gewöhnliche Iteration* nennt:

1. Festlegung eines beliebigen, aber physikalisch sinnvollen Startwertes y_0;
2. Bildung von

$$y_1 = F(y_0), \qquad y_2 = F(y_1), \ldots \quad \text{bzw.} \quad \text{allgemein } y_{k+1} = F(y_k);$$

3. Abbruch der Iteration, wenn die Abbruchbedingung erfüllt ist, die folgende Form besitzen kann:

$$\|y_{k+1} - y_k\| \leqq \varepsilon.$$

Dabei bezeichnet $\|\ldots\|$ eine Norm, z. B. $|y_{k+1} - y_k|/|y_k|$. Die Abbruchschranke ε ist problem- und u. U. auch rechnerabhängig zu wählen, und zwar so klein wie nötig (z. B. $\varepsilon = 10^{-5}$). Die Iterierte y_{k+1} stellt einen Näherungswert für y^* dar.

Voraussetzung dafür, daß ein Fixpunkt existiert und die Iterationsvorschrift $y_{k+1} = F(y_k)$ wirklich konvergiert, sind bestimmte Eigenschaften von F, und zwar die Erfüllung des sog. *Fixpunktsatzes*

$$|F(y_a) - F(y_b)| \leqq m\,|y_a - y_b| \quad \text{mit} \quad 0 < m \leqq 1 \tag{2.27}$$

für beliebige y_a, y_b im Definitionsbereich von y. Im eindimensionalen Fall ergibt sich daraus die Bedingung $|\partial F/\partial y| < 1$.

Meist ist es jedoch einfacher, mit einem numerischen Experiment die Konvergenz bzw. Nichtkonvergenz (Divergenz bzw. Periodizität der Iteriertenfolge) nachzuweisen, als erst die Erfüllung des o. g. Satzes zu überprüfen.

Interessant ist, daß das gleiche physikalische Problem zu unterschiedlichen Gleichungen des Typs $y = F(y)$ führen kann, von denen u. U. eine Form mit der Iterationsvorschrift $y_{k+1} = F(y_k)$ lösbar ist, die andere aber nicht.

Beispiel: Für eine PN-Diode folgt aus der Gl. (2.19) bzw. (2.21) für den auf mA normierten Strom i

$$i = F_a(i) \quad \text{mit} \quad F_a(i) = -c_1 \ln (c_2 i + 1) + c_3; \tag{2.28}$$

$$i = F_b(i) \quad \text{mit} \quad F_b(i) = c_4 (\exp (c_5 - c_6 i) - 1) \tag{2.29}$$

mit $c_1 = mU_T/(R \cdot \text{mA})$, $c_2 = \text{mA}/I_S$, $c_3 = u_q/(R \cdot \text{mA})$ bzw. $c_4 = 1/c_2$, $c_5 = u_q/(mU_T)$, $c_6 = 1/c_1$. Ein physikalisch sinnvoller Anfangswert der Iteration muß im Bereich $0 \leqq i \leqq u_q/(R \cdot \text{mA})$ liegen. Während sich Gl. (2.28) mit der gewöhnlichen Iteration lösen läßt und zum normierten Strom $i = 8{,}5913829$ führt, konvergiert die gewöhnliche Iteration bei der Darstellungsform nach Gl. (2.29) nicht, da $|\partial F_b/\partial i| > 1$ ist. Dieser Sachverhalt wird mit den Bildern 2.7a und 2.7b qualitativ veranschaulicht.

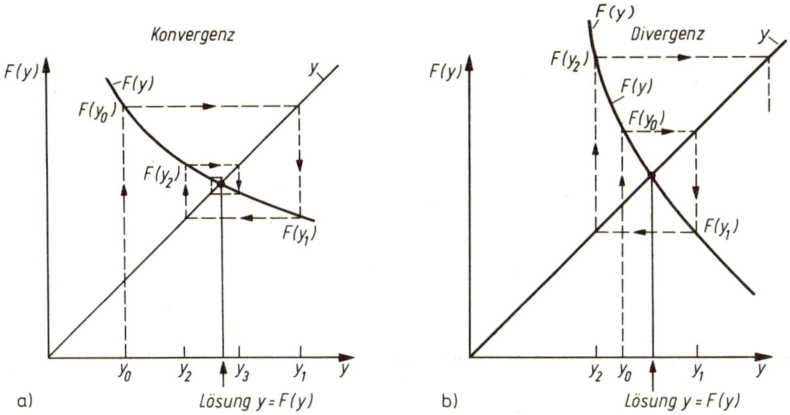

Bild 2.7 Veranschaulichung der gewöhnlichen Iteration zur Lösung der nichtlinearen Gl. $y = F(y)$ für unterschiedliche $F(y)$

a) Konvergenz (Fixpunktbedingung erfüllt); b) keine Konvergenz (Fixpunktbedingung nicht erfüllt)

2.4.2 Iteration mit dem Newton-Verfahren

Im Abschnitt 1.15 wurde die Linearisierung nichtlinearer Kennlinien für eine effektive Kleinsignalanalyse in der Nähe eines Arbeitspunktes genutzt. Das Linearisierungsprinzip ist aber darüber hinausgehend auch der Ausgangspunkt für eine Klasse von Iterationsverfahren, von denen das Newton-Verfahren[1]) besonders bedeutsam ist.

Um die eindimensionale Gleichung

$$F(y) = 0 \tag{2.30}$$

zu lösen, d. h., um die Nullstelle $y = y^*$ der Funktion F zu ermitteln, kann man von der Linearisierung von F bei einem Startwert y_0 ausgehen und

$$F(y_1) = F(y_0) + \frac{\mathrm{d}F}{\mathrm{d}y}(y_0)\,(y_1 - y_0) = 0 \tag{2.31}$$

[1]) Isaac Newton, englischer Physiker und Mathematiker, 1643–1727

bilden. Die nächste Iteration geht von y_1 aus und liefert y_2 usw. (s. Bild 2.8). Allgemein lautet die Iterationsvorschrift

$$F(y_{k+1}) = F(y_k) + \frac{dF}{dy}(y_k)(y_{k+1} - y_k) = 0 \quad \text{mit} \quad k = 0, 1, 2 \ldots \tag{2.32}$$

bzw.

$$y_{k+1} = y_k + (y_{k+1} - y_k) = y_k + \Delta y_k \quad \text{mit} \quad \frac{dF}{dy}(y_k)\,\Delta y_k = -F(y_k) \tag{2.33}$$

bzw.

$$y_{k+1} = y_k - \left[\frac{dF}{dy}(y_k)\right]^{-1} F(y_k). \tag{2.34}$$

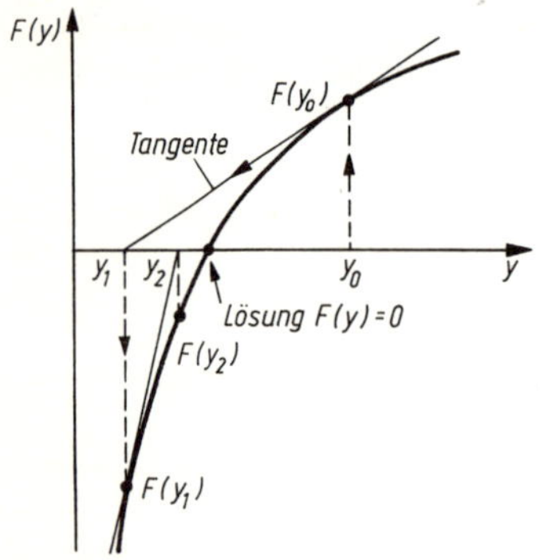

Bild 2.8
Veranschaulichung der Newton-Iteration zur Lösung der nichtlinearen Gl. $F(y) = 0$

Für hinreichend hohes k, d.h. in der Nähe der Lösung, kann y_{k+1} als Näherungswert für y^* angesehen werden. Voraussetzung ist außer $F(y_k) \neq 0$ auch, daß am Startpunkt die Bedingung

$$|F''(y_0)\,F(y_0)| < (F'(y_0))^2 \tag{2.35}$$

erfüllt ist.

Für ein nichtlineares Gleichungssystem

$$F_j(\underline{y}) = F_j(y_1 \ldots y_m) = 0 \quad (j = 1, 2, \ldots, m) \tag{2.36}$$

lautet die Verallgemeinerung der Iterationsvorschrift in Gl. (2.33) mit $\Delta y_k = y_{k+1} - y_k$

$$\underline{y}_{k+1} = \underline{y}_k + \underline{\Delta y}_k \quad \text{mit} \quad A_0(\underline{y}_k)\,\Delta\underline{y}_k = -\underline{F}(\underline{y}_k) \tag{2.37}$$

und der sog. Jacobi-Matrix (Funktionalmatrix)

$$A_0(\underline{y}_k) = \begin{pmatrix} \dfrac{\partial F_1}{\partial y_1} & \cdots & \dfrac{\partial F_1}{\partial y_m} \\ \vdots & & \\ \dfrac{\partial F_m}{\partial y_1} & \cdots & \dfrac{\partial F_m}{\partial y_m} \end{pmatrix}_{\underline{y}=\underline{y}_k}. \tag{2.38}$$

Beispiel 1: Iteration zur Lösung von $F(y) = 0$

$$(dF/dy)_k\,\Delta y_k = -F(y_k), \qquad \Delta y_k = -(dF/dy)_k^{-1} \cdot F(y_k), \qquad y_{k+1} = y_k + \Delta y_k \tag{2.39}$$

Beispiel 2: Iteration zur Lösung von $F_1(y_1, y_2) = 0$, $F_2(y_1, y_2) = 0$

$$\begin{aligned} \left(\frac{\partial F_1}{\partial y_1}\right)_k \Delta y_{1k} + \left(\frac{\partial F_1}{\partial y_2}\right)_k \Delta y_{2k} &= -F_1(y_{1k}, y_{2k}) \\ \left(\frac{\partial F_2}{\partial y_1}\right)_k \Delta y_{1k} + \left(\frac{\partial F_2}{\partial y_2}\right)_k \Delta y_{2k} &= -F_2(y_{1k}, y_{2k}) \\ y_{1k+1} = y_{1k} + \Delta y_{1k}, \qquad y_{2k+1} &= y_{2k} + \Delta y_{2k} \end{aligned} \tag{2.40}$$

Die Darstellung der Gl. (2.37) analog zur Gl. (2.34) in der expliziten Form

$$\underline{y}_{k+1} = \underline{y}_k - A_0^{-1}(\underline{y}_k)\,\underline{F}(\underline{y}_k) \tag{2.41}$$

ist zwar möglich, aber für die numerische Auswertung nicht effektiv. Die Matrizeninversion A_0^{-1} ist nämlich gegenüber der Lösung eines linearen Gleichungssystems (entsprechend Gl. (2.37)) mit einem Eliminationsverfahren etwa um den Faktor drei aufwendiger.

Das Newton-Verfahren beinhaltet also die Schritte:

- Festlegung geeigneter Startwerte (wegen der sogenannten lokalen Konvergenz des Newton-Verfahrens tritt Konvergenz dann auf, wenn die Startwerte in der „Nähe" der Lösung liegen, s. auch Gl. (2.35)) für den eindimensionalen Fall);
- Bildung der Jacobi-Matrix und Lösung der linearen Gleichung (für $m = 1$) bzw. des linearen Gleichungssystems (für $m > 1$, s. Gl. (2.37));
- Wiederholung der Iteration, bis die Abbruchbedingung erfüllt ist, z. B. in der Form $|F_j(\underline{y}_{k+1})| \leqq \delta_j$ mit hinreichend kleinen δ_j.

Während die gewöhnliche Iteration (Abschn. 2.4.1) nur linear konvergiert, besitzt die Newton-Iteration den Vorteil einer quadratischen Konvergenz, d. h., der Fehler nimmt für hinreichend hohes k bei jedem Schritt quadratisch ab. Die Anzahl der richtigen Stellen verdoppelt sich annähernd bei jedem Schritt. Auch beim Newton-Verfahren beeinflußt die gewählte Darstellung die Zahl der erforderlichen Iterationen. So ist z. B. auch Gl. (2.29) mit dem Newton-Verfahren lösbar, erfordert aber wesentlich mehr Iterationen als Gl. (2.28), bei der eine geringere Krümmung der Kurve $F(i)$ die Lösung durch Linearisierung begünstigt. Über das vorgestellte Iterationsprinzip hinaus wurden modifizierte Verfahren entwickelt, z. B. das Verfahren nach *Newton-Raphson*. Erwähnt sei, daß u. a. bei Kennlinien mit Extremwerten, Wendepunkten, Mehrdeutigkeiten sowie nicht differenzierbaren Funktionen (Knicke), u. a. in Abhängigkeit vom Startwert, die Konvergenz nicht immer gesichert ist.

Aufgabe 2.5 Newton- und Fixpunktverfahren*

Berechnen Sie für die Schaltung im Bild 2.6 für $u_q = 5$ V und $R = 500\ \Omega$ sowie die Diodenparameter $mU_T = 25$ mV und $I_S = 5 \cdot 10^{-15}$ A den Strom i und die Spannung u mit dem Newton-Verfahren (a) sowie dem Fixpunktverfahren (b), und diskutieren Sie die Ergebnisse!

2.5 Grafisch-analytische Analyse nichtlinearer resistiver Schaltungen

2.5.1 Grundlagen

Die grafische oder auch grafisch-analytische Netzwerkanalyse mit der Verknüpfung grafischer und analytischer Verfahren ist besonders dann effektiv, wenn nur wenige nichtlineare Netzwerkelemente vorliegen und die Kennlinien in Form von Kurven – also nicht formelmäßig – gegeben sind. Die erreichbare Genauigkeit ist eingeschränkt. Vorteilhaft ist die Anschaulichkeit grafischer Verfahren, und zwar sowohl für das qualitative Verständnis der Funktion als auch für die Schaltungsanalyse und -synthese. Ausgangspunkt der grafischen Analyse sind die Knoten- und Maschengleichungen sowie die u,i-Relationen. Häufig empfiehlt es sich, den linearen Netzwerkteil in einen aktiven (oder u. U. auch passiven) Zweipol zusammenzufassen und dessen Zusammenwirken mit dem nichtlinearen Bauelement zu analysieren.

In diesem Fall kann – wie in den Bildern 2.9a und 2.9b veranschaulicht – folgender *Algorithmus* zur Arbeitspunktermittlung angewendet werden:

1. Zusammenfassung des linearen Netzwerkteils in einem Spannungs- oder Stromquellen-ersatzschaltbild.

2. Aufzeichnen der i,u-Kennlinie des nichtlinearen Zweipols und der des aktiven linearen Zweipols, wobei man letztere Arbeitsgerade nennt. Die Schnittpunkte der Arbeitsgeraden mit der u- bzw. i-Achse sind dabei die Leerlaufspannung u_l bzw. der Kurzschlußstrom $i_k = u_l/R_i$.
3. Auswertung des Schnittpunktes beider Kennlinien (einziger Punkt, der die Kirchhoffschen Gleichungen erfüllt), den man auch als Arbeitspunkt der Schaltung bezeichnet.

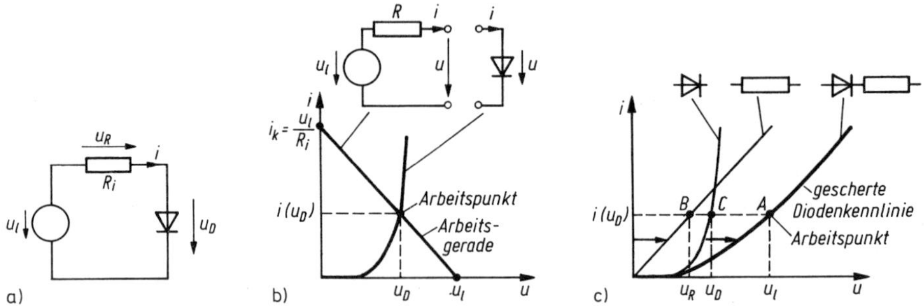

Bild 2.9 Beispiel zur grafischen Netzwerkanalyse

a) Schaltung; b) Ermittlung des Arbeitspunktes aus dem Schnittpunkt von Kennlinie des aktiven Zweipols (Arbeitsgerade) und Kennlinie des passiven Zweipols; c) Arbeitspunktermittlung durch Kennlinienüberlagerung (bei Reihenschaltung Spannungsaddition)

Eine andere Variante der grafischen Analyse geht von der Darstellung aller Zweipolcharakteristiken und ihrer Addition entsprechend den Knoten- und Maschengleichungen aus. Dabei gelten die Konstruktionsregeln:

- Addition der Ströme bei Parallelschaltung,
- Addition der Spannungen bei Reihenschaltung.

Als Anwendungsbeispiel wird wiederum die Schaltung von Bild 2.9a betrachtet. Die resultierende Kennlinie der Reihenschaltung von Widerstand und Diode ergibt sich durch Spannungsaddition $u = u_R + u_D$ (Bild 2.9c). Der Schnittpunkt mit der Geraden $u = u_l$ führt zum Arbeitspunkt A. Die Spannungen $u_R = R_i i$ und u_D lassen sich aus den Punkten B und C ablesen. Diese Analyse ist aufwendiger als die im Bild 2.9b veranschaulichte Variante, zeigt aber die Gesamtkennlinie für die Reihenschaltung einer Diode mit einem Widerstand, die man auch als *gesicherte Diodenkennlinie* bezeichnet.

Bei Netzwerken mit mehreren nichtlinearen Bauelementen empfiehlt sich – soweit möglich – deren Zusammenfassung. Wie aus Aufgabe 2.7 ersichtlich ist, lassen sich auch NW mit mehreren nicht zusammenfaßbaren nichtlinearen Bauelementen grafisch analysieren, indem man die Zweigkennlinien ermittelt und zum Schnittpunkt bringt. Die Analyse mehrpoliger resistiver Bauelemente wird gemeinsam mit dem Wechselstromverhalten im Band 2 behandelt.

Aufgabe 2.6 Arbeitspunkt, Arbeitsgerade

Diskutieren Sie für die Schaltung im Bild 2.9 anhand von Diagrammen, wie sich die Arbeitsgerade und der Arbeitspunkt bei Variation der Quellenspannung (Leerlaufspannung) und/oder des Widerstandes R verändern!

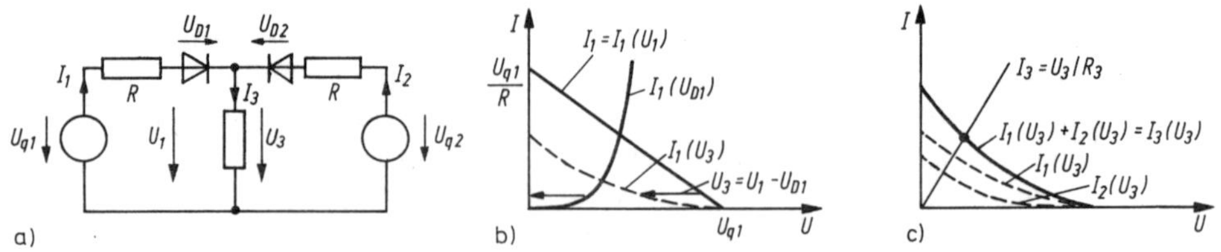

Bild 2.10 Beispiel zur grafischen Netzwerkanalyse bei zwei nichtlinearen Zweigen

a) Schaltung; b) Konstruktion von $I_1(U_3)$; c) Konstruktion von $I_3 = I_1 + I_2$ sowie des Arbeitspunktes

Aufgabe 2.7 Grafische Analyse einer Schaltung mit mehreren Dioden*

Ermitteln Sie für $U_{q1} > U_{q2} > 0$ und gleichartige Diodenkennlinien den Strom I_3 im Netzwerk von Bild 2.10a!

Lösungshinweis: Ermitteln Sie die Kennlinien aller drei Zweige, und beachten Sie die Knotengleichung!

2.5.2 Schaltungen mit Dioden

Beispiel mit vereinfachter Diodenkennlinie. Mit Hilfe der vereinfachten Kennlinie einer PN-Diode im Bild 2.5d sind i und u_a für das NW im Bild 2.11a für $u_e = -1$ V (a), 0,3 V (b), 1 V (c), 5 V (d) zu ermitteln, wobei $U_F = 0{,}7$ V und $R = 1$ kΩ sei.

Entsprechend dem Bild 2.11b gilt:

Bei einer Reihenschaltung einer Diode mit einem Widerstand liegt stets die Flußspannung U_F an der Diode, falls die Gesamtspannung $u_e \geqq U_F$ ist. Andernfalls ist die Diode gesperrt und damit $i = 0$.

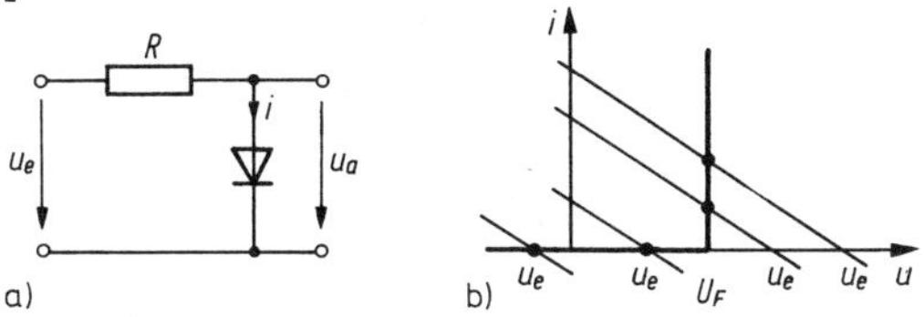

Bild 2.11 Reihenschaltung eines Widerstandes und einer Diode

a) Schaltung; b) Ermittlung der Ausgangsspannung u_a bei vereinfachter Diodenkennlinie für vier verschiedene Eingangsspannungen u_e

Wegen $u_e = Ri + u_a$ ergibt sich demnach folgende Fallunterscheidung:

$$u_e \geqq U_F: \quad u_a = U_F, \qquad i = (u_e - U_F)/R; \tag{2.42}$$

$$u_e < U_F: \quad i = 0, \qquad u_a = u_e. \tag{2.43}$$

Für die o.g. Zahlenwerte folgt demnach:

a) $u_a = u_e = -1$ V, $i = 0$; b) $u_a = u_e = 0{,}3$ V, $i = 0$;

c) $u_a = U_F = 0{,}7$ V, $i = 0{,}3$ mA; d) $u_a = U_F = 0{,}7$, $i = 4{,}3$ mA.

Aus dem diskutierten Verhalten von Dioden lassen sich sofort einige Anwendungsmöglichkeiten ableiten:

- *Spannungsstabilisierung* (u_a bleibt konstant trotz schwankendem u_e für $u_e > U_F$).
- *Spannungsbegrenzung* ($u_a = u_e$ für $u_e < U_F$ sowie $u_a = U_F$ für $u_e > U_F$)
  Beispiel: Wie Bild 2.12 veranschaulicht, wird u_a auch für sehr hohe u_e stets auf U_F begrenzt.
- *Schalterwirkung* (Für $u_e > U_F$ läßt die Diode Strom durch und für $u_e < U_F$ nicht.)
- *Gleichrichterwirkung* (Für negative u_e sperrt die Diode, für positive u_e ($u_e > U_F$) läßt die Diode einen Strom durch. Man bezeichnet Dioden deshalb auch als Halbleiterventile.)

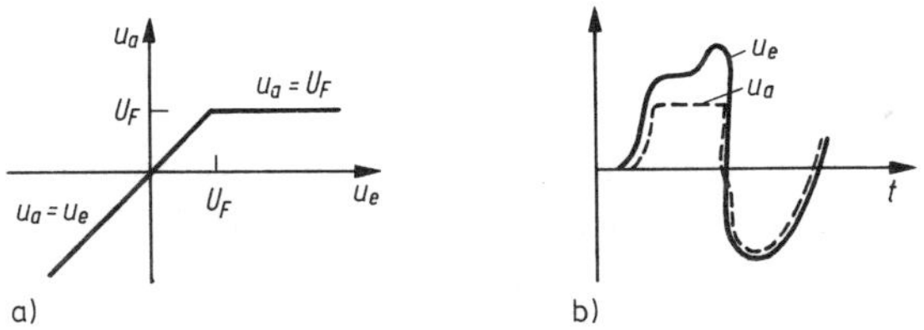

Bild 2.12 Spannungsbegrenzung mit der Schaltung im Bild 2.11a

a) Übertragungscharakteristik $u_a = u_a(u_e)$; b) Beispiel einer zeitveränderlichen Eingangsspannung u_e sowie der einseitig begrenzten Ausgangsspannung $u_a(t)$

Spannungsstabilisierung bei realer Diodenkennlinie. Aufgabe eines Vierpols für die Spannungsstabilisierung (siehe z. B. Bild 2.11 a) ist es, trotz schwankender Eingangsspannung u_e und/oder schwankendem Laststrom eine konstante Spannung u_a zu erzeugen. Im Bild 2.13 sind die Arbeitsgeraden für zwei unterschiedliche u_e-Werte dargestellt. Die zugeordneten Ausgangsspannungen können aus dem Schnittpunkt mit der Diodenkennlinie abgelesen werden. Offensichtlich ist die Schwankung Δu_a der Ausgangsspannung viel kleiner als die Schwankung Δu_e der Eingangsspannung, da die Diode große Stromänderungen bei kleinen Spannungsänderungen zuläßt. Fast der gesamte Spannungszuwachs Δu_e fällt über dem ohmschen Widerstand ab. Aus $u_e = Ri + u_a$ folgt $\Delta u_e = R\,\Delta i + \Delta u_a$ sowie mit der Näherung $r = \mathrm{d}u/\mathrm{d}i = \Delta u/\Delta i$

$$\Delta u_e = (R/r + 1)\,\Delta u_a. \tag{2.44}$$

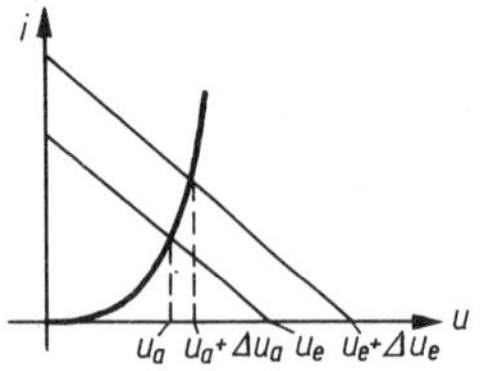

Bild 2.13 Analyse einer Diodenschaltung (Bild 2.11 a) zur Spannungsstabilisierung bei Erhöhung der Eingangsspannung von u_e auf $u_e + \Delta u_e$

Den Quotienten Änderung der Eingangs- zu der der Ausgangsspannung definiert man als *absoluten Stabilisierungsfaktor (Glättungsfaktor)* G_S, d. h.:

$$G_S = \Delta u_e/\Delta u_a, \qquad G_S = R/r + 1 \quad \text{bzw.} \quad G_S = R/r \ (\text{für } R \gg r). \tag{2.45}$$

Der relative Stabilisierungsfaktor ist

$$S = \frac{\Delta u_e/u_e}{\Delta u_a/u_a} \tag{2.46}$$

Beispiel: $i = 5$ mA, $u_e = 5$ V, $u_a = 0{,}7$ V, $R = (5\text{ V} - 0{,}7\text{ V})/5\text{ mA} = 860\ \Omega$, $r = mU_T/i$ (Gl. (1.136)) bzw. $r = 30\text{ mV}/5\text{ mA} = 6\ \Omega$, führen zu $G_S = 144$ und $S = 20$.

Liegt noch ein Lastwiderstand R_L parallel zur Diode, so empfiehlt sich eine Zweipolersatzschaltung des linearen Schaltungsteils (s. auch Abschn. 2.5.3).

2.5.3* Schaltungen mit Z-Dioden

Eigenschaften von Z-Dioden. Z-Dioden sind spezielle Si-PN- Dioden, die in Sperrichtung betrieben werden und bei deren Anwendungen, insbesondere für Spannungsstabilisierung bzw. -begrenzung, der steile Stromanstieg im Durchbruchgebiet (Zener-Effekt) genutzt wird (s. Bild 2.14 a). Im Gegensatz zu normalen PN-Dioden wird der Strom beim Durchbruch gleichmäßig auf den PN-Übergang verteilt, so daß keine Zerstörung des Bauelementes auftritt, solange die zulässige Verlustleistung P_{tot} nicht überschritten wird. Die Spannung im Durchbruchgebiet, bei der der Strom einen vorgegebenen Stromwert I_{ZO} erreicht, nennt man *Z-Spannung* U_{ZO}.

Bei Z-Dioden mit Z-Spannungen unterhalb von etwa 6 V dominiert als Durchbruchmechanismus meist der Tunneleffekt mit negativem Temperaturkoeffizienten $\mathrm{TK} = (\mathrm{d}U_Z/\mathrm{d}T)/U_Z$. Bei größeren Z-Spannungen wird der Durchbruch vor allem vom Lawineneffekt (Avalanche-Effekt) bestimmt, dessen TK positiv ist, z. B. 1‰/K.

Den differentiellen Widerstand im Durchbruchgebiet bezeichnet man als *Z-Widerstand*:

$$r_Z = \mathrm{d}u_Z/\mathrm{d}i_Z. \tag{2.47}$$

Die stabilisierende Wirkung der Z-Diode ist darauf zurückzuführen, daß eine große Stromänderung nur mit einer kleinen Spannungsänderung verbunden ist.

r_Z soll demnach möglichst niedrig sein, z.B. $7\,\Omega \ldots 100\,\Omega$ je nach Z-Diodentyp. Bei Z-Dioden mit $U_{ZO} \approx 8$ V tritt meist der niedrigste r_Z-Wert auf. r_Z steigt stärker als linear mit U_{ZO}. Demzufolge ist es manchmal günstiger, große Spannungen durch Reihenschaltung mehrerer Z-Dioden mit kleinem U_{ZO} (z.B. 8 V) zu stabilisieren als durch eine Z-Diode mit großem U_{ZO}. Bei Z-Spannungen unter 3 V besitzen die Dioden ebenfalls ein hohes r_Z. Demzufolge verwendet man zur Stabilisierung solcher Spannungen oft in Reihe geschaltete, in Durchlaßrichtung betriebene Dioden. Die Durchlaßspannung von Z-Dioden liegt meist bei etwa 0,7 V (s. Bild 2.14a). Bei kleinen Sperrspannungen sperrt die Z-Diode, allerdings sind die Sperrströme größer als bei normalen PN-Dioden, z.B. 1 µA.

Stabilisierungsschaltung. Die Wirkungsweise der Schaltung im Bild 2.14b entspricht prinzipiell der im Bild 2.11, nur daß anstelle einer Diode die Z-Diode (in Sperrichtung) eingesetzt wird. Außerdem wird ein endlicher Lastwiderstand R_L berücksichtigt, der den Eingangswiderstand der angeschlossenen Schaltung darstellt. Für die grafische Ermittlung des Arbeitspunktes wird der lineare Schaltungsteil zu einer Spannungsquellenersatzschaltung mit der Leerlaufspannung $u_e^* = u_e R_L/(R + R_L)$ und dem Innenwiderstand $R^* = R \| R_L$ zusammengefaßt (Bild 2.14c). Damit liegen die Schnittpunkte der Arbeitsgeraden mit der Abszisse bei u_e^* und mit der Ordinate bei $u_e/(R \| R_L) = u_e/R^*$. Nun ist es möglich, die resultierende Spannungsschwankung Δu_a grafisch zu ermitteln (Bild 2.14d).

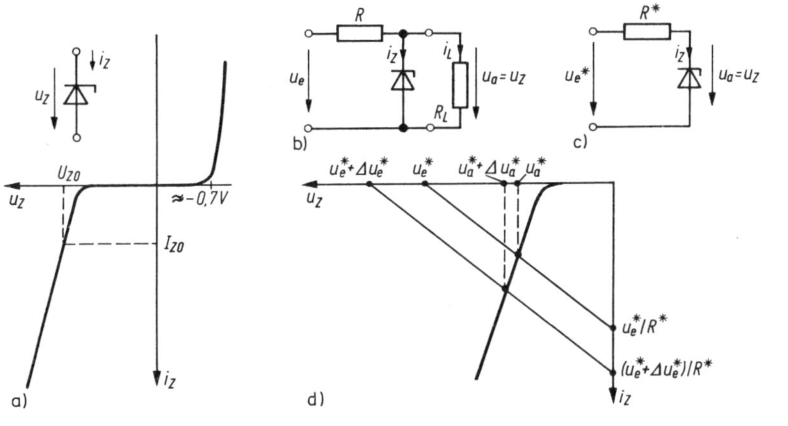

Bild 2.14 Stabilisierung mit Z-Dioden

a) Kennlinie und Symbol einer Z-Diode; b) einfache Stabilisierungsschaltung mit Lastwiderstand R_L; c) Ersatzschaltung (Zusammenfassung des linearen Schaltungsteils); d) Arbeitspunktbestimmung aus dem Schnittpunkt der Arbeitsgeraden der Spannungsquellenersatzschaltung mit der Z-Diodencharakteristik

Für eine rechnerische Analyse ist es zweckmäßig, die Z-Diodencharakteristik im Durchbruchgebiet durch die lineare Näherung

$$i_Z = I_{ZO} + (u_z - U_{ZO})/r_Z \quad \text{mit} \quad r_Z = \mathrm{d}u_Z/\mathrm{d}i_Z \tag{2.48}$$

zu beschreiben. Mit

$$u_e = R\,(i_Z + i_L) + u_a \quad \text{und} \quad i_L = u_a/R_L$$

kann die Schwankung Δu_a der Ausgangsspannung aus

$$\Delta u_e = R\,(\Delta i_Z + \Delta i_L) + \Delta u_a = R\,(\Delta u_a/r_Z + \Delta u_a/R_L) + \Delta u_a$$

ermittelt werden. Damit ist der absolute Stabilisierungsfaktor

$$G_S = \frac{\Delta u_e}{\Delta u_a} = \frac{R}{r_Z} + \frac{R}{R_L} + 1 \tag{2.49}$$

bzw. für $r_Z \ll R$ und $r_Z \ll R_L$ näherungsweise

$$G_S = \frac{\Delta u_e}{\Delta u_a} = \frac{R}{r_Z}. \tag{2.50}$$

Schaltungsdimensionierung. Für die Spannung u_e wird oft $(1{,}5 \ldots 3) \cdot U_{ZO} \approx (1{,}5 \ldots 3)\, u_a$ gewählt, also z. B. $u_e = 2u_a$. Bei der Dimensionierung von R ist zu beachten, daß

$$i_Z < I_{Z\max} \leqq P_{tot}/u_Z$$

gelten muß, damit die zulässige Verlustleistung P_{tot} nicht überschritten wird. Weiterhin ist einzuhalten:

$$i_Z \geqq I_{Z\min}, \quad \text{wobei oft} \quad I_{Z\min} \approx 0{,}1 I_{Z\max} \quad \text{ist,}$$

damit der Arbeitspunkt im hinreichend steilen Teil der Kennlinie liegt (kleines r_Z).

Beachtet man, daß der Laststrom i_L infolge von Laständerungen zwischen $I_{L\min}$ und $I_{L\max}$ schwanken kann, so folgt daraus als möglicher Bereich des Vorwiderstandes R (Beweis s. Aufgabe 2.11):

$$\frac{U_{e\max} - u_a}{I_{Z\max} + I_{L\min}} < R < \frac{U_{e\min} - u_a}{I_{Z\min} + I_{L\max}}. \tag{2.51}$$

Für u_a ist dabei meist als Näherung U_{ZO} ausreichend.

Bei genaueren Rechnungen ist $u_a = U_{ZO} + r_Z(i_Z - I_{ZO})$ oder eine grafische Auswertung möglich.

Aufgabe 2.8 Reihen- und Parallelschaltung von Dioden

Diskutieren Sie a) die Reihenschaltung und b) die Parallelschaltung zweier Dioden mit den Flußspannungen U_{F1} und U_{F2} ($U_{F1} \geqq U_{F2}$) anhand der idealisierten Diodenkennlinie von Bild 2.5c!

Aufgabe 2.9 Entwurf einer Spannungsbegrenzungsschaltung

Ein zweipoliges Meßgerät muß mit einer vorgeschalteten vierpoligen Begrenzerschaltung vor Spannungen geschützt werden, die betragsmäßig größer als 2 V sind. Eingangsspannungen mit $|u_e| \leqq 1$ V sollen von der Begrenzerschaltung unverändert übertragen werden. Eingangsspannungen mit $1\text{ V} < |u_e| \leqq 2$ V können verformt werden, dürfen aber nicht so verfälscht werden, daß sie zu Spannungen innerhalb des Meßbereiches führen. Geben Sie eine Schaltung sowie $u_a = u_a(u_e)$ an!

Aufgabe 2.10 Leistung einer Z-Diode

Welchen Wert darf der Lastwiderstand R_L nicht überschreiten, damit die Z-Diode ($U_Z = U_{ZO} = 10$ V, $P_{tot} = 0{,}5$ W) für die im Bild 2.14b angegebene Schaltung bei $R = 200\ \Omega$ und $u_e = (20 \pm 2)$ V nicht überlastet wird?

Aufgabe 2.11 Z-Diodenschaltung, R-Dimensionierung

Diskutieren Sie den Einfluß des Laststromes i_L auf i_Z, und beweisen Sie die Ungleichung (2.51)!

Aufgabe 2.12 Z-Diodenschaltung, Lastschwankungen

Wie groß ist Δu_a für die Schaltung im Bild 2.14b, falls u_e und R_L (letzteres stark) schwanken?

Aufgabe 2.13 Spannungsstabilisierung

In einem Meßgerät wird eine Spannung $u_a = 9$ V benötigt, die sich trotz Änderung der Spannung u_e (s. Schaltung im Bild 2.14b) im Bereich 20 V $\pm$ 2 V um höchstens $\pm 1\%$ ändern darf. Der Lastwiderstand R_L schwankt zwischen 400 Ω und ∞. Eingesetzt wird eine Z-Diode mit den Daten: $U_Z = 9$ V, $r_Z \leqq 5\ \Omega$, $P_{tot} = 1$ W. Berechnen Sie R (E24-Reihe), G_S, S, Δu_a und die auftretende maximale und minimale Diodenleistung! Erfüllt die Schaltung die Anforderungen?

2.6 Knotenspannungsanalyse

2.6.1 Grundlagen der Knotenspannungsanalyse

Das vollständige Kirchhoffsche Gleichungssystem besteht für ein Netzwerk mit k Knoten und z Zweigen aus $(k-1)$ unabhängigen Knotengleichungen, $m = z - (k-1)$ unabhängigen Maschengleichungen und z i,u-Relationen der Zweige, d. h. $2z$ Gleichungen (Abschnitt 1.17.1). Der Grundgedanke der Knotenspannungsanalyse (auch Knotenpotential- oder kurz Knotenanalyse genannt) besteht im Aufstellen der Knotengleichungen bei

- Elimination der Maschengleichungen durch Einführung der auf einen Bezugsknoten bezogenen Spannungen der Knoten, die man auch Knotenspannungen nennt;
- Elimination der i,u-Relationen der Zweige durch Darstellung der Zweigspannungen mit Hilfe der Knotenspannungen und Einsetzen der i,u-Relationen in die Knotengleichungen.

Der *Bezugsknoten* kann ein Knoten im NW oder auch ein Bezugspunkt außerhalb des NW sein (fiktiver Bezugsknoten).

Knotenspannungen. Als *Knotenspannung* $u_{\mu 0}$ (oder abgekürzt u_μ) eines Knotens mit dem Index μ definiert man die Spannung zwischen dem Knoten μ und dem Bezugsknoten, dem man häufig den Index 0 gibt (siehe z.B. Bild 2.15a). Die Zweigspannung $u_{\mu\nu}$ zwischen zwei Knoten μ und ν kann nach der Maschengleichung $u_{\mu\nu} + u_{\nu 0} - u_{\mu 0} = 0$ durch die Differenz der zugeordneten Knotenspannungen dargestellt werden:

$$u_{\mu\nu} = u_{\mu 0} - u_{\nu 0}. \tag{2.52}$$

Hinweis: Am Beispiel der Masche im Bild 2.15a wird deutlich, daß auf die Aufstellung der Maschengleichung $u_{\mu\nu} + u_{\nu\delta} + u_{\delta\mu} = 0$ bei Einführung der Knotenspannungen verzichtet werden kann, da stets

$$(u_{\mu 0} - u_{\nu 0}) + (u_{\nu 0} - u_{\delta 0}) + (u_{\delta 0} - u_{\mu 0}) = 0$$

durch paarweises Auftreten der Knotenspannungen mit unterschiedlichem Vorzeichen gewährleistet ist.

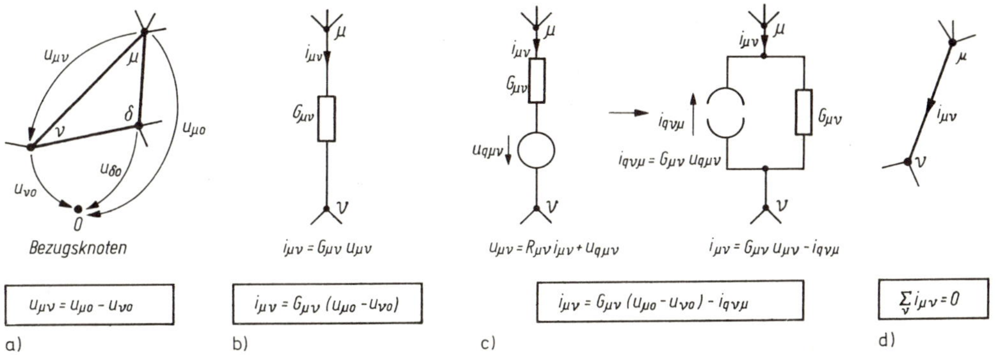

Bild 2.15 Zur Knotenspannungsanalyse

a) Einführung der Knotenspannungen sowie Beispiel einer Masche (als NW-Graph); b) u,i-Relation für Zweig mit Widerstand; c) u,i-Relation für Zweig mit Widerstand und Spannungsquelle sowie Quellentransformation; d) Knotengleichung am Knoten μ

Knotenpotentiale*. Erwähnt sei, daß man anstelle von Knotenspannungen auch von Knotenpotentialen spricht. Dem Bezugsknoten wird ein bestimmtes Potential φ_0 zugeordnet. Für die Knotenpotentiale gilt dann $\varphi_\mu = u_{\mu 0} + \varphi_0$. Wählt man das Bezugspotential $\varphi_0 = 0$, so sind Knotenspannungen und -potentiale identisch. In diesem Zusammenhang sei daran erinnert, daß die Möglichkeit, ein elektrisches Gebilde durch das elektrische Potential zu beschreiben, gleichbedeutend mit der Erfüllung der Maschengleichungen ist.

Algorithmus. Als *Algorithmus* für die Knotenanalyse ergibt sich aus den bisherigen Überlegungen bei einem NW mit k Knoten, das keine unabhängigen Spannungsquellen als Zweig enthält und bei Wahl des Bezugsknotens im Netzwerk:

1. NW-Aufbereitung einschließlich Wahl eines Bezugsknotens im Netzwerk und Einführung der $(k-1)$ Spannungen zwischen allen anderen Knoten und dem Bezugsknoten, d.h. der Knotenspannungen (meist durch Indizierung der Knoten);
2. Darstellung aller unbekannten Zweigströme mit Hilfe der Knotenspannungen und Aufstellen der Knotengleichungen für alle Knoten außer dem Bezugsknoten;
3. Lösung des Systems der $(k-1)$ Knotengleichungen und ggf. Berechnung der Zweigströme bzw. -spannungen aus den ermittelten Knotenspannungen.

Hinweise zu resistiven NW (ohne gesteuerte Quellen):

1. Für Zweige mit ohmschen Widerständen bevorzugt man die Leitwertdarstellung

$$i_{\mu\nu} = G_{\mu\nu} (u_{\mu 0} - u_{\nu 0}) \quad \text{(Bild 2.15b)}. \tag{2.53}$$

2. Durch Umrechnung von Zweigen, die aus der Reihenschaltung einer Spannungsquelle u_q und eines ohmschen Widerstandes R bestehen, in eine Parallelschaltung einer Stromquelle $i_q = u_q/R$ (Pfeilwechsel beachten) und eines Widerstandes R kann man die Aufstellung der Knotengleichung vereinfachen (Bild 2.15c) und davon ausgehen, daß das NW keine Spannungs-, sondern nur Stromquellen enthält.
3. Bei Netzwerken mit sternförmiger Struktur wählt man oft den Sternpunkt als Bezugsknoten, z. B. die Masse in einer Schaltung, falls daran viele Zweipole angeschlossen sind.
4. Falls nur eine Zweigspannung (bzw. ein Zweigstrom) gesucht wird, kann es zweckmäßig sein, den Bezugsknoten an diesen Zweig zu legen, da die Zweig- und Knotenspannung dann identisch sind.
5. Falls möglich, ist eine NW-Vereinfachung durchzuführen, z. B. durch Ersatzschaltungen für parallel oder in Reihe liegende Widerstände.

Beispiel: Knotengleichungen für das NW im Bild 2.16

Wählt man den Knoten 0 als Bezugsknoten, so sind die Knotengleichungen für die Knoten *1* und *2* aufzustellen:

$$G_{10}u_{10} + G_{12}(u_{10} - u_{20}) = i_{q1}, \qquad G_{12}(u_{20} - u_{10}) + G_{20}u_{20} = -i_{q2}.$$

Ordnet man diese Gleichungen nach den Knotenspannungen, so entsteht das Gleichungssystem:

$$\text{Knoten } 1 \quad (G_{10} + G_{12})\, u_{10} - G_{12}u_{20} = i_{q1} \tag{2.54}$$

$$\text{Knoten } 2 \quad -G_{12}\, u_{10} + (G_{20} + G_{12})\, u_{20} = -i_{q2}. \tag{2.55}$$

Das Gleichungssystem ermöglicht die Bestimmung der Knotenspannungen und damit auch aller anderen Größen im NW, z. B. von $u_{12} = u_{10} - u_{20}$. Für die Darstellung des Knotenspannungsgleichungssystems werden auch folgende Varianten benutzt:

Knoten \ Knotenspannungen	u_{10}	u_{20}		Einströmungen
1	$G_{10} + G_{20}$	$-G_{12}$	=	i_{q1}
2	$-G_{12}$	$G_{20} + G_{12}$	=	$-i_{q2}$

(2.56)

oder

$$\begin{array}{c|cc|} & 1 & 2 \\ \hline 1 & G_{10} + G_{12} & -G_{12} \\ 2 & -G_{12} & G_{20} + G_{12} \\ \hline \end{array} \cdot \begin{pmatrix} u_{10} \\ u_{20} \end{pmatrix} = \begin{pmatrix} i_{q1} \\ -i_{q2} \end{pmatrix} \tag{2.57}$$

Bei dieser Darstellung wurde die Hauptdiagonale hervorgehoben.
Außerdem ist natürlich die übliche Matrixschreibweise möglich.

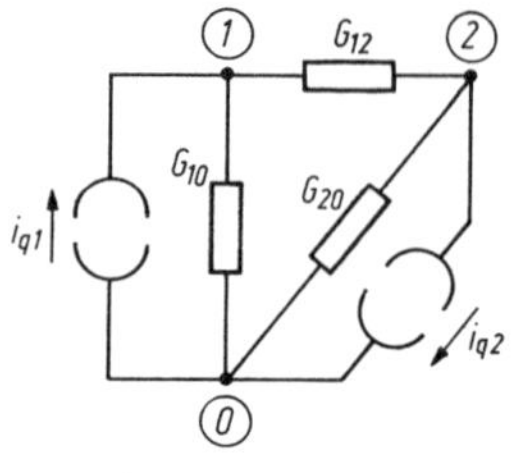

Bild 2.16 Einfaches Beispiel zur Knotenspannungsanalyse

Knotenadmittanzmatrix. Allgemein kann man das System der *Knotenspannungsgleichungen* eines linearen resistiven NW in folgender Form darstellen:

$$(G)\,(u) = (i_q). \tag{2.58}$$

Knotenadmittanzmatrix · Vektor der Knotenspannungen = Quellenstromvektor (Einströmungen)

Admittanz bedeutet hierbei Leitwert. Die Knotenadmittanzmatrix kann direkt aus der Netzwerkstruktur abgelesen werden, da jede Zeile der Matrix die Netzwerkstruktur in der Umgebung des Knotens beschreibt. Wie aus o. g. Beispiel entsprechend Gl. (2.57) ersichtlich ist und wie noch allgemein bewiesen wird, lauten die Regeln zur Aufstellung des Knotenspannungsgleichungssystems für ein lineares resistives NW (mit Stromquellen) bei k Knoten:

1. *Bezugsknoten* 0 im aufbereiteten NW (siehe o. g. Hinweise) *wählen*, alle weiteren Knoten von 1 ... $(k-1)$ durchnumerieren, denen die Knotenspannungen $u_{10} \ldots u_{(k-1)0}$ zugeordnet werden
2. *Knotengleichungen aufstellen*
2.1. *Schema* für $(k-1)$ Knotengleichungen (Zeilen) und $(k-1)$ Knotenspannungen (Spalten) aufstellen
2.2. Als *Hauptdiagonalelemente der Knotenadmittanzmatrix* jeweils die Knotenleitwerte (Summe der Leitwerte am Knoten, stets positiv) einfügen
2.3. Alle weiteren Matrixelemente der Knotenadmittanzmatrix als (-1) *Koppelleitwert* $G_{\mu\nu}$ zwischen dem betrachteten Knoten (Zeilennummer) und dem jeweiligen Nachbarknoten (Spaltennummer) einfügen, d. h. in der ν-ten Spalte der μ-ten Zeile $-G_{\mu\nu}$ $(\nu \neq \mu)$ bzw. den damit identischen Wert $-G_{\nu\mu}$ (sowie $G_{\mu\nu} = 0$, falls keine resistive Verbindung zwischen den Knoten ν und μ vorliegt).
Hinweis: Da die Matrix symmetrisch zur Hauptdiagonalen ist, ergeben sich die Werte unterhalb der Hauptdiagonalen durch Spiegelung.
2.4. Auf der rechten Seite *algebraische Summe der Quellenströme* am jeweiligen Knoten (Zeilennummer) einsetzen (+ bei Zufluß, bzw. − bei Abfluß)
3. *Gleichungen lösen* und ggf. Zweigstrom- bzw. -spannungsberechnung durchführen.

Dem Leser wird empfohlen, diese Aussagen anhand des einfachen Beispiels im Bild 2.16 sowie der Gln. (2.57) zu überprüfen. Dieses Beispiel kann als intuitiver Weg zu den genannten Regeln aufgefaßt werden.

Erwähnt sei, daß manchmal auch die Schreibweise verwendet wird, bei der auf der rechten Seite der Knotengleichungen die Ausströmungen stehen. In diesem Fall sind die Hauptdiagonalelemente der Knotenadmittanzmatrix mit einem negativen Vorzeichen versehen und alle anderen mit einem positiven Vorzeichen.

Mit den Regeln zum Aufstellen der Knotenadmittanzmatrix sowie dem leicht anzugebenden Vektor der Einströmungen kann das Knotenspannungsgleichungssystem direkt aus dem NW entnommen und somit sehr effektiv aufgestellt werden.

Zur *Kontrolle der Knotenadmittanzmatrix* können folgende Aussagen genutzt werden:
1. Die Zeilensumme ist gleich dem Leitwert zwischen dem betrachteten Knoten (Zeilennummer) und dem Bezugsknoten. Folglich ist die Zeilensumme Null, wenn am betrachteten Knoten kein resistiver Zweig zum Bezugsknoten vorliegt.
2. Die Spaltensumme ergibt den Leitwert zwischen dem jeweiligen Knoten (Spaltennummer) und dem Bezugsknoten.
3. Falls alle Matrixelemente aus dem NW abgelesen werden, kann auch die Symmetrie überprüft werden.

Beispiel: Das im Bild 2.17a angegebene NW wird zunächst entsprechend den o. g. Hinweisen für die Knotenspannungsanalyse aufbereitet, wobei das NW im Bild 2.17b entsteht. Daraus läßt sich das folgende Gleichungssystem ablesen:

Knoten	Knotengleichungen
1	$(G_1 + G_4 + G_6)\, u_{10} \quad - G_6\, u_{20} \quad - G_4\, u_{30} = i_{q1}$
2	$- G_6\, u_{10} + (G_2 + G_5 + G_6)\, u_{20} \quad - G_5\, u_{30} = i_{q2}$
3	$- G_4\, u_{10} \quad - G_5\, u_{20} + (G_3 + G_4 + G_5)\, u_{30} = 0$

(2.59)

In Matrixdarstellung ergibt sich

$$\begin{pmatrix} G_1 + G_4 + G_6 & -G_6 & -G_4 \\ -G_6 & G_2 + G_5 + G_6 & -G_5 \\ -G_4 & -G_5 & G_3 + G_4 + G_5 \end{pmatrix} \begin{pmatrix} u_{10} \\ u_{20} \\ u_{30} \end{pmatrix} = \begin{pmatrix} i_{q1} \\ i_{q2} \\ 0 \end{pmatrix} \tag{2.60}$$

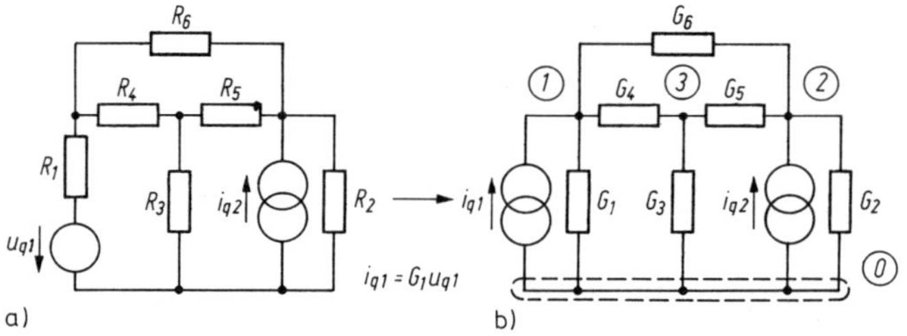

Bild 2.17 Anwendung der Knotenspannungsanalyse

a) Netzwerk; b) für die Knotenspannungsanalyse aufbereitetes Netzwerk

Beweis der Regeln zur Aufstellung der Knotenadmittanzmatrix:*
Die Knotengleichung für einen Knoten μ lautet (Bild 2.15 d):

$$\sum_{\nu} i_{\mu\nu} = 0 \quad \text{mit} \quad \nu \neq \mu \quad \text{sowie} \quad \nu = 0, 1, 2, \ldots, (k-1). \tag{2.61}$$

Das heißt, die algebraische Summe der Ströme, die direkt vom Knoten μ zu allen anderen Knoten fließen, verschwindet. Für alle Knoten, die nicht direkt mit dem Knoten μ verbunden sind, ist offensichtlich $i_{\mu\nu} = 0$.

Entsprechend Bild 2.15 c gilt: $i_{\mu\nu} = G_{\mu\nu}(u_{\mu 0} - u_{\nu 0}) - i_{q\nu\mu}$.

Damit läßt sich die Knotengleichung in folgende Form bringen:

$$\Big(\sum_{\nu} G_{\mu\nu}\Big) u_{\mu 0} - \sum_{\nu} G_{\mu\nu} u_{\nu 0} = \sum_{\nu} i_{q\nu\mu}$$

bzw.

$$-G_{\mu 1} u_{10} - G_{\mu 2} u_{20} - \ldots + (G_{\mu 0} + G_{\mu 1} + \ldots + G_{\mu,k-1})\, u_{\mu 0} - \ldots - G_{\mu,k-1} u_{k-1,0} = \sum_{\nu} i_{q\nu\mu}.$$

Auf der rechten Seite dieser Gleichung steht die Summe der Einströmungen durch mit dem Knoten μ verbundene Stromquellen. Stellt man die Gleichung für alle μ, d. h. für $\mu = 1, 2, \ldots, (k-1)$ auf und beachtet $G_{\mu\nu} = G_{\nu\mu}$, so entsteht die oben beschriebene Struktur der Knotenadmittanzmatrix. Damit ergibt sich also:

$(G)(u) = (i_q)$ mit der Knotenadmittanzmatrix

$$(G) = \begin{pmatrix} -G_{11} & -G_{12} \ldots & -G_{1,k-1} \\ \vdots & & \vdots \\ -G_{k-1,1} & -G_{k-1,2} \ldots & -G_{k-1,k-1} \end{pmatrix}. \tag{2.62}$$

Für die Nebendiagonalelemente gilt $-G_{\mu\nu} = -G_{\nu\mu}$, und für die Hauptdiagonalelemente $-G_{\mu\mu} = \sum_{\nu=0}^{k-1} G_{\mu\nu}$ $(\nu \neq \mu)$. $G_{\mu\nu}$ ist der Leitwert zwischen den Knoten μ und ν. Das Knotenspannungsgleichungssystem lautet also allgemein

$$\begin{matrix} -G_{11} u_{10} & - G_{12} u_{20} & - \ldots - & G_{1,k-1} u_{k-1,0} & = i_{q11}; \\ \vdots & \vdots & & \vdots & \\ -G_{k-1,1} u_{10} & - G_{k-1,2} u_{20} & - \ldots - & G_{k-1,k-1} u_{k-1,0} & = i_{qk-1,k-1} \end{matrix} \tag{2.63}$$

mit $i_{q\mu\mu} = \sum_{\nu=0}^{k-1} i_{q\nu\mu} \quad (\nu \neq \mu)$.

Auflösung der Knotengleichungen mit der Determinantenregel*. Mit dieser Regel folgt

$$u_{\mu 0} = \frac{\Delta_\mu}{\det(G)}. \tag{2.64}$$

Dabei ist $\det(G)$ die Koeffizientendeterminante des Gleichungssystems, d. h. hier die Determinante der Knotenadmittanzmatrix. Δ_μ ist die Determinante, die entsteht, wenn in der Koeffizientendeterminanten die μ-te Spalte durch den Vektor der Quellenströme ersetzt wird:

$$\det(G) = \begin{vmatrix} -G_{11} & \dots & -G_{1,k-1} \\ \vdots & & \vdots \\ -G_{k-1,1} & \dots & -G_{k-1,k-1} \end{vmatrix}; \tag{2.65}$$

$$\Delta_\mu = \begin{vmatrix} -G_{11} & \dots & i_{q11} & \dots & -G_{1,k-1} \\ \vdots & & & & \\ -G_{k-1,1} & \dots & i_{qk-1,k-1} & \dots & -G_{k-1,k-1} \end{vmatrix}. \tag{2.66}$$

$\uparrow$ μ-te Spalte

Bekanntlich gilt

$$\Delta_\mu = i_{q11}\Delta_{\mu 1} + i_{q22}\Delta_{\mu 2} + \dots + i_{q\nu\nu}\Delta_{\mu\nu} + \dots + i_{qk-1,k-1}\Delta_{\mu,k-1}. \tag{2.67}$$

$\Delta_{\mu\nu}$ ist die Unterdeterminante, die man erhält, wenn man in der Hauptdeterminanten Δ_μ die Reihe ν und die Spalte μ streicht und das Ergebnis mit $(-1)^{\mu+\nu}$ multipliziert. Demnach folgt

$$u_{\mu 0} = c_{\mu 1}i_{q11} + c_{\mu 2}i_{q22} + \dots + c_{\mu,k-1}i_{qk-1,k-1} \quad \text{mit} \quad c_{\mu\nu} = \Delta_{\mu\nu}/\det(G). \tag{2.68}$$

Da die $c_{\mu\nu}$ unabhängig von den Quellenströmen sind, kann also die Knotenspannung als Summe von Termen dargestellt werden, die jeweils linear von einem Quellenstrom abhängen. Damit ist übrigens der Superpositionssatz (Abschn. 1.12) anhand des Knotengleichungssystems für lineare NW bewiesen worden.

2.6.2 Erweiterung der Knotenspannungsanalyse

Einbeziehung von Zweigen mit unabhängigen Spannungsquellen. Liegt zwischen zwei Knoten eine unabhängige Spannungsquelle (Innenwiderstand Null), so ist eine Umwandlung in eine Stromquelle mit parallelem Widerstand wegen $i_q = u_q/R_i$ nicht möglich (siehe z. B. das NW im Bild 2.17a für $R_1 = 0$). Da aus der Quellenspannung aufgrund der i,u-Kennlinie einer Spannungsquelle (Bild 1.34) nicht auf den Strom durch die Quelle geschlossen werden kann, ist also auch eine knotenspannungsabhängige Strombeschreibung und damit die Formulierung der Knotengleichungen an den zugeordneten Knoten nach den bisherigen Regeln nicht möglich. Andererseits liegt aber mit u_q bereits eine Aussage über die Differenz zweier Knotenspannungen und damit eine zusätzliche Gleichung vor, so daß sich die Zahl der aufzustellenden Knotengleichungen reduziert.

Folgende Regeln lassen sich leicht ableiten:

1. Bei n unabhängigen Spannungsquellen ($n = 1, 2 \dots$), die mit einem Anschluß gemeinsam an einem Knoten liegen, kann dieser als Bezugsknoten gewählt werden. Für die mit dem jeweils anderen Quellenanschluß verknüpften Knoten μ treten anstelle der jeweiligen Knotengleichungen die Gleichungen $u_{\mu 0} = u_{q\mu}$.

   Beispiel: Für das NW im Bild 2.17a liegt für $R_1 = 0$ (bzw. $G_1 \to \infty$) eine unabhängige Spannungsquelle zwischen den Knoten *0* und *1*. Wählt man den Knoten *0* als Bezugsknoten, so tritt anstelle der ersten Knotengleichung in Gl. (2.59) die Gl. $u_{10} = u_{q1}$.

2. Ist der in 1. angegebene Weg nicht gangbar, weil ein anderer Knoten als der Verbindungsknoten der n Spannungsquellen ($n = 1, 2 \dots$) als Bezugsknoten gewählt werden soll *oder* weil mehrere nicht an einem Knoten liegende Zweige mit unabhängigen Quellen vorliegen, so besteht stets die Möglichkeit, die Zweige mit den unabhängigen Quellen mit Hilfe des Quellenverschiebungssatzes (Abschn. 1.11.4) zu eliminieren.

3.* Unabhängig von 1. und 2. besteht vor allem bei numerischen Lösungen die Möglichkeit, Zweige mit unabhängigen Spannungsquellen durch Einführung sehr kleiner, aber von Null verschiedener Innenwiderstände zu vermeiden, die das zahlenmäßige Ergebnis der NW-Analyse nicht beeinflussen.

Beispiel: Knotenanalyse für das NW im Bild 2.18a

Variante 1: Knoten *1* oder *3* als Bezugsknoten. Variante 2: Knoten *0* als Bezugspunkt erfordert Quellenverschiebung entsprechend Bild 2.18b. Mit einer Quellentransformation entsteht daraus Bild 2.18c sowie die Gln.

$$\begin{aligned}(G_1 + G_2 + G_4 + G_5)\, u_{10} \quad - (G_4 + G_5)\, u_{20} &= \quad i_{q1} + i_{q2} \\ -(G_4 + G_5)\, u_{10} + (G_3 + G_4 + G_5)\, u_{20} &= -i_{q2}.\end{aligned} \tag{2.69}$$

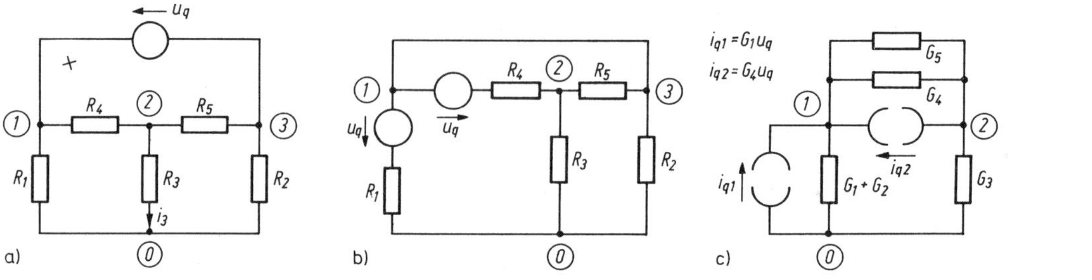

Bild 2.18 Beispiel zur Knotenspannungsanalyse

a) Netzwerk mit unabhängiger Spannungsquelle zwischen zwei Knoten; b) Aufbereitung für die Knotenspannungsanalyse mit Quellenverschiebung sowie c) mit Quellentransformation

Regeln zur Einbeziehung gesteuerter Quellen

1. Darstellung der gesteuerten Quellen als knotenspannungsgesteuerte Stromquellen
2. Aufstellen des Gleichungssystems $(G)(u) = (i_q)$, wobei die gesteuerten Stromquellen zunächst wie die unabhängigen Stromquellen auf der rechten Seite stehen
3. Überführung der Terme der rechten Seite, die unbekannte Knotenspannungen enthalten, auf die linke Gleichungsseite.

Hinweis: Die Umwandlung einer stromgesteuerten in eine spannungsgesteuerte Stromquelle ist immer möglich, weil ein Steuerstrom stets ein Zweigstrom ist, der durch die Zweig- und damit Knotenspannungen beschrieben werden kann. Die Umwandlung einer gesteuerten Spannungsquelle in eine gesteuerte Stromquelle ist nur möglich, falls die Quelle einen Innenwiderstand besitzt. Andernfalls sind die o.g. Regeln für die Einbeziehung unabhängiger Spannungsquellen sinngemäß anzuwenden.

Beispiel: Bei der Analyse einer elektronischen Schaltung entsteht das NW im Bild 2.19a. Die Aufbereitung für die Knotenspannungsanalyse führt zu Bild 2.19b und damit zu

$$\begin{aligned}(G_1 + g_2 + G_5)\, u_{10} \quad - G_5 u_{30} &= \quad i_{q1} + i_{q2} \\ (g_3 + G_4)\, u_{20} - G_4 u_{30} &= -i_{q3} \\ u_{30} &= \quad u_{q3}.\end{aligned}$$

Beachtet man $i_{q1} = G_1 u_{q1}$, $i_{q2} = g_2 u_{q2}$, wandelt die stromgesteuerte in eine knotenspannungsgesteuerte Quelle um, d.h. in $i_{q3} = bi_2 = bg_2(u_{10} - u_{q2})$, und bringt den Term mit der unbekannten Knotenspannung auf die linke Seite, so entsteht daraus

$$\begin{aligned}(G_1 + g_2 + G_5)\, u_{10} \quad - G_5 u_{q3} &= G_1 u_{q1} + g_2 u_{q2} \\ bg_2 u_{10} + (g_3 + G_4)\, u_{20} - G_4 u_{q3} &= bg_2 u_{q2}.\end{aligned}$$

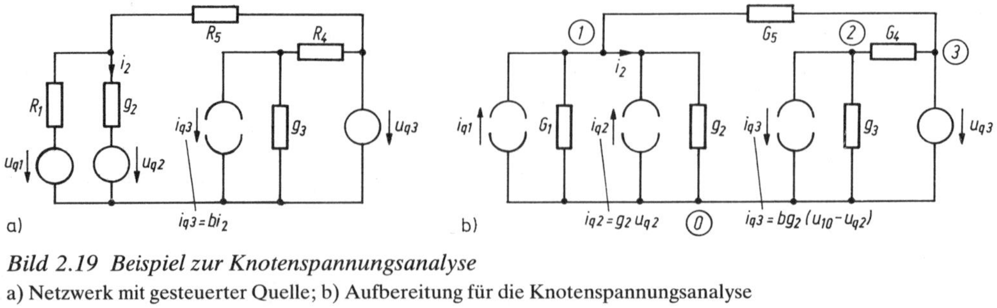

Bild 2.19 Beispiel zur Knotenspannungsanalyse

a) Netzwerk mit gesteuerter Quelle; b) Aufbereitung für die Knotenspannungsanalyse

Hinweise: g_2, g_3 konstante differentielle Leitwerte, b ist eine Konstante.

Knotenspannungsanalyse zur effektiven Bestimmung von Zweipolersatzschaltungen*. Um den Ersatzwiderstand R_i eines *passiven Zweipols* mit der Knotenanalyse zu ermitteln, wird entsprechend Bild 2.20a ein Strom i_q eingespeist und die Knotenspannung u_{10} an den Klemmen ermittelt. Daraus folgt

$$R_i = u_{10}/i_q. \tag{2.70}$$

Für einen *aktiven Zweipol* empfiehlt sich folgender Algorithmus:

1. NW-Aufbereitung so, daß im NW als unabhängige Quellen nur Stromquellen auftreten (also, falls notwendig, Quellentransformation), so daß sich die Schaltung im Bild 2.20b ergibt
2. Bestimmung der Leerlaufspannung u_l durch Ermittlung der Knotenspannung $u_{10} = u_{1l}$ bei leer laufenden Klemmen mittels Knotenanalyse
3. Bestimmung des Innenwiderstandes R_i, indem die unabhängigen Stromquellen durch eine Leitungsunterbrechung ersetzt werden, eine Stromquelle i_q an die Klemmen *1* und *0* angeschlossen, die Spannung u_{10}^* ermittelt und $R_i = u_{10}^*/i_q$ gebildet wird (Bild 2.20c).

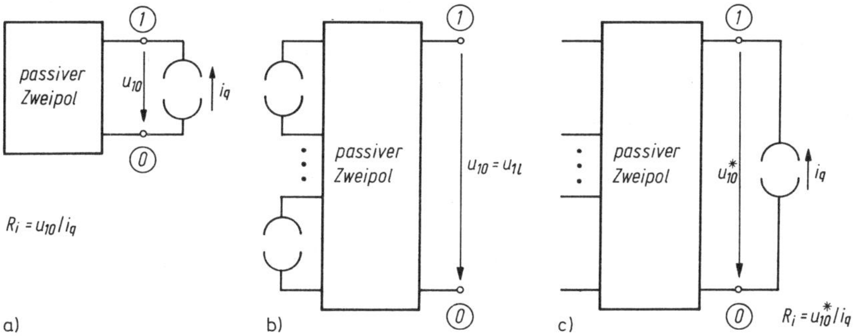

Bild 2.20 Bestimmung von Zweipolparametern mittels Knotenspannungsanalyse
a) R_i – Bestimmung für einen passiven Zweipol; b) u_l – Bestimmung für einen aktiven Zweipol; c) R_i – Bestimmung für einen aktiven Zweipol

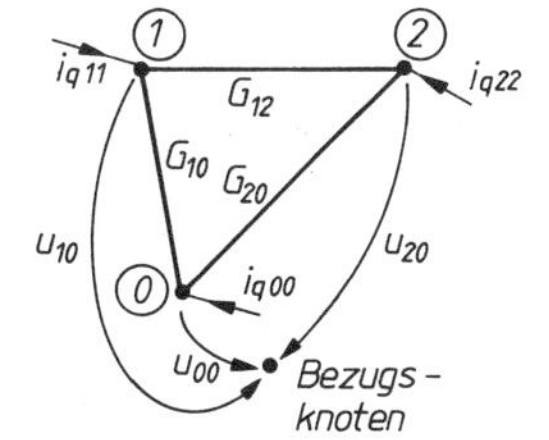

Bild 2.21 Beispiel zur Knotenspannungsanalyse mit unbestimmtem Knotengleichungssystem (Bezugsknoten außerhalb des Netzwerkes)

Dabei ist zu beachten, daß bei 2. und 3. die gesteuerten Quellen zu berücksichtigen sind. Da die Matrizen der Knotenspannungsgleichungssysteme sowohl bei 2. und 3. nur durch das passive NW (einschließlich der gesteuerten Quellen) bestimmt werden, unterscheiden sie sich nicht und müssen nur einmal aufgestellt werden (Aufgabe 2.15).

Unbestimmtes Knotengleichungssystem*. Ist der Bezugsknoten nicht – wie bisher angenommen – ein Netzwerkknoten, sondern ein fiktiver Knoten außerhalb des Netzwerkes, so können bei k Knoten auch k Knotenspannungen eingeführt und k Knotengleichungen aufgestellt werden. Da nur $(k-1)$ unabhängige Knotengleichungen existieren, ist das Gleichungssystem unbestimmt. Durch willkürliche Vorgabe einer der Knotenspannungen (z. B. $u_{00} = 0$) können alle $(k-1)$ Knotenspannungen ermittelt werden.

Beispiel: Für das durch einen Graphen repräsentierte Netzwerk im Bild 2.21 gilt entsprechend den Knotengleichungen

$$(-1)\begin{pmatrix} G_{00} G_{01} G_{02} \\ G_{10} G_{11} G_{12} \\ G_{20} G_{21} G_{22} \end{pmatrix} \begin{pmatrix} u_{00} \\ u_{10} \\ u_{20} \end{pmatrix} = \begin{pmatrix} i_{q00} \\ i_{q11} \\ i_{q22} \end{pmatrix} \tag{2.71}$$

mit $G_{\mu\nu} = G_{\nu\mu}$ und den Hauptdiagonalelementen $G_{\mu\mu} = -\sum_{\nu=0}^{2} G_{\mu\nu} \quad (\nu \neq \mu)$, also z. B. $-G_{11} = G_{10} + G_{12}$ usw.

Allgemein ist $(G)(u) = (i)$ bzw.

$$(-1)\begin{pmatrix} G_{00} & G_{01} & \dots & G_{0m} \\ G_{10} & G_{11} & \dots & G_{1m} \\ \vdots & & & \\ G_{m0} & G_{m1} & \dots & G_{mm} \end{pmatrix} \begin{pmatrix} u_{00} \\ u_{10} \\ \vdots \\ u_{m0} \end{pmatrix} = \begin{pmatrix} i_{q00} \\ i_{q11} \\ \vdots \\ i_{qmm} \end{pmatrix}. \tag{2.72}$$

Unbestimmte Knotenadmittanzmatrix · Vektor der Knotenspannungen = Quellenstromvektor

Folgende Regeln lassen sich leicht beweisen:

1. Zeilen- und Spaltensumme der unbestimmten Knotenadmittanzmatrix und der Spaltensumme des Quellenvektors sind jeweils Null (gute Kontrollmöglichkeit für das Aufstellen der Gleichung!).
2. Aus dem unbestimmten Knotengleichungssystem können sämtliche möglichen bestimmten Knotengleichungssysteme ermittelt werden, indem jeweils die dem Bezugsknoten zugeordnete Gleichung gestrichen wird. Damit sind die Vorteile der unbestimmten Knotengleichungen sichtbar:
   - gute Kontrollmöglichkeit;
   - einfache Möglichkeit, aufeinanderfolgende Netzwerkanalysen mit unterschiedlichen Bezugsknoten vorzunehmen.

Nachteilig ist das größere Gleichungssystem. Vor allem bei Computerprogrammen für die Netzwerkanalyse werden in manchen Fällen unbestimmte Knotengleichungssysteme angewendet.

Knotenspannungsanalyse bei nichtlinearen Netzwerken*. Nimmt man als Beispiel eine PN-Diode als Zweigelement zwischen den Knoten μ und ν an, so ist nach Gl. (1.130)

$$i_{\mu\nu} = I_S\,(\exp\,((u_\mu - u_\nu)/(mU_T)) - 1) \tag{2.73}$$

in den Knotengleichungen einzusetzen. Für die nichtlinearen Zweige ist also $G_{\mu\nu} = i_{\mu\nu}/u_{\mu\nu}$ von der Differenz der Knotenspannungen abhängig bzw. von einer Knotenspannung, falls ein Anschluß am Bezugsknoten liegt. Außerdem muß im allgemeinen $G_{\mu\nu} \neq G_{\nu\mu}$ angenommen werden. Ausnahmen treten nur bei symmetrischen Kennlinien auf (z.B. beim Varistor, Bild 1.61a). Die Regeln zur Aufstellung der Knotenadmittanzmatrix bleiben deshalb zunächst nur für Knoten gültig, mit denen lediglich lineare Zweige verbunden sind.

Beispiel: Für das NW im Bild 2.22a lauten die Knotengleichungen

$$i_{10} + i_{12} = i_q, \qquad (G_1 + G_2)\,u_{10} - G_2 u_{20} = i_q$$
$$-\,i_{12} = -i_{20} \qquad -G_2 u_{10} + G_2 u_{20} = -I_S\,(\exp\,(u_{20}/mU_T) - 1)$$

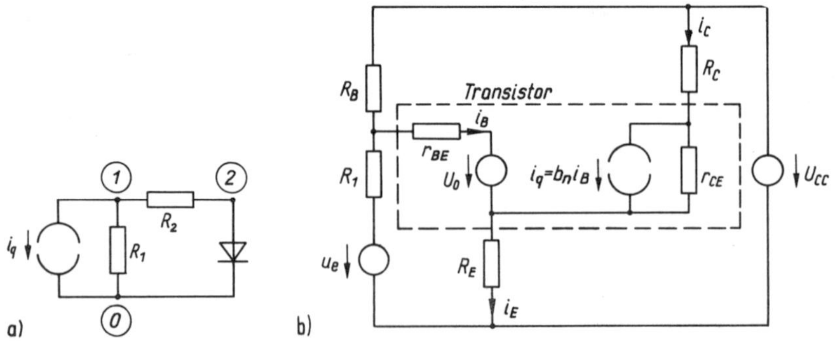

Bild 2.22 Beispiele zur Knotenspannungsanalyse

a) nichtlineare Schaltung mit Diode; b) Ersatzschaltbild eines Transistorverstärkers für Gleichstrom- bzw. resistiven Großsignalbetrieb (Approximation mit Quellen und linearen Widerständen) bzw.

$$(G_1 + G_2)\, u_{10} - G_2 u_{20} = i_q$$
$$-G_2\, u_{10} + G_2 u_{20} + I_S\,(\exp\,(u_{20}/(mU_T)) - 1) = 0.$$

Prinzipiell können demnach die Knotengleichungen bei nichtlinearen NW mit den für lineare NW gültigen Regeln aufgestellt werden, wenn man die nichtlinearen gesteuerten Quellen und auch die nichtlinearen resistiven NW-Elemente sinngemäß wie die gesteuerten linearen Quellen behandelt. Im Unterschied zu linearen NW entstehen aber nichtlineare Gleichungen, die man z. B. mit dem Newton-Verfahren löst. Eine andere Lösungsvariante beruht auf einer Linearisierung bereits beim Aufstellen der Gleichungen durch Anwendung linearer, aber arbeitspunktabhängiger Ersatzschaltbilder, die nach jeder Iteration angepaßt werden. Mit diesen Iterationsersatzschaltbildern wird also das nichtlineare NW jeweils in ein lineares NW übergeführt, für das o. g. Regeln anwendbar sind.

Aufgabe 2.14 Knotenanalyse bei gesteuerten Quellen

Im Bild 2.22b ist ein resistives Ersatzschaltbild für das Großsignalverhalten einer Transistorverstärkerstufe dargestellt (u_e Signalspannungsquelle, U_{CC} Gleichspannungsquelle). Geben Sie auf Grundlage der Knotenanalyse das Gleichungssystem zur Berechnung von i_B, i_C, u_{CE} und u_a an!

Aufgabe 2.15 Ersatzzweipol einer Schaltung mit gesteuerten Quellen

Für den Umkehrverstärker (Abschn. 1.14) im Bild 2.23a ist (bei vorgegebener Signalspannung u_{qe}) ein möglichst einfacher Ersatzzweipol (Bild 2.23b) anzugeben. Das Ersatzschaltbild des Operationsverstärkers sei durch den Differenzeingangswiderstand r_d, die Leerlaufspannungsverstärkung v sowie den Innenwiderstand r_a gekennzeichnet.

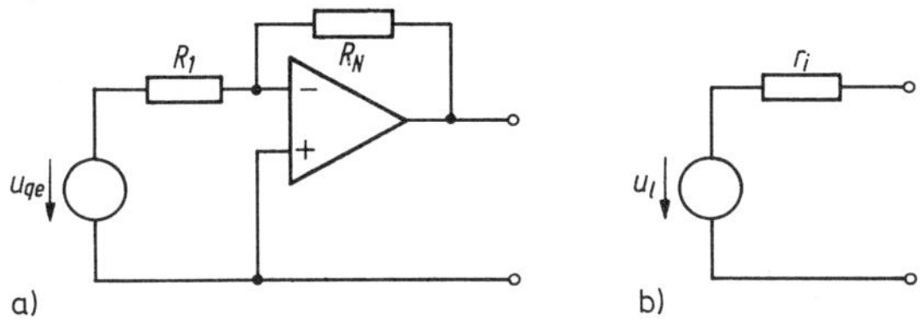

Bild 2.23
Umkehrverstärker
a) Schaltbild für die Signalspannungen;
b) Zweipolersatzschaltung

2.7 Maschenstromanalyse

2.7.1 Grundlagen der Maschenstromanalyse

Prinzip. Bei der Knotenspannungsanalyse erfolgt durch die Einführung der Knotenspannungen eine Eliminierung der Maschengleichungen sowie Zweiggleichungen. Die Maschenstromanalyse (auch kurz: Maschen- oder Umlaufanalyse) ermöglicht, durch Einführung der Maschenströme die Knotengleichungen zu eliminieren und durch Darstellung der unbekannten Spannungen in den Maschengleichungen mit den Maschenströmen die Zweiggleichungen zu eliminieren. Unter Maschenströmen versteht man Ringströme in den unabhängigen Maschen. Anders ausgedrückt: Maschenströme sind – wie Bild 2.24a am Beispiel eines einfachen NW-Graphen veranschaulicht – mit den Strömen in den Verbindungszweigen identisch, während die Ströme in den Zweigen des vollständigen Baumes (Abschn. 1.17.2) durch die algebraische Summe der Maschenströme dargestellt werden. Die Knotengleichungen sind damit stets erfüllt. Im Gegensatz zu den Zweigströmen sind Maschenströme als Rechengrößen aufzufassen.

Im Bild 2.24a wurden die Maschenströme als i_{m1} und i_{m2} bezeichnet. Da sie mit den Zweigströmen der Verbindungszweige des vollständigen Baumes übereinstimmen, können natürlich auch die Bezeichnungen i_1 und i_2 für die Maschenströme übernommen werden. Um die

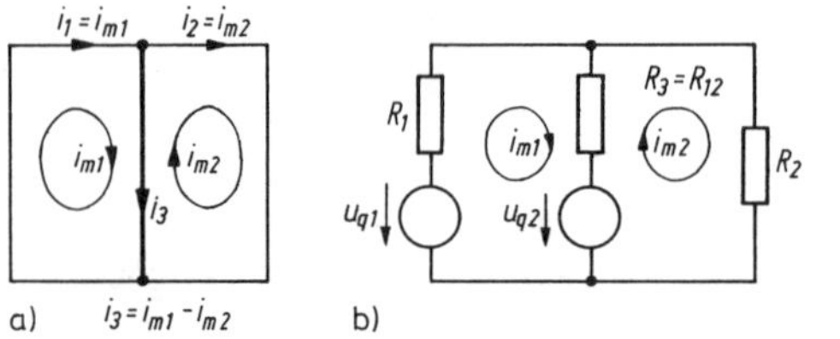

Bild 2.24
Prinzip der Maschenstromanalyse
a) einfacher NW-Graph; b) Schaltungsvariante

Regeln zur Aufstellung der Maschengleichungen intuitiv am Beispiel zu ermitteln, wird zu dem einfachsten NW-Graphen für die Maschenanalyse im Bild 2.24a ein NW vorgegeben (Bild 2.24b). Der Widerstand, durch den die Maschenströme *1* und *2* fließen, wird mit R_{12} bezeichnet, um die Bezeichnung zu systematisieren. Die Maschengleichungen lauten

$$R_1 i_{m1} + R_{12}\,(i_{m1} - i_{m2}) = u_{q1} - u_{q2};$$

$$R_2 i_{m2} + R_{12}\,(i_{m2} - i_{m1}) = u_{q2}.$$

Ordnet man die Unbekannten, so entsteht

$$(R_1 + R_{12})\, i_{m1} \;(\mp)\; R_{12} i_{m2} \qquad = u_{q1} - u_{q2};$$

$$(\mp)\; R_{12}\;\; i_{m1} + (R_2 + R_{12})\, i_{m2} = \overset{+}{(-)}\; u_{q2}.$$

Die in Klammern gesetzten Vorzeichen ergeben sich, wenn die Maschenstromrichtung in Masche *2* umgedreht wird, so daß R_{12} von beiden Strömen in gleicher Richtung durchflossen wird. Eine mögliche Darstellung dieser Gleichung ist:

Masche \ Maschenstrom	1	2					
1	$R_1 + R_{12}$	$(\mp)R_{12}$	·	i_{m1}	=	$u_{q1} - u_{q2}$	(2.74)
2	$(\mp)R_{12}$	$R_2 + R_{12}$		i_{m2}		$\overset{+}{(-)}u_{q2}$	

Maschenimpedanzmatrix. Ausgehend von den obigen Aussagen liegt folgende Vermutung nahe: In der Hauptdiagonalen tritt offensichtlich der Gesamtwiderstand der jeweiligen Masche auf und als Nebendiagonalelemente die Koppelwiderstände mit positivem oder negativem Vorzeichen. Auf der rechten Seite steht die algebraische Summe der Quellenspannungen (entgegen der Maschenumlaufrichtung). Wie sich bei Betrachtung der Maschengleichung für eine Masche μ ($\mu = 1, 2, \dots, m-1$), die von dem Maschenstrom i_μ sowie teilweise von den Maschenströmen i_ν ($\nu = 1, 2, \dots, m-1,\ \nu \neq \mu$) durchflossen wird, leicht nachweisen läßt, lautet die Verallgemeinerung der geäußerten Gedanken

$$(R)\;(i) = (-u_q). \tag{2.75}$$

Maschenimpedanzmatrix · Vektor der Maschenströme gleich (−1) mal Vektor der algebraischen Summen der Quellenspannungen in den Maschen.

Die Maschengleichungen lauten also

$$\begin{pmatrix} +R_{11} & \pm\, R_{12} & \dots & \pm R_{1m} \\ \vdots & & & \\ \pm R_{m1} & \pm\, R_{m2} & \dots & +R_{mm} \end{pmatrix} \cdot \begin{pmatrix} i_1 \\ \vdots \\ i_m \end{pmatrix} = \begin{pmatrix} u_{q11} \\ \vdots \\ u_{qmm} \end{pmatrix} \quad \text{mit} \quad u_{q\mu\mu} = -\sum_{\nu} u_{q\mu\nu}. \tag{2.76}$$

Algorithmus der Maschenanalyse. Ausgehend von den bisherigen Überlegungen kann folgender Algorithmus für lineare resistive NW mit z Zweigen und k Knoten angegeben werden:

1. NW aufbereiten einschließlich Wahl der $m = z - (k-1)$ unabhängigen Maschen sowie der zugeordneten Maschenströme (Umlaufrichtung willkürlich).

1.1. Mittels Transformation von Stromquellen mit parallelgeschalteten Widerständen in Reihenschaltungen von Spannungsquellen und Widerständen kann die Berechnung häufig vereinfacht werden.

1.2. Für die Auswahl der unabhängigen Maschen, die oft anhand des NW-Graphen erfolgt, kann die Methode des vollständigen Baumes oder z. B. auch die Fenstermaschenmethode (Abschn. 1.17.2) gewählt werden, die oft zu einer vorteilhaften Gleichungsstruktur führt.

1.3.* Falls nur ausgewählte Zweigströme zu berechnen sind, ist es oft zweckmäßig, diese als Maschenströme zu wählen. Anders ausgedrückt: Die zugeordneten Zweige werden als Verbindungszweige des vollständigen Baumes gewählt, da die gesuchten Zweigströme mit den Maschenströmen identisch sind.

1.4. Zu bevorzugen ist die Widerstandsdarstellung, also sind ggf. Leitwerte in Widerstände umzurechnen.

2. Alle unbekannten Spannungen mit den Maschenströmen darstellen und m Maschengleichungen aufstellen (aus NW-Struktur ablesbar)

2.1. Schema für m Maschengleichungen (Zeilen) und m Maschenströme (Spalten) aufstellen

2.2. *Hauptdiagonalelemente ≙ Ringwiderstände,*
d. h. für jedes Hauptdiagonalelement der Maschenimpedanzmatrix ist jeweils die Summe der Widerstände der Masche (genannt Ring- oder Maschen- oder Umlaufwiderstand) einzufügen (stets positiv).

2.3. *Nebendiagonalelemente ≙ ± Koppelwiderstände,*
d. h. für jedes weitere Matrixelement „+“ oder „−“ (Summe der Koppelwiderstände) einsetzen, also der Widerstände, die vom Maschenstrom der zugeordneten Spalte der Matrix durchflossen werden; je nach Übereinstimmung der Richtung des Maschenstromes mit dem der Hauptdiagonalen tritt das positive bzw. negative Vorzeichen auf (Bild 2.25).

2.4. Die Matrix ist symmetrisch zur Hauptdiagonalen, so daß Elemente unter der Hauptdiagonalen durch Spiegelung an dieser gewonnen werden können.

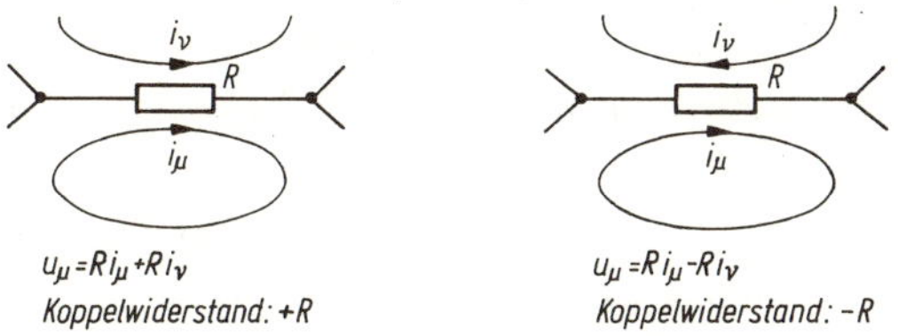

Bild 2.25
Zur Bestimmung der Nebendiagonalelemente aus den Koppelwiderständen

3. Lösung der Maschengleichungen sowie ggf. Berechnung der Zweigströme bzw. -spannungen aus den Maschengleichungen.

Beispiel: Das Maschengleichungssystem für die Schaltung im Bild 2.17a ist aufzustellen. Dazu wird zunächst eine NW-Aufbereitung so vorgenommen, daß keine Stromquelle mehr auftritt (Bild 2.26a). Da $z = 6$ Zweige und $k = 4$ Knoten vorliegen, sind $z - k + 1 = 3$ Maschenströme einzuführen. In den Bildern 2.26b und 2.26c sind zwei der insgesamt 16 Möglichkeiten angegeben. Für die Variante im Bild 2.26b mit den Maschenströmen i_1, i_2 und i_6 ergeben sich folgende Maschengleichungen:

	1	2	6				
1	$R_1 + R_3 + R_4$	R_3	$-R_4$		i_1		u_{q1}
2	R_3	$R_2 + R_3 + R_5$	R_5	·	i_2	=	$R_2 i_{q2}$.
6	$-R_4$	R_5	$R_4 + R_5 + R_6$		i_6		0

Nach der Berechnung der Maschenströme sind also die damit identischen Zweigströme i_1, i_2 und i_6 bekannt. Die anderen Zweigströme folgen aus $i_3 = i_1 + i_2$, $i_4 = i_1 - i_6$, $i_5 = i_2 + i_6$.

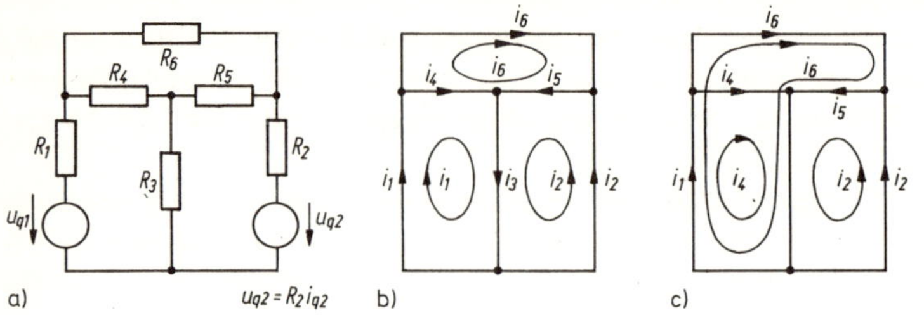

Bild 2.26 Maschenstromanalyse

a) aus dem Bild 2.17a folgendes aufbereitetes NW; b) NW-Graph mit Maschen- und Zweigströmen; c) andere Variante für die Wahl der Maschenströme

2.7.2 Erweiterung der Maschenstromanalyse

Einbeziehung von Zweigen mit unabhängigen Stromquellen. Treten im NW Zweige mit unabhängigen Stromquellen auf und ist eine Umwandlung in eine Spannungsquelle mit Reihenwiderstand nicht sinnvoll oder auch nicht möglich, da kein Widerstand parallel liegt, so bestehen folgende Lösungswege:

1. Quellenverschiebung entsprechend Abschnitt 1.11.4 oder
2. Einführung des Quellenstromes als Maschenstrom, wobei für diesen Zweig anstelle der Maschengleichung die Gleichung Maschenstrom = Quellenstrom tritt.
3.* Unabhängig von diesen beiden Lösungswegen für Zweige mit unabhängigen Stromquellen besteht – vor allem bei numerischen Rechnungen – stets die Möglichkeit, einen Parallelwiderstand einzuführen, der endlich ist, aber wiederum so hoch, daß er das zahlenmäßige Ergebnis der NW-Analyse nicht beeinflußt.

Einbeziehung gesteuerter Quellen. Dafür ergeben sich folgende Regeln:

1. Darstellung der gesteuerten Quellen als maschenstromgesteuerte Spannungsquellen;
2. Aufstellen des Gleichungssystems $(R)(i) = -(u_\mathrm{q})$, wobei die gesteuerten Spannungsquellen zunächst wie die unabhängigen Spannungsquellen auf der rechten Seite stehen;
3. Überführung der Terme, die die gesteuerten Quellen enthalten, auf die linke Seite der Gleichung.

Bemerkung: Gesteuerte Stromquellen, die wegen des Innenwiderstandes $G = 0$ nicht direkt in gesteuerte Spannungsquellen transformiert werden können, sind sinngemäß wie unabhängige Stromquellen zu behandeln.

Auflösung der Maschengleichung mit der Determinantenregel*. Mit dieser Regel folgt aus

$$(R)\,(i) = -(u_\mathrm{q})$$

$$i_\mu = -\frac{\Delta_\mu}{\det\,(R)} \quad \text{mit} \quad \det\,(R) = \begin{vmatrix} +R_{11} & \dots & \pm R_{1\mathrm{m}} \\ \vdots & & \\ \pm R_{\mathrm{m}1} & \dots & +R_{\mathrm{mm}} \end{vmatrix}. \tag{2.77}$$

Dabei ist $\det(R)$ die Koeffizientendeterminante des Gleichungssystems, d. h. die Determinante der Maschenimpedanzmatrix, und Δ_μ die Determinante, die entsteht, wenn in der Koeffizientendeterminanten die μ-te Spalte durch den Vektor der Quellenspannungen ersetzt wird. Daraus ergibt sich analog zu Abschnitt 2.6.2:

$$i_\mu = \sum_{\nu=1}^{m} \frac{\Delta_{\mu\nu}}{\det\,(R)}\, u_{\mathrm{q}\mu\nu}. \tag{2.78}$$

$\Delta_{\mu\nu}$ ist die Unterdeterminante, die entsteht, wenn man in der Hauptdeterminante Δ_{μ} die Spalte μ und die Reihe ν streicht und das Ergebnis mit $(-1)^{\mu+\nu}$ multipliziert. Damit wurde übrigens der Superpositionssatz für lineare NW auch mit Hilfe der Maschenstromgleichungen nachgewiesen. Enthält das NW linear gesteuerte Quellen, so bleiben die Überlegungen gültig, wenn man die oben beschriebene Modifizierung der Koeffizientenmatrix des Gleichungssystems beachtet.

Maschenstromanalyse bei nichtlinearen Netzwerken*. Die Aussagen zur Knotenspannungsanalyse nichtlinearer NW (Abschn. 2.6.2) lassen sich sinngemäß auf die Maschenstromanalyse übertragen. Der Spannungsabfall über den nichtlinearen NW-Elementen hängt nichtlinear von einem Maschenstrom oder von der Summe von Maschenströmen ab. Prinzipiell können die Maschengleichungen bei nichtlinearen NW mit den für lineare NW gültigen Regeln aufgestellt werden, wenn man die nichtlinearen gesteuerten Quellen und auch die nichtlinearen resistiven Elemente sinngemäß wie die gesteuerten Quellen behandelt. Im Unterschied zu linearen NW entstehen dabei nichtlineare Gleichungen. Eine andere Variante besteht in der Linearisierung der Gleichungen bereits beim Aufstellen der Gleichungen durch Verwendung linearer Iterationsschaltbilder (Band 2).

Vergleich der Gleichungszahl bei der Knotenspannungs- und Maschenstromanalyse. Die Zahl der Gleichungen bei der Knotenspannungsanalyse liegt unter der für die Maschenstromanalyse, falls $k-1<m=z-k+1$ ist, und demnach für

$$k < z/2 + 1. \qquad (2.79)$$

Die Knotenspannungsanalyse ist meist um so günstiger, je größer das Verhältnis von Zweig- zu Knotenzahl ist. Allerdings kann allein aus der Gleichungszahl noch nicht auf das optimale Analyseverfahren geschlossen werden. Bei numerischen Verfahren wird oft die Knotenspannungsanalyse bevorzugt (Band 2).

Aufgabe 2.16 Analyse eines elektrischen Energiesystems

Bild 2.27 zeigt schematisch und im Detail eine Zweileiter-Gleichstromversorgungsleitung, die bei A und D mit 255 V bzw. 250 V gespeist wird und, wie angegeben, belastet wird. Die angegebenen Widerstände beziehen sich jeweils auf einen Leiter. Berechnen Sie die auftretenden Ströme und Spannungen!

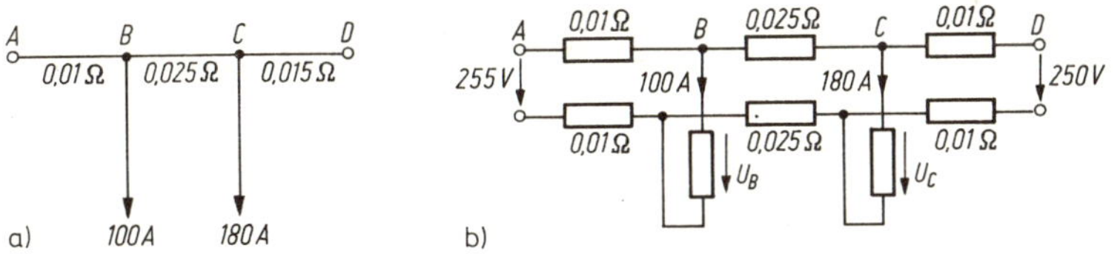

Bild 2.27 Beispiel einer Energieversorgungsleitung
a) schematische Darstellung; b) Schaltbild

Aufgabe 2.17 Maschenanalyse*

Lösen Sie Aufgabe 2.14 mit der Maschenanalyse!

Aufgabe 2.18 Kontrollfragen

a) Geben Sie für einen Grundstromkreis mit vorgegebenen u_l und R_i den Wirkungsgrad, die Verbraucherleistung sowie die maximal mögliche Verbraucherleistung für einen linearen und einen nichtlinearen Verbraucher an!
b) Geben Sie für eine PN-Diode drei Näherungsvarianten für das Klemmenverhalten einschließlich der Ersatzschaltungen an!
c) Beschreiben Sie Aufbau und Funktion einer Spannungsbegrenzerschaltung sowie einer Spannungsstabilisierungsschaltung mit Dioden und Z-Dioden grafisch und analytisch!

d) Konstruieren Sie folgende Kennlinien: Diode in Reihe und parallel zu Widerstand, Diode in Reihe und parallel zu einer Spannungsquelle $\pm U_q$, zwei Dioden in Reihe und parallel.
e) Geben Sie die Iterationsvorschrift für das Newton-Verfahren sowie eine veranschaulichende Darstellung an!
f) Nennen Sie vier Netzwerkanalyseverfahren, und geben Sie die Art und Zahl der zu lösenden Gleichungen an!
g) Überlegen Sie sich eine lineare Schaltung mit unabhängigen und gesteuerten Quellen sowie Widerständen, und stellen Sie die Gleichungen für die Knoten- und Maschenanalyse auf!

3 Die Maxwellschen Gleichungen in Integral- und Differentialform

Ziel: Nach dem Studium des Abschnittes 3 kennt der Leser
- die Pfeil- und Feldliniendarstellung von Feldern
- mathematische Grundlagen der Feldbeschreibung
- die Begriffe Linienintegral, Flächenintegral, Volumenintegral, Quellen, Wirbel, Divergenz, Rotation, Gaußscher Satz und Stokesscher Satz
- die Maxwellschen Gleichungen in Integralform
- die Maxwellschen Gleichungen in Differentialform.

3.1 Mathematische Beschreibung von Vektorfeldern

Felddarstellung. Anhand des Vektorfeldes $\boldsymbol{U}(\boldsymbol{r}, t)$ werden zunächst einige allgemeine Aspekte der Feldbeschreibung diskutiert und danach auf elektromagnetische Felder angewendet. Vektoren sind gerichtete Größen im dreidimensionalen Raum. Beispiele sind Kräfte, die elektrische Feldstärke, die Geschwindigkeit sowie die Stromdichte. Bei einem Vektorfeld $\boldsymbol{U}(\boldsymbol{r}, t)$ ist jedem Ortspunkt ein Vektor zuzuordnen, der zeitabhängig sein kann. Um Vektorfelder zu veranschaulichen, kann man an ausgewählten Ortspunkten Pfeile antragen, die die Richtung des Vektors angeben und deren Länge dem Betrag proportional ist. Neben dieser *Pfeildarstellung* wird häufig die *Feldliniendarstellung* gewählt, die folgende Merkmale besitzt:
- Die Richtung des Vektors an einem Ortspunkt ist durch die Tangente an die Feldlinie gegeben.
- Der Betrag des Vektors ist der Dichte der Feldlinien proportional, also umgekehrt proportional zum Feldlinienabstand (Bild 1.3).

Liegt der betrachtete Punkt zwischen zwei Feldlinien, so sind Richtung und Betrag durch Interpolation der Werte von zwei (oder mehr) benachbarten Feldlinien zu gewinnen. Wirken an einem Ortspunkt zwei Vektoren $\boldsymbol{U}_1$ und $\boldsymbol{U}_2$, so kann der resultierende Vektor durch *Vektoraddition* $\boldsymbol{U} = \boldsymbol{U}_1 + \boldsymbol{U}_2$ ermittelt werden, wobei die Reihenfolge vertauschbar ist (siehe z. B. Bild 1.5). Als *Einheitsvektor* bezeichnet man Vektoren mit dem Betrag 1. Der Einheitsvektor zu einem Vektor $\boldsymbol{U}$ entsteht demnach durch Division des Vektors durch seinen Betrag, d. h., der Einheitsvektor zu $\boldsymbol{U}$ ist $\boldsymbol{U}/|\boldsymbol{U}|$.

Kartesisches Koordinatensystem. Bei der *Komponentendarstellung* eines Vektors in einem kartesischen Koordinatensystem gilt

$$\boldsymbol{U} = \boldsymbol{e}_x U_x + \boldsymbol{e}_y U_y + \boldsymbol{e}_z U_z. \tag{3.1}$$

$\boldsymbol{e}_x$, $\boldsymbol{e}_y$ sowie $\boldsymbol{e}_z$ sind die senkrecht aufeinander stehenden Einheitsvektoren in x-, y- sowie z-Richtung (*Rechtsdreibein*[1]), Bild 3.1 a). Sie werden manchmal auch mit i, j und k bezeichnet. $\boldsymbol{U}_x$, $\boldsymbol{U}_y$ sowie $\boldsymbol{U}_z$ sind die Komponenten des Vektors in die entsprechenden Richtungen. Der *Betrag* des Vektors folgt aus

$$|\boldsymbol{U}| = \sqrt{\boldsymbol{U}_x^2 + \boldsymbol{U}_y^2 + \boldsymbol{U}_z^2}. \tag{3.2}$$

[1]) Wird die Rechtsdreibein- bzw. Dreifingerregel verletzt, z. B. durch Vertauschung der x- und y-Richtung, so treten bei bestimmten mathematischen Operationen (z. B. rot $\boldsymbol{U}$) Fehler auf.

Als *Ortsvektor* $\boldsymbol{r}$ bezeichnet man einen Vektor, der vom Koordinatenursprung zu einem anderen Punkt im Raum, dem Bezugspunkt, weist. In einem kartesischen Koordinatensystem (Bild 3.1 a) gilt für den Ortsvektor

$$\boldsymbol{r} = \boldsymbol{e}_x x + \boldsymbol{e}_y y + \boldsymbol{e}_z z. \tag{3.3}$$

Beispiel: Eine Kraft mit den Komponenten $F_x = 1\,\text{N}$, $F_y = -2\,\text{N}$, $F_z = 0$ ist durch $\boldsymbol{F} = \boldsymbol{e}_x\,(1\,\text{N}) - \boldsymbol{e}_y\,(2\,\text{N})$ zu beschreiben (aufzeichnen!) und besitzt den Betrag $|\boldsymbol{F}| = \sqrt{1+4}\,\text{N} = \sqrt{5}\,\text{N}$.

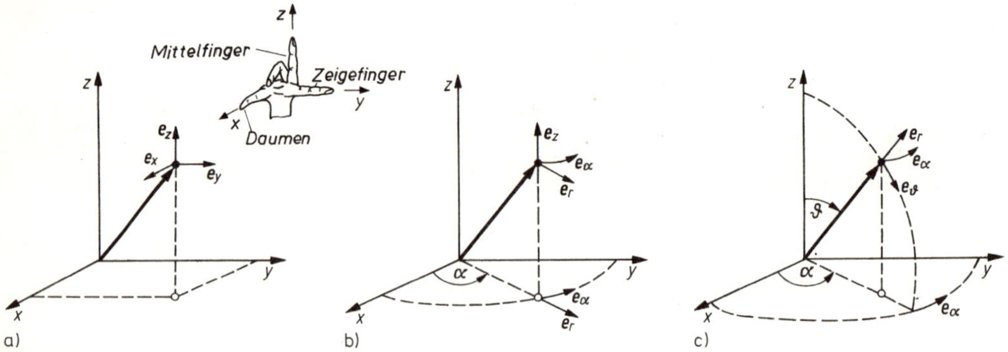

Bild 3.1 Koordinatensysteme
a) kartesische, b) zylindrische und c) sphärische Koordinaten

Weitere Koordinatensysteme*. Prinzipiell kann man jedes Problem mit *kartesischen Koordinaten* beschreiben. Bei Einführung weiterer Koordinatensysteme vereinfacht sich aber in manchen Fällen die mathematische Beschreibung, da auftretende Symmetrieeigenschaften von Feldern bzw. Anordnungen (z. B. Zylinder- und Kugelsymmetrie) in effektiver Weise berücksichtigt werden. Von besonderer Bedeutung neben den kartesischen Koordinaten x, y, z sind die

– *zylindrischen Koordinaten* r, α, z mit $r = \sqrt{x^2 + y^2}$ (Bild 3.1 b); (3.4)

– *sphärischen Koordinaten* r, ϑ, α mit $r = \sqrt{x^2 + y^2 + z^2}$ (Bild 3.1 c). (3.5)

Damit lautet die Beschreibung eines Vektors $\boldsymbol{U}$ bzw. des Ortsvektors $\boldsymbol{r}$ in einem Zylinderkoordinatensystem

$$\boldsymbol{U} = \boldsymbol{e}_r U_r + \boldsymbol{e}_\alpha U_\alpha + \boldsymbol{e}_z U_z \tag{3.6}$$

$$\boldsymbol{r} = \boldsymbol{e}_r r + \boldsymbol{e}_\alpha r\alpha + \boldsymbol{e}_z z \tag{3.7}$$

und in sphärischen Koordinaten (auch Kugelkoordinaten genannt)

$$\boldsymbol{U} = \boldsymbol{e}_r U_r + \boldsymbol{e}_\vartheta U_\vartheta + \boldsymbol{e}_\alpha U_\alpha \tag{3.8}$$

$$\boldsymbol{r} = \boldsymbol{e}_r r + \boldsymbol{e}_\vartheta r + \boldsymbol{e}_\alpha r\alpha \sin\vartheta. \tag{3.9}$$

Vektoren verschiedener Koordinatensysteme können ineinander umgerechnet werden. Nähere Erläuterungen dazu kann der Leser bei Bedarf aus Anhang A.2.1. ersehen.

Skalarprodukt. Das *Skalar-* oder *Punktprodukt* zweier Vektoren $\boldsymbol{U}$ und $\boldsymbol{V}$ ist durch

$$\boldsymbol{UV} = |\boldsymbol{U}|\,|\boldsymbol{V}| \cos(\boldsymbol{U}, \boldsymbol{V}) \tag{3.10}$$

definiert, führt also zu einem Skalar (s. auch Abschnitt 1.3.4.1). $|\boldsymbol{U}|\cos(\boldsymbol{U},\boldsymbol{V})$ ist die Projektion von $\boldsymbol{U}$ auf $\boldsymbol{V}$ bzw. ist $|\boldsymbol{V}|\cos(\boldsymbol{U},\boldsymbol{V})$ die Projektion von $\boldsymbol{V}$ auf $\boldsymbol{U}$ (Bild 3.2 a). In Komponentenschreibweise ergibt sich

$$\boldsymbol{UV} = (\boldsymbol{e}_x U_x + \boldsymbol{e}_y U_y + \boldsymbol{e}_z U_z)(\boldsymbol{e}_x V_x + \boldsymbol{e}_y V_y + \boldsymbol{e}_z V_z) = U_x V_x + U_y V_y + U_z V_z. \tag{3.11}$$

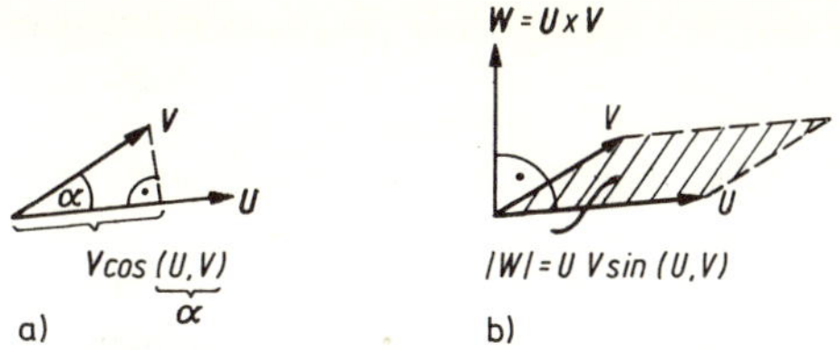

Bild 3.2 Veranschaulichung des Punktproduktes (a) und des Kreuzproduktes (b)

Dabei wurde beachtet, daß das Punktprodukt zweier Einheitsvektoren nach Gl. (3.10) nur bei Multiplikation mit sich selbst den Wert 1 ergibt und sonst Null, z. B. $\boldsymbol{e}_x \boldsymbol{e}_y = 1 \cdot 1 \cos 90° = 0$.

Vektorprodukt. Das *Vektorprodukt* oder *Kreuzprodukt* zweier Vektoren $\boldsymbol{U}$ und $\boldsymbol{V}$

$$\boldsymbol{U} \times \boldsymbol{V} = \boldsymbol{W} \tag{3.12}$$

ergibt definitionsgemäß einen Vektor $\boldsymbol{W}$, der senkrecht auf der durch die Vektoren gebildeten Ebene steht (Rechtsdreibein von $\boldsymbol{U}$, $\boldsymbol{V}$ und $\boldsymbol{W}$ bzw. Daumen, Zeigefinger und Mittelfinger der rechten Hand) und folgenden Betrag besitzt

$$|\boldsymbol{W}| = |\boldsymbol{U} \times \boldsymbol{V}| = |\boldsymbol{U}|\,|\boldsymbol{V}| \sin(\boldsymbol{U}, \boldsymbol{V}). \tag{3.13}$$

Dabei ist der spitze Winkel zwischen $\boldsymbol{U}$ und $\boldsymbol{V}$ zu nehmen (Bild 3.2b). $|\boldsymbol{U} \times \boldsymbol{V}|$ ist gleich der von $\boldsymbol{U}$ und $\boldsymbol{V}$ aufgespannten „Fläche". In Komponentenschreibweise ist das Kreuzprodukt mit folgender Determinante zu beschreiben:

$$\boldsymbol{W} = \boldsymbol{U} \times \boldsymbol{V} = \begin{vmatrix} \boldsymbol{e}_x & \boldsymbol{e}_y & \boldsymbol{e}_z \\ U_x & U_y & U_z \\ V_x & V_y & V_z \end{vmatrix}$$

und damit mit

$$\boldsymbol{W} = \boldsymbol{e}_x (U_y V_z - U_z V_y) + \boldsymbol{e}_y (U_z V_x - U_x V_z) + \boldsymbol{e}_z (U_x V_y - U_y V_x). \tag{3.14}$$

Daraus sowie mit Gl. (3.10) ergeben sich folgende Regeln:

$$\boldsymbol{U} \times \boldsymbol{U} = 0, \qquad \boldsymbol{U} \times \boldsymbol{V} = -\boldsymbol{V} \times \boldsymbol{U}, \qquad \boldsymbol{U}_1 (\boldsymbol{U}_2 \times \boldsymbol{U}_3) = (\boldsymbol{U}_1 \times \boldsymbol{U}_2)\, \boldsymbol{U}_3. \tag{3.15}$$

Beispiel: $\boldsymbol{U} = (U_x, 0, 0)$, $\boldsymbol{V} = (V_x, V_y, V_z)$, $\boldsymbol{U} \times \boldsymbol{V} = \boldsymbol{e}_y U_x V_z + \boldsymbol{e}_z U_x V_y$.

Linienintegral. Integriert man entlang einer Linie A und B im Raum über das Punktprodukt von Vektorgröße $\boldsymbol{U}$ und differentiellem Wegelement $\mathrm{d}\boldsymbol{s}$, so entsteht (als skalare Größe), wie bereits im Abschnitt 1.4.2 dargelegt (siehe z. B. Bild 1.22a mit $\boldsymbol{U} = \boldsymbol{E}$), ein *Linienintegral*

$$\psi_{AB} = \int_A^B \boldsymbol{U}\, \mathrm{d}\boldsymbol{s} = \int_A^B |\boldsymbol{U}| \cos(\boldsymbol{U}, \mathrm{d}\boldsymbol{s})\, \mathrm{d}s. \tag{3.16}$$

Speziell in kartesischen Koordinaten folgt mit

$$\mathrm{d}\boldsymbol{s} = \boldsymbol{e}_x\, \mathrm{d}x + \boldsymbol{e}_y\, \mathrm{d}y + \boldsymbol{e}_z\, \mathrm{d}z \tag{3.17}$$

$$\psi_{AB} = \int_A^B \boldsymbol{U}\, \mathrm{d}\boldsymbol{s} = \int_A^B (U_x\, \mathrm{d}x + U_y\, \mathrm{d}y + U_z\, \mathrm{d}z). \tag{3.18}$$

Das Integral über einen geschlossenen Weg bezeichnet man auch als *Ringintegral* und kennzeichnet es durch einen Kreis am Integralzeichen: $\oint \boldsymbol{U}\, \mathrm{d}\boldsymbol{s}$ (siehe z. B. Bild 1.22b).

Beispiel: Arbeit W in einem Kraftfeld $\boldsymbol{F} = \boldsymbol{e}_z F_z$ mit $F_z = -1$ N entlang einem geradlinigen Weg zwischen den Punkten $\boldsymbol{r}_A = (2\,\mathrm{m}, 1\,\mathrm{m}, 1\,\mathrm{m})$ und $\boldsymbol{r}_B = (4\,\mathrm{m}, 2\,\mathrm{m}, 3\,\mathrm{m})$ im Raum (aufzeichnen!):

$$W = \int_A^B \boldsymbol{F}\, \mathrm{d}\boldsymbol{s} = \boldsymbol{F} \boldsymbol{s}_{AB}, \qquad \boldsymbol{s}_{AB} = \boldsymbol{r}_B - \boldsymbol{r}_A = \boldsymbol{e}_x\, 2\,\mathrm{m} + \boldsymbol{e}_y\, 1\,\mathrm{m} + \boldsymbol{e}_z\, 2\,\mathrm{m};$$

$$W = F_z s_{AB} = -2\,\mathrm{N} \cdot \mathrm{m}.$$

Flächen- und Hüllenintegral. Als *Flächenintegral* in einem Vektorfeld $\boldsymbol{U}$ definiert man, wie bereits im Abschnitt 1.3.4.2 (Bild 1.14) erläutert,

$$I = \int \boldsymbol{U}\, \mathrm{d}\boldsymbol{A}. \tag{3.19}$$

Der differentielle Flächenvektor $\mathrm{d}\boldsymbol{A}$ steht senkrecht auf dem zugeordneten Flächenelement. Sein Betrag ist gleich der Größe des Flächenelementes. Ein Integral über eine Hüllfläche nennt man auch *Hüllenintegral* und kennzeichnet es durch einen Kreis am Integralzeichen: $\oint \boldsymbol{U}\, \mathrm{d}\boldsymbol{A}$.

Klassifizierung von Vektorfeldern. Vektorfelder können nach verschiedenen Gesichtspunkten klassifiziert werden, z. B.

- *homogen* (ortsunabhängig) und *inhomogen* (ortsabhängig),
- *stationär* (statisch, zeitunabhängig) und *nichtstationär* (zeitabhängig).

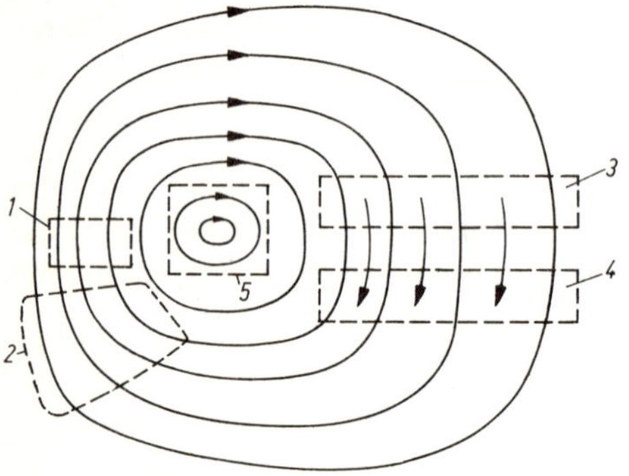

Bild 3.3
Feld mit Quellen und Wirbeln sowie quellen- und wirbelfreien Bereichen (homogen (1), inhomogen (2), mit Quellen bzw. Senken (3) und (4), mit Wirbeln (5))

Bei einem stationären homogenen Feld in einem Raumbereich besitzt $\boldsymbol{U}$ an jedem Ortspunkt in diesem Bereich und zu jedem Zeitpunkt den gleichen Betrag und die gleiche Richtung. Die Feldlinien sind zueinander parallele Geraden(stücke) im gleichen Abstand (siehe z. B. Bild 3.3 (*1*)). Raumbereiche mit inhomogenem Feld erfüllen diese Bedingung nicht (z. B. Bild 3.3 (*2*)). Ein Vektorfeld kann Quellen und/oder Wirbel besitzen und auch quellen- und wirbelfrei sein.

Quellen. Raumbereiche eines Vektorfeldes, in denen Feldlinien beginnen bzw. enden, nennt man *Quellen* (Bild 3.3 (*3*)) bzw. *Senken* (Bild 3.3 (*4*)) oder auch allgemein Quellen mit positiver bzw. negativer Quellstärke. Die Quellstärke eines Feldes $\boldsymbol{U}$ wird als Divergenz von $\boldsymbol{U}$ (abgekürzt: div $\boldsymbol{U}$) bezeichnet und anschließend noch genauer beschrieben. Legt man eine Hüllfläche um einen solchen Quellbereich, so gilt:

Zahl der austretenden Feldlinien $\neq$ *Zahl der eintretenden Feldlinien*

Anders ausgedrückt: Ein Feld besitzt Quellen, falls Hüllflächen gefunden werden können, für die

$$\oint \boldsymbol{U}\, \mathrm{d}\boldsymbol{A} \neq 0 \tag{3.20}$$

gilt. Ein Feld ist in einem Raumbereich quellenfrei, falls das Hüllenintegral über $\boldsymbol{U}$ für beliebige Hüllflächen verschwindet (z. B. Bild 3.3 (*2*)).

Wirbel. Ein Vektorfeld besitzt Wirbel, falls in sich geschlossene Feldlinien auftreten (Bild 3.3 (*5*)). Aus dem Alltag sind z. B. Wasserwirbel bekannt, bei denen das Geschwindigkeitsfeld geschlossene Feldlinien bildet. Allerdings ist das Auftreten geschlossener Feldlinien eine hinreichende, aber keine notwendige Bedingung für Wirbel. Aus Tafel 3.1 ist ein weiteres Wirbelfeld ersichtlich. Allgemein lautet die Bedingung für das Auftreten von Wirbeln

$$\oint \boldsymbol{U}\, \mathrm{d}\boldsymbol{s} \neq 0. \tag{3.21}$$

Ein Feld ist also dann in einem Raumbereich oder insgesamt wirbelfrei, wenn das Ringintegral über $\boldsymbol{U}$ stets Null ist (bei beliebigen in sich geschlossenen Wegen). Ein quantitatives Maß für Wirbel ist die Wirbelstärke oder Rotation von $\boldsymbol{U}$ (abgekürzt: rot $\boldsymbol{U}$), die anschließend noch erläutert wird. Abschließend sei erwähnt, daß das Feld im Bild 3.3 Quellen und Wirbel besitzt. Dabei existieren Raumbereiche, in denen Wirbel und/oder Quellen auftreten, aber auch Raumbereiche, die weder Quellen noch Wirbel aufweisen (s. Tafel 3.1). Elektromagnetische Felder mit Quellen und Wirbeln treten u. a. in Schaltungen mit Kondensatoren und Spulen bei zeitveränderlichen Strömen sowie bei Elektromagneten auf.

Tafel 3.1. Charakterisierung von Feldtypen

Feldtyp	$\oint \boldsymbol{U}\, \mathrm{d}\boldsymbol{A}$ div $\boldsymbol{U}$	$\oint \boldsymbol{U}\, \mathrm{d}\boldsymbol{s}$ rot $\boldsymbol{U}$	Beispiel
quellen- und wirbelfreies Feld	0	0	
wirbelfreies Quellenfeld	$\neq 0$	0	
quellenfreies Wirbelfeld	$=0$	$\neq 0$	
Feld mit Quellen und Wirbeln	$\neq 0$	$\neq 0$	

Divergenz eines Vektorfeldes*. Als *Nablaoperator* (Symbol: ∇) definiert man in kartesischen Koordinaten symbolisch den Differentialoperator

$$\nabla = \boldsymbol{e}_\mathrm{x} \frac{\partial}{\partial x} + \boldsymbol{e}_\mathrm{y} \frac{\partial}{\partial y} + \boldsymbol{e}_\mathrm{z} \frac{\partial}{\partial z}. \tag{3.22}$$

Er kann in Form eines Punktproduktes mit dem Vektor $\boldsymbol{U}$ verknüpft oder – wie man auch sagt – auf ihn angewendet werden. Das Ergebnis bezeichnet man als *Divergenz* (Abkürzung: div) des Vektors:

$$\operatorname{div} \boldsymbol{U} = \nabla \boldsymbol{U} = \left(\boldsymbol{e}_\mathrm{x} \frac{\partial}{\partial x} + \boldsymbol{e}_\mathrm{y} \frac{\partial}{\partial y} + \boldsymbol{e}_\mathrm{z} \frac{\partial}{\partial z}\right)(\boldsymbol{e}_\mathrm{x} U_\mathrm{x} + \boldsymbol{e}_\mathrm{y} U_\mathrm{y} + \boldsymbol{e}_\mathrm{z} U_\mathrm{z}); \tag{3.23}$$

$$\operatorname{div} \boldsymbol{U} = \nabla \boldsymbol{U} = \frac{\partial U_\mathrm{x}}{\partial x} + \frac{\partial U_\mathrm{y}}{\partial y} + \frac{\partial U_\mathrm{z}}{\partial z}. \tag{3.24}$$

Dabei wurde $\boldsymbol{e}_x \boldsymbol{e}_\mathrm{x} = 1$, $\boldsymbol{e}_\mathrm{x} \boldsymbol{e}_\mathrm{y} = 0$ usw. beachtet. Bildet man die Divergenz eines Vektorfeldes, so entsteht also ein Skalarfeld.

Beispiel 1: Für ein homogenes Kraftfeld $\boldsymbol{F} = \boldsymbol{e}_\mathrm{x} F_\mathrm{x} + \boldsymbol{e}_\mathrm{y} \boldsymbol{F}_\mathrm{y} + \boldsymbol{e}_\mathrm{z} F_\mathrm{z}$ mit ortsunabhängigen F_x, F_y und F_z ist im gesamten Raum div $\boldsymbol{F} = 0$.

Beispiel 2: Für $\boldsymbol{U} = \boldsymbol{e}_\mathrm{x}\, 2x^3y^3z^2 + \boldsymbol{e}_\mathrm{y}\, 3xy^2z^2 + \boldsymbol{e}_\mathrm{z}\,(x^4yz + 2)$ ist div $\boldsymbol{U} = 2\,(3x^2)\,y^3z^2 + 3x\,(2y)\; z^2 + x^4y = 6x^2y^3z^2 + 6xyz^2 + x^4y$. Speziell für den Punkt (1, 2, 2) ergibt sich div $\boldsymbol{U} = 242$.

Gaußscher Integralsatz*. Der *Gaußsche Integralsatz* ermöglicht die Umwandlung eines Volumenintegrals in ein Hüllenintegral und umgekehrt:

$$\int \operatorname{div} \boldsymbol{U}\, \mathrm{d}V = \oint \boldsymbol{U}\, \mathrm{d}\boldsymbol{A}. \tag{3.25}$$

Das Volumenintegral über die Divergenz eines Vektors ist gleich dem Hüllenintegral des Vektors, bezogen auf die Fläche, die das beliebig zu wählende Volumen einschließt. Der Flächenvektor muß dabei nach außen zeigen (Bild 3.4a). Da der Gaußsche[1]) Satz natürlich auch für beliebig kleine Volumenelemente gültig ist, kann nach Gl. (3.25) als Definition für die Divergenz eines Vektorfeldes $\boldsymbol{U}$ auch

$$\operatorname{div} \boldsymbol{U} = \lim_{\Delta V \to 0} \frac{1}{\Delta V} \oint \boldsymbol{U}\, \mathrm{d}\boldsymbol{A} \tag{3.26}$$

geschrieben werden. Entstehen (enden) in dem Volumenelement ΔV Feldlinien, so ist $\oint \boldsymbol{U}\,\mathrm{d}\boldsymbol{A} \gtrless 0$ und $\operatorname{div} \boldsymbol{U} \gtrless 0$. Falls die Zahl der ein- und austretenden Feldlinien übereinstimmt, so gilt $\operatorname{div} \boldsymbol{U} = 0$.

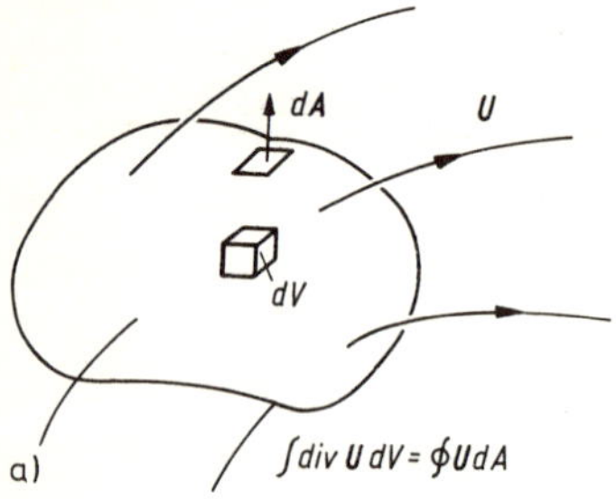

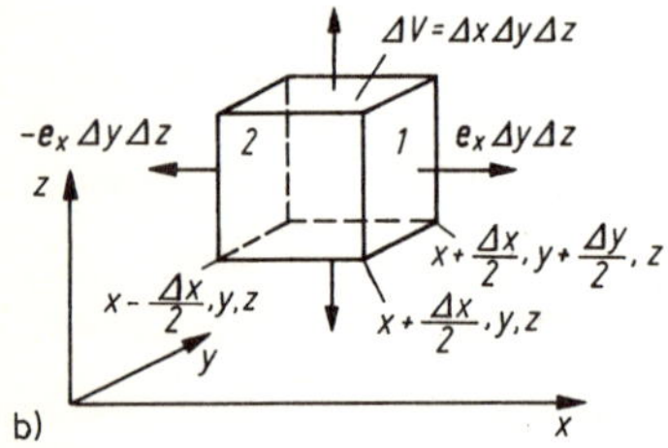

Bild 3.4
Zum Gaußschen Satz
a) für einen Raumbereich; b) für ein Volumenelement $\Delta x\, \Delta y\, \Delta z$

Beweis von Gl. (3.24):* Faßt man Gl. (3.24) als Definition von div $\boldsymbol{U}$ auf, so muß der Gaußsche Satz bewiesen werden. Faßt man andererseits den Gaußschen Satz bzw. Gl. (3.26) als Definition von div $\boldsymbol{U}$ (vom kartesischen Koordinatensystem unabhängige Definition) auf, so ist Gl. (3.24) zu beweisen. Dazu wird das im Bild 3.4b angegebene Volumenelement $\Delta V = \Delta x\, \Delta y\, \Delta z$ betrachtet. $\Delta V \to 0$ bedeutet hier $\Delta x \to 0$ und $\Delta y \to 0$ und $\Delta z \to 0$. Das Hüllenintegral ist über die sechs Flächen zu bilden:

$$\operatorname{div} \boldsymbol{U} = \lim_{\Delta V \to 0} \frac{1}{\Delta V} \oint \boldsymbol{U}\, \mathrm{d}\boldsymbol{A} = \lim_{\Delta V \to 0} \frac{1}{\Delta V} \sum_{i=1}^{6} \int \boldsymbol{U}_\mathrm{i}\, \mathrm{d}\boldsymbol{A}_\mathrm{i}.$$

Bei hinreichend kleinen Abmessungen ist wegen

$$\int U_\mathrm{i}\, \mathrm{d}A_\mathrm{i} = U_\mathrm{i}\, \Delta A_\mathrm{i} \qquad \operatorname{div} \boldsymbol{U} = \lim_{\Delta V \to 0} \frac{1}{\Delta V} \sum_{i=1}^{6} \boldsymbol{U}_\mathrm{i}\, \Delta \boldsymbol{A}_\mathrm{i}. \tag{3.27}$$

Die beiden gegenüberliegenden Seitenflächen *1* und *2* (Bild 3.4) besitzen die Flächenvektoren $\boldsymbol{e}_\mathrm{x}\, \Delta y\, \Delta z$ und $-\boldsymbol{e}_\mathrm{x}\, \Delta y\, \Delta z$ und liefern damit den Anteil

$$\lim_{\Delta V \to 0} \frac{1}{\Delta x\, \Delta y\, \Delta z} (\boldsymbol{e}_\mathrm{x} U_\mathrm{x}\, (x + \Delta x/2,\, y,\, z)\, \boldsymbol{e}_\mathrm{x}\, \Delta y\, \Delta z + \boldsymbol{e}_\mathrm{x} U_\mathrm{x}\, (x - \Delta x/2,\, y,\, z)\, (-\boldsymbol{e}_\mathrm{x}\, \Delta y\, \Delta z)$$

$$= \lim_{\Delta x \to 0} \frac{U_\mathrm{x}\, (x + \Delta x/2,\, y,\, z) - U_\mathrm{x}\, (x - \Delta x/2,\, y, z)}{\Delta x} = \frac{\partial U_\mathrm{x}}{\partial x}\, (x,\, y,\, z).$$

Bezieht man alle Flächen ein, so entsteht Gl. (3.24):

$$\operatorname{div} \boldsymbol{U} = \partial U_\mathrm{x}/\partial x + \partial U_\mathrm{y}/\partial y + \partial U_\mathrm{z}/\partial z.$$

Im Anhang A.2.1 sind die entsprechenden Gleichungen für die zylindrischen und sphärischen Koordinaten angegeben.

[1]) Carl Friedrich Gauß, deutscher Mathematiker und Physiker, 1777–1855

Rotation eines Vektorfeldes*. Die Verknüpfung des Nablaoperators (Gl. (3.22)) mit einem Vektor $\boldsymbol{U}$ in Form eines Kreuzproduktes wird auch als *Rotation* des Vektors (Abkürzung: rot) bezeichnet:

$$\mathrm{rot}\,\boldsymbol{U} = \nabla \times \boldsymbol{U} = \begin{vmatrix} \boldsymbol{e}_x & \boldsymbol{e}_y & \boldsymbol{e}_z \\ \dfrac{\partial}{\partial x} & \dfrac{\partial}{\partial y} & \dfrac{\partial}{\partial z} \\ U_x & U_y & U_z \end{vmatrix}; \tag{3.28}$$

$$\mathrm{rot}\,\boldsymbol{U} = \nabla \times \boldsymbol{U} = \boldsymbol{e}_x \left(\frac{\partial U_z}{\partial y} - \frac{\partial U_y}{\partial z} \right) + \boldsymbol{e}_y \left(\frac{\partial U_x}{\partial z} - \frac{\partial U_z}{\partial x} \right) + \boldsymbol{e}_z \left(\frac{\partial U_y}{\partial x} - \frac{\partial U_x}{\partial y} \right). \tag{3.29}$$

Wie Gl. (3.29) zeigt, kann durch zyklische Vertauschung der Indizes aus einer Komponente auf die anderen geschlossen werden. Die Rotation eines Vektorfeldes ist wiederum ein Vektorfeld. Dabei steht rot $\boldsymbol{U}$ an jedem Punkt senkrecht auf $\boldsymbol{U}$. Nach Gl. (3.13) gilt demnach stets

$$\boldsymbol{U}\,\mathrm{rot}\,\boldsymbol{U} = 0. \tag{3.30}$$

Beweis:* Vorgegeben sei ein Vektorfeld $\boldsymbol{U}(\boldsymbol{r}, t)$. Ohne Beschränkung der Allgemeinheit wird das Koordinatensystem an dem betrachteten, beliebig gewählten Ortspunkt so gewählt, daß $\boldsymbol{U}$ an diesem Punkt in x-Richtung zeigt, d. h. $\boldsymbol{U} = \boldsymbol{e}_x U_x(x, y, z, t)$. Aus Gl. (3.29) folgt rot $\boldsymbol{U} = \boldsymbol{e}_y\,\partial U_x/\partial z - \boldsymbol{e}_z\,\partial U_x/\partial y$. Demnach steht rot $\boldsymbol{U}$ stets senkrecht auf $\boldsymbol{U}$.

Stokesscher[1]) Integralsatz*. Der erste *Stokessche Satz* lautet

$$\int \mathrm{rot}\,\boldsymbol{U}\,\mathrm{d}\boldsymbol{A} = \oint \boldsymbol{U}\,\mathrm{d}\boldsymbol{s}. \tag{3.31}$$

Das Linienintegral eines Vektorfeldes entlang einer geschlossenen Kurve ist gleich dem Flächenintegral über jede beliebige dadurch berandete Fläche. Dabei müssen d$\boldsymbol{s}$ und d$\boldsymbol{A}$ der Rechtsschraubenregel genügen (Bild 3.5 a). Andernfalls müßte in Gl. (3.31) ein Minuszeichen

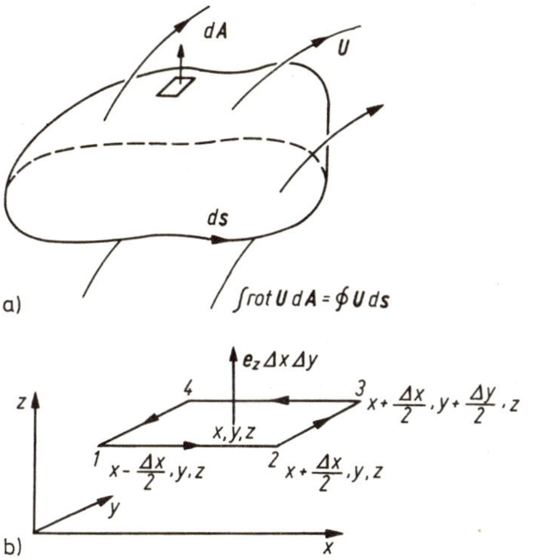

Bild 3.5
Zum Stokesschen Satz
a) für eine Fläche; b) für ein Flächenelement $\Delta x\,\Delta y$

eingefügt werden. Ist die gewählte Integrationsfläche hinreichend klein, so kann rot $\boldsymbol{U}$ auf der genannten Fläche als konstant angenommen werden, und der Stokessche Satz geht in

$$\mathrm{rot}\,\boldsymbol{U}\,\Delta\boldsymbol{A} = \oint \boldsymbol{U}\,\mathrm{d}\boldsymbol{s} \quad \text{für} \quad \Delta A \to 0 \tag{3.32}$$

über. Diese Beziehung kann nicht nach rot $\boldsymbol{U}$ aufgelöst werden, da die Division durch den Vektor $\Delta\boldsymbol{A}$ nicht zulässig ist. Soll die Komponente von rot $\boldsymbol{U}$ in einer beliebigen Richtung,

[1]) George Gabriel Stokes, englischer Mathematiker und Physiker, 1819–1903

z. B. der Richtung $\boldsymbol{n}$ ermittelt werden, so ist rot $\boldsymbol{U}$ mit dem Einheitsvektor $\boldsymbol{n}$ zu multiplizieren. Demnach wählt man als Flächenelement $\Delta\boldsymbol{A} = \boldsymbol{n} \cdot A$ und erhält

$$\text{rot } \boldsymbol{U} \boldsymbol{n} \, \Delta A = (\text{rot } \boldsymbol{U})_\text{n} \, \Delta A = \oint \boldsymbol{U} \, \text{d}\boldsymbol{s} \quad \text{für} \quad \Delta A \to 0; \tag{3.33}$$

$$(\text{rot } \boldsymbol{U}) \cdot \boldsymbol{n} = (\text{rot } \boldsymbol{U})_\text{n} = \lim_{\Delta A \to 0} \frac{1}{\Delta A} \oint \boldsymbol{U} \, \text{d}\boldsymbol{s}. \tag{3.34}$$

Für den Grenzwert gilt: Das Ringintegral von $\boldsymbol{U}$, dividiert durch das vom Weg eingeschlossene Flächenelement, ist gleich der Komponente des Vektors rot $\boldsymbol{U}$ in Richtung der Flächennormalen.

Beweis der Gl. (3.29): Als Definition von rot $\boldsymbol{U}$ kann Gl. (3.29) aufgefaßt werden. Dann ist der Stokessche Satz bzw. Gl. (3.32) zu beweisen. Aus Gl. (3.32) entsteht übrigens der Stokessche Satz, wenn die Gesamtfläche aus Flächenelementen zusammengesetzt wird, über die zu addieren ist. Dabei heben sich bei den Linienintegralen alle Anteile im Inneren auf, weil die Wege jeweils in unterschiedlichen Richtungen durchlaufen werden, so daß nur der äußere Weg um die Gesamtfläche übrigbleibt (aufzeichnen!).

Geht man von dem Stokesschen Satz bzw. der daraus abgeleiteten Gl. (3.34) aus, die beide koordinatenunabhängig sind, so muß Gl. (3.29) bewiesen werden. Dieser Weg wird im folgenden beschritten. Um z. B. $(\text{rot } \boldsymbol{U})_z$ nach Gl. (3.34) zu ermitteln, ist der im Bild 3.5b angegebene Integrationsweg zu wählen, der aus 4 Teilen besteht. Für $\Delta x \to 0$ und $\Delta y \to 0$ gilt:

$$\oint \boldsymbol{U} \, \text{d}\boldsymbol{s} = \int_1^2 \boldsymbol{U} \, \text{d}\boldsymbol{s} + \int_2^3 \boldsymbol{U} \, \text{d}\boldsymbol{s} + \int_3^4 \boldsymbol{U} \, \text{d}\boldsymbol{s} + \int_4^1 \boldsymbol{U} \, \text{d}\boldsymbol{s};$$

$$\int_1^2 \boldsymbol{U} \, \text{d}\boldsymbol{s} + \int_3^4 \boldsymbol{U} \, \text{d}\boldsymbol{s} = \boldsymbol{e}_\text{x} U_\text{x} \left(x, y - \frac{\Delta y}{2}, z\right) \cdot \boldsymbol{e}_\text{x} \, \Delta x + \boldsymbol{e}_\text{x} U_\text{x} \left(x, y + \frac{\Delta y}{2}, z\right) (-\boldsymbol{e}_\text{x}) \, \Delta x$$

$$= \left(U_\text{x} \left(x, y - \frac{\Delta y}{2}, z\right) - U_\text{x} \left(x, y + \frac{\Delta y}{2}, z\right)\right) \Delta x.$$

Bei Auswertung aller 4 Wege ergibt sich mit Gl. (3.34)

$$(\text{rot } \boldsymbol{U})_z = \lim_{\substack{\Delta x \to 0, \\ \Delta y \to 0}} \left(\frac{U_\text{y} \, (x + \Delta x/2, y, z) - U_\text{y} \, (x - \Delta x/2, y, z)}{\Delta x} \right)$$
$$- \lim_{\substack{\Delta x \to 0, \\ \Delta y \to 0}} \left(\frac{U_\text{x} \, (x, y + \Delta y/2, z) - U_\text{x} \, (x, y - \Delta y/2, z)}{\Delta y} \right)$$

$$(\text{rot } \boldsymbol{U})_z = \frac{\partial U_\text{y}}{\partial x} - \frac{\partial U_\text{x}}{\partial y}.$$

Bei entsprechend gewählten Flächenelementen können auch die x- und y-Komponente von rot $\boldsymbol{U}$ entsprechend Gl. (3.29) bewiesen werden.

Im Anhang A.2.1 ist rot $\boldsymbol{U}$ auch für Zylinder- und Kugelkoordinaten angegeben.

3.2. Die Maxwellschen Gleichungen

3.2.1 Die Maxwellschen Gleichungen in Integralform

Einführung. Zum Verständnis der außerordentlich vielfältigen Erscheinungen bei elektrischen und magnetischen Feldern sowie ihrer Verkopplung in Form elektromagnetischer Felder kann man einen induktiven oder deduktiven Zugang wählen.

Im ersten Fall werden zunächst einzelne experimentell nachweisbare Phänomene untersucht und mathematisch beschrieben. Daran schließt sich eine Verallgemeinerung und Zusammenfassung an, die zu einem umfangreichen allgemeingültigen Gleichungssystem führt, den Maxwellschen Gleichungen. Danach kann man – ausgehend von diesem Gleichungssystem – weitere Spezialfälle behandeln. Dieser induktive Weg kann – bei sehr ausführlicher Darstellung – einen Einblick in den historischen Erkenntnisprozeß geben, der in der Formulierung dieses Gleichungssystems gipfelt, und führt den Leser behutsam an die Probleme heran. Er stellt aber keine Ableitung in dem Sinne dar, daß die Maxwellschen Gleichungen auf andere grundlegendere Gesetze zurückgeführt werden.

Im folgenden wird der deduktive Weg beschritten, bei dem sofort das vollständige Gleichungssystem ohne experimentelle Begründung an den Anfang gestellt wird. Der Leser kann also nicht verstehen, warum die Maxwellschen Gleichungen die angegebene Form haben, sondern er soll es lernen, diese Gleichungen auf spezielle Probleme anzuwenden. Dieser Weg erscheint unbequemer, da man von Anfang an mit einem umfangreichen und fast schockierenden Gleichungssystem konfrontiert wird, dessen Inhalt und Handhabung man nur schrittweise verstehen kann. Der Vorteil der deduktiven Betrachtung liegt aber darin, daß sie einen rationellen Erkenntnisprozeß ermöglicht und den Leser von Anfang an daran gewöhnt, alle Spezialfälle ausgehend vom vollständigen Gleichungssystem zu analysieren. Der Leser kann damit nicht nur sein Gedächtnis entlasten, sondern erkennt auch einschränkende Annahmen besser. Zu erwähnen ist allerdings, daß einige unmittelbar mit der Schaltungsanalyse zusammenhängende Probleme bereits im Abschnitt 1 eingeführt wurden und nun noch einmal feldtheoretisch untermauert werden.

Außerdem schult der deduktive Weg die Fähigkeit, sich ein umfangreiches Gleichungssystem schrittweise zu erschließen und in seiner Wirkung verständlich zu machen.

Ladung und Raumladungsdichte. Die stabilen Elementarteilchen (als die ruhemassebehafteten Bausteine der Materie) sind die Elektronen, Protonen und Neutronen. Wie im Abschnitt 1.2.1 bereits dargelegt wurde, ist einem Elektron die negative Elementarladung $Q = -\mathrm{e} = -1{,}6 \cdot 10^{-19}\,\mathrm{A \cdot s}$ und einem Proton die positive Elementarladung $Q = +\mathrm{e}$ zuzuordnen. Ladungen sind deshalb stets ein ganzzahliges Vielfaches von $-\mathrm{e}$ bzw. $+\mathrm{e}$. Vielfach ist aber die Zahl der Ladungsträger im betrachteten Volumenbereich so hoch, daß die Quantelung der Ladungsmenge keine Rolle spielt und eine Kontinuumsbeschreibung möglich wird. Elektronen bzw. Protonen kann ein Radius von etwa $2{,}8 \cdot 10^{-15}\,\mathrm{m}$ bzw. $\ldots 2{,}5 \cdot 10^{-15}\,\mathrm{m}$ zugeordnet werden. Selbst im atomaren Bereich können Elektronen und Protonen aufgrund dieser geringen Abmessungen bezüglich ihrer Ortsbeschreibung vielfach als *Punktladungen* modelliert werden, also als endliche Ladung in einem Volumenelement, dessen Ausdehnung gegen Null geht. Als *mittlere Raumladungsdichte* ϱ in einem Volumenelement ΔV definiert man den Quotienten von Ladung ΔQ und ΔV

$$\varrho = \Delta Q/\Delta V, \qquad [\varrho] = \frac{\mathrm{A \cdot s}}{\mathrm{cm}^3}. \tag{3.35}$$

Mit dem Übergang zu einem differentiell kleinen Volumenelement kann jedem Ortspunkt eine *Raumladungsdichte* zugeordnet werden:

$$\varrho = \lim_{\Delta V \to 0} \frac{\Delta Q}{\Delta V} = \frac{\mathrm{d}Q}{\mathrm{d}V}. \tag{3.36}$$

Dabei ist die Darstellung $\mathrm{d}Q/\mathrm{d}V$ als symbolische Darstellung aufzufassen und nicht als Differentiation von Q nach V. Die Ladung Q in einem Volumenbereich ist wegen $\mathrm{d}Q = \varrho\,\mathrm{d}V$ (Bild 3.6a):

$$Q = \int \varrho\,\mathrm{d}V. \tag{3.37}$$

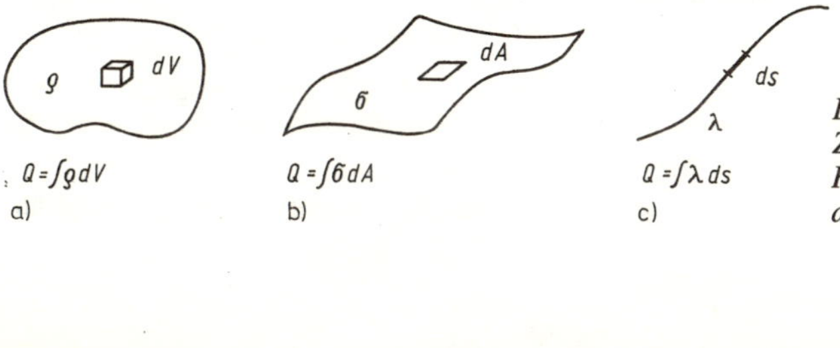

Bild 3.6
Zusammenhang zwischen Ladung und Raumladungsdichte ϱ(a), Flächenladungsdichte σ(b) und Linienladungsdichte λ(c)

Bei konstantem ϱ gilt $Q = \varrho V$. Die Einführung der Raumladungsdichte wird meist mit der Vorstellung einer kontinuierlich verteilten Ladung verknüpft. Falls man auch Punktladungen als mathematisches Modell zuläßt, geht die Raumladungsdichte am Ort der Punktladung gegen unendlich. Die mathematische Beschreibung der Raumladungsdichte punktförmiger Ladungsverteilungen erfolgt mit der δ-Funktion (Band 2), soll aber im folgenden ausgeklammert werden.

Flächen- und Linienladungen. Neben Punktladungen können Flächen- und Linienladungen als idealisiertes mathematisches Modell nahezu flächenhafter bzw. nahezu linienhafter Ladungen eingeführt werden (Bilder 3.6b und 3.6c). Für sie gilt:

mittlere Flächenladungsdichte $\sigma = \dfrac{\Delta Q}{\Delta A}, \quad [\sigma] = \dfrac{\mathrm{A \cdot s}}{\mathrm{cm}^2};$ (3.38)

Flächenladungsdichte $\sigma = \lim\limits_{\Delta A \to 0} \dfrac{\Delta Q}{\Delta A} = \dfrac{\mathrm{d}Q}{\mathrm{d}A};$ (3.39)

Flächenladung $Q = \int \sigma \,\mathrm{d}A;$ (3.40)

mittlere Linienladungsdichte $\lambda = \dfrac{\Delta Q}{\Delta l}, \quad [\lambda] = \dfrac{\mathrm{A \cdot s}}{\mathrm{cm}};$ (3.41)

Linienladungsdichte $\lambda = \lim\limits_{\Delta l \to 0} \dfrac{\Delta Q}{\Delta s} = \dfrac{\mathrm{d}Q}{\mathrm{d}s};$ (3.42)

Linienladung $Q = \int \lambda \,\mathrm{d}s.$ (3.43)

Beispiel: An einer Halbleiteroberfläche wird eine Flächenladungsdichte $\sigma = -10^{12}\,\mathrm{A \cdot s/cm^2}$ angegeben. Das entspricht bei einer Fläche von $20\,\mu\mathrm{m}^2$ einer Ladung von $-2 \cdot 10^{-3}\,\mathrm{A \cdot s}$ bzw. einem Elektronenüberschuß von $1{,}25 \cdot 10^{16}$ Elektronen.

Hinweis: Die Einführung einer Flächenladungsdichte ist dann sinnvoll, wenn die „Dicke" der Ladungsschicht sehr klein gegen die Flächenabmessungen und den Abstand aller Aufpunkte ist, an denen die Wirkung des jeweiligen Flächenelementes betrachtet wird. Die Linienladungsdichte λ wird eingeführt, wenn die „Dicke" der linienähnlichen Ladungsverteilung klein gegen die Länge und den Abstand der Aufpunkte ist, an denen die Wirkung des jeweiligen Linienelementes betrachtet wird. σ und λ sind endlich, ϱ aber geht – wie für Punktladungen – gegen unendlich. Flächen- und Linienladungen dürfen nicht als Aneinanderreihung von Punktladungen aufgefaßt werden, da sich dann auch bei endlichen Flächen- und Linienabmessungen eine unendlich hohe Zahl und damit die Gesamtladung unendlich ergeben würde. Wie bei $\varrho = \mathrm{d}Q/\mathrm{d}V$ ist $\sigma = \mathrm{d}Q/\mathrm{d}A$ bzw. $\lambda = \mathrm{d}Q/\mathrm{d}l$ als symbolische Darstellung für das Verhältnis einer differentiellen Ladung zu einem differentiellen Flächen- bzw. Linienelement aufzufassen und nicht als Differentiationsvorschrift.

Kraft auf Ladungen. Sich bewegende Ladungsverteilungen verursachen im allgemeinen Fall Kraftfelder, die man als elektromagnetische Felder bezeichnet. Betrachtet man eine Punktladung der Ladung Q, die sich mit der Geschwindigkeit $\boldsymbol{v}$ in einem elektromagnetischen Feld bewegt, so läßt sich experimentell nachweisen, daß die *Kraft* $\boldsymbol{F}$ auf die Punktladung in der Form

$$\boldsymbol{F} = Q\boldsymbol{E} + Q\boldsymbol{v} \times \boldsymbol{B} \tag{3.44}$$

darstellbar ist. Zur Beschreibung der Kraft werden also zwei Vektorfelder eingeführt, die man als das Feld der *elektrischen Feldstärke* $\boldsymbol{E}(\boldsymbol{r}, t)$ und das der *Induktion* oder *magnetischen Flußdichte* $\boldsymbol{B}(\boldsymbol{r}, t)$ bezeichnet.

Hinweis: Aus obiger Gleichung folgt mit $\boldsymbol{v} = 0$, daß $\boldsymbol{E}$ aus

$$\boldsymbol{E} = (\boldsymbol{F}/Q)_{v=0} \tag{3.45}$$

ermittelt werden kann, also aus der durch die Ladung Q dividierten Kraft $\boldsymbol{F}$, d. h. der ladungsspezifischen Kraft auf eine ruhende Ladung. Um $\boldsymbol{v} \times \boldsymbol{B}$ zu ermitteln, wird in einem zweiten Versuch die Kraft $\boldsymbol{F}$ auf eine mit der Geschwindigkeit $\boldsymbol{v}$ bewegte Ladung Q gemessen. Es gilt

$$\boldsymbol{v} \times \boldsymbol{B} = (\boldsymbol{F}/Q)_{v \neq 0} - (\boldsymbol{F}/Q)_{v=0} \tag{3.46}$$

$v \times \boldsymbol{B}$ kann also aus der durch Q dividierten Differenz der Kraft auf eine Ladung Q mit der Geschwindigkeit $\boldsymbol{v}$ sowie der Kraft auf diese Ladung im Ruhezustand ermittelt werden. Bei bekannter Geschwindigkeit v ist damit auch $\boldsymbol{B}$ bekannt. Erwähnt sei, daß es sich hierbei zunächst um Gedankenexperimente mitr einer Probeladung handelt, die die auszumessenden Feldverteilungen nicht beeinflußt. Elektromagnetische Kräfte und damit $\boldsymbol{E}$ und $\boldsymbol{B}$ können prinzipiell aus der Analyse der Bahnen von Punktladungen im Vakuum ermittelt werden. Einfacher ist es meist, die Kräfte über die Wirkungen auszumessen, die mit Ladungsbewegungen bzw. -verschiebungen vieler Ladungen in Materie verknüpft sind, also z. B. mit Konvektionsströmen in Leitern oder Halbleitern.

Alle elektromagnetischen Phänomene lassen sich auf die Wirkung von Ladungsverteilungen bzw. der mit ihnen verkoppelten verursachten Felder $\boldsymbol{E}$ und $\boldsymbol{B}$ zurückführen, wenn die mikroskopische Betrachtung von Ladungsbewegungen im Vakuum sowie die makroskopischen Gesetzmäßigkeiten zum Aufbau der Materie (insbesondere die Quantenmechanik) einbezogen werden. Neben dieser mikroskopischen Betrachtungsweise, die für die Untersuchung der inneren Eigenschaften von Atomen, Molekülen und Festkörpern geeignet ist, da sie von Atomkernen und Elektronen im Vakuum sowie deren Verkopplung ausgeht, ist eine makroskopische Beschreibung sinnvoll und auch notwendig. So ist z. B. die mikroskopische Beschreibung eines Permanentmagneten oder eines Halbleiterkristalls außerordentlich schwierig. Berücksichtigt man den Einfluß der Materie in makroskopischer Weise, so ist es sinnvoll, nicht nur zwei, sondern vier Feldgrößen einzuführen, und zwar die elektrische Feldstärke $\boldsymbol{E}$, die elektrische Flußdichte (Verschiebungsflußdichte) $\boldsymbol{D}$, die Induktion $\boldsymbol{B}$ und die magnetische Feldstärke $\boldsymbol{H}$. Dabei sind $\boldsymbol{D}$ und $\boldsymbol{E}$ sowie $\boldsymbol{B}$ und $\boldsymbol{H}$ über Größen verknüpft, die den Materialeinfluß beschreiben. Felder sind durch ihre Quellen und Wirbel zu beschreiben. Mathematisch bedeutet das Aussagen zu Hüllen- und Ringintegralen im Vektorfeld.

Die Maxwellschen Gleichungen. Die Verknüpfung der Feldgrößen wird durch die Maxwellschen Gleichungen beschrieben, die man experimentell nachweisen kann. Die Maxwellschen Gleichungen lauten in integraler Form:

$$\oint \boldsymbol{H}\,\mathrm{d}\boldsymbol{s} = \int \boldsymbol{S}\,\mathrm{d}\boldsymbol{A} \qquad (3.47)$$

Durchflutungsgesetz

$\boldsymbol{H}$ umwirbelt $\boldsymbol{S}$

$$\oint \boldsymbol{E}\,\mathrm{d}\boldsymbol{s} = -\int \frac{\partial \boldsymbol{B}}{\partial t}\,\mathrm{d}\boldsymbol{A} \qquad (3.48)$$

Induktionsgesetz

$\boldsymbol{E}$ umwirbelt $-\partial \boldsymbol{B}/\partial t$

$$\oint \boldsymbol{B}\,\mathrm{d}\boldsymbol{A} = 0 \qquad (3.49)$$

Quellenfreiheit von $\boldsymbol{B}$

$$\oint \boldsymbol{D}\,\mathrm{d}\boldsymbol{A} = \int \varrho\,\mathrm{d}V \qquad (3.50)$$

Ladungen als Quellen von $\boldsymbol{D}$

$$\boldsymbol{B} = \mu \boldsymbol{H} \qquad (3.51)$$

$$\boldsymbol{D} = \varepsilon \boldsymbol{E} \qquad (3.52)$$

Materialgleichungen für magnetische sowie elektrische Feldeigenschaften

$$\boldsymbol{S} = \underbrace{\int \boldsymbol{v}\,\mathrm{d}\varrho}_{\boldsymbol{S}_\mathrm{k}} + \underbrace{\frac{\partial \boldsymbol{D}}{\partial t}}_{\boldsymbol{S}_v} \qquad (3.53)$$

Gesamtstromdichte = Konvektionsstromdichte + Verschiebungsstromdichte

Es bedeuten:

$\boldsymbol{H}$	magnetische Feldstärke
$\boldsymbol{B}$	magnetische Flußdichte
μ	magnetische Permeabilität
ϱ	Raumladungsdichte
$\boldsymbol{S}_\mathrm{k}$	Konvektionsstromdichte
$\boldsymbol{S}$	Gesamtstromdichte
$\mathrm{d}\boldsymbol{s}$	differentielles Wegelement
$\mathrm{d}V$	differentielles Volumenelement.
$\boldsymbol{E}$	elektrische Feldstärke
$\boldsymbol{D}$	elektrische Flußdichte
ε	Permittivität
$\boldsymbol{v}$	Geschwindigkeit der Ladungsträger
$\boldsymbol{S}_\mathrm{v}$	Verschiebungsstromdichte
$\mathrm{d}\boldsymbol{A}$	Flächenelement
t	Zeit

Unter Maxwellschen Gleichungen im engeren Sinne versteht man häufig auch nur das *Induktionsgesetz (erste Maxwellsche Gleichung)* bzw. *Durchflutungsgesetz (zweite Maxwellsche Gleichung)*. Die Gln. (3.49) und (3.50) werden teilweise als *dritte* und *vierte Maxwellsche Gleichungen* bezeichnet. Die Gln. (3.51) und (3.52) werden oft als *Materialgleichungen* bezeichnet, da sie materialabhängige Größen enthalten.

Anhand von Bild 3.7 werden die Aussagen der Maxwellschen Gleichungen veranschaulicht: Mit dem *Durchflutungsgesetz* werden das Ringintegral über die magnetische Feldstärke $\boldsymbol{H}$ und das Flächenintegral über die Stromdichte $\boldsymbol{S}$ verknüpft, die eine von dem Integrationsweg berandete Fläche durchflutet (Bild 3.7a). Dabei sind das Wegelement $\mathrm{d}\boldsymbol{s}$ und das Flächenelement $\mathrm{d}\boldsymbol{A}$ nach der Rechtsschraubenregel zu orientieren. Die $\boldsymbol{H}$-Feldlinien umwirbeln die $\boldsymbol{S}$-Feldlinien (Bild 3.7b). Ein Beispiel zeigt Bild 3.7c, und zwar einen Ausschnitt aus einem Stromkreis, bei dem der Strom durch einen Draht als Konvektionsstrom und zwischen zwei isolierten Metallplatten (Kondensator) als Verschiebungsstrom fließt und von $\boldsymbol{H}$ umwirbelt wird.

Mit dem Induktionsgesetz werden das Ringintegral über die elektrische Feldstärke $\boldsymbol{E}$ und das Flächenintegral über $\partial \boldsymbol{B}/\partial t$, also über den zeitlichen Differentialquotienten der Induktion miteinander verknüpft, wobei $\mathrm{d}\boldsymbol{s}$ und $\mathrm{d}\boldsymbol{A}$ nach der Rechtsschraubenregel zu orientieren sind (Bild 3.7d). Bei zeitlicher Änderung von $\boldsymbol{B}$ treten Wirbel von $\boldsymbol{E}$ auf (Bild 3.7e). Im Bild 3.7f z.B. wird die zeitliche Änderung von $\boldsymbol{B}$ durch die Bewegung eines Magneten verursacht.

Bei der Auswertung des Flächenintegrals über eine geschlossene Fläche (Hüllenintegral) in den Gln. (3.49) und (3.50) ist der differentielle Flächenvektor $\mathrm{d}\boldsymbol{A}$ stets nach außen gerichtet (Bilder 3.7g und 3.7j). Die Induktion $\boldsymbol{B}$ ist stets quellenfrei (Bild 3.7h), wie auch Bild 3.7i am Beispiel eines Permanentmagneten verdeutlicht. Die Quellen (und Senken) der Verschiebungsdichtelinien sind die positiven (und negativen) Ladungen (Bilder 3.7k und 3.7l).

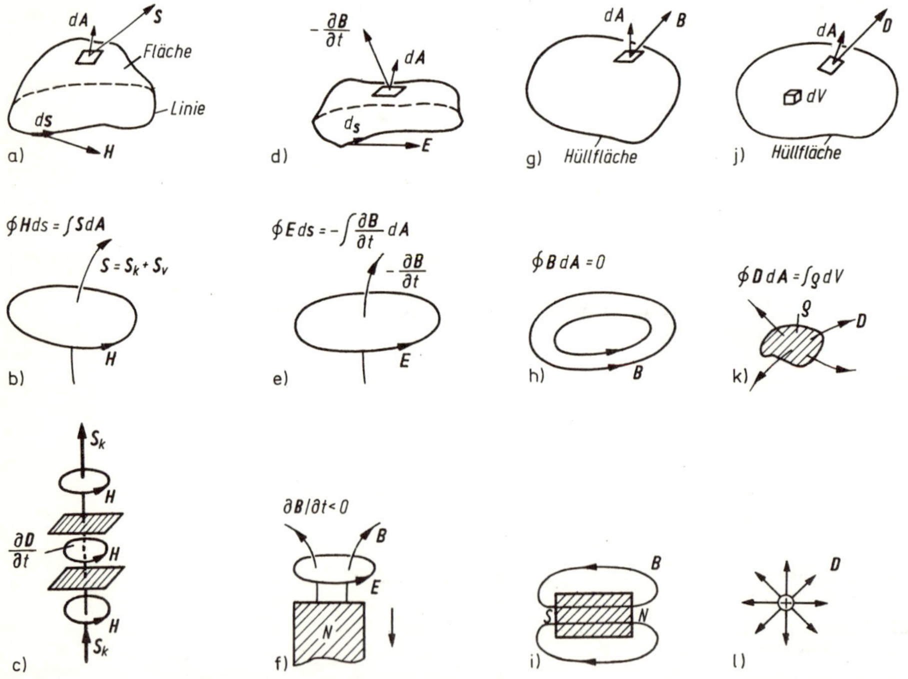

Bild 3.7 Maxwellsche Gleichungen
Auswertung, anschauliche Deutung und Beispiel
Hinweis: $\mathrm{d}\boldsymbol{s}$ und $\mathrm{d}\boldsymbol{A}$ genügen der Rechtsschraubenregel, $\mathrm{d}\boldsymbol{A}$ zeigt beim Hüllenintegral stets nach außen.

Materialeigenschaften. Die elektrischen Materialeigenschaften werden durch die *Permittivität* oder *Dielektrizitätskonstante* ε beschrieben, die durch

$$\varepsilon = \varepsilon_r \varepsilon_0 \quad \text{mit} \quad \varepsilon_0 = (8{,}85418782 \pm 0{,}00000007) \cdot 10^{-12}\ \text{A} \cdot \text{s/V} \cdot \text{m} \tag{3.54}$$

dargestellt werden kann. ε_0 ist eine Naturkonstante, die als elektrische Feldkonstante bzw. als absolute Permittivität des Vakuums bezeichnet wird. Die relative Permittivität ε_r wird von den Materialeigenschaften und manchmal auch von der elektrischen Feldstärke bestimmt. Für Vakuum gilt $\varepsilon = \varepsilon_0$ bzw. $\varepsilon_r = 1$. Da ε feldabhängig sein kann, ist die Bezeichnung Permittivität[1]) bzw. relative Permittivität zumindest in diesem Fall der Bezeichnung Dielektrizitätskonstante bzw. relative Dielektrizitätskonstante (Dielektrizitätszahl) vorzuziehen und stellt die allgemeinere Bezeichnung dar (s. auch die Abschnitte 1.2.2 und 4.2.8 sowie Tafel 1.3).

Die magnetischen Materialeigenschaften werden von der *Permeabilität* μ beschrieben, für die der Ansatz

$$\mu = \mu_r \mu_0 \quad \text{mit} \quad \mu_0 = 4\pi \cdot 10^{-7}\ \text{V} \cdot \text{s/A} \cdot \text{m} \tag{3.55}$$

üblich ist. μ_0 ist eine Naturkonstante, die man magnetische Feldkonstante oder absolute Permeabilität nennt. μ_r, die relative Permeabilität, wird von den magnetischen Materialeigenschaften und manchmal auch von der magnetischen Feldstärke bestimmt. Für Vakuum ist $\mu = \mu_0$ und damit $\mu_r = 1$.

Vielfach können ε und μ als konstant angenommen werden. Für die Ausbreitungsgeschwindigkeit v elektromagnetischer Wellen läßt sich mit den Maxwellschen Gleichungen

$$v = \frac{1}{\sqrt{\varepsilon\mu}} \quad \text{bzw.} \quad v = \frac{c}{\sqrt{\varepsilon_r \mu_r}} \tag{3.56}$$

mit der Ausbreitungsgeschwindigkeit c im Vakuum

$$c = \frac{1}{\sqrt{\varepsilon_0 \mu_0}} = 300\,000\ \frac{\text{km}}{\text{s}} \tag{3.57}$$

nachweisen (Band 2). Da auch Licht den elektromagnetischen Wellen zuzuordnen ist, wird c auch als Lichtgeschwindigkeit im Vakuum bezeichnet.

Die Materialeigenschaften beeinflussen auch die Stromdichte $\boldsymbol{S}$, und zwar entsprechend den Gln. (3.53) und (3.52) über ε sowie über die Raumladungsdichte ϱ bzw. die Geschwindigkeit $\boldsymbol{v}$ der Ladungsträger, die von den wirkenden elektromagnetischen Kräften und damit von $\boldsymbol{E}$ sowie manchmal auch von $\boldsymbol{B}$ und den Materialeigenschaften abhängt.

Speziell für Metalle sowie homogene Halbleiter kann für nicht zu hohe Frequenzen die Verschiebungsstromdichte $\boldsymbol{S}_v = \partial \boldsymbol{D}/\partial t$ vernachlässigt werden und das *Ohmsche Gesetz*

$$\boldsymbol{S} = \boldsymbol{S}_k = \int \boldsymbol{v}\, \mathrm{d}\varrho = \varkappa \boldsymbol{E} \quad \text{mit} \quad \varkappa = \text{konst.} \tag{3.58}$$

angenommen werden. Für die Leitfähigkeit $\varkappa$ gilt:

$\varkappa = 0$ für ideale Nichtleiter,
$\varkappa > 0$ für Halbleiter und Leiter,
$\varkappa \to \infty$ für ideale Leiter.

Bedeutung der Maxwellschen Gleichungen. Die Maxwellschen Gleichungen sind eine wesentliche und sehr prägnant formulierte Grundlage zur Berechnung vielfältigster Erscheinungen in Technik und Natur. Sie stellen, ergänzt durch materialspezifische Eigenschaften sowie Grundgleichungen aus angrenzenden Gebieten, wie der Mechanik, Quantenmechanik oder Thermodynamik, den Schlüssel zum Verständnis der gesamten Elektronik und Energietechnik dar und werden für die Berechnung von Transistoren und Schaltkreisen genauso benötigt wie für die Steuerung von Satelliten oder die Konstruktion von Elektromotoren. Die Bedeu-

[1]) engl.: permittivity

tung der Maxwellschen Gleichungen geht aber weit über die Elektrotechnik hinaus, da sie die Ausbreitung elektromagnetischer Wellen beschreiben, also auch infraroter und sichtbarer Lichtwellen sowie von Ultraviolett- und Röntgenstrahlung. Die angegebene Integralform der Maxwellschen Gleichungen eignet sich besonders für anschauliche Deutungen sowie die Feldberechnung von Feldern mit Symmetrieeigenschaften, z. B. kugelsymmetrische Felder wie beim Feld der Punktladung. Tiefergehende Berechnungen gehen häufig von der *Differentialform* aus, die im nächsten Abschnitt aus der Integralform abgeleitet wird. Eine große Rolle spielt die Computerberechnung von Feldern mit numerischen Methoden. Viele Verfahren beruhen darauf, daß die bei der Differentialform auftretenden Differentialquotienten in Differenzenquotienten übergeführt werden. Auch dafür eignet sich die Integralform – angewendet auf kleine Volumenelemente – als Ausgangspunkt.

Die Feldberechnung auf Grundlage der Differentialform überschreitet teilweise das in einem Grundkurs verfügbare mathematische Anspruchsniveau. Andererseits folgt aber nicht für alle Fachrichtungen nach dem Grundkurs eine tiefergehende Feldtheorie. Aus diesem Grund wird die Differentialform im folgenden jeweils im Anschluß an die Integralform dargestellt, so daß die Leser die Möglichkeit haben, selbst zu entscheiden, diese Abschnitte durchzuarbeiten oder wenigstens zu überfliegen, um die Differentialform prinzipiell einordnen zu können. Die Maxwellschen Gleichungen stehen im Mittelpunkt der folgenden Abschnitte und werden an vielfältigen Beispielen diskutiert, um ihr Verständnis zu fördern und gleichzeitig wichtige Anwendungen vorzustellen.

3.2.2* Die Maxwellschen Gleichungen in Differentialform

Im Abschnitt 3.2.1 wurden die Maxwellschen Gleichungen in integraler Form angegeben. Um das Durchflutungsgesetz nach Gl. (3.47)

$$\oint \boldsymbol{H}\, \mathrm{d}\boldsymbol{s} = \int \boldsymbol{S}\, \mathrm{d}\boldsymbol{A}$$

aus der Integralform in eine Differentialform überzuführen, muß das Ringintegral in ein Flächenintegral umgeformt werden, damit der Zusammenhang zwischen $\boldsymbol{H}$ und $\boldsymbol{S}$ am gleichen Ort hergestellt werden kann. Mit dem Satz von Stokes (Gl. (3.31)) ergibt sich

$$\oint \boldsymbol{H}\, \mathrm{d}\boldsymbol{s} = \int \operatorname{rot} \boldsymbol{H}\, \mathrm{d}\boldsymbol{A}, \qquad \int \operatorname{rot} \boldsymbol{H}\, \mathrm{d}\boldsymbol{A} = \int \boldsymbol{S}\, \mathrm{d}\boldsymbol{A}. \tag{3.59 a, b}$$

Läßt man die Integrationsfläche gegen Null gehen, so können rot $\boldsymbol{H}$ und $\boldsymbol{S}$ bezüglich der Integrationsfläche jeweils als konstant angenommen werden, so daß rot $\boldsymbol{H}\, \mathrm{d}\boldsymbol{A} = \boldsymbol{S}\, \mathrm{d}\boldsymbol{A}$ bzw. rot $\boldsymbol{H} = \boldsymbol{S}$ folgt. In analoger Weise ergibt sich aus Gl. (3.48)

$$\operatorname{rot} \boldsymbol{E} = -\partial \boldsymbol{B}/\partial t.$$

Die Umwandlung von Gl. (3.50), d. h. von

$$\oint \boldsymbol{D}\, \mathrm{d}\boldsymbol{A} = \int \varrho\, \mathrm{d}V,$$

in die Differentialform erfolgt durch Anwendung des Gaußschen Satzes (Gl. 3.25)

$$\oint \boldsymbol{D}\, \mathrm{d}\boldsymbol{A} = \int \operatorname{div} \boldsymbol{D}\, \mathrm{d}V$$

und den Übergang zu differentiell kleinen Volumen bei der Integration. Demnach ist

$$\operatorname{div} \boldsymbol{D} = \varrho.$$

Analog ergibt sich aus Gl. (3.49)

$$\operatorname{div} \boldsymbol{B} = 0.$$

Zusammenfassend lauten demnach die Maxwellschen Gleichungen in Differentialform

$$\mathrm{rot}\,\boldsymbol{H} = \boldsymbol{S} \qquad (3.60) \qquad \mathrm{rot}\,\boldsymbol{E} = -\partial\boldsymbol{B}/\partial t \qquad (3.61)$$

$$\mathrm{div}\,\boldsymbol{B} = 0 \qquad (3.62) \qquad \mathrm{div}\,\boldsymbol{D} = \varrho \qquad (3.63)$$

$$\boldsymbol{B} = \mu\boldsymbol{H} \qquad (3.64) \qquad \boldsymbol{D} = \varepsilon\boldsymbol{E} \qquad (3.65)$$

$$\boldsymbol{S} = \int \boldsymbol{v}\,\mathrm{d}\varrho + \partial\boldsymbol{D}/\partial t. \qquad (3.66)$$

Die partielle Ableitung einer Größe nach der Zeit wird häufig durch einen Punkt dargestellt, also z. B. $\partial\boldsymbol{B}/\partial t = \dot{\boldsymbol{B}}$. Damit lauten die Maxwellschen Gleichungen

$$\mathrm{rot}\,\boldsymbol{H} = \boldsymbol{S} \qquad (3.67) \qquad \mathrm{rot}\,\boldsymbol{E} = -\dot{\boldsymbol{B}} \qquad (3.68)$$

$$\mathrm{div}\,\boldsymbol{B} = 0 \qquad (3.69) \qquad \mathrm{div}\,\boldsymbol{D} = \varrho \qquad (3.70)$$

$$\boldsymbol{B} = \mu\boldsymbol{H} \qquad (3.71) \qquad \boldsymbol{D} = \varepsilon\boldsymbol{E} \qquad (3.72)$$

$$\boldsymbol{S} = \int \boldsymbol{v}\,\mathrm{d}\varrho + \dot{\boldsymbol{D}}. \qquad (3.73)$$

Außerdem wird in der Literatur manchmal auch der *Nablaoperator* ∇ (Abschn. 3.1) zur Darstellung von Differentialoperationen angewendet, also z. B. $\mathrm{rot}\,\boldsymbol{H} = \nabla \times \boldsymbol{H}$ und $\mathrm{div}\,\boldsymbol{B} = \nabla \cdot \boldsymbol{B}$. Damit ergibt sich als weitere Darstellungsform der Maxwellschen Gleichungen

$$\nabla \times \boldsymbol{H} = \boldsymbol{S} \qquad (3.74) \qquad \nabla \times \boldsymbol{E} = -\dot{\boldsymbol{B}} \qquad (3.75)$$

$$\nabla \cdot \boldsymbol{B} = 0 \qquad (3.76) \qquad \nabla \cdot \boldsymbol{D} = \varrho \qquad (3.77)$$

$$\boldsymbol{B} = \mu\boldsymbol{H} \qquad (3.78) \qquad \boldsymbol{D} = \varepsilon\boldsymbol{E} \qquad (3.79)$$

$$\boldsymbol{S} = \int \boldsymbol{v}\,\mathrm{d}\varrho + \dot{\boldsymbol{D}}. \qquad (3.80)$$

Beispiel: Maxwellsche Gleichungen in kartesischen Koordinaten

$$\mathrm{rot}\,\boldsymbol{H} = \boldsymbol{e}_x\left(\frac{\partial H_z}{\partial y} - \frac{\partial H_y}{\partial z}\right) + \boldsymbol{e}_y\left(\frac{\partial H_x}{\partial z} - \frac{\partial H_z}{\partial x}\right) + \boldsymbol{e}_z\left(\frac{\partial H_y}{\partial x} - \frac{\partial H_x}{\partial y}\right) = \boldsymbol{e}_x S_x + \boldsymbol{e}_y S_y + \boldsymbol{e}_z S_z, \qquad (3.81)$$

also $S_x = \partial H_z/\partial y - \partial H_y/\partial z, \ldots$.

$$\mathrm{rot}\,\boldsymbol{E} = \boldsymbol{e}_x\left(\frac{\partial E_z}{\partial y} - \frac{\partial E_y}{\partial z}\right) + \boldsymbol{e}_y\left(\frac{\partial E_x}{\partial z} - \frac{\partial E_z}{\partial x}\right) + \boldsymbol{e}_z\left(\frac{\partial E_y}{\partial x} - \frac{\partial E_x}{\partial y}\right)$$

$$= -\left(\boldsymbol{e}_x\frac{\partial B_x}{\partial t} + \boldsymbol{e}_y\frac{\partial B_y}{\partial t} + \boldsymbol{e}_z\frac{\partial B_z}{\partial t}\right), \qquad (3.82)$$

also $\partial B_x/\partial t = \partial E_y/\partial z - \partial E_z/\partial y, \ldots$.

$$\mathrm{div}\,\boldsymbol{B} = \frac{\partial B_x}{\partial x} + \frac{\partial B_y}{\partial y} + \frac{\partial B_z}{\partial z} = 0 \qquad (3.83)$$

$$\mathrm{div}\,\boldsymbol{D} = \frac{\partial D_x}{\partial x} + \frac{\partial D_y}{\partial y} + \frac{\partial D_z}{\partial z} = \frac{\varrho}{\varepsilon} \qquad (3.84)$$

$$B_x = \mu H_x,\ \ldots,\ D_x = \varepsilon E_x,\ \ldots,\ S_x = \int \varrho\,\mathrm{d}v_x + \partial D_x/\partial t\ \ldots$$

Verwendet wird manchmal auch eine Darstellung mit $x = x_1$, $y = x_2$ und $z = x_3$, also z. B.

$$\mathrm{div}\,\boldsymbol{B} = \sum_{i=1}^{3} \partial B_i/\partial x_i. \qquad (3.85)$$

Aufgabe 3.1 Maxwellsche Gleichungen

a) Schreiben Sie die Maxwellschen Gleichungen in Integralform aus dem Gedächtnis auf!

b)* Stellen Sie die Maxwellschen Gleichungen allgemein in Differentialform und für die Komponenten in kartesischen Koordinaten dar!

c)* Stellen Sie unter Nutzung des Abschnittes A. 2.2 die Maxwellschen Gleichungen komponentenweise für Zylinder- und Kugelkoordinaten dar!

3.3 Kontinuitätsgleichung für den Stromfluß

Definition der Stromstärke. Die Beschreibung von Stromflußproblemen mit dem Stromdichtefeld $\boldsymbol{S}(r, t)$ ermöglicht eine detaillierte Beschreibung, ist aber sehr aufwendig. Vielfach interessiert nur das Verhalten, bezogen auf eine vorgegebene Fläche (z. B. den Querschnitt eines Drahtes), also eine integrale Größe. Die Stärke i des Stromes durch eine vorgegebene Fläche A kann definitionsgemäß durch Integration aus der Stromdichte $\boldsymbol{S}$ ermittelt werden:

$$i = \int \boldsymbol{S}\, \mathrm{d}\boldsymbol{A}. \tag{3.86}$$

Gl. (3.86) läßt sich – wie Bild 3.8 a veranschaulicht – in

$$i = \int S \cos(\boldsymbol{S}, \mathrm{d}\boldsymbol{A})\, \mathrm{d}A = \int S \cos\alpha\, \mathrm{d}A \tag{3.87}$$

umformen. Falls $S \cos\alpha$ an allen Punkten der betrachteten Fläche den gleichen Wert annimmt, vereinfacht sich diese Beziehung zu

$$i = S \cos\alpha \int \mathrm{d}A = SA \cos\alpha. \tag{3.88}$$

Treten die $\boldsymbol{S}$-Linien jeweils senkrecht durch die Fläche A_S ($\alpha = 0$), so gilt:

$$i = SA_S. \tag{3.89}$$

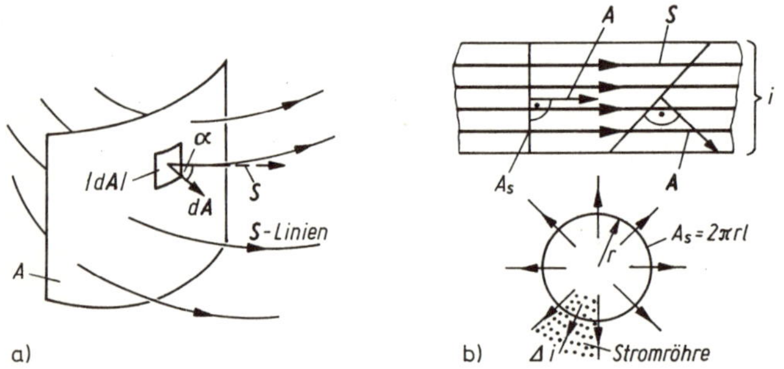

Bild 3.8 Strom und Stromdichte

a) allgemeines zylindersymmetrisches Strömungsfeld; b) homogenes Stromdichtefeld; c) Stromröhre

Die Bilder 3.8 b und 3.8 c veranschaulichen diese Aussagen für ein homogenes Stromdichtefeld ($\boldsymbol{S}$ ortsunabhängig) sowie für ein zylindersymmetrisches Strömungsfeld. $\boldsymbol{S}$-Linien geben an jedem Punkt auf der Feldlinie die Richtung von $\boldsymbol{S}$ an. Für die Darstellung werden die $\boldsymbol{S}$-Linien so ausgewählt, daß ihre Dichte (Zahl der Linien bezogen auf eine dazu senkrecht stehende im allgemeinen Fall gekrümmte Fläche) proportional zu $|\boldsymbol{S}|$ ist. $|\boldsymbol{S}|$ ist also um so größer, je kleiner der Abstand der $\boldsymbol{S}$-Linien ist. Als *Stromröhren* bezeichnet man Volumina im Raum, die jeweils den gleichen Teilstrom Δi transportieren und deren Mantelfläche durch $\boldsymbol{S}$-Linien begrenzt werden (Bild 3.8 c).

Erster Kirchhoffscher Satz. Aus dem Durchflutungsgesetz $\oint \boldsymbol{H}\, \mathrm{d}\boldsymbol{s} = \int \boldsymbol{S}\, \mathrm{d}\boldsymbol{A} = i$ kann man folgern (s. Gl. (3.92)), daß das Hüllenintegral der Stromdichte stets verschwindet:

$$\oint \boldsymbol{S}\, \mathrm{d}\boldsymbol{A} = 0. \tag{3.90}$$

Zerlegt man die Hüllfläche lückenlos in n Teilflächen, denen man jeweils den (austretenden) Strom der Stärke i_μ ($\mu = 1\,(1)\,n$) zuordnet, so kann daraus der erste Kirchhoffsche Satz (Knotensatz) abgeleitet werden[1]):

$$\sum_{\mu=1}^{n} i_\mu = 0. \tag{3.91}$$

[1]) Da $\mathrm{d}\vec{A}$ bei $\oint \vec{S}\, \mathrm{d}\vec{A} = \sum_\mu i_\mu$ nach außen zeigt, gilt $+i_\mu$ für austretende und $-i_\mu$ für eintretende Ströme

Die algebraische Summe der Ströme durch jede beliebige Hüllfläche verschwindet. Im Bild 3.9 wird diese Aussage am Beispiel veranschaulicht, bei dem angenommen wurde, daß nur drei Teilflächen von $\boldsymbol{S}$-Linien durchsetzt werden.

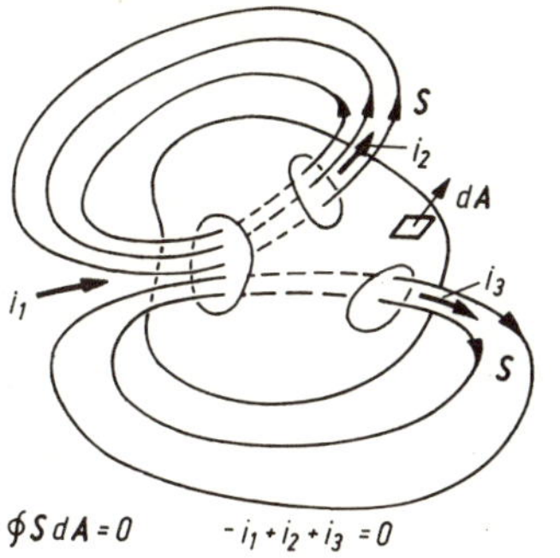

Bild 3.9
Beispiel zum ersten Kirchhoffschen Satz in Feldform (Stromkontinuität)

Damit Gl. (3.90) erfüllt ist, muß die Zahl der $\boldsymbol{S}$-Linien, die in eine beliebige Hülle eintreten, mit der übereinstimmen, die austreten. Das ist gleichbedeutend mit den Aussagen:

Stromdichtelinien sind stets geschlossen. Das Stromdichtefeld ist quellenfrei.

Ableitung der Gl. (3.90):* Da Gl. (3.47) für beliebige vom Integrationsweg des Linienintegrals berandete Flächen gilt und damit auch für die Flächen A_1 bzw. A_2 im Bild 3.10, ist

$$\oint \boldsymbol{H}\,\mathrm{d}\boldsymbol{s} = \int_{A_1} \boldsymbol{S}\,\mathrm{d}\boldsymbol{A}_1 = \int_{A_2} \boldsymbol{S}\,\mathrm{d}\boldsymbol{A}_2 \quad \text{bzw.} \quad \int_{A_1} \boldsymbol{S}\,\mathrm{d}\boldsymbol{A}_1 - \int_{A_2} \boldsymbol{S}\,\mathrm{d}\boldsymbol{A}_2 = 0. \tag{3.92}$$

Die Zuordnung von $\mathrm{d}\boldsymbol{s}$ und $\mathrm{d}\boldsymbol{A}$ muß – wie schon erwähnt – nach der Rechtsschraubenregel erfolgen. Bei einem Hüllenintegral wird $\mathrm{d}\boldsymbol{A}$ aber stets nach außen orientiert. Deshalb ist $\mathrm{d}\boldsymbol{A}_2 = \mathrm{d}\boldsymbol{A}\cos 180° = -\mathrm{d}\boldsymbol{A}$ zu setzen, so daß Gl. (3.92) in

$$\int_{A_1} \boldsymbol{S}\,\mathrm{d}\boldsymbol{A} + \int_{A_2} \boldsymbol{S}\,\mathrm{d}\boldsymbol{A} = \oint \boldsymbol{S}\,\mathrm{d}\boldsymbol{A} = 0 \tag{3.93}$$

übergeht, womit Gl. (3.90) bewiesen ist.

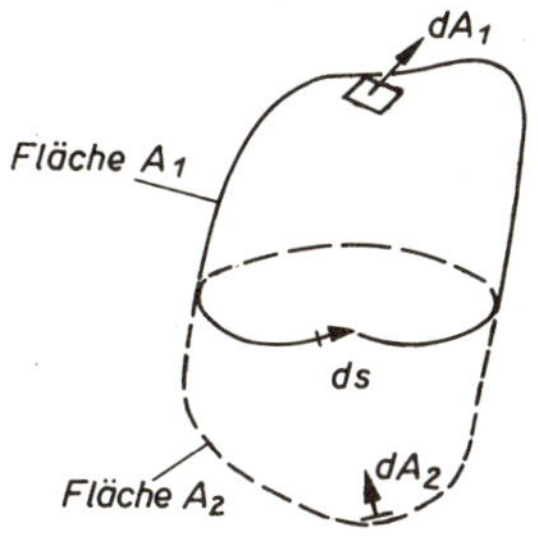

Bild 3.10
Zum Beweis des ersten Kirchhoffschen Satzes

Stromkontinuität und Ladungsbilanzgleichung. Im Abschnitt 1.3.6 ist der erste Kirchhoffsche Satz aus dem Ladungserhaltungssatz bzw. der Ladungsbilanzgleichung abgeleitet worden. Nun sollen die Aussagen des ersten Kirchhoffschen Satzes in Felddarstellung (Gl. (3.90)) bezüglich der Ladungsbilanz diskutiert werden. Aus $\oint \boldsymbol{S}\,\mathrm{d}\boldsymbol{A} = 0$ folgt mit $\boldsymbol{S} = \boldsymbol{S}_\mathrm{k} + \partial\boldsymbol{D}/\partial t$:

$$\oint \boldsymbol{S}_\mathrm{k}\,\mathrm{d}\boldsymbol{A} + \oint \frac{\partial \boldsymbol{D}}{\partial t}\,\mathrm{d}\boldsymbol{A} = \oint \boldsymbol{S}_\mathrm{k}\,\mathrm{d}\boldsymbol{A} + \frac{\mathrm{d}}{\mathrm{d}t}\oint \boldsymbol{D}\,\mathrm{d}\boldsymbol{A} = 0. \tag{3.94}$$

Wegen $Q = \int \varrho\,\mathrm{d}V = \oint \boldsymbol{D}\,\mathrm{d}\boldsymbol{A}$ ergibt sich daraus

$$\frac{\mathrm{d}Q}{\mathrm{d}t} = -\oint \boldsymbol{S}_\mathrm{k}\,\mathrm{d}\boldsymbol{A}, \tag{3.95}$$

$$\int \frac{\partial \varrho}{\partial t}\,\mathrm{d}V = -\oint \boldsymbol{S}_\mathrm{k}\,\mathrm{d}\boldsymbol{A}. \tag{3.96}$$

Die Ladungsänderung je Zeiteinheit in einer Hüllfläche ist gleich dem netto zufließenden Konvektionsstrom.

Hinweis: $\oint \boldsymbol{S}_k \, d\boldsymbol{A}$ ist der abfließende Konvektionsstrom, da $d\boldsymbol{A}$ nach außen gerichtet ist, und $-\oint \boldsymbol{S} \, d\boldsymbol{A}$ ist demnach der zufließende Strom.

Kann für das betrachtete Volumen $Q = \text{konst.}$ und damit $dQ/dt = 0$ angenommen werden, so verschwindet die algebraische Summe der Konvektionsströme. Bauelemente sind meist insgesamt neutral ($Q = 0$), so daß dann diese Aussage für sie zutrifft.

Eindimensionale Kontinuitätsgleichung. Wählt man zur Auswertung von Gl. (3.96) ein kleines Volumenelement $\Delta V = A \, \Delta x$ (Bild 3.11) und beschränkt sich auf ein örtlich eindimensionales Stromdichtefeld $\boldsymbol{S}_k = \boldsymbol{e}_x S_{kx}$, so folgt als Näherung:

$$\frac{\partial \varrho(x, t)}{\partial t} \Delta x A = \left(S_k \left(x - \frac{\Delta x}{2}, t \right) - S_k \left(x + \frac{\Delta x}{2}, t \right) \right) A. \tag{3.97}$$

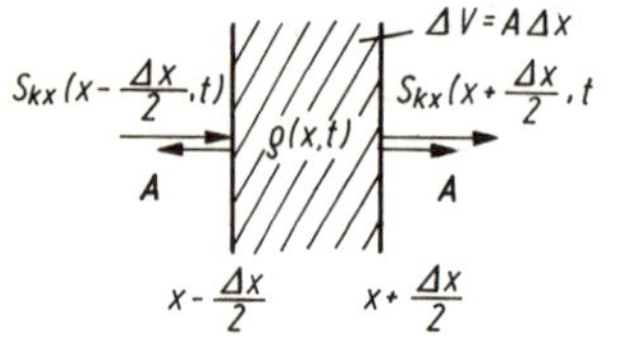

Bild 3.11
Zeitliche Änderung der Raumladungsdichte ϱ bei örtlicher Änderung der Konvektionsstromdichte $\boldsymbol{S}_k$ (im örtlich eindimensionalen Fall)

Nach Division durch $\Delta x A$ und Übergang zum Grenzwert für $\Delta x \to 0$ kann daraus als exakte Gleichung die eindimensionale Kontinuitätsgleichung

$$\frac{\partial \varrho}{\partial t} + \frac{\partial S_{kx}}{\partial x} = 0 \tag{3.98}$$

abgeleitet werden. Die Summe von zeitlicher Änderung der Raumladungsdichte und örtlicher Änderung der Konvektionsstromdichte ist Null. Sinkt S_k in x-Richtung ab ($\partial S_k/\partial x < 0$), so überwiegt die in das Volumenelement zufließende Ladung die abfließende Ladungsmenge, wodurch die Raumladungsdichte ϱ zeitlich ansteigt ($\partial \varrho/\partial t > 0$). Für $\partial \varrho/\partial t = 0$ ist $\partial S_k/\partial x = 0$ und damit S_{kx} konstant. Nimmt S_k in x-Richtung zu, so sinkt ϱ ab.

Im eindimensionalen Fall ist also eine örtliche Änderung von $\boldsymbol{S}$ stets mit einer zeitlichen Änderung von ϱ verbunden. Im örtlich mehrdimensionalen Fall sind örtliche Änderungen auch für $\partial \varrho/\partial t = 0$ möglich.

Mehrdimensionale Kontinuitätsgleichung*. Aus $\oint \boldsymbol{S} \, d\boldsymbol{A} = 0$ erhält man mit dem Gaußschen Satz (Gl. (3.25)) den ersten Kirchhoffschen Satz in Differentialform:

$$\operatorname{div} \boldsymbol{S} = 0, \tag{3.99}$$

d. h., $\boldsymbol{S}$ ist quellenfrei, bzw. mit Gl. (3.96) die *Kontinuitätsgleichung*

$$\frac{\partial \varrho}{\partial t} + \operatorname{div} \boldsymbol{S}_k = 0. \tag{3.100}$$

Die Summe von zeitlicher Änderung der Raumladungsdichte und Divergenz der Konvektionsstromdichte verschwindet. In kartesischen Koordinaten gilt demnach

$$\frac{\partial \varrho}{\partial t} + \frac{\partial S_{kx}}{\partial x} + \frac{\partial S_{ky}}{\partial y} + \frac{\partial S_{kz}}{\partial z} = 0. \tag{3.101}$$

Berücksichtigt man $\operatorname{rot} \boldsymbol{H} = \boldsymbol{S}$, so muß also $\operatorname{div} \boldsymbol{S} = \operatorname{div} \operatorname{rot} \boldsymbol{H} = 0$ sein. Wie sich z. B. durch die Darstellung in kartesischen Koordinaten zeigen läßt, ist auch wirklich für beliebige Vektorfelder $\boldsymbol{U}$ stets $\operatorname{div} \operatorname{rot} \boldsymbol{U} = 0$ erfüllt. Anders ausgedrückt: Die Rotation eines Vektorfeldes ist stets quellenfrei.

3.4 Einteilung von Feldtypen

Eine Lösung des Maxwellschen Gleichungssystems (3.47) bis (3.53) ist eine außerordentlich anspruchsvolle Aufgabe, die meist nur numerisch, d.h. mittels aufwendiger Computerprogramme, möglich ist. Glücklicherweise können auch bei der exakten Beschreibung vieler physikalisch-technischer Probleme Annahmen eingeführt werden, die zu einer Vereinfachung und Entkopplung dieses Gleichungssystems führen. Dieses vereinfachte Gleichungssystem gewinnt man, indem man die vereinfachenden Annahmen in die Maxwellschen Gleichungen einsetzt.

Der folgende Abschnitt gibt einen Einblick in diese Problematik. Ein völliges Verständnis wird erst nach Abschluß der Ausführungen zu den elektromagnetischen Feldern erreicht. Gleichzeitig wird aber bereits jetzt sichtbar, wie man komplizierte Gleichungssysteme formal mit Hilfe einschränkender Annahmen in verschiedenen Schwierigkeitsstufen behandeln kann, um sich das Verständnis zu erschließen.

Folgende Typen elektromagnetischer Felder kann man, ausgehend von den Gln. (3.47) bis (3.53), unterscheiden:

a) statische Felder *(ruhende Ladungen und ruhende Magneten)*

Kennzeichen: keine zeitlichen Änderungen ($\partial/\partial t = 0$), kein Strom ($\boldsymbol{S} = 0$)

Gleichungssystem:

$$\oint \boldsymbol{H}\,\mathrm{d}\boldsymbol{s} = 0 \qquad \oint \boldsymbol{E}\,\mathrm{d}\boldsymbol{s} = 0$$
$$\oint \boldsymbol{B}\,\mathrm{d}\boldsymbol{A} = 0 \qquad \oint \boldsymbol{D}\,\mathrm{d}\boldsymbol{A} = \int \varrho\,\mathrm{d}V \tag{3.102}$$
$$\boldsymbol{B} = \mu \boldsymbol{H} \qquad \boldsymbol{D} = \varepsilon \boldsymbol{E}$$

b) stationäre Felder *(Gleichstrom und ruhende Magneten)*

Kennzeichen: keine zeitliche Änderung ($\partial/\partial t = 0$) und damit auch Beschränkung auf zeitlich konstanten Konvektionsstrom, d.h. $\partial \boldsymbol{S}_\mathrm{k}/\partial t = 0$

Gleichungssystem:

$$\oint \boldsymbol{H}\,\mathrm{d}\boldsymbol{s} = \int \boldsymbol{S}_\mathrm{k}\,\mathrm{d}\boldsymbol{A}, \quad \text{sonst wie bei a)} \tag{3.103}$$

c) quasistationäre Felder (zeitveränderlicher Strom, Wellenausbreitung vernachlässigbar)

Kennzeichen: Einfluß von $\partial \boldsymbol{D}/\partial t$ auf $\boldsymbol{H}$ und damit wiederum auf $\boldsymbol{E}$ ist vernachlässigbar.

Gleichungssystem:

$$\oint \boldsymbol{H}\,\mathrm{d}\boldsymbol{s} = \int \boldsymbol{S}_\mathrm{k}\,\mathrm{d}\boldsymbol{A} \qquad \oint \boldsymbol{E}\,\mathrm{d}\boldsymbol{s} = -\int \frac{\partial \boldsymbol{B}}{\partial t}\,\mathrm{d}\boldsymbol{A}$$
$$\oint \boldsymbol{B}\,\mathrm{d}\boldsymbol{A} = 0 \qquad \oint \boldsymbol{D}\,\mathrm{d}\boldsymbol{A} = \int \varrho\,\mathrm{d}V \tag{3.104}$$
$$\boldsymbol{B} = \mu \boldsymbol{H} \qquad \boldsymbol{D} = \varepsilon \boldsymbol{E} \qquad \boldsymbol{S} = \boldsymbol{S}_\mathrm{k} + \frac{\partial \boldsymbol{D}}{\partial t}$$

d) nichtstationäre Felder *(Wellenausbreitung nicht vernachlässigbar)*

Kennzeichen: Verkopplung aller Größen wird berücksichtigt.

Gleichungssystem:
Vollständiges Gleichungssystem.

Schlußfolgerungen:

a) kann als Sonderfall von b), b) als Sonderfall von c) und c) als Sonderfall von d) aufgefaßt werden.

Bei statischen Feldern besteht keine Kopplung zwischen elektrischen und magnetischen Grö-

ßen, d. h., eine entkoppelte Behandlung elektrostatischer und magnetostatischer Probleme ist möglich.

Wie auch das aus den angegebenen Gleichungen gewonnene Bild 3.12 veranschaulicht, steigt die Verkopplung der Feldgrößen von b) nach d).

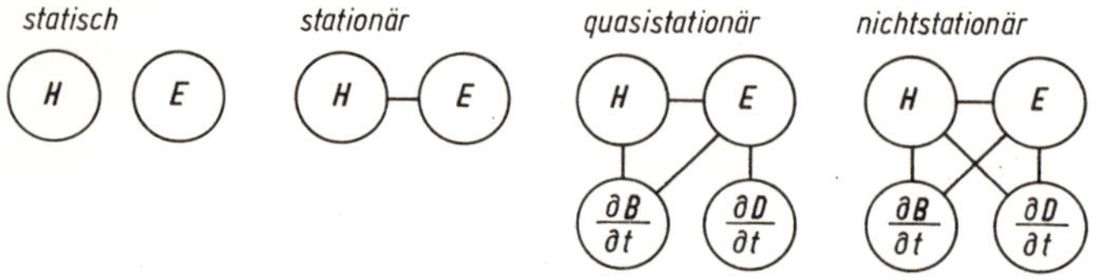

Bild 3.12 Verkopplung zwischen Feldgrößen bei verschiedenen Feldtypen

Aufgabe 3.2 Vereinfachung der Maxwellschen Gleichungen
Wie lauten die Feldgleichungen für einen mit Gleichstrom betriebenen Elektromagneten?

3.5 Elektrische Feldgrößen an Grenzflächen

Die Berechnung elektrischer Felder erfordert Kenntnisse über das Verhalten an Grenzflächen. Von besonderer Bedeutung sind die Grenzflächen Leiter–Isolator, Leiter–Halbleiter, Halbleiter–Isolator, Leiter *1*–Leiter *2*, Isolator *1*–Isolator *2*, Halbleiter *1*–Halbleiter *2*.

Wie noch bewiesen wird, gelten unabhängig von den Eigenschaften der Medien *1* und *2*, die die Grenzfläche bilden, folgende *Stetigkeitsbedingungen an Grenzflächen*:

$$S_{n1} = S_{n2}, \qquad E_{t1} = E_{t2}, \qquad D_{n1} \overset{+}{(-)} \sigma = D_{n2}. \tag{3.105a, b, c}$$

*Erläuterung: Die Normalkomponente S_n der Stromdichte **S*** (als Summe von Konvektions- und Verschiebungsstromdichte) ist stetig, d. h., sie ändert ihren Wert beim Übergang vom Medium *1* zum Medium *2* nicht (Bild 3.13a).

*Die Tangentialkomponente E_t der elektrischen Feldstärke **E** ist stetig* (Bild 3.13b).

*Die Normalkomponente der Verschiebungsflußdichte **D** ist stetig, falls keine Flächenladungsdichte $\sigma = \mathrm{d}Q/\mathrm{d}A$* (z. B. $\sigma = 10^{12}\,\mathrm{A\cdot s/cm^2}$) *an der Grenzfläche auftritt* (Bild 3.13c). Andernfalls springt sie um den Wert σ. Eine Flächenladung ist ebenso wie eine Punktladung als idealisiertes Modell realer physikalischer Erscheinungen aufzufassen. Für $\sigma > 0$ nimmt D_n beim Übergang vom Medium *1* zum Medium *2* sprunghaft zu, andernfalls ab. Das in Gl. (3.105c) eingeklammerte Minuszeichen ist dann zu verwenden, wenn die Pfeilrichtungen für D_n umgedreht wird, d. h., wenn D_n von *2* nach *1* positiv gezählt wird.

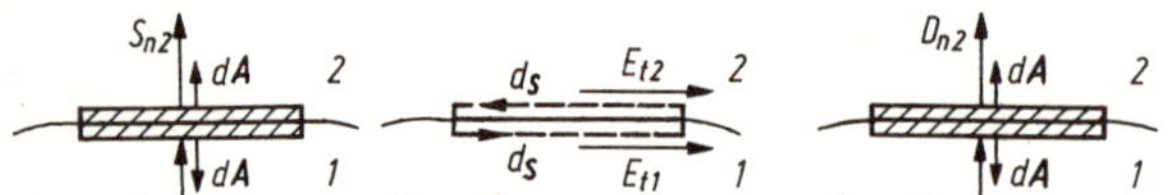

Bild 3.13 Stetigkeit der Normalkomponente der Stromdichte (a), der Tangentialkomponente der elektrischen Feldstärke (b) und der Normalkomponente der Verschiebungsflußdichte bei verschwindender Flächenladungsdichte (c)

Ableitung der Gln. (3.105a, b, c) mit den Gln. (3.90) sowie (3.48) bis (3.50) anhand von Bild 3.13c:
Aus $\oint \boldsymbol{S}\,\mathrm{d}\boldsymbol{A} = 0$ folgt, wenn man eine infinitesimal kleine Hüllfläche direkt an die Grenzfläche der Medien *1* und *2* legt und damit einmal den Beitrag der 4 Seitenflächen des Quaders vernachlässigen kann und zum anderen erreicht, daß S_{n1} und S_{n2} auf den Deckflächen des Quaders als konstant angenommen werden können:

$$S_{n1} \cos 180°\, \mathrm{d}A + S_{n2} \cos 0°\, \mathrm{d}A = -S_{n1}\, \mathrm{d}A + S_{n2}\, \mathrm{d}A = 0$$

und damit $S_{n1} = S_{n2}$.

$\oint \boldsymbol{D}\, \mathrm{d}\boldsymbol{A} = Q$ kann als $-D_{n1}\, \mathrm{d}A + D_{n2}\, \mathrm{d}A = 0$ geschrieben werden, wenn die Querausdehnung der Hüllfläche und damit die eingeschlossene Ladung verschwindet. Manchmal ist es allerdings zweckmäßig, an Grenzflächen formal eine Flächenladung $\sigma = \mathrm{d}Q/\mathrm{d}A$ einzuführen, wodurch $-D_{n1}\, \mathrm{d}A + D_{n2}\, \mathrm{d}A = \sigma\, \mathrm{d}A$ bzw. $D_{n1} + \sigma = D_{n2}$ entsteht.

Schmiegt sich bei $\oint \boldsymbol{E}\, \mathrm{d}\boldsymbol{s} = -\int (\partial \boldsymbol{B}/\partial t)\, \mathrm{d}\boldsymbol{A}$ der infinitesimal kleine Integrationsweg direkt an die Grenzfläche, so gilt $E_{t1}\, \mathrm{d}s - E_{t2}\, \mathrm{d}s = 0$ und damit $E_{t1} = E_{t2}$, da das Flächenintegral bei endlichem $\partial \boldsymbol{B}/\partial t$ verschwindet.

Beispiel 1: Geladener Plattenkondensator mit flächenhaften Elektroden und geschichtetem Dielektrikum

Wie Bild 3.14a illustriert, sind die positiven Ladungen die Quellen und die negativen Ladungen die Senken der $\boldsymbol{D}$-Linien. Bei der positiven Flächenladung nimmt $D_n = D_x = D$ wegen $\sigma > 0$ sprunghaft zu und bei der negativen Flächenladung wegen $\sigma < 0$ sprunghaft ab (Bild 3.14b). An der Grenzfläche der Dielektrika mit den Permittivitäten ε_1 und ε_2 tritt aus Symmetriegründen keine Tangentialkomponente von $\boldsymbol{D}$ auf. Wegen $\sigma = 0$ gilt für die Normalkomponente $\boldsymbol{D}_1 = \boldsymbol{D}_2$ und damit $\varepsilon_1 \boldsymbol{E}_1 = \varepsilon_2 \boldsymbol{E}_2$ bzw.

$$E_2/E_1 = \varepsilon_1/\varepsilon_2.$$

Demnach ist für $\varepsilon_1 > \varepsilon_2$ $E_2 > E_1$ (Bilder 3.14c und 3.14d). Die Grenzfläche der Dielektrika wirkt als Quelle von $\boldsymbol{E}$-Linien. Wegen $Q = \oint \boldsymbol{D}\, \mathrm{d}\boldsymbol{A}$ ist $DA = Q$ bzw. $D_n = Q/A = \sigma$, $E_1 = Q/(\varepsilon_1 A)$ und $E_2 = Q/(\varepsilon_2 \cdot A)$. Der Abstand der Ladungen beeinflußt dieses Ergebnis nicht. Das auftretende inhomogene Randfeld wird bei dieser vereinfachten Betrachtung nicht mit einbezogen.

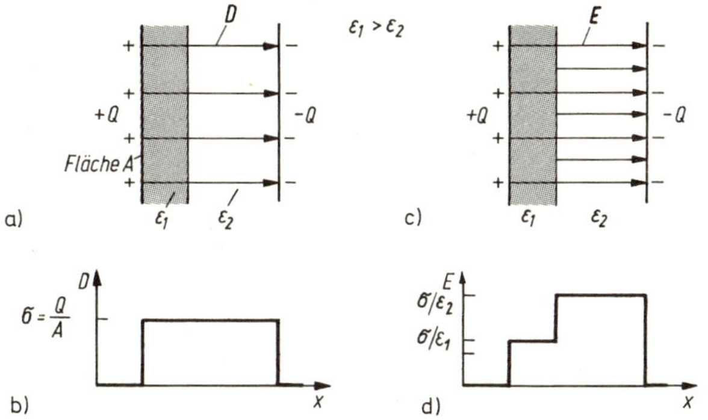

Bild 3.14 Geladener Plattenkondensator mit geschichtetem Dielektrikum (schematisch)

a) Feldlinien der elektrischen Verschiebungsflußdichte; b) elektrische Verschiebungsflußdichte als Funktion des Ortes; c) Feldlinien der elektrischen Feldstärke; d) elektrische Feldstärke als Funktion des Ortes

Beispiel 2: Brechungsgesetz für Feldlinien an der Grenze zweier Dielektrika (Bild 3.15)

Zu untersuchen ist das Verhalten von $\boldsymbol{E}$ und $\boldsymbol{D}$.

Ausgangspunkt sind $\boldsymbol{D} = \varepsilon \boldsymbol{E}$, $D_{n1} = D_{n2}$ (für $\sigma = 0$), d.h., $\varepsilon_1 E_{n1} = \varepsilon_2 E_{n2}$ und $E_{t1} = E_{t2}$. Erforderlich ist eine Zerlegung von $\boldsymbol{E}$ und $\boldsymbol{D}$ in Normal- und Tangentialkomponenten. Daraus und aus $E_{t1}/E_{n1} = \tan \alpha_1$, $E_{t2}/E_{n2} = \tan \alpha_2$ folgt:

$$\frac{\tan \alpha_1}{\tan \alpha_2} = \frac{E_{t1}/E_{n1}}{E_{t1}/E_{n2}} = \frac{E_{n2}}{E_{n1}} = \frac{D_n}{\varepsilon_2}\,\frac{\varepsilon_1}{D_n} \quad \text{bzw.} \quad \frac{\tan \alpha_1}{\tan \alpha_2} = \frac{\varepsilon_1}{\varepsilon_2}. \tag{3.106}$$

Beim Übergang in das Medium mit der kleineren Permittivität erhöht sich die Feldstärke und der Winkel zur Normalenrichtung verringert sich.

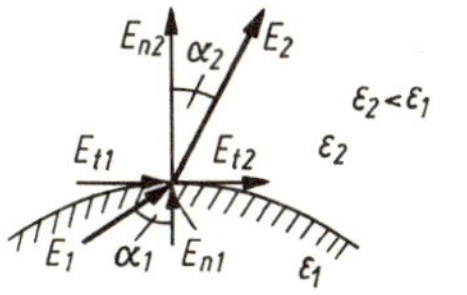

Bild 3.15 Brechungsgesetz für elektrische Feldlinien

Beispiel 3: Messung von E und D in Substanzen

Wegen $E_{t1} = E_{t2}$ kann aus der Messung von E in einem Schlitz längs zu den Feldlinien auf E in einer Substanz geschlossen werden. Wegen $D_{n1} = D_{n2}$ (für $\sigma = 0$) muß der Schlitz zur Messung von D in einer Substanz senkrecht zu den Feldlinien eingebracht werden (Bild 3.16).

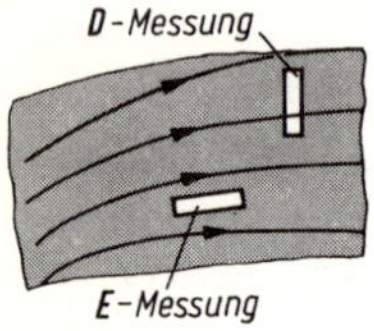

Bild 3.16
Messung der elektrischen Verschiebungsflußdichte in einem Querschlitz (wegen $D_{n1} = D_{n2}$) sowie der elektrischen Feldstärke in einem Längsschlitz (wegen $E_{t1} = E_{t2}$), bezogen auf die Feldrichtung

Beispiel 4: Konvektionsstromdichte $\boldsymbol{S}_k$ und Verschiebungsstromdichte $\boldsymbol{S}_v$ an Grenzflächen

Problem: Zu untersuchen sind die Stetigkeitsbedingungen für $\boldsymbol{S}_k$ und $\boldsymbol{S}_v$.

Lösung: Aus $\boldsymbol{S} = \boldsymbol{S}_k + \boldsymbol{S}_v = \boldsymbol{S}_k + \partial \boldsymbol{D}/\partial t$ und $S_{n1} = S_{n2}$ folgt

$$S_{kn1} = S_{kn2} + \frac{\partial D_{n2}}{\partial t} - \frac{\partial D_{n1}}{\partial t} = S_{kn2} + \frac{\partial}{\partial t}(D_{n2} - D_{n1}).$$

Mit $\sigma = D_{n2} - D_{n1}$ und $\partial\sigma/\partial t = \partial D_{n2}/\partial t - \partial D_{n1}/\partial t$ ergibt sich daraus

$$S_{kn1} = S_{kn2} + \frac{\partial \sigma}{\partial t}, \qquad S_{vn1} = S_{vn2} - \frac{\partial \sigma}{\partial t}. \tag{3.107}$$

Ist z.B. $S_{kn1} > S_{kn2}$, so wird mehr Ladung zugeführt als abtransportiert, und die Flächenladungsdichte σ wächst. Bei zeitkonstanter Oberflächenladungsdichte, d.h. $\partial\sigma/\partial t = 0$ an einer Grenzfläche ist also nicht nur die Normalkomponente der Gesamtstromdichte stetig, sondern stetig sind auch die Normalkomponenten der Konvektions- und Verschiebungsstromdichte:

$$S_{kn1} = S_{kn2}, \qquad S_{vn1} = S_{vn2}. \tag{3.108}$$

Aufgabe 3.3 Kontrollfragen

a) Wie lautet die Kontinuitätsgleichung in Integralform?
b) Welche Bedingungen erfüllen $\boldsymbol{S}$, $\boldsymbol{E}$ und $\boldsymbol{D}$ an Grenzflächen?
c)* Geben Sie die örtlich dreidimensionale Kontinuitätsgleichung in Differentialform in kartesischen und sphärischen Koordinaten ein- und dreidimensional an!
d)* Erläutern Sie den Gaußschen und den Stokesschen Satz!

4 Elektrische Potentialfelder und Stromflußmechanismen

Zielstellung: Nach Durcharbeiten dieses Abschnittes beherrscht der Leser für elektrische Potentialfelder

- die Grundgleichungen, Stetigkeits- und Randbedingungen
- die Berechnung von Feldern sowie von Kapazitäten und Widerständen
- Kraft- und Energiebetrachtungen
- die Grundlagen von Stromflußmechanismen in Leitern, Halbleitern, Isolatoren, Gasen sowie im Vakuum.

4.1 Feldstärke, Potential und Spannung in wirbelfreien elektrischen Feldern

Bereits im Abschnitt 1.4 ist bei der Einführung der Grundbegriffe der Elektrotechnik der Zusammenhang zwischen elektrischer Feldstärke $\boldsymbol{E}$, elektrischem Potential φ und elektrischer Spannung angegeben worden (nachlesen!), so daß an dieser Stelle zunächst lediglich eine zusammenfassende Wiederholung der wichtigsten Gedanken erfolgt.

Potential und Spannung. Die *Bedingung für ein wirbelfreies elektrisches Feld* lautet

$$\oint \boldsymbol{E}\,\mathrm{d}\boldsymbol{s} = 0. \tag{4.1}$$

Sie ist nach Gl. (3.48) erfüllt, wenn sich die magnetische Flußdichte im Raum zeitlich nicht ändert. Das ist erfüllt, wenn nur ruhende elektrische Ladungen oder zeitlich konstante Konvektionsströme (als Folge einer Ladungsbewegung) sowie ruhende Permanentmagneten auftreten. Wirbelfreie elektrische Felder werden durch Ladungen verursacht. Als *Spannung* u_{AB} zwischen zwei Punkten A und B in einem elektrischen Feld definiert man das Linienintegral über die elektrische Feldstärke

$$u_{\mathrm{AB}} = \int_A^B \boldsymbol{E}\,\mathrm{d}\boldsymbol{s}. \tag{4.2}$$

Wegen Gl. (4.1) ist

$$\int_{A,\,\mathrm{Weg\,1}}^{B} \boldsymbol{E}\,\mathrm{d}\boldsymbol{s} + \int_{B,\,\mathrm{Weg\,2}}^{A} \boldsymbol{E}\,\mathrm{d}\boldsymbol{s} = 0 \quad \text{bzw.} \quad \int_{A,\,\mathrm{Weg\,1}}^{B} \boldsymbol{E}\,\mathrm{d}\boldsymbol{s} - \int_{A,\,\mathrm{Weg\,2}}^{B} \boldsymbol{E}\,\mathrm{d}\boldsymbol{s} = 0 \tag{4.3}$$

und damit

$$\int_{A,\,\mathrm{Weg\,1}}^{B} \boldsymbol{E}\,\mathrm{d}\boldsymbol{s} = \int_{A,\,\mathrm{Weg\,2}}^{B} \boldsymbol{E}\,\mathrm{d}\boldsymbol{s}. \tag{4.4}$$

u_{AB} hängt nicht vom Weg, sondern nur vom Anfangs- und Endpunkt des Weges ab. Die Spannung u_{AB} kann demnach als Differenz zweier skalarer Größen, des elektrischen Potentials am Ort A und B, beschrieben werden:

$$u_{AB} = \varphi_A - \varphi_B = \int_A^B \boldsymbol{E}\,\mathrm{d}\boldsymbol{s} \quad \text{bzw.} \quad \varphi_A = \int_A^B \boldsymbol{E}\,\mathrm{d}\boldsymbol{s} + \varphi_B. \tag{4.5}$$

Da nur $\boldsymbol{E}$ und damit u_{AB} eine physikalische Bedeutung besitzen, kann das elektrische Potential φ an einem Punkt beliebig gewählt werden. Speziell für $\varphi_B = 0$ ist

$$\varphi_A = \int_A^B \boldsymbol{E}\,\mathrm{d}\boldsymbol{s}. \tag{4.6}$$

Da die elektrische Feldstärke die ladungsspezifische Kraft auf eine ruhende Ladung darstellt,

$$\boldsymbol{E} = \boldsymbol{F}/Q, \tag{4.7}$$

kann auch

$$u_{AB} = \frac{1}{Q}\int_A^B \boldsymbol{F}\,\mathrm{d}\boldsymbol{s} = \frac{\Delta W_{AB}}{Q} = \varphi_A - \varphi_B \tag{4.8}$$

geschrieben werden. Die Energiedifferenz ΔW_{AB} hängt nicht vom Weg ab und kann demnach als Differenz der potentiellen Energien W_A und W_B der Ladung Q an den Orten A und B dargestellt werden:

$$\Delta W_{AB} = W_A - W_B = Q u_{AB} = Q\varphi_A - Q\varphi_B. \tag{4.9}$$

Das Potential kann somit als ladungsspezifische potentielle Energie W der Ladung Q in einem von anderen Ladungen verursachten elektrischen Feld am entsprechenden Ortspunkt aufgefaßt werden:

$$\varphi = W/Q. \tag{4.10}$$

Da sich wirbelfreie Felder auch durch eine Skalarfunktion, das Potential, beschreiben lassen, nennt man sie auch Potentialfelder. Elektrische Potentialfelder werden also durch das Vektorfeld $\boldsymbol{E}$ oder das Skalarfeld φ beschrieben.

Zweiter Kirchhoffscher Satz. Aus $\oint \boldsymbol{E}\,\mathrm{d}\boldsymbol{s} = 0$ folgt bei Aufteilung des Integrationsweges in n Abschnitte (Bild 4.1 a) mit

$$u_{12} = \int_1^2 \boldsymbol{E}\,\mathrm{d}\boldsymbol{s} = u_1,\ \ldots,\ u_{\nu,\nu+1} = \int_\nu^{\nu+1} \boldsymbol{E}\,\mathrm{d}\boldsymbol{s} = u_\nu,\ \ldots \quad \text{und} \quad u_{n1} = \int_n^1 \boldsymbol{E}\,\mathrm{d}\boldsymbol{s} = u_n \tag{4.11}$$

der *zweite Kirchhoffsche Satz* – auch *Maschensatz* genannt – in der Form

$$\sum_{\nu=1}^{n} u_\nu = 0. \tag{4.12}$$

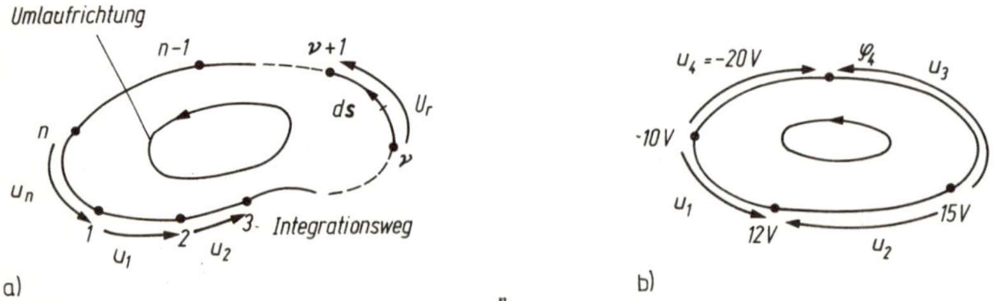

Bild 4.1 Zweiter Kirchhoffscher Satz $\sum_{\nu=1}^{n} u_\nu = 0$

a) zur Ableitung aus $\oint \boldsymbol{E}\,\mathrm{d}\boldsymbol{s} = 0$; b) Anwendungsbeispiel

Die algebraische Summe der Spannungen entlang einem geschlossenen Weg verschwindet für ein wirbelfreies elektrisches Feld.

Beispiel: Zweiter Kirchhoffscher Satz (Bild 4.1 b)

Problem: Zu berechnen sind die Spannungen u_1, u_2 und u_3 sowie das Potential φ_4

Lösung: $u_1 = -10\,\text{V} - 12\,\text{V} = -22\,\text{V}$, $u_2 = 3\,\text{V}$, $u_1 - u_2 + u_3 - u_4 = 0$, $u_3 = -u_1 + u_2 + u_4 = 5\,\text{V}$, $\varphi_4 = 15\,\text{V} - u_3 = 10\,\text{V}$.

Der zweite Kirchhoffsche Satz wurde bei der Schaltungsanalyse bereits ausführlich erläutert und vielfach angewendet. Er spielt auch für die folgenden Feldberechnungen eine wesentliche Rolle.

Äquipotentialflächen und -linien. Um bei vorgegebenem Potentialfeld φ auf die elektrische Feldstärke $\boldsymbol{E}$ schließen zu können, wird lediglich ein differentielles Wegstück $\mathrm{d}\boldsymbol{s}$ (Bild 1.23 a, Abschn. 1.4) betrachtet, auf dem sich das Potential nur um einen differentiell kleinen Wert $\mathrm{d}\varphi$, und zwar von $\varphi_\mathrm{A} = \varphi$ auf $\varphi_\mathrm{B} = \varphi + \mathrm{d}\varphi$ verändert, so daß aus Gl. (4.5)

$$\mathrm{d}\varphi = -\boldsymbol{E}\,\mathrm{d}\boldsymbol{s} \quad \text{bzw.} \quad \mathrm{d}\varphi = -E\,\mathrm{d}s\cos(\boldsymbol{E}, \mathrm{d}\boldsymbol{s}) \tag{4.13}$$

folgt. Flächen gleichen Potentials bezeichnet man als *Äquipotentialflächen*. Legt man das Wegelement $\mathrm{d}\boldsymbol{s}$ auf eine Äquipotentialfläche, so ist φ definitionsgemäß konstant und $\mathrm{d}\varphi = 0$, woraus $\cos(\boldsymbol{E}, \mathrm{d}\boldsymbol{s}) = 0$ folgt. Demnach steht die elektrische Feldstärke stets senkrecht auf den Äquipotentialflächen. Linien gleichen Potentials nennt man *Äquipotentiallinien*. Sie liegen auf den Äquipotentialflächen, so daß $\boldsymbol{E}$ natürlich auch auf den Äquipotentiallinien senkrecht steht. Steht das Wegelement senkrecht (normal) auf einer Äquipotentialfläche in Feldrichtung, so gilt $\mathrm{d}\boldsymbol{s} = \mathrm{d}n\,\boldsymbol{n}$ ($\boldsymbol{n}$ ist der Normalenvektor mit dem Betrag 1 und $\mathrm{d}n$ die Länge des differentiellen Wegelementes in Normalenrichtung) und $\mathrm{d}\varphi = -\boldsymbol{E}\,\mathrm{d}n\,\boldsymbol{n}$, $\mathrm{d}\varphi\,\boldsymbol{n} = -\boldsymbol{E}\,\mathrm{d}n\,\boldsymbol{n}^2$ bzw.

$$\boldsymbol{E} = -\frac{\mathrm{d}\varphi}{\mathrm{d}n}\,\boldsymbol{n}. \tag{4.14}$$

Das Potential nimmt in Feldrichtung ab (Minuszeichen!). Zusammenfassend:

Die elektrische Feldstärke steht stets senkrecht auf den Äquipotentialflächen und zeigt in Richtung des größten Potentialgefälles vom höheren zum niedrigeren Potential (siehe z. B. Bild 1.23 b oder 4.2 a). Symbolisch schreibt man Gl. (4.14) auch in der Form

$$\boldsymbol{E} = -\frac{\mathrm{d}\varphi}{\mathrm{d}n}\,\boldsymbol{n} = -\operatorname{grad}\varphi \tag{4.15}$$

und sagt: Die elektrische Feldstärke ist gleich dem negativen Gradienten des Potentials.

Nimmt man an, daß der Abstand Δd zwischen zwei Äquipotentialflächen so klein ist, daß die elektrische Feldstärke jeweils entlang der Normalenrichtung als konstant angesehen werden kann, so folgt bei vorgegebener Potentialdifferenz Δu bei Integration längs der Normalenrichtung aus Gl. (4.5) als Näherung

$$\Delta u = u_\mathrm{AB} = \varphi_\mathrm{A} - \varphi_\mathrm{B} = \int_A^B \boldsymbol{E}\,\mathrm{d}\boldsymbol{s} = \boldsymbol{E}\boldsymbol{s}_\mathrm{AB} = E\,\Delta d \quad \text{bzw.} \quad E = \Delta u/\Delta d. \tag{4.16}$$

Die Feldstärke ist also bei eng aneinanderliegenden Äquipotentialflächen proportional zur Potentialdifferenz Δu und umgekehrt zum Δd Abstand der Äquipotentialflächen. Die Bezeichnung Δu wird gewählt, da diese Spannung oft ein Bruchteil einer Spannung u zwischen zwei Elektroden ist.

Hinweis:* Geht man von Gl. (4.15) aus und ersetzt den Differential- durch den Differenzenquotienten, so entsteht für die Vektordarstellung die Näherung

$$\boldsymbol{E} = -\frac{\Delta\varphi}{\Delta d}\,\boldsymbol{n} = \frac{\Delta u}{\Delta d}\,\boldsymbol{n}. \tag{4.17}$$

Dabei wird angenommen, daß sich das Potential beim Fortschreiten entlang der Normalenrichtung (in oder entgegen der Feldrichtung) von φ auf $\varphi + \Delta\varphi$ ändert, während die Spannung Δu zwischen Start und Endpunkt

$$\Delta u = \varphi - (\varphi + \Delta\varphi) = -\Delta\varphi \tag{4.18}$$

ist.

In einem Raum endlicher Ausdehnung existieren prinzipiell unendlich viele Äquipotentialflächen. Nach Gl. (4.16) bietet es sich an, ausgewählte Potentialflächen gleicher Potentialdifferenz darzustellen, da damit der Abstand der Äquipotentialflächen im ganzen Raum etwa umgekehrt proportional zur Feldstärke ist. Kleiner Abstand bedeutet also große Feldstärke und großer Abstand kleine Feldstärke.

Hinweis: Schneiden Äquipotentialflächen eine Ebene, so entstehen, wie schon erwähnt, Äquipotentiallinien. Aus dem Abstand von Äquipotentiallinien und der Potentialdifferenz kann nur dann auf die Feldstärke geschlossen werden, wenn die Äquipotentialflächen senkrecht auf der Ebene stehen. Äquipotentiallinien auf Ebenen eignen sich also vor allem zur Darstellung ebener Felder (keine Feldänderung senkrecht zur Ebene) sowie zur Darstellung von Feldern mit bestimmten Symmetrieeigenschaften bei geeignet gewählter Schnittebene (z. B. ebene Schnittfläche durch Mittelpunkt eines kugelsymmetrischen Feldes oder durch Achse eines zylindersymmetrischen Feldes). Stehen die Äquipotentialflächen nicht senkrecht zur betrachteten ebenen Fläche, so ist der Abstand der Potentiallinien umgekehrt zur $\boldsymbol{E}$-Komponente in dieser Fläche. Eine Äquipotentialliniendarstellung kann übrigens u. U. auch auf gekrümmten Flächen sinnvoll sein.

Feldstärke als Gradient des elektrischen Potentials*. Mit Gl. (4.5) kann man bei bekanntem $\boldsymbol{E}$ das Potential φ an jedem Punkt im Raum ausrechnen, wenn man φ an einem Punkt (willkürlich) vorgibt. Nach Gl. (4.15) kann das Vektorfeld $\boldsymbol{E}$ aus

$$\boldsymbol{E} = -\frac{\mathrm{d}\varphi}{\mathrm{d}n}\,\boldsymbol{n} = -\operatorname{grad}\varphi$$

ermittelt werden. Um die Bedeutung dieser Rechenoperation auch in Komponentendarstellung zu erfassen, geht man sinnvollerweise von der Potentialänderung $\mathrm{d}\varphi$ auf einem differentiell kleinen Wegstück $\mathrm{d}\boldsymbol{s}$ aus, für die nach Gl. (4.13) $\mathrm{d}\varphi = -\boldsymbol{E}\,\mathrm{d}\boldsymbol{s}$ gilt. Speziell für kartesische Koordinaten, d. h. für $\varphi = \varphi(x, y, z)$, $\boldsymbol{E} = \boldsymbol{e}_x E_x + \boldsymbol{e}_y E_y + \boldsymbol{e}_z E_z$ und $\mathrm{d}\boldsymbol{s} = \boldsymbol{e}_x\,\mathrm{d}x + \boldsymbol{e}_y\,\mathrm{d}y + \boldsymbol{e}_z\,\mathrm{d}z$, ergibt sich

$$\mathrm{d}\varphi = -E_x\,\mathrm{d}x - E_y\,\mathrm{d}y - E_z\,\mathrm{d}z. \tag{4.19}$$

Daraus folgt für $\mathrm{d}y = \mathrm{d}z = 0$, d. h. für konstantes y bzw. z,

$$E_x = -(\mathrm{d}\varphi/\mathrm{d}x)_{y=\text{konst.},\, z=\text{konst.}} = -\partial\varphi/\partial x. \tag{4.20}$$

E_x ergibt sich also, indem man φ nach x differenziert und die anderen Variablen y und z (sowie ggf. die Zeit t) als konstant ansieht. Diese partielle Ableitung einer Funktion φ mit mehreren unabhängigen Variablen nach der unabhängigen Variablen x wird auch durch das in Gl. (4.20) angegebene Symbol $\partial\varphi/\partial x$ gekennzeichnet. Setzt man $\mathrm{d}x = \mathrm{d}z = 0$, so kann aus Gl. (4.19) analog auf $E_y = -\partial\varphi/\partial y$ geschlossen werden und für $\mathrm{d}x = \mathrm{d}y = 0$ auf $E_z = -\partial\varphi/\partial z$. Zusammenfassend entsteht also bei kartesischen Koordinaten für die elektrische Feldstärke bzw. ihre Komponenten

$$\boldsymbol{E} = -\operatorname{grad}\varphi \qquad \text{mit} \quad \operatorname{grad}\varphi = \boldsymbol{e}_x\frac{\partial\varphi}{\partial x} + \boldsymbol{e}_y\frac{\partial\varphi}{\partial y} + \boldsymbol{e}_z\frac{\partial\varphi}{\partial z}, \tag{4.21}$$

$$\boldsymbol{E} = \boldsymbol{e}_x E_x + \boldsymbol{e}_y E_y + \boldsymbol{e}_z E_z \quad \text{mit} \quad E_x = -\frac{\partial\varphi}{\partial x}, \quad E_y = -\frac{\partial\varphi}{\partial y}, \quad E_z = -\frac{\partial\varphi}{\partial x}. \tag{4.22}$$

Beispiel: Für $\varphi(x, y, z) = ax^2y - b(x + y + z) + c$ folgt $E_x = -\partial\varphi/\partial x = -2axy + b$, $E_y = -\partial\varphi/\partial y = -ax^2 + b$, $E_z = b$.

Hinweis: Erwähnt sei, daß man anstelle der angegebenen Schreibweise mit dem Gradienten auch eine symbolische Darstellung mit dem Nablaoperator ∇ benutzt, also

$$\boldsymbol{E} = -\operatorname{grad}\varphi \quad \text{oder} \quad \boldsymbol{E} = -\nabla\varphi. \tag{4.23}$$

Der Nablaoperator, der in kartesischen Koordinaten nach Gl. (3.22)

$$\nabla = \boldsymbol{e}_x \frac{\partial}{\partial x} + \boldsymbol{e}_y \frac{\partial}{\partial y} + \boldsymbol{e}_z \frac{\partial}{\partial z}$$

lautet, angewendet auf ein Skalarfeld, ergibt ein Vektorfeld:

$$\boldsymbol{E} = -\nabla\varphi = -\boldsymbol{e}_x \frac{\partial\varphi}{\partial x} - \boldsymbol{e}_y \frac{\partial\varphi}{\partial y} - \boldsymbol{e}_z \frac{\partial\varphi}{\partial z}. \tag{4.24}$$

Vektordarstellung von Feldern. Außer der *Feldliniendarstellung* (**E** im Bild 4.2a) kann man für die Darstellung von Vektorfeldern natürlich auch eine *Pfeildarstellung* wählen, in der an ausgewählten Punkten des Raumes ein Pfeil angetragen wird, der die Feldrichtung an diesem Punkt und durch seine Länge auch den Betrag (meist linearer oder logarithmischer Zusammenhang) angibt. Vielfach wird dafür ein Gitter in der Ebene (oder im Raum) gewählt (Bild 4.2b). Bei der Darstellung in einer Ebene werden von Vektoren, die nicht in der Ebene liegen, nur die entsprechenden Komponenten dargestellt. Vektoren oder Vektorkomponenten, die senkrecht auf der Darstellungsebene stehen, kann man betragsmäßig dadurch beschreiben, daß man ein Quadrat bzw. einen Kreis zeichnet, dessen Seitenlänge bzw. Durchmesser ein Maß für den Betrag ist.

Äquipotentialflächendarstellung für wirbelfreie Felder. Für wirbelfreie Felder (Potentialfelder) ist auch die Äquipotentialflächendarstellung möglich und manchmal einfacher als eine Vektordarstellung. Beispiele weiterer Potentialfelddarstellungen, bei denen man diese Äquipotentialflächen- oder Äquipotentialliniendarstellung bevorzugt, sind

- Isoklinen (Linien konstanter Höhe und damit potentieller Energie im Gravitationsfeld),
- Isothermen (Linien konstanter Temperatur),
- Isobaren (Linien konstanten Druckes).

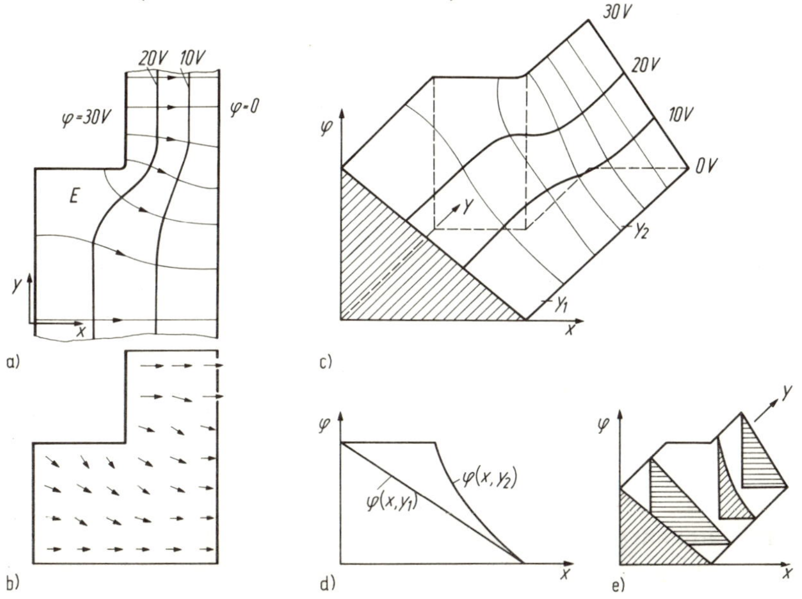

Bild 4.2 Darstellung von Feldern

a) Feldlinien- und Äquipotentialliniendarstellung für ein ebenes Feld mit $\varphi = \varphi(x, y)$; b) Pfeildarstellung; c) Darstellung als Potentialgebirge; d) Schnitt durch ein Potentialgebirge; e) Darstellung mit mehreren Schnitten durch das Potentialgebirge

Häufig werden sowohl Vektor als auch Potentialdarstellung (Bild 4.2a) genutzt. Weitere Formen für die Äquipotentialflächendarstellung sind die dreidimensionale Darstellung von $\varphi\ (x, y, z)$, z.B. $\varphi\ (x, y)$ für konstantes $z = z_0$, die man auch *Potentialgebirge* nennt. Bild 4.2c zeigt ein Beispiel für das ebene Feld von Bild 4.2a, also ein nicht von z abhängiges Feld mit $\varphi = \varphi\,(x, y)$. Dargestellt sind Äquipotentiallinien sowie die Fallinien im Potentialgebirge, also Linien in Richtung des größten Potentialabfalles. Die Projektion der Fallinien auf die x, y-Ebene ist mit den Feldlinien identisch.

Die zweidimensionale Darstellung, z.B. $\varphi = \varphi(x)$ für konstantes y_0 und z_0 bei dreidimensionalen Feldern $\varphi = \varphi\,(x, y, z)$ bzw. $\varphi = \varphi(x)$ für konstante y_0 für ebene Felder $\varphi = \varphi\,(x, y)$ kann als Schnitt durch das Potentialgebirge aufgefaßt werden (Bild 4.2d). Möglich ist auch die Darstellung mehrerer Schnitte durch das Potentialgebirge (Bild 4.2e). Neben Äquipotentiallinien- und Potentialgebirgsdarstellung kann die *Äquicolour*darstellung angewendet werden, bei der jeweils Gebieten zwischen zwei Äquipotentialflächen bzw. zwischen zwei Äquipotentiallinien eine für den Mittelwert des Potentials charakteristische Farbe zugeordnet wird (z.B. 50 Farben für 50 Potentialwerte oder bei Schwarzweißdarstellungen entsprechende Graustufen). Eine Variante der Äquicolourdarstellung geht davon aus, daß die Potentialwerte an den Punkten eines Gitters berechnet worden sind und anschließend einer Fläche um den Punkt, z.B. einem Quadrat, eine der Potentialstufe entsprechende Farbe zugeordnet wird. Häufig entstehen Feldbilder technisch realer Strukturen durch Computerrechnungen, wobei auch die Darstellungen durch entsprechende Zeichenprogramme automatisch generiert werden.

4.2 Elektrostatische Felder

4.2.1 Grundlagen

Elektrostatische Felder sind durch ruhende Ladungen und verschwindendes Magnetfeld und damit verschwindende Zeitableitungen der Feldgrößen sowie verschwindende Stromdichte $\boldsymbol{S}$ charakterisiert. Aus den Maxwellschen Gln. (3.47) bis (3.53) ergeben sich demnach die Gleichungen, die im folgenden diskutiert werden:

$$\oint \boldsymbol{D}\,\mathrm{d}\boldsymbol{A} = Q. \tag{4.25}$$

Diese Beziehung, die man auch den Gaußschen Satz der Elektrostatik nennt, sagt: Das Integral der Verschiebungsflußdichte $\boldsymbol{D}$ über eine beliebige Hüllfläche ($\mathrm{d}\boldsymbol{A}$ zeigt stets nach außen) ist gleich der eingeschlossenen Ladung Q. Positive Ladungen sind Quellen und negative Ladungen sind Senken der $\boldsymbol{D}$-Linien. Als *Verschiebungsfluß* ψ durch eine Fläche bzw. Hüllfläche definiert man

$$\psi = \int \boldsymbol{D}\,\mathrm{d}\boldsymbol{A}. \tag{4.26}$$

Zwischen der Verschiebungsflußdichte $\boldsymbol{D}$ und der elektrischen Feldstärke $\boldsymbol{E}$ besteht der Zusammenhang

$$\boldsymbol{D} = \varepsilon \boldsymbol{E}. \tag{4.27}$$

Die materialabhängige Permittivität ε wird zunächst als gegeben angenommen.

Spannung u, Potential φ und elektrische Feldstärke $\boldsymbol{E}$ sind nach Abschnitt 4.1 durch folgende Beziehung verknüpft

$$u_{\mathrm{AB}} = \varphi_{\mathrm{A}} - \varphi_{\mathrm{B}} = \int_A^B \boldsymbol{E}\,\mathrm{d}\boldsymbol{s}, \quad \text{da} \quad \oint \boldsymbol{E}\,\mathrm{d}\boldsymbol{s} = 0. \tag{4.28}$$

Die Stromdichte $\boldsymbol{S}$ ist voraussetzungsgemäß stets Null:

$$\boldsymbol{S} = 0. \tag{4.29}$$

Außerdem gelten für Grenzflächen zweier beliebiger Medien nach Abschnitt 3.5 die *Stetigkeitsbedingungen*

$$E_{t1} = E_{t2}; \qquad D_{n1} = D_{n2} \text{ (für } \sigma = 0\text{)}. \tag{4.30}$$

Die Tangentialkomponente von $\boldsymbol{E}$ und die Normalkomponente von $\boldsymbol{D}$ (bei verschwindender Flächenladungsdichte σ) sind stetig.

4.2.2 Einfache Feldberechnungen bei vorgegebener Ladungsverteilung

Feld der Punktladung. Punktladungen sind von großer theoretischer und praktischer Bedeutung. Betrachtet wird das Feld einer punktförmigen Ladung mit der positiven Ladung Q in einem Medium mit der Permittivität ε, die demzufolge als Quelle elektrischer Verschiebungsflußdichtelinien wirkt, während eine negative Ladung eine Senke von $\boldsymbol{D}$-Linien wäre. Bezogen auf den Ort der Punktladung, ist jede Raumrichtung (unter der Voraussetzung einer ortskonstanten Permittivität ε) gleichberechtigt (Kugelsymmetrie), so daß die $\boldsymbol{D}$-Linien

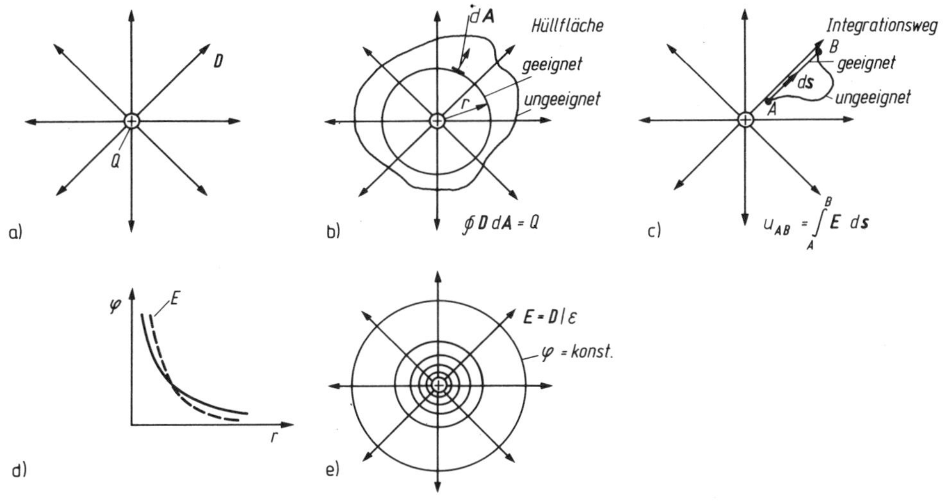

Bild 4.3 Feld einer positiven Punktladung
a) elektrisches Feld; b) Hüllfläche zur Berechnung von $\boldsymbol{D}$; c) Integrationsweg zur Berechnung von φ; d) Potential φ und Feldstärke als Funktion des Abstandes; e) Feldlinien und Äquipotentiallinien

radial verlaufen müssen (s. Bild 4.3a). Die Gl. (4.25) gilt für beliebige Hüllflächen, die Q einschließen (Bild 4.3b). Zweckmäßigerweise wird aber als Hüllfläche für die Integration eine Kugelfläche mit einem beliebigen Radius $r > 0$ gewählt, wobei der Kugelmittelpunkt am Ort der Punktladung liegt. Da $|\boldsymbol{D}|$ auf der Kugeloberfläche wegen der Kugelsymmetrie konstant ist und $\boldsymbol{D}$ die gleiche Richtung wie die Flächenvektoren $\mathrm{d}\boldsymbol{A}$ besitzt, kann

$$Q = \oint \boldsymbol{D}\,\mathrm{d}\boldsymbol{A} = \oint D \cos(\boldsymbol{D}, \mathrm{d}\boldsymbol{A})\,\mathrm{d}A = \oint D \cos 0°\,\mathrm{d}A = \oint D\,\mathrm{d}A = DA \tag{4.31}$$

geschrieben werden. Daraus folgt mit $A = 4\pi r^2$

$$D = \frac{Q}{A} = \frac{Q}{4\pi r^2} \quad \text{bzw.} \quad E = \frac{Q}{4\pi\varepsilon r^2}. \tag{4.32}$$

In Vektorform kann nach Bild 4.3b geschrieben werden:

$$\boldsymbol{E} = \frac{Q}{4\pi\varepsilon r^2}\frac{\boldsymbol{r}}{r} \quad \text{bzw.} \quad \boldsymbol{E} = \boldsymbol{e}_\mathrm{r}\frac{Q}{4\pi\varepsilon r^2}, \tag{4.33}$$

wobei $\boldsymbol{e}_\mathrm{r}$ der Einheitsvektor in r-Richtung ist. D bzw. E nehmen proportional zu Q zu und quadratisch mit wachsendem Radius r ab, da durch jede Kugelfläche der gleiche Verschiebungsfluß $\oint \boldsymbol{D}\,\mathrm{d}\boldsymbol{A}$ geht.

Um mit

$$u_\mathrm{AB} = \varphi_\mathrm{A} - \varphi_\mathrm{B} = \int_A^B \boldsymbol{E}\,\mathrm{d}\boldsymbol{s}$$

aus $\boldsymbol{E}$ das Potential φ berechnen zu können, muß ein Integrationsweg festgelegt werden. Prinzipiell liefert jeder beliebige Weg zwischen den Punkten A und B den gleichen Wert, da es sich um ein Potentialfeld handelt, bei dem u_AB wegunabhängig ist. Zweckmäßigerweise wird ein den Symmetrieeigenschaften angepaßter radialer Weg gewählt, weil bei ihm $\boldsymbol{E}$ parallel zu $\mathrm{d}\boldsymbol{s}$ ist (s. Bild 4.3c). Demnach folgt

$$u_\mathrm{AB} = \varphi_\mathrm{A} - \varphi_\mathrm{B} = \int_A^B \boldsymbol{E}\,\mathrm{d}\boldsymbol{s} = \int_A^B E\cos(\boldsymbol{E},\mathrm{d}\boldsymbol{s})\,\mathrm{d}s = \int_A^B E\cos 0^\circ\,\mathrm{d}s = \int_A^B E\,\mathrm{d}s \tag{4.34}$$

sowie mit $\mathrm{d}s = \mathrm{d}r$ und $E = Q/(4\pi\varepsilon r^2)$

$$u_\mathrm{AB} = \varphi_\mathrm{A} - \varphi_\mathrm{B} = \frac{Q}{4\pi\varepsilon}\int_{r_\mathrm{A}}^{r_\mathrm{B}}\frac{\mathrm{d}r}{r^2} = -\frac{Q}{4\pi\varepsilon}\left(\frac{1}{r}\right)_{r_\mathrm{A}}^{r_\mathrm{B}} = \frac{Q}{4\pi\varepsilon}\left(\frac{1}{r_\mathrm{A}} - \frac{1}{r_\mathrm{B}}\right). \tag{4.35}$$

Mit $\varphi_\mathrm{A} = \varphi(r)$ entsteht daraus

$$\varphi(r) = \frac{Q}{4\pi\varepsilon r} - \frac{Q}{4\pi\varepsilon r_\mathrm{B}} + \varphi(r_\mathrm{B}) \tag{4.36}$$

bzw.

$$\varphi = \frac{Q}{4\pi\varepsilon r} + K. \tag{4.37}$$

K ist eine Konstante, die von den Randbedingungen abhängt. Setzt man $r_\mathrm{B} \to \infty$ und $\varphi(r_\mathrm{B}) = 0$, so ergibt sich $K = 0$ und

$$\varphi(r) = \frac{Q}{4\pi\varepsilon r}. \tag{4.38}$$

Dieser trichterförmige Verlauf ist im Bild 4.3d veranschaulicht. Dieses Bild zeigt auch die mit wachsendem Abstand sinkende Feldstärke, die für $r \to 0$ gegen plus bzw. minus unendlich geht (für $Q > 0$ bzw. $Q < 0$). Die Äquipotentialflächen sind konzentrische Kugelflächen, deren Abstand bei konstanter Potentialdifferenz nach außen zunimmt (Bild 4.3e).

Der gewählte Lösungsweg zur Feldberechnung in der Form

$$Q \xrightarrow[Q = \oint \boldsymbol{D}\,\mathrm{d}\boldsymbol{A}]{} D \xrightarrow[\boldsymbol{D} = \varepsilon\boldsymbol{E}]{} E \xrightarrow[u_\mathrm{AB} = \varphi_\mathrm{A} - \varphi_\mathrm{B} = \int_A^B \boldsymbol{E}\,\mathrm{d}\boldsymbol{s}]{} \varphi, u \tag{4.39}$$

ist charakteristisch für die Berechnung von Feldern mit Symmetrieeigenschaften bei vorgegebener Ladungsverteilung. Dabei wird die Wahl der Hüllfläche und des Integrationsweges sinnvollerweise durch die Symmetrieeigenschaften des Problems bestimmt, wie auch weitere Anwendungen des Algorithmus in diesem Abschnitt zeigen werden.

Beispiel zu Gl. (4.38): Potentielle Energie des Elektrons im Wasserstoffatom

Der Kern eines Wasserstoffatoms ist bekanntlich ein Proton (Ladung $Q_1 = \mathrm{e} = 1{,}6 \cdot 10^{-19}\,\mathrm{A \cdot s}$). Auf ein Elektron mit der Ladung $Q_2 = -\mathrm{e}$ wirkt in diesem Feld die anziehende Coulombsche Kraft

$$\boldsymbol{F} = Q_2\boldsymbol{E} = \frac{Q_1Q_2}{4\pi\varepsilon_0 r^2}\,\frac{\boldsymbol{r}}{r} = -\frac{e^2}{4\pi\varepsilon_0 r^2}\,\frac{\boldsymbol{r}}{r}. \tag{4.40}$$

Die potentielle Energie des Elektrons ist nach den Gln. (4.10) und (4.38)

$$W = Q_2\varphi = Q_1Q_2/(4\pi\varepsilon_0 r) = -e^2/(4\pi\varepsilon_0 r) \tag{4.41}$$

und, wie zu erwarten, negativ, da φ bzw. die potentielle Energie $Q_2\varphi$ im Unendlichen entsprechend Gl. (4.38) Null gesetzt worden war.

Feld bei kugelsymmetrischer Raumladungsdichte*. Ein kugelsymmetrisches Feld entsteht nicht nur bei einer Punktladung, sondern auch bei kugelsymmetrischer Raumladungsdichteverteilung, also für $\varrho = \varrho(r)$, falls keine weiteren Ladungen auftreten.

Zur Auswertung von

$$\oint \boldsymbol{D}\,\mathrm{d}\boldsymbol{A} = Q = \int \varrho\,\mathrm{d}V \tag{4.42}$$

wird als Hüllfläche eine Kugelfläche mit dem Radius r, d. h. der Fläche $4\pi r^2$ gewählt. Als Volumenelement $\mathrm{d}V$ ist entsprechend der Kugelsymmetrie eine Kugelschale mit dem Radius r^* sowie der differentiellen Dicke $\mathrm{d}r^*$, also mit $\mathrm{d}V = 4\pi r^{*2}\,\mathrm{d}r^*$ zweckmäßig (Bild 4.4a). Damit folgt aus

$$\oint D\,\mathrm{d}A = D\,4\pi r^2 = \int_0^r \varrho(r^*)\,4\pi r^{*2}\,\mathrm{d}r^* \tag{4.43}$$

$$D = \frac{1}{r^2}\int_0^r \varrho(r^*)\,r^{*2}\,\mathrm{d}r^*. \tag{4.44}$$

Die Bezeichnung r^* für die Integrationsvariable wurde gewählt, um sie von der Integrationsgrenze r zu unterscheiden.

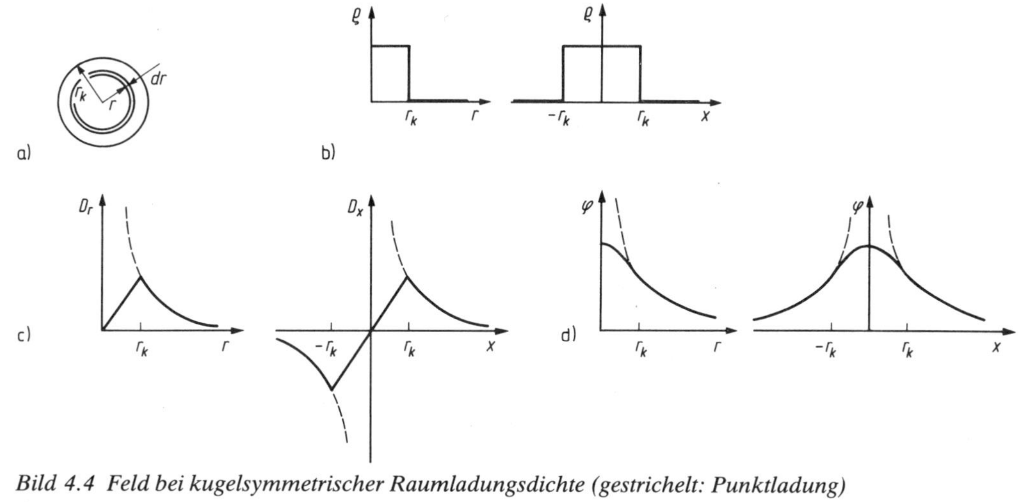

Bild 4.4 Feld bei kugelsymmetrischer Raumladungsdichte (gestrichelt: Punktladung)

a) Anordnung; b) Raumladungsdichte ϱ; c) elektrische Verschiebungsflußdichte D_r bzw. D_x; d) Potential φ als Funktion des Abstandes r vom Mittelpunkt bzw. der x-Koordinate

Beispiel: Für $r \leqq r_k$ sei die Raumladungsdichte konstant, und zwar $\varrho = \varrho_0 = Q_0/V_0$ mit $V_0 = 4\pi r_k^3/3$, und für $r > r_k$ sei $\varrho = 0$. Dann ergibt sich für $r > r_k$ $D = Q_0/(4\pi r^2) = \varrho_0 r_k^3/3r^2$. In den Bildern 4.4b bis 4.4d ist das Ergebnis in sphärischen Koordinaten (als Funktion von r) und in kartesischen Koordinaten (als Funktion von x) dargestellt. Der φ-Verlauf wird in der Aufgabe 4.3 abgeleitet. Wichtig ist die Erkenntnis, daß D und damit E sowie φ bei einer kugelsymmetrischen Raumladungsverteilung nur von der eingeschlossenen Ladung abhängen und den gleichen Verlauf aufweisen wie bei einer Punktladung, die sich im Mittelpunkt befindet und deren Ladung der Gesamtladung $Q = \int \varrho\,\mathrm{d}V$ entspricht. Bei Abweichungen von der Kugelsymmetrie kompensiert sich der Einfluß der außerhalb einer Kugelfläche liegenden Raumladungen nicht mehr, so daß auch diese D beeinflussen. Ein Feld der angegebenen Art kann z. B. für die Modellierung von Atomkernen als grobe Näherung gelten.

Zylindersymmetrisches Feld. Für eine auf einer Geraden liegende Linienladung mit der längenbezogenen Ladung Q_0/l gilt $D = Q_0/(2\pi r l)$, $E = D/\varepsilon$ und nach Gl. (4.28) mit $ds = dr$:

$$\varphi(r) = (Q_0/(2\pi\varepsilon l)) \cdot \ln (r_B/r) + \varphi(r_B). \tag{4.45}$$

r ist der Abstand senkrecht zur Linienladung, also $r = \sqrt{x^2 + y^2}$, falls die Linienladung in der z-Achse liegt. r_B ist der Abstand eines frei wählbaren Bezugspunktes von der Linienladung, an dem φ vorgegeben wird. Der Bezugspunkt $\varphi = 0$ kann nicht – wie es beim kugelsymmetrischen Fall möglich ist – im Unendlichen liegen, da dann φ für endliches r unendlich hoch wäre.

Für eine zylindersymmetrische Ladungsverteilung mit $\varrho = \varrho(r)$ für $0 \leqq r \leqq r_0$ und $\varrho = 0$ für $r > r_0$ bleibt Gl. (4.45) außerhalb der Ladungsverteilung gültig. Die Potentialdifferenz zwischen einem Punkt außerhalb der Zylinderladung und auf deren Oberfläche ist demnach:

$$\varphi(r) - \varphi(r_0) = Q_0/(2\pi\varepsilon l) \cdot \ln r_0/r. \tag{4.46}$$

Homogenes Feld. Eine unendlich ausgedehnte, auf einer Ebene liegende Flächenladung mit der positiven Flächenladungsdichte $\sigma = Q_0/A$ wirkt aus Symmetriegründen als Quelle eines homogenen Feldes (Bild 4.5a). Zur Auswertung von $\oint \boldsymbol{D}\, d\boldsymbol{A}$ wird eine quaderförmige Hüllfläche gewählt. Dadurch steht $\boldsymbol{D}$ auf den parallel zur Flächenladung liegenden zwei Teilflächen senkrecht, d.h. parallel zu $d\boldsymbol{A}$, während die anderen senkrecht zur Flächenladung liegenden vier Teilflächen wegen $\boldsymbol{D} \perp d\boldsymbol{A}$ keinen Beitrag zum Hüllenintegral liefern. Legt man die Flächen auf $x = x_+ > 0$ bzw. $x = x_- < 0$, also rechts und links von der Flächenladung, und beachtet $\boldsymbol{D} = \boldsymbol{e}_x D_x$, so gilt

$$\boldsymbol{e}_x D_x\,(x_+)\,\boldsymbol{e}_x A + \boldsymbol{e}_x D_x\,(x_-)\,(-\boldsymbol{e}_x)\,A = Q_0/A = \sigma. \tag{4.47}$$

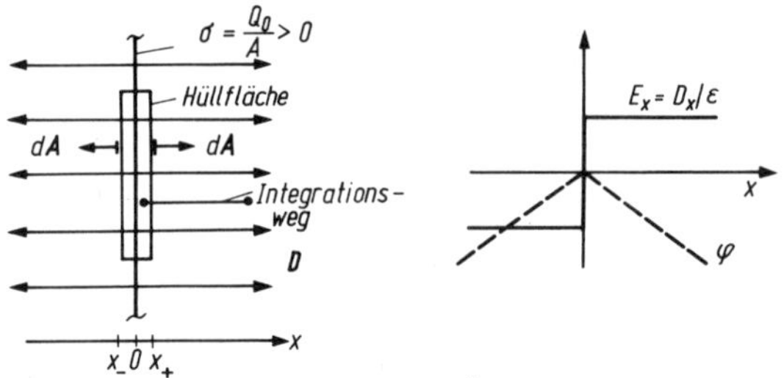

a) b)

Bild 4.5 Ebene Flächenladung
a) Feldbild, Hüllfläche und Integrationsweg;
b) Feldstärke E_x und Potential φ (für $\varphi(0) = 0$) als Funktion des Ortes x

Aus Symmetriegründen ist $D_x(x_-) = -D_x(x_+)$, und damit folgt aus Gl. (4.47) $D_x(x_+) = \sigma/2 = -D_x(x_-)$ bzw. mit Gl. (4.28)

$$D_x = \pm\sigma/2, \quad E_x = \pm\sigma/(2\varepsilon), \quad \varphi(x) = \varphi(0) \mp \sigma x/(2\varepsilon) \quad \text{für} \quad x \gtrless 0. \tag{4.48 a bis c}$$

Wie Bild 4.5b veranschaulicht, tritt durch die Flächenladung ein D-Sprung auf und damit auch ein E-Sprung, der wiederum mit einem Knick von φ verbunden ist.

Aufgabe 4.1 Coulombsches Gesetz

Leiten Sie das Coulombsche Gesetz ab!

Aufgabe 4.2 Zylindersymmetrisches Feld

Berechnen Sie $\boldsymbol{E}$ und φ für einen sehr langen metallischen Hohlzylinder mit dem Radius r_0 und der Länge l, der eine gleichmäßig auf den Zylindermantel verteilte Ladung Q trägt!

Hinweis: Der Einfluß der Stirnseiten sei vernachlässigbar.

Aufgabe 4.3 Felder bei kugelsymmetrischer Raumladungsverteilung

a) Berechnen Sie D, E und φ.
   α) für $\varrho = \varrho_0 =$ konst. innerhalb einer Kugel mit dem Radius r_k und $\varrho = 0$ außerhalb;
   β)* für $\varrho = cr$ innerhalb einer Kugel mit dem Radius r_k und $\varrho = 0$ außerhalb;
   γ) für eine Hohlkugel mit dem Radius r_k, die die Ladung Q trägt!
b) Stellen Sie E und φ für α) und γ) dar!

Aufgabe 4.4 Feld bei kugelsymmetrischer Ladungsverteilung

Gegeben sei eine Hohlkugel (Radius r_k) mit der Ladung $-Q$, in deren Mittelpunkt sich eine Punktladung $+Q$ befindet. Berechnen Sie E und φ!

Aufgabe 4.5 Feld einer Punktladung in kartesischen Koordinaten

Für eine Punktladung am Ort $\boldsymbol{r}_0 = \boldsymbol{e}_x x_0 - \boldsymbol{e}_y y_0 + \boldsymbol{e}_z z_0$ sind die Feldstärkekomponenten und die Feldstärke am Ort $\boldsymbol{r} = \boldsymbol{e}_x x + \boldsymbol{e}_y y + \boldsymbol{e}_z z$ aus dem Potential $\varphi\,(x, y, z)$ zu berechnen.

4.2.3 Superpositionssatz

Infolge der Linearität der Gleichungen

$$\oint \boldsymbol{D}\,\mathrm{d}\boldsymbol{A} = Q, \qquad \boldsymbol{D} = \varepsilon \boldsymbol{E} \quad \text{und} \quad \varphi_A - \varphi_B = \int_A^B \boldsymbol{E}\,\mathrm{d}\boldsymbol{s}$$

(unter Voraussetzung konstanter Permittivität ε!) kann das durch mehrere Ladungen (Punktladungen oder Raumladungsbereiche) verursachte elektrische Feld und damit auch das Potential durch Superposition (Überlagerung) der von den einzelnen Ladungen verursachten Felder bzw. Potentiale ermittelt werden:

$$\boldsymbol{E} = \sum_{\mu=1}^{n} \boldsymbol{E}_\mu, \qquad \varphi = \sum_{\mu=1}^{n} \varphi_\mu. \tag{4.50a, b}$$

$\boldsymbol{E}_\mu$ bzw. φ_μ sind die elektrische Feldstärke bzw. das Potential, welche die μ-te Ladung ($\mu = 1(1)n$) am betrachteten Punkt verursachen, d. h., die Wirkung aller anderen Ladungen wird Null gesetzt. Für die wirkende Ladung muß aber die Position bzw. die Verteilung angenommen werden, die bei Anwesenheit aller anderen Ladungen vorliegt. Meist ist es einfacher, die Potentiale als die elektrischen Feldstärken zu überlagern, da bei diesen skalaren Größen keine Richtungszuordnungen zu beachten sind. Die Feldstärke kann dann aus Gl. (4.24) ermittelt werden.

Der Superpositionssatz gilt nicht, falls ε feldabhängig ist. Ein einfaches Beispiel für den Superpositionssatz bei zwei Punktladungen ist bereits im Abschnitt 1.2.3 im Bild 1.5a vorgestellt worden.

Beispiel: Superpositionssatz bei n Punktladungen

Das resultierende Potential von n Punktladungen ergibt sich durch Superposition der Einzelpotentiale bei verschwindendem Potential im Unendlichen

$$\varphi = \sum_{\mu=1}^{n} \frac{Q_\mu}{4\pi\varepsilon r_\mu}. \tag{4.51}$$

r_μ ist der Abstand der μ-ten Ladung vom Aufpunkt. Bezeichnet man den Ortsvektor zum Aufpunkt mit $\boldsymbol{r}$ und den zu den Punktladungen mit $\boldsymbol{r}_\mu$ (Bild 4.6), so gilt für den Abstand Punktladung–Aufpunkt $r_\mu = |\boldsymbol{r} - \boldsymbol{r}_\mu|$.[1]) Damit lautet Gl. (4.51)

$$\varphi(\boldsymbol{r}) = \sum_{\mu=1}^{n} \frac{Q_\mu}{4\pi\varepsilon\,|\boldsymbol{r} - \boldsymbol{r}_\mu|}. \tag{4.52}$$

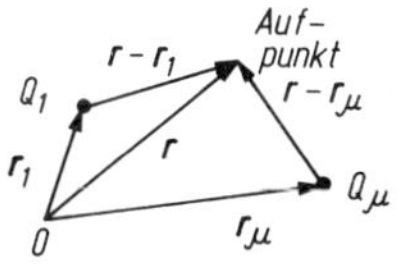

Bild 4.6
Zum Superpositionssatz bei Punktladungen

In kartesischen Koordinaten ist

$$r_\mu = |\boldsymbol{r} - \boldsymbol{r}_\mu| = \sqrt{(x - x_\mu)^2 + (y - y_\mu)^2 + (z - z_\mu)^2}. \tag{4.53}$$

[1]) r_μ ist hier also ungleich $|\boldsymbol{r}_\mu|$.

Die resultierende Feldstärke $\boldsymbol{E}$ ergibt sich durch Superposition der Einzelfeldstärken $\boldsymbol{E}_\mu$:

$$\boldsymbol{E} = \sum_{\mu=1}^{n} \boldsymbol{E}_\mu \quad \text{mit} \quad \boldsymbol{E}_\mu = \frac{Q_\mu}{4\pi\varepsilon\,|\boldsymbol{r} - \boldsymbol{r}_\mu|^2}\,\frac{\boldsymbol{r} - \boldsymbol{r}_\mu}{|\boldsymbol{r} - \boldsymbol{r}_\mu|}. \tag{4.54}$$

*Beispiel: Elektrischer Dipol**

Als Dipol bezeichnet man zwei sehr nahe beieinander liegende Punktladungen, deren Ladungen $+Q$ und $-Q$ sind und die ein endliches *Dipolmoment*[1]) $\boldsymbol{p} = Q\boldsymbol{l}$ besitzen. $\boldsymbol{l}$ ist der Vektor, der von der negativen zur positiven Punktladung gerichtet ist (Bild 4.7a). Das Potential eines Dipols kann durch Superposition der Potentiale ermittelt werden. Für $|\boldsymbol{l}| \ll \boldsymbol{r}$ ($\boldsymbol{r}$ ist der Vektor vom Dipolmittelpunkt zum Aufpunkt) folgt mit den sphärischen Koordinaten r und ϑ (Bild 3.1c) für $\varphi(\infty) = 0$:

$$\varphi = \frac{p\cos\vartheta}{4\pi\varepsilon r^2} = \frac{\boldsymbol{pr}}{4\pi\varepsilon r^3}, \qquad \boldsymbol{E} = \frac{3\boldsymbol{e}_r\,(\boldsymbol{e}_r\boldsymbol{p}) - \boldsymbol{p}}{4\pi\varepsilon r^3}. \tag{4.55a, b}$$

Während für eine Punktladung $\varphi \sim 1/r$ ist, gilt für einen Dipol $\varphi \sim 1/r^2$, sinkt φ also beim Dipol mit wachsendem Abstand stärker ab, da sich die Wirkung der positiven und negativen Ladung mit wachsendem r immer mehr kompensiert. Bild 4.76 veranschaulicht die Äquipotentialflächen und Feldlinien.

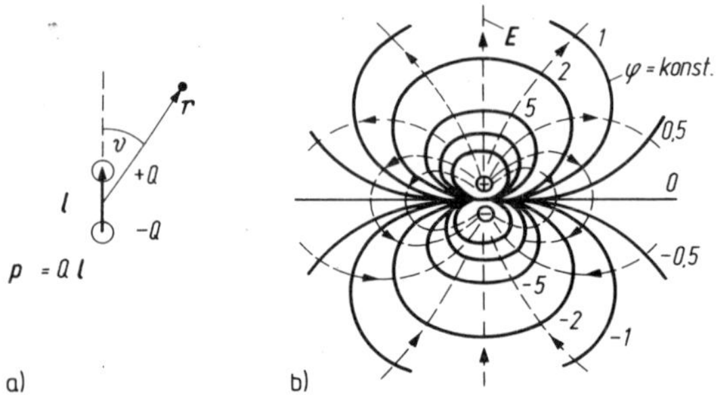

Bild 4.7 Elektrischer Dipol

a) zur Definition des Dipolmomentes $\boldsymbol{p}$; b) Feldlinien und Äquipotentialflächen bei normiertem Potential

Beispiel: Feld eines Plattenkondensators

Dieses Feld kann durch Superposition der Felder zweier ebener Flächenladungen (unendlicher Ausdehnung) mit der Flächenladungsdichte $\pm\sigma$ konstruiert werden (Bild 4.8). Mit Gl. (4.48) ergibt sich

$$D = \sigma/2 + \sigma/2 = \sigma = Q/A, \qquad \boldsymbol{E} = \boldsymbol{Q}/(\varepsilon A). \tag{4.56a, b}$$

Aufgabe 4.6 Feld zweier Punktladungen

Zu berechnen sind a) das Potential φ, das zwei Punktladungen mit den Ladungen Q_1 und Q_2 verursachen, die sich an den Punkten (x_1, y_1, z_1) und (x_2, y_2, z_2) befinden, sowie b) die elektrische Feldstärke $\boldsymbol{E}$.

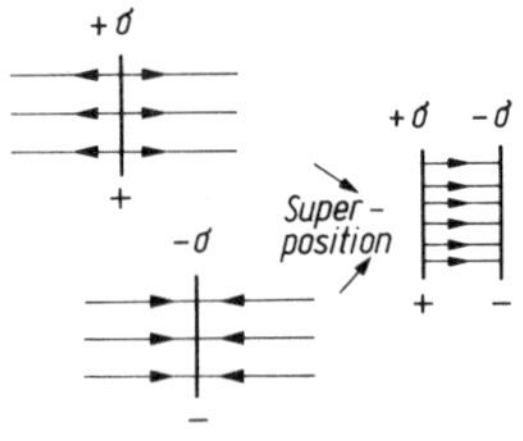

Bild 4.8 Superposition zweier paralleler ebener Flächenladungen $+\sigma$ und $-\sigma$ (Randfeld vernachlässigbar)

Aufgabe 4.7 Kontrollfragen

a) Wie lauten der Gaußsche Satz der Elektrostatik sowie der Superpositionssatz?
b) Stellen Sie E_r und φ für eine negative Punktladung Q_1 sowie die potentielle Energie W einer negativen Punktladung Q_2 im Feld von Q_1 dar!
c) Wie kann $\boldsymbol{E}$ bei bekanntem φ ermittelt werden und umgekehrt?

[1]) Für $l \to 0$ geht $Q \to \infty$.

4.2.4 Grenzfläche Leiter – Nichtleiter

Grundlagen. Ruhende Ladungen bedeuten in metallischen Leitern verschwindende Stromdichte $\boldsymbol{S}$. Wegen $\boldsymbol{S} = \varkappa \boldsymbol{E}$ und der Leitfähigkeit $\varkappa > 0$ sind Leiter im elektrostatischen Fall stets feldfrei. Demnach ist jedem Punkt im Leiter das gleiche Potential zugeordnet, d. h., für den Leiter gilt:

$$\boldsymbol{E} = \boldsymbol{S}/\varkappa = 0, \qquad \varphi = \text{konst.} \tag{4.57a, b}$$

Der Leiter als Äquipotentialvolumen wird durch eine Äquipotentialfläche berandet. Da die elektrischen Feldlinien stets senkrecht auf den Äquipotentialflächen stehen, müssen die elektrischen Feldlinien in angrenzenden Nichtleitern (Permittivität ε, Leitfähigkeit $\varkappa = 0$) stets senkrecht auf den Leiteroberflächen stehen.

Für die Verschiebungsflußdichtelinien gilt wegen $\boldsymbol{D} = \varepsilon \boldsymbol{E}$ das gleiche. Damit sind die Leiteroberflächen Quellen (bei austretenden $\boldsymbol{D}$-Linien) bzw. Senken (bei eintretenden $\boldsymbol{D}$-Linien) der Verschiebungsflußdichte. An der Leiteroberfläche befinden sich demnach positive bzw. negative Ladungen. Wegen der großen Dichte quasi frei beweglicher Elektronen in Leitern ist diese Ladungsschicht so dünn, daß sie als Flächenladung $\sigma = \mathrm{d}Q/\mathrm{d}A$ angesehen werden kann.

Beispiel: Zur Veranschaulichung wird Bild 4.9a genutzt. Die metallischen Elektroden, zwischen denen ein Isolator liegt, sind durch die Verbindung mit einer Spannungsquelle mit gleich großen positiven sowie negativen Ladungen aufgeladen. Ordnet man der negativen Elektrode willkürlich das Potential $\varphi = 0\,\mathrm{V}$ zu, so befindet sich die positive Elektrode auf dem Potential $\varphi = 5\,\mathrm{V}$. Die $\boldsymbol{E}$-Linien stehen senkrecht auf den Elektroden.

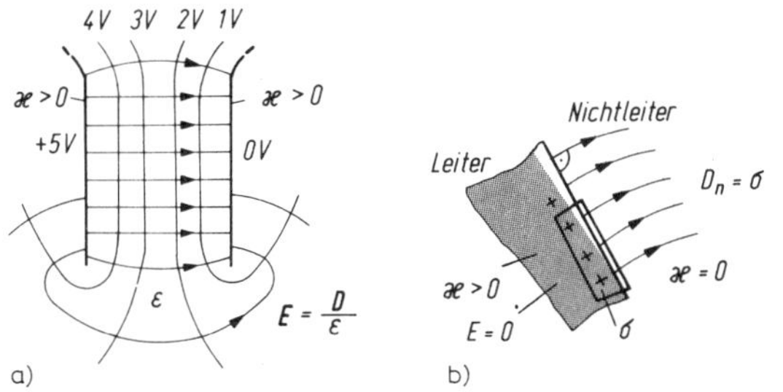

Bild 4.9 Grenzfläche Leiter–Isolator
a) Beispiel zum Feldverlauf; b) Flächenladungsdichte σ als Quelle der Normalkomponente der elektrischen Verschiebungsflußdichte

Wegen $\oint \boldsymbol{D}\,\mathrm{d}\boldsymbol{A} = Q$ kann man aus D auf die Flächenladung $\sigma = \mathrm{d}Q/\mathrm{d}A$ schließen (und umgekehrt), wenn man eine infinitesimal kleine Hüllfläche um einen Teil der Grenzfläche legt, z. B. eine Zylinderfläche (s. Bild 4.9b). Dabei sei der Zylinderdurchmesser so klein, daß D auf den Kreisflächen als konstant angenommen werden kann, und die Ausdehnung senkrecht zur Grenzfläche, also die Zylinderhöhe, so klein, daß der D-Wert im Isolator direkt an der Grenzfläche liegt. Aus $\oint \boldsymbol{D}\,\mathrm{d}\boldsymbol{A} = D_{\mathrm{nL}}\,\mathrm{d}A - D_{\mathrm{n}}\,\mathrm{d}A = \mathrm{d}Q$ (s. auch Gl. (3.105c)) folgt mit $D_{\mathrm{nL}} = 0$ (im Leiter):

$$D_{\mathrm{n}} = \sigma \quad \text{mit} \quad \sigma = \mathrm{d}Q/\mathrm{d}A. \tag{4.58}$$

Die senkrecht auf dem Leiter stehende Komponente von $\boldsymbol{D}$ (Normalkomponente) im Nichtleiter ist gleich der Flächenladungsdichte σ an der angrenzenden Leiteroberfläche. Für $\sigma > 0$ treten die $\boldsymbol{D}$-Linien aus dem Leiter aus und für $\sigma < 0$ ein. Die Tangentialkomponenten von $\boldsymbol{D}$ und $\boldsymbol{E}$ sind Null. In Vektordarstellung lautet Gl. (4.56a) mit dem Normalenvektor $\boldsymbol{n}$ ($|\boldsymbol{n}| = 1$):

$$\boldsymbol{D} = \boldsymbol{n}\sigma. \tag{4.59}$$

Hinweis: In Halbleitern hängt die Stromdichte nicht nur von E, sondern auch von Dichteunterschieden der quasifreien Ladungsträger ab, so daß E in Halbleitern für verschwindende Stromdichte nicht Null sein muß (Abschn. 4).

Ladungstrennung. Leiter sind durch quasi frei bewegliche Ladungsträger gekennzeichnet. Elektrische Felder üben sowohl auf ortsfeste als auch auf quasi frei bewegliche Ladungsträger eine Kraft aus und sind in der Lage, die quasi freien Ladungsträger zu verschieben.

Bilden sich in einem leitenden Medium durch die Wirkung eines elektrostatischen Feldes Raum- bzw. Flächenladungen aus, so spricht man von Influenz.

Oft handelt es sich um eine Trennung ortsfester (vorwiegend positiver) Ladungen von beweglichen Ladungsträgern (quasi freien Elektronen). Ein Beispiel: Die Influenz von Ladungsträgern in einem Halbleiter durch eine isolierte Metallelektrode ist bereits im Abschn. 1.14 im Bild 1.124 dargestellt worden.

Experiment zur Ladungstrennung mit der Maxwellschen Doppelplatte. Bringt man zwei sich berührende ungeladene Metallbleche an isolierten Griffen in das Feld eines aufgeladenen Plattenkondensators (Bild 4.10a), so wirken auf die Ladungsträger im Metall Kräfte. Quasi freie Elektronen bewegen sich in Richtung der positiven Platte. Dadurch entsteht links eine Elektronenanreicherung und rechts eine Elektronenverarmung, d.h., die Ladung der positiven Atomrümpfe (Kern und gebundene Elektronen) wird nicht mehr von den quasi freien Elektronen kompensiert, und es entsteht rechts eine positive Ladungsverteilung. Die Elektronenbewegung dauert so lange an, bis sich die Kraftwirkungen aller Ladungen aufeinander kompensieren, bis also das durch die Ladungstrennung entstehende das ursprüngliche Feld kompensiert hat. Dieser außerordentlich schnell ablaufende Vorgang ist abgeschlossen, wenn die Stromdichte $\boldsymbol{S} = 0$ ist. Falls die Stromdichte durch $\boldsymbol{S} = \varkappa \boldsymbol{E}$ beschrieben werden kann, ist bei Abschluß dieser Ladungstrennung in den Blechen $\boldsymbol{E} = \boldsymbol{S}/\varkappa = 0$. Das Innere in den Blechen ist feldfrei.

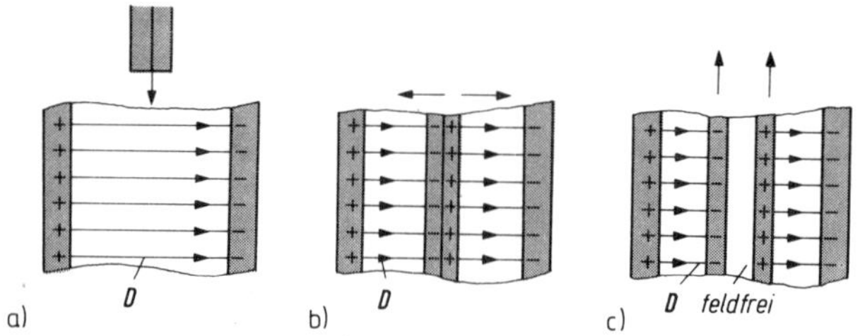

Bild 4.10 Experiment zur Ladungstrennung (Influenz) in einem geladenen Plattenkondensator (Q = konst.)

a) vor Hineinschieben zweier Metallplatten; b) Ladungstrennung im Feld; c) Trennung der Metallplatten erzeugt einen feldfreien Raum

Hinweis: $\boldsymbol{D}$ bleibt konstant, falls der Kondensator von der Spannungsquelle abgetrennt ist ($D = Q/A$ = konst.).

Zieht man die Bleche auseinander und aus dem Kondensator heraus, so kann die erfolgte Ladungstrennung mit einem empfindlichen Ladungs- bzw. Strommeßgerät nachgewiesen werden (Bilder 4.10b und 4.10c).

Weiteres Beispiel zur Ladungstrennung. Eine negative Punktladung befindet sich in einem Isolator in der Nähe eines ebenen massiven Leiters, dessen Gesamtladung Null sei (Bild 4.11a). Das Feldbild soll interpretiert und berechnet werden:

Befindet sich die Punktladung Q in großem Abstand vom Leiter, so sind die quasi frei beweglichen Elektronen im Leiter gleichmäßig verteilt. Nähert sie sich dem Leiter, so wirkt ihr Feld abstoßend auf die Elektronen, und zwar nach dem Coulombschen Gesetz am stärksten auf die nächstliegenden an der Oberfläche. Dadurch wandern die quasi freien Elektronen von der Oberfläche weg, und an der Oberfläche bil-

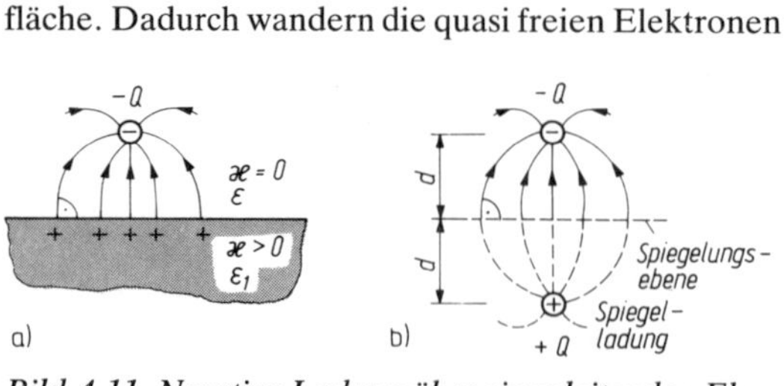

Bild 4.11 Negative Ladung über einer leitenden Ebene

a) Influenz von positiven Ladungen; b) zur Feldberechnung mit einer Spiegelladung entgegengesetzter Ladung det sich eine positive Oberflächenladung aus. Sobald die Punktladung ihre Position nicht mehr verändert, stellt sich die positive Oberflächenladung in sehr kurzer Zeit so ein, daß sie das Feld der Punktladung im Leiter kompensiert, also $\boldsymbol{E} = 0$ im Leiter realisiert ist.

Zur anschaulichen Deutung des entstehenden elektrostatischen Feldes wird also auch hier ein dynamischer Vorgang gewählt.

Die Feldberechnung erscheint auf den ersten Blick schwierig, da die Verteilung der Flächenladungen nicht bekannt ist. Andererseits liegt die Information vor, daß die ebene Leiteroberfläche eine Äquipotentialfläche darstellt, auf der $\boldsymbol{D}$ folglich senkrecht steht. Demnach bildet sich zwischen der negativen Punktladung $(-Q)$ und dieser ebenen Äquipotentialfläche im Abstand d das gleiche Feld aus wie zwischen zwei Punktladungen $(-Q, +Q)$ im Abstand $2d$ im Teil zwischen negativer Punktladung und Äquipotentialfläche (vgl. Bild 4.11b). Das Potential am Punkt (x, y, z) oberhalb der Symmetrieebene kann nach Anwendung dieses *Spiegelungsprinzips* mit dem Superpositionssatz aus

$$\varphi(x, y, z) = \frac{Q}{4\pi\varepsilon r_1} - \frac{Q}{4\pi\varepsilon r_2}$$

mit

$$r_1 = \sqrt{x^2 + y^2 + (z + d)^2}, \qquad r_2 = \sqrt{x^2 + y^2 + (z - d)^2} \tag{4.60}$$

ermittelt werden falls der Ursprung (0, 0, 0) in der Mitte zwischen beiden Ladungen liegt.

Spiegelungsprinzip sowie Prinzip der fiktiven Ladungen. Die Verallgemeinerung des soeben erläuterten Verfahrens nennt man *Spiegelungsprinzip*:

Das Feld von Ladungsverteilungen in einem Isolator, der von einer ebenen Leiteroberfläche begrenzt wird, kann dadurch ermittelt werden, daß man die Ladungsverteilungen an dieser Fläche spiegelt und dabei die Polarität der Ladungen umkehrt (s. Bild 4.11b).

Die Anordnung Ladungen–Spiegelladungen zeigt diesseits der Spiegelungsebene die gleiche Feldverteilung wie die Anordnung Ladung–Leiter. Es sei erwähnt, daß das Spiegelungsprinzip bei entsprechender Verallgemeinerung auch auf die Felder Punktladung(en)–Metallkugel, Linienladung(en)–Metallzylinder sowie Punkt- bzw. Linienladung(en)–gewinkelte Metallelektroden anwendbar ist. Dabei treten teilweise Mehrfachspiegelungen (jeweils Spiegelung der Bildladungen) auf, die zu unendlichen (meist schnell konvergierenden) Reihen führen. Das Spiegelungsprinzip kann als Spezialfall des *Prinzips der fiktiven Ladungen* aufgefaßt werden, nach dem fiktive Ladungen so angebracht werden, daß das durch Ladungen, Elektroden (Äquipotentialflächen) und/oder Grenzflächen zweier Dielektrika geprägte elektrische Feld in bestimmten Bereichen durch Superposition des Feldes dieser Ladungen erzeugt wird. Die fiktiven Ladungen werden oft intuitiv vorgegeben und danach bezüglich Ladung und Lage berechnet.

Beispiel: Das Feld einer geladenen Metallkugel kann außerhalb der Kugel dadurch beschrieben werden, daß anstelle der Kugel eine fiktive Punktladung mit der gleichen Ladung am Ort des Kugelmittelpunktes angebracht wird. Weitere wichtige Beispiele folgen in den nächsten Abschnitten.

Erzeugung eines feldfreien Raumes durch Influenz. Bringt man einen ungeladenen Metallkörper K (Bild 4.12) in ein zunächst homogenes Feld zwischen zwei geladenen Metallplatten, so bewegen sich quasi freie Ladungsträger in K unter Einfluß des äußeren elektrischen Feldes (Elektronen entgegen der Feldrichtung), bis die dadurch einsetzende Ladungstrennung zu $\boldsymbol{E} = 0$ in K führt. Befindet sich in K ein Hohlraum, so bleibt dieser für beliebige äußere Felder feldfrei (analog zu Bild 4.10), wird also gegen von außen wirkende elektrische Felder abgeschirmt *(Faradayscher Käfig)*. Der Faradaysche Käfig – oft auch als Drahtgitter ausgeführt –

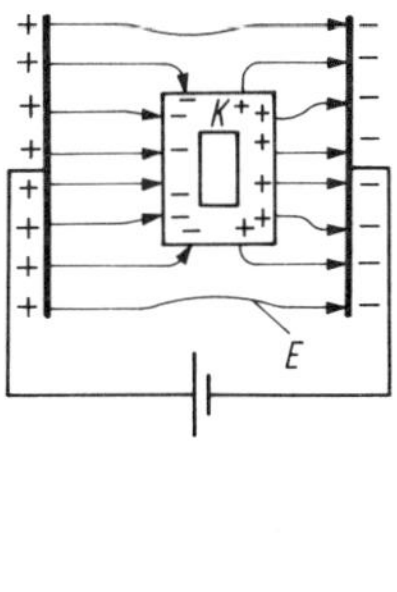

Bild 4.12
Erzeugung eines feldfreien Raumes durch Influenz (Faradayscher Käfig)

vermeidet äußere (auch zeitveränderliche) Störeinflüsse durch elektrische Felder, z. B. bei Präzisionsmessungen. Er ist möglichst zu erden. Andererseits erfordert die genannte Abschirmwirkung, z. B. bei Autos, eine Außenantenne zum Empfang elektromagnetischer Wellen. Erwähnt sei aber, daß bei hochfrequenten Feldern weitere Effekte zur Diskussion von Abschirmwirkungen zu berücksichtigen sind, z. B. Wirbelströme.

Materialisierung von Äquipotentialflächen. Bringt man ein dünnes ungeladenes Metallblech an den Ort einer ebenen oder gekrümmten Äquipotentialfläche eines elektrostatischen Feldes, so ändert sich das Feld außerhalb des dünnen Leiters nicht, da $\boldsymbol{E}$ senkrecht auf dem Leiter steht. Das nennt man *Materialisierung* von Äquipotentialflächen. Im Leiter findet beim Einbringen die schon erwähnte Ladungstrennung so lange statt, bis sich das durch die Ladungstrennung entstehende Feld und das äußere Feld im Leiter zur Gesamtfeldstärke $\boldsymbol{E} = 0$ kompensieren. Es entsteht in ganz kurzer Zeit eine Doppelschicht mit positiven und negativen Ladungen, an denen die Feldlinien außen enden und beginnen.

Einfluß einer Erd- bzw. Masseverbindung. Bringt man einen ungeladenen Leiter *2* in ein elektrisches Feld, so ändert sich das Feld außerhalb des Leiters – wie soeben erläutert – nicht, wenn er in einer Äquipotentialfläche liegt. Die Bilder 4.13a und 4.13b veranschaulichen die Aussage anhand des elektrischen Feldes einer positiv geladenen Metallplatte *1* (negative Ladungen im Unendlichen). Verbindet man aber die Metallplatte *2* – wie im Bild 4.13c dargestellt – mit einem sehr ausgedehnten Leiter *3* (also einem großen Reservoir frei beweglicher Ladungen, z. B. der Erde bei der Erdverbindung oder einer größeren metallischen Masse (z. B. einer Maschine oder einem Fahrzeugrahmen) bei der Masseverbindung), dann werden Elektronen angezogen. Dadurch entsteht eine Elektronenverarmung im Leiter *3*. Die positiven Ladungen verteilen sich in großem Abstand voneinander auf den Oberflächen des ausgedehnten Leiters *3*. Der Raum hinter dem Leiter *2* wird also elektrostatisch von dem Feld des Leiters *1* abgeschirmt.

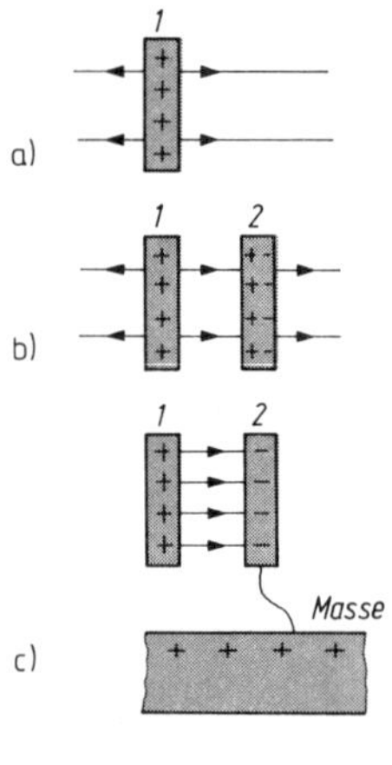

Bild 4.13
Wirkung einer Masseverbindung

Aufgabe 4.8 Potential bei vorgegebener Ladungsverteilung

a) Leiten Sie das Potentialfeld einer Punktladung, einer Metallkugel mit der Ladung Q sowie eines langen Metallzylinders mit der Ladung Q ab!

b) Leiten Sie das Potential eines Dipols nach Gl. (4.55) sowie daraus die elektrische Feldstärke $\boldsymbol{E} = -\operatorname{grad} \varphi$ in kartesischen Koordinaten und Kugelkoordinaten (Anhang 2.1) ab!

Aufgabe 4.9 Influenz, Spiegelungsprinzip

Eine Ladung $Q > 0$ befindet sich in einem Isolator mit der Permittivität ε am Ort $(0, 0, d)$ über einer Metallfläche, die in der Ebene $(x, y, 0)$ liegt. Welche Flächenladungsdichte bildet sich in der Metallfläche aus?

4.2.5 Grenzfläche zweier Nichtleiter

Hier gelten entsprechend Abschnitt 3.5 die Stetigkeitsbedingungen für die Normalkomponenten von $\boldsymbol{D}$ ($\sigma = 0$) und die Tangentialkomponente von $\boldsymbol{E}$:

$$D_{n1} = \varepsilon_1 E_{n1} = D_{n2} = \varepsilon_2 E_{n2}; \qquad E_{t1} = E_{t2} \tag{4.61 a, b}$$

und damit das Brechungsgesetz $\tan \alpha_1 / \tan \alpha_2 = \varepsilon_1/\varepsilon_2$ für die $\boldsymbol{D}$-Linien (α ist der Winkel zur Normalen).

Für $\varepsilon_2 \gg \varepsilon_1$ gilt

$$E_{n2} = D_n/\varepsilon_2 \ll E_{n1}. \tag{4.62}$$

Bei schrägem Auftreffen von $\boldsymbol{E}$ im Medium *2* steht $\boldsymbol{E}$ im Medium *1* nahezu senkrecht auf der Grenzfläche.

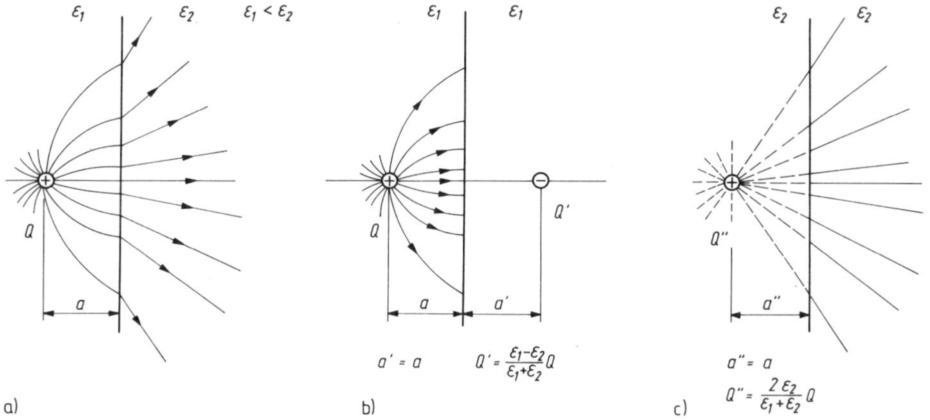

Bild 4.14 Feld einer Punktladung Q

a) neben einer ebenen Grenzfläche; b) Darstellung links von der Grenzfläche mit Hilfe fiktiver Ladungen Q und Q' und c) rechts von der Grenzfläche mit der fiktiven Ladung Q''

Beispiel:* Das Feld einer Punktladung neben einer ebenen Grenzfläche ist im Bild 4.14a dargestellt.

An der Grenzfläche müssen die obigen Bedingungen sowie die Stetigkeit von φ erfüllt sein, da sonst die Normalkomponente von E_n unendlich wäre. Die $\boldsymbol{D}$-Linien bilden im Medium mit dem kleineren ε nach dem Brechungsgesetz den kleineren Winkel zur Normalen. Zur Feldberechnung wird das Prinzip der fiktiven Ladungen genutzt. Dabei wird von der Vermutung ausgegangen, daß das Feld links von der Grenzfläche (Bild 4.14b) durch Q und eine fiktive Ladung Q' zu beschreiben ist, die in einem homogenen Medium mit ε_1 liegen und das Feld rechts durch eine Punktladung im homogenen Medium mit ε_2 (Bild 4.14c). Nach Auswertung der o. g. Stetigkeitsbedingungen ergeben sich die im Bild 4.14c angegebenen Bedingungen für die Ladungen und Abstände (nachrechnen!). Die getroffene Annahme erweist sich als zutreffend.

4.2.6 Grafische Konstruktion ebener Felder

Bei ebenen Feldern ändert sich φ in einer Raumrichtung, z. B. der z-Richtung nicht. Die Äquipotentialflächen stehen dann senkrecht auf der x,y-Ebene, und die Feldlinien liegen in dieser Ebene. Die Schnittlinien der Äquipotentialflächen – die Äquipotentiallinien – bilden mit den Feldlinien orthogonale (senkrecht aufeinander stehende) Kurven. Dadurch entstehen bei geeigneter Maßstabswahl quadratähnliche Figuren (Bild 4.15). Im raumladungsfreien Fall kann der im Bild 4.16 veranschaulichte Algorithmus zur *grafischen Feldkonstruktion (Mapping, Kästchenmethode)* in einem homogenen Medium gewählt werden:

1. Aufteilung der Potentialdifferenz zwischen den Elektroden in n Teile, z. B. $n = 4$

2. Zeichnen der Äquipotentiallinien (ggf. auf Transparentpapier), beginnend in den Bereichen mit einfachem Feld (z. B. homogenem Feld), wobei die Metallelektroden Äquipotentiallinien bilden und Symmetrieebenen zu beachten sind, auf denen die Äquipotentiallinien oder die Feldlinien senkrecht stehen
3. Einzeichnen der Feldlinien als orthogonale Kurven zu den Potentiallinien, und zwar möglichst so, daß quadratähnliche Figuren entstehen
4. Korrektur der φ-Linien zur Verbesserung der Quadratähnlichkeit, danach der $\boldsymbol{E}$-Linien usw., bis keine Verbesserung mehr erkennbar ist. Dabei ist die Orthogonalität auf jeden Fall zu sichern, auch wenn die Quadratähnlichkeit nicht erfüllt ist. In Bereichen sehr großer „Quadrate" bzw. kleiner Feldstärke kann eine Unterteilung vorteilhaft sein (im Bild 4.16b gestrichelt).
5. Zur Verfeinerung des Feldbildes u. U. Zahl der Potentialstufen auf ein ganzzahliges Vielfaches von n erhöhen, z. B. $n = 8$.

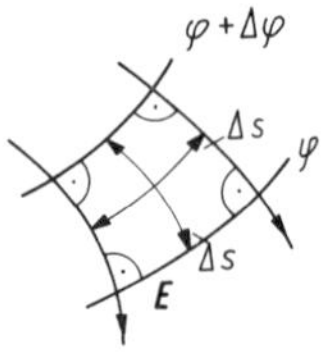

Bild 4.15
Quadratähnliche Figur bei ebenen Feldern und geeigneter Maßstabswahl

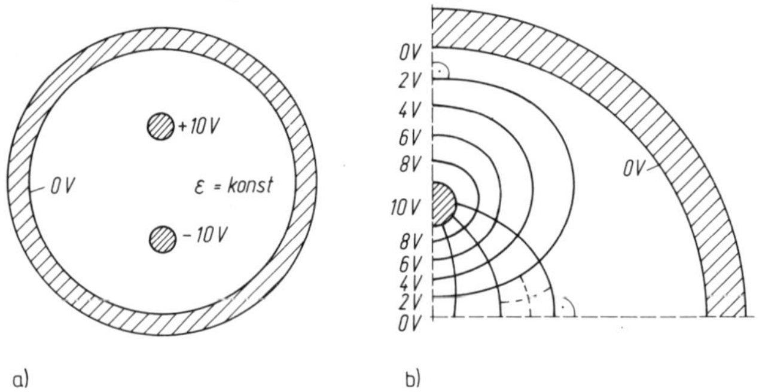

Bild 4.16 Beispiel zur Feldbildkonstruktion mit quadratähnlichen Figuren

a) Anordnung zweier zylindrischer Leiter mit geerdetem Metallzylinder; b) φ-Linien-Konstruktion eines Teils der $\boldsymbol{E}$-Linien (erste Iteration)

Hinweis: Eine exakte analytische Lösung ist mit der Methode der fiktiven Ladungen möglich.

Bild 4.16b zeigt die erste Iteration für die φ-Linien und einen Teil der $\boldsymbol{E}$-Linien-Konstruktion. Dem Leser wird empfohlen, das Bild zu komplettieren und iterativ zu verbessern. Treten Grenzflächen mit unterschiedlichem ε auf, so sind die Stetigkeitsbedingungen entsprechend Abschnitt 3.5 zu beachten und zweckmäßig außer den φ- und $\boldsymbol{E}$-Linien auch die $\boldsymbol{D}$-Linien zu zeichnen.

4.2.7 Allgemeine Feldberechnung

4.2.7.1 Potentialberechnung bei gegebener Ladungsverteilung

Für das Potential einer Punktladung in einem Medium konstanter Permittivität war $\varphi = Q/(4\pi\varepsilon r) + K$ abgeleitet worden. Dabei ist $K = 0$, falls das Potential im Unendlichen als Null angenommen wird. Bei n Punktladungen ergibt sich durch Superposition mit $r_\mu = |\boldsymbol{r} - \boldsymbol{r}_\mu|$ (Bild 4.6) nach Gl. (4.52):

$$\varphi(\boldsymbol{r}) = \sum_{\mu=1}^{n} \frac{Q_\mu}{4\pi\varepsilon\,|\boldsymbol{r} - \boldsymbol{r}_\mu|}.$$

Vielfach muß mit einer räumlich verteilten Ladung gerechnet werden. Da sich beliebige Ladungsverteilungen endlicher Raumladungsdichte aus infinitesimalen Ladungsmengen $\mathrm{d}Q = \varrho\,\mathrm{d}V$ zusammensetzen lassen (Bild 4.17a) und jede Ladungsmenge $\mathrm{d}Q$ nach Gl. (4.38) einen Beitrag $\mathrm{d}\varphi = \varrho\,\mathrm{d}V/(4\pi\varepsilon r_\mu)$ zum Potential φ liefert, ist für das Gesamtpotential nach dem Superpositionssatz mit $r_\mu = |\boldsymbol{r} - \boldsymbol{r}_0|$ folgender Ansatz möglich:

$$\varphi(\boldsymbol{r}) = \int \frac{\varrho(\boldsymbol{r}_0)\,\mathrm{d}V}{4\pi\varepsilon\,|\boldsymbol{r} - \boldsymbol{r}_0|}. \tag{4.63}$$

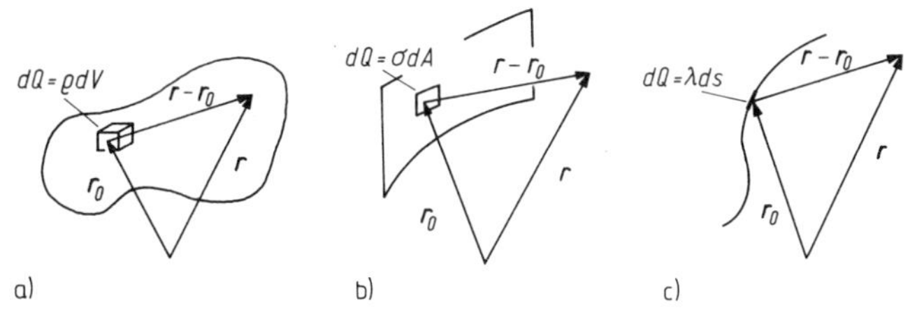

Bild 4.17
Potentialberechnung
a) bei gegebener Raumladung;
b) bei Flächenladung;
c) bei Linienladung

Für Flächenladungen mit der Flächenladungsdichte σ gilt $\mathrm{d}Q = \sigma\,\mathrm{d}A$ (Bild 4.17b), und damit folgt analog:

$$\varphi(\boldsymbol{r}) = \int \frac{\sigma(\boldsymbol{r}_0)\,\mathrm{d}A}{4\pi\varepsilon\,|\boldsymbol{r} - \boldsymbol{r}_0|}. \tag{4.64}$$

Für Linienladungen ergibt sich dementsprechend mit der Linienladungsdichte λ bzw. $\mathrm{d}Q = \lambda\,\mathrm{d}s$ (Bild 4.17c):

$$\varphi(\boldsymbol{r}) = \int \frac{\lambda(\boldsymbol{r}_0)\,\mathrm{d}s}{4\pi\varepsilon\,|\boldsymbol{r} - \boldsymbol{r}_0|}. \tag{4.65}$$

Treten räumlich verteilte Ladungen, Flächen-, Linien- und Punktladungen gleichzeitig auf, so sind die o. g. Potentiale zum Gesamtpotential zu überlagern.

4.2.7.2 Potentialberechnung bei gegebener Raumladungsdichte und gegebenen Randbedingungen

Grundlagen. Dieser Fall wird am Beispiel des Bildes 4.18 erläutert. Durch zwei metallische Elektroden werden jeweils die Randbedingungen $\varphi = \text{konst.}$ erzwungen. Für $\varepsilon = \text{konst.}$ und vorgegebene Raumladungsdichte kann φ durch

$$\varphi(\boldsymbol{r}) = \int \frac{\varrho(\boldsymbol{r}_0)\,\mathrm{d}V}{4\pi\varepsilon\,|\boldsymbol{r} - \boldsymbol{r}_0|} + \varphi_\mathrm{H}(\boldsymbol{r}) \tag{4.66}$$

dargestellt werden. Der Term $\varphi_\mathrm{H}(\boldsymbol{r})$ wird von den Randbedingungen bestimmt. Bei bekannter Flächenladungsdichte σ auf den Elektroden könnte φ_H aus Gl. (4.64) ermittelt werden. Meist ist σ allerdings nicht bekannt. Auf jeden Fall setzt sich φ aus zwei Anteilen zusammen: einem

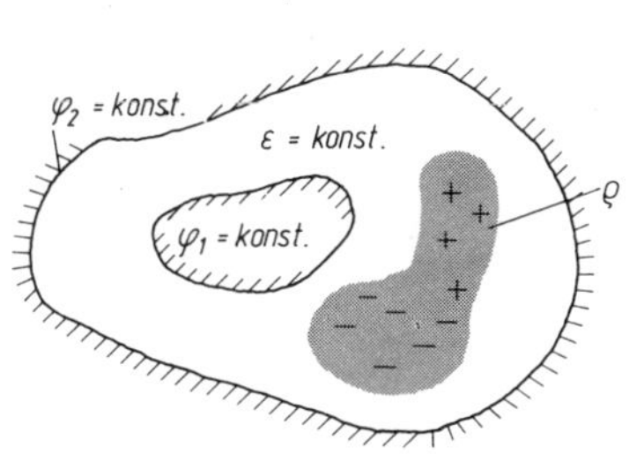

Bild 4.18
Beispiel für ein durch die Poissongleichung zu beschreibendes Potentialfeld

durch die Raumladungsdichte bestimmten Term φ_Q, der auch als Newton-Integral oder Coulombpotential bezeichnet wird, und dem durch die Randbedingungen verursachten Wert φ_H, also dem Potential φ, das sich für $\varrho = 0$ ergibt. Auf dem Rand muß $\varphi = \varphi_Q + \varphi_H$ die Randbedingungen erfüllen.

Eindimensionale Potentialberechnung. Sie soll unabhängig vom vorhergehenden Abschnitt aus den Grundgleichungen erfolgen. Bisher wurde der Zusammenhang zwischen Verschiebungsflußdichte $\boldsymbol{D}$ und Raumladungsdichte ϱ mit der integralen Beziehung (Gl. (4.42))

$$\oint \boldsymbol{D}\,\mathrm{d}\boldsymbol{A} = \int \varrho\,\mathrm{d}V = Q$$

behandelt, die allgemein gültig ist, für die Auswertung aber meist bestimmte Symmetrieeigenschaften erfordert. Für den Übergang zur Differentialform erscheint es zweckmäßig, ein infinitesimal kleines Volumen für die Auswertung zu wählen, in dem ϱ als konstant angenommen werden kann. Damit folgt aus Gl. (4.42):

$$\varrho = \lim_{\Delta V \to 0} \frac{\oint \boldsymbol{D}\,\mathrm{d}\boldsymbol{A}}{\Delta V}. \tag{4.67}$$

Um die Bedeutung dieser Beziehung zu erfassen, wird zunächst der eindimensionale Fall $\boldsymbol{D} = \boldsymbol{e}_x D_x(x)$ diskutiert. Mit $\mathrm{d}V = \mathrm{d}x\,\mathrm{d}y\,\mathrm{d}z$ und $\oint \boldsymbol{D}\,\mathrm{d}\boldsymbol{A} = D_x(x + \mathrm{d}x/2)\,\mathrm{d}y\,\mathrm{d}z - D_x(x - \mathrm{d}x/2) \times \mathrm{d}y\,\mathrm{d}z$ ergibt sich (Bild 4.19 a):

$$\varrho(x) = \frac{D_x(x + \mathrm{d}x/2) - D_x(x - \mathrm{d}x/2)}{\mathrm{d}x}$$

bzw.

$$\varrho = \frac{\mathrm{d}D_x}{\mathrm{d}x}. \tag{4.68}$$

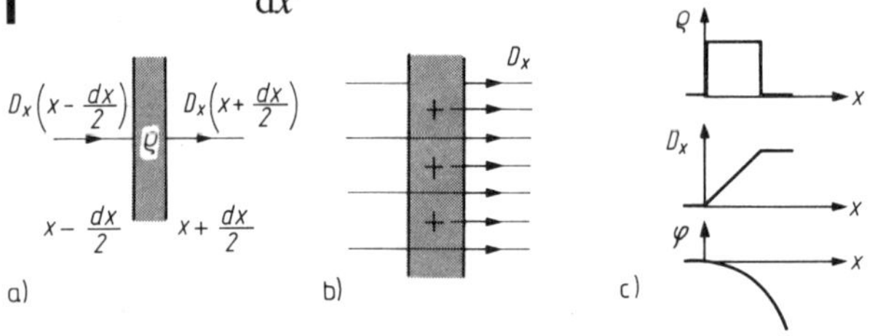

*Bild 4.19 Zusammenhang zwischen Verschiebungsflußdichte **D** und Raumladungsdichte anhand eines eindimensionalen Falles*

a) zur Ableitung von $\mathrm{d}D_x/\mathrm{d}x = \varrho$; b) Feldlinien bei positiver Raumladungsdichte; c) D_x und φ für konstante positive Raumladungsdichte

Daraus kann wiederum $\mathrm{d}D_x = \varrho\,\mathrm{d}x$ und damit

$$\int_{x_0}^{x} \mathrm{d}D_x = \int_{x_0}^{x} \varrho\,\mathrm{d}x \quad \text{bzw.} \quad D_x(x) = D_x(x_0) + \int_{x_0}^{x} \varrho\,\mathrm{d}x \tag{4.69}$$

geschlossen werden. Erwartungsgemäß nimmt D_x bei positiver Raumladungsdichte wegen $\mathrm{d}D_x/\mathrm{d}x = \varrho > 0$ zu (s. auch Bild 4.19 b), da die positiven Ladungen als $\boldsymbol{D}$-Quelle wirken, d. h. das Feld nach links schwächen und nach rechts erhöhen. Um auch den Zusammenhang zwischen ϱ und φ herzustellen, müssen die Gleichungen $D_x = \varepsilon E_x$ und $E_x = -\mathrm{d}\varphi/\mathrm{d}x$ (s. Gl. (4.22)) berücksichtigt werden. Für ε = konst. folgt aus

$$\frac{\mathrm{d}D_x}{\mathrm{d}x} = \frac{\mathrm{d}}{\mathrm{d}x}(\varepsilon E_x) = -\frac{\mathrm{d}}{\mathrm{d}x}\left(\varepsilon \frac{\mathrm{d}\varphi}{\mathrm{d}x}\right) = \varrho: \tag{4.70}$$

$$\frac{\mathrm{d}E_x}{\mathrm{d}x} = \frac{\varrho}{\varepsilon} \quad \text{bzw.} \quad \frac{\mathrm{d}^2\varphi}{\mathrm{d}x^2} = -\frac{\varrho}{\varepsilon}. \tag{4.71 a, b}$$

Demnach ist die örtliche Ableitung der Feldstärke proportional zur Raumladungsdichte ϱ und die Krümmung des Potentials proportional zu $(-1)\cdot$ Raumladungsdichte (siehe z. B. Bilder 4.19b und 4.19c). In neutralen Gebieten ist die Krümmung von φ demzufolge Null, d. h., φ hängt linear von x ab ($\varphi = c_1 + c_2 x$), und E ist konstant. Ein Spezialfall davon ist $\varphi =$ konst. und $E = 0$.

Bei vorgegebener Raumladungsdichte $\varrho(x)$ kann $E_x(x)$ wegen $\varepsilon\, \mathrm{d}E_x = \varrho\, \mathrm{d}x$ durch Integration bestimmt werden, falls E_x an einem Punkt, z. B. x_0, bekannt ist:

$$E_x(x) = E_x(x_0) + \frac{1}{\varepsilon}\int_{x_0}^{x} \varrho\, \mathrm{d}x. \tag{4.72}$$

Aus $E_x(x)$ oder auch durch zweifache Integration aus $\varrho(x)$ kann wiederum $\varphi(x)$ bzw. die Potentialdifferenz zu einem Punkt x_0 berechnet werden:

$$\varphi(x) - \varphi(x_0) = u_{x,x_0} = \int_{x}^{x_0} E_x\, \mathrm{d}x \tag{4.73a}$$

$$u_{x,x_0} = E_x(x_0)\,(x_0 - x) - \frac{1}{\varepsilon}\int_{x_0}^{x} \mathrm{d}x'' \int_{x_0}^{x''} \varrho(x')\, \mathrm{d}x'. \tag{4.73b}$$

Die Striche am x werden zur Unterscheidung von Integrationsvariablen und -grenzen eingeführt.

Eine mögliche Umformung dieser Gleichung lautet:

$$\varphi(x) = \varphi(x_0) + \frac{\mathrm{d}\varphi}{\mathrm{d}x}(x_0)\,(x - x_0) - \frac{1}{\varepsilon}\int_{x_0}^{x} \varrho(x')\,(x - x')\, \mathrm{d}x'. \tag{4.74}$$

Die Gleichung $\mathrm{d}^2\varphi/\mathrm{d}x^2 = -\varrho/\varepsilon$ ist wegen der zweifachen Differentiation von φ eine Differentialgleichung zweiter Ordnung, für deren Lösung zwei Randwerte erforderlich sind, z. B. entsprechend Gl. (4.74) φ und $\mathrm{d}\varphi/\mathrm{d}x$ am Punkt x_0 oder auch die Spannung zwischen den Rändern.

Ist $\varphi(x_1)$ und $\varphi(x_0)$ vorgegeben, so kann $E_x(x_0)$ mit $x = x_1$ aus Gl. (4.73b) berechnet werden:

$$-E_x(x_0) = \frac{\mathrm{d}\varphi}{\mathrm{d}x}(x_0) = \frac{1}{x_1 - x_0}\left(\varphi(x_1) - \varphi(x_0) + \frac{1}{\varepsilon}\int_{x_0}^{x_1} \mathrm{d}x'' \int_{x_0}^{x''} \varrho(x')\, \mathrm{d}x'\right).$$

Setzt man das in Gl. (4.73b) ein, so kann $\varphi(x)$ berechnet werden.

Beispiel 1: Bild 4.20a zeigt ein Beispiel für eine linear wachsende Raumladungsdichte ϱ, die zu einem gekrümmten $D_x(x)$- und $\varphi(x)$-Verlauf führt.

Beispiel 2: Eine positive Flächenladungsdichte σ, d. h. eine unendlich große Raumladungsdichte ϱ, führt zu einem D-Sprung um σ. Bei zwei Flächenladungen im endlichen Abstand d entsteht ein rechteckiger D_x-Verlauf und eine φ-Rampe entsprechend Bild 4.20b mit der Potentialdifferenz $u = Ed = Dd/\varepsilon = \sigma d/\varepsilon$. Läßt man d gegen Null und gleichzeitig $\pm\sigma$ so gegen unendlich gehen, daß der Betrag σd des *Flächendipolmoments* endlich bleibt, geht D in der Flächendipolschicht gegen unendlich, besitzt aber außerhalb der

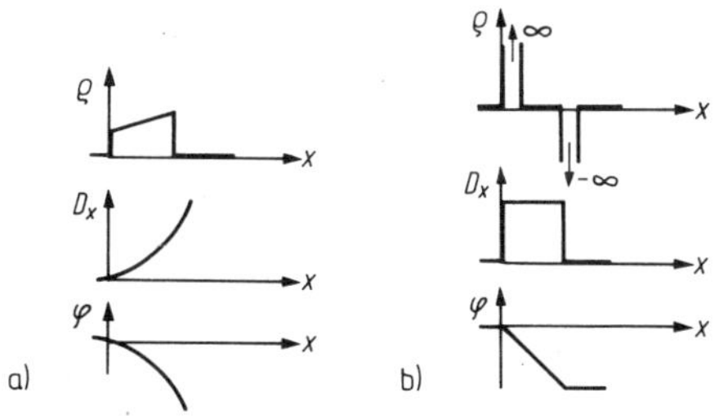

Bild 4.20 Elektrische Verschiebungsflußdichte D_x und Potential φ

a) für linear ansteigende Raumladungsdichte und b) für zwei Flächenladungen $\pm\sigma$ unter der Voraussetzung $D_x(0) = 0$ und $\varphi(0) = 0$

unendlich dünnen Schicht auf beiden Seiten wegen $\oint \boldsymbol{D}\,\mathrm{d}\boldsymbol{A} = 0$ den gleichen Wert. Bei gekrümmten Flächen trifft diese Aussage für die Normalkomponente von D und damit von $\varepsilon\,\partial\varphi/\partial n$ zu. Die Potentialrampe geht in einen Potentialsprung der Größe $\sigma d/\varepsilon$ über.

Zusammengefaßt:

Bei einer Flächenladung springt die Normalkomponente von D, während φ stetig ist.

Bei einer Flächendipolschicht springt φ, während die Normalkomponente von D auf beiden Seiten den gleichen Wert besitzt.

Beispiel 3: Bild 4.21 a zeigt eine idealisierte Raumladungsverteilung, wie sie z. B. in ähnlicher Weise an PN-Übergängen in Halbleitern auftritt (Abschn. 4.6.3). Mit den Gln. (4.72) bzw. (4.73a) kann jeweils mittels Integration auf E und φ geschlossen werden (Bild 4.21 b). Das Ergebnis, das sich unter den Voraussetzungen Gesamtneutralität, $E_x(0) = 0$ und $\varphi(x) = 0$, ergibt, ist im Bild 4.20 dargestellt (s. auch Aufgabe 4.10). Geht man von φ aus, so folgen E und ϱ jeweils durch Differentiation.

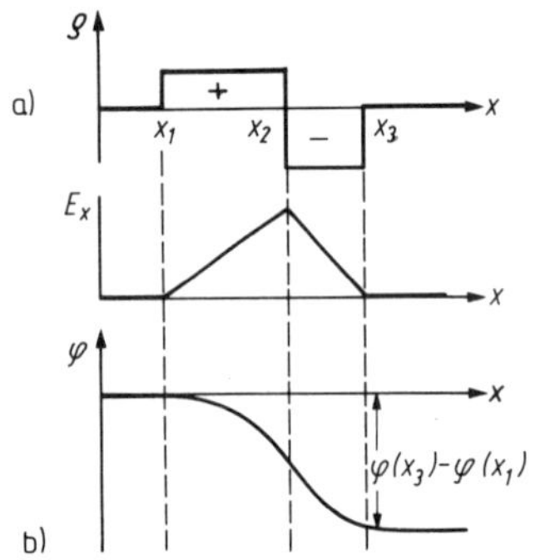

Bild 4.21
Elektrische Feldstärke und Potential bei gegebener Raumladungsdichte unter den Voraussetzungen Gesamtneutralität, $E_x(0) = 0$ und $\varphi(0) = 0$

Poisson- und Laplacegleichung. Die allgemeinste Beschreibung elektrostatischer Potentialfelder $\varphi = \varphi(\boldsymbol{r})$ bzw. von Feldern $\varphi = \varphi(\boldsymbol{r}, t)$, die trotz Zeitabhängigkeit mit guter Näherung als Potentialfelder aufgefaßt werden können bei vorgegebener Raumladungsdichte ϱ und konstanter Permittivität ε, erfolgt durch die

Poissongleichung $\Delta\varphi = -\varrho/\varepsilon$, (4.75)

die noch abgeleitet wird. Den auf φ wirkenden Operator bezeichnet man als Laplaceoperator. Speziell für kartesische Koordinaten, d. h., $\varphi = \varphi(x, y, z, t)$, ist $\Delta = \partial^2/\partial x^2 + \partial^2/\partial y^2 + \partial^2/\partial z^2$, und die Poissongleichung lautet

$$\Delta\varphi = -\frac{\varrho}{\varepsilon} \quad \text{oder} \quad \frac{\partial^2\varphi}{\partial x^2} + \frac{\partial^2\varphi}{\partial y^2} + \frac{\partial^2\varphi}{\partial z^2} = -\frac{\varrho}{\varepsilon}. \tag{4.76}$$

Der Laplaceoperator in Zylinder- und Kugelkoordinaten ist dem Anhang A.2.2 zu entnehmen. Im raumladungsfreien Fall, d. h. für $\varrho = 0$, geht die Poissongleichung in die

Laplacegleichung $\Delta\varphi = 0$ (4.77)

über und speziell für $\varphi = \varphi(x, y, z, t)$ in

$$\frac{\partial^2\varphi}{\partial x^2} + \frac{\partial^2\varphi}{\partial y^2} + \frac{\partial^2\varphi}{\partial z^2} = 0. \tag{4.78}$$

Im zwei- bzw. eindimensionalen Fall, also für $\varphi = \varphi(x, y, t)$ bzw. $\varphi = \varphi(x, t)$, lautet die Poissongleichung

$$\partial^2\varphi/\partial x^2 + \partial^2\varphi/\partial y^2 = -\varrho/\varepsilon \quad \text{bzw.} \quad \partial^2\varphi/\partial x^2 = -\varrho/\varepsilon \tag{4.79 a, b}$$

und für $\varphi = \varphi(x)$ $\quad \mathrm{d}^2\varphi/\mathrm{d}x^2 = -\varrho/\varepsilon$ (vgl. Gl. (4.71 b)).

*Hinweis:** Im örtlich eindimensionalen Fall ergibt sich aus $\partial^2\varphi/\partial x^2$ – wie schon erwähnt –, daß φ konstant ist oder linear von x abhängt. Ist ϱ nur an einem Punkt gleich Null, so liegt ein Wendepunkt vor. Da ein Extremwert $\partial^2\varphi/\partial x^2 \neq 0$ erfordert, kann für $\varrho = 0$ kein Extremwert vorliegen.

Auch im örtlich mehrdimensionalen Fall kann in raumladungsfreien Feldern nach Gl. (4.77) kein Maximum oder Minimum im Potentialverlauf auftreten und damit keine Äquipotentialfläche, die eine Hüllfläche darstellt.

Das erkennt man daraus, daß die Bedingung

$$\operatorname{sgn}(\partial^2\varphi/\partial x^2) = \operatorname{sgn}(\partial^2\varphi/\partial y^2) = \operatorname{sgn}(\partial^2\varphi/\partial z^2)^{1)} \quad \text{mit} \quad \Delta\varphi = 0$$

nicht zu erfüllen ist. Prinzipiell möglich ist aber ein Sattelpunkt, der der Gleichung $\Delta\varphi = 0$ genügen kann, z. B. im örtlich zweidimensionalen Fall mit $\partial^2\varphi/\partial x^2 = -\partial^2\varphi/\partial y^2$ sowie $\partial\varphi/\partial x = 0$ und $\partial\varphi/\partial y = 0$.

Die Tatsache, daß für $\varrho = 0$ auch im mehrdimensionalen Fall kein Extremwert von φ möglich ist, kann auch anschaulich begründet werden: Bei einem Extremwert muß die Äquipotentialfläche vollständig von anderen Äquipotentialflächen umhüllt sein und damit als Quelle bzw. Senke von $\boldsymbol{D}$-Linien wirken. Das ist aber nur möglich, wenn eine Ladung eingeschlossen wird.

Ableitung der Poissongleichung:*

Nach den Maxwellschen Gleichungen in Differentialform gilt:

$$\operatorname{div} \boldsymbol{D} = \varrho, \qquad \boldsymbol{D} = \varepsilon \boldsymbol{E} \quad \text{sowie} \quad \operatorname{rot} \boldsymbol{E} = 0. \tag{4.80}$$

Ein wirbelfreies Feld läßt sich stets als Gradient einer Skalarfunktion darstellen:

$$\boldsymbol{E} = -\operatorname{grad} \varphi.$$

Der Beweis folgt mit Gl. (4.1) oder durch Nachweis von $\operatorname{rot} \operatorname{grad} \varphi = 0$, z. B. in kartesischen Koordinaten mit den Gln. (3.29) und (4.21). Demnach gilt:

$$\operatorname{div} \varepsilon \operatorname{grad} \varphi = -\varrho \quad \text{bzw.} \quad \operatorname{grad} \varepsilon \operatorname{grad} \varphi + \varepsilon \operatorname{div} \operatorname{grad} \varphi = -\varrho \tag{4.81a}$$

bzw. für ε = konst. $\operatorname{div} \operatorname{grad} \varphi = \Delta\varphi = -\varrho/\varepsilon$. (4.81b)

Das Symbol Δ ist also hier eine Abkürzung von div grad. In kartesischen Koordinaten ist

$$\Delta\varphi = \operatorname{div} \operatorname{grad} \varphi = \left(e_x \frac{\partial}{\partial x} + e_y \frac{\partial}{\partial y} + e_z \frac{\partial}{\partial z}\right)\left(e_x \frac{\partial\varphi}{\partial x} + e_y \frac{\partial\varphi}{\partial y} + e_z \frac{\partial\varphi}{\partial z}\right)$$
$$= \frac{\partial^2\varphi}{\partial x^2} + \frac{\partial^2\varphi}{\partial y^2} + \frac{\partial^2\varphi}{\partial z^2}. \tag{4.82}$$

Bei vorgegebenem Potential φ kann aus der Poissongleichung durch Differentiation problemlos die Raumladungsdichte ϱ bestimmt werden.

Beispiele: Für $\varphi(x) = c_1 + c_2 x$ ist $\varrho = -\varepsilon\, \mathrm{d}^2\varphi/\mathrm{d}x^2 = 0$. Für $\varphi(x) = c_1 + c_2 x + c_3 x^2$ gilt $\varrho = -2\varepsilon c_3$.

Meist besteht aber die Aufgabe, bei vorgegebenem ϱ das Potential φ zu bestimmen. Falls die Raumladungsverteilung im gesamten Raum bekannt ist, kann die Lösung mit Gl. (4.63) ermittelt werden. Im allgemeinen Fall sind aber ϱ sowie Randwerte vorgegeben (siehe z. B. Bild 4.18). Im raumladungsfreien Fall wird φ nur durch die Randwerte, und zwar – wie man nachweisen kann – eindeutig bestimmt. Bezüglich der Randwerte unterscheidet man:

- *Dirichletsche Randbedingungen* mit vorgegebenem Potential φ auf den Rändern, wobei φ häufig als konstant oder stückweise konstant (metallische Ränder) angenommen werden kann;
- *Neumannsche Randbedingungen* mit an den Rändern vorgegebenen Feldstärken $E_n = -\partial\varphi/\partial n$ in Normalenrichtung;
- *Gemischte Randbedingungen*, bei denen teilweise φ und teilweise $\partial\varphi/\partial n$ bzw. Kombinationen dieser Größen vorgegeben werden.

Prinzipiell liegen die Randwerte auf ebenen oder gekrümmten Flächen vor, die im Schnitt zu Linien oder Punkten für $\varphi(x)$ entarten können.

Beispiel: Für den eindimensionalen Fall $\varphi = \varphi(x)$ (vgl. Abschn. 4.2.7.1) kann zur φ-Berechnung im Bereich $x_1 \leqq x \leqq x_2$ auf den Ebenen $x = x_1$ und $x = x_2$ $\varphi(x_1)$ und $\varphi(x_2)$, $\varphi(x_1)$ und $\frac{\mathrm{d}\varphi}{\mathrm{d}x}(x_1)$, $\varphi(x_1)$ und $\frac{\mathrm{d}\varphi}{\mathrm{d}x}(x_2)$, $\frac{\mathrm{d}\varphi}{\mathrm{d}x}(x_1)$ und $\varphi(x_2)$, $\varphi(x_2)$ und $\frac{\mathrm{d}\varphi}{\mathrm{d}x}(x_2)$ oder allgemein $c_1\varphi(x_1) + c_2 \frac{\mathrm{d}\varphi}{\mathrm{d}x}(x_1) = c_3$ und $c_4\varphi(x_2) + c_5 \frac{\mathrm{d}\varphi}{\mathrm{d}x}(x_2) = c_6$ mit den Konstanten $c_1 \ldots c_6$ vorgegeben werden.

1) sgn: Signum (Vorzeichen)

Treten Gebiete mit stückweise konstantem ε auf, so ist die Gl. (4.75) jeweils für die Einzelgebiete zu lösen, wobei die Randwerte durch Gleichungen entsprechend den Stetigkeitsforderungen für die Feldgrößen (Abschn. 3.5) sowie der Stetigkeitsforderung für φ verknüpft sind.

Punkt- und Linienladungen führen zu Polen im Potentialverlauf.

Liegt die Lösung φ der Poissongleichung vor, so kann $\boldsymbol{E}$ aus $\boldsymbol{E} = -\text{grad}\,\varphi$ bestimmt werden. Für die Lösung der Poisson- bzw. Laplacegleichung sind zu unterscheiden:

- exakte oder näherungsweise analytische Lösungen für einfache Fälle (s. Abschn. 4.2.2), u. U. unter Nutzung des Prinzips der fiktiven Ladungen zur Erfüllung von Randbedingungen sowie mit Reihenansätzen, konformen Abbildungen für ebene Felder, Nutzung Greenscher Funktionen und anderen Methoden, die der weiterführenden Literatur entnommen werden können;
- grafische Methoden, insbesondere für ebene Felder;
- numerische Methoden (immer anwendbar, meist unter Nutzung vorhandener Computerprogramme);
- experimentelle Methoden (siehe z. B. Abschn. 4.3.4).

Aufgabe 4.10 Eindimensionale Potentialberechnung

Verifizieren Sie Bild 4.21 a) ausgehend von φ qualitativ und b) ausgehend von ϱ quantitativ!

4.2.8 Elektrische Polarisation und Piezoelektrizität

Verschiebungs- und Orientierungspolarisation. Ladungen verursachen elektrische Felder, die zu Kraftwirkungen auf andere Ladungen führen und damit deren Ort verschieben können, was wiederum mit einer Beeinflussung der sich ausbildenden Felder verbunden ist. Die Art der Ladungsverschiebung hängt vom elektrischen Feld und den anderen auf die Ladung wirkenden Kräften ab.

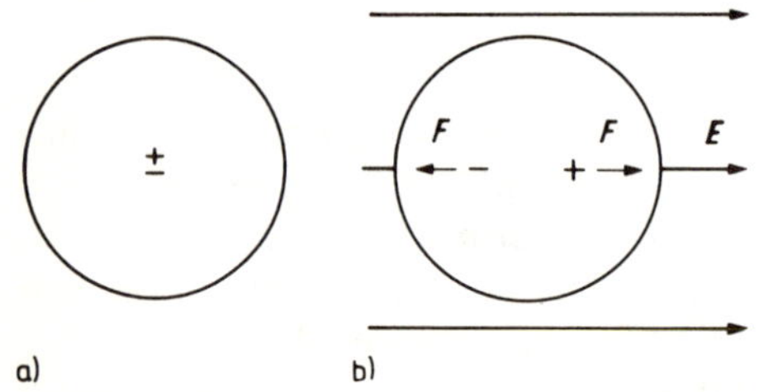

Bild 4.22 Verschiebungspolarisation

a) Molekül mit gemeinsamem Ladungsschwerpunkt der positiven und negativen Ladungen;
b) Bildung eines Dipols im elektrischen Feld

Da sich beliebige Substanzen aus positiven Kernen – bestehend aus Protonen und Neutronen – sowie den negativen Elektronen zusammensetzen, werden auch diese Ladungen beeinflußt und beeinflussen ihrerseits die sich ausbildenden Felder. Ideale Nichtleiter, also Medien, in denen kein Konvektionsstrom fließen kann, sind dadurch charakterisiert, daß keine frei beweglichen Ladungsträger für einen Stromfluß verfügbar sind. Die Elektronen in den Ionen bzw. Atomen bzw. Molekülen bzw. den daraus entstehenden Gasen, Flüssigkeiten und Festkörpern sind gebunden. Bei Einwirkung eines elektrischen Feldes kommt es zu einer Kraft, die für positive und negative Ladungen in eine andere Richtung wirkt. Die Bilder 4.22a und 4.22b veranschaulichen das schematisch am Beispiel eines Moleküls. Dabei wird angenommen, daß die Ladungsschwerpunkte – also Ersatzladungen der wirklichen positiven und negativen Ladungsverteilung – zunächst zusammenfallen. Wird das Molekül einem elektrischen Feld ausgesetzt, so werden die Ladungsschwerpunkte verschoben, und es entstehen zwei sehr nahe beieinander liegende Punktladungen mit unterschiedlicher und betragsmäßig gleicher Ladung, ein elektrischer Dipol.

*Die Polarisation, bei der die Dipole erst durch die Kraftwirkung von **E** entstehen, d. h. die Trennung der Ladungsschwerpunkte in Atomen (Kern und Elektronenhülle, insbesondere Deformation der Außenbahnen) oder auch Molekülen bzw. Gitterbausteinen durch elektrische Felder, bezeichnet man als Verschiebungspolarisation oder dielektrische Polarisation.*

Bei Substanzen mit Orientierungspolarisation oder paraelektrischer Polarisation fallen die Ladungsschwerpunkte auch ohne äußeres Feld nicht zusammen, z. B. bei Wassermolekülen (Bild 4.23 a).

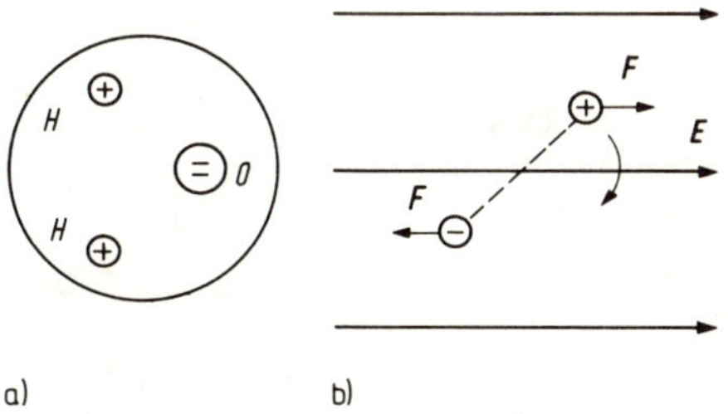

Bild 4.23 Orientierungspolarisation

a) schematische Darstellung eines Wassermoleküls als Beispiel für einen permanenten Elementardipol; b) Drehung eines Elementardipols in Feldrichtung

Die vorhandenen Elementardipole sind meist regellos angeordnet. Bei Einwirkung eines äußeren Feldes kommt es infolge der wirkenden Kräfte zu einer Drehung der Dipole in Feldrichtung (Bild 4.23 b). Einer völligen Ausrichtung aller Dipole wirken aber die thermischen Schwingungen entgegen, d. h., bei Orientierungspolarisation nimmt die Polarisation mit wachsender Temperatur ab. Die Verschiebungspolarisation wirkt natürlich neben der Orientierungspolarisation und kann das vorhandene Dipolmoment etwas vergrößern. Ihr Einfluß ist meist gegen den der Orientierungspolarisation vernachlässigbar.

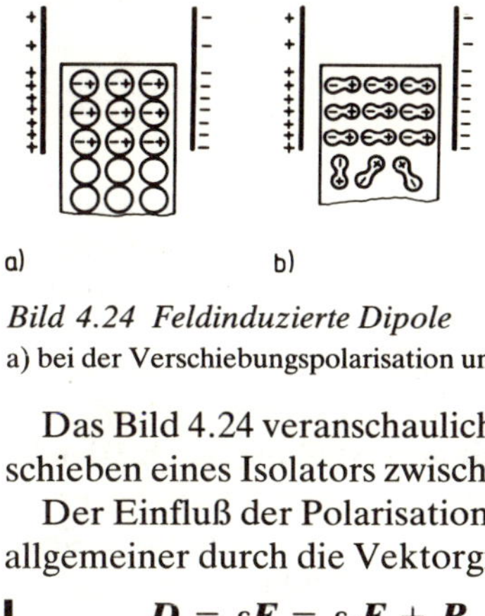

Bild 4.24 Feldinduzierte Dipole

a) bei der Verschiebungspolarisation und b) bei Drehung von Elementardipolen bei der Orientierungspolarisation

Das Bild 4.24 veranschaulicht die Verschiebungs- und Orientierungspolarisation beim Einschieben eines Isolators zwischen zwei geladene Metallplatten.

Der Einfluß der Polarisation durch ein elektrisches Feld wird durch die Permittivität ε oder allgemeiner durch die Vektorgröße *Polarisation* $\boldsymbol{P}$ beschrieben, die durch

$$\boldsymbol{D} = \varepsilon \boldsymbol{E} = \varepsilon_0 \boldsymbol{E} + \boldsymbol{P} \quad \text{mit} \quad \varepsilon_0 = 8{,}85149 \cdot 10^{-12}\ \mathrm{A \cdot s/V \cdot m} \tag{4.83}$$

definiert ist, woraus

$$\boldsymbol{P} = \boldsymbol{D} - \varepsilon_0 \boldsymbol{E} = (\varepsilon - \varepsilon_0)\, \boldsymbol{E} = (\varepsilon_r - 1)\, \varepsilon_0 \boldsymbol{E} = \chi \varepsilon_0 \boldsymbol{E} \tag{4.84}$$

folgt. Man nennt

$$\chi = \varepsilon_r - 1 \quad \textit{elektrische Suszeptibilität.} \tag{4.85}$$

Im Vakuum ist $\varepsilon_r = 1$ bzw. $\boldsymbol{P} = 0$. In allen anderen Medien ist die Polarisation $\boldsymbol{P} > 0$, so daß die Permittivität $\varepsilon \geqq \varepsilon_0$ ist (im Gegensatz zur Leitfähigkeit $\varkappa$ von Medien, für die $\varkappa \geqq 0$ gilt) und die Suszeptibilität $\chi \geqq 0$. In der Tafel 4.1 sind Zahlenwerte für ε_r zusammengestellt.

Tafel 4.1. Permittivitätszahlen ε_r bei 20 °C für einige Medien

Medium	ε_r	Medium	ε_r
Vakuum	1	Polyethylen (PE)	2,3
Aluminiumoxid (Al_2O_3)	8,5	Polystyrol (PS)	2,5
Epsilan	4000 … 6000	Polytetrafluorethylen (PTFE)	2,1
Bariumtitanat	>1000	Porzellan	6
Galliumarsenid	11,1	Metalle	1
Germanium	16	Silizium	12
Glas	5 … 12	Schwefelhexafluorid (SF_6)	1
Glimmer	5 … 10	Tantalpentoxid (Ta_2O_5)	26
Luft	1,0006	Transformatorenöl	2,3
Papier	1,8 … 2,6	Wasser (destilliert)	80
Papier (imprägniert)	4 … 5	Zellulose	5,6

Experiment zur Polarisation. Legt man zwei Metallplatten an eine Spannungsquelle, so daß die Platten die Ladung $\pm Q$ aufnehmen, und trennt sie dann von der Spannungsquelle ab (Bild 4.25a), so kann sich Q auch beim Einschieben eines Isolators mit $\varepsilon > \varepsilon_0$ nicht ändern. $D = Q/A$ bleibt unverändert (Bild 4.25b), während sich die elektrische Feldstärke von $E_0 = D/\varepsilon_0 = Q/(\varepsilon_0 A)$ auf $E = D/\varepsilon = Q/(\varepsilon A)$ reduziert. Damit sinkt die Spannung von $u_0 = E_0 d = Qd/(\varepsilon_0 A)$ auf $u = Ed = Qd/(\varepsilon A)$ ab. Mißt man die Spannung mit einem hochohmigen Voltmeter (vernachlässigbarer Ladungsabfluß), so kann aus dem Verhältnis der Spannungen auf ε geschlossen werden: $\varepsilon/\varepsilon_0 = \varepsilon_r = u_0/u$.

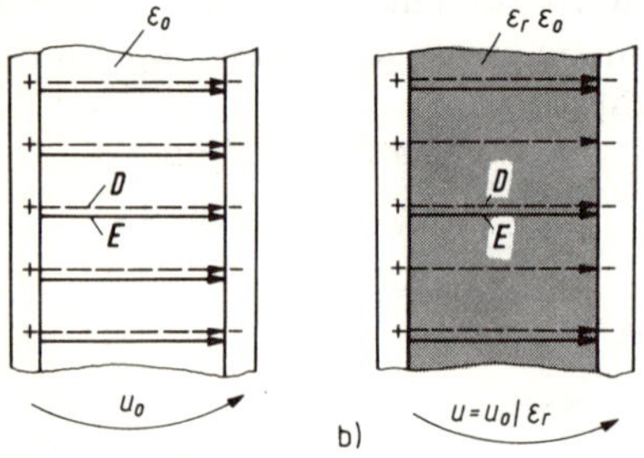

Bild 4.25 Das Feldbild in einem von der Spannungsquelle abgetrennten Plattenkondensator (Q = konst.) veranschaulicht das Absinken von elektrischer Feldstärke und Spannung
a) vor und b) nach Einschieben eines Isolators

Schwächung der elektrischen Feldstärke bei vorgegebener Ladungsverteilung durch Dielektrika. Aus $\oint \mathbf{D}\,\mathrm{d}\mathbf{A} = Q$ bzw. $\oint \mathbf{E}\,\mathrm{d}\mathbf{A} = Q/\varepsilon$ kann man schließen, daß die elektrische Feldstärke $\mathbf{E}$ und damit die Kraft auf Ladungen bei vorgegebener Ladungsverteilung um so kleiner ist, je größer ε ist. Als Beispiele seien das Feld einer Punktladung $E = Q/(4\pi\varepsilon r^2)$ bzw. das im Bild 4.25 angegebene homogene Feld mit $E = \sigma/\varepsilon$ genannt. Auf diesen Effekt ist übrigens auch die Bedeutung von Wasser als Lösungsmittel zurückzuführen: relativ kleine Molekülgröße ermöglicht leichtes Eindringen in den zu lösenden Stoff, und hohes ε (durch hohes Dipolmoment) reduziert die Coulombsche Kraft zwischen den geladenen Bestandteilen der zu lösenden Moleküle.

Scheinbare Ladungen in Dielektrika*. Bild 4.26 veranschaulicht die Polarisation des Dielektrikums. Da sich die Ladungen im Inneren des gestrichelten Volumens kompensieren, bleiben an den Grenzflächen „scheinbare positive bzw. negative Ladungen“ übrig, denen man eine „scheinbare Flächenladungsdichte“ $\pm\sigma_s$ zuordnen kann. Das von diesen Ladungen herrührende elektrische Feld ist dem ursprünglich anliegenden entgegengerichtet, d. h., das die Polarisation verursachende elektrische Feld wird im Dielektrikum geschwächt. Auf die Einführung von ε bzw. $\boldsymbol{P}$ (und damit auch $\boldsymbol{D}$) kann man natürlich verzichten, wenn man wie im Bild 4.26 im Gaußschen Satz auch die mikroskopischen Ladungen der Dipole einbezieht. Anstelle von

$$\oint \varepsilon_0 \boldsymbol{E}\, \mathrm{d}\boldsymbol{A} = \varepsilon \oint \boldsymbol{E}\, \mathrm{d}\boldsymbol{A} + \oint \boldsymbol{P}\, \mathrm{d}\boldsymbol{A} = \int \varrho\, \mathrm{d}V \tag{4.86}$$

gilt dann mit der Raumladungsdichte ϱ_s dieser Dipole bzw. einer scheinbaren Flächenladungsdichte σ_s

$$\varepsilon_0 \oint \boldsymbol{E}\, \mathrm{d}\boldsymbol{A} = \int (\varrho + \varrho_s)\, \mathrm{d}V \quad \text{bzw.} \quad \varepsilon_0 \oint \boldsymbol{E}\, \mathrm{d}\boldsymbol{A} = \int (\sigma + \sigma_s)\, \mathrm{d}\boldsymbol{A}. \tag{4.87a, b}$$

Daraus folgt

$$\oint (\varepsilon - \varepsilon_0)\, \boldsymbol{E}\, \mathrm{d}\boldsymbol{A} = \oint \boldsymbol{P}\, \mathrm{d}\boldsymbol{A} = \int \varrho_s\, \mathrm{d}V \quad \text{bzw.} \quad \oint (\varepsilon - \varepsilon_0)\, \boldsymbol{E}\, \mathrm{d}\boldsymbol{A} = \oint \boldsymbol{P}\, \mathrm{d}\boldsymbol{A} = \int \sigma_s\, \mathrm{d}\boldsymbol{A}. \tag{4.88a, b}$$

An der Grenzfläche Vakuum-Dielektrikum gilt demnach für die Normalkomponente $|\boldsymbol{P}_n| = |\sigma_s|$ und an der Grenzfläche Dielektrikum *1* und Dielektrikum *2*: $|\boldsymbol{P}_{n2} - \boldsymbol{P}_{n1}| = |\sigma_s|$. Die Polarisation ist also mit der scheinbaren Flächenladungsdichte σ_s verknüpft. Dabei sind die negativen Scheinladungen die Quellen und die positiven die Senken der $\boldsymbol{P}$-Linien.

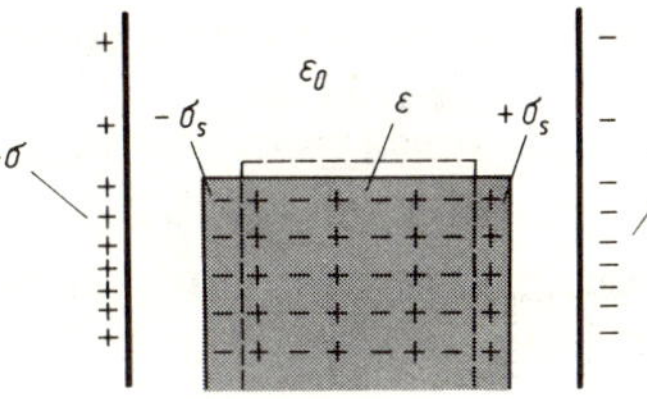

Bild 4.26
Scheinbare Ladungen bei Polarisation eines Dielektrikums

Hinweis: In Differentialform folgt aus

$$\operatorname{div} \boldsymbol{D} = \varepsilon_0 \operatorname{div} \boldsymbol{E} + \operatorname{div} \boldsymbol{P} = \varrho \quad \text{sowie} \quad \varepsilon_0 \operatorname{div} \boldsymbol{E} = \varrho + \varrho_s$$
$$\operatorname{div} \boldsymbol{P} = -\varrho_s. \tag{4.89}$$

Die Divergenz der Polarisation $\boldsymbol{P}$ ist gleich $(-1) \cdot$ Raumladungsdichte ϱ_s der mikroskopischen Ladungen.

*Polarisation als Dipoldichte.** Ausgehend von den Gln. (4.83) und (4.86) kann nachgewiesen werden, daß die Polarisation $\boldsymbol{P}$ gleich der Dipoldichte ist. Die Dipoldichte ist der Grenzwert des Quotienten aus der Summe der in einem Volumenelement ΔV enthaltenen Dipolmomente $\boldsymbol{p}_\mu$ und diesem Volumenelement für $\Delta V \to 0$:

$$\boldsymbol{P} = \lim_{\Delta V \to 0} \frac{\sum_{\mu=1}^{n} \boldsymbol{p}_\mu}{\Delta V} \quad \text{mit} \quad \boldsymbol{p}_\mu = Q\boldsymbol{l}.$$

Das Dipolmoment $\boldsymbol{p}_\mu$ folgt aus dem Produkt der Ladung Q und dem Abstandsvektor $\boldsymbol{l}$ von der positiven Ladung Q zur negativen Ladung $-Q$ des Dipols (Abschn. 4.2.3).

Ferroelektrika. Der Zusammenhang $D(E)$ bzw. $P(E)$ kann auch nichtlinear sein. Speziell ferroelektrische Materialien (z. B. Titanate) weisen Bereiche mit paralleler Ausrichtung permanenter *Elementardipole* und dadurch ein hohes ε auf. Bei wachsender Feldstärke treten Wandverschiebungen sowie eine Drehung

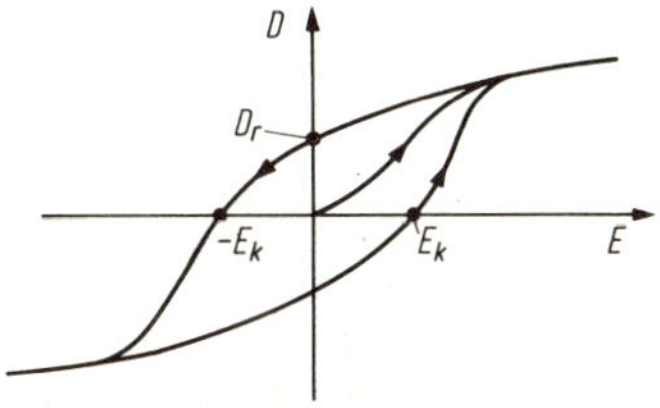

Bild 4.27
Nichtlineare Verschiebungsflußdichte-Feldstärke-Charakteristik mit Hysterese bei Ferroelektrika
(D_r remanente Verschiebungsflußdichte, E_k Koerzitivfeldstärke)

dieser Bereiche in Feldrichtung auf. Wie Bild 4.27 veranschaulicht, ist dabei die $D(E)$-Charakteristik durch eine *Hysterese* gekennzeichnet. $\boldsymbol{D}$ ist für vorgegebenes $\boldsymbol{E}$ nicht mehr eindeutig, sondern ähnlich wie bei den Ferromagneten (Band 2) von der Vorgeschichte abhängig. Auch bei verschwindender Feldstärke ist eine Polarisation vorhanden. Dieser Effekt kann für die nichtflüchtige Informationsspeicherung mit Metall-Isolator-Anordnungen in Halbleitern genutzt werden. Erwähnt sei, daß die Beschreibung von $D(E)$ bei Kurven des im Bild 4.27 dargestellten Typs für $|E| < E_k$ in der Form $D = \varepsilon_0 E + P$ und nicht als $D = \varepsilon E$ erfolgen sollte, da dabei sowohl der Fall $\varepsilon \to \infty$ (für $E = 0$) und $\varepsilon < 0$ auftreten würde.

Oberhalb der *Curietemperatur*¹) lösen sich die Bereiche spontaner Polarisation auf, und die ferroelektrischen Eigenschaften verschwinden.

Anisotropes dielektrisches Verhalten*. Bei manchen Kristallen ist die Polarisation nicht in allen Richtungen die gleiche. Es tritt ein *anisotropes Verhalten* auf. Bezeichnet man die Permittivität in den drei Hauptachsen mit ε_x, ε_y und ε_z, so ergibt sich

$$\boldsymbol{D} = \boldsymbol{e}_x \varepsilon_x E_x + \boldsymbol{e}_y \varepsilon_y E_y + \boldsymbol{e}_z \varepsilon_z E_z. \tag{4.90}$$

$\boldsymbol{D}$ und $\boldsymbol{E}$ sind nur noch dann parallel, wenn $\boldsymbol{E}$ in eine der drei Hauptachsen zeigt. ε ist kein Skalar mehr, sondern ein *Tensor*.

Piezoelektrizität und Elektrostriktion. *Bei einigen Kristallen, zu denen auch die Ferroelektrika gehören, kann eine Polarisation nicht nur von einem elektrischen Feld verursacht werden, sondern auch durch mechanische Verformung infolge von Kräften.* Dieser *piezoelektrische Effekt* soll anhand der stark vereinfachten Darstellung der Elementarzelle eines wichtigen piezoelektrischen Kristalls, des Quarzes (SiO_2), erläutert werden (Bild 4.28a). Die zur y-Achse senkrechten Flächen werden mit Elektroden E_1 und E_2 versehen. Bei Druck in y-Richtung wird der Ladungsschwerpunkt der positiven Si-Ionen mehr nach unten gedrückt als der der negativen O-Ionen. Mit dieser Polarisation wird an der oberen Elektrode eine negative Ladung influenziert und an der unteren eine positive, und es entsteht eine Spannung (Bild 4.28b). Bei Druck in x-Richtung (Bild 4.28c) drehen sich die Vorzeichen der Oberflächenladungen sowie der Spannung um. Die influenzierten Ladungen an den Oberflächen verschwinden im Lauf der Zeit auch bei weiter wirkender Verformung durch Ladungsausgleich infolge einer geringfügigen Störstellenleitung (Leitfähigkeit $\varkappa > 0$).

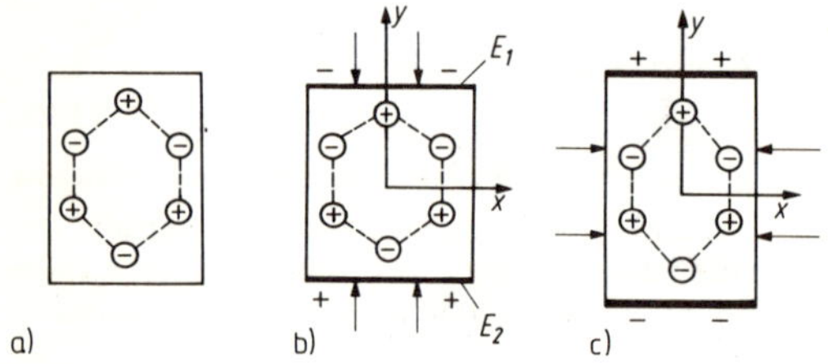

Bild 4.28 Piezoelektrischer Effekt
stark vereinfachte Darstellung einer Elementarzelle des Quarzgitters
a) ohne Druck; b) bei Druck in y-Richtung; c) bei Druck in x-Richtung

Als reziproken piezoelektrischen Effekt bezeichnet man die Verformung eines piezoelektrischen Kristalls durch ein elektrisches Feld, also durch Oberflächenladungen bzw. Spannungen an den Elektroden.

Unter der Voraussetzung, daß näherungsweise lineare Zusammenhänge angenommen werden können, sind die elektrischen und mechanischen Größen durch folgende Gleichungen verknüpft:

$$D = \varepsilon E + c_1 T_m; \qquad \xi = c_2 E + T_m/M. \tag{4.91a, b}$$

T_m mechanische Druck- bzw. Zugspannung; ξ relative Längenänderung; c_1 piezoelektrische Konstante; c_2 reziproke piezoelektrische Konstante; M Youngscher Elektrizitätsmodul.

Bei beliebigen Kristallklassen kann eine *Verformung durch ein elektrisches Feld* – genannt *Elektrostriktion* – auftreten, die von E^2 abhängt, also nicht von der Polarität des Feldes.

Die genannten Effekte gestatten eine Wandlung mechanischer in elektrische Größen bzw. Energie und umgekehrt.

Anwendungen sind u. a. Schallgeber (Erzeugung von Ultraschall in kHz- bis MHz-Bereich durch elektrische Wechselspannung) für therapeutische Anwendungen, Fernsteuerungen,

¹) Pierre Curie, französischer Physiker und Chemiker, 1859–1906

Geschwindigkeits- und Abstandsmessungen, Reinigung, Schweißen..., Schwingquarze (Erzeugung von Schwingungen konstanter Frequenz, Band 2), piezoelektrische Filter, piezoelektrisches Mikrofon, Schallplattenabtastsysteme, Kraft- und Druckmeßfühler, piezoelektrischer Mehrschrittmotor, piezoelektrische Relais, Piezozünder (Überschlag infolge einer durch mechanische Verformung erzeugten hohen Spannung), Akustoelektronik (Erzeugung und Rückwandlung von Oberflächenwellen).

Pyroelektrizität. *Einige der piezoelektrischen Kristalle (z. B. Turmalin) können auch durch eine thermisch bedingte Gitterdeformation, also durch Temperaturänderungen, polarisiert werden.*

Elektrete. *Als Elektrete bezeichnet man Isolatoren mit einer permanenten Polarisation („eingefrorene Dipolausrichtung") oder im weiteren Sinne auch mit Raumladungen.*

Im ersten Fall liegt eine Analogie zu Magneten vor. Die Erzeugung von Raumladungen kann z. B. durch Beschuß von hochisolierender Folie ($\varrho \approx 10^{22}\ \Omega \cdot \text{cm}$) mit Elektronenstrahlen bei hohen Temperaturen (Ladungstransport möglich) erfolgen. Anwendungsbeispiele sind Elektretmikrofone, -kopfhörer und -tasten. Beim Elektretmikrofon (Bild 4.29a) ändert sich durch den Schalldruck der Abstand zwischen einer Membran und einer mit einer Elektretfolie belegten Gegenelektrode und damit die induzierte Ladung bzw. Spannung. Der Vorteil gegenüber dem konventionellen Kondensatormikrofon (Bild 4.29b) besteht u. a. darin, daß auf die Aufladung der Kapazität durch eine externe Spannungsquelle verzichtet werden kann. Anzuschließen ist ein Verstärker mit hohem Eingangswiderstand.

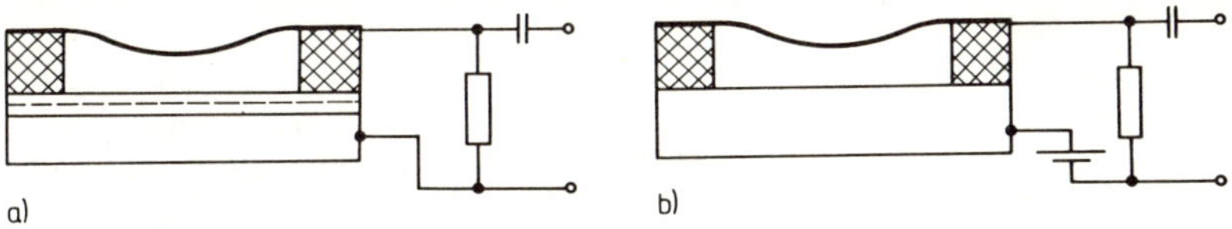

Bild 4.29 Prinzip des Elektretmikrofons (a) sowie des Kondensatormikrofons (b)

Aufgabe 4.11 Einfluß eines Dielektrikums

a) Begründen Sie anschaulich den in den Bildern 4.30a und 4.30b angegebenen Feldverlauf und Stromfluß beim Verschieben eines Dielektrikums in einem Plattenkondensator bei konstanter Spannung!

b) Berechnen Sie E, D, P und φ in der gesamten Anordnung und die Ladungsdichte $\pm\sigma$ auf den Platten (Breite b) sowie die Gesamtladung $\pm Q$ bei ruhendem Dielektrikum (Bild 4.30c)!

Lösungshinweis: Stetigkeitsbedingungen von D und E beachten, inhomogene Randfelder vernachlässigen.

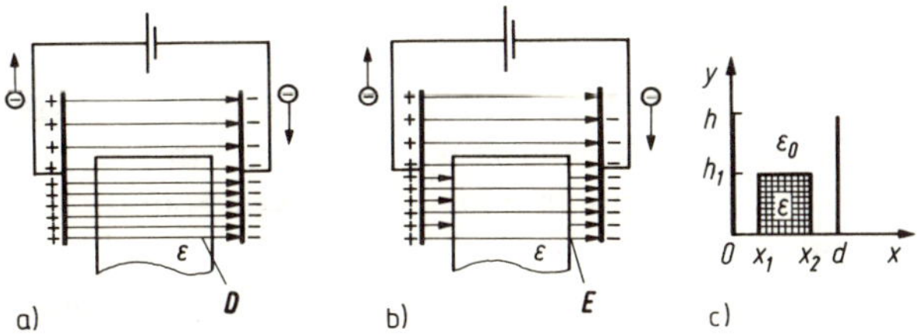

Bild 4.30 Einfluß eines Dielektrikums ($\varepsilon_r > 1$) auf den Feldverlauf (schematisch, Randfelder vernachlässigt)

a) Verschiebungsflußdichte; b) elektrische Feldstärke; c) Abmessungen (Aufgabe 4.11)

4.2.9 Kapazität

4.2.9.1 Kapazität bei Zweileitersystemen

Definition der Kapazität. Zwei voneinander isolierte Metallelektroden können Ladungen speichern und damit auch elektrische Felder. Unter der Voraussetzung, daß der gesamte Verschiebungsfluß auf der einen Elektrode austritt und in die andere mündet, d. h., daß auf den

Elektroden die Ladungen Q und $-Q$ sitzen und daß keine $\boldsymbol{D}$-Linien zu anderen Elektroden im Raum auftreten (Bild 4.31), definiert man als Kapazität der Zweielektrodenanordnung:

$$C = \frac{Q}{u}; \qquad [C] = \frac{\mathrm{A \cdot s}}{\mathrm{V}} = \mathrm{F\,(Farad)}. \tag{4.92}$$

Kapazität = Ladung Q auf der Elektrode A, dividiert durch die Spannung u zwischen den Elektroden A und B. Die Kapazität ist also das spannungsspezifische Fassungsvermögen für Ladungen. Mit Feldgrößen lautet ihre Definition:

$$C = \frac{Q}{u} = \frac{\oint \boldsymbol{D}\,\mathrm{d}\boldsymbol{A}}{\int_A^B \boldsymbol{E}\,\mathrm{d}\boldsymbol{s}} \quad \text{bzw. für } \varepsilon = \text{konst.} \quad C = \frac{\varepsilon \oint \boldsymbol{E}\,\mathrm{d}\boldsymbol{A}}{\int_A^B \boldsymbol{E}\,\mathrm{d}\boldsymbol{s}}. \tag{4.93a, b}$$

Das Hüllenintegral umschließt dabei die Elektrode A.

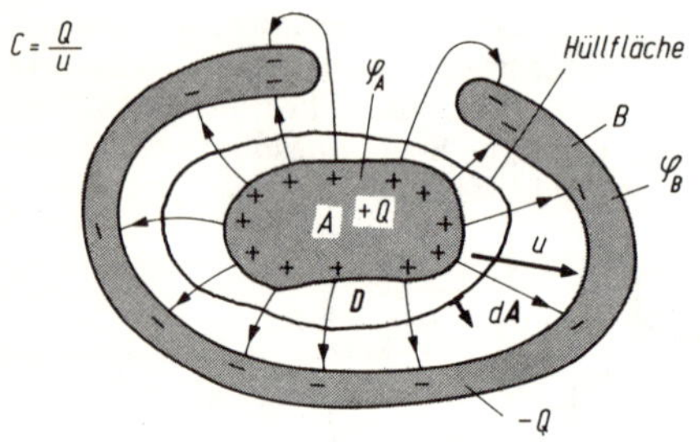

Bild 4.31
Zur Definition der Kapazität einer Zweielektrodenanordnung (Spannungsquelle kann angeschlossen oder abgetrennt sein)

Da u linear von E abhängt und E für bereichsweise konstantes ε linear von Q, ist C in diesem Fall nach Gl. (4.92) unabhängig von Q und u, hängt also nur von ε und den geometrischen Abmessungen ab. Da $Q = Cu$ für $C =$ konst. linear von u abhängt, spricht man von linearen Kapazitäten. Befindet sich zwischen den Elektroden ein Isolator konstanter Permittivität, so kann

$$C = \varepsilon G_\mathrm{F} \quad \text{mit dem Geometriefaktor} \quad G_\mathrm{F} = \frac{\oint \boldsymbol{E}\,\mathrm{d}\boldsymbol{A}}{\int_A^B \boldsymbol{E}\,\mathrm{d}\boldsymbol{s}} \tag{4.94}$$

angesetzt werden, d. h., C wächst direkt proportional zu ε.

Für nichtlineares $D(E)$ hängt Q nichtlinear von u ab. C ist demnach spannungsabhängig. Bauelemente, bei denen die lineare Kapazität technisch genutzt wird, nennt man – wie im Abschnitt 1.9 dargelegt – Kondensatoren. Andernfalls spricht man oft auch von Kapazitäten bzw. parasitären Kapazitäten, die meist unerwünscht sind.

Kapazitätsermittlung bei Feldern mit Symmetrieeigenschaften. Dafür bietet sich folgender Lösungsweg an:

$$\begin{array}{ccccc} Q \longrightarrow & D \longrightarrow & E \longrightarrow & \varphi,\ u \longrightarrow & C = Q/u. \\ Q = \oint \boldsymbol{D}\,\mathrm{d}\boldsymbol{A} & \boldsymbol{D} = \varepsilon \boldsymbol{E} & u_\mathrm{AB} = \varphi_\mathrm{A} - \varphi_\mathrm{B} = \int_A^B \boldsymbol{E}\,\mathrm{d}\boldsymbol{s} & & \end{array} \tag{4.95}$$

Bei der Wahl der Hüllfläche und des Integrationsweges sind die Symmetrieeigenschaften zu berücksichtigen. Anwendungsbeispiele, wie der Platten-, Zylinder- und Kugelkondensator sowie darauf zurückzuführende Anordnungen, werden im folgenden vorgestellt.

Plattenkondensator. Näherungsweise wird ein homogenes Feld (Bild 4.32a) angenommen (Vernachlässigung des Randfeldes). Daran angepaßt wird für die Auswertung von $Q = \oint \boldsymbol{D}\,\mathrm{d}\boldsymbol{A}$ sinnvollerweise ein Quader gewählt. Für vernachlässigbares D außerhalb des

Kondensators folgt $Q = DA \cos 0° = DA$ bzw. $D = Q/A$ und $E = Q/(\varepsilon A)$. Bei Integration längs einer Feldlinie folgt $u_{AB} = \int_A^B E \cos 0° \, ds = E \int_A^B ds = Ed$ und damit mit $C = Q/u_{AB}$:

$$C = \varepsilon A/d. \tag{4.96}$$

C nimmt mit wachsendem ε und wachsender Fläche A sowie sinkendem Plattenabstand d zu. Die Feldstärke ist bei homogenem Feld

$$E = u/d. \tag{4.97}$$

Wählt man für die Potentialberechnung die negative Elektrode als Bezugspunkt, so entsteht mit $E_x = E$:

$$\varphi(x) - \varphi(d) = \int_x^d E_x \, dx = E_x (d - x) = u (1 - x/d). \tag{4.98}$$

Mit der willkürlichen Festlegung $\varphi(d) = 0$ ergibt sich Bild 4.32b.

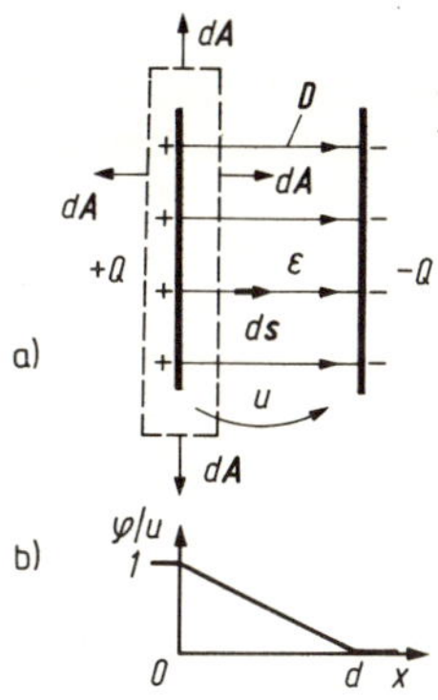

Bild 4.32
Plattenkondensator
a) zur Kapazitätsberechnung; b) Potentialverlauf

Nach Gl. (4.97) ist E bei vorgegebenem u, z.B. bei Anschluß an eine Spannungsquelle, unabhängig von ε, während die gespeicherte Ladung Q nach den Gln. (4.92) und (4.96) proportional zu ε wächst. Bei vorgegebenem Q (abgetrennte Spannungsquelle) können E bzw. u durch Einschieben eines Isolators mit großem ε wegen $E = Q/(\varepsilon A)$ reduziert werden.

Bei hohen Feldstärken kann es zu Entladungen und Durchschlägen kommen, die häufig mit einer Zerstörung des Isolators verbunden sind. Die auftretende Maximalfeldstärke zwischen beliebig geformten Elektroden muß die Bedingung $E_{max} \geqq u/d_{min}$ (d_{min} kleinster Elektrodenabstand) erfüllen, da bei inhomogenem Feld auf dem Integrationsweg die Feldstärke örtlich schwankt und sowohl Bereiche mit kleinerer als auch größerer Feldstärke als die mittlere Feldstärkekomponente in Wegrichtung $E = 1/d \cdot \int_A^B \boldsymbol{E} \, d\boldsymbol{s} = u/d$ existieren müssen.

Kugelkondensator. Mit $DA = \varepsilon E \, 4\pi r^2 = Q$ folgt entsprechend Bild 4.33 $E = Q/4\pi\varepsilon r^2$

$$u = \varphi(r_i) - \varphi(r_a) = \frac{Q}{4\pi\varepsilon} \int_{r_i}^{r_a} \frac{dr}{r^2} = \frac{Q}{4\pi\varepsilon} \left(\frac{1}{r_i} - \frac{1}{r_a} \right); \tag{4.99}$$

$$C = \frac{Q}{u} = 4\pi\varepsilon \frac{1}{1/r_i - 1/r_a} = 4\pi\varepsilon \frac{r_a r_i}{r_a - r_i}; \qquad E = \frac{Cu}{4\pi\varepsilon r^2}. \tag{4.100a, b}$$

Speziell für $r_a \to \infty$, d.h. Gegenelektrode im Unendlichen, ergibt sich

$$C = 4\pi\varepsilon r_i. \tag{4.101}$$

Für $r_i = 1$ m und $\varepsilon = \varepsilon_0$ ist $C = 111$ pF.

Die Feldstärke ist wegen Gl. (4.100b) $E \sim 1/r^2$, d.h. an der Innenelektrode am höchsten. Speziell für $r_a \to \infty$ gilt:

$$E = Cu/(4\pi\varepsilon r^2) = ur_i/r^2 \quad \text{bzw.} \quad E_{max} = u/r_i. \tag{4.102a, b}$$

Mit dieser Beziehung kann auch die Maximalfeldstärke an einer Spitze grob abgeschätzt werden, wenn die Gegenelektrode weit entfernt ist und der Spitze ein Krümmungsradius zugeordnet werden kann.

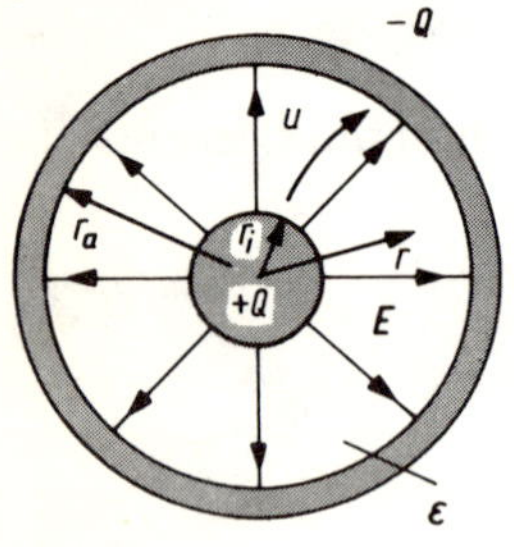

Bild 4.33
Kugelkondensator

Zylinderkondensator. Betrachtet man einen Ausschnitt der Länge l eines unendlich langen Zylinderkondensators mit konzentrischen Elektroden (Bild 4.34), so stellt man aus Symmetriegründen ein radiales elektrisches Feld fest. Wählt man einen Zylinder mit dem Radius r als Hüllfläche, so folgt aus

$$\oint \boldsymbol{D}\, \mathrm{d}\boldsymbol{A} = D2\pi rl = Q \quad \text{sowie} \quad E = Q/(2\pi\varepsilon lr), \tag{4.103a, b}$$

da die Stirnflächen wegen $\boldsymbol{D}$ senkrecht auf d$\boldsymbol{A}$ keinen Beitrag liefern. Mit

$$u = u_{r_i r_a} = \frac{Q}{2\pi\varepsilon l}\int_{r_i}^{r_a}\frac{\mathrm{d}r}{r} = \frac{Q}{2\pi\varepsilon l}\ln\frac{r_a}{r_i}$$

folgt daraus die längenbezogene Kapazität

$$\frac{C}{l} = \frac{2\pi\varepsilon}{\ln r_a/r_i}. \tag{4.104}$$

Diese Beziehung ist auch bei endlicher Länge eines Zylinderkondensators anwendbar, wenn der Einfluß des Randfeldes an den Stirnflächen vernachlässigbar ist, d.h. für $l \gg r_a - r_i$.

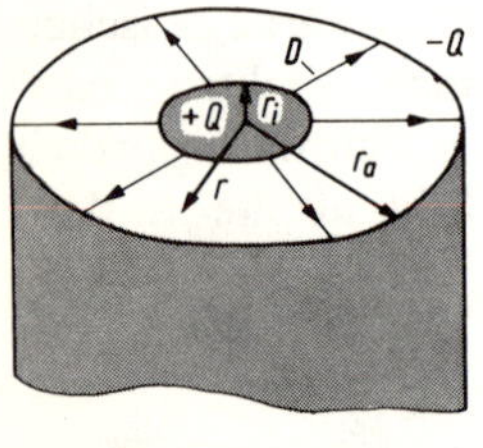

Bild 4.34 Schnitt durch einen Zylinderkondensator

Hinweis:* Die elektrische Feldstärke

$$E = E_r = \frac{Q}{2\pi\varepsilon lr} = \frac{Cu}{2\pi\varepsilon lr} = \frac{u}{r \ln r_a/r_i} \tag{4.105}$$

besitzt den Maximalwert E_{max} beim kleinsten r, also für $r = r_i$ (an der Innenelektrode). Für die Gestaltung von Hochspannungskabeln, insbesondere die Vermeidung von Entladungen und Durchschlägen, ist von Bedeutung, daß E_{max} für $r_a/r_i = \mathrm{e} = 2{,}718$ den kleinsten Wert annimmt, und zwar den Wert $E_{max} = u/r_i = (\mathrm{e} - 1)\,u/(r_a - r_i)$ (Aufgabe 4.15). Demnach ist E_{max} selbst im niedrigsten Fall $\mathrm{e} - 1 = 1{,}718$mal höher als bei gleicher Spannung u zwischen ebenen Elektroden.

Um eine gleichmäßige Feldverteilung zu erreichen, müßte wegen $E = Q/(2\pi r\varepsilon l)$ der Wert $\varepsilon r =$ konst. angesetzt werden. Das kann näherungsweise dadurch realisiert werden, daß man ein Kabel (Radius r_1) zunächst mit einer Isolationsschicht mit großem ε_1 versieht (z. B. umwickelt) und dann weitere Schichten mit abgestuften absinkenden ε-Werten ($\varepsilon_2 \ldots \varepsilon_n$) aufbringt. Das Feld in der μ-ten Schicht ist $E_\mu = Q/(2\pi l\varepsilon_\mu r)$. Um C abzuleiten, kann man von E ausgehen und durch bereichsweise Integration u und damit $C = Q/u$ ermitteln. Einfacher ist es, das Prinzip der Materialisierung von Äquipotentialflächen anzuwenden. So ersetzt man z. B. bei zwei Schichten die Äquipotentialfläche an der Grenzfläche im Gedankenexperiment durch einen sehr dünnen Metallzylindermantel. An dessen Innenseite bildet sich $+Q$ und an der Außenseite $-Q$ heraus. Die Gesamtanordnung entspricht einer Reihenschaltung zweier Kapazitäten, für die nach Abschnitt 1.9.2.4 $1/C = 1/C_1 + 1/C_2$ gilt und damit $1/C = (1/\varepsilon_1 \cdot \ln r_2/r_1 + 1/\varepsilon_2 \cdot \ln r_3/r_2)/(2\pi)$.

Allgemein ergibt sich bei einem Kabel mit geschichtetem Dielektrikum mit den Radien $r_1 \ldots r_{n+1}$

$$C = 2\pi l \left(\sum_{\mu=1}^{n} \frac{1}{\varepsilon_\mu} \ln \frac{r_{\mu+1}}{r_\mu} \right)^{-1}. \tag{4.106}$$

Weitere Methoden der Kapazitätsberechnung. Kapazitätsbestimmungen erfordern Feldberechnungen, die nur in Sonderfällen mit der bisher verwendeten Methodik ausgeführt werden können. Angewendet werden verschiedenste Verfahren, wobei analytische Rechnungen oft nur näherungsweise zu Ergebnissen führen, während numerische Feldberechnungen stets möglich sind. Dafür liegen Computerprogramme vor. Trotzdem strebt man analytische Lösungen überall an, wo sie möglich sind, da sie den Einfluß der Konstruktions- und Materialgrößen formelmäßig widerspiegeln.

Beispiel: Kapazitätsberechnung für die Elektrodenanordnung langer zylindrischer Leiter (Radius r_0) in der Höhe h über einer leitfähigen Ebene (Bild 4.35).

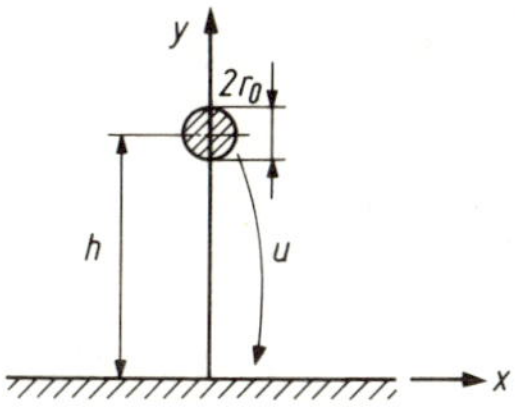

Bild 4.35 Langer zylindrischer Leiter über einer leitfähigen Ebene

Als Näherung wird zunächst anstelle des Zylinders mit konstantem Potential ein Zylinder mit konstanter Oberflächenladungsdichte angenommen. Das entstehende Feld oberhalb der Ebene kann mit Hilfe einer parallelen negativen Zylinderladung (Spiegelladung) im Abstand h unterhalb der Ebene sowie dem Superpositionssatz beschrieben werden. Aus $E_y = -(Q/2\pi\varepsilon l) \cdot (1/(h-y) + 1/(h+y))$ folgt mit

$$u_{AB} = \varphi\,(h - r_0) - \varphi(0) = \int_{h-r_0}^{0} E_y \,dy = -\frac{Q}{2\pi\varepsilon l} (-\ln(h-y) + \ln(h+y))\Big|_{h-r_0}^{0}$$

$$= \frac{Q}{2\pi\varepsilon l} \ln\left(\frac{2h}{r_0} - 1\right):$$

$$C = Q/u = 2\pi\varepsilon l/\ln(2h/r_0 - 1). \tag{4.107}$$

Bei der Kapazität einer Paralleldrahtleitung (Abstand $2h$) ist u in Gl. (4.107) durch $u/2$ zu ersetzen, d. h., die Kapazität ist $C = \pi\varepsilon l/\ln(2h/r_0 - 1)$. Beide Näherungsformeln können für $h \gg r_0$ angewendet werden.

Hinweis:* Bei exakter Berechnung der Kapazität einer Doppelleitung ist zu beachten, daß die Flächenladungsdichte σ nicht konstant ist (höchster Betrag an Innenseiten), sondern φ. Der Superpositionssatz kann nicht angewendet werden, da σ nicht bekannt ist. Als Ausgangspunkt der Betrachtung wird das Feld zweier unendlich langer Linienladungen der Linienladungsdichte $+Q/l$ und $-Q/l$ im Abstand d gewählt:

$$\varphi = \varphi_1 + \varphi_2 = (Q/2\pi\varepsilon l) \cdot \ln r_2/r_1. \tag{4.108}$$

Für jede Äquipotentialfläche $\varphi =$ konst. ist demnach $r_2/r_1 = k =$ konst. Die Äquipotentialflächen sind Kreise (Bild 4.36). Mit Hilfe geometrischer Überlegungen können Mittelpunktkoordinaten x_k, y_k und Radius r_k dieser Kreise ermittelt werden:

$$x_k = 0, \qquad y_k = d/(k^2 - 1), \qquad r_k = kd/(k^2 - 1). \qquad \text{(4.109 a bis c)}$$

Tafel 4.2. Kapazitäten

Typ und Aufbau	Kapazität
zwei Parallelplatten 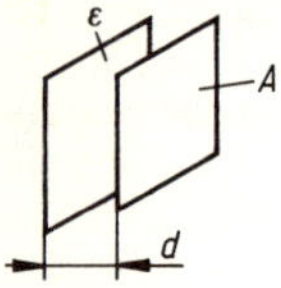 	$C = \varepsilon \dfrac{A}{d}$ $\quad d \ll$ Plattenlänge und -breite
zwei sehr lange konzentrische Zylinder 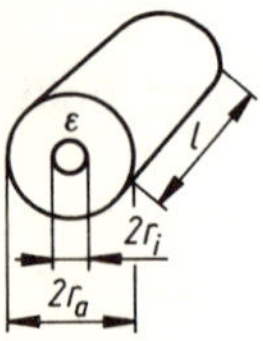 	$C = \dfrac{2\pi\varepsilon l}{\ln \dfrac{r_a}{r_i}}$ $\quad l \gg r_a, r_i$
zwei sehr lange parallele Zylinder 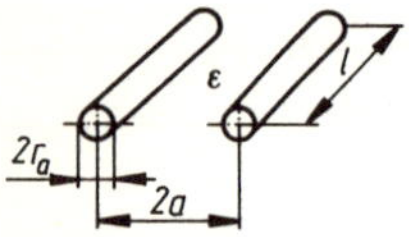 	$C = \dfrac{\pi\varepsilon l}{\ln\left(\dfrac{a}{r_0} + \sqrt{\left(\dfrac{a}{r_0}\right)^2 - 1}\right)}$ $C = \dfrac{\pi\varepsilon l}{\ln\left(\dfrac{2a}{r_0}\right)}$ $\quad l \gg a,\ r_0 \ll a$
sehr langer Zylinder, parallel zu leitender Ebene 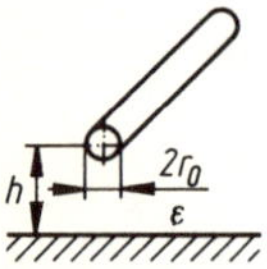 	$C = \dfrac{2\pi\varepsilon l}{\ln\left(\dfrac{h}{r_0} + \sqrt{\left(\dfrac{h}{r_0}\right)^2 - 1}\right)}$ $\quad l \gg h$ $C = \dfrac{2\pi\varepsilon l}{\ln\left(\dfrac{2h}{r_0}\right)}$ $\quad l \gg h,\ r_0 \ll h$
endlich langer Zylinder, parallel zu leitender Ebene (Horizontalantenne) 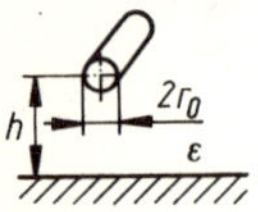 	$C = \dfrac{2\pi\varepsilon l}{\ln\left(\dfrac{l}{r_0}\sqrt{\dfrac{\sqrt{l^2 + 16h^2} - l}{\sqrt{l^2 + 16h^2} + l}}\right)}$ $\quad l \gg r_0$
endlich langer Zylinder, senkrecht zu leitender Ebene (Vertikalantenne) 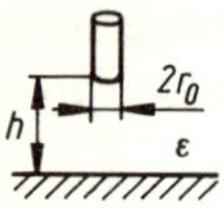 	$C = \dfrac{2\pi\varepsilon l}{\ln\left(\dfrac{l}{r_0}\left(\dfrac{l + 4h}{3l + 4h}\right)\right)}$ $\quad l \gg r_0$

Tafel 4.2. (Fortsetzung)

zwei konzentrische Kugeln 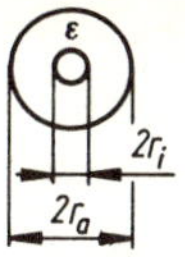	$C = 4\pi\varepsilon \dfrac{r_a r_i}{r_a - r_i}$
zwei kleine Kugeln im Abstand $2a$ 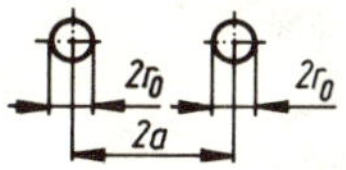	$C = \dfrac{\pi\varepsilon r_0\,(2a - r_0)}{a - r_0} \approx 2\pi\varepsilon r_0 \qquad r_0 \ll a$

Hinweise:
1. Bei Kondensatoren mit längs (bzw. senkrecht) zu Äquipotentialflächen geschichtetem Dielektrikum Kapazitätsberechnung durch Reihenschaltung (bzw. Parallelschaltung) der Teilkapazitäten
2. Widerstandsberechnung für Medien mit Leitfähigkeit $\varkappa$ bei gleicher Elektrodenanordnung (Elektrodenleitfähigkeit $\varkappa_E \gg \varkappa$) möglich mit $R = \varepsilon/(\varkappa C)$ (Abschn. 4.3.4).

Mit dem Prinzip der Materialisierung von Äquipotentialflächen (Abschn. 4.2.4) können nun anstelle von Linienladungen im Abstand d zwei Metallzylinder (Radius r_0) der gleichen längenbezogenen Gesamtladung im Abstand $2h$ angenommen werden (im Bild 4.36 als Beispiel dick gezeichnet). Dabei gilt

$$d = 2\sqrt{h^2 - r_0^2}.$$

Damit kann $\varphi\ (x,\ y)$ und somit die Kapazität der Doppelleitung aus $C = Q/u$ mit $u = \varphi\ (0,\ h - r_0) - \varphi\ (0,\ -h + r_0)$ ermittelt werden. Das Ergebnis ist in Tafel 4.2 angegeben.

Erwähnt sei, daß die Kapazität von zwei Kugelelektroden (Abstand der Mittelpunkte > Summe der Radien) mit ähnlichen Überlegungen ermittelt werden kann (Tafel 4.2), indem man zwei ausgewählte Äquipotentialflächen zweier Punktladungen $+Q$ und $-Q$ materialisiert. Im Gegensatz zu Linienladungen tritt dabei übrigens jeweils nur eine kugelförmige Äquipotentialfläche auf.

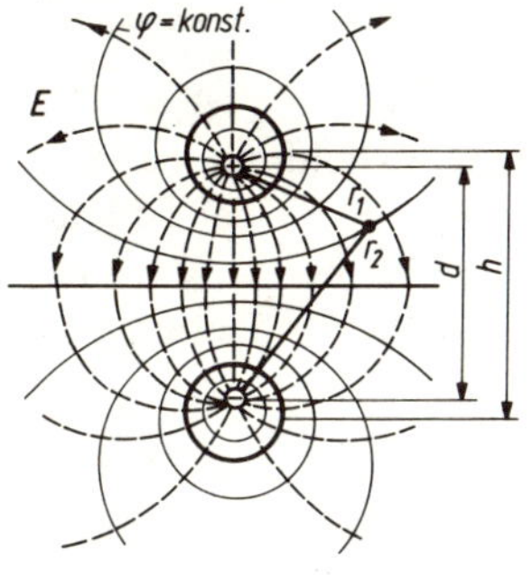

Bild 4.36
Feldbild zweier sehr langer paralleler zylindrischer Ladungen $+Q$ und $-Q$ mit konstanter Ladungsdichte
Hinweise: Da die Äquipotentialflächen Zylindermantelflächen sind, kann das Feldbild zur Berechnung des Feldes sehr langer paralleler zylindrischer Metallelektroden gleicher Ladung genutzt werden (z. B. dick gezeichnete Äquipotentiallinien).

Kapazitätsbestimmung durch Reihen- oder Parallelschaltung von Teilkapazitäten. Jedem durch zwei Äquipotentialflächen und $\boldsymbol{D}$-Linien begrenzten Verschiebungsflußröhrenabschnitt, der den Teilfluß $\Delta\psi_\mu = \int \boldsymbol{D}\, \mathrm{d}\boldsymbol{A}$ führt, kann eine Teilkapazität $C_\mu = \Delta\psi_\mu/\Delta u_\mu$ zugeordnet werden (Bild 4.37a). Die Gesamtkapazität der Anordnung folgt dann aus der Reihenschaltung bzw. Parallelschaltung der Teilkapazitäten (siehe z. B. die Bilder 4.37b und 4.37c). Die zwischen zwei Äquipotentialflächen liegenden Teilkapazitäten sind parallelgeschaltet und zu addieren. Die in einer Verschiebungsflußröhre, also von gleichem Fluß oder Teilfluß durchsetzten Teilkapazitäten sind in Reihe geschaltet. Demnach folgt dafür der Reziprokwert der Ersatzkapazität aus der Summe der Reziprokwerte der Teilkapazitäten (Abschn. 1.9.2.4). Als Begründung kann das Gedankenexperiment zur Materialisierung der Äquipotentialflächen dienen, nach dem sich das Feldbild bei Einbringen von Metallflächen vernachlässigbarer Dicke nicht ändert. Da das Feldbild oft nicht genau bekannt ist, wendet man Näherungslösun-

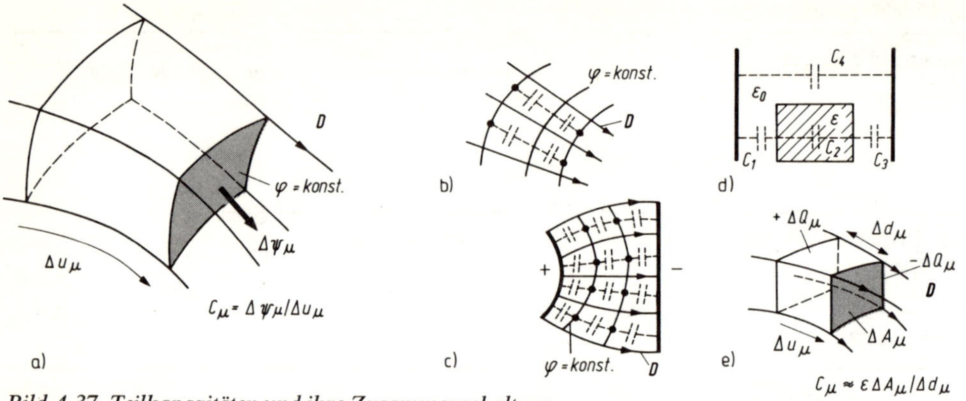

Bild 4.37 Teilkapazitäten und ihre Zusammenschaltung

a) Teilkapazität eines Verschiebungsflußröhrenabschnittes (exakt); b) Reihen- und Parallelschaltung der Teilkapazitäten; c) Beispiel zur Reihen- und Parallelschaltung von Teilkapazitäten mit Hilfe des Feldbildes (bei einem ebenen Feld und Vernachlässigung des Randfeldes); d) weiteres Beispiel zur Reihen- und Parallelschaltung von Teilkapazitäten; e) Einführung eines elementaren Plattenkondensators für einen sehr kleinen Verschiebungsflußröhrenabschnitt (Näherung)

gen an und setzt z.B. Platten- und Zylinderkondensatoren ein, um bestimmte Volumenbereiche zu beschreiben.

Beispiel: Für Bild 4.37d ergibt sich bei Annahme stückweise homogener Felder (Näherung!) $C = C_4 + C_5$ mit $1/C_5 = 1/C_1 + 1/C_2 + 1/C_3$ und $C_\mu = \varepsilon_\mu A_\mu / d_\mu$ ($\mu = 1 \ldots 4$). Die feldmäßige Berechnung (vgl. Bild 4.25) ist viel umständlicher.

Inhomogene Felder können in hinreichend kleinen Volumenbereichen näherungsweise als homogene Felder aufgefaßt werden. Einem durch $\boldsymbol{D}$-Linien begrenzten Verschiebungsflußröhrenabschnitt kann entsprechend Bild 4.37e symbolisch ein elementarer Plattenkondensator zugeordnet werden, dessen Elektroden in den Äquipotentialflächen liegen und die Ladungen $\pm\Delta Q = \pm D\,\Delta A_\mu = \pm C_\mu\,\Delta u_\mu$ tragen mit $C_\mu = \varepsilon\,\Delta A_\mu/\Delta d_\mu$.

Daraus kann folgende Schlußfolgerung gezogen werden:

In einem ebenen Feld mit $\varepsilon = \text{konst.}$, bei dem bekanntlich die $\boldsymbol{D}$- bzw. $\boldsymbol{E}$-Feldlinien und die Äquipotentialflächen bei geeigneter Darstellung Flußröhrenabschnitte der Fläche $\Delta A_\mu = l\,\Delta d_\mu$ mit der Teilkapazität $C_\mu = \varepsilon l\,\Delta d_\mu/\Delta d_\mu = \varepsilon l$ bilden, ergibt sich bei n_F Verschiebungsflußröhren und n_P Potentialflächen zwischen den Elektroden für die längenbezogene Kapazität durch Reihen- und Parallelschaltung der C_μ

$$C/l = \varepsilon n_F/(n_P + 1). \tag{4.110}$$

Beispiel: Für Bild 4.37c ist $C/l = 4\varepsilon/3$ (Näherung, Randfeld vernachlässigt).

Bezüglich der Einführung differentiell kleiner Kapazitäten sei auf die Analogie zum differentiell kleinen Leitwert (Abschn. 4.3.3) verwiesen.

Aufgabe 4.12 Kugelkondensator mit geschichtetem Dielektrikum

Berechnen Sie E, φ und C für einen Kugelkondensator mit zweifach geschichtetem Dielektrikum!

Hinweis: Führen Sie zunächst sinnvolle Bezeichnungen ein!

Aufgabe 4.13 Kapazität eines Koaxialkabels

Wie groß ist die Kapazität eines Koaxialkabels von 1 m Länge, dessen Innenleiter einen Durchmesser von 0,9 mm und dessen Außenleiter einen Innendurchmesser von 3,7 mm hat, wenn dem Isolator die relative Permittivität $\varepsilon_r = 2{,}3$ zuzuordnen ist?

Aufgabe 4.14 Koaxialkabel für Hochspannungen

Ein Koaxialkabel mit dem Innenleiterradius $r_i = 2{,}5$ mm ist für eine Belastung mit maximal 100 kV vorgesehen. Die Durchbruchfeldstärke E_{th} des Isolators sei 1 MV/cm. Wie ist der Innendurchmesser r_a des Außenleiters zu wählen, damit die maximale Feldstärke E_{max} bei 20% der Durchbruchfeldstärke liegt?

Aufgabe 4.15 Feldstärke in einem Koaxialkabel

a) Berechnen Sie den Ort und die Größe der Maximalfeldstärke E_{max} in einem Koaxialkabel (r_i, r_a, ε) bei der Spannung u!

b*) Wie groß ist das Verhältnis r_a/r_i, bei dem E_{max} den kleinsten Wert annimmt?

4.2.9.2* Kapazitäten bei Mehrleitersystemen

Bei einem Mehrleitersystem befinden sich n Leiter isoliert voneinander in einem Isolator, z. B. in Luft. Das Potential φ an einem Punkt im Raum hängt für konstantes ε entsprechend dem Superpositionssatz linear von den Ladungen $Q_1 \dots Q_n$ auf den Leitern ab. Bezeichnet man das Potential der Leiter mit $\varphi_1 \dots \varphi_n$, so folgt also:

$$\begin{aligned}\varphi_1 &= \alpha_{11}Q_1 + \alpha_{12}Q_2 + \dots + \alpha_{1n}Q_n,\\ \varphi_2 &= \alpha_{21}Q_1 + \alpha_{22}Q_2 + \dots + \alpha_{2n}Q_n,\\ &\vdots\\ \varphi_n &= \alpha_{n1}Q_1 + \alpha_{n2}Q_2 + \dots + \alpha_{nn}Q_n.\end{aligned} \tag{4.111}$$

Die $\alpha_{\mu\nu}$ nennt man *Potentialkoeffizienten*. Um $\alpha_{\mu\nu}$ zu bestimmen, kann

$$\alpha_{\mu\nu} = \varphi_\mu/Q_\nu \quad \text{mit} \quad Q_\lambda = 0 \quad \text{für alle} \quad \lambda \neq \nu$$

genutzt werden.

Da das System symmetrisch ist, gilt $\alpha_{\mu\nu} = \alpha_{\nu\mu}$.

Beispiel: Im Bild 4.38a ist ein Dreileitersystem über einer leitfähigen Ebene (z. B. der Erde) dargestellt. Diesem vierten Leiter wird das Potential $\varphi = 0$ zugeordnet. Die Verschiebungsflußdichtelinien laufen nicht mehr wie bei Zweileiteranordnungen nur zwischen zwei Leitern, sondern verknüpfen die Teilladungen auf mehreren Leitern. Eine Potential- bzw. Ladungsänderung auf einem Leiter beeinflußt auch die Potentialdifferenz, Feld- und Ladungsverteilung der anderen beiden Leiter sowie die Ladungsverteilung auf der geerdeten Elektrode.

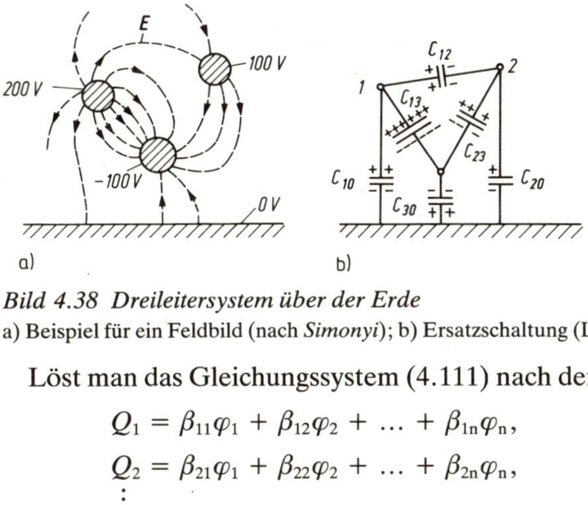

Bild 4.38 Dreileitersystem über der Erde

a) Beispiel für ein Feldbild (nach *Simonyi*); b) Ersatzschaltung (Ladungsverhältnisse entsprechend Feldbild)

Löst man das Gleichungssystem (4.111) nach den Ladungen auf, so entsteht:

$$\begin{aligned}Q_1 &= \beta_{11}\varphi_1 + \beta_{12}\varphi_2 + \dots + \beta_{1n}\varphi_n,\\ Q_2 &= \beta_{21}\varphi_1 + \beta_{22}\varphi_2 + \dots + \beta_{2n}\varphi_n,\\ &\vdots\\ Q_n &= \beta_{n1}\varphi_1 + \beta_{n2}\varphi_2 + \dots + \beta_{nn}\varphi_n,\end{aligned} \tag{4.112}$$

mit den *Kapazitätskoeffizienten* $\beta_{\mu\nu} = \beta_{\nu\mu} = \Delta_{\mu\nu}/D$. Dabei ist D die Koeffizientendeterminante und $\Delta_{\mu\nu}$ die Unterdeterminante des Gleichungssystems (4.111). Führt man die Spannungen $u_{\mu\nu} = \varphi_\mu - \varphi_\nu$ ($\mu \neq \nu$) und $u_{\mu\mu} = u_{\mu 0} = \varphi_\mu - 0$ ein, so ergibt sich aus Gl. (4.112):

$$\begin{aligned}Q_1 &= C_{11}u_{11} + C_{12}u_{12} + \dots C_{1n}u_{1n},\\ Q_2 &= C_{21}u_{21} + C_{22}u_{22} + \dots C_{2n}u_{2n},\\ &\vdots\\ Q_n &= C_{n1}u_{n1} + C_{n2}u_{n2} + \dots C_{nn}u_{nn}\end{aligned} \tag{4.113}$$

mit den *Teilkapazitäten*

$$C_{\mu\mu} = C_{\mu 0} = \beta_{\mu 1} + \beta_{\mu 2} + \ldots + \beta_{\mu n}, \qquad C_{\mu\nu} = C_{\nu\mu} = \beta_{\mu\nu} = \beta_{\nu\mu}. \tag{4.114a, b}$$

Die $C_{\mu\nu}$ $(\mu \neq \nu)$ heißen auch *gegenseitige Kapazitäten* und die $C_{\mu\mu}$ *Eigenkapazitäten* des Systems. Nach Gl. (4.113) sind die Ladungen auf den n isoliert angeordneten Leitern eine lineare Funktion der n Spannungen zwischen den Leitern sowie den Leitern und der Erde. Nach Gl. (4.114) treten bei n Leitern $n(n-1)/2 + n = n(n+1)/2$ Teilkapazitäten zwischen den Leitern bzw. zur Erde (oder einem unendlich entfernten Punkt) auf. Um $C_{\mu\nu}$ zu ermitteln, kann von $C_{\mu\nu} = Q_\mu / u_{\mu\nu}$ für $u_{\lambda\nu} = 0$ mit $\lambda \neq \nu$ ausgegangen werden.

Beispiel: Zur Erläuterung wird das Ersatzschaltbild der Dreileiteranordnung über der Erde im Bild 4.38b betrachtet. Es treten 6 Teilkapazitäten auf. Um $C_{11} = C_{10}$ zu ermitteln, sind die Leiter *2* und *3* mit der Erde zu verbinden und $Q_{11} = Q_{10}$ auf Leiter *1* bei vorgegebener Spannung $u_{11} = u_{10}$ zu ermitteln. Um C_{12} zu bestimmen, sind die Leiter *1* und *3* zu erden usw.

Die feldmäßige Berechnung der Potential- bzw. Kapazitätskoeffizienten sowie der Teilkapazitäten kann mit den im vorigen Abschnitt dargestellten Methoden (z. B. mit der Spiegelungsmethode) erfolgen. Diese Größen hängen im allgemeinen Fall von ε sowie der Lage und Form aller Leiter ab. Die Teilkapazität zwischen zwei Leitern hängt also auch von den anderen Leitern des Mehrleitersystems ab. Als *Betriebskapazität* zwischen zwei Leitern bezeichnet man die Kapazität, die bei Anschluß einer Spannungsquelle an diese Leiter an deren Klemmen erscheint. Sie wird also durch die Teilkapazität zwischen den Leitern und die Teilkapazitäten zur Umgebung (andere Leiter, Erde) bestimmt. Nur bei sehr eng beieinander liegenden Elektroden sind die Teilkapazitäten zur Umgebung zu vernachlässigen.

Beispiel: Die Betriebskapazität einer Doppelleitung über der Erde (Bild 4.39) ist

$$C_{B12} = C_{12} + C_{10}C_{20}/(C_{10} + C_{20}).$$

Wegen dieser Teilkapazitäten kommt es zu – meist unerwünschten – Verkopplungen in Mehrleitersystemen, die man bei Fernmeldeleitungen als kapazitives Übersprechen bezeichnet.

Beispiel: Eine Spannungsänderung Δu_1 des Leiters *1* (Bild 4.39b) führt aufgrund der kapazitiven Spannungsteilung zur Spannungsänderung $\Delta u_2 = \Delta u_1 C_{12}/(C_{12} + C_{20})$ des Leiters *2*.

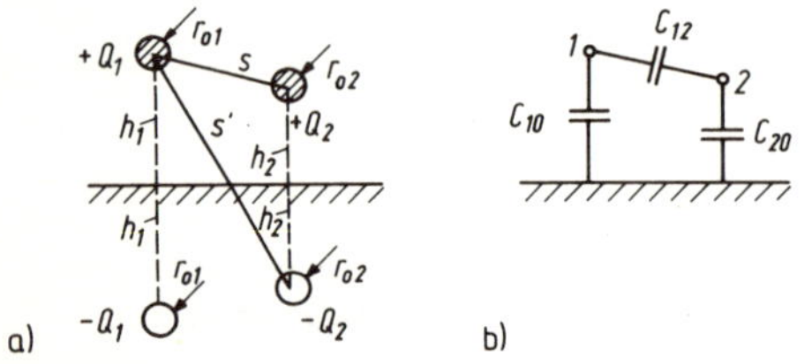

Bild 4.39
Zweileitersystem über der Erde
a) Anordnung mit Spiegelladungen;
b) Ersatzschaltung

Aufgabe 4.16 Teilkapazitäten einer Zweileiteranordnung über der Erde* (Bild 4.39a)

Berechnen Sie a) die Potentiale der Leiter bei gegebenem Q_1 und Q_2 und b) die Teilkapazitäten für $r_{01} \ll h_1$, $r_{02} \ll h_2$!

Lösungshinweis: Zylinderladungen als Näherung, Spiegelungsprinzip, Superpositionsprinzip, Potentialkoeffizienten → Kapazitätskoeffizienten → Teilkapazitäten.

Aufgabe 4.17 Kontrollfragen

a) Wie lauten die Grundgleichungen für elektrostatische Felder in Integralform und die Definitionen von Kapazitäten bei Zweileiter- und Mehrleitersystemen?
b) Geben Sie das Verhalten von Feldgrößen an Grenzflächen an!
c) Erläutern Sie die Begriffe Superpositionssatz, Materialisierung von Äquipotentialflächen, Spiegelungsprinzip, fiktive Ladungen, Faradayscher Käfig sowie den Algorithmus für einfache Feldberechnungen bei vorgegebener Raumladungsverteilung!
d)* Leiten Sie die Poissongleichung ab, und geben Sie sie in kartesischen und in zylindrischen Koordinaten an!

4.3 Stationäre Strömungsfelder

4.3.1 Grundlagen

Stromkontinuität. Die Grundlagen stationärer Strömungsfelder werden am Beispiel des Gleichstromkreises im Bild 4.40 erläutert. Eine Spannungsquelle verursacht einen Konvektionsstrom, also eine Ladungsträgerbewegung, in den angeschlossenen näherungsweise linienhaften Leitern sowie dem räumlichen Leiter, die vom Nichtleiter begrenzt werden. Wenn zeitkonstante Größen vorausgesetzt werden, ergibt sich an keinem Ort eine Ladungsänderung. Demnach müssen die Feldlinien der Konvektionsstromdichte $\boldsymbol{S}$[1]) geschlossen sein. $\boldsymbol{S}$ ist quellenfrei. Für jede beliebige Hüllfläche in einem stationären Strömungsfeld kann angenommen werden, daß die Zahl der ein- und der austretenden $\boldsymbol{S}$-Linien übereinstimmen. Demnach muß das Hüllenintegral über die Konvektionsstromdichte $\boldsymbol{S}$ verschwinden. Es gilt der *erste Kirchhoffsche Satz* (s. auch Abschn. 3.3):

$$\oint \boldsymbol{S}\, \mathrm{d}\boldsymbol{A} = 0 \quad \text{bzw.} \quad \sum_{\mu} i_{\mu} = 0. \tag{4.115a, b}$$

Beispiel: Für die Hüllfläche im Bild 4.40 liefern nur die Flächen *1* und *2* einen Beitrag. Nimmt man dort näherungsweise ein homogenes Feld an, so ergibt sich

$$\oint \boldsymbol{S}\, \mathrm{d}\boldsymbol{A} = S_1 A_1 \cos 180° + S_2 A_2 \cos 0° = -S_1 A_1 + S_2 A_2 = 0$$

bzw. mit der Stromstärke

$$i = \int \boldsymbol{S}\, \mathrm{d}\boldsymbol{A}, \tag{4.116}$$

$$i_1 = S_1 A_1 = i_2 = S_2 A_2 \quad \text{bzw.} \quad S_1/S_2 = A_2/A_1. \tag{4.117a, b}$$

Die Stromdichte ist bei einem unverzweigten Stromkreis um so größer, je kleiner der senkrecht durchströmte Querschnitt ist.

Das entspricht dem Verhalten einer Leitung, durch die eine inkompressible Flüssigkeit fließt. Deren Strömungsgeschwindigkeit ist um so größer, je kleiner der Querschnitt ist.

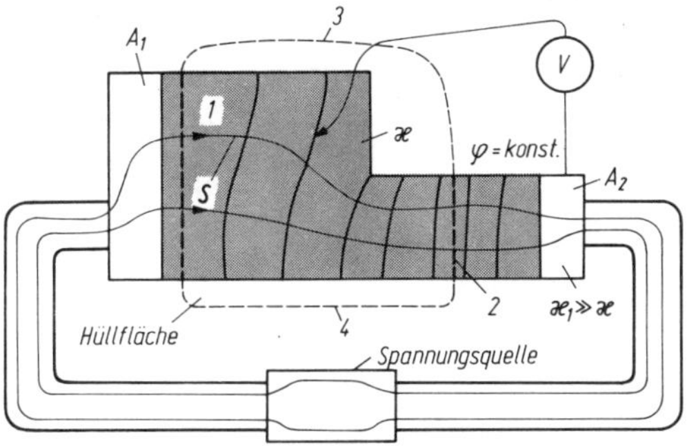

Bild 4.40
Gleichstromkreis als Beispiel eines stationären Strömungsfeldes

Elektrisches Potentialfeld. Ursache der Ladungsträgerbewegung in den Leitern ist die elektrische Feldstärke $\boldsymbol{E}$. Zeitkonstante elektrische Felder sind in beliebigen Medien wirbelfrei. Demnach gilt für beliebige Integrationswege der *zweite Kirchhoffsche Satz in Feldform*

$$\oint \boldsymbol{E}\, \mathrm{d}\boldsymbol{s} = 0 \quad \text{bzw.} \quad u_{\mathrm{AB}} = \varphi_{\mathrm{A}} - \varphi_{\mathrm{B}} = \int_A^B \boldsymbol{E}\, \mathrm{d}\boldsymbol{s}. \tag{4.118a, b}$$

Das elektrische Feld ist ein Potentialfeld und kann durch das skalare Potential φ beschrieben werden. Die Potentialdifferenz (Spannung) zwischen zwei Punkten ist wegunabhängig. Auf jedem beliebigen Integrationsweg verschwindet die algebraische Summe der Spannungen (Abschn. 4.1):

$$\sum_{\mu} u_{\mu} = 0. \tag{4.119}$$

[1]) Auf den Index k wird wegen $\boldsymbol{S} = \boldsymbol{S}_\mathrm{k}$ verzichtet.

Stetigkeitsbedingungen. Aus den Gln. (4.115) und (4.118a) folgen – wie im Abschnitt 3.5 dargelegt – die Stetigkeitsbedingungen für die Normalkomponenten S_n der Konvektionsstromdichte (im stationären Fall) und die Tangentialkomponenten der elektrischen Feldstärke an der Grenzfläche zweier Medien *1* und *2*:

$$S_{n1} = S_{n2}, \qquad E_{t1} = E_{t2}. \tag{4.120a, b}$$

Ohmsches Gesetz. Der Zusammenhang zwischen $\boldsymbol{S}$ und $\boldsymbol{E}$ hängt von den Materialeigenschaften ab. Im folgenden werden leitfähige Medien vorausgesetzt, für die als *Ohmsches Gesetz in Feldform* angenommen werden kann:

$$\boldsymbol{S} = \varkappa \boldsymbol{E} \quad \text{mit} \quad \varkappa = 1/\varrho = \text{konst.} \tag{4.121}$$

Die Stromdichte ist dabei also der elektrischen Feldstärke direkt proportional. Zahlenwerte für die elektrische Leitfähigkeit $\varkappa$ bzw. den spezifischen Widerstand ϱ wurden bereits im Abschnitt 1.8.2.3 vorgestellt. In *Nichtleitern* ist definitionsgemäß $\varkappa = 0$ und damit die Konvektionsstromdichte $\boldsymbol{S} = 0$. Als *ideale Leiter* bezeichnet man Leiter, für die $\varkappa \to \infty$ und damit auch bei endlicher Stromdichte $\boldsymbol{E} = \boldsymbol{S}/\varkappa = 0$ angenommen werden können. Im Bild 4.40 wird vorausgesetzt, daß die linienhaften Leiter und die Elektroden am räumlichen Leiter so gut leiten, daß die gesamte Spannung am schlecht leitenden räumlichen Leiter abfällt. Die Messung von Potentialdifferenzen zur Elektrode *2* veranschaulicht Bild 4.40.

Um das elektrische Feld in einem räumlichen Strömungsfeld beschreiben zu können, muß das Verhalten an den Grenzflächen diskutiert werden.

4.3.2 Verhalten an Grenzflächen

Grenzfläche Leiter–Nichtleiter. In Nichtleitern kann kein Strom fließen, es ist also stets $\boldsymbol{S} = 0$. *Demnach muß bei einem stationären Strömungsfeld an der Grenzfläche Leiter–Nichtleiter die Stromdichte* ***S*** *im Leiter stets tangential zur Grenzfläche verlaufen.* Die Normalkomponente von $\boldsymbol{S}$ im Leiter verschwindet, da sie auch im Nichtleiter verschwindet:

$$S_n = 0. \tag{4.122}$$

Wäre das nicht der Fall, würde also ein Ladungstransport zur Grenzfläche erfolgen, müßte sich an der Grenzfläche eine zeitlich zunehmende Flächenladungsdichte ausbilden, was aber bei einem stationären Feld voraussetzungsgemäß nicht möglich ist. Wegen $\boldsymbol{S} = \varkappa \boldsymbol{E}$ muß auch die Feldstärke tangential zur Grenzfläche verlaufen, und damit ist

$$E_n = S_n/\varkappa = 0. \tag{4.123}$$

Da die Äquipotentialflächen stets senkrecht auf den Feldlinien stehen, müssen die Äquipotentialflächen im Leiter senkrecht auf der Grenzfläche zum angrenzenden Nichtleiter stehen (siehe z.B. Bild 4.40). Aus Gl. (4.120b) kann geschlossen werden, daß die Tangentialkomponente der elektrischen Feldstärke im Leiter und Nichtleiter übereinstimmen.

Grenzfläche Leiter–idealer Leiter. *Da für den idealen Leiter $E = S/\varkappa = 0$ ist, kann er an der Grenzfläche als Äquipotentialfläche angesehen werden.* Also müssen die $\boldsymbol{E}$-Linien und damit auch die $\boldsymbol{S}$-Linien aus dem Leiter senkrecht auf den idealen Leiter treffen (siehe z.B. Bild 4.40).

Senkrecht durchströmte Grenzfläche zweier Leiter mit den Leitfähigkeiten $\varkappa_1$ und $\varkappa_2$. Für diesen im Bild 4.41a dargestellten Fall, bei dem nur eine Normalkomponente S_n auftritt, kann aus

$$\oint \boldsymbol{S}\, \mathrm{d}\boldsymbol{A} = 0 \quad \text{auf} \quad S_1 A = S_2 A \quad \text{bzw.} \quad S_1 = S_2 \tag{4.124}$$

geschlossen werden, und damit gilt:

$$\varkappa_1 E_1 = \varkappa_2 E_2 \quad \text{bzw.} \quad E_1/E_2 = \varkappa_2/\varkappa_1. \tag{4.125}$$

Im Medium mit der größeren Leitfähigkeit – im Bild 4.41a das Medium *2* – genügt folglich eine kleinere elektrische Feldstärke, um den Stromfluß zu verursachen. Der Spannungsabfall längs der **S**-Linien ist wegen Gl. (4.118b) bei gleicher Länge der Leiter kleiner (Bild 4.41b).

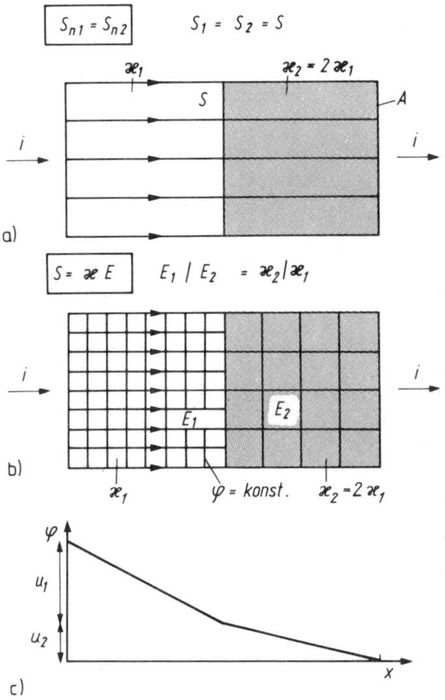

Bild 4.41
Stationäres Strömungsfeld mit senkrecht durchströmter Grenzfläche zweier Leiter
a) Stromdichtefeld mit Stetigkeit der Normalkomponente;
b) Feldstärke- und Potentialfeld;
c) Potential als Funktion des Ortes

Grenzfläche zweier Leiter mit den Leitfähigkeiten $\varkappa_1$ und $\varkappa_2$ bei tangentialer Strömung. Es gilt:

$$E_{t1} = E_{t2}, \qquad S_{t1}/S_{t2} = \varkappa_1/\varkappa_2. \tag{4.126}$$

Die Stromdichte ist im Medium mit der höheren Leitfähigkeit höher (s. z.B. Bild 4.42). Die Äquipotentialflächen stehen senkrecht auf der Grenzfläche.

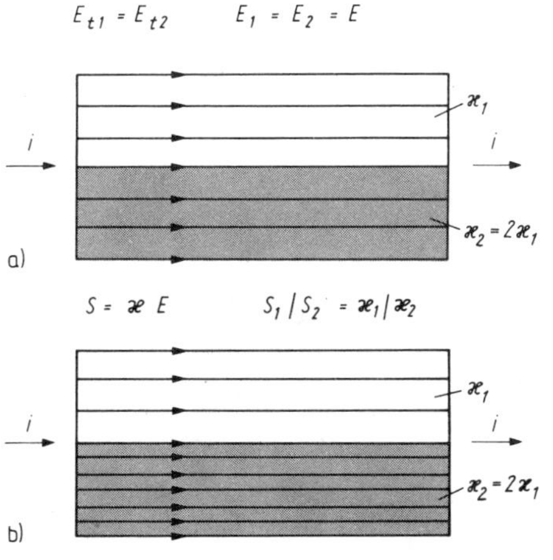

Bild 4.42
Stationäres Strömungsfeld bei tangentialer Strömung an der Grenzfläche zweier Leiter
a) Feldstärkefeld mit Stetigkeit der Tangentialfeldstärke;
b) Stromdichtefeld

Schräg durchströmte Grenzfläche zweier Leiter mit den Leitfähigkeiten $\varkappa_1$ und $\varkappa_2$. Ein Stromdichtevektor, der schräg auf einer Grenzfläche steht (Bild 4.43), kann in eine Normalkomponente S_n und eine Tangentialkomponente S_t zerlegt werden:

$$\boldsymbol{S} = \boldsymbol{e}_n S_n + \boldsymbol{e}_t S_t \quad \text{mit} \quad |\boldsymbol{e}_n| = 1 \quad \text{und} \quad |\boldsymbol{e}_t| = 1. \tag{4.127}$$

Die Stetigkeitsbedingung für die Normalkomponente der Stromdichte lautet nach Gl. (4.120a) $S_{n1} = S_{n2}$ bzw. $\varkappa_1 E_{n1} = \varkappa_2 E_{n2}$ und die Stetigkeitsbedingung für die Tangentialkomponente der elektrischen Feldstärke

$$E_{t1} = E_{t2} \quad \text{bzw.} \quad S_{t1}/\varkappa_1 = S_{t2}/\varkappa_2. \tag{4.128}$$

Entsprechend Bild 4.43 gilt $\tan\alpha_1 = S_{t1}/S_{n1}$ und $\tan\alpha_2 = S_{t2}/S_{n2}$ und damit

$$\frac{\tan\alpha_1}{\tan\alpha_2} = \frac{S_{t1}}{S_{t2}} = \frac{\varkappa_1}{\varkappa_2} = \frac{E_{n2}}{E_{n1}}. \tag{4.129}$$

Das *Brechungsgesetz für Stromdichtelinien* lautet also

$$\tan\alpha_1/\tan\alpha_2 = \varkappa_1/\varkappa_2. \tag{4.130}$$

Beim Übergang in schlechtere Leiter werden schräg laufende **S**-Linien zur Normale hin gebrochen (Bild 4.43). Die Grenzfläche zwischen einem sehr guten und einem schlechten Leiter wirkt dabei etwa wie eine Äquipotentialfläche, auf der die **S**-Linien im schlechteren Leiter ($\varkappa_1 \ll \varkappa_2$) nahezu senkrecht stehen.

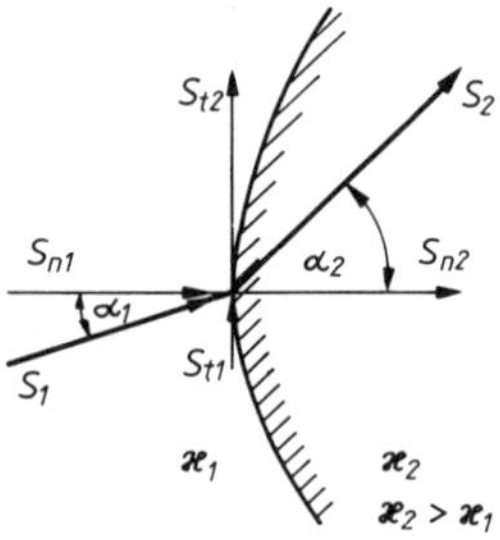

Bild 4.43
Zum Brechungsgesetz für die Stromdichte an der Grenzfläche zweier Medien unterschiedlicher Leitfähigkeit

Flächenladungsdichte an der Grenzfläche zweier Leiter*. Aus $S_{n1} = S_{n2}$ und damit $\varkappa_1 E_{n1} = \varkappa_2 E_{n2}$ folgt mit $D_{n1} = \varepsilon_1 E_{n1}$ und $D_{n2} = \varepsilon_2 E_{n2}$ $D_{n2}/D_{n1} = (\varepsilon_2/\varepsilon_1)(\varkappa_1/\varkappa_2)$. Meist ist $\varepsilon_2/\varepsilon_1 \neq \varkappa_2/\varkappa_1$ und damit $D_{n1} \neq D_{n2}$. Nach dem Gaußschen Satz für Grenzflächen (Abschn. 3.5) tritt damit wegen $D_{n2} = D_{nt}(\pm)\sigma$ an der Grenzfläche eine *Flächenladungsdichte*

$$(\pm)\sigma = D_{n2} - D_{n1} = S_n(\varepsilon_2/\varkappa_2 - \varepsilon_1/\varkappa_1) \tag{4.131}$$

auf. Dabei ist das positive Vorzeichen für den Fall zu wählen , daß S_n von *1* nach *2* positiv gezählt wird. Beim Einschalten solcher Anordnungen baut sich σ so lange auf, bis der stationäre Zustand mit $\partial D/\partial t = 0$ erreicht ist.

4.3.3 Widerstand bei Zweielektrodenanordnungen

Definition. Als *Widerstand R* eines leitfähigen Mediums mit zwei leitenden Anschlüssen (siehe z. B. Bild 4.44) definiert man den Quotienten von Spannung u und Strom i (bei gleicher Zählpfeilrichtung):

$$R = \frac{u}{i} \quad \text{bzw.} \quad R = \frac{\int_A^B \boldsymbol{E}\,\mathrm{d}\boldsymbol{s}}{\int \boldsymbol{S}\,\mathrm{d}\boldsymbol{A}}. \tag{4.132}$$

Dabei wird vorausgesetzt, daß es sich um Gleichspannung und -strom handelt bzw. daß bei zeitveränderlichen Größen die Verschiebungsstromdichte gegen die Konvektionsstromdichte zu vernachlässigen ist. Die Widerstandsberechnung setzt eine Berechnung von $\boldsymbol{E}$ und $\boldsymbol{S}$ voraus. Für konstantes $\varkappa$ gilt wegen $\boldsymbol{S} = \varkappa \boldsymbol{E}$ für den Leitwert G nach Gl. (4.132)

$$G = 1/R = \varkappa G_\mathrm{F} \quad \text{mit} \quad G_\mathrm{F} = \int \boldsymbol{E}\,\mathrm{d}\boldsymbol{A} \Big/ \left(\int_A^B \boldsymbol{E}\,\mathrm{d}\boldsymbol{s} \right). \tag{4.133}$$

Dabei hängt G_F nur von den Abmessungen der Anordnung ab und wird deshalb wie bei den Kapazitäten Geometriefaktor genannt. Für einfache Strömungsfelder kann folgender *Lösungsweg für die Widerstandsberechnung* gewählt werden:

$$i \longrightarrow \boldsymbol{S} \longrightarrow \boldsymbol{E} \longrightarrow \varphi,\, u \longrightarrow R. \tag{4.134}$$
$$i = \int \boldsymbol{S}\,\mathrm{d}\boldsymbol{A} \quad \boldsymbol{E} = \boldsymbol{S}/\varkappa \quad u_\mathrm{AB} = \varphi_\mathrm{A} - \varphi_\mathrm{B} = \int_A^B \boldsymbol{E}\,\mathrm{d}\boldsymbol{s} \quad R = \frac{u_\mathrm{AB}}{i}$$

Die Integrationsfläche und der Integrationsweg sind im Interesse einer einfachen Lösung so zu wählen, daß sie die Feldeigenschaften berücksichtigen. Im folgenden werden dazu Beispiele vorgestellt.

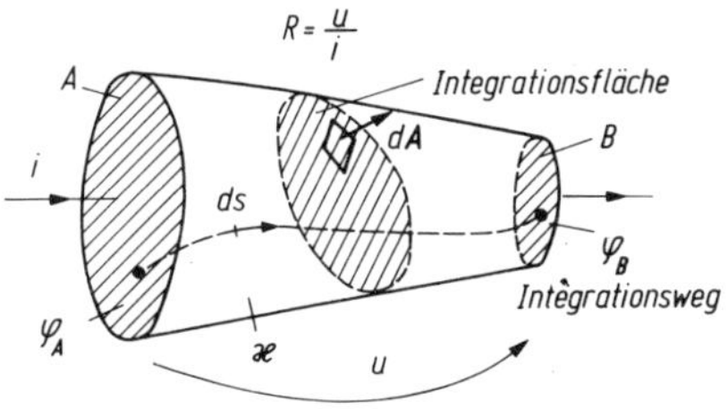

Bild 4.44
Zur Widerstandsdefinition

Potential und Widerstand bei homogenem Strömungsfeld. Zwischen zwei parallelen Metallelektroden (Bild 4.45 a) befindet sich ein Medium mit der Leitfähigkeit $\varkappa$ (z. B. eine Kohlenstoffschicht), deren Widerstand zu berechnen ist. Aus $i = SA \cos 0°$, $S = i/A$, $E = S/\varkappa = i/(\varkappa A)$,

$$\varphi(x) - \varphi(x_0) = \int_x^{x_0} E\,\mathrm{d}x = E\,(x_0 - x) \text{ und } u_{01} = \varphi(0) - \varphi(l) = \int_0^l E\,\mathrm{d}x = El \text{ folgt}$$

$$R = l/(\varkappa A). \tag{4.135}$$

Die technische Bedeutung dieser Gleichung wurde bereits in den Abschnitten 1.8.2.2 bis 1.8.2.4 diskutiert.

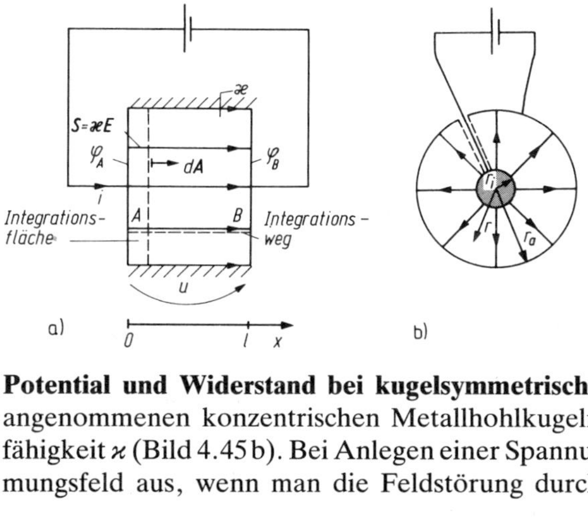

Bild 4.45
Widerstandsberechnung
a) bei homogenem Feld;
b) bei kugelsymmetrischem Feld
Hinweis: Elektrodenleitfähigkeit $\varkappa_\mathrm{E} \gg \varkappa$

Potential und Widerstand bei kugelsymmetrischem Feld. Zwischen zwei als ideal leitend angenommenen konzentrischen Metallhohlkugeln befindet sich ein Medium mit der Leitfähigkeit $\varkappa$ (Bild 4.45 b). Bei Anlegen einer Spannung bildet sich ein kugelsymmetrisches Strömungsfeld aus, wenn man die Feldstörung durch den zufließenden Strom vernachlässigt.

Wählt man eine Kugelfläche mit dem Radius r als Integrationsfläche und einen Integrationsweg längs einer $\boldsymbol{S}$-Linie, so gilt $i = \int \boldsymbol{S}\,\mathrm{d}\boldsymbol{A} = \int S\,\mathrm{d}A = SA = S4\pi r^2$, $S = i/4\pi r^2$, $E = S/\varkappa = i/(4\pi\varkappa r^2)$

$$\varphi(r) - \varphi(r_0) = \int_r^{r_0} E\,\mathrm{d}r = \frac{i}{4\pi\varkappa}\left(\frac{1}{r} - \frac{1}{r_0}\right). \tag{4.136}$$

r und r_0 sind beliebige Radien (zwischen den Elektroden). Setzt man $\varphi(r_0) = i/(4\pi\varkappa r_0)$, so folgt

$$\varphi(r) = i/(4\pi\varkappa r). \tag{4.137}$$

Für $r_0 \to \infty$, d.h. eine unendlich weit entfernte Gegenelektrode, ist die Annahme $\varphi(r_0) = i/(4\pi\varkappa r_0)$ gleichbedeutend mit $\varphi = 0$ im Unendlichen. In die Gln. (4.136) und (4.137) geht der Innenradius r_i nicht ein. Diese Gleichungen gelten auch für $r_i \to 0$, also für punktförmige Stromquellen. Punktquellen spielen für die Theorie von Strömungsfeldern eine ebenso wichtige Rolle wie Punktladungen für elektrostatische Felder, für die nach Abschnitt 4.2.2 $\varphi = Q/(4\pi\varepsilon r)$ ist. Sie sind aber ebenso wie diese als mathematische Idealisierung aufzufassen, da S bzw. E sowie φ für $r \to 0$ gegen unendlich gehen.

Der Widerstand $R = u/i$ wird natürlich von r_i beeinflußt. Für ihn folgt aus Gl. (4.136) mit $u_{r_i r_a} = \varphi(r_i) - \varphi(r_a)$

$$R = \frac{1}{4\pi\varkappa}\left(\frac{1}{r_i} - \frac{1}{r_a}\right) \quad \text{bzw.} \quad R = \frac{1}{4\pi\varkappa r_i} \quad \text{für} \quad r_a \to \infty. \tag{4.138 a, b}$$

Um R zu verkleinern, muß man $\varkappa$ und r_i vergrößern und r_a reduzieren.

Potential und Widerstand beim zylindersymmetrischen Feld. Zwischen zwei sehr langen konzentrischen leitfähigen Zylindern (Innenradius r_i, Außenradius r_a, Länge l), zwischen denen sich ein Medium der Leitfähigkeit $\varkappa$ befindet, bildet sich ein Feld aus, für das folgende Beziehungen gelten:

$$S = \frac{i}{2\pi r l}, \qquad E = \frac{i}{2\pi\varkappa r l}, \qquad \varphi(r) - \varphi(r_0) = \frac{i}{2\pi\varkappa l}\ln\frac{r_0}{r}, \qquad R = \frac{1}{2\pi\varkappa l}\ln\frac{r_a}{r_i}. \tag{4.139 a bis d}$$

Teilwiderstände. Vielfach ist es zweckmäßig, ein Strömungsfeld in Teilgebiete zu zerlegen, denen jeweils ein Teilwiderstand zugeordnet werden kann. Die Teilgebiete sind so zu wählen, daß sie einmal von $\boldsymbol{S}$-Linien begrenzt werden *(Stromröhren)*, durch die der Strom Δi_μ fließt (Bild 4.46a), und zum anderen durch zwei Äquipotentialflächen, zwischen denen eine Spannung Δu_μ auftritt. Demnach ist $R_\mu = \Delta u_\mu/\Delta i_\mu$. Für die Gesamtanordnung kann eine exakte Ersatzschaltung angegeben werden, bei der die in einer Stromröhre liegenden Widerstände jeweils in Reihe (Addition der R_μ, Bild 4.46b) und die zwischen zwei φ-Flächen liegenden parallelgeschaltet sind (Addition der G_μ, s. Abschn. 1.8.2.5). Damit kann R prinzipiell auch bei einer endlichen Zahl von Teilwiderständen exakt ermittelt werden. Vielfach ist aber das Feldbild nur näherungsweise bekannt, so daß eine Näherung entsteht.

Inhomogene Felder können in hinreichend kleinen Volumenbereichen näherungsweise als homogene Felder aufgefaßt werden. Einem hinreichend kleinen Stromröhrenabschnitt kann ein Teilstrom $\Delta i_\mu = S_\mu \Delta A_\mu = \varkappa_\mu E_\mu \Delta A_\mu = \varkappa_\mu \Delta u_\mu \Delta A_\mu/\Delta s_\mu$ und damit ein Leitwert $1/R_\mu = G_\mu = \Delta i_\mu/\Delta u_\mu = \varkappa_\mu \Delta A_\mu/\Delta s_\mu$ zugeordnet werden (Bild 4.46c). Der Widerstand einer Stromröhre kann durch Reihenschaltung der Widerstände R_μ und damit nach Abschnitt 1.8.2.5 durch Addition ermittelt werden. Beim Übergang zu differentiell kurzen Abschnitten geht die Addition in eine Integration über:

$$\mathrm{d}R_R = \lim_{\Delta s \to 0} \frac{\Delta s}{\varkappa\,\Delta A} = \frac{\mathrm{d}s}{\varkappa\,\Delta A} \quad \text{bzw.} \quad R_R = \int \frac{\mathrm{d}s}{\varkappa\,\Delta A}. \tag{4.140 a, b}$$

Beispiel 1: Für einen gekrümmten Leiter der Länge l mit konstantem Querschnitt A ergibt sich als Näherung $R = l/(\varkappa A)$. Bei abgewinkelten Leiterstücken bzw. mäanderförmigen Leitern (z. B. Bild 1.44) kann für l in erster Näherung die Länge der „neutralen Faser" eingesetzt werden.

Beispiel 2: Ein Hohlzylinder (Bild 4.46d) kann durch die Reihenschaltung von sehr dünnen Hohlzylindern der differentiellen Dicke dr mit der Fläche $2\pi r l$ beschrieben werden. In Übereinstimmung mit Gl. (4.139d) ergibt sich

$$\mathrm{d}R = \frac{\mathrm{d}r}{2\pi\varkappa l r}, \qquad R = \int \mathrm{d}R = \int_{r_i}^{r_a} \frac{\mathrm{d}r}{2\pi\varkappa l r} = \frac{1}{2\pi\varkappa l} \ln \frac{r_a}{r_i}. \tag{4.141a, b}$$

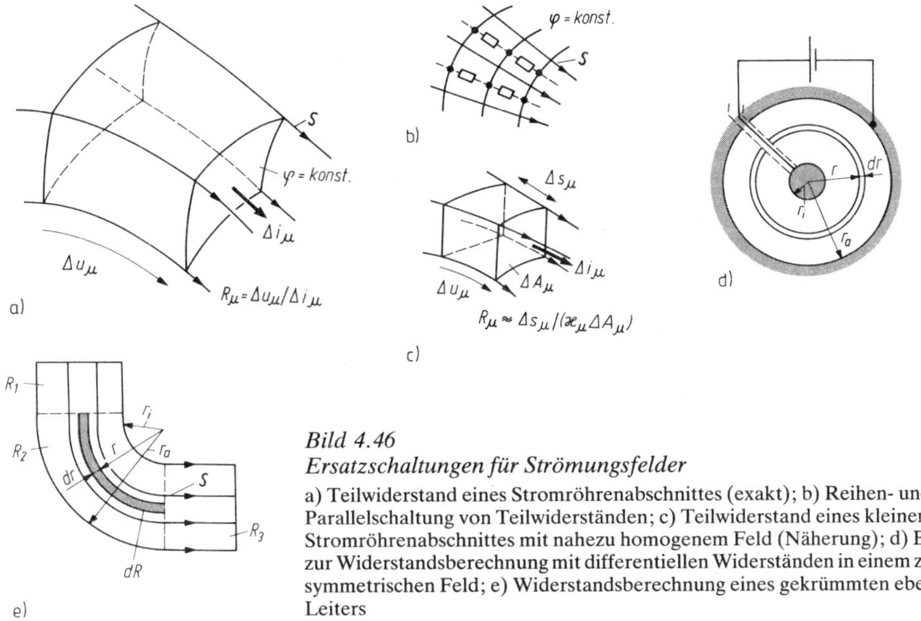

Bild 4.46
Ersatzschaltungen für Strömungsfelder
a) Teilwiderstand eines Stromröhrenabschnittes (exakt); b) Reihen- und Parallelschaltung von Teilwiderständen; c) Teilwiderstand eines kleinen Stromröhrenabschnittes mit nahezu homogenem Feld (Näherung); d) Beispiel zur Widerstandsberechnung mit differentiellen Widerständen in einem zylindersymmetrischen Feld; e) Widerstandsberechnung eines gekrümmten ebenen Leiters

Der Leitwert G einer Widerstandsschicht zwischen zwei Äquipotentialflächen ergibt sich durch Parallelschaltung, d. h. Addition der Leitwerte G_μ aller Stromröhrenabschnitte. Bei differentiell kleinen Flächen der Stromröhrenabschnitte gilt

$$\mathrm{d}G = \lim_{\Delta A \to 0} \frac{\varkappa\, \Delta A}{\Delta s} = \frac{\varkappa\, \mathrm{d}A}{\Delta s}, \qquad G = \int \frac{\varkappa\, \mathrm{d}A}{\Delta s}. \tag{4.142a, b}$$

Beispiel: Für den Widerstand des Leiters im Bild 4.46e mit der Dicke b gilt $R = R_1 + R_2 + R_3$. R_1 und R_3 folgen aus Gl. (4.135). Um R_2 zu bestimmen, werden als Näherung viertelkreisförmige **S**-Linien angenommen. Damit liegt eine Parallelschaltung von differentiellen hohlzylinderförmigen Stromröhren mit dem Leitwert $\mathrm{d}G = \varkappa\, \mathrm{d}A/\Delta s$, der Fläche $\mathrm{d}A = b\, \mathrm{d}r$ und der Länge $\Delta s = 2\pi r/4 = \pi r/2$ vor. Demnach ist

$$\frac{1}{R_2} = G_2 = \frac{2\varkappa b}{\pi} \int_{r_i}^{r_a} \frac{\mathrm{d}r}{r}, \qquad R_2 = \frac{\pi}{2\varkappa b} \frac{1}{\ln r_a/r_i}. \tag{4.143}$$

Aufgabe 4.18 Widerstand R und Schichtwiderstand R_S einer Halbleiterschicht

Berechnen Sie R und R_S für eine sehr dünne Halbleiterschicht ($\Delta y \ll \Delta x$, Δz) (Bild 4.47) der Dicke Δy, der Breite Δz und der Länge Δx zwischen den Kontaktflächen;
a) für konstante Leitfähigkeit $\varkappa$; b) für $\varkappa = \varkappa(y)$.

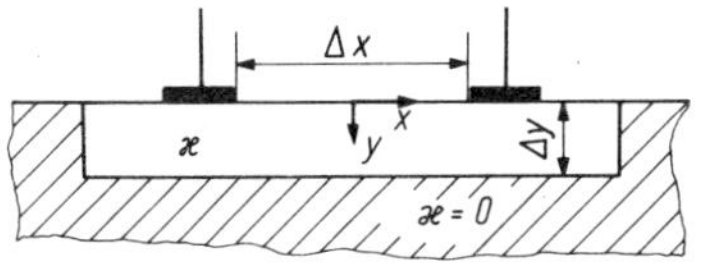

Bild 4.47
Halbleiterschicht

Lösungshinweise:

- Definition des Schichtwiderstandes R_S: $R = R_S \, \Delta x / \Delta z$ (Abschn. 1.8.2.2);
- Strömungsfeld vereinfachen (Näherung).

Aufgabe 4.19 Halbkugelerder

Bild 4.48 zeigt das Prinzip sowie den Potentialverlauf eines metallischen Halbkugelerders mit dem Radius $r_E = 2$ m für einen Leitungsmast. Bei einem Kurzschluß fließt ein Strom von 100 A in das Erdreich, dessen Leitfähigkeit $\varkappa = 5 \cdot 10^{-2}$ S/m sei.

a) Berechnen Sie E und φ im Erdreich, die Spannung u_E des Erders sowie seinen Ersatzwiderstand R_E!
b) Wie groß ist die auf einen Menschen bei einer Schrittweite $s = 1$ m wirkende Spannung u_{AB} (Schrittspannung) zwischen den Füßen?
c) Auf welchen Wert darf sich $\varkappa$ ändern, ohne daß u_{AB} die noch ungefährliche Spannung von 65 V überschreitet?

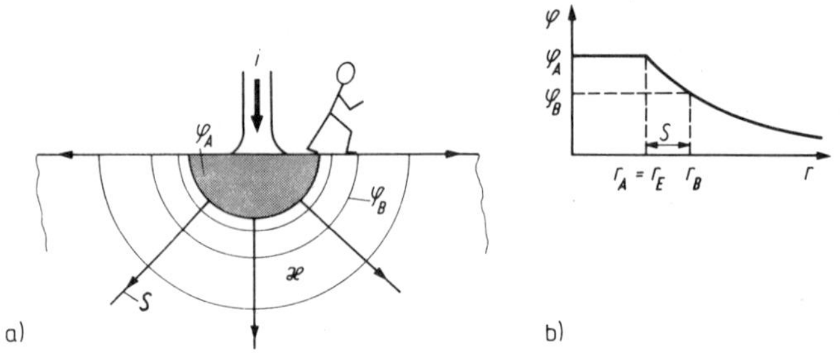

Bild 4.48 Halbkugelerder für einen Mast

a) Aufbau, Stromdichtefeld sowie Schrittspannung; b) Potentialverlauf als Funktion des Abstandes (Spannungsabfall im Metall wegen der viel höheren Leitfähigkeit $\varkappa$ vernachlässigbar)

4.3.4 Analogie zwischen stationärem Strömungsfeld und elektrostatischem Feld

Begründung der Analogie. Im Strömungsfeld gilt $\oint \boldsymbol{S} \, d\boldsymbol{A} = 0$ und damit für konstantes $\varkappa$: $\varkappa \oint \boldsymbol{E} \, d\boldsymbol{A} = 0$ bzw. $\oint \boldsymbol{E} \, d\boldsymbol{A} = 0$. Im raumladungsfreien Nichtleiter ist $\oint \boldsymbol{D} \, d\boldsymbol{A} = Q = 0$ und für konstantes ε: $\varepsilon \oint \boldsymbol{E} \, d\boldsymbol{A} = 0$ bzw. ebenfalls $\oint \boldsymbol{E} \, d\boldsymbol{A} = 0$. Beide Felder sind wirbelfrei, d. h., es ist $\oint \boldsymbol{E} \, d\boldsymbol{s} = 0$ bzw. $\varphi_A - \varphi_B = \int_A^B \boldsymbol{E} \, d\boldsymbol{s}$. Außerdem stimmen die Randbedingungen für $\boldsymbol{E}$ an der Grenzfläche Leiter–idealer Leiter (beim Strömungsfeld) und Nichtleiter–Leiter (beim elektrostatischen Feld) überein: $\boldsymbol{E}$ steht senkrecht, und die Elektroden – also ideale Leiter beim Strömungsfeld und Leiter beim elektrostatischen Feld (siehe z. B. Bild 4.49) – sind Äquipotentialflächen.

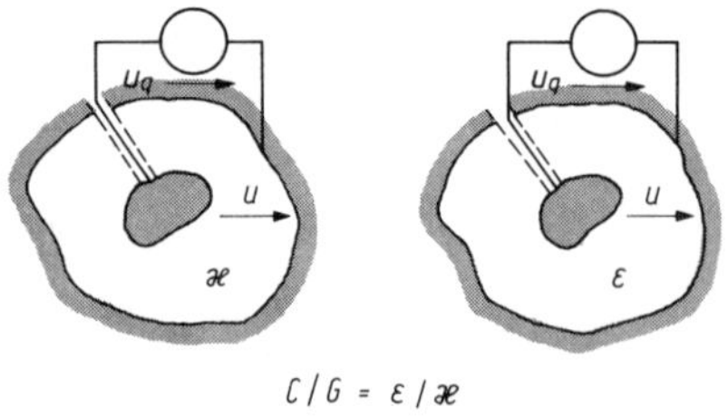

Bild 4.49 Zur Analogie zwischen Strömungsfeldern und elektrostatischen Feldern

Ersetzt man also in einer Anordnung aus ideal leitenden Elektroden und einem räumlichen Leiter letzteren durch einen Nichtleiter, so ändert sich die Potentialverteilung zwischen den Elektroden bei gleichbleibenden Elektrodenspannungen nicht.

Demnach kann mit den Gln. (4.93b) und (4.132b)

$$RC = \frac{\int_A^B \boldsymbol{E}\,\mathrm{d}\boldsymbol{s}}{\varkappa \oint \boldsymbol{E}\,\mathrm{d}\boldsymbol{A}} \, \frac{\boldsymbol{E} \oint \varepsilon\,\mathrm{d}\boldsymbol{A}}{\int_A^B \boldsymbol{E}\,\mathrm{d}\boldsymbol{s}} = \frac{\varepsilon}{\varkappa}; \tag{4.144}$$

$$RC = \varepsilon/\varkappa \quad \text{bzw.} \quad C/G = \varepsilon/\varkappa \tag{4.145}$$

geschlossen werden.

Die Kapazität einer Anordnung verhält sich zum Leitwert wie die Permittivität zur Leitfähigkeit.

Voraussetzung dafür ist allerdings nach Gl. (4.144), daß die Stromzuführung zur inneren Elektrode derart über einen dünnen isolierten Leiter erfolgt, daß das Flächenintegral über $\boldsymbol{E}$ im Strömungsfeld, in das dieser dünne Leiter nicht einzubeziehen ist, mit dem Hüllenintegral über $\boldsymbol{E}$ im elektrostatischen Feld übereinstimmt. Das ist z.B. bei langen Leitersystemen mit nahezu ebenen Feldern durch Stromzuführung am Rand leicht möglich.

Hinweis:* Prinzipiell gelten die Beziehungen $\oint \boldsymbol{D}\,\mathrm{d}\boldsymbol{A} = Q$ und $\boldsymbol{D} = \varepsilon \boldsymbol{E}$ auch für Anordnungen mit Strömungsfeld. Eine Anordnung mit Strömungsfeld besitzt im allgemeinen Fall auch eine Kapazität. Auch einem Feldröhrenabschnitt sind also im allgemeinen Fall ein Teilwiderstand und eine Teilkapazität zuzuordnen, die über Gl. (4.145) verknüpft sind (Bild 4.50a). Vielfach, vor allem für großes $\varkappa$ (Metalle), spielt die Ladungsspeicherung auf den Elektroden wegen $C = G\varepsilon/\varkappa \to 0$ bzw. die Feldspeicherung zwischen den Elektroden keine Rolle, so daß nur der Teilwiderstand zu betrachten ist (Bild 4.50b). In Nichtleitern ist $G = 0$. Es tritt nur die Kapazität auf (Bild 4.50c).

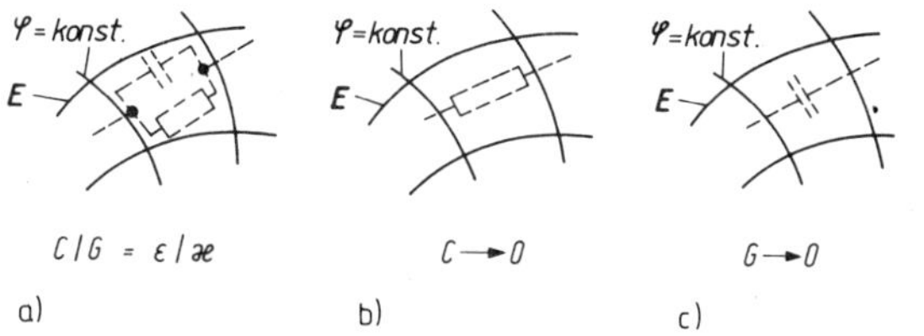

Bild 4.50 Teilwiderstand und -kapazität eines Feldröhrenabschnittes
a) allgemein; b) bei vernachlässigbarer Kapazität; c) im Nichtleiter

Nach Gl. (4.145) kann aus berechnetem oder gemessenem R auf $C = \varepsilon/(\varkappa R)$ geschlossen werden oder umgekehrt von C auf $R = \varepsilon/(\varkappa C)$. Es lassen sich für die in Tafel 4.2 angegebenen Elektrodenanordnungen sofort auch die R-Werte angeben. Die Größe $RC = \varepsilon/\varkappa$ nennt man – wie im Abschnitt 4.6.3.9 noch dargelegt wird – für ein leitfähiges Medium auch dielektrische Relaxationszeit.

Messungen von Potentialverteilungen. Potentialverteilungen sind in Strömungsfeldern einfacher auszumessen als in elektrostatischen Feldern. Wegen der übereinstimmenden Potentialverteilung bei gleichen Elektrodenspannungen oder – allgemeiner – der Übereinstimmung der auf die Elektrodenspannungen normierten Potentialverteilung (φ/u_{AB} mit $u_{AB} = \varphi_A - \varphi_B$ und $\varphi_B = 0$) kann der *elektrolytische Trog* (Bild 4.51) zur Ausmessung von elektrostatischen oder natürlich auch von Strömungsfeldern dienen. Als leitfähiges Medium dient Wasser, dessen $\varkappa$-Wert bekanntlich sehr klein gegenüber dem der metallischen Elektroden ist, an die die entsprechenden Spannungen angelegt werden und die wie ideale Leiter wirken.

Die Potentialverteilung kann entweder über eine Sonde abgetastet werden, die über ein hochohmiges Voltmeter mit einer Bezugselektrode verbunden ist oder, wie Bild 4.51 zeigt, mit einer Wheatstoneschen Brückenschaltung. Hierbei wird ein Spannungsteiler so lange verstellt, bis der Ausschlag eines Voltmeters im Brückenzweig verschwindet, so daß $\varphi/(\varphi_A - \varphi_B) = R_1/(R_1 + R_2)$ gilt. Diese Kompensationsmethode ermöglicht eine stromlose Messung und verfälscht damit das auszumessende Feld nicht. Um Polarisationserscheinungen (Abschn. 4.9.1.2) im Wasser zu vermeiden, wird eine Wechselspannungsquelle verwendet. Anstelle des Voltmeters nutzt man manchmal auch eine akustische Anzeige, d.h., der Spannungsteiler wird auf minimale Lautstärke eines Kopfhörers eingestellt (günstige Frequenz 800 ... 1000 Hz, da höchste Empfindlichkeit des menschlichen Ohres).

Der elektrolytische Trog wird vor allem für ebene Felder eingesetzt, eignet sich prinzipiell aber auch für dreidimensionale Felder, wenn man Feldstörungen durch die Zuleitungen vermeidet und beachtet, daß die isolierenden Randflächen (Wasseroberfläche, Seiten- und Grundfläche des Troges) dazu parallellaufende **E**-Linien erzwingen (ggf. großer Abstand). Letzteres entspricht Symmetrieflächen zwischen Elektroden gleicher Form und Polarität bei weit entfernter Gegenelektrode (s. Bilder 4.52c und 4.52d). Prinzipiell können alle Felder – auch mit mehreren Elektroden – ausgemessen werden, die der Laplacegleichung (4.77) genügen, also z. B. auch thermische Felder („Elektroden" als isotherme Flächen) sowie wirbelfreie Magnetfelder.

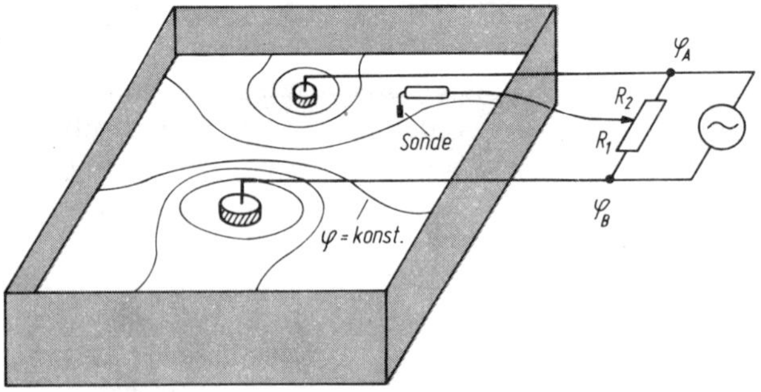

Bild 4.51
Elektrolytischer Trog

Für ebene Felder kann auch eleganter mit leitfähigem Papier oder leitfähiger Folie gearbeitet werden, auf die gut leitende Schichten als Elektroden aufgelegt oder aufgemalt werden.

Die Bedeutung der experimentellen Feldbestimmung sinkt durch vorhandene Computerprogramme zur Feldberechnung ab.

4.3.5 Allgemeine Berechnung von Strömungsfeldern

Grundlagen. Wegen der Analogie zu den elektrostatischen Feldern kann die Darstellung kurzgefaßt und auf Abschnitt 4.3 verwiesen werden. Anwendbar sind u. a. Methoden wie der Superpositionssatz, das Prinzip der Materialisierung der Äquipotentialflächen sowie das Prinzip der fiktiven Stromquellen zur Erfüllung von Randbedingungen an leitenden und isolierenden Grenzflächen.

Beispiele: Aus den Bildern 4.52a und 4.52 b ist ersichtlich, wie sich das ausbildende Feld beim System Elektrode–leitfähiges Medium–ideal leitende Ebene durch das Spiegelungsprinzip exakt beschreiben läßt (vgl. Bild 4.11). Die Bilder 4.52c und 4.52d verdeutlichen die Beschreibung des Systems „Elektrode–leitfähiges Medium–isolierende Ebene–zweite Elektrode im oberen Halbraum (unendlich weit entfernt)" durch Anbringen einer Elektrode gleicher Polarität, wodurch eine Symmetrieebene entsteht, bei der wie bei der isolierenden Ebene **E** tangential verläuft.

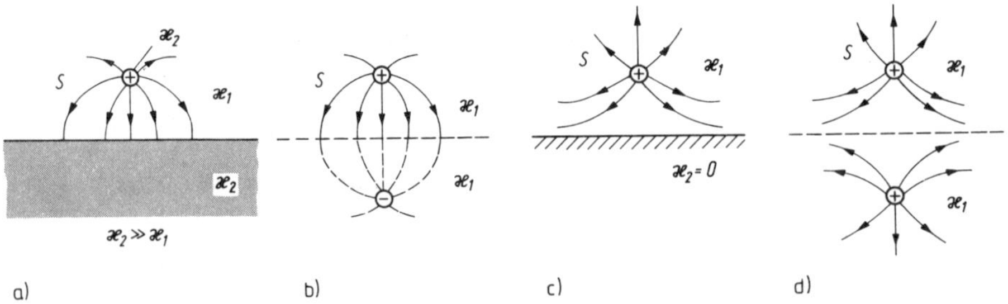

Bild 4.52 Strömungsfeld in einem Medium der Leitfähigkeit $\varkappa$

a) zylindrische Quelle parallel zu einer leitenden Ebene (Spannung u); b) Feldberechnung zu a) mit einer Spiegelquelle (Spannung $2u$ zwischen Quelle und Spiegelquelle) anderer Polarität; c) zylindrische Quelle, parallel zu isolierender Ebene (Gegenelektrode unendlich weit entfernt); d) Feldberechnung zu c) mit einer Spiegelquelle gleicher Polarität (Gegenelektrode unendlich weit entfernt)

Laplacegleichung*. In Differentialform lautet die Beschreibung von Strömungsfeldern wegen $\partial \boldsymbol{B}/\partial t = 0$ und $\partial \boldsymbol{E}/\partial t = 0$ nach den Abschnitten 3.2.2 und 4.2.7.1:

$$\operatorname{rot} \boldsymbol{E} = 0 \quad \text{bzw.} \quad \boldsymbol{E} = -\operatorname{grad} \varphi, \qquad \operatorname{div} \boldsymbol{S} = 0, \qquad \boldsymbol{S} = \varkappa \boldsymbol{E} \qquad (4.146\,\text{a bis c})$$

mit den Stetigkeitsbedingungen für die Tangentialkomponente von $\boldsymbol{E}$ und die Normalkomponente von $\boldsymbol{S}_n : E_{t1} = E_{t2}, S_{n1} = S_{n2}$. Damit ergibt sich:

$$\operatorname{div} \boldsymbol{S} = \operatorname{div} \varkappa \boldsymbol{E} = 0, \qquad -\operatorname{div} \varkappa \operatorname{grad} \varphi = 0, \qquad -\operatorname{grad} \varkappa \operatorname{grad} \varphi - \varkappa \operatorname{div} \operatorname{grad} \varphi = 0. \qquad (4.147\,\text{a bis c})$$

Für konstante Leitfähigkeit $\varkappa$ folgt daraus wegen $\operatorname{grad} \varkappa = 0$ die

$$\textit{Laplacegleichung}\ \triangle \varphi = 0. \qquad (4.148)$$

Bezüglich des Laplaceoperators $\triangle = \operatorname{div} \operatorname{grad}$ sei auf Anhang A.2.2 verwiesen. Da auch raumladungsfreie elektrostatische Felder durch die Laplacegleichung beschrieben werden, besteht bei gleichartigen Randwerten Analogie zwischen diesen Feldern und stationären Strömungsfeldern, wie bereits anhand der Integralform der Gleichungen im vorhergehenden Abschnitt diskutiert wurde. Die Vorgabe von Randbedingungen erfolgt meist als Vorgabe von Äquipotentialflächen für bestimmte Gebiete, die sich aus ideal leitenden Elektroden und/oder Symmetrieeigenschaften ergeben. Möglich ist aber auch die Vorgabe von Einströmungen $\boldsymbol{S} = -\varkappa \operatorname{grad} \varphi$ oder die Kombination von φ und $\operatorname{grad} \varphi$ als Randwerte. Falls $\varkappa$ bereichsweise konstant ist, gilt die Laplacegleichung jeweils innerhalb der Volumina, wobei aber die Randwerte durch die Stetigkeitsbedingungen an den Grenzflächen $\varkappa_1 E_{n1} = \varkappa_2 E_{n2}$ und $E_{t1} = E_{t2}$ sowie $\varphi_1 = \varphi_2$ verknüpft sind.

Hinweis:* Im Strömungsfeld sind auch die Gleichungen $\operatorname{div} \boldsymbol{D} = \varrho$ und $\boldsymbol{D} = \varepsilon \boldsymbol{E}$ gültig, die für $\varepsilon = \text{konst.}$ und $\varrho = 0$ ebenfalls zu $\Delta \varphi = 0$ führen und an den Grenzflächen von Medien mit unterschiedlichem $\varkappa$ Flächen-
ladungen erzwingen (Gl. (4.131)). Für ortsabhängiges $\varkappa$ und ε sind

$$\operatorname{div} \boldsymbol{S} = 0 \quad \text{und} \quad -\operatorname{grad} \varepsilon \operatorname{grad} \varphi - \varepsilon \Delta \varphi = \varrho \qquad (4.149\,\text{a, b})$$

zu lösen und Raumladungen ϱ zu berücksichtigen. Dabei ist aber zu beachten, daß der Ansatz $\boldsymbol{S} = \varkappa \boldsymbol{E}$ u.U. durch einen Diffusionsstrom ergänzt werden muß (z.B. bei Halbleitern, Abschn. 4.6.3.3).

Lösungen der Laplacegleichungen für einfache Felder wurden bereits im Abschnitt 4.2.7 aus der Integralform der Gleichungen abgeleitet. Lösungen für beliebige Anordnungen erfolgen numerisch (Band 2).

Aufgabe 4.20 Zylindrischer Leiter im Strömungsfeld, Superpositionssatz

a) Zeichnen Sie im Bild 4.52 die Äquipotentiallinien ein!
b) Berechnen Sie für die Anordnungen in den Bildern 4.52a und 4.52c $\boldsymbol{S}$, $\boldsymbol{E}$ und $\varphi(x, y)$ unter Voraussetzung, daß es sich um dünne zylindrische Leiter handelt (Radius $r \ll$ Höhe h über der Ebene)!

Lösungshinweis: Beachten Sie Aufgabe 4.16!

Aufgabe 4.21 Kapazitätsberechnung aus Widerständen

Ermitteln Sie mit Hilfe von Tafel 4.2 den Widerstand (a) und die Kapazität (b) zwischen zwei sehr langen ideal leitenden Zylindern (Abstand d, Radius r_0, sehr hohe Leitfähigkeit), die sich in einem Medium der Leitfähigkeit $\varkappa$ und der Permittivität ε befinden!

Aufgabe 4.22 Laplacegleichung

a) Weisen Sie nach, daß das im Abschnitt 4.3.3 angegebene kugelsymmetrische Strömungsfeld $\varphi = i/(4\pi\varkappa r) + K$ für $r > 0$ die Laplacegleichung erfüllt!

Aufgabe 4.23 Kontrollfragen

a) Erläutern Sie die Voraussetzungen für Analogiebetrachtungen zwischen Strömungsfeldern und elektrostatischen Feldern sowie die Wirkungsweise des elektrolytischen Troges!
b) Berechnen Sie den Widerstand und die Kapazität zwischen zwei Parallelplatten und zwischen zwei langen konzentrischen zylindrischen Leitern, zwischen denen sich ein technischer Isolator (Leitfähigkeit $\varkappa$, Permittivität ε) befindet!

4.4 Energie und Kraft im elektrischen Feld

4.4.1 Energie und Energiedichte

Energie und Leistung. Die Änderung der Gesamtenergie W innerhalb einer Hüllfläche wird nach dem Energieerhaltungssatz (Abschn. 1.18.1) von der Differenz der zu- und abfließenden Energieströme, d. h. von der zugeführten Nettoleistung p bestimmt:

$$p = \lim_{\Delta t \to 0} \frac{\Delta W}{\Delta t} = \frac{dW}{dt}, \tag{4.150a}$$

$$dW = p\ dt, \tag{4.150b}$$

$$\Delta W = W(t) - W(t_0) = \int_{t_0}^{t} p\ dt. \tag{4.150c}$$

Zugeführte Nettoleistung = Energieänderung je Zeiteinheit. Energie zum Zeitpunkt t = Energie zum Zeitpunkt t_0 + insgesamt zugeführte Energie im Zeitintervall $t_0 \dots t$.

Für zeitkonstantes $p = P$ ist $P = \Delta W/\Delta t$.

Energiedichte. Als örtlich gemittelte Energiedichte $\overline{w}$ in einem Volumenelement ΔV definiert man den Quotienten von Energie ΔW und ΔV:

$$\overline{w} = \Delta W/\Delta V. \tag{4.151}$$

Beim Übergang zu einem differentiell kleinen Volumenelement dV kann jedem Punkt eine Energiedichte w zugeordnet werden:

$$w = \lim_{\Delta V \to 0} \frac{\Delta W}{\Delta V} = \frac{dW}{dV}, \qquad dW = w\ dV, \qquad W = \int w\ dV. \qquad (4.152\text{a bis c})$$

Die Energie kann durch Integration über die Energiedichte ermittelt werden. Für örtlich konstantes w ist $W = wV$.

Energie W_e und Energiedichte w_e in elektrostatischen Feldern. Um w_e zu ermitteln, wird die zugeführte Energie beim Aufbau eines elektrostatischen Feldes in einem Plattenkondensator betrachtet (Bild 4.53). Nach Schließen des Schalters zum Zeitpunkt t_0 fließt ein

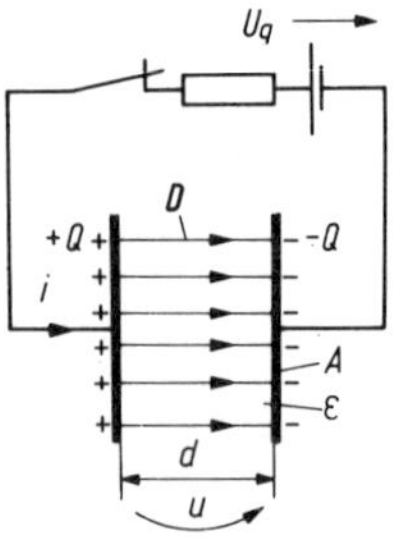

Bild 4.53 Aufladung eines Kondensators zur Bestimmung der Energiedichte des elektrischen Feldes

Strom $i = dQ/dt$, und die Platten werden aufgeladen, bis die Kondensatorspannung u mit der Spannung U_q der Gleichspannungsquelle übereinstimmt. Geht man davon aus, daß die gesamte zugeführte Energie

$$\Delta W = \int_{t_0}^{t} ui\ dt = \int_{Q(t_0)}^{Q(t)} u\ dQ \tag{4.153}$$

in Feldenergie umgesetzt wird und daß das Feld homogen ist, so folgt mit $u = Ed$ (Gl. (4.97)), $Q = DA$ bzw. $\mathrm{d}Q = A\,\mathrm{d}D$ sowie dem Kondensatorvolumen $V = Ad$

$$\Delta W = \int_{Q(t_0)}^{Q(t)} u\,\mathrm{d}Q = Ad \int_{D(t_0)}^{D(t)} E\,\mathrm{d}D = V \int_{D_0}^{D} E\,\mathrm{d}D. \tag{4.154}$$

Die Energiedichte w_e folgt aus der Division der Energie durch das Volumen. Es entsteht also mit $\Delta W = (w_e(D) - w_e(D_0))\,V$

$$w_e(D) - w_e(D_0) = \int_{D_0}^{D} E\,\mathrm{d}D \tag{4.155}$$

und für $D_0 = 0$ und $w(D_0) = 0$

$$w_e(D) = \int_{0}^{D} E\,\mathrm{d}D \quad \text{bzw. für} \quad \varepsilon = \text{konst.} \quad w_e = \frac{ED}{2} = \frac{\varepsilon E^2}{2}. \tag{4.156a, b}$$

Da auch inhomogene elektrostatische Felder in hinreichend kleinen Volumenbereichen als homogen angenommen werden können, gilt Gl. (4.155) allgemein. Die Energie eines beliebigen elektrostatischen Feldes ist für $w_e(0) = 0$

$$W_e = \int w_e\,\mathrm{d}V \quad \text{mit} \quad w_e = \int_{0}^{D} E\,\mathrm{d}D. \tag{4.157}$$

Gl. (4.156a) gilt für beliebige Felder bzw. Kapazitäten. Für feldunabhängiges ε ist bekanntlich $Q = Cu$ mit konstanter Kapazität C. Mit $\mathrm{d}Q = C\,\mathrm{d}u$ folgt demnach aus Gl. (4.153) für die in einer linearen Kapazität gespeicherte Feldenergie:

$$W = Q^2/(2C) = Cu^2/2 = Qu/2. \tag{4.158}$$

Bezüglich allgemeinerer Aussagen sei auf Abschnitt 1.18.2 verwiesen.

Hinweis:* Bei Dielektrika mit Hystereseeigenschaften (Bild 4.27) kann auch der Fall eintreten, daß nicht die gesamte zugeführte elektrische Energie als Feldenergie gespeichert wird, sondern daß auch Wärme abgegeben wird oder u. U. auch mechanische Deformationen auftreten. Diese Problematik ist analog zu der bei den später behandelten technisch wichtigeren Ferromagnetika (Band 2) zu behandeln.

Häufig ist die Energiespeicherung in elektrischen Feldern unerwünscht (parasitäre Kapazitäten in Bauelementen, Schaltungen usw.). Technisch wird sie vor allem in Kondensatoren für die Schaltungstechnik genutzt. Für weitere Anordnungen erweist sich oft die geringe Energiedichte als nachteilig, so daß Anwendungen im Vordergrund stehen, bei denen hohe Leistungen bzw. Ströme nur für sehr kurze Zeit verfügbar sein müssen (z. B. Blitzlichtgerät) oder ökonomische Gründe auch große Volumina vertretbar machen (z. B. Kondensatoren für Blindleistungskompensation (Band 2)).

Beispiel: Energiedichte in Kondensatoren

Um nachzuweisen, daß sich Kondensatoren schon aus Volumengründen nicht als Energiespeicher für Elektroautos eignen, erfolgt ein Vergleich mit einem konventionellen Bleiakkumulator (12 V/56 Ah, $V \approx 5\,\mathrm{dm}^3$), d. h. mit der mittleren Energiedichte $w_{\mathrm{Akku}} = ui\,\Delta t/V = 12\,\mathrm{V} \cdot 56\,\mathrm{Ah}/V = 484\,\mathrm{W \cdot s/cm^3}$.

Bei Annahme von Hartporzellan ($\varepsilon_r = 5$, Durchbruchfeldstärke $E = 360\,\mathrm{kV/cm}$) als Dielektrikum ergibt sich für Kondensatoren $w_e = ED/2 = \varepsilon E^2/2 = 2{,}9 \cdot 10^{-2}\,\mathrm{W \cdot s/cm^3}$ als Grenzwert, d. h. eine 17000mal kleinere Energiedichte als bei einem Akku. Für Luft als Dielektrikum ($\varepsilon_r = 1$, $E = 30\,\mathrm{kV/cm}$) ergibt sich sogar nur $w_e = 4 \cdot 10^{-5}\,\mathrm{W \cdot s/cm^3}$.

Energie, Potential und Teilkapazitäten*. Die Energie eines Feldes, das von einer Raumladung erzeugt wird, kann aus der Raumladungsdichte und dem Potential φ berechnet werden:

$$W = \frac{1}{2} \int \varphi\,\mathrm{d}Q = \frac{1}{2} \int \varphi \varrho\,\mathrm{d}V. \tag{4.159}$$

Auf die Ableitung, z. B. aus Gl. (4.156a), wird hier verzichtet. Für Kapazitätsberechnungen ist die Einführung der Flächenladungsdichte σ auf den Leitern wichtig. Es entsteht

$$W = \frac{1}{2} \int \varphi \sigma\,\mathrm{d}A. \tag{4.160}$$

Für ein n-Leiter-System ist das Integral für alle n Leiteroberflächen auszuwerten. Da das Potential auf jedem Leiter jeweils als konstant angenommen werden kann, also φ_μ = konst. auf dem μ-ten Leiter, ergibt sich durch Summation über alle Leiteroberflächen mit

$$Q_\mu = \int_\mu \sigma \, dA, \tag{4.161}$$

$$W = \frac{1}{2} \sum_{\mu=1}^{n} \int_\mu \sigma \, dA = \frac{1}{2} \sum_{\mu=1}^{n} \varphi_\mu Q_\mu. \tag{4.162}$$

Nach Gl. (4.111) ist die Gesamtladung Q_μ auf dem μ-ten Leiter durch die Potentialkoeffizienten darstellbar und damit auch die Gesamtenergie:

$$Q_\mu = \sum_{\nu=1}^{n} c_{\mu\nu}\varphi_\nu, \qquad W = \frac{1}{2} \sum_{\mu=1}^{n} \sum_{\nu=1}^{n} \varphi_\mu \varphi_\nu c_{\mu\nu}. \tag{4.163 a, b}$$

Also kann man durch zweimalige Differentiation der Energie auf die Potentialkoeffizienten $c_{\mu\nu}$ schließen

$$c_{\mu\nu} = \frac{\partial^2 W}{\partial\varphi_\nu \, \partial\varphi_\mu}, \tag{4.164}$$

die nach Abschnitt 4.2.9.2 für $\mu \neq \nu$ mit den Teilkapazitäten übereinstimmen. Für den Spezialfall eines echten Zweileitersystems entsteht aus den Gln. (4.163 b) und (4.164) die Gl. (4.158). Erwähnt sei, daß nur bei sehr eng zusammenliegenden Elektroden ein Einfluß weiterer Leiter bzw. der Erde vernachlässigbar ist.

Verlustleistungsdichte im Strömungsfeld. Als *mittlere Leistungsdichte* p_d (örtlicher Mittelwert) in einem Volumenelement ΔV bezeichnet man den Quotienten von der in diesem Volumenelement umgesetzten Leistung Δp und ΔV: $p_d = \Delta p / \Delta V$. Beim Übergang zu einem differentiell kleinen Volumenelement ergibt sich für die Verlustleistungsdichte

$$p_d = \lim_{\Delta V \to 0} \frac{\Delta p}{\Delta V} = \frac{dp}{dV} \quad \text{bzw. mit} \quad w = \frac{dW}{dV} \quad \text{und} \quad p = \frac{dW}{dt}; \qquad p_d = \frac{dw}{dt}. \tag{4.165 a bis d}$$

In einem Leiter wird nach Abschnitt 1.18.2 die Verlustleistung $p = ui$ umgesetzt. Einem Volumenelement $dV = dA \, ds$ ist demnach die differentielle Leistung $dp = E \, ds \, S \, dA = SE \, dV$ zuzuordnen. Daraus folgt für die Verlustleistungsdichte wegen $p_d = dp/dV$ und $S = \varkappa E$

$$p_d = SE = S^2/\varkappa = \varkappa E^2. \tag{4.166}$$

Beispiel: Für die Verlustleistungsdichte in einem Kupferleiter folgt für $S = 10\,\text{A/mm}^2$ und $\varrho = 1/\varkappa = 0{,}0175\,\Omega \cdot \text{mm}^2/\text{m}$ $\quad p_d = \varrho S^2 = 1{,}75\,\text{W/cm}^3$.

Hinweis:* Um Gl. (4.166) zu überprüfen, wird die mechanische Arbeit berechnet, die das elektrische Feld an einer Ladungsmenge $dQ = \varrho \, dV$ auf dem Weg $d\boldsymbol{s}$ leistet, da diese bei gleichbleibender Geschwindigkeit $d\boldsymbol{v}$ im Volumenelement dV an das Medium abgegeben wird:

$$d^2W = d\boldsymbol{F} \, d\boldsymbol{s} = dQ\boldsymbol{E} \, d\boldsymbol{s}, \qquad dQ = \varrho \, dV$$

$$d\boldsymbol{s} = \boldsymbol{v} \, dt, \qquad d^2W = \varrho\boldsymbol{v}\boldsymbol{E} \, dV \, dt,$$

$$p_d = \frac{d^2W}{dt \, dV} = \frac{dw}{dt} = \varrho\boldsymbol{v}\boldsymbol{E} = \boldsymbol{S}\boldsymbol{E}. \tag{4.167}$$

d^2W bedeutet differentiell klein in zweiter Ordnung.

4.4.2 Kraft auf Ladungen

4.4.2.1 Kraft auf Punktladungen sowie Ladungsträgerbewegung im Vakuum

Kraft auf eine Punktladung. Auf eine Punktladung Q, die sich in einem von anderen Ladungen erzeugten elektrischen Feld $\boldsymbol{E}$ befindet (siehe z. B. Bilder 1.2 und 1.4) wirkt die Kraft

$$\boldsymbol{F} = Q\boldsymbol{E}. \tag{4.168}$$

Daraus kann mit Gl. (4.33) das Coulombsche Gesetz $F = Q_1 Q_2/(4\pi\varepsilon r^2)$ für die Kraft zwischen zwei Punktladungen Q_1 und Q_2 abgeleitet werden (Abschn. 1.2.2).

Grundlagen der Ladungsträgerbewegung im Vakuum. Die Bewegung von Elektronen bzw. Ionen in elektrischen Feldern kann – falls keine weiteren Kräfte wirken, z. B. keine Wechselwirkung mit anderen Teilchen erfolgt – wegen der Beziehung Kraft = Impulsänderung je Zeiteinheit aus

$$\boldsymbol{F} = \frac{\mathrm{d}}{\mathrm{d}t}(m\boldsymbol{v}) = Q\boldsymbol{E} \quad \text{mit} \quad m = \frac{m_0}{\sqrt{1-(v/c)^2}} \tag{4.169a, b}$$

berechnet werden. Bei nichtrelativistischen Geschwindigkeiten ($v \ll c$) sind Masse m und Ruhemasse m_0 identisch, so daß daraus

$$\boldsymbol{F} = m\,\mathrm{d}\boldsymbol{v}/\mathrm{d}t = Q\boldsymbol{E} \tag{4.170}$$

folgt. Meist liegt übrigens die Beschleunigung $\mathrm{d}v/\mathrm{d}t = QE/m$ bei technischen Anwendungen um viele Zehnerpotenzen über der Erdbeschleunigung von 9,81 m/s^2, so daß die Schwerkraft für die Ladungsträgerbewegung vernachlässigbar ist.

Die Gln. (4.169) bzw. (4.170) sind eine wesentliche Grundlage der Bahnberechnung von Ladungsträgern in Fernsehempfängerröhren, Elektronenstrahldisplays, Oszilloskopen, Elektronen- und Ionenmikroskopen, Ionenkanonen, Beschleunigern, Massenspektrometern, Elektronenröhren usw.

Häufig ist dabei die Anwendung des Energieerhaltungssatzes

$$Q\varphi_1 + \frac{m}{2}v_1^2 = Q\varphi_2 + \frac{m}{2}v_2^2 = W \quad \text{für} \quad v \ll c \tag{4.171}$$

vorteilhaft. In einem elektrostatischen Potentialfeld ist die Summe W von potentieller Energie $W_{\mathrm{pot}} = Q\varphi$ und kinetischer Energie $W_{\mathrm{kin}} = mv^2/2$ eines Ladungsträgers stets konstant.

Sie unterscheidet sich also an zwei beliebigen Punkten – hier mit *1* und *2* bezeichnet – nicht.

Im relativistischen Fall gilt für die kinetische Energie W_{kin} einer Punktmasse

$$W_{\mathrm{kin}} = (m - m_0)\,c^2 = m_0 c^2 \left(\frac{1}{\sqrt{1-(v/c)^2}} - 1\right). \tag{4.172}$$

Damit folgt:

$$Q\varphi_1 + m_0c^2/\sqrt{1-(v_1/c)^2} = Q\varphi_2 + m_0c^2/\sqrt{1-(v_2/c)^2}. \tag{4.173}$$

Diese Gleichung geht für $(v/c)^2 \ll 1$ mit der Reihenentwicklung $(1-(v/c)^2)^{-1/2} = 1 + (v/c)^2/2$ in Gl. (4.171) über.

Hinweis: $\boldsymbol{F} = Q\boldsymbol{E}$ gilt auch bei beliebig zeitveränderlichen Feldern, während die Gln. (4.171) bzw. (4.173) voraussetzen, daß sich $\boldsymbol{E}$ während der Flugzeit der Ladungsträger zeitlich nur vernachlässigbar ändert und als Potentialfeld angenähert werden kann.

Ableitung von Gl. (4.171): Die Kraft $\boldsymbol{F} = Q\boldsymbol{E} = m\,\mathrm{d}\boldsymbol{v}/\mathrm{d}t$ leistet an der Ladung Q wegen $\mathrm{d}\boldsymbol{s} = \boldsymbol{v}\,\mathrm{d}t$ die Arbeit

$$\Delta W = \int_1^2 \boldsymbol{F}\,\mathrm{d}\boldsymbol{s} = Q\int_1^2 \boldsymbol{E}\,\mathrm{d}\boldsymbol{s} = m\int_1^2 (\mathrm{d}\boldsymbol{v}/\mathrm{d}t)\,\mathrm{d}\boldsymbol{s} = m\int_1^2 (\mathrm{d}\boldsymbol{v}/\mathrm{d}t)\,\boldsymbol{v}\,\mathrm{d}t = m\int_1^2 \boldsymbol{v}\,\mathrm{d}\boldsymbol{v}$$
$$= mv_2^2/2 - mv_1^2/2.$$

Wegen $\int_1^2 \boldsymbol{E}\,\mathrm{d}\boldsymbol{s} = \varphi_1 - \varphi_2$ entsteht daraus Gl. (4.171). Eine andere Formulierung, und zwar mit

$$\Delta W = m\int_1^2 \left(\frac{\mathrm{d}\boldsymbol{v}}{\mathrm{d}t}\,\boldsymbol{v}\right)\mathrm{d}t = m\int_1^2 \frac{\mathrm{d}}{\mathrm{d}t}\left(\frac{\boldsymbol{v}^2}{2}\right)\mathrm{d}t = m\left(\frac{v_2^2}{2} - \frac{v_1^2}{2}\right),$$

führt zum gleichen Ergebnis.

Beispiel zur Geschwindigkeitsberechnung im Potentialgebirge. Bei vielen Elektronengeräten emittiert eine Glühkatode (Bild 4.54a) Elektronen, die von einer zwischen Anode *a* und Katode *k* liegenden Spannung, genauer, durch das dadurch verursachte Feld beschleunigt werden. Mit einem gegen *k* negativ vorgespannten Gitter *g* kann die Stärke des Elektronenstromes gesteuert werden. Bei der Bewegung zur Anode nimmt die potentielle Energie ab und die kinetische zu (Bild 4.54b). Um die Elektronengeschwindigkeit an der Anode (Punkt *2*) zu berechnen, stellt man Gl. (4.171) um und erhält mit $u_{12} = \varphi_1 - \varphi_2$

$$v_2 = \sqrt{\frac{2Qu_{12}}{m} + v_1^2} \quad \text{bzw.} \quad v_2 = \sqrt{\frac{2Qu_{12}}{m}} \quad \textit{für} \quad v_1 = 0. \tag{4.174a, b}$$

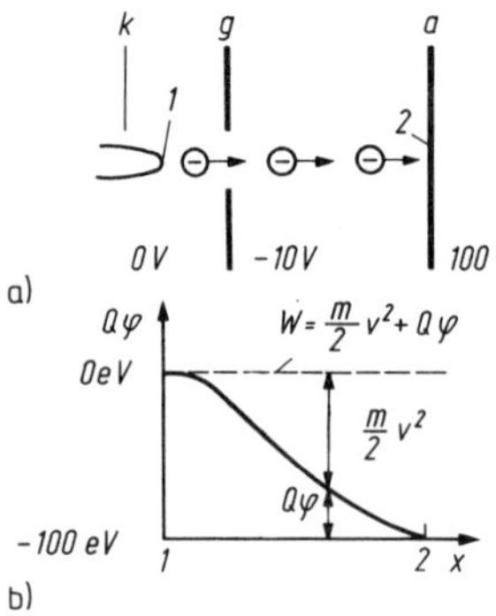

Bild 4.54
a) Aufbau eines Elektronengerätes mit Katode k, Gitter g und Anode a;
b) zur Anwendung des Energiesatzes

Für Elektronen ($Q = -e = -1{,}602 \cdot 10^{-19}\,\text{A} \cdot \text{s}$, $m_0 = 0{,}9109 \cdot 10^{-30}\,\text{kg}$) folgt daraus mit $u_{21} = -u_{12}$ die zugeschnittene Größengleichung

$$v \approx 600\,\sqrt{u_{21}/V}\ \text{km/s}. \tag{4.175}$$

Zahlenbeispiele: $u_{21} = 100$ V, $v_2 = 6000$ km/s, $u_{21} = 10$ kV, $v_2 = 60000$ km/s. Bereits für Spannungen von 10 kV ist $v \ll c = 300000$ km/s nicht mehr erfüllt. Bei relativistischer Rechnung nähert sich v für sehr hohe Spannungen asymptotisch dem Wert c.

Nach Gl. (4.173) gilt für $v_1 = 0$:

$$v_2 = c\,\sqrt{1 - 1/(1 + eu_{21}/(m_0c^2))^2}.$$

Beispiel zur Bahnberechnung im homogenen Ablenkfeld. Elektronen mit der Geschwindigkeit $v_z = \sqrt{2eU/m}$ werden in einen Plattenkondensator mit der Spannung u_y zwischen oberer und unterer Platte eingeschossen (Bild 4.55). Vorausgesetzt werden ein homogenes Feld sowie der nichtrelativistische Fall. Beim Durchlauf zwischen den Platten wirkt auf die Elektronen die Feldstärke $E_y = -u_y/d$, d.h., diese erfahren in y-Richtung die Kraft $F_y = -eE_y = eu_y/d$ und die Beschleunigung $a_y = F_y/m = eu_y/(md)$. Außerdem gilt $F_z = ma_z = 0$. Durch zweifache Integration der Newtonschen Kraftgleichung $\boldsymbol{F} = m\,\mathrm{d}\boldsymbol{v}/\mathrm{d}t$ kann die im Bild 4.55 angegebene parabelmäßige Bahn berechnet werden. Für den Ablenkwinkel gilt

$$\tan\alpha = |E_y|\,l/(2U) \quad \text{mit } l \text{ als Plattenlänge.} \tag{4.176}$$

Im feldfreien Raum hinter den Ablenkplatten ist die Bahn geradlinig. Der Auftreffpunkt y_s hängt linear von der Ablenkspannung u_y ab (Aufgabe 4.24).

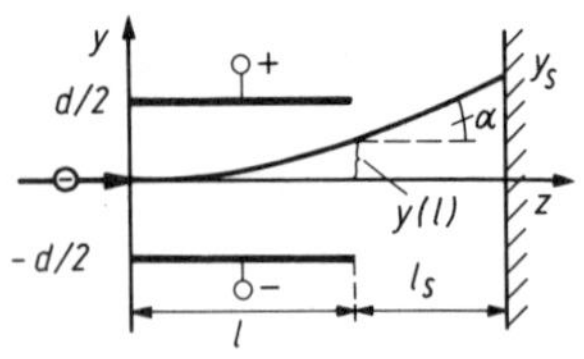

Bild 4.55
Elektronenbahn im homogenen Ablenkfeld

Aufgabe 4.24 Elektronenbahn im homogenen Ablenkfeld (Bild 4.55)

Berechnen Sie die Bahn in Parameterdarstellung $y(t)$, $z(t)$ sowie $y(z)$ und y_s!

Beispiel eines Elektronengerätes: Oszilloskopröhre mit elektrostatischer Ablenkung (Bild 4.56)

Sie ermöglicht es, periodische oder nichtperiodische Spannungen $u(t)$ oder auch eine Spannung u_y als Funktion einer Spannung u_x darzustellen. Die Katode k emittiert einen Elektronenstrahl. Die Elektronen werden durch das Zusammenwirken der Elektroden g_1, $g_{2,3}$ und a beschleunigt. Mit dem Wehneltzylinder g_1 kann die Intensität gesteuert werden (Helligkeitseinstellung). Die Elektrodenanordnung $g_{2,3}$ wirkt fokussierend (Elektronenlinse) und ermöglicht über ihr Potential eine Scharfeinstellung. Nach Passieren der Anode durchlaufen die Elektronen die X-Platten (Horizontalablenkung) sowie die Y-Platten (Vertikalablenkung) und treffen auf den Leuchtschirm. Sie regen dort durch ihre kinetische Energie eine Lichtemission an. Die Koordinaten $y(t)$ und $x(t)$ des Leuchtpunktes sind den Spannungen an den Ablenkplatten proportional, d.h. $y(t) \sim u_y(t)$ sowie $x(t) \sim u_x(t)$. Legt man an die X-Platten eine sägezahnförmige Spannung, die der Kippgenerator K erzeugt, so ist $x(t) \sim u_x(t) \sim t$, d.h., die x-Achse kann als Zeitachse aufgefaßt werden: $y(x) \sim u_y(t)$. In einer sehr kurzen Zeit springt der Strahl auf den linken Bildrand zurück. Dieser Rücklauf ist nicht sichtbar, da der Strahl mit einem Spannungsimpuls an g_1 dunkel getastet wird. Die Synchronisierungseinrichtung S dient bei periodischen Vorgängen dazu, die Kippfrequenz auf ein ganzzahliges Vielfaches der Frequenz der Meßspannung zu bringen, damit ein stehendes Bild entsteht. Von der Triggereinrichtung T wird der Kippvorgang bei einmaligen Impulsen ausgelöst. Die Verstärker Y und X ermöglichen es, auch sehr kleine Meßspannungen darzustellen. Im Geräteteil B werden die Hochspannung, die Heizspannung sowie weitere Betriebsspannungen erzeugt.

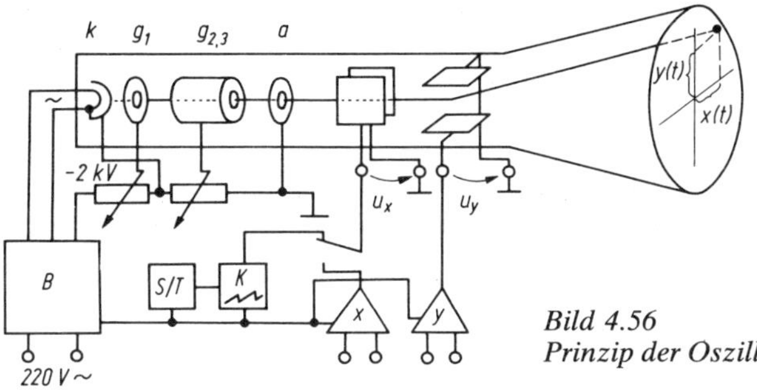

Bild 4.56
Prinzip der Oszilloskopröhre mit elektrostatischer Ablenkung

4.4.2.2 Kraft auf Dipole

Wie schon erwähnt, bezeichnet man als Dipol zwei sehr nahe beieinanderliegende Punktladungen $+Q$ und $-Q$, die ein endliches Dipolmoment $\boldsymbol{p} = Q\boldsymbol{l}$ besitzen (Abschn. 4.2.3). $\boldsymbol{l}$ ist der Vektor, der von der negativen zur positiven Punktladung gerichtet ist. Unterscheidet sich die von anderen Ladungen erzeugte elektrische Feldstärke $\boldsymbol{E}$ am Ort der beiden Punktladungen nicht (homogenes Feld), so ist die resultierende Kraft auf den Dipol natürlich Null. Es entsteht aber entsprechend Bild 4.57a auf Grund der wirkenden Kräfte $\boldsymbol{F}_+ = Q\boldsymbol{E}$ und $\boldsymbol{F}_- = -Q\boldsymbol{E}$ ein *Drehmoment*:

$$\boldsymbol{M} = 2\boldsymbol{r}_0 \times \boldsymbol{F}_+ = \boldsymbol{l} \times Q\boldsymbol{E} = \boldsymbol{p} \times \boldsymbol{E} \quad \text{bzw.} \quad M = pE \sin(\boldsymbol{p}, \boldsymbol{E}). \tag{4.177}$$

Durch das Drehmoment wird der Dipol, falls keine anderen Kräfte wirken, so lange gedreht, bis $\boldsymbol{p}$ *parallel zu* $\boldsymbol{E}$ *ist und* $\boldsymbol{M} = 0$.

Der Fall $\boldsymbol{p}$ antiparallel zu $\boldsymbol{E}$, für den auch $\boldsymbol{M} = 0$ ist, geht bei den stets vorhandenen Störungen in den stabilen Zustand über, bei dem der Dipol in Feldrichtung liegt.

Im inhomogenen Feld wirkt anders als bei homogenem Feld eine resultierende Translationskraft (siehe z.B. Bild 4.57b). Liegt der Dipol in Feldrichtung ($\boldsymbol{l}$ parallel $\boldsymbol{E}$, in z-Richtung) und ist die Feldstärke in Dipolmitte E_z, so gilt $F_z = Q(E_z + \Delta E_z) - Q(E_z - \Delta E_z)$. Mit ΔE_z

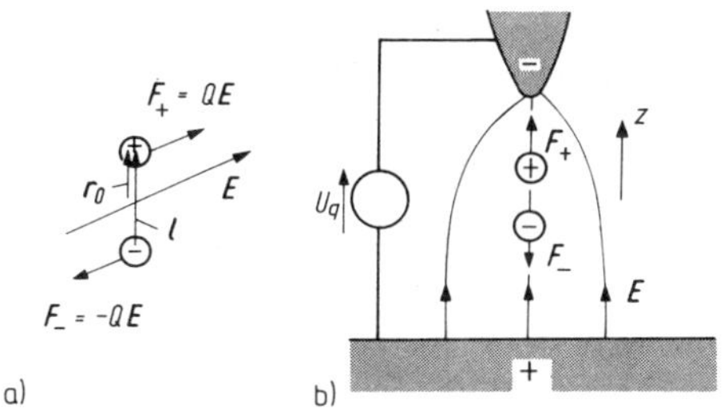

Bild 4.57
Dipol im elektrischen Feld

a) Entstehung eines Drehmomentes, solange $\boldsymbol{E}$ und $\boldsymbol{p} = Q\boldsymbol{l}$ nicht parallel sind;
b) die Kraft im inhomogenen Feld zieht den Dipol in das Gebiet höherer Feldstärke

$= (\partial E_z/\partial z)\, l/2$ (für $l \to 0$) entsteht

$$F_z = p\, \partial E_z/\partial z. \tag{4.178}$$

Im inhomogenen Feld wird also der Dipol in das Gebiet höherer Feldstärke gezogen.

Hinweis:* Allgemein gilt $\boldsymbol{F} = (\boldsymbol{p}\nabla)\,\boldsymbol{E} = \left(p_x \frac{\partial}{\partial x} + p_y \frac{\partial}{\partial y} + p_z \frac{\partial}{\partial z}\right)\boldsymbol{E}$. (4.179)

4.4.2.3 Kraft auf räumlich und flächenhaft verteilte Ladungen

Kraft auf räumlich verteilte Ladungen. Auf eine Punktladung wirkt nach Abschnitt 4.4.2 die Kraft $\boldsymbol{F} = Q\boldsymbol{E}$. Bei räumlich verteilten Ladungen mit der Raumladungsdichte ϱ ist einem differentiellen Volumenelement $\mathrm{d}V$ die differentielle Ladung $\mathrm{d}Q = \varrho\, \mathrm{d}V$ zuzuordnen. In einem von den anderen Ladungen verursachten Feld der Feldstärke $\boldsymbol{E}$ wirkt die differentielle Kraft $\mathrm{d}\boldsymbol{F} = \mathrm{d}Q\boldsymbol{E} = \varrho\boldsymbol{E}\,\mathrm{d}V$. Es ergeben sich die volumenbezogene Kraft (Kraftdichte) $\boldsymbol{f}_V$ sowie die Gesamtkraft $\boldsymbol{F}$ auf einen Volumenbereich aus

$$\boldsymbol{f}_V = \frac{\mathrm{d}\boldsymbol{F}}{\mathrm{d}V} = \varrho\boldsymbol{E}, \qquad \boldsymbol{F} = \int \boldsymbol{f}_V\, \mathrm{d}V = \int \varrho\boldsymbol{E}\, \mathrm{d}V. \tag{4.180 a, b}$$

Hinweis:* Da die betrachtete Ladungsmenge $\mathrm{d}Q = \varrho\, \mathrm{d}V$ für endliches ϱ die endliche Feldstärke in dem Volumenelement $\mathrm{d}V$ nicht beeinflußt, ist $\boldsymbol{E}$ in Gl. (4.180) mit der in diesem Volumenelement insgesamt vorliegenden Feldstärke identisch. Der Beweis kann mit einer kugelförmigen Ladung mit dem Radius r geführt werden, die die Feldstärke $E = Q/(4\pi\varepsilon r^2)$ erzeugt. Mit $Q = \varrho\, 4\pi r^3/3$ folgt $E = \varrho r/3$, so daß für $r \to 0$ auch $E \to 0$ gilt.

Hinweis:* Ohne Beweis sei erwähnt, daß die räumliche Kraftdichte $\boldsymbol{f}_V$ bei örtlicher Änderung von ε bzw. bei Abhängigkeit von ε von der Stoffdichte δ lautet

$$\boldsymbol{f}_V = \varrho\boldsymbol{E} - \frac{1}{2}\boldsymbol{E}^2 \operatorname{grad} \varepsilon + \frac{1}{2} \operatorname{grad}\left(E^2\delta\, \frac{\partial\varepsilon}{\partial\delta}\right). \tag{4.181}$$

Der zweite Term kann auch zur Beschreibung von Grenzflächenkräften genutzt werden. Der dritte Term beschreibt die Elektrostriktionskraftdichte (Abschn. 4.2.8).

Kraft auf flächenhafte Ladungen*. Auf ein Flächenladungselement mit der Flächenladungsdichte σ wirkt durch die von anderen Ladungen verursachte Feldstärke $\boldsymbol{E}'$ die differentielle Kraft $\mathrm{d}\boldsymbol{F} = \mathrm{d}Q\boldsymbol{E}' = \sigma\boldsymbol{E}'\,\mathrm{d}A$. Folglich ergibt sich für die flächenbezogene Kraft bzw. die Gesamtkraft $\boldsymbol{F}$ auf eine Fläche

$$\boldsymbol{f}_A = \frac{\mathrm{d}\boldsymbol{F}}{\mathrm{d}A} = \sigma\boldsymbol{E}', \qquad \boldsymbol{F} = \int \sigma\boldsymbol{E}'\, \mathrm{d}A. \tag{4.182 a, b}$$

Hinweis:* Dabei ist unbedingt zu beachten, daß $\boldsymbol{E}'$ die Feldstärke ist, die von den *anderen* Ladungen bzw. Flächenladungen erzeugt wird, und nicht die Gesamtfeldstärke $\boldsymbol{E}$ am Ort des jeweiligen Flächenladungselementes. Im Gegensatz zu einem Raumladungselement leistet nämlich ein Flächenladungselement $\mathrm{d}Q = \sigma\, \mathrm{d}A$ einen endlichen Beitrag zur Gesamtfeldstärke (Bild 4.20b).

4.4.2.4 Kraft an der Grenzfläche Leiter–Dielektrikum

Grundlagen.

Die flächenbezogene Kraft steht immer senkrecht auf der Grenzfläche und ist stets vom Leiter (Zugbeanspruchung) zum Isolator (Druckbeanspruchung) gerichtet (Bild 4.58a). Die flächenbezogene Kraft an der Grenzfläche folgt aus den Feldgrößen im Isolator und ist für ε = konst.:

$$\boldsymbol{f}_A = \frac{\mathrm{d}\boldsymbol{F}}{\mathrm{d}A} = \frac{ED}{2}\boldsymbol{n} = \frac{\varepsilon E^2}{2}\boldsymbol{n}. \tag{4.183}$$

$\boldsymbol{n}$ ist der Normalvektor, der von der Metallfläche zum Dielektrikum gerichtet ist.

Für ortskonstantes Feld gilt für den Betrag der Kraft bzw. die Kraftdichte:

$$F = \int \frac{ED}{2}\,\mathrm{d}A = \frac{ED}{2}A, \qquad \frac{F}{A} = \frac{ED}{2}. \tag{4.184a, b}$$

Diese Flächenkraftdichte ist meist klein und technisch schwer verwertbar. So ergibt sich z. B. für $E = 10$ kV/cm und $\varepsilon_r = 1$ $F/A = 4{,}4 \cdot 10^{-4}\,\mathrm{N/cm^2}$.

*Ableitung der Gl. (4.183) aus einer direkten Kraftberechnung**. Das elektrische Feld steht im Isolator senkrecht auf dem Metall und ist im Metall Null. Es gilt nach Gl. (4.58) $D = \varepsilon E = \sigma$. In Gl. (4.182) ist aber E', d. h. die von den anderen Ladungen verursachte Feldstärke einzusetzen. Da sich die Beiträge der einen Platte kompensieren, wird E' durch die Flächenladungen der gegenüberliegenden Platte bestimmt. Nach Gl. (4.48a) ist $E' = D'/\varepsilon = \sigma A/(2\varepsilon)$ bzw. wegen $\sigma = D$ $E' = (D/(2\varepsilon))$, woraus sich mit Gl. (4.182) Gl. (4.183) ergibt.

Eine allgemeinere Ableitung geht davon aus, daß man die Kraft auf eine Flächenladung auch direkt aus E ermitteln kann, wenn man die Flächenladungsdichte in differentiell kleine Beträge $\mathrm{d}\sigma$ zerlegt, da diese die elektrische Feldstärke nur differentiell beeinflussen. Auf ein solches Element wirkt die Kraft $\mathrm{d}^2F = \mathrm{d}\sigma E\,\mathrm{d}A$; d^2F bedeutet differentiell klein in zweiter Ordnung. Die Gesamtkraft ist

$$\mathrm{d}F/\mathrm{d}A = \int_0^\sigma E\,\mathrm{d}\sigma. \tag{4.185}$$

D steigt durch $\mathrm{d}\sigma$ nach dem Gaußschen Satz von D auf $D + \mathrm{d}D$ mit $\mathrm{d}D = \mathrm{d}\sigma$. Damit entsteht

$$\mathrm{d}F/\mathrm{d}A = \int_{D_1}^{D_2} E\,\mathrm{d}D$$

bzw. für $\varepsilon =$ konst. mit $D = \varepsilon E$

$$\mathrm{d}F/\mathrm{d}A = D_2^2/(2\varepsilon) - D_1^2/(2\varepsilon).$$

D_1 und D_2 sind die Werte links und rechts von der Flächenladung mit $D_2 = D_1 + \sigma$. Da die Querausdehnung der Flächenladung definitionsgemäß gegen Null geht, geht die Kurve im Bild 4.19c in einen D-Sprung über. Für Metalle ist $E_1 = 0$ und damit $D_1 = 0$, so daß sich Gl. (4.183) ergibt.

Das Prinzip der virtuellen Verrückung an einem Kondensator. Führt man als Gedankenexperiment eine virtuelle (scheinbare) Verschiebung einer Elektrode eines Kondensators (Bild 4.58) durch, so ändert sich dessen Kapazität C. Damit ist nach Gl. (4.158) eine Änderung der Feldenergie $W_e = Q^2/(2C) = Cu^2/2$ verbunden. Für $Q =$ konst. (abgetrennte Spannungsquelle) bzw. $u =$ konst. (angeschlossene Gleichspannungsquelle) ergibt sich durch Differentiation:

$$\left(\frac{\mathrm{d}W_e}{\mathrm{d}C}\right)_{Q=\text{konst.}} = -\frac{Q^2}{2C^2}, \qquad \left(\frac{\mathrm{d}W_e}{\mathrm{d}C}\right)_{u=\text{konst.}} = \frac{u^2}{2}. \tag{4.186a, b}$$

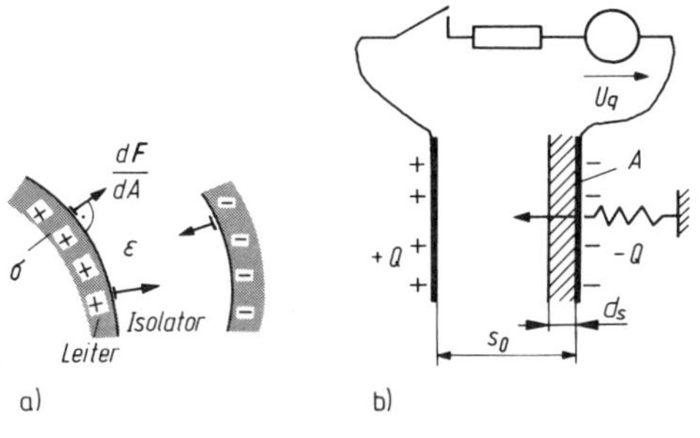

Bild 4.58
a) Zur Kraft auf die Grenzfläche Leiter–Dielektrikum;
b) virtuelle Verrückung einer Kondensatorplatte

Die gespeicherte Feldenergie W_e wird also bei Kapazitätserhöhung ($\mathrm{d}C > 0$) nach Gl. (4.186) für $Q =$ konst. reduziert ($\mathrm{d}W_e < 0$) und für $u =$ konst. erhöht ($\mathrm{d}W_e > 0$). Für die weitere Diskussion wird zunächst $Q =$ konst. vorausgesetzt. Bei der Verschiebung der Elektrode um $\mathrm{d}s$ auf die Gegenelektrode zu leistet die Kraft F, mit der sich die Platten anziehen, die mechanische Arbeit $\mathrm{d}W_{me} = F\,\mathrm{d}s$, die z. B. zum Spannen einer Feder dienen kann. Nach dem Energieerhaltungssatz muß für ein abgeschlossenes System die Summe aller Energien konstant bleiben, d.h. in diesem Fall, die Summe von Feldenergie W_e und mechanischer Energie W_m: $W_e + W_{me} = \text{konst.}$ Wegen $dW_e + dW_{me} = 0$ folgt

$$dW_{me} = F\,ds = -dW_e, \qquad F = -dW_e/ds. \tag{4.187a, b}$$

Die vom Feld geleistete mechanische Arbeit wird durch die Reduzierung der Feldenergie kompensiert. Mit $dW_e = -(Q^2/2C^2)\,dC$ folgt

$$F = -\frac{dW_e}{ds} = \frac{Q^2}{2C^2}\frac{dC}{ds} = \frac{u^2}{2}\frac{dC}{ds}. \tag{4.188}$$

F ist für positive dC/ds positiv.

Die Kraft auf Grenzflächen ist bemüht, die Kapazität der Anordnung zu vergrößern.

Speziell für homogenes Feld ist $C = \varepsilon A/s_0$ und wegen $ds = -ds_0$ (Bild 4.58b) und $Q = DA$:

$$F = -\frac{dW_e}{ds} = \frac{dW_e}{dC}\frac{dC}{ds_0} = \frac{Q^2}{2C^2}\frac{\varepsilon A}{s_0^2} = \frac{Q^2}{2\varepsilon A} = \frac{ED}{2}A. \tag{4.189}$$

Damit wurde die flächenbezogene Kraft von Gl. (4.184) durch eine virtuelle Kapazitätsänderung abgeleitet. Die Energiedichte $w = ED/2$ (Gl. (4.156b)) bleibt konstant, da $D = Q/A$ konstant bleibt. Somit ist die Energieänderung $dW_e = -w_e\,dV = -w_e A\,ds$, so daß auch damit sowie aus Gl. (4.187) die Kraft F folgt:

$$F/A = w = ED/2. \tag{4.190}$$

Aufgabe 4.25 Kraftberechnung an der Grenzfläche Leiter–Nichtleiter durch virtuelle Kapazitätsänderung bei konstanter Spannung u

Weisen Sie nach, daß sich auch bei angeschlossener Spannungsquelle (Bild 4.58, Schalter geschlossen) die Kraft $F = (u^2/2)\,dC/ds$ ergibt!

Aufgabe 4.26 Drehmoment bei elektrostatischem Voltmeter

Elektrostatische Voltmeter nutzen elektrostatische Kräfte an der Grenzfläche Metall–Isolator (z. B. Luft) bzw. dadurch verursachte Drehmomente zur Spannungsmessung. Der Drehwinkel α wird durch die Kompensation von Drehmoment M_α und mechanischem Moment $M_{F\alpha} = -D\alpha$ einer Feder bestimmt, das als Rückstellmoment wirkt. Bei einer Anordnung mit $n = 3$ drehbaren und $n + 1 = 4$ feststehenden halbkreisförmigen Platten (siehe z. B. Bild 1.74b) mit dem Radius $r = 5$ cm und dem Abstand $d = 1$ mm soll bei $U = 1$ kV der Vollausschlag $\alpha = \pi$ erreicht werden.

a) Geben Sie eine anschauliche Deutung für die Ursache der Drehbewegung!
b) Wie ist die Torsionskonstante D der Feder zu bemessen, und welches Moment M_α wird durch das Feld bei $\alpha = 180°$ verursacht?

Lösungshinweis: Feldvereinfachung und Prinzip der virtuellen Verrückung anwenden.

4.4.2.5 Kraft an der Grenzfläche zweier Dielektrika

Grundlagen. Befinden sich dielektrische Stoffe in einem elektrischen Feld, so wirken Kräfte auf die vorhandenen oder entstandenen mikroskopischen Dipolladungen. Ist ein Volumenbereich mit Dipolen in eine Umgebung eingebettet, die gleichen Bedingungen unterworfen ist, so kompensieren sich die insgesamt auf ihn wirkenden Kräfte durch das Verhalten der anderen benachbarten Volumenbereiche. Ist diese Bedingung nicht erfüllt, z. B. an Grenzflächen zweier Dielektrika, so entstehen resultierende Kräfte.

Die Kraft an der Grenzfläche zweier Dielektrika wirkt unabhängig von der Feldrichtung stets senkrecht zur Grenzfläche (Bild 4.59) vom Medium mit dem größeren ε (Zugbeanspruchung) zum Medium mit dem kleineren ε (Druckbeanspruchung). Die flächenbezogene Kraft (Kraftdichte der Fläche) ist

$$f_A = \frac{d\boldsymbol{F}}{dA} = \frac{1}{2}\left(D_n^2\left(\frac{1}{\varepsilon_2} - \frac{1}{\varepsilon_1}\right) - E_t^2(\varepsilon_2 - \varepsilon_1)\right)\boldsymbol{n}_{12}. \tag{4.191}$$

$\boldsymbol{n}_{12}$ ist der Normalvektor auf der Grenzfläche, der vom Medium *1* zum Medium *2* gerichtet ist. Die Ableitung dieser Gleichung kann mit dem Prinzip der virtuellen Verschiebung oder – allgemeiner – mit dem Maxwellschen Spannungstensor (Band 2) erfolgen oder ganz allgemein, indem man die mikroskopischen Dipolladungen in einem Medium der Permittivität ε_0 betrachtet und eine örtliche Mittelwertbildung vornimmt.

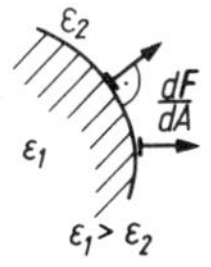

Bild 4.59
Zur Kraft an der Grenzfläche zweier Dielektrika

Flächenkraftdichte bei Feldlinien senkrecht zur Grenzfläche. Ein Beispiel dafür zeigt Bild 4.60a. Wegen $E_t = 0$ und $D_n = D_1 = D_2$ gilt nach Gl. (4.191):

$$\frac{\mathrm{d}F}{\mathrm{d}A} = \frac{1}{2} D_n^2 \left(\frac{1}{\varepsilon_2} - \frac{1}{\varepsilon_1}\right) = \frac{E_2 D_2}{2} - \frac{E_1 D_1}{2} \tag{4.192a}$$

bzw. für $\varepsilon_1 \gg \varepsilon_2$:

$$\frac{\mathrm{d}F}{\mathrm{d}A} = \frac{E_2 D_2}{2}. \tag{4.192b}$$

Demnach tritt für $\varepsilon_1 \gg \varepsilon_2$ die gleiche Kraft wie an der Grenzfläche Metall–Isolator 2 auf (Abschn. 4.4.2.4).

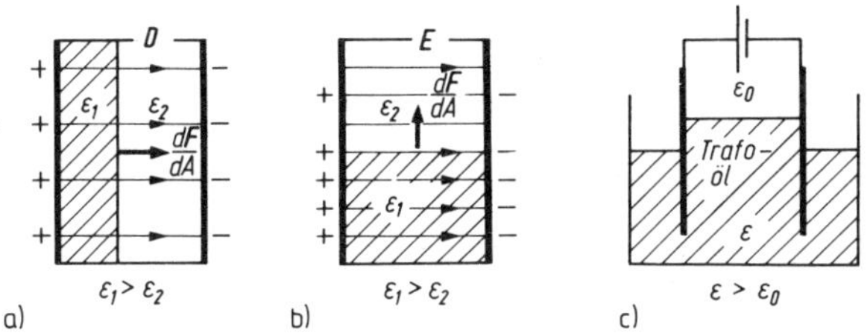

Bild 4.60 Beispiele zur Kraft an der Grenzfläche zweier Dielektrika
a) Kraft bei quer geschichtetem Dielektrikum; b) Kraft bei längs geschichtetem Dielektrikum;
c) Experiment zur Kraft an der Grenzfläche zweier Dielektrika

Flächenkraftdichte bei Feldlinien parallel zur Grenzfläche. Wegen $D_n = 0$ entsteht nach Gl. (4.191):

$$\frac{\mathrm{d}F}{\mathrm{d}A} = \frac{E_t^2}{2}(\varepsilon_1 - \varepsilon_2) = \frac{E_1 D_1}{2} - \frac{E_2 D_2}{2}. \tag{4.193}$$

Ein Anwendungsbeispiel stellt der Kondensator mit quer geschichtetem Dielektrikum (Bild 4.60b) dar. Die Kraft steht senkrecht auf der Grenzfläche und damit auch auf den $\boldsymbol{E}$-Linien und versucht – wie auch bei Bild 4.60a –, den Volumenbereich mit höherem ε zu vergrößern, d. h. die Gesamtkapazität der Anordnung zu erhöhen. Die Gesamtkraft auf die Grenzfläche ist bei der Spannung u wegen $E = u/d$ (d Plattenabstand):

$$F = u^2 (\varepsilon_1 - \varepsilon_2)/(2d^2). \tag{4.194}$$

Stellt man z. B. einen Kondensator mit senkrechten Platten teilweise in Transformatorenöl und lädt ihn auf eine sehr hohe Spannung auf, so liegt der im Bild 4.60c angegebene Fall vor. Das Transformatorenöl zwischen den Platten steigt über den allgemeinen Pegel an, bis die Schwerkraft die Grenzflächenkraft kompensiert. Bei sehr kleinem Plattenabstand sind u. U. auch Kapillarwirkungen zu beachten.

Wirkungen der Grenzflächenkräfte bei inhomogenem Feld. *Wie Bild 4.61 veranschaulicht, wird ein isolierendes Teilchen der Permittivität ε_1 in einer Umgebung der Permittivität ε für $\varepsilon_1 > \varepsilon$ in den Bereich hoher Feldstärke gezogen, z. B. ein Staubteilchen in Luft. Ein Teilchen mit $\varepsilon_2 < \varepsilon$, z. B. eine Luftblase in Isolieröl, wird aus dem Bereich hoher Feldstärke gedrückt. Ein ungeladener Metallkörper wird infolge der Influenz oder, anders ausgedrückt, wegen der auftretenden Grenzflächenkräfte ebenfalls in den Bereich hoher Feldstärke gezogen.*

Sprüht man auf isolierende Teilchen (geringer Masse) Ladungen, so kann ihre Bewegung in stärkerem Maße von der Kraft des elektrischen Feldes beeinflußt werden.

Anwendungsbeispiele sind elektrostatische Drucker und Elektrofilter (Bild 4.62). Beim *Elektrofilter* werden ungeladene Schwebeteilchen zunächst in Richtung des Bereiches höherer Feldstärke gezogen. Mittels einer Entladung werden negative Ladungen aufgesprüht, so daß sich die Teilchen zur positiven Elektrode bewegen.

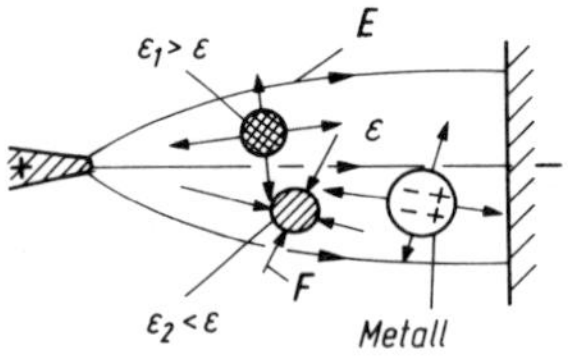

Bild 4.61 Veranschaulichung der Kraftdichte bei nichtleitenden Teilchen in einem inhomogenen elektrischen Feld anhand ausgewählter Kraftlinien

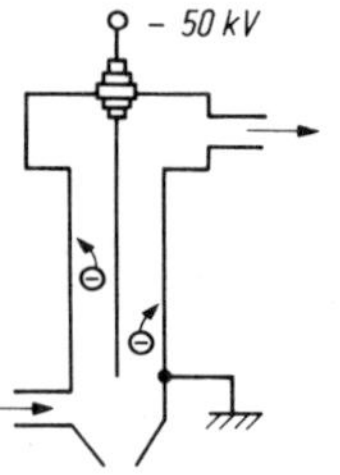

Bild 4.62 Elektrofilter zur Abscheidung von Schwebstoffen aus Gasen mit Sprühelektrode negativer Polarität und positiver (geerdeter) Niederschlagselektrode

Längszug und Querdruck von Feldlinien*. Als hilfreich bei der anschaulichen Deutung von Kraftwirkungen auf Grenzflächen und Ladungen erweist sich manchmal folgender Satz:

Kraftwirkungen kann man so interpretieren, als ob **E**-Linien einen Längszug und einen Querdruck entwickeln, dessen Kraftdichte jeweils der Energiedichte $w = \varepsilon E^2/2$ entspricht, d.h. mit ε und der Feldliniendichte wächst, aber nicht von der Feldrichtung abhängt.

Die mathematische Begründung folgt aus der Gl. (4.191), die man in der Form

$$f_A = \frac{d\boldsymbol{F}}{dA} = \left(\frac{\varepsilon_2}{2} E_{n2}^2 - \frac{\varepsilon_1}{2} E_{n1}^2 + \frac{\varepsilon_1}{2} E_t^2 - \frac{\varepsilon_2}{2} E_t^2\right) \boldsymbol{n}_{12} \tag{4.195}$$

schreiben kann, d.h., die Kraftdichte an einer Fläche kann formal jeweils als Differenz zweier Kraftdichten aufgefaßt werden. Betrachtet man einen Volumenbereich mit ε_1 in einer Umgebung mit ε_2, so sind der Energiedichte im Medium *1* nach Gl. (4.195) die ausgezogenen flächenbezogenen Kräfte zuzuordnen und der im Medium *2* die gestrichelten. Im Bild 4.63 wurde $\varepsilon_1 > \varepsilon_2$ angenommen, so daß der Längszug aus Medium *2* überwiegt und der Querdruck aus Medium *1*. Im Bild 4.60a überwiegt wegen der höheren Energiedichte im Medium *2* ($D_n^2/\varepsilon_2 > D_n^2/\varepsilon_1$) an der Grenzfläche der Zug in dieses Medium. Bei Bild 4.60b überwiegt an der Grenzfläche der Querdruck aus dem Medium *1* wegen $\varepsilon_1 E_t^2/2 > \varepsilon_2 E_t^2/2$ den von Medium *2* ausgehenden. An den Metallflächen wirkt stets ein Zug in Richtung Dielektrikum. Abschließend sei betont, daß jeweils nur die Differenz der Kraftdichten an einer Fläche meßbar ist.

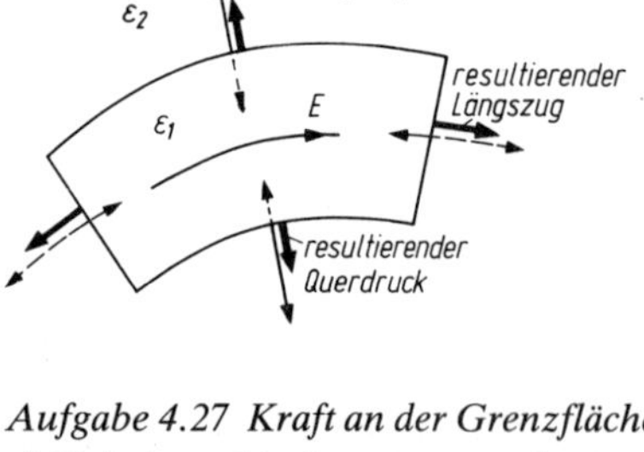

Bild 4.63
Längszug und Querdruck in elektrischen Feldern, bezogen auf ***E*** *(—— Wirkung des Mediums 1, ---- Wirkung des Mediums 2, resultierende Wirkung)*

Aufgabe 4.27 Kraft an der Grenzfläche zweier Dielektrika

a) Bei einem Vorlesungsversuch entsprechend Bild 4.60c wird die erforderliche Hochspannung an den Platten mit einem handbetriebenen Van-de-Graaff-Generator (Bild 4.64) erzeugt. Dabei bewegt sich das Trafoöl auf und ab. Erläutern Sie dieses Verhalten!
b) Geben Sie eine Formel für die Steighöhe h bei gegebener Spannung an!

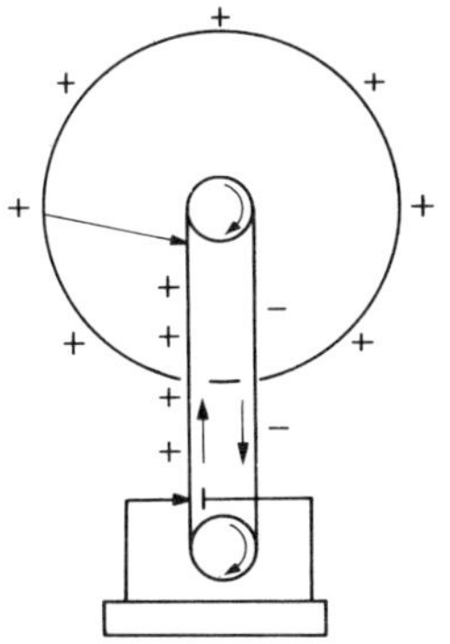

Bild 4.64 Aufladung bei einem Van-de-Graaff-Generator

Wirkungsweise: Durch Aufsprühen (z. B. mit 20-kV-Generator) oder mechanische Reibung wird eine Ladung auf ein bewegtes isolierendes Band (Motor- oder Handbetrieb) gebracht und dann über eine Metalldrahtelektrode auf eine Hohlkugel transportiert. Die Ladung verteilt sich auf der Oberfläche. Die Maximalspannung wird nur von der Spannungsfestigkeit begrenzt.

Aufgabe 4.28 Ableitung der Kraft an der Grenzfläche zweier Dielektrika*

Verifizieren Sie mit dem Prinzip der virtuellen Verschiebung der Grenzfläche um ds a) für den Kondensator im Bild 4.60a die Gl. (4.192a) und b) für den Kondensator im Bild 4.60b die Gl. (4.193)!

Aufgabe 4.29 Kontrollfragen

a) Erläutern Sie die Begriffe Energiedichte und Leistungsdichte, und geben Sie die Energiedichte in elektrostatischen Feldern sowie die Leistungsdichte in Strömungsfeldern an!
b) Wie lauten die Definition der elektrischen Feldstärke und das Coulombsche Gesetz sowie der Energieerhaltungssatz für Punktladungen im elektrostatischen Feld?
c) Welche Geschwindigkeit und Energie besitzt ein Elektron an der Anode einer Hochvakuumdiode, dessen Startgeschwindigkeit an der Katode vernachlässigbar ist, bei einer Anoden-Katoden-Spannung $u = 100\,\text{V}$?
d) Beschreiben Sie die Wirkungsweise und eine Anwendung des Oszilloskops!
e) Charakterisieren Sie die Kraft an der Grenzfläche Leiter–Isolator sowie an der Grenzfläche zweier Isolatoren qualitativ!
f) Beschreiben Sie die Kraftwirkung auf Metallteilchen, isolierende Teilchen sowie Dipole in einem inhomogenen elektrischen Feld qualitativ, und nennen Sie technische Anwendungen!
g) Wie groß sind die Energiedichte und Energie in einem Zylinderkondensator mit den Daten ε, r_i, r_a, l und der Spannung u?

4.5 Allgemeines zum Stromfluß

Grundgleichungen. Im allgemeinen Fall ist die Stromdichte $\boldsymbol{S}$ nach Abschnitt 3.2.1 in beliebigen Medien (Festkörpern, Gasen, Flüssigkeiten, Vakuum) gleich der Summe von Konvektionsstromdichte $\boldsymbol{S}_\mathrm{k}$ und Verschiebungsstromdichte $\boldsymbol{S}_\mathrm{v}$:

$$\boldsymbol{S} = \boldsymbol{S}_\mathrm{k} + \boldsymbol{S}_\mathrm{v}, \qquad \boldsymbol{S}_\mathrm{k} = \int \boldsymbol{v}\, \mathrm{d}\varrho, \qquad \boldsymbol{S}_\mathrm{v} = \frac{\partial \boldsymbol{D}}{\partial t} \quad \text{mit} \quad \boldsymbol{D} = \varepsilon \boldsymbol{E}. \tag{4.196a bis c}$$

Weiterhin gilt nach Abschnitt 3.3 für beliebige Medien:

$$i = \int \boldsymbol{S}\, \mathrm{d}\boldsymbol{A}, \qquad \oint \boldsymbol{S}\, \mathrm{d}\boldsymbol{A} = \sum_\mu i_\mu = 0. \tag{4.197a, b}$$

Die Verschiebungsstromdichte $\boldsymbol{S}_\mathrm{v}$ tritt nur bei zeitlichen Änderungen der Verschiebungsflußdichte $\boldsymbol{D}$ auf und hängt von der Permittivität ε und der elektrischen Feldstärke $\boldsymbol{E}$ ab.

Die Konvektionsstromdichte wird durch die Bewegung von Ladungsträgern getragen. Tritt nur eine Ladungsträgersorte auf, der die einheitliche Geschwindigkeit $\boldsymbol{v}$ zugeordnet werden kann, so ergibt sich

$$\boldsymbol{S}_\mathrm{k} = \int \boldsymbol{v}\, \mathrm{d}\varrho = \boldsymbol{v} \int \mathrm{d}\varrho = \varrho \boldsymbol{v}. \tag{4.198}$$

Setzt sich die Raumladungsdichte ϱ in einem Medium aus m Ladungsträgersorten zusammen, denen jeweils die Raumladungsdichte ϱ_ν und die Geschwindigkeit $\boldsymbol{v}_\nu$ zugeordnet werden können, so lautet die Konvektionsstromdichte

$$\boldsymbol{S}_\mathrm{k} = \int \boldsymbol{v}\,\mathrm{d}\varrho = \sum_{\nu=1}^{m} \left(\int \boldsymbol{v}_\nu\,\mathrm{d}\varrho_\nu \right) = \sum_{\nu=1}^{m} \boldsymbol{v}_\nu \varrho_\nu \tag{4.199}$$

oder bei Einführung von Teilstromdichten $\boldsymbol{S}_{\mathrm{k}\nu}$

$$\boldsymbol{S}_\mathrm{k} = \sum_{\nu=1}^{m} \boldsymbol{S}_{\mathrm{k}\nu} \quad \text{mit} \quad \boldsymbol{S}_{\mathrm{k}\nu} = \varrho_\nu \boldsymbol{v}_\nu . \tag{4.200}$$

Ladungen treten gequantelt auf und sind an Ladungsträger gebunden. So kann die Raumladungsdichte ϱ_ν der ν-ten Ladungsträgersorte aus dem Produkt von Ladung $z_\nu e$ je Ladungsträger und Dichte n_ν der Ladungsträger ermittelt werden:

$$\varrho_\nu = z_\nu e n_\nu, \qquad z_\nu = \pm 1,\ \pm 2,\ \ldots, \qquad e\text{: Elementarladung}. \tag{4.201}$$

Damit kann Gl. (4.200) für die Konvektionsstromdichte auch

$$\boldsymbol{S}_\mathrm{k} = e \sum_{\nu=1}^{m} z_\nu n_\nu \boldsymbol{v}_\nu \tag{4.202}$$

oder

$$\boldsymbol{S}_\mathrm{k} = \sum_{\nu} \boldsymbol{S}_{\mathrm{k}\nu} \quad \text{mit} \quad \boldsymbol{S}_{\mathrm{k}\nu} = e z_\nu n_\nu \boldsymbol{v}_\nu \tag{4.203}$$

geschrieben werden.

Beispiel: In einem Plasma befinden sich Elektronen der Dichte n_1, einfach positiv geladene Ionen der Dichte n_2 und zweifach positiv geladene Ionen der Dichte n_3. Also gilt:

$$\boldsymbol{S}_\mathrm{k} = -e n_1 \boldsymbol{v}_1 + e n_2 \boldsymbol{v}_2 + 2 e n_3 \boldsymbol{v}_3 .$$

Bei der Diskussion des Konvektionsstromes in Medien sind die Art und Dichte der Ladungsträger und damit ihre Herkunft sowie die Mechanismen zu bestimmen, die die Geschwindigkeit bestimmen. Zum Anteil der Verschiebungsstromdichte an der Gesamtstromdichte sei vorab festgestellt:

- *Die Verschiebungsstromdichte* $\boldsymbol{S}_\mathrm{v}$ ist für zeitkonstante Felder stets Null.
- In metallischen Leitern kann immer $\boldsymbol{S}_\mathrm{v} = 0$ *und damit* $\boldsymbol{S} = \boldsymbol{S}_\mathrm{k}$ *angenommen werden.*
- *In idealen Isolatoren ist stets* $\boldsymbol{S}_\mathrm{k} = 0$ *und* $\boldsymbol{S} = \boldsymbol{S}_\mathrm{v}$. *In realen Isolatoren muß* $\boldsymbol{S}_\mathrm{k}$ *bei genauer Betrachtung meist berücksichtigt werden.*
- *In Halbleitern, Gasen und Flüssigkeiten sowie beim Stromfluß im Vakuum gilt meist* $\boldsymbol{S} = \boldsymbol{S}_\mathrm{k}$. *Bei raschen zeitlichen Feldänderungen bzw. hohen Frequenzen ist* $\boldsymbol{S} = \boldsymbol{S}_\mathrm{k} + \boldsymbol{S}_\mathrm{v}$ *anzusetzen, da* $\boldsymbol{S}_\mathrm{v}$ *nicht mehr vernachlässigbar ist. In Sonderfällen ist sogar nur* $\boldsymbol{S}_\mathrm{v}$ *maßgebend für den Strom.*

Konvektionsstromdichte bei Geschwindigkeitsverteilungen*. Vielfach treten auch innerhalb einer Ladungsträgersorte unterschiedliche Geschwindigkeiten auf. In diesem Fall ist von

$$\boldsymbol{S}_\mathrm{k} = \int \boldsymbol{v}\,\mathrm{d}\varrho = \sum_{\nu=1}^{m} \boldsymbol{S}_{\mathrm{k}\nu} \quad \text{mit} \quad \boldsymbol{S}_{\mathrm{k}\nu} = \int \boldsymbol{v}_\nu\,\mathrm{d}\varrho_\nu = e z_\nu \int \boldsymbol{v}_\nu\,\mathrm{d}n_\nu \tag{4.204}$$

auszugehen, d. h. innerhalb jeder Gruppe von Ladungsträgern zu integrieren. Allerdings ist es auch in diesem Fall möglich, die Gl. (4.200) bzw. (4.203) zu verwenden, wenn man die auftretenden Geschwindigkeiten als mittlere Geschwindigkeiten $\bar{\boldsymbol{v}}_\nu$ auffaßt:

$$\boldsymbol{S}_\mathrm{k} = \sum_{\nu=1}^{m} \boldsymbol{S}_{\mathrm{k}\nu} \quad \text{mit} \quad \boldsymbol{S}_{\mathrm{k}\nu} = \varrho_\nu \bar{\boldsymbol{v}}_\nu = z_\nu e n_\nu \bar{\boldsymbol{v}}_\nu \tag{4.205}$$

mit

$$\bar{\boldsymbol{v}}_\mathrm{v} = \frac{1}{\varrho_\mathrm{v}} \int \boldsymbol{v}_\mathrm{v}\, \mathrm{d}\varrho_\mathrm{v} = \frac{1}{n_\mathrm{v}} \int \boldsymbol{v}_\mathrm{v}\, \mathrm{d}n_\mathrm{v}. \tag{4.206}$$

Vielfach wird der Querstrich in Gl. (4.205) weggelassen.

Beispiel: Für $\boldsymbol{v} = \boldsymbol{e}_\mathrm{x} v_\mathrm{x}$ und die Verteilungsfunktion $f(v_\mathrm{x}) = \mathrm{d}n/\mathrm{d}v_\mathrm{x}$ gilt mit $\mathrm{d}n = f(v_\mathrm{x})\,\mathrm{d}v_\mathrm{x}$

$$\boldsymbol{S} = \boldsymbol{e}_\mathrm{x} S_\mathrm{kx} \quad \text{mit} \quad S_\mathrm{kx} = en\bar{v}_\mathrm{x} \quad \text{und} \quad \bar{v}_\mathrm{x} = \frac{1}{n} \int f(v_\mathrm{x})\, v_\mathrm{x}\, \mathrm{d}v_\mathrm{x}.$$

Beispiel: Im dreidimensionalen Fall ist $\boldsymbol{S} = en\bar{\boldsymbol{v}}$ und

$$\bar{\boldsymbol{v}} = \frac{1}{n} \int \boldsymbol{v} f(\boldsymbol{v}, \boldsymbol{r}, t)\, \mathrm{d}v_\mathrm{x}\, \mathrm{d}v_\mathrm{y}\, \mathrm{d}v_\mathrm{z}. \tag{4.207}$$

Bilanzgleichungen in integraler Form*. Die Zahl von Teilchen einer bestimmten Sorte in einer Hüllfläche kann sich durch Zu- bzw. Abfluß von Teilchen sowie u. U. auch durch Erzeugung und Vernichtung ändern. Folgende Bilanzgleichung läßt sich aufstellen:

Die Änderung der Zahl der Teilchen in einer Hüllfläche je Zeiteinheit = der Zahl der netto zufließenden Teilchen je Zeiteinheit + Zahl der netto im Volumen erzeugten Teilchen je Zeiteinheit.

Die Zahl der je Zeit- und Volumeneinheit netto erzeugten Teilchen wird durch die Nettogenerationsrate beschrieben.

Dabei ist die Nettogenerationsrate gleich der Differenz von Generationsrate g_v und der Vernichtungsrate r_v.

Beispiel: Für $g_\mathrm{v} = 10^{12}/(\mathrm{cm}^3 \cdot \mathrm{s})$ und $r_\mathrm{v} = 10^{11}/(\mathrm{cm}^3 \cdot \mathrm{s})$ ergibt sich eine Nettogenerationsrate von $9 \cdot 10^{11}/(\mathrm{cm}^3 \cdot \mathrm{s})$. In 1 µs werden also netto $9 \cdot 10^5$ Teilchen je cm^3 gebildet.

Bezeichnet man die Dichte der Teilchen mit n_v und ihre Geschwindigkeit mit $\boldsymbol{v}_\mathrm{v}$, so erhält man die allgemeine Bilanzgleichung in integraler Form (Bild 4.65):

$$\int \frac{\partial n_\mathrm{v}}{\partial t}\, \mathrm{d}V = -\int n_\mathrm{v} \boldsymbol{v}_\mathrm{v}\, \mathrm{d}\boldsymbol{A} + \int (g_\mathrm{v} - r_\mathrm{v})\, \mathrm{d}V. \tag{4.208}$$

$n\boldsymbol{v}$ ist die Teilchenstromdichte (Abschn. 1.3.4.1). Da der differentielle Flächenfaktor $\mathrm{d}\boldsymbol{A}$ definitionsgemäß nach außen zeigt, muß davor in Gl. (4.208) das negative Vorzeichen eingeführt werden, damit der zufließende Strom positiv ist. Ist jedem Teilchen der Sorte ν die Ladung $z_\mathrm{v} e$ zuzuordnen, so kann aus Gl. (4.208) bei Einführung der elektrischen Konvektionsteilstromdichte $\boldsymbol{S}_\mathrm{kv} = z_\mathrm{v} e n_\mathrm{v} \boldsymbol{v}_\mathrm{v}$ folgende Gleichung abgeleitet werden:

$$\int \frac{\partial n_\mathrm{v}}{\partial t}\, \mathrm{d}V = -\int \frac{1}{z_\mathrm{v} e} \boldsymbol{S}_\mathrm{kv}\, \mathrm{d}\boldsymbol{A} + \int (g_\mathrm{v} - r_\mathrm{v})\, \mathrm{d}V. \tag{4.209}$$

Nach der Ladungsbilanzgleichung gilt bei m Teilchensorten nach Abschnitt 3.3

$$\frac{\mathrm{d}Q}{\mathrm{d}t} = -\int \boldsymbol{S}_\mathrm{k}\, \mathrm{d}\boldsymbol{A} \tag{4.210}$$

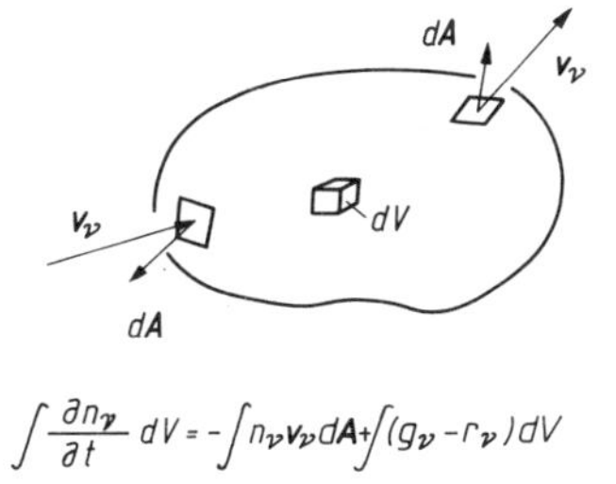

Bild 4.65
Zur Bilanzgleichung für Teilchen

mit

$$Q = \sum_{\nu=1}^{m} \int z_\nu e n_\nu \, \mathrm{d}V \quad \text{und} \quad \boldsymbol{S}_\mathrm{k} = \sum_{\nu=1}^{m} \boldsymbol{S}_{\mathrm{k}\nu}. \tag{4.211 a, b}$$

Setzt man Gl. (4.208) in Gl. (4.210) ein, so ergibt sich

$$\sum_{\nu=1}^{m} z_\nu e \, (g_\nu - r_\nu) = 0. \tag{4.212}$$

Die Summe der mit der Ladung je Teilchen multiplizierten Nettogenerationsraten muß wegen des Satzes der Erhaltung der Ladung stets verschwinden.

Beispiel: Befinden sich in einer Gasentladung neutrale Atome, einfach geladene positive Ionen (Index *1*) und freie Elektronen (Index *2*), so ist $g_1 - r_1 = g_2 - r_2$. Die Nettogenerationsraten der freien Elektronen und Ionen müssen übereinstimmen.

Betont sei, daß die Nettogenerationsrate von Elektronen und von Protonen stets Null ist, da es sich um stabile Elementarteilchen handelt, die weder erzeugt noch vernichtet werden, sondern nur in eine Hüllfläche ein- und ausströmen können. Bildet man aber – z. B. nach dem energetischen Zustand – zwei oder mehrere Gruppen von Elektronen, so kann die Nettogenerationsrate für jede Gruppe ungleich Null sein. Die Summe aller Nettogenerationsraten der Elektronengruppen muß aber Null sein. So ist bei obigem Beispiel eine positive Nettogenerationsrate freier Elektronen mit einer negativen der gebundenen Elektronen verbunden. Bei abgeschlossenem Volumen muß bei Zunahme der Zahl der freien Elektronen die der gebundenen entsprechend abnehmen.

Bilanzgleichungen in Differentialform*. Aus Gl. (4.209) folgt mit dem Gaußschen Satz (Gl. (3.25))

$$\frac{\partial n_\nu}{\partial t} = -\frac{1}{z_\nu e} \operatorname{div} \boldsymbol{S}_{\mathrm{k}\nu} + g_\nu - r_\nu. \tag{4.213}$$

Für beliebige Ladungsträgersorten gilt: Der partielle Differentialquotient der Dichte n_ν nach der Zeit ist gleich der negativen Divergenz der durch diese Ladungsträger getragenen Konvektionsteilstromdichte + Nettogenerationsrate.

Beispiel 1: Bei Teilchen mit verschwindender mittlerer Geschwindigkeit und damit verschwindender Stromdichte kann eine Ladungsträgerdichteänderung nur durch eine Differenz von Ladungsträgererzeugungs- und -vernichtungsrate auftreten.

Beispiel 2: Bei verschwindender Nettogenerationsrate kann eine zeitliche Dichteänderung nur bei $\operatorname{div} \boldsymbol{S}_\mathrm{k} \neq 0$, also örtlich veränderlicher Teilstromdichte auftreten.

Poissongleichung*. Aus der Poissongleichung $\operatorname{div} \boldsymbol{D} = \varrho$ (Gl. (4.80)) ergibt sich für den Zusammenhang zwischen elektrischer Feldstärke $\boldsymbol{E}$ und Ladungsträgerdichten

$$\operatorname{div} \varepsilon \boldsymbol{E} = \sum_{\nu=1}^{m} z_\nu e n_\nu. \tag{4.214}$$

Dabei sind natürlich auch Ladungsträgersorten zu berücksichtigen, deren mittlere Geschwindigkeit Null ist.

Um den Stromfluß in einem Medium zu berechnen, benötigt man die Poissongleichung (4.214), die Bilanzgleichung (4.213) mit Ansätzen für die Nettogenerationsrate sowie die Stromdichtegleichungen mit Ansätzen für $\boldsymbol{v}_\nu$ und die Randbedingungen.

4.6 Stromfluß in Festkörpern

4.6.1 Bändermodelle

Energieniveaus im Atom. Als Ausgangspunkt für die Diskussion des Verhaltens von Elektronen in Festkörpern wird zunächst ein Atom betrachtet. Geht man davon aus, daß sich das Elektron mit der Geschwindigkeit v auf einer Bahn mit dem Radius r um den einen Atomrumpf mit der Ladung Q_R bewegt, so hängen v und r über das Gleichgewicht von anziehender Coulombscher Kraft und Fliehkraft zusammen:

$$Q_R e/(4\pi\varepsilon r^2) = mv^2/r. \tag{4.215}$$

Damit ergibt sich für die kinetische Energie des Elektrons

$$W_{kin} = mv^2/2 = Q_R e/(8\pi\varepsilon_0 r).$$

Q_R ist (bis auf Wasserstoff) kleiner als die Kernladung ze (z Zahl der Protonen), da auch die Wirkung der Elektronen auf den inneren Bahnen zu berücksichtigen ist. Q_R ist demzufolge für äußere Elektronen kleiner als für innere Elektronen. Die potentielle Energie ist nach Gl. (4.38) $W_{pot} = -e\varphi$ mit $\varphi = Q_R/(4\pi\varepsilon r)$, falls φ und damit W_{pot} im Unendlichen als Null angenommen werden. W_{pot} ist negativ, da dem Elektron Energie zugeführt werden muß, um es gegen die anziehende Coulombsche Kraft vom Radius r zum Radius $r \to \infty$ zu verschieben. Für die Gesamtenergie des Elektrons ergibt sich:

$$W = mv^2/2 + W_{pot} = -Q_R e/(8\pi\varepsilon_0 r). \tag{4.216}$$

Der dadurch beschriebene Energietrichter ist im Bild 4.66 im Schnitt, und zwar als Funktion von x dargestellt. Für $x \geqq 0$ ist $x = r$. Nach den Gesetzen der Quantenmechanik sind die Elektronen eines Atoms auf bestimmte Energieniveaus verteilt (Drehimpuls- bzw. Energiequantelung). Die Verteilung der Elektronen auf die möglichen diskreten Energieniveaus kann mit dem Pauli-Prinzip ermittelt werden, das hier nicht erläutert werden soll. Im Grundzustand sind die energetisch tiefsten Energieniveaus besetzt. Die chemischen und optischen Eigenschaften werden durch die Elektronen mit der höchsten Energie bestimmt, die sich auf den äußersten Bahnen befinden und am wenigsten gebunden sind.

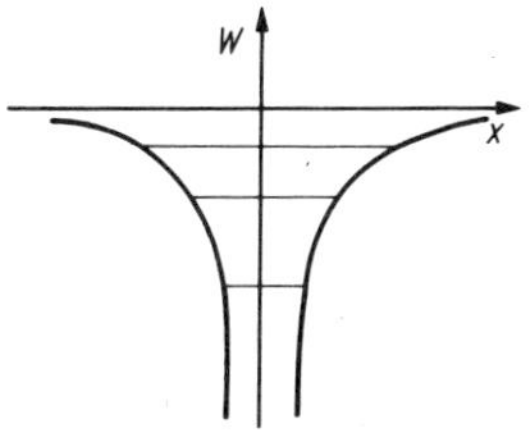

Bild 4.66
Energietrichter eines Atoms

Bändermodelle von Isolatoren, kristallinen Halbleitern und Metallen. Bei Molekülen und Festkörpern überlagern sich die Potentiale der Atomrümpfe. Bild 4.67 zeigt schematisch am Beispiel eines metallischen Festkörpers, daß es dabei zu einer Absenkung der Potentialwälle zwischen den Atomrümpfen kommt. Dadurch kann die Bindung eines Elektrons mit hinreichend hoher Energie an einen Atomrumpf verlorengehen. Es entstehen bewegliche

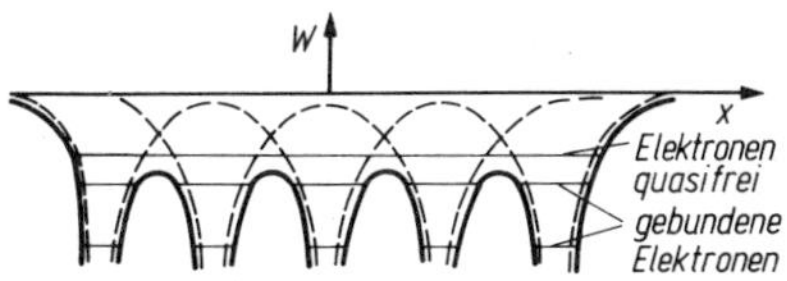

Bild 4.67 Energienapf eines metallischen Festkörpers mit Andeutung dreier ausgewählter Energieniveaus (gestrichelt: Energietrichter der einzelnen Atomrümpfe, vereinfachte Darstellung!)

Ladungsträger, die sich im gesamten Festkörper quasi frei bewegen können. Infolge der Wechselwirkung der Bausteine eines Moleküls oder Festkörpers treten gegenüber den Atomen neue Energieniveaus auf. Diese Aufspaltung der Energieniveaus mit sinkendem Kernabstand, die auch zu einer Überlappung führen kann, zeigt Bild 4.68 am Beispiel von 4 Atomen. Bei Festkörpern liegen die Energieniveaus innerhalb bestimmter Energiebänder so dicht, daß sie als quasi kontinuierlich angenommen werden können[1]). Zwischen den Bändern liegen Energiebereiche, die nicht von Elektronen besetzt werden können und deshalb als verbotene Zonen bezeichnet werden (Bild 4.69). Die Bänder werden von Elektronen der niedrigsten Energieniveaus her angefüllt. Die Wahrscheinlichkeit für die Besetzung eines Zustandes wird mit der Fermistatistik beschrieben und ist temperaturabhängig. Niedrige Energieniveaus werden mit der Wahrscheinlichkeit 1 besetzt und sehr hohe mit verschwindender Wahrscheinlichkeit. *Das Energieniveau mit der Besetzungswahrscheinlichkeit 1/2 heißt Ferminiveau*, kann aber natürlich nur besetzt werden, wenn es nicht – wie bei Halbleitern meist der Fall – innerhalb einer verbotenen Zone liegt. Für über dem Ferminiveau liegende Energiezustände nimmt die Besetzungswahrscheinlichkeit sehr rasch mit wachsender Energie ab. Das Band, das noch Zustände oberhalb des Ferminiveaus enthält, nennt man *Leitungsband* und das darunterliegende Band *Valenzband*. Liegt das Ferminiveau nicht in der verbotenen Zone, sondern im Leitungsband, so spricht man von *Entartung* des Elektronengases. Wichtig für den Stromfluß sind nur die Valenzbandoberkante und das Leitungsband, so daß nur noch diese Bereiche betrachtet werden.

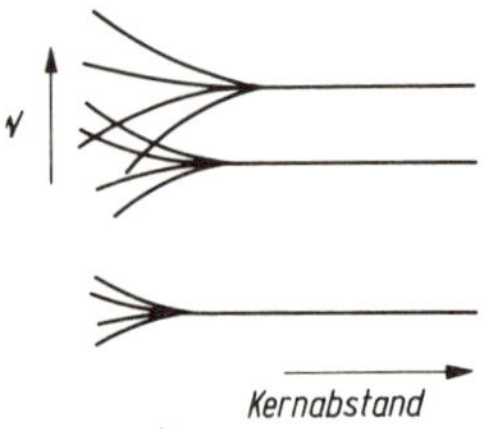

Bild 4.68 Aufspaltung der Energieniveaus von Atomen bei sinkendem Kernabstand am Beispiel von 4 Atomen

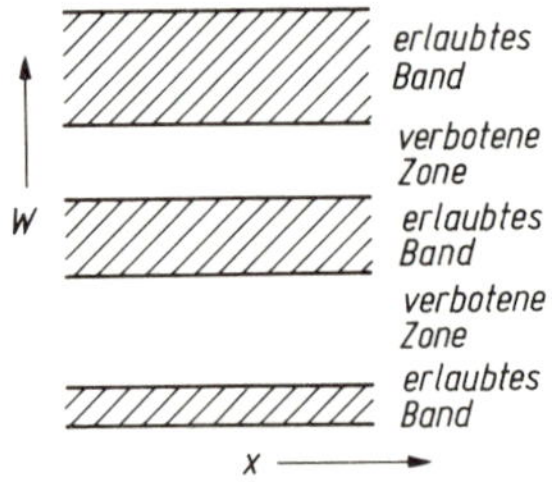

Bild 4.69 Erlaubte Energiebänder und verbotene Zonen beim Festkörper (Ausschnitt aus einem Bändermodell)

Ist ein Band vollständig mit Elektronen besetzt, so sind alle Energieniveaus belegt, und eine Energiezufuhr durch ein elektrisches Feld ist nicht möglich. Die Elektronen sind gebunden, d. h., es kann kein Strom fließen. Damit liegt ein *idealer Isolator* vor (Bild 4.70 a), für den eine große Breite W_g der verbotenen Zone zwischen Leitungsband (L) und Valenzband (V) charakteristisch ist.

Bei *Halbleitern* können infolge einer niedrigeren Breite der verbotenen Zone ($W_g = \ldots 1$ eV bis 5 eV je nach Material) Elektronen bei Zuführung thermischer Energie (vorwiegend durch Gitterschwingungen) vom Valenzband in das Leitungsband angehoben werden (Bild 4.70 b). Dadurch fehlt im Valenzband jeweils ein Elektron, so daß man von der gleichzeitigen Generation (Erzeugung) von Löchern oder Defektelektronen im Valenzband und Elektronen im Leitungsband sprechen kann bzw. von einer thermischen Elektronen-Loch-Paarbildung. Bei *realen Isolatoren* können für $T > 0$ auch wenige Elektronen in das Leitungsband gelangen bzw. Störstellen ionisiert werden, so daß diese ebenfalls eine sehr kleine von Null verschiedene Leitfähigkeit besitzen.

[1]) Dabei ist jedem Elektron im Volumen ein Energieniveau zuzuordnen. Bei sehr kleinen Abmessungen ($<0{,}1\,\mu m$) liegen dadurch die Energieniveaus nicht mehr so dicht, und es tritt wieder eine Aufspaltung auf, die u. a. zu einer Absenkung der Leitfähigkeit führt.

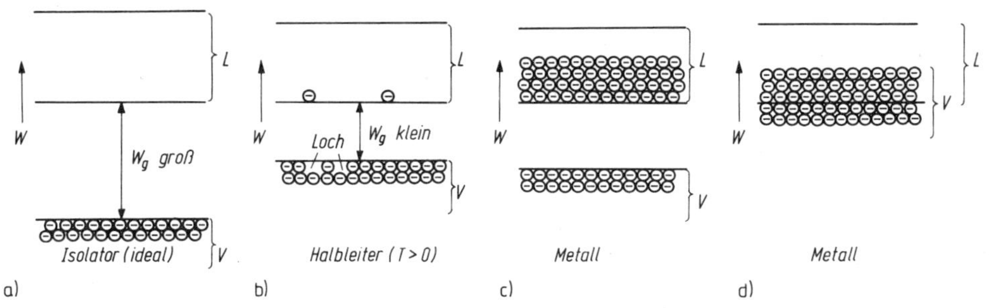

Bild 4.70 Bändermodell (schematische Darstellung von Valenzbandoberkante V und Leitungsband L)
a) ideale Isolatoren; b) Halbleiter; c) Metalle (einwertig); d) Metalle (zweiwertig)

Bei *Metallen* ist das Leitungsband teilweise besetzt (einwertige Metalle, Bild 4.70c), bzw. es tritt eine Überlappung von Leitungs- und Valenzband (zweiwertige Metalle, Bild 4.70d) auf. In beiden Fällen befinden sich in der energetischen Umgebung der energiereichsten Elektronen unbesetzte Energieniveaus. Infolgedessen können die zahlreichen Elektronen des Leitungsbandes im elektrischen Feld Energie aufnehmen und sich bewegen.

Zusammengefaßt folgt aus den Bändermodellen:

Bei idealen Isolatoren stehen keine Ladungsträger, bei Metallen sehr viele und bei Halbleitern vergleichsweise wenige Ladungsträger für den Stromfluß zur Verfügung.

4.6.2 Stromfluß in Metallen

Dichte der quasi freien Elektronen. In Metallen befinden sich ortsfeste positive Atomrümpfe sowie quasi frei bewegliche Elektronen sehr hoher Dichte ($n = 10^{22} \dots 10^{24}\,\text{cm}^{-3}$).

Bei den meisten Metallen stellt jedes Atom des Kristalls ein Elektron für den Leitungsvorgang zur Verfügung, das sich quasi frei zwischen den ortsfesten Atomrümpfen bewegen kann. Also kann die Dichte n der quasi freien Elektronen im thermodynamischen Gleichgewicht aus der Zahl der Atomrümpfe je Volumen ermittelt werden. Die Masse m_0 eines Atoms folgt aus der relativen Atommasse A sowie der atomaren Masseneinheit u ($u = 1/12$ der Masse des Kohlenstoffatoms)

$$m_0 = Au \quad \text{mit} \quad u = 1{,}66057 \cdot 10^{-27}\,\text{kg}. \tag{4.217}$$

Mit $m = \delta V$ (δ Massendichte, m Masse, V Volumen) ergibt sich

$$n = m/(m_0 V) = \delta/m_0 = \delta/(Au). \tag{4.218}$$

Beispiel: Für Cu ist $A = 63{,}5$, $\delta = 8{,}95\,\text{g/cm}^3$ und $n = 8{,}5 \cdot 10^{22}/\text{cm}^3$.

Driftgeschwindigkeit der quasi freien Elektronen. Im thermischen Gleichgewicht bewegen sich die quasi freien Elektronen im Metall in ungeordneter thermischer Wimmelbewegung mit statistisch verteilten Geschwindigkeiten. Da im Volumen alle Richtungen dieser Bewegungen gleichberechtigt sind, tritt keine gerichtete Ladungsträgerbewegung auf – der Strom ist Null[1]). Unter Einfluß eines elektrischen Feldes $\boldsymbol{E}$ erfahren die Elektronen eine Kraft. Ihnen wird in einer Freiflugphase Energie zugeführt, die sie bei der Wechselwirkung mit den Gitterbausteinen (meist als Wärme) wieder abgeben. In einem einfachen Modell kann man also annehmen, daß die Elektronen bei einem Zusammenstoß ihre Zusatzgeschwindigkeit durch das Feld wieder abgeben und danach eine Beschleunigungsphase bis zum nächsten Stoß erleben.

Setzt man $m\,\mathrm{d}(\Delta \boldsymbol{v})/\mathrm{d}t = -e\boldsymbol{E}$ an, so kann man den Betrag Δv der Zusatzgeschwindigkeit durch das elektrische Feld innerhalb eines Zeitintervalls Δt *aus* $\Delta v = eE\,\Delta t/m$ ausrechnen. Mittelt man zu einem

[1]) Die vor allem bei kleinen Dichten durch statistische Schwankungen auftretenden Stromschwankungen nennt man Rauschen.

bestimmten Zeitpunkt über alle quasi freien Elektronen, so ergibt sich daraus $\overline{\Delta v} = eE\,\overline{\Delta t}/m$ bzw. mit den üblichen Bezeichnungen $\overline{\Delta v} = v_n$ und $\overline{\Delta t} = \tau$:

$$v_n = \frac{e\tau}{m} E. \tag{4.219}$$

Dabei ist τ der Mittelwert aller Flugzeiten vom letzten Stoß an bis zum betrachteten Zeitpunkt. Man kann annehmen, daß die thermische Geschwindigkeit $v_{th} \gg v_n$ ist. Betrachtet man zunächst quasi freie Elektronen mit gleichem v_{th} sowie gleicher Weglänge λ zwischen zwei Stößen, so liegt deren Flugzeit seit dem letzten Stoß zwischen 0 und λ/v_{th}. Da alle Zeiten gleich wahrscheinlich sind, ist die mittlere Flugzeit der betrachteten Elektronengruppe seit dem letzten Stoß $\lambda/(2v_{th})$. Mittelt man über alle Elektronen, denen natürlich unterschiedliche v_{th} und λ zuzuordnen sind, so ergibt sich aus Gl. (4.219) durch Mittelwertbildung für die Driftgeschwindigkeit der Elektronen infolge des elektrischen Feldes auch

$$v_n = \frac{eE}{m}\overline{\left(\frac{\lambda}{2v_{th}}\right)} \quad \text{bzw.} \quad v_n = c\,\frac{eE}{m}\,\frac{\overline{\lambda}}{\overline{v}_{th}} \quad \text{mit} \quad c \approx 1. \tag{4.220a, b}$$

Eine weitere Auswertung einschließlich einer genauen Angabe des Faktors c ist nur bei bekannten Verteilungsfunktionen für v_{th} und λ möglich. Dabei ist auch zu beachten, ob unter $\overline{v}_{th}$ der arithmetische Mittelwert des Geschwindigkeitsbetrages oder $\overline{v}_{th} = \sqrt{\overline{v^2}}$ verstanden wird.

Eine exakte Darstellung der Elektronenleitung in Metallen erfordert anstelle der bisherigen klassischen Elektronentheorie eine quantenmechanische Elektronentheorie. Dabei ergibt sich

$$v_n = e\overline{\lambda}/p_F, \tag{4.221}$$

wobei p_F der Impuls eines Elektrons ist, das sich auf dem Ferminiveau W_F befindet. Erwähnt sei, daß die mittlere freie Weglänge $\overline{\lambda}$ weit über den Abständen der Gitterbausteine liegt. Damit wird noch einmal unterstrichen, daß die Elektronenbewegung quantenmechanisch zu beschreiben ist (Elektronenwelle).

Beweglichkeit, Leitfähigkeit und Ohmsches Gesetz. Als Beweglichkeit μ_n der Elektronen wird der Quotient von Betrag der Driftgeschwindigkeit und dem Betrag der Feldstärke definiert:

$$\mu_n = \frac{|\boldsymbol{v}_n|}{|\boldsymbol{E}|}, \qquad [\mu] = \text{cm}^2/\text{V} \cdot \text{s}. \tag{4.222}$$

Damit lautet der Ansatz für die Driftgeschwindigkeit $\boldsymbol{v}_n = -\mu_n \boldsymbol{E}$. Das Minuszeichen tritt auf, da sich die Elektronen entgegen der Feldrichtung bewegen. Mit Gl. (4.198) folgt daraus für die Stromdichte

$$\boldsymbol{S} = en\boldsymbol{v}_n = en\mu_n\boldsymbol{E} \quad \text{bzw.} \quad \boldsymbol{S} = \varkappa\boldsymbol{E} \quad \text{mit} \quad \varkappa = en\mu_n. \tag{4.223a, b}$$

Die bereits in den Abschnitten 1.8.2.2 bzw. 4.3.1 eingeführte Leitfähigkeit $\varkappa$ ist demnach um so größer, je größer die Elektronendichte und die Beweglichkeit sind.

In Metallen kann $\varkappa$ als feldunabhängig angenommen werden.
In diesem Fall nennt man Gl. (4.223b) auch *Ohmsches Gesetz in Feldform*, da sich daraus das Ohmsche Gesetz in der Form

$$i = u/R \quad \text{mit} \quad R = \text{konst.}$$

ergibt (Abschn. 1.8.2.2). Die Beweglichkeit und damit auch $\varkappa$ kann durch Verunreinigungen und Beimengungen und Gitterdefekte beeinflußt werden (s. Tafel 1.6).

Die hohe Leitfähigkeit $\varkappa$ von Metallen resultiert aus der außerordentlich hohen Dichte der quasi freien Ladungsträger.

Beispiel: An einem Cu-Draht von 1 mm² Querschnitt wird bei der maximal zulässigen Stromstärke von 20 A ein Spannungsabfall von 350 mV je m Länge gemessen. Demnach folgen $S = 20\,\text{A/mm}^2$ und $E = 3{,}5\,\text{mV/cm}$ sowie die Materialkonstante $\varkappa = S/E = 57{,}1 \cdot 10^4\,S/\text{cm}$ bzw. $\varrho = 1/\varkappa = 0{,}0175\,\Omega \cdot \text{mm}^2/\text{m}$. Daraus kann mit der Dichte $n = 8{,}6 \cdot 10^{22}/\text{cm}^3$ der quasi freien Ladungsträger auf die Beweglichkeit von Cu $\mu_n = \varkappa/en = 41{,}5\,\text{cm}^2/(\text{V} \cdot \text{s})$ geschlossen werden. Die Geschwindigkeit bei der gegebenen Feldstärke ist $v_n = \mu_n E = 1{,}5\,\text{mm/s}$.

Wie auch das soeben behandelte Beispiel verdeutlicht, ist die Elektronengeschwindigkeit in Metallen selbst bei hohen Stromdichten sehr klein (Größenordnung mm/s). Daraus darf natürlich nicht auf eine kleine Signalausbreitungsgeschwindigkeit geschlossen werden. Diese liegt unterhalb, aber in der Größenordnung der Lichtgeschwindigkeit. Genauere Betrachtungen zum Verhalten metallischer Leitungen, u.a. zur Stromverdrängung (Skin-Effekt) im nichtstationären Fall werden im Band 2 angestellt.

Temperaturabhängigkeit der Leitfähigkeit*. Maßgebend für die geringe Temperaturabhängigkeit von $\varkappa$ ist $\bar{\lambda}(T)$. Bei Zimmertemperatur wächst $\bar{\lambda}$ etwa linear mit $1/T$, so daß der spezifische Widerstand $\varrho = 1/\varkappa$ nach Gl. (4.221) etwa linear mit der Temperatur ansteigt (Abschn. 1.8.4). Bei tiefen Temperaturen ist $\bar{\lambda}$ stärker als linear von $1/T$ abhängig, so daß ϱ bei sinkender Temperatur stärker als linear abnimmt.

Gesetz von Wiedemann-Franz-Lorenz*. Nach diesem Gesetz ist das Verhältnis von Wärmeleitfähigkeit $\varkappa_W$ und elektrischer Leitfähigkeit $\varkappa$ für Metalle vielfach eine Konstante c, d.h.

$$\varkappa_W = c\varkappa \quad \text{mit} \quad c = 3T\,(k/e)^2. \tag{4.224}$$

T Temperatur, k Boltzmann-Konstante, e Elementarladung.

Maßgebend dafür, daß gute elektrische Leiter auch eine gute Wärmeleitfähigkeit besitzen, ist, daß für beide Prozesse die Wechselwirkung der quasi freien Elektronen mit den schwingenden Gitterbausteinen dominiert.

4.6.3 Stromfluß in Halbleitern

4.6.3.1 Eigen- und Störstellenleitung

Einführung. Als *Halbleiter* bezeichnet man Materialien, deren Leitfähigkeit $\varkappa$ über der von technischen Isolierstoffen und unter der von Metallen liegt:

$$10^{-8}\ \text{S/cm} < \varkappa < 10^{8}\ \text{S/cm}. \tag{4.225}$$

Bemerkenswert ist dabei der mehr als 10 Zehnerpotenzen umfassende Bereich. Die angegebenen Grenzen sind nur als ganz grobe Richtwerte aufzufassen (s. auch Bild 4.71). Dominierende Halbleitermaterialien sind derzeit kristalline Festkörper, insbesondere Silizium (Si), und für Spezialanwendungen der Optoelektronik sowie für superschnelle Schaltungen Galliumarsenid (GaAs). Bei kristallinen Festkörpern sind die Bausteine im wesentlichen regelmäßig angeordnet (Gitteraufbau). Halbleiter auf der Grundlage amorpher Festkörper, z.B. a-Si, weisen eine flüssigkeitsähnliche ungeordnete Struktur auf. Sie sind für Spezialanwendungen, z.B. für Solarzellen von Interesse. Organische Halbleiter sind derzeit nicht bedeutungsvoll. Die folgenden Ausführungen beziehen sich auf *kristalline Halbleiter*.

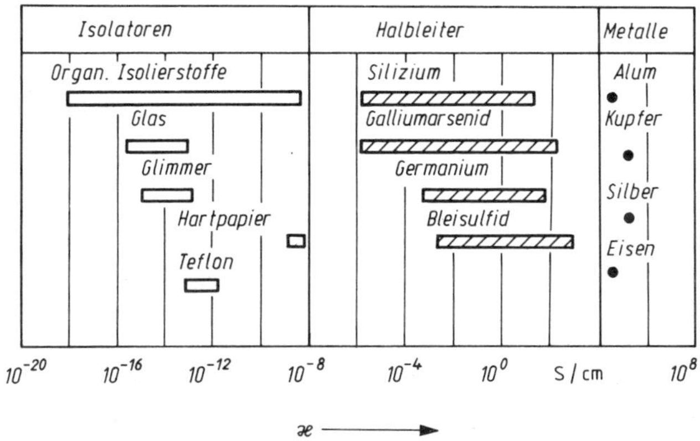

Bild 4.71 Beispiele für die Leitfähigkeit von isolierenden, halbleitenden und metallischen Festkörpern

Eigenleitung. Wie im Abschnitt 4.6.1 dargelegt, sind beim absoluten Nullpunkt ($T = 0$) bei kristallinen Halbleitern alle Bänder bis einschließlich des Valenzbandes voll mit Elektronen besetzt. Das Leitungsband ist leer. Die Elektronen sind alle gebunden und können ihren Platz nicht wechseln. Der Halbleiter wirkt wie ein idealer Isolator. Bei Energiezufuhr durch Temperaturerhöhung (oder auch durch hohe elektrische Felder, Licht, Bestrahlung mit energiereichen Teilchen) werden einzelne Elektronen in das Leitungsband angehoben. Dadurch entstehen bewegliche Elektronen im Leitungsband und genauso viele Löcher im Valenzband. Diese sind ebenfalls beweglich und können damit zu einem Stromfluß beitragen.

Anhand von Silizium soll die Elektronen-Loch-Erzeugung *(Generation)* näher erläutert werden. Beim Siliziumgitter, das zum Diamanttypus gehört, wird jedes Atom von 4 Nachbarn umgeben (Bild 4.72a). Die Bindung mit den Nachbarn erfolgt durch 4 Elektronenpaarbrükken. Von jedem Atom sind die vier äußersten Elektronen (Valenzelektronen) an der Bindung beteiligt.

Bricht infolge der thermischen Energie (Gitterschwingung) eine Bindung auf, so hat sich ein Elektron gelöst, besitzt somit eine höhere Energie und ist dem Leitungsband zuzuordnen (Bild 4.72c). In die entstandene Lücke (Loch) kann ein anderes gebundenes Elektron (Valenzelektron) springen (gestrichelter Pfeil, Bild 4.72a). Damit hat sich das Loch entgegen der Richtung des Valenzelektrons bewegt (im Bild 4.72a entgegen der Pfeilrichtung). Das Loch kann als beweglicher Ladungsträger mit der Ladung $+e$ aufgefaßt werden (Bild 4.72b). Besetzt ein Elektron aus dem Leitungsband die aufgebrochene Lücke in der Bindung, so gibt es die Energiedifferenz $\Delta W = W_g$ (W_g Breite der verbotenen Zone) als thermische Energie oder auch als Lichtquant (bei Galliumarsenid möglich) ab. Den Übergang eines Elektrons vom Leitungs- in das Valenzband, d.h. die Vernichtung eines Elektronen-Loch-Paares, bezeichnet man auch als *Rekombination*. Zwischen Generation und Rekombination stellt sich ein dynamischer Gleichgewichtszustand ein.

Der Dichte der quasi freien Elektronen im Leitungsband ist wegen der negativen Ladung das Symbol n zugeordnet und der der Löcher wegen der positiven Ladung (fehlende negative Ladung im Valenzband) das Symbol p. Die im thermodynamischen Zustand auftretende und für ein Material charakteristische Dichte der quasi freien Ladungsträger von Halbleitern ohne Störstellen nennt man *Eigenleitungs-* oder *Intrinsicdichte* n_i. Dabei ist n_i natürlich um so größer, je kleiner die Breite W_g der verbotenen Zone ist und je größer die Temperatur T ist. Es gilt im thermodynamischen Gleichgewicht (Index 0) bei Eigenleitung

$$n_0 = p_0 = n_i \quad \text{mit} \quad n_i = N_C N_V \exp\left(-W_g/kT\right). \tag{4.226}$$

Die Größen $N_C N_V$ sowie W_g sind materialabhängig, z.B.

$$W_g = 1{,}1 \text{ eV für Si} \quad \text{und} \quad W_g = 1{,}4 \text{ eV für GaAs}.$$

Bei 300 K gilt für Si $n_i = 1{,}5 \cdot 10^{10}/\text{cm}^3$ und für GaAs $n_i = 1{,}3 \cdot 10^6/\text{cm}^3$.

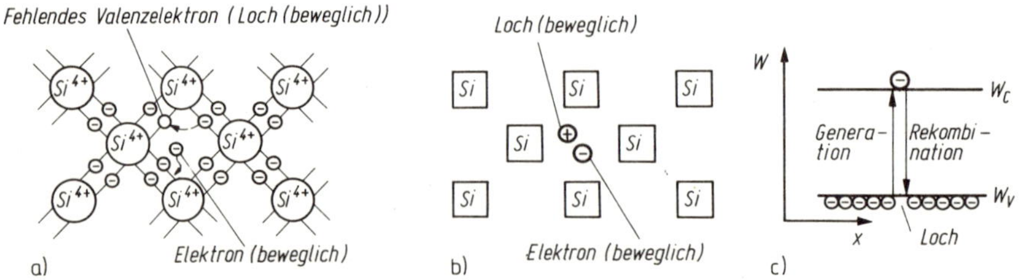

Bild 4.72 Eigenleitung in Si (schematisch)

a) Entstehung eines Elektronen-Loch-Paares; b) vereinfachte Darstellung zu a); c) Elektronen-Loch-Generation und -Rekombination im Bänderschema

Störstellenleitung. Technische Anwendungen von Halbleitern werden dadurch ermöglicht, daß man mit dem Einbringen von Fremdatomen *(Dotierung)* die Zahl der beweglichen Ladungsträger zielgerichtet in bestimmten Gebieten um Größenordnungen erhöhen kann. Die Dotierung erfolgt durch Einschießen von Ionen (Ionenimplantation) oder Eindiffundieren der Fremdatome aus Gasen oder Flüssigkeiten. Baut man in das Gitter des vierwertigen Siliziums ein fünfwertiges Fremdatom (z. B. Phosphor) ein, so ist ein Valenzelektron nur schwach gebunden. Dadurch kann dieses Elektron bereits bei geringer Energiezufuhr in das Leitungsband gehoben werden und damit abwandern (Bilder 4.73a und 4.73b). Jedes ionisierte P-Atom gibt also ein Elektron ab. Es wirkt als *Donator*, und sein Atomrumpf wird positiv. Für P beträgt die Energiedifferenz zwischen Leitungsband und Donatorniveau $W_C - W_D = 0{,}049\,\text{eV}$. Im Bild 4.73c ist beispielsweise eines von drei angegebenen Donatorniveaus ionisiert.

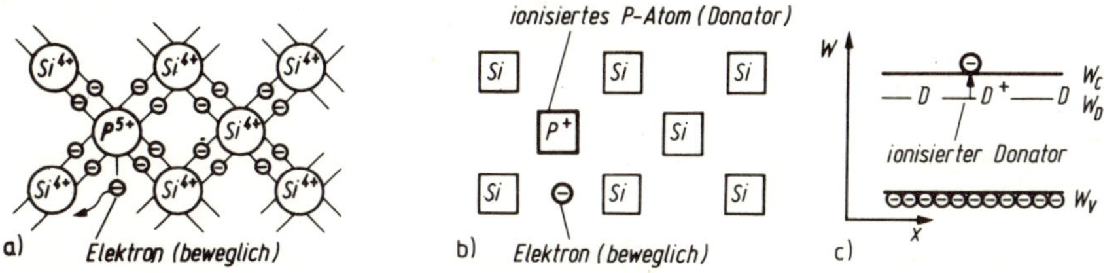

Bild 4.73 N-Leitung in Si (schematisch)

a) Elektronenabgabe durch eine Donatorstörstelle; b) vereinfachte Darstellung zu a); c) Elektronengeneration bei gleichzeitiger Störstellenionisation im Bänderschema

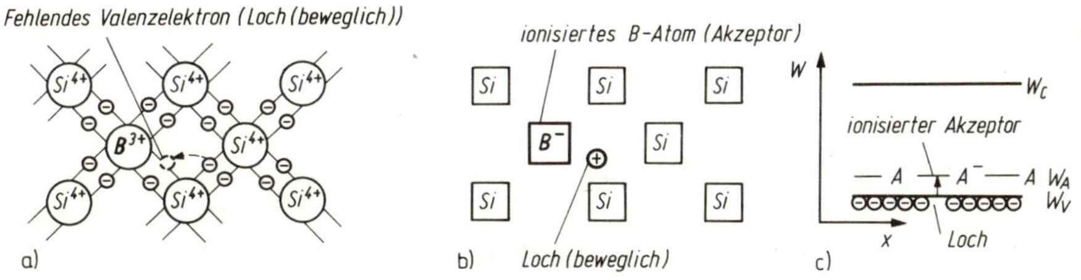

Bild 4.74 P-Leitung in Si (schematisch)

a) Elektronenaufnahme durch eine Akzeptorstörstelle; b) vereinfachte Darstellung zu a); c) Lochgeneration bei gleichzeitiger Störstellenumladung im Bänderschema

Bei Einbau eines dreiwertigen Störatoms (z. B. Bor) fehlt ein Elektron in der Bindung. Diese freie Valenz ermöglicht es, daß eine benachbarte Bindung bei geringer Energiezufuhr aufbrechen kann und das dabei frei werdende Elektron in die Bindungslücke des Störatoms springen kann. Damit sind ein Loch in der Kristallbindung und gleichzeitig ein ortsfester negativer Atomrumpf des Störatoms entstanden (Bilder 4.74a und 4.74b). Störatome, durch die Löcher im Valenzband entstehen, nennt man *Akzeptoren*. Die Energiedifferenz zwischen Akzeptorniveau und Valenzbandoberkante ist klein (z. B. für B: $W_A - W_V = 0{,}045\,\text{eV}$).

Während also Donatoren räumlich begrenzte Energieterme in der verbotenen Zone in der Nähe der Leitungsbandunterkante hervorrufen und bei Ionisation Elektronen in das Leitungsband geben, sind Akzeptoren Energieterme etwas oberhalb der Valenzbandoberkante zuzuordnen (Bild 4.74c) und rufen Löcher im Valenzband hervor.

Die Ausbildung von Energietermen in der verbotenen Zone ist übrigens dadurch möglich, da es sich nicht mehr um einen perfekten, sondern um einen gestörten Si-Kristall (in diesem Fall durch Fremdatome) handelt.

Ebenso wie bei der Eigenleitung kann bei der Störstellenleitung das entstandene Loch durch ein weiteres Valenzelektron aufgefüllt werden, wodurch wiederum ein Loch entsteht usw. Demnach wandert das Loch (entgegen der Richtung der Valenzelektronen), und zwar (ohne äußeres elektrisches Feld) in einer thermischen Wimmelbewegung.

Bei konstanter Temperatur herrscht auch für die Störstellenleitung ein Gleichgewicht zwischen Ladungsträgergeneration und -rekombination. Bei Zimmertemperatur sind bei Si bereits nahezu alle Störstellen ionisiert *(Störstellenerschöpfung)*, d.h., es gilt $N_{D+} \approx N_D$, $N_{A-} \approx N_A$, wobei N_D und N_A die Störstellendichte darstellen. Bei niedrigen Temperaturen ist nur ein Teil der Störstellen ionisiert.

Im allgemeinen treten die thermische Paarerzeugung sowie die Erzeugung von beweglichen Elektronen bzw. Löchern durch Donatoren bzw. Akzeptoren gleichzeitig auf. Je nachdem, was dominiert, unterscheidet man Eigen-, N- und P-Halbleiter[1]). In einem N-Halbleiter sind die beweglichen Elektronen (im folgenden nur als Elektronen bezeichnet) in der Majorität, also *Majoritätsträger*, und die Löcher sind dabei die *Minoritätsträger*. Bei P-Halbleitern ist es umgekehrt. Für N-, P- und Eigenhalbleiter gilt im Gleichgewichtszustand (ohne Stromfluß, Index 0) bei homogenen Strukturen:

$$n_0 p_0 = n_i^2. \tag{4.227}$$

Die Zahl der Majoritätsträger stimmt etwa mit der der ionisierten Störstellen überein; man erhält zusammenfassend für homogene Gebiete:

$$n_0 \approx N_{D+}, \qquad p_0 \approx n_i^2/N_{D+} \ll n_0 \quad \text{für N-Halbleiter;} \tag{4.228}$$

$$p_0 \approx N_{A-}, \qquad n_0 \approx n_i^2/N_{A-} \ll p_0 \quad \text{für P-Halbleiter;} \tag{4.229}$$

$$p_0 = n_0 = n_i \quad \text{für Eigenhalbleiter.} \tag{4.230}$$

4.6.3.2 Feldstrom

Ladungsträgergeschwindigkeiten und Beweglichkeiten. Im thermischen Gleichgewicht bewegen sich die Leitungsbandelektronen bzw. Löcher in ungeordneter thermischer Wimmelbewegung. Sieht man von stochastischen Schwankungen (Rauschen) ab, so ist die resultierende Geschwindigkeit Null. Unter Einfluß eines elektrischen Feldes erfahren die Ladungsträger eine Kraft; ihnen wird Energie zugeführt, die sie bei den Wechselwirkungen (Streuprozessen) mit den Gitterbausteinen wieder abgeben (meist als Wärme). Wie auch beim Metall, stellt sich durch die beschleunigende Wirkung des Feldes und durch die bremsende Wirkung der Streuprozesse eine konstante mittlere Geschwindigkeit des Ladungsträgerkollektivs ein, die man Driftgeschwindigkeit nennt. Da die Driftgeschwindigkeit meist mit der elektrischen Feldstärke $\boldsymbol{E}$ wächst, ist folgender Ansatz für die *Driftgeschwindigkeiten* $\boldsymbol{v}_p$ bzw. $\boldsymbol{v}_n$ der Löcher bzw. Elektronen sinnvoll:

$$\boldsymbol{v}_p = \mu_p \boldsymbol{E}, \qquad \boldsymbol{v}_n = -\mu_n \boldsymbol{E}. \tag{4.231 a, b}$$

Man nennt die als Verhältnis von Driftgeschwindigkeitsbetrag zu Feldstärkebetrag definierten positiven Größen μ_n und μ_p *Beweglichkeiten*. Mit dem negativen Vorzeichen in Gl. (4.231 b) wird berücksichtigt, daß sich die Elektronen entgegen der Feldrichtung bewegen. Die Beweglichkeiten können oft näherungsweise als Materialkonstanten angesehen werden. Bei genauerer Betrachtung muß berücksichtigt werden, daß sie bei hohen Feldstärken sowie mit zunehmender Störstellenkonzentration und Temperatur abnehmen. Für die Stromdichte $\boldsymbol{S}_p$ der Löcher sowie $\boldsymbol{S}_n$ der Elektronen unter Feldeinfluß (Feldstrom) kann nach den Gln. (4.231) und (4.203)

$$\boldsymbol{S}_p = ep\boldsymbol{v}_p = ep\mu_p \boldsymbol{E}, \qquad \boldsymbol{S}_n = -en\boldsymbol{v}_n = en\mu_n \boldsymbol{E} \tag{4.232 a, b}$$

[1]) Statt N- und P-Halbleiter wird auch n- und p-Halbleiter geschrieben.

angesetzt werden. Hieraus folgt der gesamte *feldinduzierte Konvektionsstrom* durch Löcher und Elektronen

$$\boldsymbol{S}_\mathrm{k} = \boldsymbol{S}_\mathrm{p} + \boldsymbol{S}_\mathrm{n} = e\,(p\mu_\mathrm{p} + n\mu_\mathrm{n})\,\boldsymbol{E}. \tag{4.233}$$

Mit der bereits mehrfach genannten Definition der *Leitfähigkeit* $\varkappa$ bei einem Feldstrom $\boldsymbol{S}_\mathrm{k} = \varkappa \boldsymbol{E}$ ergibt sich somit für die Leitfähigkeit $\varkappa$ von Halbleitern:

$$\varkappa = e\,(p\mu_\mathrm{p} + n\mu_\mathrm{n}). \tag{4.234}$$

In P- bzw. N-dotierten Gebieten gilt mit guter Näherung $\varkappa = ep\mu_\mathrm{p}$ bzw. $\varkappa = en\mu_\mathrm{n}$. Hohe Leitfähigkeit kann durch hohe Beweglichkeiten und vor allem durch hohe Ladungsträgerdichten erzielt werden. Falls die Feldstärkeabhängigkeit der Beweglichkeiten vernachlässigbar ist und n und p feldunabhängig sind, gilt bei homogenen Halbleitern entsprechend Gl. (4.233) das Ohmsche Gesetz.

Zahlenbeispiel: Für Si-Halbleitermaterial mit $\mu_\mathrm{p} = 350\,\mathrm{cm^2/(V\cdot s)}$, $\mu_\mathrm{n} = 700\,\mathrm{cm^2/(V\cdot s)}$, $p = 10^{17}/\mathrm{cm^3}$, $n \ll p$, $E = 1\,\mathrm{kV/cm}$ ergibt sich $v_\mathrm{p} = 3{,}5\cdot 10^5\,\mathrm{cm/s}$, $v_\mathrm{n} = 7\cdot 10^5\,\mathrm{cm/s}$, $\varkappa = 5{,}6\,\mathrm{S/cm}$, $\varrho = 1/\varkappa = 0{,}18\,\Omega\cdot\mathrm{cm}$, $S_\mathrm{k} = S_\mathrm{p} = 1{,}8\,\mathrm{A/mm^2}$.

Beweglichkeit und Impulsbilanzgleichung*. Die mittlere Elektronengeschwindigkeit bei örtlich konstanter Elektronendichte genügt der *Impulsbilanzgleichung*

$$m_\mathrm{n}\,\mathrm{d}\boldsymbol{v}/\mathrm{d}t = -e\boldsymbol{E} - m_\mathrm{n}\boldsymbol{v}_\mathrm{n}/\tau_\mathrm{n}. \tag{4.235}$$

Dabei ist m_n die sog. *effektive Masse*, durch die der Gittereinfluß materialabhängig beschrieben wird. Der Term $-e\boldsymbol{E}$ beinhaltet die Impulsänderung durch das elektrische Feld (Energiezufuhr), während der letzte Term mit der Streurelaxationszeit τ_n den bremsenden Einfluß der Streuprozesse (Energieabfuhr) beschreibt, der geschwindigkeitsproportional ist. Die stationäre Driftgeschwindigkeit ist durch $\mathrm{d}\boldsymbol{v}/\mathrm{d}t = 0$ gekennzeichnet und ergibt sich aus $\boldsymbol{v}_\mathrm{n} = -(e\tau_\mathrm{n}/m_\mathrm{n})\,\boldsymbol{E}$. Damit folgt für die Beweglichkeit der Elektronen bzw. der Löcher (mit analoger Betrachtung)

$$\mu_\mathrm{n} = e\tau_\mathrm{n}/m_\mathrm{n}, \qquad \mu_\mathrm{p} = e\tau_\mathrm{p}/m_\mathrm{p}. \tag{4.236a, b}$$

Die Beweglichkeiten sind um so höher, je größer die Streurelaxationszeiten und je kleiner die effektive Masse ist.

4.6.3.3 Feld- und Diffusionsstrom

Diffusion. *Örtliche Konzentrationsunterschiede führen bei Teilchen, die einer thermischen Wimmelbewegung unterliegen, zu einer mittleren Teilchenbewegung, die stets so gerichtet ist, daß sie versucht, die Konzentrationsunterschiede abzubauen.* Ob das auch wirklich gelingt, hängt von den weiter wirkenden Einflußgrößen (z. B. dem elektrischen Feld oder der Schwerkraft) ab. Dieser als *Diffusion* bezeichnete Vorgang tritt auch bei ungeladenen Teilchen auf und ist aus dem Alltag bekannt (z. B. Ausgleich von Konzentrationsunterschieden in Flüssigkeiten und Gasen). Auch in Halbleitern wird der Strom bei Ladungsträgerdichteunterschieden durch die Diffusion beeinflußt.

Beispiel: Ein stark vereinfachtes Modell eines Diffusionsvorganges wird im Bild 4.75 dargestellt. Die Elektronen führen eine thermische Wimmelbewegung in alle Richtungen durch. Infolge der höheren Elektronendichte links bewegen sich zwei Elektronen nach rechts und nur ein Elektron nach links. Netto bewegt sich also ein Elektron von links nach rechts durch die gestrichelte Fläche, also vom Ort höherer zum Ort niedrigerer Dichte.

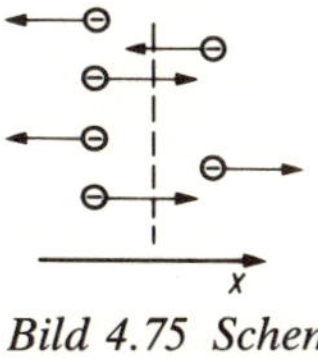

Bild 4.75 Schematische Darstellung der örtlichen eindimensionalen Elektronendiffusion durch in x-Richtung abnehmende Elektronendichte n(x)

Eine *Teilchenstromdichte* S_{TDx} (Zahl der Teilchen je Flächen- und Zeiteinheit) *infolge Diffusion* kann – falls keine weiteren Einflüsse wirken – im eindimensionalen Fall durch

$$S_{\mathrm{TDx}} = -D_{\mathrm{n}}\,\partial n/\partial x \tag{4.237}$$

beschrieben werden. Die Diffusionsstromdichte ist betragsmäßig um so größer, je größer der Diffusionskoeffizient D_{n} und je größer das Konzentrationsgefälle sind, d. h. die Konzentrationsänderung je Längeneinheit $|\partial n/\partial x|$. Für in x-Richtung absinkende Konzentration ($\partial n/\partial x < 0$) ist die Teilchenstromdichte positiv, und für zunehmende Konzentration ist sie negativ. In jedem Fall versucht die Diffusion, die Konzentrationsunterschiede auszugleichen. Die mittlere *Teilchengeschwindigkeit* v_{Dx} *infolge Diffusion* kann aus $S_{\mathrm{TDx}} = n v_{\mathrm{Dx}}$ ermittelt werden:

$$v_{\mathrm{Dx}} = -D_{\mathrm{n}} \frac{1}{n} \frac{\partial n}{\partial x}. \tag{4.238}$$

Sie ist proportional zur relativen Konzentrationsänderung je Längeneinheit.

Feld- und Diffusionseinfluß. Für die mittlere *Geschwindigkeit* der Löcher bzw. Elektronen *unter Einfluß eines elektrischen Feldes und von Konzentrationsunterschieden* gilt, bezogen auf die x-Komponente,

$$v_{\mathrm{px}} = \mu_{\mathrm{p}} E_{\mathrm{x}} - \frac{1}{p} D_{\mathrm{p}} \frac{\partial p}{\partial x}, \qquad v_{\mathrm{nx}} = -\mu_{\mathrm{n}} E_{\mathrm{x}} - \frac{1}{n} D_{\mathrm{n}} \frac{\partial n}{\partial x}. \tag{4.239 a, b}$$

Für die Stromdichte folgen mit $S_{\mathrm{px}} = e p v_{\mathrm{px}}$ für die Löcher bzw. $S_{\mathrm{n}} = -e n v_{\mathrm{nx}}$ für die Elektronen die sogenannten *Transportgleichungen*

$$S_{\mathrm{px}} = e p \mu_{\mathrm{p}} E_{\mathrm{x}} - e D_{\mathrm{p}} \frac{\partial p}{\partial x}, \qquad S_{\mathrm{nx}} = e n \mu_{\mathrm{n}} E_{\mathrm{x}} + e D_{\mathrm{n}} \frac{\partial n}{\partial x}. \tag{4.240 a, b}$$

Mit Gl. (4.20) kann mit $E_{\mathrm{x}} = -\partial\varphi/\partial x$ das Potential φ eingeführt werden:

$$S_{\mathrm{px}} = -e p \mu_{\mathrm{p}} \frac{\partial \varphi}{\partial x} - e D_{\mathrm{p}} \frac{\partial p}{\partial x}, \qquad S_{\mathrm{nx}} = -e n \mu_{\mathrm{n}} \frac{\partial \varphi}{\partial x} + e D_{\mathrm{n}} \frac{\partial n}{\partial x}. \tag{4.241 a, b}$$

Die Konvektionsstromdichte der Löcher und Elektronen ist jeweils gleich der Summe eines feldverursachten Stromdichteanteils und eines durch Diffusion verursachten Stromdichteanteils:

Konvektionsstromdichte = Feldstromdichte + Diffusionsstromdichte.

Die Ladungsträgerstromdichte infolge Diffusion zeigt für Löcher in die gleiche Richtung wie die Teilchenstromdichte, während sie bei Elektronen aufgrund der negativen Ladung vom Ort niedrigerer zum Ort höherer Konzentration gerichtet ist. Aus den Gln. (4.240 a und 4.240 b) kann geschlossen werden, daß der Diffusionsstrom für örtlich konstante Konzentration ($\partial p/\partial x = \partial n/\partial x = 0$) und damit im Inneren homogener Halbleiter verschwindet. Konzentrationsänderungen und damit Diffusionsströme treten vor allem bei steilen Dotierungsänderungen, an Grenzflächen sowie u. U. auch bei dynamischen Vorgängen auf.

Beispiel: Am Übergang von einem N-dotierten Gebiet zu einem P-dotierten Gebiet tritt bei links liegendem N-Gebiet ein Konzentrationsverlauf mit $\partial p/\partial x < 0$ und $\partial n/\partial x > 0$ auf, wie er im Bild 4.76 angegeben

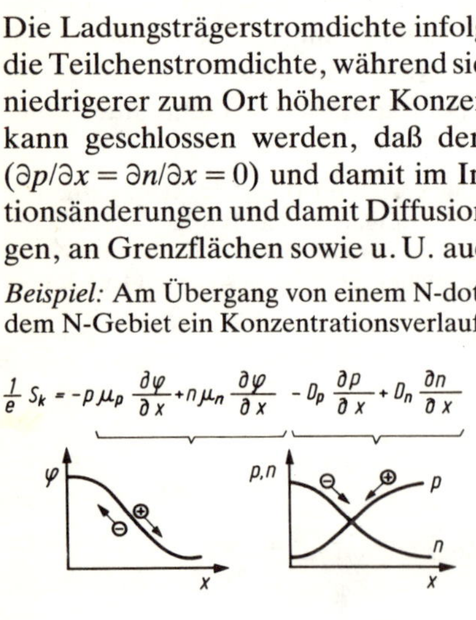

Bild 4.76
Potential- bzw. Konzentrationsänderungen als Ursache des Feld- bzw. Diffusionsanteils der Stromdichten

ist. Nach den Gln. (4.239a und 4.239b) bewegen sich die Ladungsträger bei dominierender Diffusion jeweils den Konzentrationsberg hinab, d.h. entgegen bzw. in x-Richtung. Beide Diffusionsstromdichtekomponenten in x-Richtung sind nach den Gln. (4.241a und 4.241b) in x-Richtung negativ. Zum Vergleich zeigt Bild 4.76 das Ladungsträgerverhalten bei Potentialänderung. Bei dominierendem Feldeinfluß bewegen sich die Löcher den Potentialberg hinab und die Elektronen hinauf. In diesem Fall sind die x-Komponenten der Feldstromdichten beide positiv.

Falls sich Feld- und Drifteinfluß in ihrer Wirkung kompensieren, ist die Stromdichte Null. Das bedeutet nicht etwa, daß Feld- und Diffusionsstrom wirklich in unterschiedliche Richtungen fließen, sondern daß die resultierende Geschwindigkeit Null ist.

Zusammenhang zwischen Diffusionskoeffizienten und Beweglichkeiten. Die *Diffusionskoeffizienten* D_p und D_n hängen (für nichtentartete Halbleiter) über die *Nernst-Townsend-Einstein-Relation* mit den Beweglichkeiten zusammen:

$$\frac{D_p}{\mu_p} = \frac{D_n}{\mu_n} = U_T \quad \text{mit} \quad U_T = \frac{kT}{e}. \tag{4.242}$$

$k = 1{,}381 \cdot 10^{-23}\,\mathrm{W \cdot s/K}$ ist die Boltzmann-Konstante und U_T die Temperaturspannung, z.B. $U_T = 26\,\mathrm{mV}$ für 25 °C.

Zahlenbeispiel: Für $\mu_n = 700\,\mathrm{cm^2/(V \cdot s)}$ und $U_T = 26\,\mathrm{mV}$ ist $D_n = 18\,\mathrm{cm^2/s}$.

Mehrdimensionale Transportgleichungen*. Bei Verallgemeinerung der Gln. (4.240a und 4.240b) auf den dreidimensionalen Fall entsteht für die *Konvektionsstromdichte* $\boldsymbol{S}_k$ bei kartesischen Koordinaten:

$$\boldsymbol{S}_k = \boldsymbol{S}_p + \boldsymbol{S}_n, \tag{4.243}$$

$$\boldsymbol{S}_p = ep\mu_p\boldsymbol{E} - eD_p\left(\boldsymbol{e}_x\frac{\partial p}{\partial x} + \boldsymbol{e}_y\frac{\partial p}{\partial y} + \boldsymbol{e}_z\frac{\partial p}{\partial z}\right), \tag{4.244}$$

$$\boldsymbol{S}_n = en\mu_n\boldsymbol{E} + eD_n\left(\boldsymbol{e}_x\frac{\partial n}{\partial x} + \boldsymbol{e}_y\frac{\partial n}{\partial y} + \boldsymbol{e}_z\frac{\partial n}{\partial z}\right). \tag{4.245}$$

Eine allgemeinere Darstellung für beliebige Koordinatensysteme lautet

$$\boldsymbol{S}_p = ep\mu_p\boldsymbol{E} - e\,\mathrm{grad}\,(D_p p), \qquad \boldsymbol{S}_n = en\mu_n\boldsymbol{E} + e\,\mathrm{grad}\,(D_n n). \tag{4.246a, b}$$

Dabei wurde auch berücksichtigt, daß bei feldstärke- und damit auch ortsabhängigem Diffusionskoeffizienten der Gradient von $D_p p$ bzw. $D_n n$ zu bilden ist, wie hier ohne Beweis angegeben sei.

Für die Gesamtstromdichte $\boldsymbol{S}$ ist noch die Verschiebungsstromdichte einzubeziehen:

$$\boldsymbol{S} = \boldsymbol{S}_p + \boldsymbol{S}_n + \partial\boldsymbol{D}/\partial t. \tag{4.247}$$

4.6.3.4* Konvektions- und Verschiebungsstrom

Um den Einfluß der Verschiebungsstromdichte $S_V = \varepsilon\,\partial E/\partial t$ zu untersuchen, wird zunächst ein homogenes Medium vorausgesetzt, in dem die Konvektionsstromdichte S_k von der Feldstromdichte $\varkappa E$ bestimmt wird. Wegen

$$S = S_k + S_v = \varkappa E + \varepsilon\frac{\partial E}{\partial t} \tag{4.248}$$

ist S_v gegenüber S_k für

$$|E| \gg \left|\frac{\varepsilon}{\varkappa}\frac{\partial E}{\partial t}\right| \quad \text{bzw.} \quad |E| \gg \tau_d\left|\frac{\partial E}{\partial t}\right| \quad \text{mit} \quad \tau_d = \frac{\varepsilon}{\varkappa} \tag{4.249a, b}$$

zu vernachlässigen. Der Einfluß der Verschiebungsstromdichte ist um so kleiner, je größer die Leitfähigkeit $\varkappa$ und je kleiner $|\partial E/\partial t|$ ist, d.h., je langsamer die Feldänderungen erfolgen.

Um quantitative Aussagen treffen zu können, werden die Zeitabhängigkeiten $E(t) = \hat{E}\cos\omega t$ bzw. $E(t) = E(0)\exp(-t/\tau)$ untersucht. Dabei ergeben sich – wie unten bewiesen wird – die Bedingungen für die Vernachlässigung der Verschiebungsstromdichte, d.h. für $S = S_k$:

$$0 \leqq \omega \ll 1/\tau_d = \varkappa/\varepsilon \quad \text{bzw.} \quad \tau \gg \tau_d = \varepsilon/\varkappa. \tag{4.250}$$

Andererseits lauten die Bedingungen für $S = S_v$: $\omega \gg 1/\tau_d$ bzw. $\tau \ll \tau_d$. In Metallen ist die Verschiebungsstromdichte wegen der sehr hohen Leitfähigkeit $\varkappa$ bzw. der sehr kleinen dielektrischen Relaxationszeit τ_d stets zu vernachlässigen. In Halbleitern kann S_v für sehr hohe Kreisfrequenzen ω und schwache Dotierung in manchen Fällen bedeutsam sein.

Beispiel: Für Silizium ($\varepsilon_r = 12$) mit dem spezifischen Widerstand $\varrho = 10\ \Omega \cdot \text{cm}$ ist $\tau_d = \varepsilon\varrho = 10{,}62$ ps. Damit ist S_v für Frequenzen $f \ll 1/(2\pi\tau_d) = 1{,}5$ GHz vernachlässigbar.

Wirken in inhomogenen Halbleitern Feld- und Diffusionseinfluß gegeneinander, so ist $S_k < \varkappa E$, und damit spielt die Verschiebungsstromdichte bereits bei niedrigeren Frequenzen eine Rolle.

Beweis für Gl. (4.249):* $S = \varkappa E + \varepsilon \cdot \mathrm{d}E/\mathrm{d}t = \varkappa\hat{E}\cos\omega t - \omega\varepsilon\hat{E}\sin\omega t$, $S = \sqrt{\varkappa^2 + (\omega\varepsilon)^2}\,\hat{E}\cos(\omega t + \arctan \times \omega\varepsilon/\varkappa)$, $S = \varkappa\hat{E}\cos\omega t$ für $\omega \ll \varkappa/\varepsilon$.

Beweis für Gl. (4.249b):* $\varepsilon \cdot \mathrm{d}E/\mathrm{d}t = -(1/\tau)\,\varepsilon E(0)\exp(-t/\tau) = -\varepsilon E/\tau$ usw.

4.6.3.5 Kontinuitätsgleichungen

Die zeitliche Änderung der Zahl der Löcher in einem Volumenelement $A\,\mathrm{d}x$ (Bild 4.77) setzt sich aus der Zahl der zufließenden minus der Zahl der abfließenden Löcher je Zeiteinheit und der Zahl der je Zeiteinheit entstehenden Löcher (beschrieben durch die volumenbezogene *Generationsrate* g_p) minus der Zahl der je Zeiteinheit rekombinierenden Löcher (beschrieben durch die volumenbezogene *Rekombinationsrate* r_p) zusammen:

$$\frac{\partial p}{\partial t}\,\mathrm{d}x\,A = \frac{1}{e}\,(S_p(x) - S_p(x + \mathrm{d}x))\,A + (g_p - r_p)\,\mathrm{d}x\,A. \tag{4.251}$$

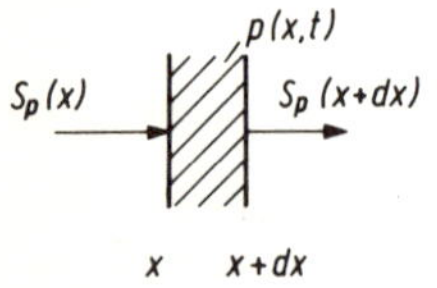

Bild 4.77
Zur eindimensionalen Bilanzgleichung für Löcher

Dividiert man durch das Volumenelement $A\,\mathrm{d}x$, so entsteht die *Bilanzgleichung (Kontinuitätsgleichung)* der Löcher:

$$\frac{\partial p}{\partial t} = -\frac{1}{e}\frac{\partial S_p}{\partial x} + g_p - r_p. \tag{4.252}$$

Analog lautet die *Bilanzgleichung (Kontinuitätsgleichung)* der Elektronen:

$$\frac{\partial n}{\partial t} = \frac{1}{e}\frac{\partial S_n}{\partial x} + g_n - r_n. \tag{4.253}$$

Zu beachten ist, daß natürlich keine Elektronen an sich erzeugt oder vernichtet werden, sondern daß gebundene Elektronen aus dem Valenzband oder aus Störstellen in bewegliche Leitungsbandelektronen übergehen und umgekehrt. Mit den Gln. (4.252), (4.253) und (3.96) sowie dem Ansatz für die *Raumladungsdichte*

$$\varrho = e\,(p - n + N_{D+} - N_{A-}) \tag{4.254}$$

(N_{D+} bzw. N_{A-} ionisierte Donator- bzw. Akzeptorkonzentration) läßt sich $g_p - r_p = g_n - r_n$ für den häufig vorkommenden Fall $\partial N_{D+}/\partial t = \partial N_{A-}/\partial t$ (d.h. keine Umladung von Störstellen) nachweisen (vgl. Gl. (4.212)). Für die sog. *Nettorekombinationsrate* $R = r_n - g_n = r_p - g_p$ erweist sich vielfach der Ansatz

$R = (p - p_0)/\tau_p$ bzw. $R = (n - n_0)/\tau_n$ als zweckmäßig. Die Nettorekombinationsrate hängt von den Materialparametern τ_n bzw. τ_p, auch Lebensdauer genannt, sowie von den Gleichgewichtsdichten p_0 und n_0 ab.

Bei Einfall von Licht kann zusätzlich eine Ladungserzeugung, die *Fotogeneration*, auftreten, die z. B. für die Wirkungsweise von Fotodioden und Fototransistoren von Bedeutung ist. Bei sehr hohen Feldstärken tritt *Stoßionisation* ein. Die dabei entstehenden energiereichen Elektronen-Loch-Paare können wiederum Ionisationsakte auslösen und damit eine Lawinenvervielfachung (Avalanche-Effekt) hervorrufen. Diese kann für Bauelementewirkprinzipien (Lawinentransistor, Lawinenlaufzeitdiode) genutzt werden, tritt aber meist unerwünscht in Form eines Durchbruchs auf, der zur Bauelementezerstörung bei hohen Spannungen führt.

4.6.3.6 Makroskopische Grundgleichungen für Halbleiter

Eindimensionale Halbleitergleichungen. Die *Bilanzgleichungen* (4.252) und (4.253), die Beziehung $S_x = S_{nx} + S_{nx} + \varepsilon\, \partial E/\partial t$ mit den *Transportgleichungen* (4.240a und 4.240b) sowie die *Poissongleichung*

$$-\frac{\partial^2 \varphi}{\partial x^2} = \frac{\partial E_x}{\partial x} = \frac{\varrho}{\varepsilon} \quad \text{bzw.} \quad \frac{\partial^2 \varphi}{\partial x^2} = -\frac{e}{\varepsilon}(p - n + N_{D+} - N_{A-}) \qquad (4.255\,a, b)$$

bilden die wichtigste Grundlage zur makroskopischen Berechnung von Halbleiterbauelementen (hierbei in eindimensionaler Form). Vorzugeben sind ε, N_{D+}, N_{A-}, R, μ_p, μ_n, D_p und D_n sowie die Randbedingungen. Berechnet werden können n, p, φ und E_x sowie die Klemmenströme. Bei der Vorgabe der Randbedingungen sind u. a. die Unterschiede zwischen Klemmenspannungen und Potentialdifferenzen zu beachten, auf die im nächsten Abschnitt eingegangen wird.

Mehrdimensionale makroskopische Halbleitergleichungen*. Bei Verallgemeinerung der dargestellten Gleichungen ergeben sich

$$\frac{\partial p}{\partial t} + \frac{1}{e}\operatorname{div} \boldsymbol{S}_p = -R, \qquad \frac{\partial n}{\partial t} - \frac{1}{e}\operatorname{div} \boldsymbol{S}_n = -R, \qquad (4.256\,a, b)$$

$$\boldsymbol{S}_p = ep\mu_p \boldsymbol{E} - e\operatorname{grad}(D_p p), \qquad \boldsymbol{S}_n = en\mu_n \boldsymbol{E} + e\operatorname{grad}(D_n n), \qquad (4.257\,a, b)$$

$$\operatorname{div}(\varepsilon \boldsymbol{E}) = e\,(p - n + N_{D+} - N_{A-}). \qquad (4.258)$$

Die Lösung erfolgt meist mit numerischen Methoden (Band 2).

4.6.3.7* Diffusionsspannung

Grundlagen. Der Stromfluß in Halbleitern wird vom elektrostatischen Potential und von den Diffusionsstromprozessen bestimmt. In Halbleitern ist deshalb die *meßbare Spannung* u_{21} und damit auch die Klemmenspannung zwischen zwei Punkten *2* und *1 gleich der Summe von elektrostatischer Potentialdifferenz und der sog. Diffusionsspannung* u_{D21} *zwischen diesen Punkten*

$$u_{21} = \varphi_2 - \varphi_1 + u_{D21}. \qquad (4.259)$$

Demnach stimmen meßbare Spannung und Potentialdifferenz nur für den Spezialfall vernachlässigbarer Diffusionsspannung überein. Die Diffusionsspannung liegt meist unter 1 V.

Um eine quantitative Aussage zu gewinnen, wird der Fall verschwindenden Stromflusses (thermodynamisches Gleichgewicht, Kompensation von Feld- und Diffusionseinfluß) betrachtet, bei dem die meßbare Spannung an Halbleitern – wie man z. B. experimentell nachweisen kann – verschwindet. Aus $S_{px} = 0$ folgt nach Gl. (4.241 a) für den stationären Fall $-ep\mu_p\, d\varphi/dx - eD_p\, dp/dx = 0$ und mit Gl. (4.242) $d\varphi/dx = -(U_T/p) \cdot dp/dx$. Um die Potentialdifferenz zwischen zwei Punkten *2* und *1* zu ermitteln, wird auf beiden Seiten über dx integriert:

$$\int_{x_1}^{x_2} \frac{d\varphi}{dx}\, dx = -U_T \int_{x_1}^{x_2} \frac{1}{p}\frac{dp}{dx}\, dx, \qquad \varphi_2 - \varphi_1 = -U_T \int_{p(x_1)}^{p(x_2)} \frac{dp}{p} = -U_T \ln p_2/p_1.$$

Analog folgt aus $S_{nx} = 0$: $\varphi_2 - \varphi_1 = U_T \ln n_2/n_1$. Vergleicht man diese Ergebnisse mit Gl. (4.259), so kann für den betrachteten Fall wegen $u_{21} = 0$ auf

$$u_{D21} = U_T \ln p_2/p_1 = U_T \ln n_1/n_2 \tag{4.260}$$

geschlossen werden. Daraus folgt übrigens auch für das thermodynamische Gleichgewicht $p_2 n_2 = p_1 n_1$ und mit Gl. (4.227):

$$p_2 n_2 = p_1 n_1 = n_i^2. \tag{4.261}$$

Im Nichtgleichgewichtsfall stellt Gl. (4.260) bei geeigneter Wahl der Punkte *2* und *1* häufig auch eine geeignete Näherung dar. Nach Gl. (4.259) gilt:

$$u_{21} = \varphi_2 - \varphi_1 + u_{D21} \quad \text{bzw.} \quad \varphi_1 - \varphi_2 = u_{D21} - u_{21} \tag{4.262}$$

mit u_{D21} entsprechend Gl. (4.260).

Auch bei anderen Leitern tritt an der Berührungsstelle zweier unterschiedlicher Leitermaterialien eine Potentialdifferenz auf, die man bei Metallen Kontaktspannung nennt. Sie führt aber wie bei Halbleitern auch bei geschlossenem Stromkreis nicht zu einem Strom, da sich die an den verschiedenen Kontaktstellen auftretenden Spannungen genau kompensieren, falls diese die gleiche Temperatur besitzen. Bei erhöhter Temperatur einer Kontaktstelle überwiegt meist die entsprechende Potentialdifferenz. Es entsteht eine meßbare Thermospannung, die einen Strom verursachen kann (Thermoelement, Band 2).

Diffusionsspannung bei der PN-Diode*. Wie bereits im Abschnitt 1.8.3.2 dargelegt, ist für die Wirkungsweise einer PN-Diode der Übergang zwischen einem N- und einem P-dotierten Gebiet maßgeblich (Bild 4.78a). Im N-Gebiet befinden sich ortsfeste positive Störstellen (Donatoren), Elektronen als Majoritätsträger und Löcher als Minoritätsträger (Bilder 4.78b und 4.78c). Im P-Gebiet sind aufgrund der ortsfesten negativen Störstellen (Akzeptoren) Löcher als Majoritäts- und Elektronen als Minoritätsträger vorhanden. Im *stromlosen Gleichgewichtszustand* bildet sich im N-Gebiet eine positive Raumladung aus, da die Elektronendichte n am PN-Übergang durch den Diffusionsprozeß unter die Donatorkonzentration N_{D+} absinkt. Analog dazu bildet sich auf der P-Seite durch das Absinken der Löcherdichte p unter die Akzeptordichte N_{A-} eine negative Raumladung aus (Bild 4.78d). Infolge dieser Raumladungen wirkt eine von der positiven zur negativen Raumladung gerichtete Feldstärke, die sowohl für die Elektronen als auch die Löcher dem Diffusionsprozeß entgegenwirkt (Gl. (4.246a, b)) und ihn kompensiert (Bild 4.78e). Damit ergibt sich der angegebene Potentialverlauf (Bild 4.78f, siehe auch Abschn. 4.2.7.1). Mit der Gl. (4.262) kann wegen $u_{21} = 0$, $p_2 \approx N_{A-}$ sowie der Gl. (4.261) und damit mit $p_1 = p_2 n_2/n_1 \approx n_i^2/N_{D+}$ auf folgende Näherungsbeziehung geschlossen werden:

$$\varphi_1 - \varphi_2 = u_{\text{Diff}21} = U_T \ln \frac{p_2}{p_1} = U_T \ln \frac{N_{A-} N_{D+}}{n_i^2}. \tag{4.263}$$

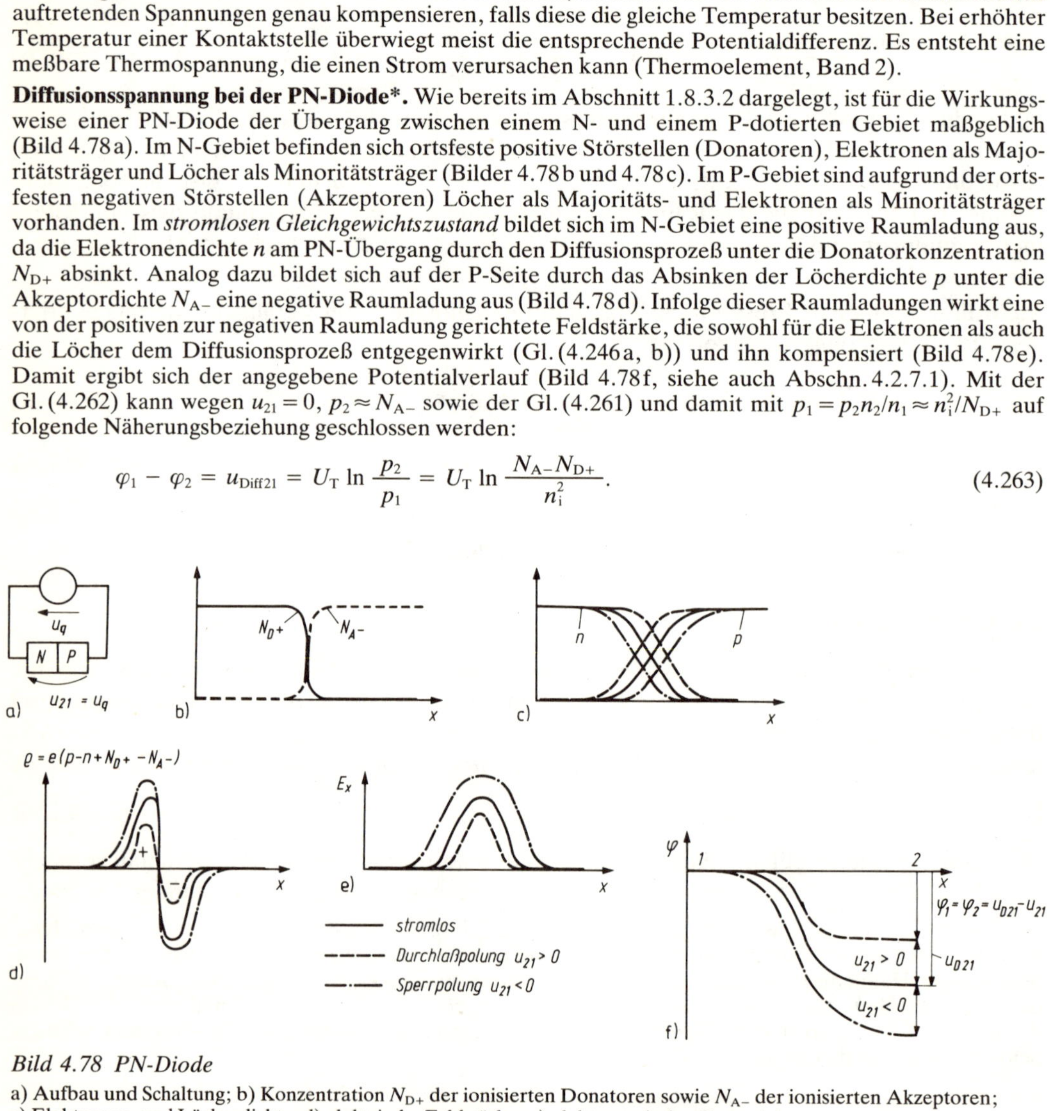

Bild 4.78 PN-Diode

a) Aufbau und Schaltung; b) Konzentration N_{D+} der ionisierten Donatoren sowie N_{A-} der ionisierten Akzeptoren; c) Elektronen- und Löcherdichte; d) elektrische Feldstärke; e) elektrostatisches Potential

Hinweis: Dargestellt ist für b) bis e) die Ortsabhängigkeit im stromlosen Zustand sowie bei Durchlaß- und Sperrpolung.

Beispiel für Si: $N_{A-} = 10^{16}/\text{cm}^3$, $N_{D+} = 3 \cdot 10^{15}/\text{cm}^3$, $n_i = 1{,}5 \cdot 10^{10}/\text{cm}^3$ und $U_T = 26\,\text{mV}$ (für 300 K) ergibt $u_{\text{Diff21}} = 0{,}67\,\text{V}$.

Nach Gl. (4.262) ist $\varphi_1 - \varphi_2 = u_{D21} - u_{21}$ für $u_{21} > 0$ kleiner oder für $u_{21} < 0$ größer als im Gleichgewichtsfall ($u_{21} = 0$).

Bei *Sperrpolung* wird zwischen P- und N-Gebiet eine negative Spannung gelegt ($u_{21} < 0$). Damit wird $\varphi_1 - \varphi_2$ größer. Die Raumladungen und die Feldstärke steigen an und verursachen durch ihre Wirkung auf die Elektronen im N-Gebiet und die Löcher im P-Gebiet eine Bewegung vom Übergang weg und damit eine Ladungsträgerverarmung (Bilder 4.78c bis f). Der Strom wird nur von den Minoritätsträgern getragen und ist klein.

Bei *Polung in Durchlaßrichtung* wird zwischen P- und N-Gebiet eine positive Spannung gelegt ($u_{21} > 0$) und damit nach Gl. (4.262) die Potentialdifferenz $\varphi_1 - \varphi_2$ reduziert, d. h. das Potentialgebirge, das die Bewegung der Majoritätsträger zum PN-Übergang hemmt. Die Raumladungen und die bremsende Feldstärke sinken ab (Bilder 4.78c bis f). Bei hinreichend großer Flußspannung ($u_{21} \approx 0{,}7\,\text{V}$) fließen deshalb die Majoritätsträger in großer Zahl in Richtung PN-Übergang. Der Strom ist hoch und wächst mit der Spannung. Die Kennlinie der Diode ist im Bild 1.60 dargestellt.

4.6.3.8* Quasifermipotentiale

Die potentielle Energie von Elektronen in einem elektrostatischen Feld wird (bis auf eine Konstante) durch das elektrostatische Potential beschrieben:

$$W = -e\varphi .$$

In Halbleitern wird die Energie der quasi freien Elektronen bzw. der Löcher (bis auf eine Konstante) durch die elektrochemischen Potentiale Φ_n bzw. Φ_p charakterisiert:

$$W_n = -e\Phi_n \quad \text{bzw.} \quad W_p = -e\Phi_p . \qquad (4.264)$$

Diese berücksichtigen, daß neben dem elektrostatischen Feld die Zuordnung zu den Energieniveaus des Festkörpers zu beachten ist. Da die elektrochemischen Potentiale speziell im thermodynamischen Gleichgewicht, aber nur in diesem Fall mit dem Ferminiveau Φ_F übereinstimmen, nennt man sie auch *Quasifermipotentiale*. Bei nicht zu hohen Ladungsträgerdichten[1]) kann ein exponentieller Zusammenhang zwischen Ladungsträgerdichten und der Differenz vom jeweiligen Quasifermipotential und dem elektrostatischen Potential abgeleitet werden:

$$n = n_i \exp\left(\frac{\varphi - \Phi_n}{U_T}\right), \qquad p = n_i \exp\left(\frac{\Phi_p - \varphi}{U_T}\right). \qquad (4.265\,\text{a, b})$$

n_i ist dabei die Eigenleitungsdichte und $U_T = kT/e$ die Temperaturspannung. Damit lauten die Gleichungen:

$$-\frac{W_n}{e} = \Phi_n = \varphi - U_T \ln (n/n_i), \qquad -\frac{W_p}{e} = \Phi_p = \varphi + U_T \ln p/n_i . \qquad (4.266\,\text{a, b})$$

Da die meßbare Spannung u_{21} zwischen zwei Punkten als die durch die Ladung dividierte mittlere Energiedifferenz je Ladungsträger an diesen Punkten aufgefaßt werden kann, läßt sich mit einer Energiebilanzbetrachtung analog zu Abschnitt 1.18.2 als Näherung die Aussage ableiten:

Die meßbare Spannung u_{21} ist gleich der Differenz der Quasifermipotentiale der Majoritätsträger an den Punkten 2 und 1.

Beispiel 1: Liegt der Punkt *2* in einem P-Gebiet und der Punkt *1* in einem N-Gebiet, so gilt (außerhalb des PN-Übergangs)

$$u_{21} = \Phi_{p2} - \Phi_{n1} . \qquad (4.267)$$

Diese Aussage steht in Übereinstimmung mit der Gl. (4.263).

[1]) Voraussetzung: Boltzmann-Approximation der Fermistatistik

Beispiel 2: Für $n_1 = p_1 = n_2 = p_2 = n_i$ ist $u_{21} = \varphi_2 - \varphi_1$.
Mit den Gln. (4.266a und 4.266b) sowie (4.257a und 4.257b) kann gezeigt werden, daß die Löcher- und Elektronenstromdichte sich auch jeweils durch das Produkt von Elementarladung, Beweglichkeit, Ladungsdichte und negativen Gradienten des Quasifermipotentials darstellen lassen:

$$\boldsymbol{S}_\mathrm{p} = -ep\mu_\mathrm{p} \operatorname{grad} \Phi_\mathrm{p}, \qquad \boldsymbol{S}_\mathrm{n} = -en\mu_\mathrm{n} \operatorname{grad} \Phi_\mathrm{n}. \qquad (4.268\,\mathrm{a, b})$$

Bei örtlich konstanten Quasifermipotentialen sind die Stromdichten Null.

4.6.3.9 Raumladungsdynamik

Raumladungsdynamik bei homogenen leitfähigen Stoffen. Tritt in einem homogenen leitfähigen Medium – z. B. infolge kurzzeitiger Feldänderungen oder Ladungsträgergeneration durch Lichteinstrahlung – eine Raumladung auf, so wird diese mit einer als dielektrische Relaxationszeit bezeichneten Zeitkonstante

$$\tau_\mathrm{d} = \frac{\varepsilon}{\varkappa}, \qquad [\tau] = \mathrm{s}, \qquad (4.269)$$

abgebaut. Der Abbau bzw. Ausgleich (Relaxation) erfolgt also um so schneller, je größer die Leitfähigkeit $\varkappa$ ist und je kleiner die Permittivität ε ist (vgl. auch Gl. (4.145)).

Beispiel 1: Für Kupfer gelten $\varkappa = 5{,}9 \cdot 10^7$ S/m und $\varepsilon = \varepsilon_0 = 8{,}85 \cdot 10^{-12}$ A · s/V · m.
Das Innere von Kupfer bzw. Metallen kann als raumladungsfrei angenommen werden, da jede Störung in außerordentlich kleiner Zeit abgebaut werden würde.[1])

Beispiel 2: Für schwach dotiertes Silizium mit $\varkappa = 4$ S/m und $\varepsilon_\mathrm{r} = 12$ folgt $\tau_\mathrm{d} = 27$ ps.
Für sehr schnelle Vorgänge und schwach dotierte Gebiete kann bei Halbleitern die dielektrische Relaxationszeit u. U. von Bedeutung sein.

Beispiel 3: Für technische Isolatoren kann τ_d sehr hohe Werte annehmen, wobei τ_d auch als Selbstentladungszeitkonstante (Aufgabe 4.35) bezeichnet wird. So entsteht für Epoxidgießharz mit $\varkappa = 10^{-13}$ S/m und $\varepsilon_\mathrm{r} = 3{,}8$ $\tau_\mathrm{d} = 336$ s.

Ableitung der dielektrischen Relaxationszeit, ausgehend von der Ladung: Nimmt man in einem Volumenbereich eine kugelsymmetrische Raumladungsverteilung mit der Gesamtladung Q an, so erzeugt diese auf einer kugelförmigen Hüllfläche die Feldstärke $E = D/\varepsilon$ mit $D = Q/A$, so daß in den angrenzenden Bereich mit der Leitfähigkeit $\varkappa$ der Konvektionsstrom $i_\mathrm{k} = \varkappa EA = \varkappa Q/\varepsilon$ fließt. Nach der Kontinuitätsgleichung (3.95) erfolgt damit eine Ladungsänderung der Hüllfläche entsprechend $-\mathrm{d}Q/\mathrm{d}t = i_\mathrm{k}$. Daraus entsteht die Differentialgleichung $\mathrm{d}Q/\mathrm{d}t = -Q/\tau_\mathrm{d}$ mit $\tau_\mathrm{d} = \varepsilon/\varkappa$. Aus $\mathrm{d}Q/Q = -\mathrm{d}t/\tau_\mathrm{d}$ ergibt sich durch Integration auf beiden Seiten

$$Q(t) = Q(0)\,\mathrm{e}^{-t/\tau_\mathrm{d}} \quad \text{und daraus} \quad E(t) = E(0)\,\mathrm{e}^{-t/\tau_\mathrm{d}}. \qquad (4.270\,\mathrm{a, b})$$

Die Ladung Q und damit auch die durch sie verursachte Feldstärke $E = Q/\varepsilon A$ sinkt also exponentiell mit einer Zeitkonstante ab, die man dielektrische Relaxationszeit nennt.

Bei einer exakten Rechnung müßte man vor allem bei Halbleitern berücksichtigen, daß bei Konzentrationsunterschieden der Ladungsträger nach Gl. (4.257) auch die Diffusion den Strom bestimmt. Da die Diffusion aber auch in Richtung des Ladungsausgleiches wirkt, ist der Strom größer als $\varkappa E$, und der Ladungsausgleich erfolgt mindestens so schnell, wie durch Gl. (4.270) beschrieben.

Während sich Raumladungen bei homogenen Medien ausgleichen, sobald die Ursache für ihre Entstehung verschwunden ist, können bei inhomogenen Medien natürlich auch im stationären Zustand Raumladungen existieren, z. B. an PN-Übergängen.

Ableitung der dielektrischen Relaxationszeit, ausgehend von der Raumladungsdichte:* Aus Gl. (3.100) folgt

$$\frac{\partial \varrho}{\partial t} = -\operatorname{div} \boldsymbol{S} \quad \text{bzw.} \quad \frac{\partial \varrho}{\partial t} = -\operatorname{div} \varkappa \boldsymbol{E} = -\varkappa \operatorname{div} \boldsymbol{E}. \qquad (4.271)$$

Das kann wegen $\operatorname{div} \boldsymbol{D} = \varrho$ in

$$\frac{\partial \varrho}{\partial t} = -\frac{1}{\tau_\mathrm{d}}\,\varrho \quad \text{mit} \quad \tau_\mathrm{d} = \frac{\varepsilon}{\varkappa} \qquad (4.272)$$

umgeformt werden und ergibt $\varrho(\boldsymbol{r}, t) = \varrho(\boldsymbol{r}, 0) \exp(-t/\tau_\mathrm{d})$.

[1]) Es sei erwähnt, daß die Beziehung $S = \varkappa E$ in diesem Zeitbereich genaugenommen nicht mehr exakt gilt, da τ sogar kleiner als die Freiflugphasen der Elektronen ist.

Raum- bzw. Flächenladungsdynamik bei Grenzflächen*. An Grenzflächen bilden sich im stationären oder statischen Zustand Flächen- bzw. Raumladungen aus. Auch die Dynamik ihres Auf- bzw. Abbaus kann bei Vernachlässigung des Diffusionsstromes näherungsweise durch die dielektrische Relaxationszeit $\tau_d = \varepsilon/\varkappa$ beschrieben werden.

Beispiel: Nimmt man an der Grenzfläche Metall–Luft die Werte D_M in Metall bzw. D_L in Luft an, so kann mit $\sigma = D_L - D_M$ und $d\sigma/dt = \varkappa E_M = \varkappa D_M/\varepsilon_M$ die Differentialgleichung $\tau_d d\sigma/dt + \sigma = D_L$ mit $\tau_d = \varepsilon/\varkappa$ abgeleitet werden. Für $\sigma(0) = 0$ und $D_L = $ konst. lautet für $t \geqq 0$ die Lösung $\sigma(t) = D_L(1 - \exp(-t/\tau_d))$.

Aufgabe 4.30 Widerstandsberechnung in Halbleitern

Wie groß ist der Schichtwiderstand a) allgemein, b) bei Eigenleitung, c) bei starker N-Dotierung (Donatordichte N_{D+})?

Aufgabe 4.31 Stromdichten, Geschwindigkeiten und Laufzeiten

Bekannt sei die Löcherdichte $p(x)$ in einer Halbleiterschicht mit bekannter Beweglichkeit μ_p und Temperatur T.

a) Wie groß ist der Diffusionskoeffizient D_p?
b) Wie groß muß E_x sein, damit der Löcherstrom verschwindet?
c) Berechnen Sie die Diffusionsstromdichte S_{pDx} und für Abschätzungen unter Voraussetzung vernachlässigbaren Feldeinflusses die Geschwindigkeit v_{pDx} der Ladungsträger sowie ihre Laufzeit Δt durch die Basis eines Transistors mit der Basisweite w: α) allgemein, β) für $p(x) = p(0)(1 - x/w)$, γ) für $p(x) = p(0)\exp(-x/L_p)$!

Hinweise:
- L_p nennt man Diffusionslänge (Absinken von p auf das 1/e-fache).
- Die berechneten Laufzeiten können für Abschätzungen von Signallaufzeiten in Transistoren bedeutsam sein.

Aufgabe 4.32 Kontinuitätsgleichungen*

Beweisen Sie für den örtlich eindimensionalen stationären Fall folgende Aussagen!

a) Bei verschwindender Nettorekombinationsrate R sind die Löcher- und Elektronenstromdichte S_{px} und S_{nx} jeweils ortsunabhängig.
b) Bei endlicher Nettorekombinationsrate R sind S_{px} und S_{nx} ortsabhängig, aber der gesamte Konvektionsstrom $S_{kx} = S_{px} + S_{nx}$ ist ortsunabhängig.

Aufgabe 4.33 Kontrollfragen

a) Wodurch unterscheidet sich das Bänderschema von Halbleitern von dem von Metallen und Isolatoren?
b) Erläutern Sie die Begriffe Eigen- und Störstellenleitung, Donatoren und Akzeptoren, Drift, Diffusion, Beweglichkeit, Diffusionskoeffizient, Leitfähigkeit, Ohmsches Gesetz in Feldform, Generation und Rekombination!
c) Wie lauten die Stromdichtegleichungen in Halbleitern?
d)* Zeichnen Sie den Feld- und Potentialverlauf in einer PN-Diode bei Sperr- und Durchlaßpolung!
e)* Erläutern Sie die Begriffe Diffusionsspannung, Quasifermipotential, dielektrische Relaxationszeit sowie die makroskopischen Halbleitergleichungen!

4.6.4 Stromfluß in isolierenden Festkörpern

4.6.4.1 Stromfluß unterhalb des Durchbruchs

Überblick. Die Stromdichte $\boldsymbol{S}$ in isolierenden Festkörpern – im folgenden als Isolatoren bezeichnet – setzt sich wie in allen anderen Medien aus der Summe von Konvektionsstromdichte $\boldsymbol{S}_k$ und Verschiebungsstromdichte $\partial \boldsymbol{D}/\partial t$ zusammen:

$$\boldsymbol{S} = \boldsymbol{S}_k + \partial \boldsymbol{D}/\partial t. \tag{4.273}$$

Die Stromstärke durch eine vorgegebene Fläche ist gleich der Summe von Konvektionsstrom und Verschiebungsstrom:

$$i = i_k + i_v \quad \text{mit} \quad i_k = \int \boldsymbol{S}_k \, d\boldsymbol{A} \quad \text{und} \quad i_v = \int \frac{\partial \boldsymbol{D}}{\partial t} \, d\boldsymbol{A} = \frac{d}{dt} \int \boldsymbol{D} \, d\boldsymbol{A}.$$
(4.274 a bis c)

In realen Isolatoren kann ein kleiner Konvektionsstrom auftreten, der aber häufig vernachlässigbar ist. In idealen Isolatoren sind keine frei beweglichen Ladungsträger verfügbar, so daß der Konvektionsstrom Null ist. Demnach ist die Stromdichte in idealen Isolatoren bei zeitkonstanten elektrischen Feldern Null. Bei zeitveränderlichen elektrischen Feldern fließt ein Verschiebungsstrom.

Kondensator mit idealem Isolator. Diskutiert wird – ohne Einschränkung der Allgemeinheit der Aussagen – die Schaltung im Bild 4.79a, bei der ein Kondensator mit einer Spannungsquelle verbunden ist. Der Strom fließt in den Zuleitungen als Konvektionsstrom, da der Verschiebungsstrom dort vernachlässigbar ist. Die Stromdichte $\boldsymbol{S}$ ist quellenfrei. Folglich laufen die $\boldsymbol{S}$-Linien in den metallischen Zuleitungen als Linien der Konvektionsstromdichte $\boldsymbol{S}_k = \varkappa_L \boldsymbol{E}$ und im Isolator als Linien der Verschiebungsstromdichte $\boldsymbol{S}_v = \partial \boldsymbol{D}/\partial t$ (Bild 4.79b). Da der Querschnitt der Zuleitungen kleiner als die Kondensatorfläche ist, tritt in den Zuleitungen die höhere Stromdichte auf (höhere $\boldsymbol{S}$-Linien-Dichte).

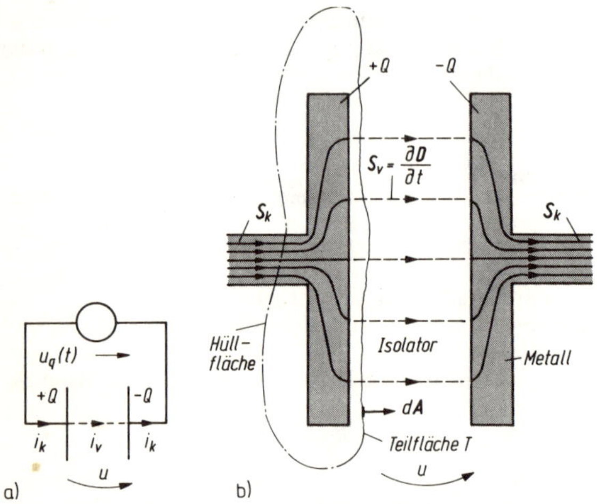

Bild 4.79 Kontinuität des Stromflusses in einem isolierenden Medium am Beispiel des Kondensators (Streufeld oberhalb und hinter den Platten nicht mit dargestellt)

Nach der Kontinuitätsgleichung (3.95) ist die Ladungsänderung $\mathrm{d}Q/\mathrm{d}t$ auf der linken Platte gleich dem netto zufließenden Konvektionsstrom. Da der Konvektionsstrom im idealen Kondensator Null ist, folgt: zufließender Konvektionsstrom gleich Ladungsänderung, also

$$i_k = \mathrm{d}Q/\mathrm{d}t. \tag{4.275}$$

Im Isolator gilt nach Gl. (4.268c) für den Verschiebungsstrom

$$i_v = \int \frac{\partial \boldsymbol{D}}{\partial t}\,\mathrm{d}\boldsymbol{A} = \frac{\mathrm{d}}{\mathrm{d}t}\int \boldsymbol{D}\,\mathrm{d}\boldsymbol{A}.$$

Den entscheidenden Anteil zum Flächenintegral liefert die Teilfläche T zwischen den Platten.

Das Flächenintegral kann durch das Hüllenintegral ersetzt werden, da in der metallischen Zuleitung $\partial \boldsymbol{D}/\partial t$ vernachlässigbar ist.

Beachtet man noch Gl. (4.25), so entsteht

$$i_v = \frac{\mathrm{d}}{\mathrm{d}t}\int D\,\mathrm{d}A = \frac{\mathrm{d}}{\mathrm{d}t}\oint D\,\mathrm{d}A = \frac{\mathrm{d}Q}{\mathrm{d}t} \tag{4.276}$$

und damit nach Gl. (4.268) in Übereinstimmung mit der Kontinuitätsgleichung $\oint \boldsymbol{S}\,\mathrm{d}\boldsymbol{A} = 0$

$$i_k = i_v = i = \mathrm{d}Q/\mathrm{d}t. \tag{4.277}$$

Mit der Definition der Kapazität $C = Q/u$ folgt daraus

$$i = \frac{\mathrm{d}Q}{\mathrm{d}t} = \frac{\mathrm{d}}{\mathrm{d}t}(Cu). \tag{4.278}$$

Der Fall spannungs- bzw. zeitabhängiger Kapazitäten wurde bezüglich des u,i-Verhaltens im Abschnitt 1.9 diskutiert, so daß an dieser Stelle nur der Fall $C =$ konst. noch einmal betrachtet wird. Für konstante Kapazität, d.h. linearen Q,u-Zusammenhang gilt

$$i = C\frac{\mathrm{d}u}{\mathrm{d}t}. \tag{4.279}$$

Für Gleichspannung ist wegen $u = U =$ konst. und $\mathrm{d}u/\mathrm{d}t = 0$ der Strom Null. Für zeitlich veränderliche Ladung tritt eine zeitlich veränderliche Verschiebungsflußdichte $\boldsymbol{D}$ und damit ein Verschiebungsstrom auf.

Technischer Kondensator. Das Ersatzschaltbild des realen oder auch technischen Kondensators setzt sich, da außer dem Verschiebungsstrom ein Konvektionsstrom fließt, aus der Parallelschaltung eines idealen Kondensators C und eines Widerstandes $R = 1/G$ zusammen (Bild 4.80a). Die Strom-Spannungs-Gleichung lautet:

$$i = Gu + C\,\mathrm{d}u/\mathrm{d}t. \tag{4.280}$$

Der Leitwert G kann für eine Spannung $u = U_0 + \hat{U}\cos\omega t$ näherungsweise durch

$$G = G_0 + \omega C \tan\delta \tag{4.281}$$

beschrieben werden. Bei Gleichspannung ($u = U_0$) wirkt nur der erste Term, also der Leitwert $G_0 = 1/R_0$, der durch die wenigen quasi freien Ladungsträger im Isolator und u.U. auch durch Feuchtigkeit auf der Isolatoroberfläche bestimmt wird (Bild 4.80b). Häufig ist dieser Widerstand R_0 so hoch, daß der Leitwert $G_0 = 0$ gesetzt werden kann. Der zweite Term enthält den sog. Verlustfaktor $\tan\delta$ (δ Verlustwinkel, s. Band 2), der von der Kreisfrequenz abhängig ist, aber näherungsweise (jeweils in einem ω-Bereich) konstant gesetzt werden kann. Bei Wechselspannungen ist meist $\omega C\tan\delta \gg G_0$ und damit $G = 1/R = \omega C\tan\delta$. Dieser Term beschreibt die Verlustleistung, die bei der Drehung der Dipole (Orientierungspolarisation) im elektrischen Wechselfeld durch Wechselwirkung mit dem Medium entsteht. Die Permittivität ε kann frequenzabhängig sein und sich damit auch von der statischen Permittivität unterscheiden.

Insgesamt ist die umgesetzte Leistung

$$p = ui = (Gu + C \cdot \mathrm{d}u/\mathrm{d}t)\,u = Gu^2 + Cu\,\mathrm{d}u/\mathrm{d}t. \tag{4.282}$$

Die mittlere Leistung in einem Zeitintervall $t_0 \dots t_0 + \Delta t$ ist

$$\overline{p} = \int_{t_0}^{t_0+\Delta t} p\,\mathrm{d}t. \tag{4.283}$$

Für eine periodische Funktion mit der Periodendauer T, d.h. für $u(t) = u(t + T)$ ergibt sich wegen $u \cdot \mathrm{d}u/\mathrm{d}t = d(u^2/2)/\mathrm{d}t$

$$\overline{p} = \int_{t_0}^{t_0+T} Gu^2\,\mathrm{d}t + C\int_{t_0}^{t_0+T} \frac{\mathrm{d}}{\mathrm{d}t}\left(\frac{u^2}{2}\right)\mathrm{d}t = \int_{t_0}^{t_0+T} Gu^2\,\mathrm{d}t + \frac{C}{2}\left(u^2(t_0+T) - u^2(t_0)\right),$$

$$\overline{p} = \int_{t_0}^{t_0+T} Gu^2\,\mathrm{d}t. \tag{4.284}$$

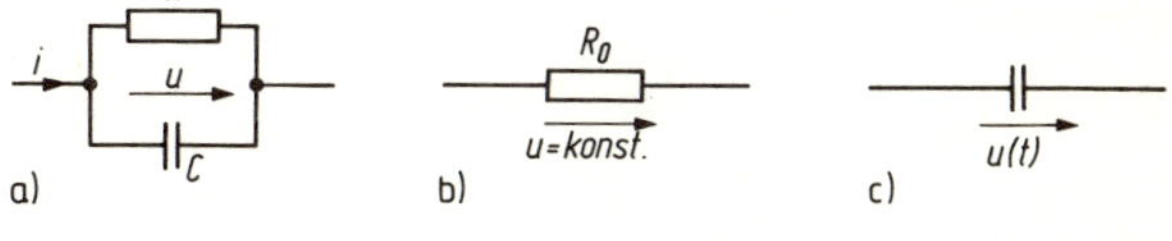

Bild 4.80 Ersatzschaltbild des technischen Isolators bzw. Kondensators
a) allgemein; b) für Gleichspannung;
c) Näherung für zeitveränderliche Spannungen

Demnach wird nur in G, nicht aber in C im Zeitmittel Leistung umgesetzt, und zwar in Wärme. Mit dem durch C symbolisierten Verschiebungsstrom ist lediglich ein Auf- bzw. ein Abbau des elektrischen Feldes verbunden, also eine Energiespeicherung im elektrischen Feld, wobei innerhalb einer Periodendauer T zunächst elektrische Energie aus dem restlichen Stromkreis in Feldenergie umgesetzt, damit gespeichert und danach beim Abbau des Feldes wieder als elektrische Energie abgegeben wird. Als erste Näherung ergibt sich als Ersatzschaltung des technischen Kondensators mit $G = 0$ der ideale Kondensator (Bild 4.80c).

Stromdichte in realen Isolatoren*. Die Stromdichte in realen Dielektrika ist mit $\boldsymbol{D} = \varepsilon_0\boldsymbol{E} + \boldsymbol{P}$ ($\boldsymbol{P}$ Polarisation, Abschn. 4.2.8)

$$\boldsymbol{S} = \boldsymbol{S}_k + \frac{\partial \boldsymbol{D}}{\partial t} = \boldsymbol{S}_k + \varepsilon_0 \frac{\partial \boldsymbol{E}}{\partial t} + \frac{\partial \boldsymbol{P}}{\partial t}. \tag{4.285}$$

Der Konvektionsstrom $\boldsymbol{S}_k$ wird durch quasi freie Ladungsträger, die infolge thermischer Generation oder auch Ionisation von Störstellen entstehen, getragen. Für ihn kann

$$\boldsymbol{S}_k = \varkappa \boldsymbol{E} \quad \text{mit} \quad \varkappa = \varkappa(E, T) \tag{4.286}$$

angesetzt werden. Die $\boldsymbol{E}$-Abhängigkeit der elektrischen Leitfähigkeit ist oft vernachlässigbar. Ebenso wie in Halbleitern steigt $\varkappa$ im allgemeinen mit der Temperatur an. Bei zeitlich langsamen $\boldsymbol{E}$-Änderungen bzw. sehr niedrigen Frequenzen bei sinusförmiger Zeitabhängigkeit kann in der Beziehung

$$\boldsymbol{D} = \varepsilon\boldsymbol{E} = \varepsilon_0\boldsymbol{E} + \boldsymbol{P} \quad \text{mit} \quad \boldsymbol{P} = (\varepsilon - \varepsilon_0)\,\boldsymbol{E}$$

eine konstante Permittivität ε (statische Permittivität genannt) angenommen werden, so daß sich aus Gl. (4.285)

$$\boldsymbol{S} = \varkappa\boldsymbol{E} + \varepsilon\, \partial\boldsymbol{E}/\partial t \tag{4.287}$$

ergibt. Bei schnelleren $\boldsymbol{E}$-Änderungen bzw. höheren Frequenzen können die für die Orientierungspolarisation charakteristischen permanenten Dipole sich nicht mehr so schnell in $\boldsymbol{E}$-Richtung einstellen, so daß die Zeitabhängigkeiten von $\boldsymbol{D}$ und $\boldsymbol{E}$ nicht mehr übereinstimmen. Der Zusammenhang zwischen $\boldsymbol{D}$ (bzw. $\boldsymbol{P}$) und $\boldsymbol{E}$ ist durch eine Differentialgleichung gegeben. Daraus kann – wie ohne Beweis angegeben sei – speziell für $E = \hat{E}\cos\omega t$ mit Gl. (4.285) die Näherung

$$\boldsymbol{S} = \varkappa\boldsymbol{E} + \omega\varepsilon\tan\delta\,\boldsymbol{E} + \varepsilon\frac{\partial \boldsymbol{E}}{\partial t} \tag{4.288}$$

abgeleitet werden (s. auch Band 2). Mit den Gln. (4.132) und (4.93) folgen daraus übrigens die Gln. (4.280) und (4.281).

Nachwirkungen in Dielektrika*. Bei inhomogenen Dielektrika endlicher Leitfähigkeit ($\varepsilon/\varkappa$ ortsabhängig) bilden sich Raum- bzw. Flächenladungen im Dielektrikum aus (s. Gl. (4.131)). Dadurch kommt es bei Auf- und Entladungen zu Abweichungen gegenüber dem Verhalten homogener Isolatoren, die man allgemein als *Nachwirkung* oder, speziell bei der Aufladung, als *Nachladung* und bei der Entladung als *Rückstandbildung* bezeichnet. Um das Problem zu diskutieren, kann z. B. als einfacher Fall ein quer geschichteter Kondensator betrachtet werden, der in der Ersatzschaltung als Reihenschaltung zweier RC-Glieder dargestellt werden kann. Dabei ergibt sich u. a. auch, daß im stationären Zustand das Feldbild vom Strömungsfeld bestimmt wird (Abschn. 4.3.2).

Aufgabe 4.34 Stromdichte in einem Plattenkondensator

Ein Plattenkondensator (Fläche A, Plattenabstand d, Permittivität ε) liegt an einer Spannung $u(t)$. Geben Sie die D, E, S_v und i im Plattenkondensator an:

a) allgemein
b) für $u = U =$ konst.
c) für $i = I_0 =$ konst.
d) für $u = U_0 + U_1 t/T$.

Aufgabe 4.35 Selbstentladung eines Kondensators*

Geben Sie für einen aufgeladenen Kondensator mit $\varepsilon_r = 8$ und $\varkappa = 10^{-13}$ S/m den Zeitverlauf für die Entladung von dem Zeitpunkt $t = 0$ an, zu dem er aus dem Stromkreis getrennt wird (Selbstentladung)!

Hinweis: Beachten Sie Abschnitt 1.17.5!

4.6.4.2 Durchschlag in Isolatoren

Einführung. *Bei sehr hohen elektrischen Feldstärken können Isolatoren schlagartig ihre Isolationseigenschaften verlieren und zu relativ guten Leitern werden. Begünstigt wird der Durchschlag im allgemeinen durch hohe Temperaturen.* Meist entsteht als erstes ein fadenförmiger Durchschlagkanal, in dem ein hoher Strom fließt und vor allem eine sehr hohe Stromdichte auftritt. Dadurch kommt es häufig zur Zerstörung des Isolators und damit des entsprechenden Bauteils, Bauelementes oder Kabels. Außerdem kann es u. U. auch durch den im Vergleich zum normalen Betrieb sehr hohen Strom zur Zerstörung in weiteren Geräten bzw. Bauelementen kommen, die mit der Durchschlagstelle gekoppelt sind.

Meist entsteht durch Reaktionsprodukte im Durchschlagskanal bzw. seiner Umgebung ein andauernd leitfähiger Bereich. Darin unterscheidet sich der isolierende Festkörper im allgemeinen von isolierenden Flüssigkeiten und Gasen bzw. dem Hochvakuum, bei denen nach Abschalten der Spannung und Abkühlung eine Regenerierung möglich ist. In speziellen Fällen ist allerdings auch bei Festkörperisolationen eine Regeneration möglich, z. B. durch Verdampfen der Reaktionsprodukte nach einem Durchschlag bei speziellen selbstheilenden Kondensatoren.

Für Isolatoren kann die *Durchschlagsfestigkeit* durch die Feldstärke charakterisiert werden, bei der ein Durchschlag erfolgen kann. Übliche Durchschlagsfeldstärken liegen in der Größenordnung von 10^5 V/cm. Spezielle Isolatoren, z. B. Glimmer, Gießharze, Papier oder Glas, weisen Werte bis zu 10^6 V/cm und darüber auf, vor allem bei dünnen Schichten. *Die Durchschlagsfestigkeit nimmt mit abnehmender Schichtdicke zu, so daß die Durchschlagsspannung schwächer als proportional mit der Schichtdicke wächst.*

Infolge von Feldinhomogenitäten (z. B. Spitzen an den Elektroden oder Inhomogenitäten im Isolator) wird die Durchschlagsspannung gegenüber Anordnungen mit homogenem Feld reduziert. So steigt in einem Bereich mit einer Permittivität ε_2, die niedriger als die Permittivität ε_1 des umgebenden Isolators ist, wegen der Stetigkeit von D_n die Feldstärke auf $E_{n2} = D_n/\varepsilon_2 > E_{n1} = D_n/\varepsilon_1$.

Um Durchschläge zu vermeiden, kommen folgende Maßnahmen in Frage:

- *Auswahl geeigneter Isolatoren,*
- *Vermeidung von Inhomogenitäten,*
- *Spannungsbegrenzung (z. B. mit Varistoren, Z- bzw. Schutzdioden),*
- *Vermeidung von erhöhten Temperaturen.*

Wärmedurchschlag*. Die Verlustleistungsdichte in einem Medium der Leitfähigkeit $\varkappa$ ist nach Gl. (4.166) $\varkappa E^2$. $\varkappa$ steigt infolge thermischer Ladungsträgergeneration exponentiell mit wachsender Temperatur an, und zwar näherungsweise nach $\varkappa(T) = \varkappa(T_0) \exp(c(T - T_0))$ (c Konstante, T_0 Bezugstemperatur). Mit steigendem E oder T steigt die Verlustleistungsdichte $\varkappa E^2$ und damit T, was zu einem weiteren Anwachsen von $\varkappa$ führt. Mit wachsender Übertemperatur steigt aber gleichzeitig die abgeführte Verlustleistung, da die Wärmeleitung proportional zur Temperaturdifferenz ist, so daß sich ein stationärer Zustand einstellen kann. Übersteigt aber infolge wesentlicher E- oder T-Zunahme und damit $\varkappa$-Zunahme die erzeugte Verlustleistung die abgeführte Verlustleistung, so steigen T und damit der Strom sehr steil an. Es kommt zum Wärmedurchbruch. Für eine genaue Betrachtung ist übrigens zu beachten, daß $\varkappa$ auch von E abhängen kann.

Elektrischer Durchschlag*. Neben dem Wärmedurchschlag spielt auch der elektrische Durchschlag eine Rolle bei der Deutung von Durchschlägen. Der elektrische Durchschlag beruht auf der Ladungsträgergeneration oder, genauer, dem Übergang gebundener in quasi freie Ladungsträger durch Stoßionisation infolge hoher elektrischer Feldstärken und anschließender Lawinenvervielfachung (Avalanche-Effekt). Die als Ausgangspunkt zumindest in kleiner Zahl erforderlichen quasi freien Ladungsträger können durch Ionisierung von Störstellen oder einen Tunneleffekt zwischen Leitungs- und Valenzband (innere Feldemission) bei hohen Feldstärken entstehen. Während der Zeitablauf beim Wärmedurchschlag von der wirksamen Wärmekapazität bestimmt wird und so nicht ohne Verzögerung abläuft, tritt beim elektrischen Durchschlag nur eine sehr geringe Durchbruchzeit (Größenordnung 10^{-7} s) auf.

Aufgabe 4.36 Durchschlag bei einem MOS-Transistor

Für die Gateisolation eines MOS-Transistors (Abschn. 1.13.3) wird bei einer Dicke $d = 50$ nm eine Durchbruchfeldstärke $E_{th} = 4 \cdot 10^6$ V/cm angegeben.

a) Welche Gate-Source-Spannung U_{GS} darf nicht überschritten werden?
b) Welche Maßnahmen sind zur Vermeidung von Durchschlägen durch elektrostatische Aufladungen (infolge Berührung bzw. beim Transport) möglich?

Aufgabe 4.37 Kontrollfragen

a) Charakterisieren Sie den Stromfluß in idealen und realen Isolatoren, und geben Sie eine Ersatzschaltung für eine Zweielektrodenanordnung an!
b)* Beschreiben Sie zwei Durchschlagsmechanismen!

4.7 Stromfluß im Vakuum

4.7.1 Erzeugung von Ladungsträgern

Einführung. Stromfluß im Vakuum erfordert die *Erzeugung von Ladungsträgern*. Meist handelt es sich um Elektronen, seltener um Ionen. Bild 4.81, das im folgenden noch erläutert wird, gibt Auskunft über Möglichkeiten, Elektronen aus dem Potentialnapf von Festkörpern herauszulösen. Vom Tunneleffekt bei der Feldemission abgesehen, erfordert das Herauslösen stets eine Energiezufuhr. Die weitaus größte Bedeutung besitzt die *thermische Emission* aus direkt oder indirekt geheizten Katoden (Bilder 4.81 a und 4.81 b).

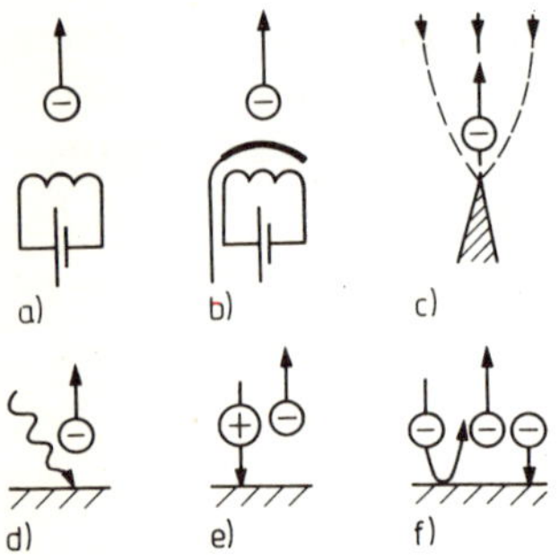

Bild 4.81
Emission von Elektronen aus Festkörperoberflächen durch
a) direkte Heizung (thermische Emission); b) indirekte Heizung (thermische Emission); c) ein hohes elektrisches Feld (Feldemission); d) Beschuß mit Photonen (Fotoeffekt); e) Beschuß mit Ionen; f) Beschuß mit Elektronen (Sekundäremission)

Thermische Emission. Hier erfolgt die Energiezufuhr durch Heizung. Das erfolgt direkt durch Stromfluß (z. B. bei Wolframdrahtkatoden), indirekt durch Stromfluß und Wärmeleitung (z. B. bei Oxidkatoden) oder seltener auch durch Bombardement eines Metalls durch Teilchen (Ionen, Elektronen) oder in Spezialfällen durch andere Heizverfahren (Verbrennungsprozesse). Die Stromdichte wird von den Elektronen getragen, die aufgrund ihrer thermischen Energie den Potentialnapf (Bild 4.82) des Metalls verlassen können. Nach dem Richardsongesetz gilt für die *thermische Emissionsstromdichte*

$$S_E = A_E T^2 \exp\left((-W_M + \Delta W)/(kT)\right) \quad \text{mit} \quad \Delta W = \sqrt{E_0 e^3/(4\pi\varepsilon_0)}. \qquad (4.289\,\text{a, b})$$

W_M ist die Austrittsarbeit und A_E der Emissionskoeffizient.

Beispiel W-Katode: $W_M = 4{,}52\,\text{eV}$, $A_E = 6 \cdot 10^5\,\text{A}/(\text{m}^2\text{K}^2)$.

Der Term ΔW beschreibt den sog. *Schottky-Effekt*, d. h. die Absenkung der effektiv zu leistenden Arbeit bei anliegendem äußerem Feld E_0 (Bild 4.82). Dabei ist in ΔW die Bildkraft berücksichtigt, mit der ein aus der Elektrode ausgetretenes Elektron durch die von ihm influenzierte positive Ladung angezogen wird.

Ableitung von ΔW*: Die Bildkraft zwischen den Ladungen $-e$ und $+e$ im Abstand $2x$ ist $F = e^2/(4\pi\varepsilon_0 (2x)^2)$ und demnach das Bildkraftpotential

$$\varphi(x) = \int_x^\infty (F/e)\,\text{d}x + \varphi_\infty = e/(16\pi\varepsilon_0 x).$$

Das Gesamtpotential (im Bild 4.82 nach unten aufgetragen) folgt bei einer anliegenden Feldstärke E_0 (z.B. durch die Spannung zwischen Katode und Anode bei einer Diode) durch Superposition aus $\varphi = E_0 x + e/(16\pi\varepsilon_0 x)$. Die potentielle Energie der Elektronen $W = -e\varphi$ hat ein Maximum beim Potentialminimum, also wegen $d\varphi/dx = E_0 - e/(16\pi\varepsilon_0 x^2) = 0$ bei $x_m = \sqrt{e/(16\pi\varepsilon_0 E_0)}$. Daraus folgt $\Delta W = -e\varphi(x_m) = \sqrt{e^3 E_0/(4\pi\varepsilon_0)}$.

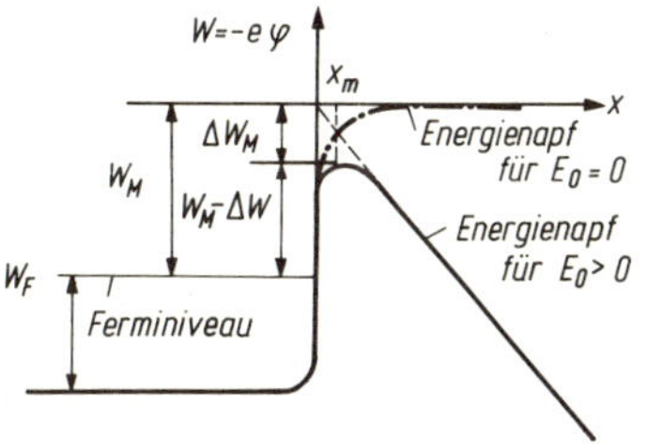

Bild 4.82
Absenkung des Potentialnapfes bei einem Metall durch ein anliegendes elektrisches Feld E_0 (Schottky-Effekt)

Feldemission. Dabei werden die Elektronen durch *extrem hohe elektrische Felder* (etwa $3 \cdot 10^4$ kV/cm) aus einer Elektrode befreit. Die Erzeugung derartig hoher Feldstärken ist praktisch nur an Spitzen, Kanten bzw. sehr dünnen Drähten möglich (Bild 4.81c). Bei homogenen Feldern wäre die erforderliche Spannung zu hoch. Da die Elektronen aufgrund des quantenmechanischen Tunneleffektes den Potentialwall (Bild 4.82) durchdringen können, muß ihre Energie nicht um die Austrittsarbeit W_M angehoben werden.

Fotoemission. Auch durch *Beschuß mit energiereichen Lichtquanten (Photonen)* oder, anders ausgedrückt, durch Bestrahlung mit kurzwelligem Licht (Bild 4.81d) können Elektronen aus Festkörpern herausgelöst werden *(Fotoeffekt)*. Dabei muß nach dem Energiesatz die Energie des Lichtquants gleich der Summe von Austrittsarbeit W_M und kinetischer Energie $m_e v^2/2$ des Elektrons sein:

$$hf = hc/\lambda = W_M + m_e v^2/2 \geqq W_M \tag{4.290}$$

(h Plancksches Wirkungsquantum, f Frequenz, λ Wellenlänge, c Lichtgeschwindigkeit).

Die Wellenlänge des Lichtes muß unter der sog. Grenzwellenlänge $\lambda_g = hc/W_M$ liegen.

Der Fotostrom ist dem Lichtstrom proportional (Beweis?). Anwendungsgebiete sind z.B. Hochvakuumfotozellen.

Beispiel: Für die Schaltkreistestung können die Leiterzüge einem feinen Laserstrahl ausgesetzt werden. Mißt man (z.B. mit einem feinen Gitter definierter Spannung) die Energie der emittierten Elektronen, so kann man berührungslos (ohne kapazitive Belastung) auf die Spannung der Leiterzüge schließen.

Emission durch Ionenbeschuß sowie Sekundärelektronenemission. Auch durch Beschuß mit energiereichen Ionen (Bild 4.81e), Molekülen und vor allem Elektronen (Bild 4.81f) der Energie $mv^2/2$ können Elektronen (oder auch Ionen) der Energie $m_e v_e^2/2$ aus dem Festkörper herausgelöst werden, wobei die Beziehung

$$mv^2/2 = \dot{W}_M + m_e v_e^2/2 \geqq W_M \tag{4.291}$$

gelten muß. Erwähnt sei, daß dabei wie bei allen Wechselwirkungsprozessen, also z.B. auch bei der Fotoemission, außer dem Energieerhaltungssatz (Summe der Energien der Wechselwirkungspartner vor der Wechselwirkung gleich der nach der Wechselwirkung) auch der Impulserhaltungssatz gelten muß (Summe der Impulse vor der Wechselwirkung gleich der nach der Wechselwirkung).

4.7.2 Stromflußmechanismen in Elektronenröhren

4.7.2.1 Grundlagen

Die Ladungsträgerbewegung im Vakuum erfolgt unter Einfluß elektrischer (und/oder magnetischer) Felder. Wechselwirkungen mit anderen Partnern (Restgasmolekülen) sind im Gegensatz zum Stromfluß in anderen Medien vernachlässigbar, falls die freie Weglänge sehr groß gegen die Elektrodenabstände ist. Grundlagen für die Berechnung des Stromflusses sind die Grundgleichungen zur Bahnberechnung (Abschn. 4.4.2.1) sowie die Maxwellschen Gleichungen (Abschn. 3.2.1). Dabei sind bei der Berechnung der wirksamen Felder u.U. auch Raumladungen zu berücksichtigen, da eine Elektronenstromdichte wegen $\boldsymbol{S} = \varrho \boldsymbol{v}$ mit einer Raumladungsdichte ϱ verbunden ist und diese wiederum nach der Poissongleichung mit einer Potentialkrümmung.

4.7.2.2 Hochvakuumdiode

Eine Hochvakuumdiode besitzt eine Elektrode, die Katode, die als Quelle der Elektronen wirkt, und eine Anode, zu der sich die Elektronen hinbewegen (Bild 4.83a). Häufig ist die Diode als evakuiertes Glas- oder Stahlgefäß ausgebildet. Die Strom-Spannungs-Beziehung, die sich bei einer Glühkatode ausbildet, ist im Bild 4.83b dargestellt. Dabei sind drei sich überlappende Bereiche zu unterscheiden:

a) Anlaufstrom ($u < 0$)

Dieser Strom wird von den aus der Katode emittierten Elektronen getragen, deren kinetische Energie groß genug ist, um das wirkende Gegenfeld zu überwinden. Für ihn gilt:

$$i = I_0 \exp u/U_T$$

mit (4.292)

$$I_0 = S_E A \exp(-U_K/U_T)$$

(S_E thermische Emissionsstromdichte nach Gl. (4.289a), A Katodenfläche, U_K Kontaktspannungsdifferenz, d.h. $U_K = (W_{MA} - W_{MK})/e$ mit W_{MA} bzw. W_{MK} als Austrittsenergie der Anode bzw. Katode, U_T Temperaturspannung).

Der meist kleine Anlaufstrom spielt nur bei negativen Anodenspannungen in der Nähe des Nullpunktes eine Rolle und sinkt mit wachsendem $|u|$ auf den Wert Null ab, da die Elektronen dann das Gegenfeld nicht überwinden können (Bild 4.83b, Bereich A).

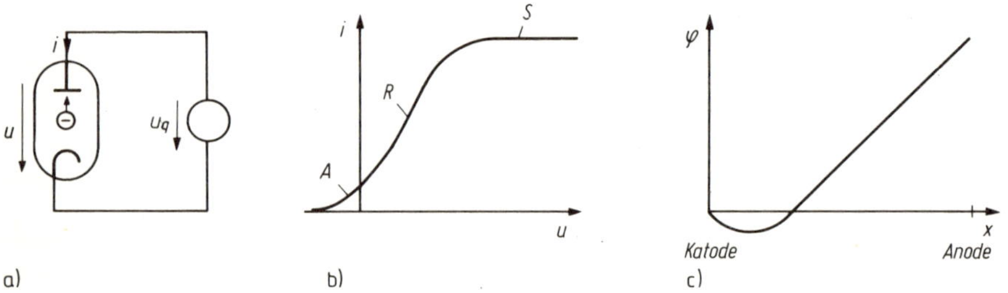

Bild 4.83 Hochvakuumröhre mit zwei Elektroden (Diode)

a) Aufbau mit Spannungsquelle; b) stationäre Strom-Spannungs-Kennlinie (nicht maßstäblich)

Hinweis: Durch den Schottky-Effekt kann für hohe *u* oberhalb der Sättigung ein Stromanstieg auftreten

c) Potentialverlauf zwischen Katode und Anode mit Potentialminimum infolge Raumladung

b) Raumladungsbegrenzter Strom ($u > 0$)

Bei kleiner positiver Anodenspannung fließt nicht etwa der thermische Sättigungsstrom der Katode, sondern ein kleinerer Strom. Ursache dafür ist eine Raumladungswolke, die sich vor der Katode ausbildet, da das Feld noch nicht ausreicht, um alle emittierten Elektronen schnell genug abzusaugen. Diese negative Raumladungsdichte führt zu einem Minimum des Potentialverlaufes (Bild 4.83c), das nur von Elektronen hinreichend hoher kinetischer Energie überwunden werden kann (Gegenfeld). Mit wachsender Anodenspannung wird die Raumladungswolke und damit das Potentialmiminum immer weiter abgebaut, und der Strom steigt an (Bild 4.83b, Bereich *R*). Für den raumladungsbegrenzten Strom gilt:

$$i = K \cdot u^{3/2}. \quad (4.293)$$

K ist eine von der Elektrodenform abhängige Konstante (Aufgabe 4.41). Die Elektronen werden auf ihrem Weg von der Katode zur Anode beschleunigt und erreichen vor der Anode ihre höchste kinetische Energie, die beim Aufprall auf die Anode in Wärme und u.U. auch teilweise in Licht und bei sehr hohen Spannungen u.U. auch teilweise in Röntgenstrahlen (bei Röntgenröhren) umgewandelt wird. Da die Elektronen ihre Geschwindigkeit v auf dem Weg zur Anode erhöhen und die Stromstärke i in jeder Hüllfläche um die Anode die gleiche ist, nimmt die Raumladungsdichte ϱ zur Anode hin im allgemeinen ab. Das ist bei homogenem Feld aus $i = SA = \varrho v A$ bzw. $\varrho = i/(vA)$ ersichtlich.

c) Sättigungsstrom ($u > 0$)

Bei hinreichend hohen Spannungen ist der Strom nicht mehr raumladungsbegrenzt, sondern alle von der Katode emittierten Elektronen werden wirklich zur Anode abgesaugt (Bild 4.83b, Sättigungsbereich *S*). Demnach wächst der Strom *i* nicht mehr mit wachsender Spannung, ist also spannungsunabhängig und kann mit der Richardsongleichung (4.289) berechnet werden. i kann im Sättigungsbereich natürlich durch verstärkte Katodenheizung erhöht werden (höherer Katodenheizstrom).

Abschließend sei erwähnt, daß sich bei halblogarithmischer Darstellung des Stromes (lg $i/A = f(u)$) nicht drei Geraden entsprechend den drei Bereichen ergeben, da die geschilderten Mechanismen teilweise gemeinsam wirken.

Die technische Bedeutung der Hochvakuumdioden für die Elektronik, z.B. für die Gleichrichtung, ist wegen der Entwicklung der Halbleiterdioden nur noch gering. Die dargestellten physikalischen Mechanismen sind aber von allgemeiner Bedeutung für die Vakuumelektronik.

4.7.2.3 Hochvakuumtriode

Wirkprinzip. Bei der einfachsten steuerbaren Elektronenröhre, der Triode, bringt man zwischen Anode und Katode ein Gitter, das negativ gegen die Katode vorgespannt ist (Bild 4.84). Mit der Größe der Gitter-Katoden-Spannung u_g (... -5 V ...) kann der Strom i_a, der die Anode (... 100 V ...) erreicht, gesteuert werden. Der Strom auf das Gitter ist sehr klein, so daß die Steuerung nahezu leistungslos erfolgt. Er wird allerdings bei dem gezeigten Beispiel genutzt, um über dem Gitterwiderstand R_G die benötigte negative Gittervorspannung zu erzeugen. Überlagert man dieser Gleichspannung eine zeitveränderliche Spannung, so kann der Strom gesteuert werden. Senkt man z.B. die Gitter-Katoden-Spannung u_g weiter in das Negative ab, so kann das durch die Anoden-Katoden-Spannung verursachte absaugende und beschleunigende Feld nur noch in geringem Maße in den Katoden-Gitter-Raum durchgreifen, und der Strom i_a durch die Röhre wird kleiner. Befindet sich im Anodenkreis ein Widerstand R_a, so wird die Anodenspannung $u_a = U_q - R_a i_a$ höher. Dabei rufen kleine Eingangsspannungsänderungen über große Anodenstromänderungen große Änderungen der Anoden- bzw. Ausgangsspannung hervor. Damit tritt eine Verstärkungswirkung bezüglich Spannung und Leistung auf.

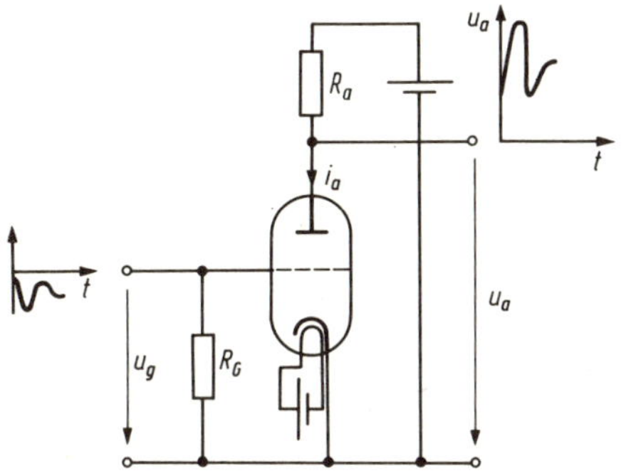

Bild 4.84 Hochvakuumtriode sowie Beispiel für einen Gitter- sowie Anodenspannungsverlauf

Barkhausensche Röhrenformel. Der Anodenstrom i_a hängt von der Gitterspannung u_g und der Anodenspannung u_a ab. Um die Änderung von i_a bei Änderung von u_g und u_a zu ermitteln, wird ausgehend von $i_a = i_a(u_g, u_a)$ das totale Differential gebildet:

$$\mathrm{d}i_a = \frac{\partial i_a}{\partial u_g}\,\mathrm{d}u_g + \frac{\partial i_a}{\partial u_a}\,\mathrm{d}u_a. \tag{4.294}$$

Mit den Definitionen der *Steilheit S* und des *differentiellen Innenwiderstandes* r_i

$$S = \frac{\partial i_a}{\partial u_g} = \left(\frac{\mathrm{d}i_a}{\mathrm{d}u_g}\right)_{u_a=\mathrm{konst.}}, \qquad r_i = \frac{\partial u_a}{\partial i_a} = \left(\frac{\mathrm{d}u_a}{\mathrm{d}i_a}\right)_{u_g=\mathrm{konst.}} \tag{4.295 a, b}$$

folgt daraus

$$\mathrm{d}i_a = S\,\mathrm{d}u_g + \mathrm{d}u_a/r_i. \tag{4.296}$$

Die Steilheit gibt die Stromänderung je Gitterspannungsänderung bei konstanter Anodenspannung an (z. B. 20 mA/V). Der reziproke Innenwiderstand $1/r_i$ (mit derselben Maßeinheit) charakterisiert die Stromänderung je Anodenspannungsänderung bei konstanter Gitterspannung.

Als *Durchgriff* definiert man

$$D = -\frac{\partial u_g}{\partial u_a} = -\left(\frac{du_g}{du_a}\right)_{i_a = \text{konst.}} \tag{4.297}$$

Der Durchgriff D ist das negative Verhältnis von Gitter- zu Anodenspannungsänderung bei konstantem Anodenstrom. Das Minuszeichen wird gewählt, da für konstantes i_a bei u_g-Absenkung u_a zunehmen muß oder umgekehrt. Durch das Minuszeichen wird D (Maßeinheit %) positiv.

Für konstantes i_a bzw. $di_a = 0$ folgt aus Gl. (4.294)

$$di_a = \frac{\partial i_a}{\partial u_g} du_g + \frac{\partial i_a}{\partial u_a} du_a = 0, \qquad -\frac{du_a}{du_g} = \frac{\partial i_a}{\partial u_g}\frac{\partial u_a}{\partial i_a}. \tag{4.298a, b}$$

Daraus entsteht die *Barkhausensche Röhrenformel*

$$-\frac{\partial i_a}{\partial u_g}\frac{\partial u_a}{\partial i_a}\frac{\partial u_g}{\partial u_a} = 1 \quad \text{bzw.} \quad SDr_i = 1. \tag{4.299a, b}$$

Damit reicht es, zwei der drei Größen vorzugeben, um die dritte zu ermitteln. Dabei sind die Größen natürlich am gleichen Arbeitspunkt zu nehmen. Betont sei, daß die Gl. (4.299b) ohne einschränkende Voraussetzungen über die Art des Bauelementes abgeleitet wurde, so daß sie prinzipiell für jedes dreipolige Bauelement gilt, bei dem der gesteuerte Strom von zwei Spannungen abhängt.

Beispiel: Es gelten für $S = 10$ mA/V und $D = 10\%$, damit ist $r_i = 1\ \text{k}\Omega$.

Ersetzt man die differentiellen Änderungen durch kleine Änderungen, so ergeben sich nach den Gln. (4.296), (4.295) und (4.297) als Näherungen

$$\Delta i_a = S\,\Delta u_g + \Delta u_a / r_i, \tag{4.300}$$

$$S = \left(\frac{\Delta i_a}{\Delta u_g}\right)_{u_a = \text{konst.}}, \qquad r_i = \left(\frac{\Delta u_a}{\Delta i_a}\right)_{u_g = \text{konst.}}, \qquad D = -\left(\frac{\Delta u_g}{\Delta u_a}\right)_{i_a = \text{konst.}} \tag{4.301a bis c}$$

Kleinsignalersatzschaltbild der Triode. Aus Bild 4.85 sind das Symbol, ein allgemeines Ersatzschaltbild sowie die sich aus den Gln. (4.300) und (4.299b) ergebenden Kleinsignalersatzschaltbilder mit gesteuerter Strom- bzw. gesteuerter Spannungsquelle ersichtlich. Der Beweis erfolgt leicht mit Hilfe der Knoten- und Maschengleichungen. Der im Bild 4.84 angegebene Lastwiderstand R_a ist als wichtiges Beispiel eines (Kleinsignal-)Lastzweipols aufzufassen.

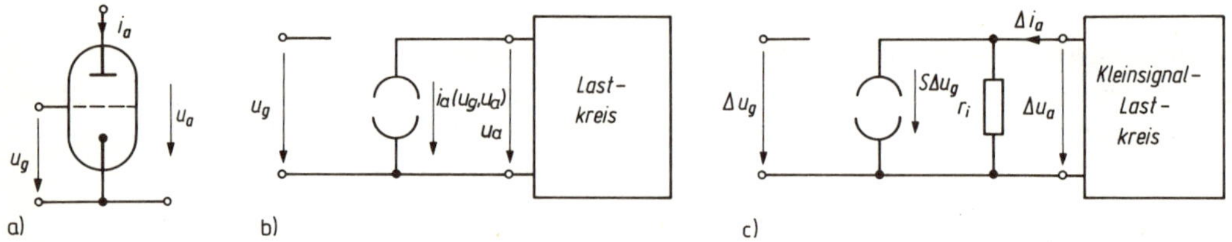

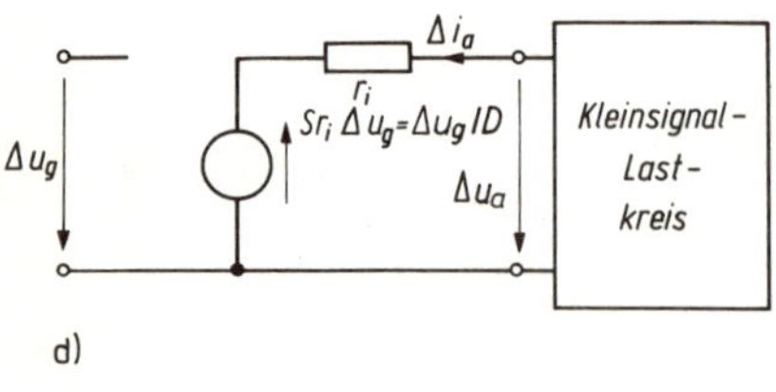

Bild 4.85 Hochvakuumtriode

a) schematische Darstellung; b) allgemeine Ersatzschaltung; c) Stromquellenersatzschaltung; d) Spannungsquellenersatzschaltung

Hinweis: b) bis d) gelten für beliebige Bauelemente mit $i_a = i_a(u_g, u_a)$.

Um die Röhrenparameter S, D und r_i ermitteln zu können, müssen die Triodenkennlinienfelder bekannt sein.

Kennlinienfeld der Triode. Der Anodenstrom $i_a = i_a(u_g, u_a)$ einer Triode erfüllt nach dem ersten Kirchhoffschen Satz die Bedingung

$$i_a = i_k - i_g \quad \text{bzw. als gute Näherung} \quad i_a = i_k \quad \text{wegen} \quad i_g \approx 0 \tag{4.302}$$

(i_k Katodenstrom, i_g Gitterstrom).

i_k und damit i_a können für den technisch relevanten Bereich berechnet werden, indem man die Triode durch eine Diode mit raumladungsbegrenztem Strom ersetzt, deren Anode in der Gitterebene liegt und die Anodenspannung – hier als Steuerspannung u_{St} bezeichnet –

$$u_{St} = u_g + Du_a \tag{4.303}$$

besitzt. D ist der *elektrostatische Durchgriff*. Nach Gl. (4.293) ergibt sich

$$i_a = Ku_{St}^{3/2} = K(u_g + Du_a)^{3/2}. \tag{4.304}$$

Der elektrostatische Durchgriff D einer Triode gibt den Bruchteil an, mit dem die Anodenspannung durch das Gitter hindurchgreift. Näherungsweise kann er bei Vernachlässigung der Raumladung aus den Teilkapazitäten C_g bzw. C_a zwischen Gitter und Katode bzw. Anode und Katode berechnet werden. Die Gesamtladung auf der Katode ist nämlich $Q = C_g u_g + C_a u_a$, woraus folgt:

$$Q/C_g = u_{St} = u_g + Du_a \quad \text{mit} \quad D = C_a/C_g. \tag{4.305}$$

Hinweis: Betont sei, daß der durch $i_a = i_a(u_g + Du_a)$ definierte elektrostatische Durchgriff D für konstantes D mit der allgemeineren Durchgriffsdefinition nach Gl. (4.297) übereinstimmt. Wegen $i_a = i_a(u_g + Du_a)$ muß für i_a = konst. $d(u_g + Du_a) = 0$ bzw. $du_g = -D\,du_a$ gelten. Damit folgt in Übereinstimmung mit Gl. (4.297) $D = -(du_g/du_a)$ für i_a = konst.

Die aus Gl. (4.304) folgenden und ineinander umrechenbaren Kennlinienfelder $i_a = i_a(u_g)$ mit u_a als Parameter bzw. $i_a = i_a(u_a)$ mit u_g als Parameter sind in den Bildern 4.86a und 4.86b dargestellt. Im Bild 4.86b ist außerdem die Arbeitsgerade $i_a = (U_q - u)/R_a$ zur Ermittlung des Arbeitspunktes (Abschn. 2.5.1) angegeben.

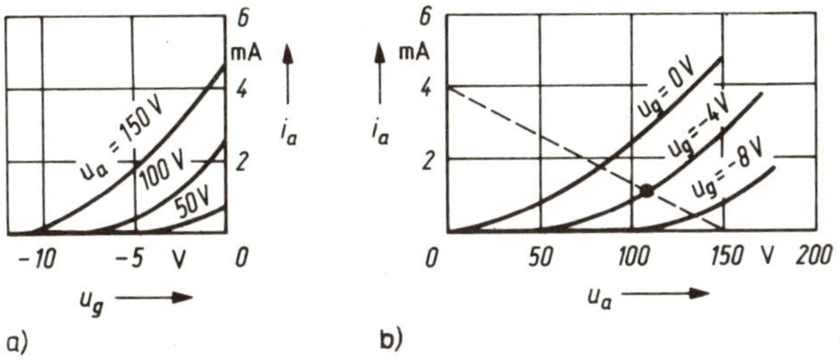

Bild 4.86 Beispiel für stationäre Kennlinien der Hochvakuumtrioden

a) Eingangskennlinienfeld; b) Ausgangskennlinienfeld mit Arbeitsgerade und Arbeitspunkt (bei $u_g = -4$ V)

Mehrgitterröhren. Mit dem Einbau weiterer zusätzlicher Gitter (meist auf festem Potential) zwischen Anode und Steuergitter wird der Einfluß der Anode (Durchgriff und Anoden-Gitter-Kapazität) reduziert, und die Röhreneigenschaften verbessern sich (Verstärkung, dynamische Eigenschaften). Je nach Zahl der Elektroden bezeichnet man die Mehrgitterröhren als Tetroden (4 Elektroden), Pentoden (5) und Hexoden (6).

Anwendung von Elektronenröhren. Bis auf das Gebiet sehr hoher Leistungen oder sehr hoher Frequenzen, z. B. Senderöhren, wurden Elektronenröhren von den Halbleiterbauelementen verdrängt. Im Gegensatz dazu hat sich aber der Festkörperbildschirm noch nicht gegen die Elektronenstrahlröhre für Fernsehempfangsröhren, Oszilloskopröhren, Displays für Computer usw. durchgesetzt. Weitere Spezialröhren, bei denen der Stromfluß im Vakuum von Bedeutung ist, wurden bereits im Abschnitt 4.4.2.1 genannt.

Ein modernes Anwendungsgebiet der Vakuumelektronik ist die *Vakuummikroelektronik*, z.B. für Flachbildschirme, aber auch für miniaturisierte Trioden (z.B. 10000 auf 1 mm^2) für Sonderanwendungen. Kennzeichen sind kalte Katoden (Nutzung des quantenmechanischen Tunneleffektes), hohe Arbeitsgeschwindigkeiten (etwa Faktor 10 gegenüber GaAs- und Faktor 20 gegenüber Si-Schaltkreisen) sowie Unempfindlichkeit gegenüber extremen Bedingungen (hohe Strahlen- und Temperaturfestigkeit). Die Vakuummikroelektronik wird die Festkörperelektronik nicht ersetzen, könnte sie aber u. U. zukünftig dort ergänzen, wo diese nicht anwendbar ist.

4.7.2.4 Stromkontinuität bei Stromimpulsen

Am Beispiel der Bewegung einer negativen Ladung ΔQ ($\Delta Q < 0$) von der Katode zur Anode einer Hochvakuumdiode (mit parallelen Platten) wird die Stromkontinuität diskutiert. Die Ladung influenziert auf den beiden Platten insgesamt eine positive Ladung $+\Delta Q$. Beim Start, z.B. aus einer Glühkatode, influenziert die negative Ladung auf der Katode eine positive Spiegelladung, die nahezu ΔQ entspricht (Bild 4.87a). Nähert sich die Ladung der Anode, so wächst die auf der Anode influenzierte positive Ladung an und die auf der Katode sinkt ab,

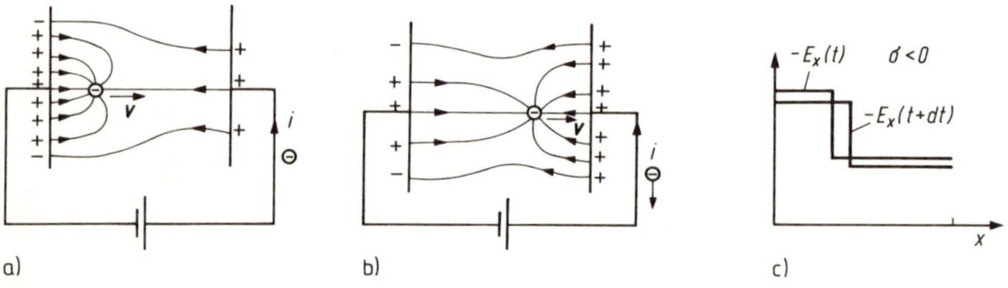

Bild 4.87 Zu Stromkontinuität und Feldverlauf bei bewegter Einzelladung zwischen zwei Platten zu zwei Zeitpunkten
a) und b) Punktladung; c) Flächenladung $\sigma < 0$ (s. Aufgabe 4.38)

d.h., es fließt im Außenkreis eine negative Ladung als Konvektionsstrom von der Anode zur Katode (Bild 4.87b). Zwischen den Platten (außerhalb der Ladung) fließt der Strom als Verschiebungsstrom. Das Integral über den Strom ist ΔQ. Die Dauer der Stromimpulse ist durch die Laufzeit der Ladungsträger gegeben. Ihre Form hängt von der Geschwindigkeit der Ladung ab, die zur Anode hin zunimmt (Stromimpuls sägezahnähnlich). Setzt sich der Gesamtstrom aus relativ wenigen Elementarstromimpulsen zusammen, so treten entsprechende Stromschwankungen (Schrotrauschen) auf. Wird der Strom von vielen Ladungsträgern getragen, so ist die relative Schwankung Null.

Um den Strom für ein Ladungspaket zu berechnen, kann man von einer Energiebetrachtung ausgehen. Das von den Ladungen auf den Platten erzeugte Feld E leistet auf dem Wegelement $\mathrm{d}x$ die Arbeit $F\,\mathrm{d}x = \Delta Q E\,\mathrm{d}x$. Gleichzeitig muß die Spannungsquelle in dem dazugehörigen Zeitintervall $\mathrm{d}t$ die Energie $ui\,\mathrm{d}t$ aufbringen. Aus $\Delta Q E\,\mathrm{d}x = ui\,\mathrm{d}t$ folgt mit der Geschwindigkeit $v = \mathrm{d}x/\mathrm{d}t$

$$i = \frac{\Delta Q E v}{u} \quad \text{bzw. für } u = Ed \quad i = \frac{\Delta Q v}{d}, \tag{4.306a, b}$$

d ist dabei der Plattenabstand. Mit Gl. (4.174b) kann für die Geschwindigkeit v für $v(0) = 0$

$$v(x) = \sqrt{2e\varphi/m} = \sqrt{2eux/(md)}$$

angenommen werden.

Aufgabe 4.38 Stromkontinuität bei einem Ladungspaket

Eine homogene Flächenladung ($\sigma < 0$), die parallel zu den Platten einer parallelebenen Zweielektrodenanordnung mit der konstanten Spannung u liegt, nähert sich mit der Geschwindigkeit v der positiven Platte. Berechnen Sie die Verschiebungsstromdichte $\boldsymbol{S}_v = \varepsilon\, \partial \boldsymbol{E}/\partial t$ außerhalb der Flächenladung sowie i!

Aufgabe 4.39 Bestimmung der Steilheit

Wie kann die Steilheit einer Triode a) rechnerisch aus Gl. (4.304) und b) aus den Kennlinienfeldern ermittelt werden?

Aufgabe 4.40 Verstärkung einer Triodenschaltung

Wie groß ist die Kleinsignalverstärkung $v = \Delta u_a/\Delta u_g$ einer Triodenschaltung mit dem Anodenwiderstand R_a

a) allgemein und

b) für eine Triode mit $S = 10\,\text{mA/V}$, $D = 10\%$ und $R_a = 5\,\text{k}\Omega$?

Hinweis: Kleinsignalersatzschaltung nutzen.

Aufgabe 4.41 $u^{3/2}$-Gesetz für den raumladungsbegrenzten Strom*

Leiten Sie Gl. (4.293) für eine Hochvakuumdiode ab, die aus zwei konzentrischen Zylindern (Anodenradius r_a, Katodenradius r_i mit $r_i \ll r_a$, Länge l mit $l \gg r_a$) besteht!

4.8 Stromfluß in Gasen

4.8.1 Ladungsträgergeneration und -rekombination

Einführung. Der Stromfluß in Gasen, der als *Gasentladung* bezeichnet wird, ist aus dem Alltag bekannt, z. B. bei Leuchtstofflampen, Durchschlägen bei hohen Spannungen, Funkenbildungen und Blitzen. Häufig ist er mit einer Lichtemission verbunden.

Ein Beispiel einer Entladungsröhre zeigt Bild 4.88. Die Elektrode mit dem niedrigeren Potential nennt man wie bei Elektronenröhren Katode und die mit dem höheren Potential Anode.

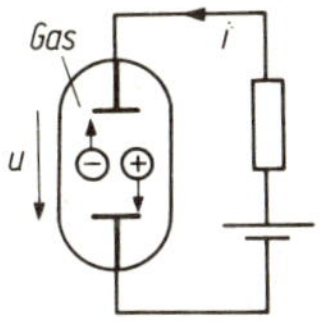

Bild 4.88
Beispiel einer Gasentladungsröhre

Im Normalfall sind Gase nichtleitend. Um einen Konvektionsstrom im Gas zu erzeugen, müssen Ladungsträger erzeugt werden (Ladungsträgergeneration) und sich durch ein elektrisches Feld und/oder weitere Antriebsmechanismen, insbesondere Diffusion infolge eines Dichtegefälles, gerichtet bewegen.

Der Strom in Gasen wird von Elektronen und ein- oder mehrfach positiv geladenen Ionen getragen. Nur in seltenen Fällen spielen ein- oder mehrfach geladene negative Ionen eine Rolle, wie sie bei der Anlagerung von Elektronen an neutrale Atome bzw. Moleküle entstehen. Die wichtigste Form der Ladungsträgergeneration im Volumen ist die *Ionisation*, d. h. die Zerlegung von neutralen Atomen bzw. Molekülen in ein- oder mehrfach geladene positive Ionen und Elektronen durch Energiezufuhr infolge Stoß mit einem Elektron (seltener mit einem Ion oder Atom) oder durch Wechselwirkung mit Strahlungsquanten.

Zu unterscheiden sind die unselbständige und die selbständige Entladung. Bei der *unselbständigen* Entladung erfolgt die Ladungsträgergeneration zumindest teilweise durch eine externe Quelle (z. B. Elektroneninjektion durch eine geheizte Katode; Ionisation durch Höhenstrahlen, Röntgenstrahlen oder UV-Licht). Bei der *selbständigen* Entladung geschieht die Ladungsträgergeneration ohne solche Hilfsmittel. Dabei kann eine unselbständige Entladung u. U. nach ihrer Zündung in eine selbständige Entladung übergehen, d. h., die externe Ursache für die Ladungsträgergeneration ist nicht mehr erforderlich und kann u. U. ausgeschaltet werden. Die dominierenden Ursachen für die Ladungsträgergeneration bei der selbständigen Entladung sind die Ionisation von Gasatomen durch Elektronenstoß sowie die Auslösung von Elektronen an der Katode beim Auftreffen positiver Ionen. Die Ladungsträgerdichte wächst natürlich nicht unbegrenzt an, da mit wachsender Ladungsträgerdichte auch die Wahrscheinlichkeit für eine Vereinigung von Elektronen und positiven Ionen zu neutralen Atomen, also für eine *Rekombination* (Wiedervereinigung) anwächst. Im Gleichgewicht halten sich die Ladungsträgergeneration und -rekombination die Waage.

Stoßionisation. Die Elektronen, Ionen und neutralen Atome in einem Gas können sich nicht ungehindert bewegen, sondern stoßen aufeinander, exakter ausgedrückt: sie treten in eine Wechselwirkung. Der Weg zwischen zwei Zusammenstößen – die freie Weglänge – streut in einem weiten Bereich. Zweckmäßigerweise führt man deshalb die *mittlere freie Weglänge* $\bar{\lambda}$ ein, wobei der Querstrich oft weggelassen wird. Dominierend bei nicht allzu hohem *Ionisationsgrad* (Prozentsatz ionisierter Atome) ist die Wechselwirkung der Ladungsträger mit den neutralen Teilchen.

In einem Gas ist $\bar{\lambda}$ umgekehrt proportional zur Gasdichte n bzw. zum Gasdruck p:

$$\bar{\lambda} = 1/(nA_s) = kT/(pA_s) \tag{4.307}$$

(k Boltzmann-Konstante, T Temperatur).

Der *Wirkungsquerschnitt* A_s hängt von der Art der Stoßpartner ab. Meist ist die mittlere freie Weglänge sehr viel kleiner als der Elektrodenabstand. In einem elektrischen Feld werden die Ladungsträger beschleunigt, und zwar die Ionen in Feldrichtung und die Elektronen entgegen der Feldrichtung (Bild 4.88). Auf dem Weg λ erhält ein Ladungsträger der Ladung Q die kinetische Energie

$$W = Q \int_0^\lambda \boldsymbol{E}\,\mathrm{d}\boldsymbol{s} = QU_\lambda. \tag{4.308}$$

Im Mittel nehmen Elektronen eine höhere kinetische Energie auf als Ionen, da ihre freie Weglänge wegen des kleineren Wirkungsquerschnittes höher ist. Demzufolge ist die Stoßionisation durch Elektronenstoß von besonderer Bedeutung. Setzt man voraus, daß sich ein Elektron entgegen der Feldrichtung bewegt und daß das Feld auf dem Weg der Länge λ homogen ist, so nimmt das Elektron auf diesem Weg die kinetische Energie $W_\lambda = eE\lambda$ auf, falls es nach der vorhergehenden Wechselwirkung nur noch eine vernachlässigbare Energie hatte. Die Energie wächst mit der Feldstärke und der freien Weglänge.

Um ein Atom zu ionisieren, muß dem Elektron auf der äußersten Bahn eine *Ionisierungsenergie* W_i zugeführt werden (Tafel 4.3), die man mit der Definition $W_i = eU_i$ auch durch die Ionisierungsspannung U_i charakterisiert. Wenn ein Elektron auf ein neutrales Atom trifft, so sind drei Möglichkeiten zu unterscheiden:

a) Bei niedrigen Energien tritt eine Energie- und Impulsänderung beider Stoßpartner auf *(elastischer Stoß)*. Das Elektron erhöht die kinetische Energie des Atoms.
b) Überschreitet die Elektronenenergie die Ionisierungsenergie, d.h. für $W_\lambda > W_i$ bzw. $U_\lambda = E\lambda > U_i$, so kann eine *Stoßionisation* des neutralen Atoms stattfinden *(unelastischer Stoß)*.
c) Weiterhin ist bei Energien auch unterhalb von W_i eine Anregung von neutralen Atomen möglich *(unelastischer Stoß)*. Dabei wird ein Elektron aus seinem Grundzustand in einen Zustand höherer Energie gebracht, aber verbleibt in der Elektronenhülle des Atoms. Abhängig von der Art des Atoms und der *Anregung* wird dabei eines der diskreten Energieniveaus besetzt. Von den selteneren metastabilen Niveaus abgesehen, fällt das Elektron in sehr kurzer Zeit wieder in den Grundzustand zurück. Dabei wird ein Lichtquant emittiert, dessen Energie hf (vgl. Gl. (4.290)) der Differenzenergie zwischen den Energieniveaus ent-

Tafel 4.3. Ionisierungsenergien von Gasen

Gas	W_i/eV	Gas	W_i/eV
Helium (He)	24,6	Sauerstoff (O)	12,5
Neon (Ne)	21,6	Quecksilberdampf	10,4
Schwefelhexafluorid (SF)	19,3	Natriumdampf	5,1
Stickstoff (N)	15,5	Cäsiumdampf	3,9
Kohlendioxid (CO)	14,4		

spricht. Liegt die Wellenlänge $\lambda = c/f$ im sichtbaren Bereich, so treten *Leuchterscheinungen* auf. Bei Leuchtstoffröhren wandelt man unsichtbare kurzwellige Ultraviolettstrahlung in Quecksilberdampf durch Leuchtstoffe an der Glaswand in sichtbares Licht.

Trifft ein Elektron auf ein angeregtes Atom, so reicht natürlich auch eine Stoßenergie aus, die unterhalb W_i liegt, um eine Ionisation zu verursachen. Diese stufenweise Ionisierung erfolgt vor allem über metastabile Niveaus.

Lawinenvervielfachung. Als *Lawinen- oder Avalanche-Effekt*[1]) bezeichnet man das lawinenartige Anwachsen der Zahl der generierten Ladungsträger infolge der Stoßionisation. Anhand des Beispiels im Bild 4.89 wird das erläutert. Ein z. B. durch Ionisation eines Atoms infolge Höhenstrahlung erzeugtes Elektron (*1*) ionisiert bei hinreichend hoher Feldstärke ein weiteres Atom (*2*), so daß nach dem ersten Stoß bereits zwei Elektronen zur Verfügung stehen. Verursachen diese wiederum eine Stoßionisation, so erhöht sich die Zahl der Ladungsträger lawinenartig.

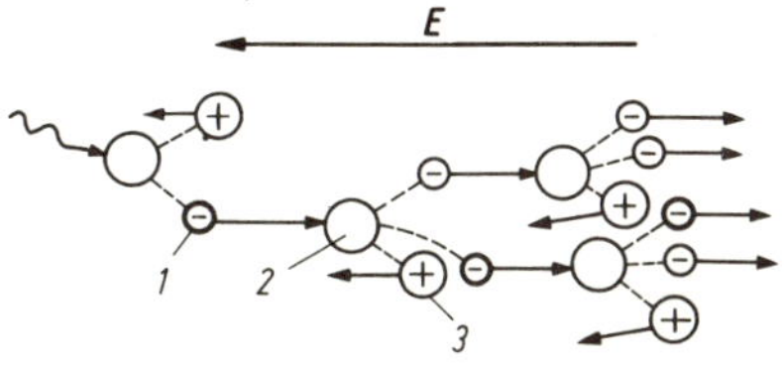

Bild 4.89 Schematische Darstellung zur Stoßionisation und Lawinenvervielfachung

*Hinweis**: Auf der Strecke dx ist der Zuwachs dn der Elektronendichte n proportional zur Elektronendichte n und zu dx: $\mathrm{d}n = \alpha n\,\mathrm{d}x$. α, der Ionisationskoeffizient, hängt von der Art der Atome, der Feldstärke und dem Gasdruck ab. Aus $\mathrm{d}n/n = \alpha\,\mathrm{d}x$ folgt durch Integration auf beiden Seiten für einen Weg der Länge s für den Verstärkungsfaktor M

$$M = \frac{n(S)}{n(0)} = \int_0^S \alpha\,\mathrm{d}x \quad \text{bzw. für} \quad \alpha = \text{konst.}\; M = \exp \alpha s. \tag{4.309}$$

Ein Elektron erzeugt auf dem Weg s $M-1$ Elektronen, wobei M Werte weit über 1 annehmen kann.

4.8.2 Durchschlag in Gasen

Durchschlagsspannung und -feldstärke. Der Lawineneffekt ist maßgebend für den *Durchschlag* einer Entladungsstrecke, also für den Übergang zu einer selbständigen Entladung. Die bei der Stoßionisation erzeugten Elektronen wandern z. T. zur Anode, z. T. erfolgt eine Rekombination mit den positiven Ionen. Die positiven Ionen, die nicht an der Rekombination im Volumen (oder der Wand) beteiligt sind, prallen auf die Katode, werden dort entladen und lösen wiederum Elektronen aus. Der Übergang zu einer selbständigen Entladung ist meist

[1]) avalanche (engl.): Lawine

dadurch charakterisiert, daß ein von der Katode startendes Elektron so viele Ionen erzeugt, daß davon der auf die Katode prallende Anteil im Mittel wieder ein Elektron an der Katode auslösen kann. Die Spannung, bei der der Übergang zur selbständigen Entladung infolge des Lawineneffektes erfolgt, heißt *Durchschlagsspannung* (engl. *break down voltage*) U_{BR} oder auch *Zündspannung*. Beim homogenen Feld kann ihr beim Elektrodenabstand d mit

$$U_{BR} = E_{BR}d \tag{4.310}$$

eine *Durchschlagsfeldstärke* zugeordnet werden, die man auch Anfangsfeldstärke (für die selbständige Entladung) nennt. Der Elektrodenabstand d wird auch als *Schlagweite* bezeichnet.

Gesetz von Paschen[1])

Die Durchschlagsspannung in einem homogenen Feld hängt vom Produkt Elektrodenabstand × Gasdruck ab *(Paschensches Gesetz)*. $U_{BR} = U_{BR}(pd)$ steigt in einem weiten Bereich mit pd an (Bild 4.90). Bei kleinen pd-Werten durchläuft U_{BR} ein Minimum.

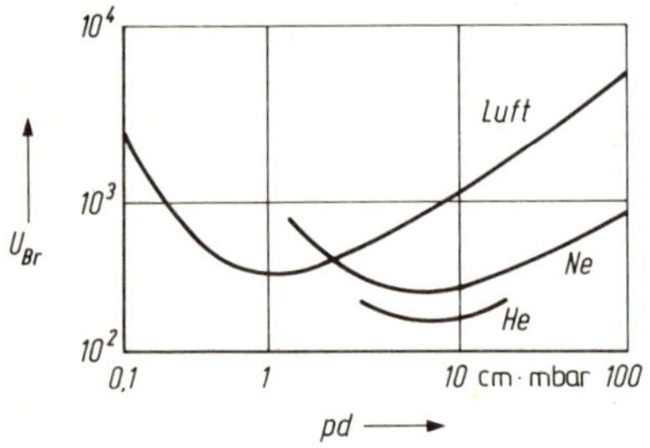

Bild 4.90
Durchbruchspannung U_{BR} von Gasentladungen als Funktion des Produktes von Druck p und Elektrodenabstand d für verschiedene Gase (Paschenkurve)

*Begründung der Paschenkurve**: Geht man davon aus, daß die Stoßionisation nach Gl. (4.308) von $E\bar{\lambda}$ abhängt, so kann mit $U_{BR} = Ed$ und $\bar{\lambda} \sim 1/p$ auf $E\bar{\lambda} \sim U_{BR}/(dp)$ geschlossen werden. Da $E\bar{\lambda}$ stoffabhängig bestimmte Werte erreichen muß, kann $U_{BR} = E_{BR}d \sim dp$ bzw. allgemein $U_{BR} = U_{BR}(pd)$ geschlossen werden. Bei konstantem Druck nimmt die Durchbruchspannung also mit wachsendem Elektrodenabstand zu. Genauere Überlegungen zeigen, daß das schwächer als linear erfolgt.

Anders ausgedrückt: Die Anfangsfeldstärke sinkt mit wachsendem Elektrodenabstand etwas ab – wie auch Bild 4.91 veranschaulicht. Bei konstantem Elektrodenabstand und zunehmendem Druck steigt die Durchbruchspannung an, da die mittlere freie Weglänge abnimmt und damit auch der relative Anteil der Elektronen mit für eine Stoßionisation ausreichender Energie.

Das Minimum in der Paschenkurve bzw. das Ansteigen von U_{BR} mit sinkendem pd (Bild 4.90) ist darauf zurückzuführen, daß wegen der verringerten Stoßhäufigkeit (bei kleinem p bzw. bei kleinem d) höhere Feldstärken erforderlich sind, damit die Lawinenausbildung erfolgen kann. Abschließend sei betont, daß bei sämtlichen Überlegungen in diesem Abschnitt eine starke Vereinfachung sehr komplexer Prozesse erfolgt.

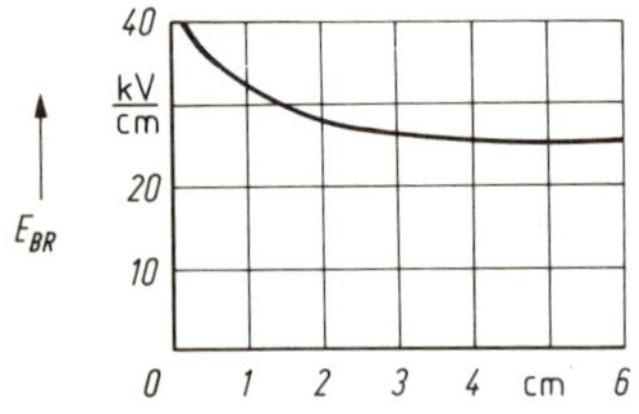

Bild 4.91
Anfangsfeldstärke (Durchbruchfeldstärke) in einem homogenen Feld für Luft bei Normalbedingungen (1013 mbar, 20°C) als Funktion des Elektrodenabstandes

Nach Ausbildung eines Durchbruchs verändert sich das elektrische Feld durch Raumladungsbildung. Die Brennspannung für eine selbständige Entladung liegt u. a. auch deshalb meist unter der Durchbruch- bzw. Zündspannung.

Weitere Effekte, die die Entladung beeinflussen, sind die Stoßionisation durch positive Ionen oder Atome bzw. Moleküle, die Strahlung angeregter Atome, die Wechselwirkung mit den Elektroden (z. B. Aufheizung – thermische Emission) bzw. mit der Wand.

[1]) Friedrich Paschen, deutscher Physiker, 1865–1947

Durchbruch an Grenzflächen. Auf der Oberfläche von Isolatoren tritt häufig ein Durchbruch bei niedrigeren Spannungen auf, als sie nach der Durchbruchsspannung des gasförmigen Mediums zu erwarten sind. Das wird u. a. durch Verschmutzungen und vor allem von partiellen leitfähigen Schichten (Luftfeuchtigkeit) begünstigt, da in diesen die Feldstärke klein ist und dadurch die Feldstärke außerhalb der Schichten bei vorgegebener Spannung anwächst.

Beispiel: Tangentiale Durchbruchfeldstärke in Luft etwa zwischen 10 kV/cm und 4 kV/cm (bei hoher Luftfeuchtigkeit).

4.8.3 Strom-Spannungs-Kennlinie bei Gasentladungen

Überblick. Der Betriebszustand, den eine Gasentladungsstrecke annimmt, hängt von deren Eigenschaften und der elektrischen Beschaltung ab. Bild 4.92 gibt in doppeltlogarithmischem Maßstab einen Überblick über mögliche Betriebszustände von Gasentladungen:

- *Dunkelentladung:* Bei niedrigen Spannungen im Gebiet der selbständigen Entladung tritt bei wachsender Spannung zunächst ein Stromanstieg (*a*) mit anschließender Sättigung (*b*) auf. Die Stromdichte ist sehr klein und kaum meßbar. Bei wachsender Spannung und damit Feldstärke setzt durch Stoßionisation ein steiler Stromanstieg ein (*c*).
- *Glimmentladung:* Oberhalb der Zünd- oder Durchbruchspannung U_Z setzt infolge der weiter erhöhten Feldstärke die Lawinengeneration ein, und es entsteht eine selbständige Entladung in Form einer Glimmentladung. Dafür sind eine kalte Katode, relativ kleine Stromdichten sowie Glimmerscheinungen infolge Anregung charakteristisch. Bei Stromerhöhung nimmt die Spannung bis zur sog. Glimmspannung ab und dann wieder zu (*d*).
- *Bogenentladung:* Bei weiterer Stromerhöhung geht die Glimmentladung in die Bogenentladung (*e*) über. Die Ladungsgeneration erfolgt bei dieser durch eine hohe Stromdichte und eine von starken Leuchterscheinungen gekennzeichnete Form der selbständigen Entladung (infolge der erhöhten Temperatur des Gases (4000 bis 15000 K und darüber)), außer durch Stoßionisation mit Elektronen auch durch thermische Ionisation infolge Wechselwirkung mit Atomen und Ionen. Den sich dabei einstellenden Zustand mit Ionisation eines erheblichen Teils des Gases nennt man *Plasma*. Plasmen treten auch in der Natur auf (z. B. Sonne, Blitz, Feuer) und sind meist durch Quasineutralität gekennzeichnet (annähernd gleich große Zahl positiver und negativer Ladungsträger).

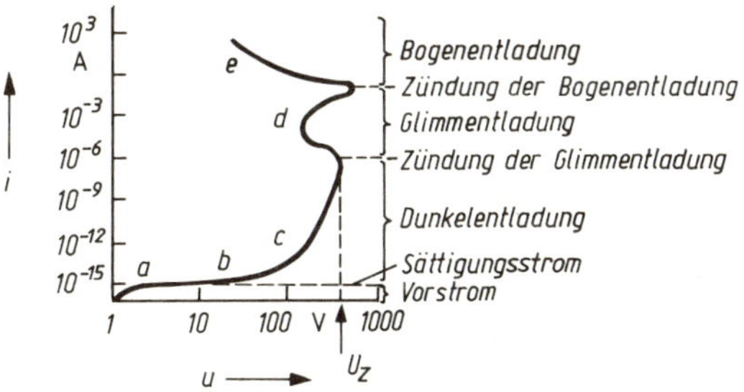

Bild 4.92 Mögliche stationäre Betriebsbereiche für Gasentladungen

Bei technischen Gasentladungen bildet sich zumindest eine teilweise heiße Katode (Brennfleck) aus. Die Katode injiziert durch thermische Emission Elektronen in den Entladungsraum.

Ein Lichtbogen zwischen Kohleelektroden bei Normaldruck kann übrigens auch dadurch gezündet werden, daß man die Elektroden zunächst kurzzeitig zur Berührung bringt, wonach sich die Berührungsstellen stark erhitzen und daß man danach die Elektroden wieder auseinanderzieht (Abreißzündung).

Bei Gasentladungen und vor allem beim Lichtbogen können infolge thermischer Prozesse Gasdruckschwankungen und damit auch Geräusche entstehen (Knistern, Rauschen, Knall). Erwähnt sei, daß die Bezeichnung Lichtbogen historisch dadurch entstanden ist, daß sich ein Lichtbogen zwischen waagerechten Elektroden durch die Aufwärtsströmung im Plasma bogenförmig ausbildet.

Stabilität bei Glimm- und Bogenentladungen. Sehr wichtig ist, daß Glimm- und Bogenentladungen entsprechend Bild 4.92 bzw. Bild 4.93 bereichsweise eine *fallende Strom-Spannungs-Kennlinie* und damit einen negativen differentiellen Widerstand $r = \mathrm{d}u/\mathrm{d}i$ aufweisen. Bei Betrieb von Glimm- und Bogenentladungen ist deshalb ein hinreichend großer *Vorwiderstand* R_v oder eine andere Form der Strombegrenzung erforderlich. Andernfalls steigt der Strom steil an, und die Entladung wirkt wie ein Kurzschluß der Spannungsquelle (Zerstörungsgefahr).

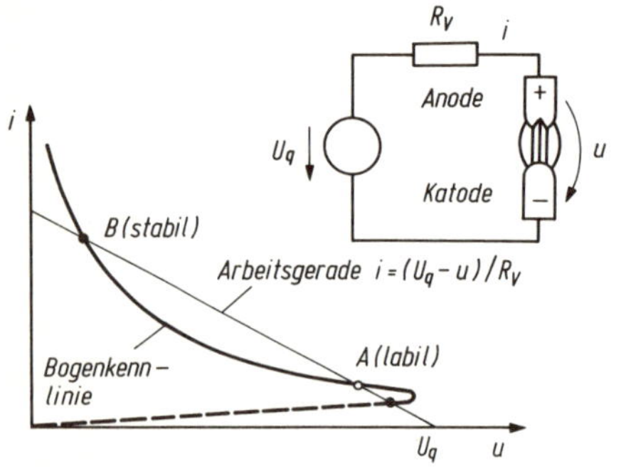

Bild 4.93
Die fallende Kennlinie des Lichtbogens erfordert eine Strombegrenzung durch einen Vorwiderstand

Erläuterung: Bei Betrieb mit einem hinreichend hohen Vorwiderstand, der die Bedingung $R_v + r > 0$ erfüllt, stellt sich auf der Bogenkennlinie als einziger stabiler Arbeitspunkt der Arbeitspunkt B ein (Bild 4.93). Schnittpunkt A von Bogenkennlinie und Arbeitsgeraden ist ein labiler Arbeitspunkt. Bei einer kleinen zufälligen Schwankung einer Einflußgröße, z. B. einer kurzzeitigen kleinen Betriebsspannungsabsenkung, wächst der Strom unvermeidlich weiter an, bis der Punkt B erreicht ist. Im Punkt B führen demgegenüber kleine dynamische Stromänderungen immer wieder zum Gleichgewichtszustand zurück.

Hinweis:* Eine sehr vereinfachte Erklärung für die fallende Kennlinie besteht bei der Bogenentladung darin, daß der Bogendurchmesser bei Stromerhöhung zunimmt, wodurch ein quadratisch mit dem Durchmesserzuwachs abnehmender Bogenwiderstand R resultiert. Da aber die für den Leistungsverbrauch dominierende Wärmeabfuhr nur linear mit der Oberfläche und damit mit dem Durchmesser ansteigt, wird die benötigte Leistung U^2/R mit einer kleineren Spannung erreicht.

4.8.4 Technische Anwendungen von Gasentladungen

Technische Anwendungen von Gasentladungen sind u. a. Lichterzeugung (Leuchtstoffröhre, Hochdrucklampe, Wolframpunktlampe – Strahlung durch Brennfleck, Glimmlampe) elektrisches Schweißen und Schneiden metallischer Werkstoffe, der Lichtbogenofen, Elektrofilter, Hochleistungsstromrichter, Herstellung dünner Schichten sowie Meßtechnik (Kugelfunkenstrecke zur Hochspannungsmessung, Nebelkammer).

Häufig wird Gas auch als raumfüllender *Isolierstoff* verwendet.

Hierbei sind *Gasentladungen* oft *unerwünscht.* Das betrifft die Koronaentladung (Vorstufe zur Glimmentladung, tritt besonders bei stark gekrümmten Leitern, z. B. an Hochspannungsleitungen auf) ebenso wie den Über- bzw. Durchschlag. Beim Öffnen eines stromdurchflossenen Kontaktes entsteht häufig eine Gasentladung (u. a. Schaltlichtbogen). Dafür sind zwei Ursachen zu nennen: eine hohe Spannung infolge unvermeidbarer Induktivitäten im Stromkreis sowie $u = L\,\mathrm{d}i/\mathrm{d}t$ (s. Abschn. 1.10.3) und außerdem eine hohe Stromdichte, die sich auf den letzten Berührungsstellen der Kontaktstücke ausbildet und zu einer explosionsartigen Verdampfung von Kontaktmaterial führt. Im Gegensatz zu festen Isolierstoffen treten bei Gasen nach Erlöschen des Lichtbogens eines Durchschlags die ursprünglichen dielektrischen Eigenschaften wieder auf (ermöglicht Anwendung als Löschmittel in Hochleistungsschaltern). Die Durchschlagsspannung wächst mit dem Produkt von Gasdruck und Elektrodenabstand. Bei sehr kleinem Druck steigt die Durchschlagsfestigkeit natürlich wieder an und erreicht im Hochvakuum hohe Werte (z.B. 100 kV/cm bei ebenen Elektroden in 1 mm Abstand).

4.8.5* Grundlagen der mathematischen Beschreibung von Gasentladungen

Die Konvektionsteilstromdichten in Gasentladungen hängen von der Dichte n_ν, der Ladung $z_\nu e$ und den Geschwindigkeiten $\boldsymbol{v}_\nu$ der Ladungsträgersorten (Elektronen, Ionen) ab:

$$\boldsymbol{S}_\nu = z_\nu e n_\nu \boldsymbol{v}_\nu . \tag{4.311}$$

$\boldsymbol{v}_\nu$ werden bei Halbleitern vom elektrischen Feld und der Diffusion bestimmt:

$$\boldsymbol{v}_\nu = \mu_\nu \boldsymbol{E} - \frac{1}{n_\nu} \operatorname{grad} (D_\nu n_\nu) \text{ für positive Träger } (z_\nu e > 0); \tag{4.312}$$

$$\boldsymbol{v}_\nu = -\mu_\nu \boldsymbol{E} - \frac{1}{n_\nu} \operatorname{grad} (D_\nu n_\nu) \text{ für negative Träger } (z_\nu e < 0). \tag{4.313}$$

Unter Voraussetzung konstanter Diffusionskoeffizienten ergibt sich

$$\boldsymbol{S}_\nu = |z_\nu e|\, n_\nu \mu_\nu \boldsymbol{E} \mp |z_\nu e|\, D_\nu \operatorname{grad} n_\nu . \tag{4.314a, b}$$

Das Minuszeichen gilt für positive und das Pluszeichen für negative Ladungsträger. Bei Boltzmann-Verteilung kann die Gültigkeit der Einstein-Relation für den Zusammenhang zwischen Diffusionskoeffizienten und Beweglichkeiten angenommen werden (vgl. Gl. (4.242)):

$$D_\nu = \mu_\nu \frac{kT_\nu}{|z_\nu e|}. \tag{4.315}$$

Für die Beweglichkeit gilt, wie analog zu Gl. (4.220b) abgeleitet werden kann:

$$\mu_\nu = c \frac{|z_\nu e|\, \overline{\lambda}_\nu}{m_\nu \overline{v}_{\text{th}\nu}} \quad \text{mit} \quad c \approx 1 .$$

Die Beweglichkeit ist also um so größer, je größer die mittlere freie Weglänge $\overline{\lambda}$ und je kleiner die Masse m_ν und die mittlere thermische Geschwindigkeit $\overline{v}_{\text{th}\nu}$ sind. Nach dem Gleichverteilungssatz der Thermodynamik gilt:

$$\frac{m_\nu}{2} \overline{v^2_{\text{th}\nu}} = \frac{3}{2} kT_\nu . \tag{4.316}$$

Demnach ergibt sich für die Beweglichkeiten (speziell für $c = 1/2$)

$$\mu_\nu = \frac{|z_\nu e|}{2\sqrt{3kT_\nu}} \frac{\overline{\lambda}_\nu}{\sqrt{m_\nu}} . \tag{4.317}$$

Da Elektronen eine wesentlich kleinere Masse m_ν und eine größere mittlere freie Weglänge als Ionen besitzen, liegt ihre Beweglichkeit und damit auch ihre Geschwindigkeit (bei vergleichbarer Temperatur meist um den Faktor 100 ... 1000) höher.

Ausgangspunkt für die Berechnung von Gasentladungen sind:

- die Bilanzgleichungen für die Ladungsträgersorten (Abschn. 4.5)

$$\frac{\partial n_\nu}{\partial t} = -\frac{1}{z_\nu e} \operatorname{div} \boldsymbol{S}_\nu + g_\nu - r_\nu ;$$

- die Stromdichtegleichungen (4.314a und 4.314b);
- die Poissongleichungen $\operatorname{div} \varepsilon \boldsymbol{E} = \sum\limits_\nu z_\nu e n_\nu$.

Die Beweglichkeiten und die Nettogenerationsraten $g_v - r_v$ sind im allgemeinen Fall u. a. von der elektrischen Feldstärke $\boldsymbol{E}$ und den Ladungsträgerdichten abhängig. Außer dem genannten partiellen Differentialgleichungssystem sind weitere Effekte einzubeziehen, und zwar vor allem Energie- und Impulsbilanzgleichungen, Wandeinflüsse, thermische Probleme und u. U. auch magnetische Felder, die Emission und Absorption von Photonen sowie die äußere Beschaltung der Gasentladungsstrecke. Demzufolge ist selbst die näherungsweise Berechnung von Gasentladungen sehr schwierig. Exakte Lösungen erfordern leistungsfähige Computer. Als Ergebnisse ergeben sich u. a. die Trägerdichten, Potential- bzw. Feldverteilung, Stromdichten sowie das Klemmenverhalten.

Aufgabe 4.42 Spannungsprüfer

Zum Nachweis einer 220-V-Wechselspannung verwendet man im einfachsten Fall Spannungsprüfer, die aus einem isolierenden Griff, einer als Schraubenzieher ausgebildeten Metallelektrode und einer dazwischenliegenden gasgefüllten Glasröhre mit zwei Elektroden in kleinem Abstand bestehen. Warum tritt bei Berührung spannungsführender Teile ein Leuchten auf?

Aufgabe 4.43 Kontrollfragen

a) Erläutern Sie die Begriffe Ionisierungsspannung, Stoßionisation, Lawinenbildung, Durchbruchfeldstärke, unselbständige und selbständige Entladung, Glimm- und Bogenentladung!
b) Wie sieht die Kennlinie von Gasentladungen aus, und was ist beim Betrieb von Glimm- und Bogenentladungen zu beachten?

4.9 Stromfluß in Flüssigkeiten – elektrochemische Prozesse

4.9.1 Grundlagen

4.9.1.1 Mechanismus der Stromleitung

Übersicht. Viele technisch bedeutsame Anwendungen sind mit dem Stromfluß in Flüssigkeiten verknüpft. Genannt seien Batterien und die elektrolytische Herstellung bzw. Abscheidung von Stoffen. Aber auch z. B. zum Verständnis der Korrosion und von Maßnahmen zu ihrer Reduzierung ist die Diskussion dieser Stromflußmechanismen wesentlich.

Alle chemischen Vorgänge sind wegen der elektrischen Eigenschaften der Elektronen und Protonen (Ladung) mit elektrischen Vorgängen verknüpft. Unter *Elektrochemie* versteht man solche chemischen Prozesse, die unter Einfluß eines äußeren elektrischen Feldes verlaufen oder bei ihrem Ablauf selbst elektrische Energie erzeugen. Besondere Bedeutung besitzt der Stromfluß in *Elektrolyten*, d. h. in Stoffen, bei denen der Stromtransport durch Ionen erfolgt. Besonders wichtig sind wäßrige Flüssigkeiten.

Destilliertes Wasser ist praktisch ein Nichtleiter. Löst man Salze, Säuren oder Basen in Wasser, so steigt die Leitfähigkeit schon bei geringen Beimengungen um mehrere Größenordnungen. Ursache dafür ist die vom Lösungsmittel verursachte Spaltung *(Dissoziation)* eines Teils der Moleküle in Ionen, z. B.

$$NaCl \rightleftharpoons Na^+ + Cl^-,$$

$$H_2SO_4 \rightleftharpoons 2H^+ + SO_4^=,$$

$$KOH \rightleftharpoons K^+ + OH^-.$$

Metall- und Wasserstoffionen besitzen stets positive Ladungen. Im Gleichgewichtsfall halten sich Dissoziation und Wiedervereinigung von Ionen, also Generation und Rekombination der Ladungsträger, die Waage. Die *elektrochemische Wertigkeit z* gibt Aufschluß über die Zahl der fehlenden oder angelagerten Elementarladungen (z. B. $z_+ = 1$ für H^+, $z_- = 2$ für $SO_4^=$). Insgesamt sind Elektrolytlösungen elektroneutral ($Q = 2$).

Die H^+-Konzentration ist für viele technische und biologische Anwendungen wichtig. Aus diesem Grund hat man zu ihrer Charakterisierung eine besondere Größe, und zwar die *Wasserstoffzahl pH* eingeführt. Die Wasserstoffzahl ist der negative dekadische Logarithmus der in $kmol/m^3$ anzugebenden Wasserstoffkonzentration γ_+:

$$pH = -\lg \gamma_+ . \qquad (4.318)$$

Für reines Wasser ergibt sich pH = 7.

Die besondere Eignung von *Wasser als Lösungsmittel* liegt

a) in der geringen Molekülgröße (leichtes Eindringen in den zu lösenden Stoff);
b) im hohen DK-Wert ($\varepsilon_r = 81$, führt zur Reduzierung der anziehenden Coulombkraft zwischen den Ionen unterschiedlicher Polarität entsprechend Gl. (1.3));
c) im Dipolmoment.

Das Dipolmoment ist darauf zurückzuführen, daß die Schwerpunkte der positiven und negativen Ladungen beim Wassermolekül nicht übereinstimmen. Dadurch umhüllen die Wassermoleküle die entstandenen Ionen und bewegen sich mit ihnen mit. Man spricht von *Hydration* oder, allgemein bei Lösungsmitteln, von *Solvatation*. Häufig kennzeichnet man solvatierte Ionen nicht durch „+" bzw. „−", sondern durch Punkte ($^{\cdot}$) oder Striche ($'$), also z. B. $Cu^{\cdot\cdot}$ statt Cu^{++} bzw. Cl' statt Cl^-.

Die einfachste Grundzelle für technische Anwendungen elektrolytischer Flüssigkeiten besteht aus zwei Elektroden, dem Elektrolyt sowie einem Behälter (Bild 4.94).

Die Vorgänge in elektrolytischen Zellen, besonders in Elektrodennähe, sind oft außerordentlich komplex. Die Elektroden können als Quellen sowie als Senken von Ionen wirken. *Elektrolytische Zellen* dienen

a) zur *Umwandlung elektrischer Energie in chemische Energie* (und Wärmeenergie), z. B. in der Galvanotechnik, bei der elektrolytischen Stoffumwandlung sowie bei der Aufladung von Sekundärelementen;
b) zur *Umwandlung chemischer Energie in elektrische Energie* (und Wärmeenergie), z. B. bei galvanischen Primärelementen sowie bei der Entladung von Sekundärelementen.

In beiden Fällen stimmt die Bewegungsrichtung der positiven Ionen mit der Stromrichtung (für $I > 0$) überein. Der Strom in den Anschlußleitungen wird durch Elektronen getragen.

Im Fall a) bewegen sich die positiven Ionen von + nach −, also in Feldrichtung, und im Fall b) von − nach +, also entgegen der Feldrichtung (Bilder 4.94a und 4.94b). Die Bewegung von Ladungsträgern entgegen der Feldkraft ist dann möglich, wenn die Wirkung der

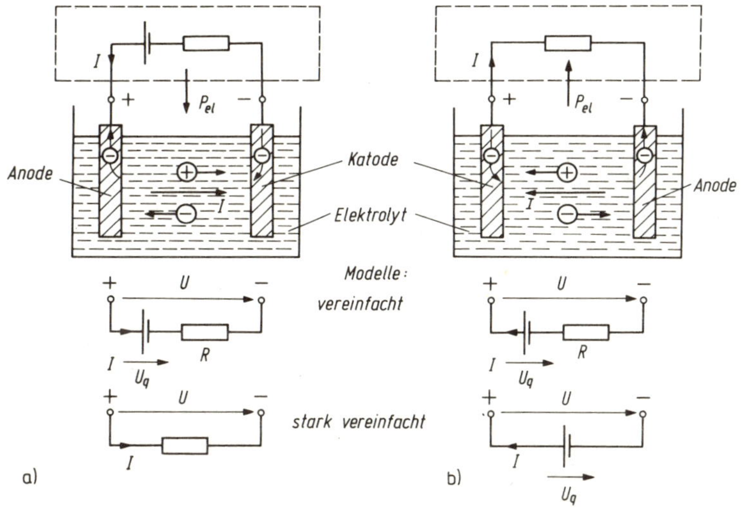

Bild 4.94 Prinzipieller Aufbau elektrolytischer Zellen sowie je zwei Modellstufen
a) Verbrauch elektrischer Energie; b) Erzeugung elektrischer Energie

Ladungsträgerdiffusion überwiegt, d.h. also durch ein starkes Konzentrationsgefälle als dominierende Antriebsursache (Abschn. 4.6.3). Die Elektrode, die Elektronen abgibt, bezeichnet man als *Katode*, die andere als *Anode*. Bei Zellen mit Elektroenergieverbrauch ist die Katode der Minus- und die Anode der Pluspol (s. Bild 4.93a). Durch die entgegengesetzte Wanderung positiver und negativer Ionen und ihre Wechselwirkung mit anderen Ionen bzw. den Elektroden können Umgruppierungen in chemischen Verbindungen erzielt werden.

Als stark idealisiertes *Ersatzschaltbild elektrolytischer Zellen* kann man die Reihenschaltung einer Spannungsquelle mit einem Widerstand annehmen. Allerdings darf man die Quellenspannung U_q und den Widerstand R nur in Spezialfällen als konstant ansetzen. Im Fall a) läßt sich in manchen Fällen, und zwar für $U \gg U_q$, $U_q = 0$ setzen (Bild 4.94a). Das gilt nicht für die Aufladung von Sekundärelementen. Für R kann teilweise $R = l/(\varkappa A)$ mit $\varkappa$ entsprechend Gl. (4.324) als Näherung gewählt werden. Die Leitfähigkeit liegt im allgemeinen um mehr als den Faktor 10 unter der von Metallen. Der Temperaturkoeffizient von R $\alpha = (\mathrm{d}R/\mathrm{d}T)/R$ ist negativ. Die Abnahme von R wird vor allem durch den mit wachsender Temperatur steigenden Dissoziationsgrad verursacht. Im Fall b) reicht außerhalb des Kurzschlußbereiches oft eine ideale Spannungsquelle (Innenwiderstand $R = 0$) als näherungsweises Modell aus (Bild 4.94b).

Mathematische Beschreibung*. Die Stromdichte $\boldsymbol{S}$ im Elektrolyt wird von der Dichte n_+ bzw. n_-, der Geschwindigkeit v_+ bzw. v_- sowie von der Wertigkeit z_+ bzw. z_- der Ionen bestimmt:

$$\boldsymbol{S} = \boldsymbol{S}_+ + \boldsymbol{S}_- \quad \text{mit} \quad \boldsymbol{S}_+ = z_+ e n_+ \boldsymbol{v}_+ \quad \text{und} \quad \boldsymbol{S}_- = -z_- e n_- \boldsymbol{v}_-. \tag{4.319}$$

Die Geschwindigkeiten werden durch das elektrische Feld und örtliche Dichtegradienten bestimmt, so daß sich analog zu Halbleitern und Plasmen

$$\boldsymbol{v}_+ = \mu_+ \boldsymbol{E} - (D_+/n_+)\,\mathrm{grad}\,n_+, \qquad \boldsymbol{v}_- = -\mu_- \boldsymbol{E} + (D_-/n_-)\,\mathrm{grad}\,n_- \tag{4.320}$$

ergibt. Dabei sind die Diffusionskoeffizienten und Beweglichkeiten über die Einstein-Nernst-Townsend-Relation für z-fach geladene Ionen

$$D_+/\mu_+ = kT/(z_+ e), \qquad D_-/\mu_- = kT/(z_- e) \tag{4.321 a, b}$$

verknüpft. Nach dem Stokesschen Gesetz ist die Reibungskraft $F_R = 6\pi\eta R v$ (R Radius der Solvatationshülle, η Viskosität, z.B. $1{,}055 \cdot 10^{-3}\,\mathrm{kg/(ms)}$ für Wasser bei 18°C). Mit dem Newtonschen Gesetz ergibt sich für konstante Geschwindigkeit v_+ wegen $m_+\,\mathrm{d}v_+/\mathrm{d}t = z_+ eE - 6\pi\eta R_+ v_+ = 0$:

$$v_+ = z_+ eE/(6\pi\eta R_+). \tag{4.322 a, b}$$

Daraus folgt für die Beweglichkeit μ_+ bzw. analog für μ_-

$$\mu_+ = v_+/E = z_+ e/(6\pi\eta R_+), \qquad \mu_- = v_-/E = z_- e/(6\pi\eta R_-)\,. \tag{4.323 a, b}$$

Mit der durch die Beziehung $\boldsymbol{S} = \varkappa \boldsymbol{E}$ für $\mathrm{grad}\,n_+ = \mathrm{grad}\,n_- = 0$ definierten Beweglichkeit ist $\varkappa = z_+ e n_+ \mu_+ + z_- e n_- \mu_-$. Häufig kann $z_+ = z_- = z$, $n_+ = n_- = \alpha n_0$ (α Dissoziationsgrad, d.h. relativer Anteil der dissoziierten Moleküle, n_0 Moleküldichte) gesetzt werden. Damit entsteht für die Leitfähigkeit

$$\varkappa = ze\alpha n_0\,(\mu_+ + \mu_-). \tag{4.324}$$

Hinweis: Für die Berechnung von Elektrolyten sind im allgemeinen Fall (analog zur Halbleiterelektronik) neben den Stromdichtegleichungen die Generation und Rekombination von Ionen, die Verknüpfung von Feldstärke und Raumladungsdichte durch das Poissonsche Gesetz sowie die Kontinuitätsgleichung und die Randbedingungen zu berücksichtigen.

4.9.1.2 Spannungen zwischen Elektroden und Elektrolyt

Taucht man einen Metallkörper in eine Flüssigkeit (ionenfreies Wasser oder einen Elektrolyt), so entsteht eine Spannung, die vom Metall, von der Zusammensetzung der Flüssigkeit und der Temperatur abhängt. Sie kann durch das Wechselspiel zwischen *Lösungsdruck*, *osmotischem Druck* und *elektrischem Feld* interpretiert werden. Der Lösungsdruck versucht Ionen aus dem Metall in die Flüssigkeit zu pressen, während der osmotische Druck bestrebt ist, die Ionen aus der Flüssigkeit in das Metall zu drücken. Überwiegt der osmotische Druck (Bild 4.95a), so lädt sich das Metall so lange positiv auf, bis das dadurch entstehende Feld ein

Gleichgewicht herstellt. Vor der positiven Elektrode bildet sich eine abfallende positive Ionenkonzentration und damit eine negative Raumladung aus. Überwiegt der Lösungsdruck (Bild 4.95b), dann verlassen mehr positive Ionen das Metall, als hineingedrückt werden. Die Elektrode lädt sich – da die Ionen positiv sind – so lange negativ auf, bis sich ein Gleichgewicht einstellt.

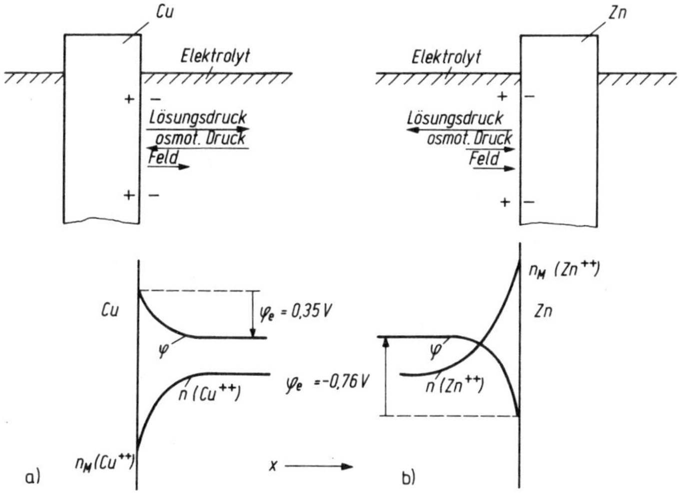

Bild 4.95 Ausbildung von Spannungen zwischen einem Metall und einem Elektrolyt

a) Bei überwiegendem osmotischem Druck lädt sich das Metall positiv gegen den Elektrolyt auf (z. B. Cu in wäßriger $ZnSO_4$-, $CuSO_4$- oder verdünnter H_2SO_4-Lösung). Die Dichte der Cu^{++}-Ionen fällt zur Elektrode hin ab. b) Bei überwiegendem Lösungsdruck lädt sich das Metall negativ gegenüber dem Elektrolyt auf (z. B. Zn in wäßriger $ZnSO_4$-, $CuSO_4$- oder verdünnter H_2SO_4-Lösung), die Dichte der Zn^{++}-Ionen fällt zum Elektrolyt hin ab.

Tafel 4.4. Elektrochemische Spannungsreihe von Metallen

Elektrode	Li/Li$^{\cdot}$	K/K$^{\cdot}$	Ca/Ca$^{\cdot\cdot}$	Na/Na$^{\cdot}$	Mg/Mg$^{\cdot\cdot}$	Al/Al$^{\cdot\cdot}$	Mn/Mn$^{\cdot\cdot}$	Zn/Zn$^{\cdot\cdot}$
φ/V	−3,02	−2,92	−2,87	−2,71	−2,34	−1,67	−1,05	−0,76
Elektrode	Cr/Cr$^{\cdot\cdot}$	Fe/Fe$^{\cdot\cdot}$	Cd/Cd$^{\cdot\cdot}$	Co/Co$^{\cdot}$	Ni/Ni$^{\cdot\cdot}$	Sn/Sn$^{\cdot\cdot}$	Pb/Pb$^{\cdot\cdot}$	
φ/V	−0,71	−0,44	−0,40	−0,28	−0,25	−0,14	−0,13	
Elektrode	**H_2/2H$^{\cdot}$**	Cu/Cu$^{\cdot\cdot}$	Ag/Ag$^{\cdot}$	Hg/Hg$^{\cdot\cdot}$	Au/Au$^{\cdot\cdot\cdot}$	Pt/Pt$^{\cdot\cdot}$		
φ/V	**±0**	+0,35	+0,81	+0,85	+1,42	+1,60		

Ordnet man die Metalle in einer Reihe nach der auftretenden Spannung gegenüber einer 1molaren Metallionenlösung des gleichen Metalls (bei 25 °C), so entsteht die *elektrochemische Spannungsreihe*. Das in Tafel 4.4 angegebene elektrochemische Potential ist als Spannung gegen eine im Elektrolyt befindliche Normal-Wasserstoffelektrode (Platinelektrode von H_2 bei Atmosphärendruck umspült) definiert. Li besitzt einen hohen Lösungsdruck, ist ein sehr unedles, leicht oxydierbares Metall und damit ein starkes Reduktionsmittel (≙ elektronenabgebendes System). *Oxydation* ist bekanntlich als Entzug von Elektronen und *Reduktion* als Zufuhr von Elektronen definiert. Pt ist ein sehr edles, schwer oxydierbares Metall, also ein starkes Oxydationsmittel (≙ elektronenaufnehmendes System). Die anderen Metalle sind dazwischen einzuordnen. Je niedriger φ_e ist, d. h., je unedler ein Metall ist, desto größer ist sein Bestreben, ein edles Metall (oder Wasserstoff) aus seiner Ionenbindung zu verdrängen bzw. Elektronen an dieses Metall abzugeben. Also kann Zn Fe oder H oder Cu verdrängen, und Cu kann Ag verdrängen. Taucht man z. B. entsprechend Bild 4.95b einen Zn-Stab in Kupfersulfatlösung ($CuSO_4 + n \cdot H_2O$), so gehen Zn-Ionen in Lösung, während Cu-Ionen (in geringer Zahl) ihre Ladung an das Zn abgeben und einen Cu-Niederschlag bilden (Zn reduziert also Cu, und Cu oxydiert Zn). Metalle, die unedler sind als Wasserstoff, werden also von verdünnten Säuren unter Wasserstoffbildung aufgelöst.

Die sich einstellende Spannung $\varphi_e = U_{10}$ zwischen Metall *1* und Elektrolyt jenseits der sehr dünnen Raumladungsschicht (Bild 4.95) kann für den stromlosen Zustand nach Gl. (4.319) analog zu Gl. (4.260) durch Integration aus der Ionendichte am Metall und der Gleichgewichtsdichte n_{01} ermittelt werden:

$$U_{10} = (kT/(ze)) \ln n_{M1}/n_{01}. \tag{4.325}$$

Zwischen zwei Elektroden tritt nach außen als resultierende Spannung die Differenz der beiden Spannungen Elektrode *1*–Elektrolyt und Elektrode *2*–Elektrolyt auf:

$$U = U_{10} - U_{20}. \tag{4.326}$$

Damit entsteht die bereits erwähnte Quellenspannung im Bild 4.94. Verbindet man die beiden Elektroden außen über einen Widerstand, so wird der Strom an der negativen (unedleren Elektrode) durch den Übergang positiver Ionen in den Elektrolyt getragen. Zurück bleiben Elektronen. Der positiven (edleren Elektrode) werden positive Ionen zugeführt, deren Ladung von den durch den Widerstand fließenden Elektronen kompensiert wird. Im Elektrolyt können auch die negativen Ionen des Elektrolyts zum Stromtransport beitragen. Stromfluß in Elektrolyten verursacht in Abhängigkeit von der Polarität chemische Änderungen an den Elektroden oder eine Wasserstoffgashaut an den Elektroden oder Konzentrationsänderungen im Elektrolyt, d.h. eine Polarisierung (auch bei zunächst gleichen Elektroden). Damit ist eine Polarisationsspannung verbunden. Sie wirkt ihrer Ursache aus energetischen Gründen stets entgegen und kann im stationären Zustand als zusätzlicher Beitrag zu R bzw. U_q (Bild 4.94) modelliert werden. Erwähnt sei, daß sich auch für Nichtmetalle, für Ionenumladungen und komplizierte Redoxsysteme Spannungsreihen angeben lassen.

4.9.1.3 Stofftransport

Im Gegensatz zur Elektronenleitung ist die *Ionenleitung* mit einem *Stofftransport* verbunden. Die an einem Ort, z.B. an eine Elektrode, transportierte Masse Δm hängt von der Zahl N der ankommenden Ionen und der Ionenmasse m_1 ab: $\Delta m = N m_1$. Die Ionenmasse kann (bei Vernachlässigung der Elektronenmasse) aus der relativen Atom- bzw. Molekülmasse A sowie der atomaren Masseeinheit u (u = 1/12 der Masse des Kohlenstoffatoms) berechnet werden:

$$m_1 = Au \quad \text{mit} \quad \mathrm{u} = 1{,}66057 \cdot 10^{-27}\,\mathrm{kg}. \tag{4.327}$$

Die Ionenzahl N läßt sich aus der transportierten Ladung ΔQ und der Wertigkeit w ermitteln, also $\Delta Q = Nze$ mit $e = 1{,}602 \cdot 10^{-19}\,\mathrm{A \cdot s}$. Setzt man $N = \Delta Q/(ze)$ in $\Delta m = N m_1$ ein, so folgt das *Faradaysche Abscheidungsgesetz*:

$$\Delta m = c\,\Delta Q \quad \text{mit} \quad c = \frac{Au}{ze} = \frac{A/z}{96\,487}\,\frac{\mathrm{g}}{\mathrm{A \cdot s}}. \tag{4.328}$$

c bezeichnet man auch als *elektrochemisches Äquivalent* und $F = 96\,487\,\mathrm{A \cdot s}$ als *Faraday-Konstante*. F gibt nach Gl. (4.328) die Ladungsmenge an, die zur Abscheidung der Masse (A/z) g, also eines Moläquivalentes, erforderlich ist. Für zeitkonstanten Strom I im Zeitraum Δt gilt:

$$\frac{\Delta m}{\mathrm{g}} = \frac{A/z}{96\,487\,\mathrm{A \cdot s}}\, I\,\Delta t. \tag{4.329}$$

Beispiel: Die von einem Strom von 1 A in 1 s abgeschiedene Silbermenge (z.B. aus einer Silbernitratlösung) ist zu berechnen. Mit $\Delta Q = 1\,\mathrm{A \cdot s}$, der relativen Atommasse $A = 108$ sowie der Wertigkeit $z = 1$ ergibt sich $\Delta m = 1{,}118\,\mathrm{mg}$.

4.9.2 Überblick über technische Anwendungen mit Elektroenergieverbrauch

Sie beruhen auf dem genannten Stofftransport sowie den Auswirkungen der elektrochemischen Spannungsreihe. Genutzt werden u.a. Auflösung, Transport und Abscheidung von Stoffen (fest, gasförmig) bzw. chemische Reaktionen im Elektrolyt bzw. an den Elektroden.

Elektrometallurgie aus wäßriger Lösung bei der Kupferraffination. Die Gewinnung von sehr reinem Kupfer erfolgt in der im Bild 4.96 dargestellten Weise aus einer wäßrigen Lösung (z.B. $CuSO_4 + H_2SO_4 + H_2O$). Das verunreinigte als Anode geschaltete Rohkupfer geht in Lösung. Die Kupferionen scheiden sich an der Katode ab – es entsteht „Elektrolytkupfer“ hoher Reinheit.

Die unedleren Beimengungen verbleiben im Elektrolyt. „Hüttenkupfer“ ist z. B. für Leitermaterial ungeeignet, da schon geringe Verunreinigungen die Leitfähigkeit drastisch herabsetzen (z. B. um 20% bei 0,05% Aluminium im Kupfer). Der spezifische Energieverbrauch ist etwa 250 kW · h/t Kupfer.

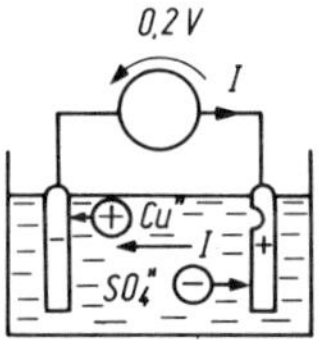

Bild 4.96
Erzeugung von hochreinem Elektrolytkupfer (Reinheit >99,9%) an der Katode bei gleichzeitigem Abbau des verunreinigten als Anode geschalteten Kupfers

Elektrometallurgie auf der Grundlage der Schmelzflußelektrolyse. Für manche Metalle, z. B. Aluminium, muß für die Ionenleitung ein flüssiger, aber wasserfreier Elektrolyt verwendet werden – also eine Schmelze –, weil sonst nur Wasserstoff abgeschieden werden würde. Die Schmelze besteht aus Aluminiumoxid (Al_2O_3) und Kryolith ($AlF_3 \cdot 3NaF$) bei 90 °C (Aufrechterhaltung der Heizung durch Widerstand des Elektrolyts bei Stromfluß). Die Reduktion des Al_2O_3 zu Al erfolgt mit Hilfe von Kohleelektroden. Der Energieverbrauch beträgt etwa 20 MWh/t Aluminium. In analoger Weise werden Magnesium, Natrium und Kalium gewonnen.

Elektrolytische Herstellung von Nichtmetallen. Genannt seien z. B. Alkalilaugen, Chlor, Fluor, Oxydationsmittel sowie Wasserstoff und Sauerstoff (durch Wasserelektrolyse). Wasserstoff kann in Zukunft als Energiespeicher an Bedeutung gewinnen.

Galvanotechnik. Sie dient der elektrochemischen Erzeugung von metallischen und nichtmetallischen Schichten mit bestimmten Eigenschaften, insbesondere als

a) *Metallabscheidung an der Katode* (Elektroplattieren), z. B. als Verkupfern, Vernickeln, Verchromen, Versilbern und Vergolden unedlerer Metalle bzw. von leitend gemachten Gegenständen (vorherige Aufbringung einer leitfähigen Schicht durch Graphitieren oder chemisches Metallisieren) bis hin zum Regenerieren von Werkzeugen bzw. Lagerstellen von Wellen;
b) *elektrolytische Erzeugung von Oxydschichten* (Eloxieren) der Anode, z. B. Eloxalverfahren zur Erzeugung elektrolytisch oxydierten Aluminiums sowie die Erzeugung von Passivschichten, z. B. Phosphatschichten u. a. zur Haftgrundverbesserung vor dem Lackieren sowie als Korrosionsschutz;
c) *Elektrophorese* (Wanderung aufgeladener makroskopischer Teilchen durch eine Flüssigkeit unter Einfluß eines Feldes) zum Aufbringen von nichtmetallischen anorganischen oder organischen Schichten;
d) *stromlose Metallabscheidung*, auch auf Nichtleitern, z. B. bei der Plastgalvanisierung und Leiterplattenherstellung;
e) *elektrolytische Metallabtragung* (vorzugsweise von der Anode) als elektrolytische Erosion auch Elysieren genannt, und zwar Polieren, Schleifen, Sägen usw.

Zu a), dem Elektroplattieren, sei noch folgendes ausgeführt: Maßgebend sind neben dem Elektrodenmaterial die angelegte Spannung, die Badtemperatur und vor allem die Badzusammensetzung. Das Bad enthält neben einer wäßrigen Lösung des Salzes des abzuscheidenden Metalls Zusätze (Komplexbildner, Inhibitoren, Leitelektrolyten). Bezüglich der Anwendung sind die *Galvanostegie* (Schichtdicke meist unter 60 μm) und die *Galvanoplastik* (Schichtdicke meist über 60 μm) zu unterscheiden. Das Ziel der Galvanostegie besteht darin, mit der Beschichtung die Oberflächeneigenschaften unter dekorativen und vor allem unter funktionellen Gesichtspunkten, wie Korrosions- und Verschleißfestigkeit, Lötbarkeit, elektrische Leitfähigkeit, minimale Rauhigkeit usw., zu verbessern. Die Galvanoplastik gestattet u. a. die Herstellung komplizierter Teile mit hoher Genauigkeit, z. B. für die Herstellung von Gieß-, Preß- und Spritzformen, durch metallischen Überzug von Plastiken und teilweise auch anschließende Ablösung. Anwendungsgebiete sind u. a. die Schallplattenherstellung sowie die Herstellung von Hohlleitern und Streifenleitern in der Mikrowellentechnik.

4.9.3 Elektrochemische Spannungsquellen

Grundlagen sind die im Abschnitt 4.9.1 beschriebenen Mechanismen.

Primärzellen. *Sie enthalten Reaktionskomponenten nur in begrenzter Menge und sind nach deren Umsetzung unbrauchbar.*

Am häufigsten wird die im Bild 4.97 dargestellte *Leclanché-Zelle (Trockenelement)* eingesetzt mit den Daten: Nennspannung 1,5 V, mittlere Entladungsspannung 1 ... 1,2 V, 40 ... 70 Wh/kg, Einsatzgebiet meist <1 A, Einsatz auch als Flachbatterie mit 3 × 1,5 V = 4,5 V. Die Spannung sinkt – wie Bild 4.98 illustriert – mit zunehmender Entladung ab. Als entladen gelten die Zellen bei 0,9 V in Geräten bzw. 0,75 V bei Beleuchtung. Bei 0 °C liegt die Kapazität um etwa 50% unter der von 20 °C. Um Selbstentladung zu vermeiden, ist Lagerung im Kühlen zu empfehlen. Günstig für die Kapazität sind Entladungspausen.

Vergleichbare Spannungswerte, aber zwei- bis dreimal höhere spezifische Energien, besitzen kostenaufwendige Primärelemente, wie z. B. *Lithiumzellen, Zink-Quecksilberoxid-* und *Zink-Silberoxid-Zellen*, die für Taschenrechner, Digitaluhren, Herzschrittmacher und ähnliches eingesetzt werden. Normalelemente, wie z. B. das *Weston-Normalelement* ($U_0 = 1{,}018646$ V bei 20 °C), dienen als hochgenaue Vergleichsnormale für Präzisionsmessungen. Sie werden durch geeignete Kompensationsschaltungen ohne Strombelastung verwendet.

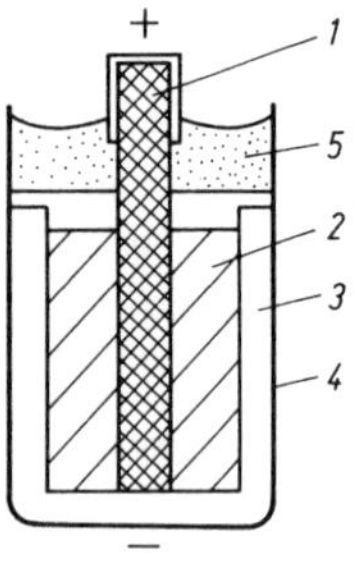

Bild 4.97
Leclanché-Element (schematisch)
1 Kohlestift (Stromableiter); *2* MnO_2-Depolarisationsmasse (Katode); *3* Elektrolyt (wäßrige Ammoniumchloridlösung, mit Weizenmehl verdickt, daher Trockenelement); *4* Zinkbecher (Anode); *5* Vergußmasse für Abdichtung

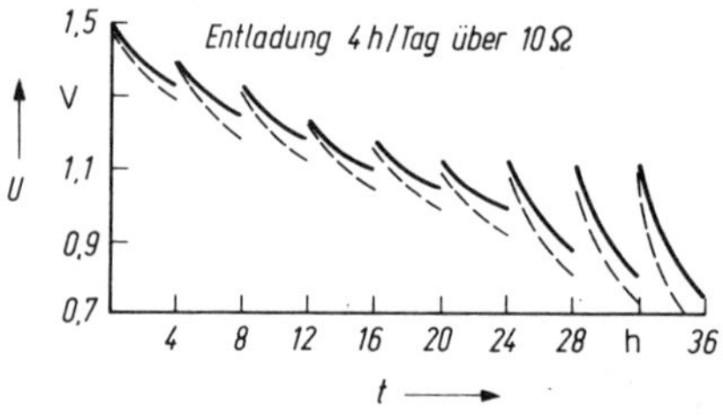

Bild 4.98
Spannung einer Primärzelle als Funktion der Entladedauer
(——) frisch; (– – – –) nach 6 Monaten Lagerung

Sekundärzellen. *Sekundärzellen (Akkumulatoren, Sammler) können nach der Entladung durch Zufuhr elektrischer Energie wieder regeneriert werden. Bei diesem wiederholbaren Ladeprozeß werden die Reaktionspartner erneut erzeugt (umkehrbare elektrochemische Reaktion).*

Die größte Bedeutung besitzt für viele energieintensive Anwendungen nach wie vor der *Bleiakkumulator*. Er besteht im geladenen Zustand aus zwei in 20–30%ige Schwefelsäure eintauchenden gitterförmigen Bleigerüsten, von denen das eine mit schwammförmigem Blei (− Elektrode), das andere mit Bleidioxid ausgefüllt ist (+ Elektrode). Mit diesem Aufbau werden große Elektrodenoberflächen erreicht. An der + Elektrode verläuft die Reaktion

$$PbO_2 + HSO_4^- + 3H^+ + 2e^- \underset{\text{Laden}}{\overset{\text{Entladen}}{\rightleftarrows}} PbSO_4 + 2H_2O$$

und an der − Elektrode

$$Pb + HSO_4^- \underset{\text{Laden}}{\overset{\text{Entladen}}{\rightleftarrows}} PbSO_4 + H^+ + 2e^-.$$

Die Gesamtreaktion ist

$$Pb + PbO_2 + 2H_2SO_4 \underset{\text{Laden}}{\overset{\text{Entladen}}{\rightleftarrows}} 2PbSO_4 + 2H_2O + \text{Energie}.$$

Beim Entladen bildet sich also an beiden Elektroden eine Bleisulfatschicht. Die beim Ladeprozeß erzeugte chemische Polarisation und damit auch die durch sie hervorgerufene Polarisationsspannung werden abgebaut. Da bei der Entladung Schwefelsäure verbraucht wird und H_2O entsteht, sinkt die Dichte des Elektrolyts ab. Damit kann der Ladezustand über eine Dichtemessung (z. B. mit einem Schwimmkörper) kontrolliert werden. Näherungsweise läßt sich die Leerlaufspannung aus $U_0/\text{V} = 0{,}84 + \text{Säuredichte}/(\text{g/cm}^3)$ ermitteln. Bei geladenem Akkumulator ist die Leerlaufspannung etwa 2,1 V und die Säuredichte etwa 1,25 bis 1,28 g/cm^3. Eine Spannung von 2,4 V, bei der das Gasen einsetzt (Knallgasentwicklung, für Entlüften sorgen), soll bei der Aufladung im Interesse der Kapazität und Lebensdauer möglichst nicht überschritten werden. Oft sind 20 h Ladedauer günstig. Bei der Entladung sollte eine Spannung von 1,8 V bzw. Dichte von 1,14 g/cm^3 nicht unterschritten werden (sonst Sulfatisierung).

Die *spezifische Kapazität* liegt z. Z. etwa bei 20 Ah/kg und die *spezifische Energie* etwa bei 35 Wh/kg. Der Amperestunden-Wirkungsgrad ist 85 ... 95%. Er kennzeichnet das Verhältnis von $\int_0^{t_0} i\,dt$ bei Ent- und Aufladung. Der Wattstunden-Wirkungsgrad (Energiewirkungsgrad) beträgt nur 75%.

Wesentliche Anwendungsgebiete sind:
Starterakkus für Kfz: 6 V, 12 V (bis 200 Ah);
Akkus für Traktionszwecke: 24 .. 112 V (bis 1200 Ah) für Elektrokarren bzw. -autos, U-Boote usw.;
ortsfeste Akkus für Notstromanlagen: ... 110V ... (bis 9000 Ah), z. B. für Kinos, Fernmeldewesen, BMSR-Technik usw.;
Kleinakkus: 2 ... 6 V (bis 7,5 Ah), z. B. für Lampen, Blitzlicht usw.

Nickel-Kadmium-Akkumulatoren besitzen gegenüber Bleiakkumulatoren Vorteile u. a. bezüglich der Wartung, einer konstanten Entladungsspannung (1,2 V) sowie der Möglichkeit der hermetischen (gasdichten) Ausführung bei Nachteilen u. a. bezüglich des Preises.

Als Einsatzgebiete sind z. B. tragbare elektronische Geräte (Taschenrechner, Meßgeräte, Schwerhörigengeräte, Sprechfunkgeräte usw.) und wie auch bei Bleiakkumulatoren der Pufferbetrieb zu nennen. Beim Pufferbetrieb werden die Akkumulatoren durch Anschluß an eine Gleichspannungsversorgung zeitweise wiederaufgeladen. Sie treten unter besonderen Bedingungen, wie bei Netzausfall in Krankenhäusern oder nachts (bei Solarzellen, u. a. für Weltraumanwendung), als Energiequelle in Aktion.

Brennstoffzellen. *Sie zeichnen sich dadurch aus, daß die Reaktionskomponenten den beiden Elektroden getrennt und kontinuierlich zugeführt und dort elektrochemisch umgesetzt werden. Demnach ist keine elektrische Regenerierung erforderlich.* Als Beispiel sei die *Brennstoffzelle* im Bild 4.99 genannt.

Sie nutzt die bei der Bildung von Wasser aus Wasserstoff und Sauerstoff frei werdende Energie aus. Im Gegensatz zur Knallgasexplosion, bei der die Energie als Wärme freigesetzt wird, ermöglicht die dosierte („kalte") Verbrennung die Erzeugung elektrischer Energie. Brennstoffzellen kommen auch für große Leistungen in Frage. Ihre Entwicklung ist noch im Fluß (vor allem Katalysatorwirkung der porösen Elektroden).

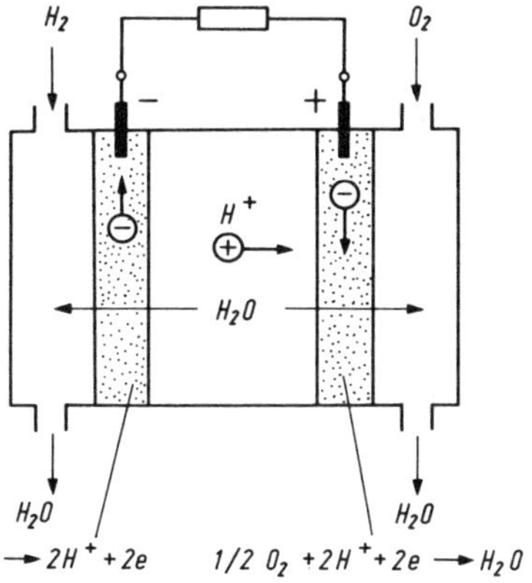

Bild 4.99 Brennstoffzelle (Beispiel): Elektroden porös. Am Minuspol Oxydation des Brennstoffes H_2 (Elektronenabgabe an die Elektrode), am Pluspol Reduktion des Oxydationsmittels O_2 (Aufnahme von Elektronen von der Elektrode). Elektrolyt (z. B. H_2SO_4) übernimmt Stromtransport durch H^+-Ionen

4.9.4 Korrosion und Korrosionsschutz

Korrosion (lat. corrodere – zernagen) ist eine von den Oberflächen ausgehende unerwünschte Zerstörung von (metallischen) Werkstoffen durch elektrochemische Vorgänge. Bei guten Leitern spielen elektrochemische Vorgänge eine entscheidende Rolle für die Korrosion (Bild 4.100), aber auch für den Korrosionsschutz. Als Elektrolyt wirken oft Feuchtigkeit und Schmutz. Besonders gefördert werden kann die Korrosion in feuchten Medien (z. B. Erdreich) durch vagabundierende Gleichströme in der Nähe elektrischer Anlagen (z. B. Straßenbahnschienen). Sie können zur Zerstörung von Gas- und Wasserleitungen, Kabeln usw. führen.

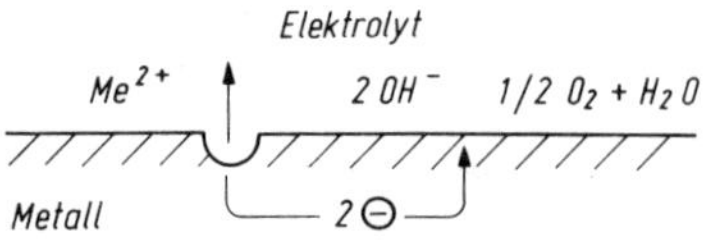

Bild 4.100 Beispiel für elektrochemische Korrosion einer Metalloberfläche: Im Gegensatz zur chemischen Korrosion ist das Auftreten freier Ladungen charakteristisch, Elektronenerzeugung und -verbrauch sind räumlich getrennt; im Beispiel erfolgt die Ionenleitung durch Metallionen Me^{2+}- und OH^--Ionen von Wasser.

Falls unterschiedliche Metalle bzw. Leiter leitend verbunden sind, z. B. auch über Wasserfilme oder über feuchtes Erdreich, entsteht ein unerwünschtes *Primärelement (Korrosionselement)*. Am unedlen Material (s. Spannungsreihen im Abschn. 4.9.1.2) bildet sich der Minuspol (Lösungsanode) aus. Dort gehen positive Ionen in Lösung (Bild 4.101).

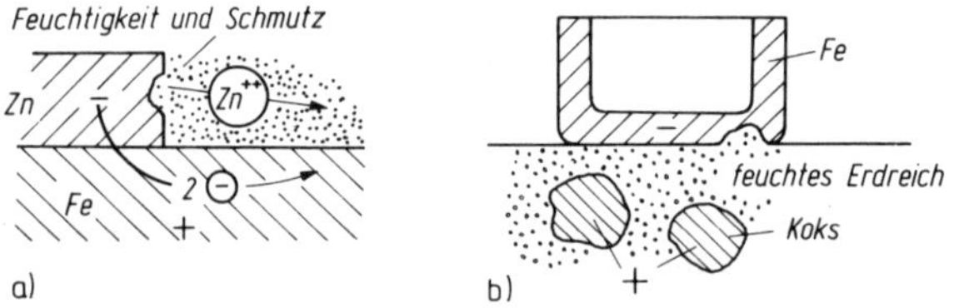

Bild 4.101 Unerwünschte korrosionsfördernde Primärelemente durch leitende Verbindung verschiedener Leiter
a) Zn korrodiert; b) Fe korrodiert

Schutzmaßnahmen gegen die Korrosion sind u. a.

a) *Überzug mit isolierenden Oberflächenschichten* (Farbe, Oxydieren, z. B. durch anodische Oxydation in Elektrolyten (Eloxieren) oder auch andere Beschichtungsverfahren in Elektrolyten (Phosphatieren, Chromatieren, Oxalatieren), Zerlegung metallischer Leitungen, Schienen, Rohre usw. in isolierte Abschnitte (z. B. durch Isoliermuffen));
b) *Überzug mit metallischen Schutzschichten aus unedlerem Metall* (z. B. Zn auf Fe, Zn löst sich und schützt Eisen) oder edlerem, also korrosionsbeständigem Material (z. B. Verchromen, Vernickeln als hermetischer Abschluß von Eisen gegen Elektrolyte mit Gefahr der Unterrostung bei Defekten);
c) *Opferanodenverfahren* (katodischer Korrosionsschutz, s. Bild 4.102a) ohne Fremdstrom;
d) *Fremdstromverfahren* (katodischer oder anodischer Korrosionsschutz, s. Bild 4.102b).

c) und d) beruhen darauf, daß man die zur Korrosion führende Stromrichtung umkehrt. d) wird zunehmend eingesetzt, z. B. für erdverlegte Gas- und sonstige metallische Leitungen sowie zum Schutz von Schiffen vor Korrosion.

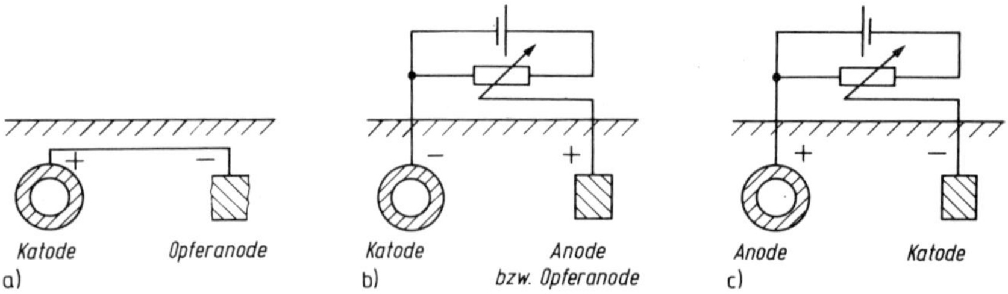

Bild 4.102 Elektrochemischer Korrosionsschutz eines Rohres in einem feuchten Medium
a) katodischer Schutz durch eine sich auflösende Opferanode aus unedlerem Metall; b) katodischer Schutz mit Fremdstromzuführung (durch gute Isolation des Schutzobjektes geringe Stromdichten, z. B. 0,5 mA/m²); c) anodischer Schutz mit Fremdstromzuführung (Schutzobjekt im sog. Passivbereich)

Anhang

A.1 Internationales Einheitensystem

A.1.1 Definition der Basiseinheiten

Maßeinheit der Länge

Das Meter (m) ist gleich 1650763,73 Vakuum-Wellenlängen der Strahlung, die dem Übergang zwischen den Niveaus $2p_{10}$ und $5d_5$ des Atoms Krypton 86 entspricht.

Maßeinheit der Masse

Das Kilogramm (kg) ist die Masse des internationalen Kilogrammprototyps (in Paris).

Maßeinheit der Zeit

Die Sekunde (s) ist die Dauer von 9192631770 Perioden der Strahlung, die dem Übergang zwischen den beiden Hyperfeinstrukturniveaus des Grundzustandes des Atoms Cäsium 133 entspricht.

Maßeinheit der Stromstärke

Das Ampere (A) ist die Stärke des zeitlich unveränderlichen elektrischen Stromes durch zwei geradlinige, parallele, unendlich lange Leiter von vernachlässigbarem Querschnitt, die den Abstand 1 m haben und zwischen denen die durch den Strom elektrodynamisch hervorgerufene Kraft im leeren Raum je 1 m Länge der Doppelleitung $2 \cdot 10^{-7}$ N beträgt.

Maßeinheit der Temperatur

Das Kelvin (K) ist der 273,16te Teil der thermodynamischen Temperatur des Tripelpunktes von Wasser. Anmerkung: Bei Angabe der Celsiustemperatur $\vartheta = T - T_0$ ($T_0 = 273{,}15$ K) ist die Benennung Kelvin (K) durch Grad Celsius (°C) zu ersetzen. Temperaturdifferenzen werden in beiden Skalen in Kelvin angegeben. Temperaturtoleranzen dürfen auch in °C angegeben werden, also z. B. $\vartheta = 20\,°\mathrm{C} \pm 1$ K oder auch $\vartheta = (20 \pm 1)\,°\mathrm{C}$.
Hinweis: An einem Tripelpunkt (bei Wasser 0,01 °C) existieren alle drei Aggregatzustände und stehen miteinander im Gleichgewicht; dadurch sind Temperatur und Druck eindeutig festgelegt, T_0 ist der Eispunkt des Wassers (Nullpunkt der Skala der Celsiustemperatur).

Maßeinheit der Stoffmenge

Das Mol (mol) ist die Stoffmenge eines Systems, das aus so vielen gleichartigen Teilchen besteht, wie Atome in 0,012 kg des Kohlenstoffs 12 enthalten sind. Anders formuliert: Ein Grammolekül (Mol) ist die Menge eines chemisch homogenen Stoffes, dessen Masse in g gleich seinem Molekulargewicht ist. Die Anzahl der Moleküle je Mol ist für alle Stoffe gleich (Loschmidtsche Zahl $N_L = 6{,}02214 \cdot 10^{23}\,\mathrm{mol}^{-1}$).

Maßeinheit der Lichtstärke

Das Candela ist die Lichtstärke, die $1/600000\,\mathrm{m}^2$ der Fläche eines schwarzen Körpers bei der Erstarrungstemperatur des Platins beim Druck 101325 Pa senkrecht zu seiner Oberfläche ausstrahlt.

A.1.2 Definition der ergänzenden SI-Einheiten

Maßeinheit des ebenen Winkels

Der Radiant (rad) ist der ebene Winkel zwischen zwei Kreisradien, die aus dem Umfang einen Bogen von der Länge des Radius ausschneiden (1 rad = 1 m/m).

Maßeinheit des Raumwinkels

Der Steradiant (sr) ist der Raumwinkel, der von einer vom Mittelpunkt einer Kugel ausgehenden Strahlenschar gebildet wird, die aus der Oberfläche dieser Kugel eine Fläche gleich dem Quadrat mit der Seitenlänge des Kugelradius ausschneidet.

A.1.3 Abgeleitete SI-Einheiten mit selbständigem Namen

Tafel A.1.1. Abgeleitete SI-Einheiten mit selbständigem Namen

Größe	Name der Einheit	Einheitenzeichen	Beziehung zu anderen SI-Einheiten
Frequenz	Hertz	Hz	1 Hz = 1/s
Kraft	Newton	N	$1\ N = 1\ kg \cdot m/s^2$
Druck, Spannung	Pascal	Pa	$1\ Pa = 1\ N/m^2$
Energie	Joule	J	$1\ J = 1\ N \cdot m$
Leistung	Watt	W	1 W = 1 J/s
Elektrische Ladung	Coulomb	C	$1\ C = 1\ A \cdot s$
Elektrische Spannung	Volt	V	1 V = 1 W/A
Elektrische Kapazität	Farad	F	1 F = 1 C/V
Elektrischer Widerstand	Ohm	Ω	1 Ω = 1 V/A
Elektrischer Leitwert	Siemens	S	1 S = 1/Ω
Magnetischer Fluß	Weber	Wb	$1\ Wb = 1\ V \cdot s$
Magnetische Flußdichte	Tesla	T	$1\ T = 1\ Wb/m^2$
Induktivität	Henry	H	1 H = 1 Wb/A
Lichtstrom	Lumen	lm	$1\ lm = 1\ cd \cdot sr$
Beleuchtungsstärke	Lux	lx	$1\ lx = 1\ lm/m^2$
Energiedosis	Gray	Gy	1 Gy = 1 J/kg
Aktivität	Bequerel	Bq	1 Bq = 1/s

Hinweise: Die Energiedosis kennzeichnet die einem Körper durch ionisierende Strahlung zugeführte Energie (bezogen auf die Masse).
1 Bq ist die Aktivität einer radioaktiven Strahlungsquelle, bei der sich im Mittel in 1 s 1 Atomkern umwandelt.

A.1.4 SI-fremde Einheiten

Tafel A.1.2. SI-fremde Einheiten

Größe (SI-Einheit)	Benennung der Einheit	Einheitenzeichen	Umrechnungsfaktor zur SI-Einheit	Spezialgebiet
Länge (m)	Astronomische Einheit	AE	$149{,}598 \cdot 10^9$	Astronomie
	Lichtjahr	ly	$9{,}4605 \cdot 10^{15}$	Astronomie
	Parsec	pc	$30{,}857 \cdot 10^{15}$	Astronomie
Brechkraft (1/m)	Dioptrie	dpt	1	Optik
Fläche (m^2)	Hektar	ha	10^4	Flur- und Grundstücke
Volumen (m^3)	Liter	l	10^{-3}	
Ebener Winkel (rad)	Grad	°	π/180	
	Minute	′	π/10800	
	Sekunde	″	π/648000	
	Gon	gon	π/200	Geodäsie
Zeit (s)	Minute	min	60	
	Stunde	h	$3{,}6 \cdot 10^3$	
	Tag	d	$86{,}4 \cdot 10^3$	
Geschwindigkeit (m/s)	Kilometer je Stunde	km/h	0,277778	
Masse (kg)	Tonne	t	10^3	
	Atomare Masseeinheit	u	$1{,}66057 \cdot 10^{-27}$	Atom- und Kernphysik
Feinheit (kg/m)	Tex	tex	10^{-6}	Textiltechnik
Energie (J)	Kilowattstunde	kWh	$3{,}6 \cdot 10^6$	
	Elektronenvolt	eV	$0{,}160219 \cdot 10^{-18}$	Atom- und Kernphysik

In Tafel A.1.2 sind SI-fremde Einheiten zusammengestellt, die allgemeingültig sind bzw. für die angegebenen Spezialgebiete Gültigkeit besitzen. Die Maßeinheiten in Tafel A.1.3 sind nur noch in der älteren Literatur zu finden. Sie sind *nicht* mehr anzuwenden.

Tafel A.1.3. Veraltete SI-fremde Einheiten (nicht mehr verwenden)

Größe (SI-Einheit)	Benennung der Einheit	Einheitenzeichen	Umrechnungsfaktor zur SI-Einheit	Spezialgebiet
Länge (m)	Ångström	Å	10^{-10}	Spektroskopie
	Mil	mil	$25{,}4 \cdot 10^{-6}$	
	Inch	in.	$25{,}4 \cdot 10^{-3}$	
	Seemeile	sm	$1{,}852 \cdot 10^{3}$	Seefahrt
Fläche (m^2)	Ar	a	100	
Geschwindigkeit (m/s)	Knoten	kn	0,515444	Seefahrt
Masse (kg)	Karat	k	$0{,}2 \cdot 10^{-3}$	Edelsteine
Kraft (N)	Kilopond	kp	9,80665	
	Dyn	dyn	10^{-5}	
Druck (Pa)	Bar	bar	10^{5}	
	Kilopond je Quadratzentimeter	kp/cm^2 = at	$98{,}0665 \cdot 10^{3}$	
	Millimeter Wassersäule	mm WS	9,80665	
	Physikalische Atmosphäre	atm	$101{,}325 \cdot 10^{3}$	
	Torr	Torr	133,3224	
Spannung (Pa)	Kilopond je Quadratmillimeter	kp/mm^2	$9{,}80665 \cdot 10^{6}$	
Dynamische Viskosität (Pa · s)	Poise	P	0,1	
Kinematische Viskosität (m^2/s)	Stokes	St	10^{-4}	
Energie (J)	Erg	erg	10^{-7}	
	Kalorie	cal	4,1868	
Leistung (W)	Pferdestärke	PS	735,49875	Kraft- und Arbeitsmaschinen
Leuchtdichte (cd/m^2)	Apostilb	asb	$1/\pi$	Lichttechnik
Exposition (C/kg)	Röntgen	R	$0{,}258 \cdot 10^{-3}$	
Energiedosis (Gy)	Rad	rd	10^{-2}	
Aktivität (Bq)	Curie	Ci	$37 \cdot 10^{9}$	
Magnetische Induktion (T)	Gauß	G	10^{-4}	
Magnetische Feldstärke (A/m)	Oersted	Oe	$10^{3}/4\pi$	

A.1.5 Weitere Größenarten

A.1.5.1 Verhältnisgrößen

Sie kennzeichnen das Verhältnis zweier Größen gleicher Größenart, z. B. Verstärkungsfaktor, Dämpfungsfaktor, Übertragungsfaktor, Dielektrizitätszahl, Wirkungsgrad, Brechzahl:

1% = 10^{-2} (% – Prozent), 1‰ = 10^{-3} (‰ – Promille)
1 ppm = 10^{-6} (ppm – parts per million, Millionstel)
1 ppb = 10^{-9} (ppb – parts per billion, Milliardstel).

A.1.5.2 Logarithmierte Verhältnisgrößen

Vor allem für das Verhältnis gleichartiger Größen, die über viele Zehnerpotenzen gehen, sowie zur Linearisierung gekrümmter Kurven von Verhältnissen erweist sich die Logarithmierung der Verhältnisgröße als vorteilhaft. Häufige Anwendung erfolgt vor allem in der Elektronik (Verstärkungsmaß, Übertragungsmaß, Dämpfungsmaß). Die beim Logarithmieren entstehende Zahl muß wieder als Größe aufgefaßt werden, da sie eine meßbare Größe eines Objektes kennzeichnet. Zur Kennzeichnung von Zahlen, die als Logarithmus eines Verhältnisses zweier Größen gleicher Art gebildet werden, benutzt man Einheiten, die auf die beim Logarithmieren verwendete Basis hinweisen, und zwar vor allem *Dezibel (dB)* und *Neper (Np)*. Für die logarithmische Leistungsverstärkung v_P eines Verstärkers z. B. definiert man mit den Leistungen P_2 bzw. P_1 am Aus- bzw. Eingang (s. auch Tafel A.1.4)

$$v_P = 10 \lg \frac{P_2}{P_1} \text{ dB} \quad \text{oder seltener auch} \quad v_P^* = \frac{1}{2} \ln \frac{P_2}{P_1} \text{ Np}.$$

Tafel A.1.4
Beispiele logarithmischer Spannungs- und Leistungsverhältnisse

U_2/U_1	P_2/P_1	dB	Np
10^{-1}	10^{-2}	−20	−2,3
0,5	0,25	−6,0	−0,7
1	1	0	0
2	4	6,0	0,7
5	25	13,9	1,6
10	10^2	20	2,3
10^2	10^4	40	4,6
10^3	10^6	60	6,9

Umrechnung: 1 dB = 0,1151 Np, 1 Np = 8,686 dB = 0,8686 B (B – Bel). Die *logarithmische Spannungsverstärkung* (bzw. bei passiven Vierpolen auch das *Übertragungsmaß*) ist (wegen $P \sim U^2$) durch

$$v_u = 20 \lg \frac{U_2}{U_1} \text{ dB} \quad \text{oder auch} \quad v_u = \ln \frac{U_2}{U_1} \text{ Np}$$

definiert.
Zahlenbeispiel: $v_u = 40$ dB = 4,6 Np bedeutet ein Spannungsverhältnis $U_2/U_1 = 10^{v_u/20\,\text{dB}} = 10^2$.
In gleicher Weise kann man ein logarithmisches Stromverhältnis einführen. Bildet man das Verhältnis der ein- zur ausgangsseitigen Größe, so spricht man oft vom *Dämpfungsmaß*, z. B. Dämpfung durch eine als Vierpol aufgefaßte Leitung

$$a_P = 10 \lg \frac{P_1}{P_2} \text{ dB} \quad \text{oder auch} \quad a_u = 20 \lg \frac{U_1}{U_2} \text{ dB}.$$

Logarithmierte Verhältnisgrößen mit fester Bezugsgröße im Nenner bezeichnet man als *Pegel*, z. B. Spannungspegel 20 lg U/U_0 dB. Ein wichtiges Anwendungsgebiet ist die *Akustik*:

Schalldruckpegel $L_p = 20 \lg \dfrac{p}{p_0}$ dB

Schalleistungspegel $L_P = 10 \lg \dfrac{P}{P_0}$ dB

Lautstärkepegel $L_N = 20 \lg \dfrac{p}{p_0}$ phon (s. auch Tafel A.1.5).

Der Bezugsschalldruck $p_0 = 20\,\mu$Pa bzw. $P_0 = 1$ pW stellt ungefähr die Hörschwelle des menschlichen Gehörs bei 1000 Hz dar.
L_N in phon stimmt bei 1000 Hz etwa mit L_p in dB überein. Bei anderen Frequenzen wird L_N durch subjektiven Vergleich mit gleich laut empfundenem Normalschall ermittelt (Bewertungsfilter). Einem Schalldruck $p = 63{,}2$ Pa entspricht etwa ein Lautstärkepegel von 130 phon ≈ 130 dB(A).

Tafel A.1.5. Lautstärke von Geräuschen

dB (A) ≈ phon	Art des Geräusches	dB (A) ≈ phon	Art des Geräusches
0	Hörschwelle	70	Großstadtstraßen
10	leises Flüstern	80	starker Straßenverkehr
20	ruhige Wohnung, sehr ruhiger Garten	90	Maschinenräume
30	Rauschen von Bäumen	100	sehr laute Autohupe
40	Zerreißen von Schreibpapier	110	Blechschmiede
50	Umgangssprache, Schreibmaschine	120	Flugzeugpropeller, Niethämmer
60	Straßenbahn	130	Schmerzgrenze

A.1.5.3 Größen der Informationstheorie

Bit (Kurzzeichen: *bit*), abgeleitet aus *binary digit*, also Zweierschritt, ist die Einheit für die *Anzahl von Binärentscheidungen*. Bei der binären Darstellung von Daten bildet das Bit die kleinste Darstellungseinheit, repräsentiert eine einzelne Stelle eines binärkodierten Wortes. Weiterhin bedeutet Bit auch basic indissoluble information unit, Kennwort für den Informationsgehalt einer Nachricht. Bei m Zuständen (Entscheidungsmöglichkeiten), die die gleiche Wahrscheinlichkeit $p = 1/m$ haben, ist der *Entscheidungsgehalt*

$$H_0 = \mathrm{lb}\ m\ \mathrm{bit} = \mathrm{lb}\ \frac{1}{p}\ \mathrm{bit} \quad (\mathrm{lb}\, m = {}^2\log m, \text{ binärer Logarithmus}).$$

Für binäre Systeme ($m = 2$, z. B. hohe Spannung, niedrige Spannung) gilt also $H_0 = 1$ bit.
Als Kilobit *(kbit)* bezeichnet man üblicherweise (wenn auch nicht ganz exakt) $2^{10} = 1024$ bit und als Megabit *(Mbit)* $2^{20} = 1\,048\,576$ bit. Als *Byte* (Kurzzeichen: byte) bezeichnet man eine Folge von (meist 8 oder mit Prüfbit 9) Dualstellen zur verschlüsselten Darstellung von Zeichen (Ziffern, Buchstaben, Sonderzeichen).
Maßeinheit für Informationsfluß bzw. *Übertragungsgeschwindigkeit* bzw. Kanalkapazität ist Bit je Sekunde (bit/s). Die Einheit der Schrittgeschwindigkeit (Telegrafiergeschwindigkeit) ist Baud *(Bd)* = Schritte je Sekunde, also 1 Bd = 1/s. Bei zwei Werten des Signalparameters gilt Übertragungsgeschwindigkeit in bit/s = Schrittgeschwindigkeit in Bd.

A.2 Vektoroperationen

A.2.1* Koordinatensysteme

Außer kartesischen Koordinaten sind auch weitere Koordinatensysteme mit einem orthogonalen System von Einheitsvektoren $\boldsymbol{e}_i$ von Bedeutung. Die allgemeine Vektordarstellung ist damit

$$\boldsymbol{U} = \boldsymbol{e}_1 U_1 + \boldsymbol{e}_2 U_2 + \boldsymbol{e}_3 U_3.$$

Einheitsvektoren erfüllen wegen der Orthogonalität und $|\boldsymbol{e}_i| = 1$ die Bedingung

$$\boldsymbol{e}_i \boldsymbol{e}_j = \delta_{ij} \quad \text{mit} \quad \delta_{ij} = \begin{cases} 0 & i \neq j \\ 1 & i = j \end{cases}.$$

δ_{ij} nennt man auch *Kroneckersymbol*.

Von besonderer Bedeutung sind

kartesische Koordinaten (*K*) x, y, z,
zylindrische Koordinaten (*Z*) r, α, z,
sphärische Koordinaten (*S*) r, ϑ, α,

die im Bild 3.1 erläutert sind. Damit ergeben sich folgende Vektordarstellungen:

kartesische Koordinaten $\boldsymbol{U} = \boldsymbol{e}_x U_x + \boldsymbol{e}_y U_y + \boldsymbol{e}_z U_z$,
zylindrische Koordinaten $\boldsymbol{U} = \boldsymbol{e}_r U_r + \boldsymbol{e}_\alpha U_\alpha + \boldsymbol{e}_z U_z$,
sphärische Koordinaten $\boldsymbol{U} = \boldsymbol{e}_r U_r + \boldsymbol{e}_\vartheta U_\vartheta + \boldsymbol{e}_\alpha U_\alpha$.

Die Ortsvektoren lauten entsprechend Bild 3.1 in
kartesischen Koordinaten $\boldsymbol{r} = \boldsymbol{e}_x x + \boldsymbol{e}_y y + \boldsymbol{e}_z z$,
zylindrischen Koordinaten $\boldsymbol{r} = \boldsymbol{e}_r r + \boldsymbol{e}_\alpha r\alpha + \boldsymbol{e}_z z$,[1])
sphärischen Koordinaten $\boldsymbol{r} = \boldsymbol{e}_r r + \boldsymbol{e}_\vartheta \vartheta r + \boldsymbol{e}_\alpha \alpha r \sin\vartheta$.
Sie können ineinander umgerechnet werden. Für die Berechnung kartesischer Koordinaten aus zylindrischen bzw. sphärischen Koordinaten läßt sich leicht ableiten:

$Z \to K \quad x = r\cos\alpha, \qquad y = r\sin\alpha, \qquad z = z$
mit $\quad r \geqq 0, \qquad 0 \leqq \alpha < 2\pi$;
$S \to K \quad x = r\sin\vartheta\cos\alpha, \qquad y = r\sin\vartheta\sin\alpha, \qquad z = r\cos\vartheta$
mit $\quad r \geqq 0, \qquad 0 \leqq \vartheta < \pi, \qquad 0 \leqq \alpha < 2\pi$.

Will man zylindrische bzw. sphärische Koordinaten aus kartesischen Koordinaten berechnen, so ergibt sich

$K \to Z \quad r = \sqrt{x^2 + y^2}, \qquad \alpha = \arctan y/x, \qquad z = z;$
$K \to S \quad r = \sqrt{x^2 + y^2 + z^2}, \qquad \vartheta = \arccos\left(z/\sqrt{x^2 + y^2 + z^2}\right), \qquad \alpha = \operatorname{arc\,tan}(y/x)$.

Die Komponente eines Vektors kann durch Multiplikation des Vektors mit dem entsprechenden Einheitsvektor ermittelt werden, z. B. $U_z = \boldsymbol{e}_z \boldsymbol{U}$.

Beweis: Für $U_z(x, y, z)$ bei vorgegebenem $\boldsymbol{U}(x, y, z)$ entsteht

$\boldsymbol{e}_z(\boldsymbol{e}_x U_x + \boldsymbol{e}_y U_y + \boldsymbol{e}_z U_z) = \boldsymbol{e}_z^2 U_z = U_z$.

Die Berechnung von $U_z(x, y, z)$ bei vorgegebenem $\boldsymbol{U}(r, \alpha, z)$ ergibt

$U_z = \boldsymbol{e}_z U = \boldsymbol{e}_z(\boldsymbol{e}_r U_r + \boldsymbol{e}_\alpha U_\alpha + \boldsymbol{e}_z U_z) = \boldsymbol{e}_z \boldsymbol{e}_r U_r + \boldsymbol{e}_z \boldsymbol{e}_\alpha U_\alpha + \boldsymbol{e}_z^2 U_z$.

Punktprodukte von Richtungseinheitsvektoren verschiedener Koordinatensysteme sind nach Gl. (3.10) identisch mit dem Kosinus des eingeschlossenen Winkels, z. B. $\boldsymbol{e}_y \boldsymbol{e}_r = \cos(90° - \alpha) = \sin\alpha$ (bei $\boldsymbol{e}_r$ in zylindrischen Koordinaten). Das Ergebnis ist zusammenfassend in Tafel A. 2.1 dargestellt.

Tafel A.2.1. Punktprodukt der Einheitsvektoren in kartesischen und zylindrischen sowie kartesischen und sphärischen Koordinaten

	Zylindrische Koordinaten			Sphärische Koordinaten		
	$\boldsymbol{e}_r$	$\boldsymbol{e}_\alpha$	$\boldsymbol{e}_z$	$\boldsymbol{e}_r$	$\boldsymbol{e}_\vartheta$	$\boldsymbol{e}_\alpha$
$\boldsymbol{e}_x$	$\cos\alpha$	$-\sin\alpha$	0	$\sin\vartheta\cos\alpha$	$\cos\vartheta\cos\alpha$	$-\sin\alpha$
$\boldsymbol{e}_y$	$\sin\alpha$	$\cos\alpha$	0	$\sin\vartheta\sin\alpha$	$\cos\vartheta\sin\alpha$	$\cos\alpha$
$\boldsymbol{e}_z$	0	0	1	$\cos\vartheta$	$-\sin\vartheta$	0

A.2.2* Vektoroperationen in kartesischen Koordinaten (K), Zylinderkoordinaten (Z) und Kugelkoordinaten (sphärischen Koordinaten (S))

Divergenz eines Vektorfeldes $\boldsymbol{U}(\boldsymbol{r}, t)$: div $\boldsymbol{U} = \nabla \cdot \boldsymbol{U}$

K $\quad \operatorname{div} \boldsymbol{U} = \dfrac{\partial U_x}{\partial x} + \dfrac{\partial U_y}{\partial y} + \dfrac{\partial U_z}{\partial z}$

Z $\quad \operatorname{div} \boldsymbol{U} = \dfrac{1}{r}\dfrac{\partial}{\partial r}(rU_r) + \dfrac{1}{r}\dfrac{\partial U_\alpha}{\partial \alpha} + \dfrac{\partial U_z}{\partial z}$

S $\quad \operatorname{div} \boldsymbol{U} = \dfrac{1}{r^2}\dfrac{\partial}{\partial r}(r^2 U_r) + \dfrac{1}{r\sin\vartheta}\dfrac{\partial}{\partial \vartheta}(U_\vartheta \sin\vartheta) + \dfrac{1}{r\sin\vartheta}\dfrac{\partial U_\alpha}{\partial \alpha}$

Der Operator div überführt ein Vektorfeld in ein Skalarfeld.

[1]) Statt $r = \sqrt{x^2 + y^2}$ wird manchmal auch ϱ verwendet, um den Unterschied zu $\sqrt{x^2 + y^2 + z^2}$ in sphärischen Koordinaten hervorzuheben.

Rotation eines Vektorfeldes $U(r, t)$: rot $U = \nabla \times U$

K $$\text{rot}\, \boldsymbol{U} = \boldsymbol{e}_x \left(\frac{\partial U_z}{\partial y} - \frac{\partial U_y}{\partial z} \right) + \boldsymbol{e}_y \left(\frac{\partial U_x}{\partial z} - \frac{\partial U_z}{\partial x} \right) + \boldsymbol{e}_z \left(\frac{\partial U_y}{\partial x} - \frac{\partial U_x}{\partial y} \right)$$

Z $$\text{rot}\, \boldsymbol{U} = \boldsymbol{e}_r \left(\frac{1}{r} \frac{\partial U_z}{\partial \alpha} - \frac{\partial U_\alpha}{\partial z} \right) + \boldsymbol{e}_\alpha \left(\frac{\partial U_r}{\partial z} - \frac{\partial U_z}{\partial r} \right) + \boldsymbol{e}_z \frac{1}{r} \left(\frac{\partial (r U_\alpha)}{\partial r} - \frac{\partial U_r}{\partial \alpha} \right)$$

S $$\text{rot}\, \boldsymbol{U} = \boldsymbol{e}_r \frac{1}{r \sin \vartheta} \left(\frac{\partial (U_\alpha \sin \vartheta)}{\partial \vartheta} - \frac{\partial U_\vartheta}{\partial \alpha} \right) + \boldsymbol{e}_\vartheta \frac{1}{r} \left(\frac{1}{\sin \vartheta} \frac{\partial U_r}{\partial \alpha} - \frac{\partial (r U_\alpha)}{\partial r} \right) + \boldsymbol{e}_\alpha \frac{1}{r} \left(\frac{\partial (r U_\vartheta)}{\partial r} - \frac{\partial U_r}{\partial \vartheta} \right)$$

Der Operator rot überführt ein Vektorfeld in ein Vektorfeld.

Gradient eines Skalarfeldes $\psi(r, t)$: grad $\psi = \nabla \psi$

K $$\text{grad}\, \psi = \boldsymbol{e}_x \frac{\partial \psi}{\partial x} + \boldsymbol{e}_y \frac{\partial \psi}{\partial y} + \boldsymbol{e}_z \frac{\partial \psi}{\partial z}$$

Z $$\text{grad}\, \psi = \boldsymbol{e}_r \frac{\partial \psi}{\partial r} + \boldsymbol{e}_\alpha \frac{1}{r} \frac{\partial \psi}{\partial \alpha} + \boldsymbol{e}_z \frac{\partial \psi}{\partial z}$$

S $$\text{grad}\, \psi = \boldsymbol{e}_r \frac{\partial \psi}{\partial r} + \boldsymbol{e}_\vartheta \frac{1}{r} \frac{\partial \psi}{\partial \vartheta} + \boldsymbol{e}_\alpha \frac{1}{r \sin \vartheta} \frac{\partial \psi}{\partial \alpha}$$

Der Operator grad überführt ein Skalarfeld in ein Vektorfeld.

Laplaceoperator für ein Skalarfeld $\psi(r, t)$: $(\nabla \cdot \nabla)\, \psi = \Delta \psi$

K $$\Delta \psi = \frac{\partial^2 \psi}{\partial x^2} + \frac{\partial^2 \psi}{\partial y^2} + \frac{\partial^2 \psi}{\partial z^2}$$

Z $$\Delta \psi = \frac{1}{r} \frac{\partial}{\partial r} \left(r \frac{\partial \psi}{\partial r} \right) + \frac{1}{r^2} \frac{\partial^2 \psi}{\partial \alpha^2} + \frac{\partial^2 \psi}{\partial z^2}$$

S $$\Delta \psi = \frac{1}{r^2} \frac{\partial}{\partial r} \left(r^2 \frac{\partial \psi}{\partial r} \right) + \frac{1}{r^2 \sin \vartheta} \frac{\partial}{\partial \vartheta} \left(\sin \vartheta \frac{\partial \psi}{\partial \vartheta} \right) + \frac{1}{r^2 \sin^2 \vartheta} \frac{\partial^2 \psi}{\partial \alpha^2}$$

A.2.3 Integralsätze

Folgende Integralsätze erweisen sich bei Feldberechnungen als nützlich:

- *Sätze von Gauß* (Zusammenhang von Flächen- und Volumenintegralen)

$$\oint U\, \mathrm{d}\boldsymbol{A} = \int \text{grad}\, U\, \mathrm{d}V \quad \text{(1. Satz)} \qquad \text{(A.2.1)}$$

$$\oint \boldsymbol{U} \cdot \mathrm{d}\boldsymbol{A} = \int \text{div}\, \boldsymbol{U}\, \mathrm{d}V \quad \text{(2. Satz)} \qquad \text{(A.2.2)}$$

$$\oint \mathrm{d}\boldsymbol{A} \times \boldsymbol{U} = \int \text{rot}\, \boldsymbol{U}\, \mathrm{d}V \quad \text{(3. Satz)} \qquad \text{(A.2.3)}$$

- *Sätze von Stokes* (Zusammenhang von Linien- und Flächenintegralen)

$$\oint \boldsymbol{U}\, \mathrm{d}\boldsymbol{s} = \int \mathrm{d}\boldsymbol{A} \times \text{grad}\, U \quad \text{(1. Satz)} \qquad \text{(A.2.4)}$$

$$\oint \boldsymbol{U} \cdot \mathrm{d}\boldsymbol{s} = \int \text{rot}\, \boldsymbol{U} \cdot \mathrm{d}\boldsymbol{A} \quad \text{(2. Satz)} \qquad \text{(A.2.5)}$$

$$\oint \mathrm{d}\boldsymbol{s} \times \boldsymbol{U} = \int \text{grad}\, (\boldsymbol{U} \cdot \mathrm{d}\boldsymbol{A}) - \int \text{div}\, \boldsymbol{U}\, \mathrm{d}\boldsymbol{A} \quad \text{(3. Satz)} \qquad \text{(A.2.6)}$$

Hinweis: Im ebenen Fall gehen die Integralsätze von Stokes und Gauß in die Integralformel von Gauß über, die für die Funktion $P = P(x, y)$ und $Q = Q(x, y)$ einen Zusammenhang zwischen einem Flächen- und einem Linienintegral (über den Flächenrand) in der x,y-Ebene liefert

$$\int (\partial Q/\partial x - \partial P/\partial y)\, \mathrm{d}x\, \mathrm{d}y = \oint (P\, \mathrm{d}x + Q\, \mathrm{d}y). \qquad \text{(A.2.7)}$$

- *Integralsätze von Green* (Zusammenhang zwischen Volumen- und Flächenintegral, ableitbar aus Gl. (A.2.2) für die Vektorfunktion $\boldsymbol{U} = u_1\, \text{grad}\, u_2$)

$$\int (u_1\, \Delta u_2 + \text{grad}\, u_2\, \text{grad}\, u_1)\, \mathrm{d}V = \oint u_1\, \text{grad}\, u_2\, \mathrm{d}\boldsymbol{A} \qquad \text{(A.2.8)}$$

$$\int (u_1\, \Delta u_2 - u_2\, \Delta u_1)\, \mathrm{d}V = \oint (u_1\, \text{grad}\, u_2 - u_2\, \text{grad}\, u_1)\, \mathrm{d}\boldsymbol{A} \qquad \text{(A.2.9)}$$

$$\int \Delta u\, \mathrm{d}V = \oint \text{grad}\, u\, \mathrm{d}\boldsymbol{A} \qquad \text{(A.2.10)}$$

A.3 Lösungen der Aufgaben

1.1 a) Gleichung ist fehlerhaft (Term $I_1 I_2^2$). b) Gleichung hält Dimensionskontrolle stand, sollte aber besser in der Form $I = I_0 \ln I_1/I_2$ geschrieben werden. c) Gleichung ist fehlerhaft ($\ln I_1$). d) Gleichung ist dimensionsmäßig richtig.

1.2 $[K_1] = [K_2] = \mathrm{A}$, $[\tau] = \mathrm{s}$, $[\omega] = \mathrm{s}^{-1}$.

1.3 $[s] = [c_0][a]^{c_1}[t]^{c_1}$, $\mathrm{m} = (\mathrm{m/s}^2)^{c_1}\mathrm{s}^{c_2} = \mathrm{m}^{c_1}\mathrm{s}^{c_2-2c_1}$, $c_1 = 1$, $c_2 = 2$. Also ist $s = c_0 a t^2$. Eine Aussage über c_0 ist nicht möglich. Durch zweimalige Integration der Newtonschen Gleichung folgt für $a = \text{konst.}$ übrigens $s = at^2/2$. Betont sei, daß die Dimensionsanalyse nur mit dem gegebenen Ansatz, der schon Teilkenntnisse impliziert, die Abhängigkeit von a und t liefert.

1.4 $n_n = n/10^{10}\,\mathrm{cm}^{-3}$.

1.6* s. Bild L1.6.

$$\boldsymbol{E}_{13} = \frac{Q_1}{4\pi\varepsilon r_{13}} \frac{\boldsymbol{r}_{13}}{r_{13}} \quad \text{mit} \quad \boldsymbol{r}_{13} = \boldsymbol{r}_3 - \boldsymbol{r}_1, \qquad r_{13} = |\boldsymbol{r}_3 - \boldsymbol{r}_1|$$

$$\boldsymbol{E}_{23} = \frac{Q_2}{4\pi\varepsilon r_{23}} \frac{\boldsymbol{r}_{23}}{r_{23}} \quad \text{mit} \quad \boldsymbol{r}_{23} = \boldsymbol{r}_3 - \boldsymbol{r}_2, \qquad r_{23} = |\boldsymbol{r}_3 - \boldsymbol{r}_2|$$

$\boldsymbol{E} = \boldsymbol{E}_{13} + \boldsymbol{E}_{23}$, $\boldsymbol{F} = Q_3 \boldsymbol{E}_3$. Vereinfachung der Darstellung für $\boldsymbol{r}_1 = 0$.

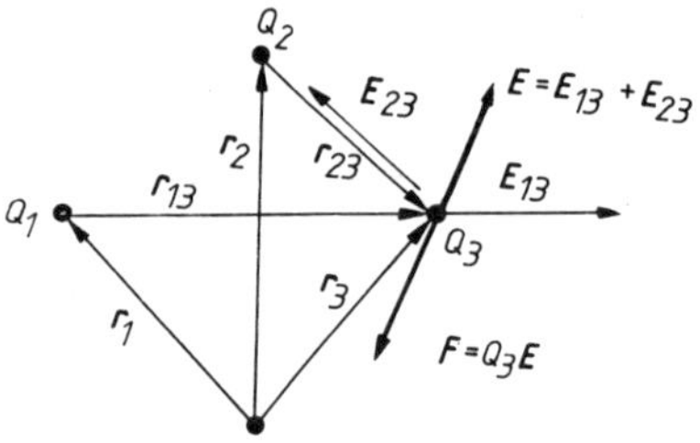

Bild L1.6
Konstruktion der Kraft F, die das von den Ladungen Q_1 und Q_2 verursachte elektrische Feld auf die Ladung Q_3 ausübt

1.7 $\Delta Q = \int_0^t 5\mathrm{A}\,\mathrm{d}t = 5\mathrm{A}\cdot t \quad \text{für} \quad 0 \leqq t \leqq 10\,\mathrm{h}$

$$\Delta Q(t) = \Delta Q(10\,\mathrm{h}) - \int_{10\mathrm{h}}^t 10\,\mathrm{A}\,\mathrm{d}t = 50\,\mathrm{Ah} - 10\,\mathrm{A}(t - 10\,\mathrm{h}) \quad \text{für} \quad 10\,\mathrm{h} \leqq t \leqq 14\,\mathrm{h}$$

$\Delta Q(t) = \Delta Q(14\,\mathrm{h}) = 10\,\mathrm{Ah} \quad \text{für} \quad 14\,\mathrm{h} \leqq t.$

Kontrolle durch Differentiation.

1.9 $n = S/ev = I/evA = 10^{15}/\mathrm{cm}^3$.

1.10 $i_F = 0{,}2\,\mathrm{l/s}$, $S_F = i_F/A = 0{,}1\,\mathrm{l/(cm^2 \cdot s)} = 1\,\mathrm{m/s}$, $v = S_F = 1\,\mathrm{m/s}$.

1.12 Elektronenzahl 10^{40}, Protonenzahl 10^{39}, Bindungszustand nicht bekannt, $Q(t_0) = -1{,}6 \cdot 10^{-18}\,\mathrm{A \cdot s} = Q(t_1)$.

1.14 $U < E_d d \approx 12\,\mathrm{kV}$ (Durchbruchspannung).
Hinweis: Für genauere Untersuchungen ist folgendes zu beachten: An den Rändern der Anordnung ist das Feld inhomogen, wodurch die Maximalfeldstärke dort oberhalb U/d liegt, falls die Platten nicht nach außen gewölbt werden. Der Durchbruch kann an den Rändern also bereits unterhalb 12 kV auftreten.

1.15* a) Nach Gl. (1.49) ist $\oint \boldsymbol{E}\,\mathrm{d}\boldsymbol{s} = 0$ dann bewiesen, wenn gezeigt wird, daß u_{AB} nicht vom Weg abhängt. Im Abschnitt 1.2.2 wurde $\boldsymbol{E} = Q_1 \boldsymbol{r}/(4\pi\varepsilon r^3)$ abgeleitet, und damit entsteht:

$$u_{AB} = \int_A^B \boldsymbol{E}\,\mathrm{d}\boldsymbol{s} = \frac{Q_1}{4\pi\varepsilon} \int_A^B \frac{\boldsymbol{r}}{r^3}\,\mathrm{d}\boldsymbol{s}.$$

Zerlegt man d$\boldsymbol{s}$ entsprechend Bild 1.26b in zwei Komponenten, die parallel bzw. senkrecht zu $\boldsymbol{E}$ liegen, d. h., $\mathrm{d}\boldsymbol{s} = \mathrm{d}\boldsymbol{s}_p + \mathrm{d}\boldsymbol{s}_s$, so ergibt sich

$$u_{AB} = \frac{Q_1}{4\pi\varepsilon} \int_A^B \frac{\boldsymbol{r}\,\mathrm{d}\boldsymbol{s}_p}{r^3} + \frac{Q_1}{4\pi\varepsilon} \int_A^B \frac{\boldsymbol{r}\,\mathrm{d}\boldsymbol{s}_s}{r^3}.$$

Wegen $\boldsymbol{r}\,\mathrm{d}\boldsymbol{s}_\mathrm{p} = r\,\mathrm{d}s_\mathrm{p}\cos 0° = r\,\mathrm{d}r$ und $\boldsymbol{r}\,\mathrm{d}\boldsymbol{s}_\mathrm{s} = r\,\mathrm{d}s_\mathrm{s}\cos 90° = 0$ gilt

$$u_\mathrm{AB} = \frac{Q_1}{4\pi\varepsilon}\int_A^B \frac{\mathrm{d}r}{r^2} = -\frac{Q_1}{4\pi\varepsilon}\,\frac{1}{r}\bigg|_{r_\mathrm{A}}^{r_\mathrm{B}} = \frac{Q_1}{4\pi\varepsilon}\left(\frac{1}{r_\mathrm{A}} - \frac{1}{r_\mathrm{B}}\right) \quad \text{bzw.} \quad u_\mathrm{AB} = \varphi_\mathrm{A} - \varphi_\mathrm{B}.$$

Also hängt u_AB nur von r_A und r_B ab und nicht vom Weg. Für die Wege *1* und *2* im Bild 1.26a entsteht also das gleiche Ergebnis.

b) Mit $r_\mathrm{a} = r$ erhält man

$$\varphi(r) = \varphi_\mathrm{B} + \frac{Q_1}{4\pi\varepsilon}\left(\frac{1}{r} - \frac{1}{r_\mathrm{B}}\right), \qquad W(r) = W_\mathrm{B} + Q\,(\varphi - \varphi_\mathrm{B}) \quad \text{bzw. für} \quad r_\mathrm{B} \to \infty \quad \text{und} \quad \varphi(r_\mathrm{B}) = 0:$$

$$\varphi = \frac{Q_1}{4\pi\varepsilon r} \quad \text{und} \quad W = Q\,\frac{Q_1}{4\pi\varepsilon r};$$

c) $u_\mathrm{AB} = \varphi_\mathrm{A} - \varphi_\mathrm{B}$, $W_\mathrm{A} - W_\mathrm{B} = Q u_\mathrm{AB}$.

1.17 a) Knoten *1* $0 + i_{1,2} + i_{1,3} = 0$,
Knoten *2* $i_{2,1} + 0 + i_{2,3} = 0$,
Knoten *3* $i_{3,1} + i_{3,2} + 0 = 0$.

Addiert man zwei der drei Gleichungen und beachtet $i_\mathrm{rs} = -i_\mathrm{sr}$, so ergibt sich die dritte Gleichung. Eine weitere Reduktion der Zahl der unabhängigen Gleichungen auf $k - 1 = 2$ ist schon deshalb unmöglich, da dann ein Zweigstrom nicht mehr im Gleichungssystem auftaucht und demnach nicht bestimmt werden kann.

b)
$$\begin{aligned} 0 + i_{1,2} + i_{1,3} + \ldots + i_{1,k-1} + i_{1,k} &= 0 \\ i_{2,1} + 0 + i_{2,3} + \ldots + i_{2,k-1} + i_{2,k} &= 0 \\ &\vdots \\ i_{k,1} + i_{k,2} + i_{k,3} + \ldots + i_{k,k-1} + 0 &= 0 \end{aligned}$$

Die Hauptdiagonale der Matrix verschwindet wegen $i_\mathrm{rs} = 0$ für $r = s$. Läßt man die ν-te Gleichung weg (ν beliebig, z. B. $\nu = k$), addiert die $(k-1)$ verbleibenden Gleichungen und beachtet, daß sich wegen $i_\mathrm{rs} = -i_\mathrm{sr}$ an der Hauptdiagonalen gespiegelte Elemente jeweils aufheben, so bleiben für die Addition nur die Elemente in der ν-ten Spalte stehen, und es entsteht gerade die ν-te Gleichung (weiter s. Lösung 1.17a)).

1.20 a) $u_\mathrm{q} - u = 0$, $u_\mathrm{q} = u$; b) $u_\mathrm{q} = u_1 + u_2$, $u_2 = u_3$; c) $u_1 + u_2 + u_3 + u_4 - u_\mathrm{q} + u_5 - u_6 = 0$.

1.21 a) Reihenschaltung von 8 Batterien (Näherung als ideale Spannungsquellen); b) $I = P/U = 1{,}67$ A; c) $P = -20$ W, $P = 20$ W.

1.22 a) Maschengleichung: $U_\mathrm{q} - U = 0$, $U = U_\mathrm{q} = 12$ V, $I = U/R = 6$ mA; b) $\Delta U/U = \Delta U_\mathrm{q}/U_\mathrm{q} = -10\%$, $\Delta I/I = \Delta U/U = -10\%$; c) $\Delta U/U = \Delta U_\mathrm{q}/U_\mathrm{q} = 0$, $I + \Delta I = U/(R + \Delta R)$, $\Delta I = U/(R + \Delta R) - U/R$; $\Delta I/I = R/(R + \Delta R) - 1 = -\Delta R/(R + \Delta R) = -9{,}1\%$, $\Delta I/I \approx -\Delta R/R = -10\%$.

1.23 a) Die genannte Analyse ist nur eine notwendige, aber keine hinreichende Bedingung für Linearität. Der Zweipol kann auch nichtlinear sein. Nur bei Linearität im gesamten Bereich kann die Frage sicher bejaht werden. b) $R = U/I = 5\,\mathrm{k\Omega}$, $U = 7{,}5$ V.

1.24 $R = U^2/P_0 = 9{,}68\,\Omega$, $I = 22{,}27$ A, $P = 4{,}899$ kW.

1.25 a) $U/l = \varrho S = 4$ mV/cm; b) $A_\mathrm{Al} = \varrho_\mathrm{Al} A_\mathrm{Cu}/\varrho_\mathrm{Cu} = 1{,}61 A_\mathrm{Cu}$; c) $l = 200\,\mu$m.

1.26 $v_\mathrm{n} = 1{,}5$ mm/s, $\mu_\mathrm{n} = 42{,}9\,\mathrm{cm^2/(V \cdot s)}$, $\varkappa = 57\,\mathrm{Sm/mm^2}$, $\varrho = 0{,}0175\,\Omega \cdot \mathrm{mm^2/m}$, $R = 17{,}5\,\mathrm{m\Omega}$, $G = 57{,}1$ S

1.27 a) $R > R_1$, demnach Reihenschaltung. $R_2 = R - R_1 = 2{,}1\,\mathrm{k\Omega}$. b) $R < R_1$, demnach Parallelschaltung erforderlich. $R_2 = RR_1/(R_1 - R) = 17{,}5\,\mathrm{k\Omega}$.

1.28 a) $R_\mathrm{AB} = R_1 + R_2$; b) $R_\mathrm{AB} = R_1$; c) $R_\mathrm{AB} = R_1 + R_2 + (R_3 \| R_4) \| (R_5 + R_7)$ (s. Bild 1.49);

d) $$R_\mathrm{AB} = R_1 + R_2 + \frac{R_3 R_4\,(R_5 + R_7)}{(R_3 + R_4)\,(R_5 + R_7) + R_3 R_4}.$$

1.29 *Geringfügige relative Widerstandserhöhung um* $\Delta R/R_1 = \varepsilon$ *durch Reihenschaltung eines kleinen Widerstandes* $R_2 = \varepsilon R_1$, denn $R_\mathrm{AB} = R_1 + \Delta R = R_1(1 + \varepsilon) = R_1 + R_2$, $R_2 = \varepsilon R_1$; $R_2 = 0{,}05\,R_1$.
Geringfügige relative Widerstandsreduzierung um $|\Delta R/R_1| = \varepsilon$ *durch Parallelschaltung eines großen Widerstandes* $R_2 \approx R_1/\varepsilon$, denn $R_\mathrm{AB} = R_1 - |\Delta R| = R_1(1 - \varepsilon) = R_1R_2/(R_1 + R_2)$, $R_2 = R_1(1 - \varepsilon)/\varepsilon$. Näherung für $\varepsilon \ll 1$: $R_2 = R_1/\varepsilon$; $R_2 = 19R \approx 20R$.

Hingewiesen sei auf folgende Näherung:

$$R_\mathrm{AB} = \frac{R_1 R_2}{R_1 + R_2} = \frac{R_1}{1 + R_1/R_2} \approx R_1\left(1 - \frac{R_1}{R_2}\right) \quad \text{für} \quad R_1/R_2 \ll 1.$$

Die Ableitung kann mit folgender Reihenentwicklung erfolgen:

$$\frac{1}{1 \pm x} = 1 \mp x + x^2 \mp x^3 \approx 1 \mp x \quad \text{für} \quad |x| \ll 1.$$

Hinweis: Die gleichen Überlegungen gelten für Induktivitäten, während bei Kapazitäten die Aussagen bezüglich Reihen- und Parallelschaltung zu vertauschen sind (s. Abschn. 1.9 und 1.10).

1.30 Hinweis: Neben der Δ-Y-Transformation (Δ: *A–C–D* oder *B–C–D*) ist eine Y-Δ-Transformation (Y: *A–D* ($\hat{=}$ 0)–*B–C* oder *A–C* ($\hat{=}$ 0)–*D–B*) möglich und damit die Überführung in eine Reihen-Parallel-Schaltung (aufzeichnen!). Außerdem kann R_{AB} aus $R_{AB} = u/i$ durch Lösung der Kirchhoffschen Gleichungen bei vorgegebenem u (oder i) erfolgen (durchführen!).

1.31 Eine Möglichkeit besteht darin, jeweils die Eingangswiderstände an den Klemmen *1–2*, *1–3* und *2–3* für die Δ- und die Y-Schaltung bei leer laufender dritter Klemme gleichzusetzen:
$R_{10} + R_{20} = R_{12} \| (R_{13} + R_{23})$ (1), $R_{10} + R_{30} = R_{13} \| (R_{12} + R_{23})$ (2), $R_{20} + R_{30} = R_{23} \| (R_{12} + R_{13})$ (3);
(2) − (3): $R_{10} - R_{20} = (R_{13} \| (R_{12} + R_{23})) - R_{23} \| (R_{12} + R_{13})$, (4)
(1) + (4): $2R_{10} = 2R_{12}R_{13}/R$ mit $R = R_{12} + R_{13} + R_{23}$. (5)
Aus (1), (5): $R_{20} = R_{12}R_{23}/R$ (6). Aus (2), (5): $R_{30} = R_{13}R_{23}/R$.

1.33 Nach den Bildern 1.56a und 1.56b gilt $u_5 = u_3R_7/(R_4 + R_7)$ mit $R_7 = R_5 \| R_6$. Nach den Bildern 1.56b und 1.56c ist $u_3 = uR_8/(R_2 + R_8)$ mit $R_8 = R_4 + (R_5 \| R_6)$:

$$u_5 = u \frac{R_8}{R_2 + R_8} \frac{R_7}{R_4 + R_7} = \frac{u}{(R_2/R_8 + 1)\,(R_4/R_7 + 1)}$$

$$= \frac{u}{\left(\dfrac{R_2}{R_4 + R_5R_6/(R_5 + R_6)} + 1\right)\left(\dfrac{R_4\,(R_5 + R_6)}{R_5R_6} + 1\right)}.$$

1.34 Mit dem Umzeichnen wird die Schaltung zunächst auf den einfachsten Stromteiler zurückgeführt (Bild 1.57):

$$i_1 = i\frac{R_3 \| R_4}{R_1 + R_2 + R_3 \| R_4} = i\frac{R_3R_4}{R_3R_4 + (R_1 + R_2)\,(R_3 + R_4)} = i\frac{R_3R_4}{R_1R_3 + R_1R_4 + R_2R_3 + R_2R_4 + R_3R_4}$$

oder

$$\frac{i_1}{i} = \frac{G_{1,2}}{G_{1,2} + G_3 + G_4} \quad \text{mit} \quad G_{1,2} = \frac{1}{R_1 + R_2}, \qquad G_3 = \frac{1}{R_3}, \qquad G_4 = \frac{1}{R_4}.$$

1.36 a) $R(i) = \sum_\mu R_\mu(i)$; b) $G(u) = \sum_\mu G_\mu(u)$; c) $u_\mu/u = R_\mu(i)/\sum_\mu R_\mu(i)$; d) $i_\mu/i = G_\mu(u)/\sum_\mu G_\mu(u)$.

Hinweis: i bzw. u müssen also bekannt sein. Bedeutung begrenzt, da Arbeit mit $i(u)$-Kennlinien anstelle $R(i)$ und $G(u)$ bevorzugt wird.

1.38 $P = U^2/R$; $R(\vartheta_2) = 14{,}4\,\Omega$; $I(\vartheta_2) = 12\,\text{V}/14{,}4\,\Omega = 0{,}83\,\text{A}$; $I(\vartheta_1) = 12\,\text{V}/R(\vartheta_1)$; $R(\vartheta_2) = R(\vartheta_1)\,(1 + \alpha_1 \times (\vartheta_2 - \vartheta_1))$; $\alpha_1 = \alpha(\vartheta_1) = 4{,}1 \cdot 10^{-3}/\text{K}$ (Tafel 1.6); $R(\vartheta_1) = 14{,}4\,\Omega/(1 + 4{,}1 \cdot 10^{-3} \cdot 1980) = 14{,}4\,\Omega/9{,}1 = 1{,}6\,\Omega$; $I(\vartheta_1) = 7{,}5\,\Omega$.
Hinweis: Der vorausgesetzte $R(\vartheta)$-Verlauf ist eine Näherung. Die erhöhte Stromstärke (hier Faktor 9!) beim Einschalten von Glühlampen ist bei der Dimensionierung elektrischer Anlagen zu berücksichtigen.

1.39 $\dfrac{R(T)}{R(T_0)} = 1 + \alpha\,\Delta T, \qquad \dfrac{I(T)}{I(T_0)} = \dfrac{1}{1 + \alpha\,\Delta T} = 84\%.$

1.40 $\alpha = (\text{d}U/\text{d}\vartheta)/U \approx (\Delta U/\Delta\vartheta)/U = 10^{-4}/\text{K}$; $U\,(40\,°\text{C}) = 5{,}01\,\text{V}$; $U\,(0\,°\text{C}) = 4{,}99\,\text{V}$, $\Delta U/U = 4‰$.

1.41 a) $u = \text{konst.}$; $\text{d}i/i = \beta\,\text{d}T$; $\ln\,(i(T)/i(T_0)) = \beta\,(T - T_0)$; $i(T) = i(T_0)\exp\beta\,(T - T_0)$;
b) $T - T_0 = (\ln a)/\beta$, $a = 2$; $T - T_0 = 7\,\text{K}$, $a = 10$; $T - T_0 = 23\,\text{K}$.
Also hohe T-Abhängigkeit!
c) α) Diode an Konstantspannungsquelle, i messen; $T - T_0 = (\ln i(T)/i(T_0))/\beta$,
β) Diode an Konstantstromquelle, u messen; $D_T = \partial u/\partial T = -2\,\text{mV/K}$; $T - T_0 = D_T\,(u(T) - u(T_0))$.
Diskussion: β) ist meist wegen Linearität vorzuziehen.

1.42 a) $R = R_0(1 + \alpha\,\Delta\vartheta)$; $\Delta\vartheta = \vartheta - \vartheta_0$; $R = R_1 + R_2 = R_{10}\,(1 + \alpha_1\,\Delta\vartheta) + R_{20}\,(1 + \alpha_2\,\Delta\vartheta) = (R_{10} + R_{20}) \times \left(1 + \dfrac{\alpha_1 R_{10} + \alpha_2 R_{20}}{R_{10} + R_{20}}\,\Delta\vartheta\right)$; $\alpha = \dfrac{\alpha_1 R_{10} + \alpha_2 R_{20}}{R_{10} + R_{20}}$.

Allgemeine Ableitung:

$$\alpha = \frac{\sum_{\mu=1}^{n} \alpha_\mu R_{\mu 0}}{\sum_{\mu=1}^{n} R_{\mu 0}}.$$

b) $R = R_0(1+\alpha\,\Delta\vartheta)$; $1/R = G = G_1 + G_2 = \dfrac{1}{R_{10}(1+\alpha_1\,\Delta\vartheta)} + \dfrac{1}{R_{20}(1+\alpha_2\,\Delta\vartheta)}$;

$G = G_{10}(1-\alpha_1\,\Delta\vartheta) + G_{20}(1-\alpha_2\,\Delta\vartheta)$ für $|\alpha\,\Delta\vartheta| \ll 1$;

$$G = (G_{10}+G_{20})\left(1 - \frac{\alpha_1 G_{10} + \alpha_2 G_{20}}{G_{10}+G_{20}}\,\Delta\vartheta\right);$$

$$R = \frac{1}{G} = \frac{1}{G_{10}+G_{20}}\left(1 + \frac{\alpha_1 G_{10} + \alpha_2 G_{20}}{G_{10}+G_{20}}\,\Delta\vartheta\right) = \frac{1}{1/R_{10}+1/R_{20}}\left(1 + \frac{\alpha_1/R_{10} + \alpha_2/R_{20}}{1/R_{10}+1/R_{20}}\,\Delta\vartheta\right).$$

Allgemeine Ableitung:

$$\alpha = \frac{\sum_{\mu=1}^{n} \alpha_\mu / R_{\mu 0}}{\sum_{\mu=1}^{n} 1/R_{\mu 0}}. \text{ Für } n = 2 \text{ ist } \alpha = \frac{\alpha_1 R_{20} + \alpha_2 R_{10}}{R_{10}+R_{20}}.$$

c) $R = R_1 + R_2 = R_0 = R_{10} + R_{20}$; $\alpha = (\alpha_1 R_{10} + \alpha_2 R_{20})/(R_{10}+R_{20}) = 0$ und damit $\alpha_1 R_{10} + \alpha_2 R_{20} = 0$ bzw. $R_{10} = -\alpha_2 R_{20}/\alpha_1$.
Lösung der beiden Gleichungen mit den Unbekannten R_{10}, R_{20}:
$R_{10} = -\alpha_2 R_0/(\alpha_1 - \alpha_2)$, $R_{20} = \alpha_1 R_0/(\alpha_1 - \alpha_2)$.

1.45 Der Stromsprung führt für $u(0)$ zur Spannung $u = I_0 t/C$ für $t \geqq 0$ bzw. zu $C = I_0 t/u(t)$. Demnach kann man für die C-Ermittlung entweder die Zeit t_1 messen, bei der ein vorgegebener Spannungswert u_1 erreicht wird, oder man kann u_1 für ein vorgegebenes Zeitintervall t_1 messen.

1.46 a) $C = C_5 + \dfrac{C_4(C_1+C_2+C_3)}{C_4+C_1+C_2+C_3}$; b) $C = 0{,}65\,\mu\text{F}$

1.47 Aus $i = C_1(\mathrm{d}u_1/\mathrm{d}t) = C_2(\mathrm{d}u_2/\mathrm{d}t) = C(\mathrm{d}u/\mathrm{d}t)$ mit $u = u_1 + u_2$ folgt Gl. (1.175).
Aus $i_1 = C_1(\mathrm{d}u_1/\mathrm{d}t)$, $i_2 = C_2(\mathrm{d}u_2/\mathrm{d}t)$, $i = i_1 + i_2$ und $u_1 = u_2 = u$ ergibt sich Gl. (1.176).
In beiden Fällen muß aber $i \neq 0$ vorausgesetzt werden, so daß die allgemeinere Ableitung auch für den elektrostatischen Fall von $Q = Cu$ ausgeht.

1.49 $I_{R0} = I_{R1} = I_{R2} = U_q/(R_0 + R_1 + R_2) = I$, $U_{R0} = R_0 I$, $U_{C1} = R_1 I$, $Q_1 = C_1 U_{C1}$, $U_{C2} = R_2 I$, $Q_2 = C_2 U_{C2}$, $U_{R3} = 0$, $U_{R3,4} = (R_1 + R_2) I$, $U_{C3} = U_{R3,4} C_4/(C_3 + C_4)$, $Q_3 = C_3 U_{C3}$, $U_{C4} = U_{R3,4} C_3/(C_3 + C_4)$.

1.50* a) $i = C_d\,\mathrm{d}u/\mathrm{d}t$, $C_d = \mathrm{d}Q/\mathrm{d}u = 2au$, $i = 2a(U_0 + \hat{U}_1 \sin\omega t)\;\;\omega\hat{U}_1\cos\omega t$. Mit $\cos\alpha = \sin(\alpha + \pi/2)$ und $2\sin\alpha\sin\beta = \cos(\alpha-\beta) - \cos(\alpha+\beta)$ folgt $i = 2a\omega\hat{U}_1[U_0\sin(\omega t + \pi/2) - \hat{U}_1/2\,(\cos 2\omega t + \pi/2)]$.
Durch die Nichtlinearität entsteht ein Stromanteil mit doppelter Frequenz, also eine Oberwelle.

b) $i\,\mathrm{d}t = C_d\,\mathrm{d}u$, $\displaystyle\int_{t_0}^{t} i\,\mathrm{d}t = \int C_d\,\mathrm{d}u$, $\displaystyle\int \sin\omega t\,\mathrm{d}t = -1/\omega\cdot\cos\omega t$;

$u(t) = [u(t_0)^2 + 1/a\cdot(I_0(t-t_0) + \hat{I}_1/\omega\cdot\sin(\omega t - \pi/2) - \hat{I}_1/\omega\cdot\sin(\omega t_0 - \pi/2)]^{1/2}$.

1.53 Lösungsvariante a) $u = L\,\mathrm{d}i/\mathrm{d}t = L\,\Delta i/\Delta t$ ergibt: $u = 0$ für $0 \leqq t < 1$ ns, $u = 100$ mV für 1 ns $\leqq t \leqq$ 2 ns, $u = 0$ für 2 ns $< t <$ 3 ns, $u = -100$ mV für 3 ns $\leqq t <$ 4 ns, $u = 0$ für 4 ns $< t$. Darstellen!
Umständlichere Lösungsvariante b) $u(t)$ bereichsweise darstellen und differenzieren, z. B. für 1 ns $\leqq t \leqq$ 2 ns: $i = c_1 t + c_2$; Konstantenbestimmung aus i(1 ns) $= c_1$; 1 ns $+ c_2 = 0$ und i(2 ns) $= c_1$ 2 ns $+ c_2 = 10$ mA führt zur $c_1 = 10$ mA/ns und $c_2 = -10$ mA und damit zu $i(t) = 10$ mA $\cdot t$/ns $- 10$ mA. $u = L\,\mathrm{d}i/\mathrm{d}t = 100$ mV.

1.54 a) $R_m = l/(\mu A) = 4\cdot 10^5$ A/Vs, $L = w^2/R_m = 25$ mH.
b) Aus $L = w^2 a_L$ folgt $w = \sqrt{L/a_L}$ und zahlenmäßig $54{,}8 \approx 55$. Mit 55 Windungen ergibt sich $L = 6{,}05\,\mu$H.

1.56* Gl. (1.215): $u = L\dfrac{\mathrm{d}i}{\mathrm{d}t}$, $L = \displaystyle\int_{t_0}^{t} u\,\mathrm{d}t/(i(t) - i(t_0))$, $L_\mu = \displaystyle\int_{t_0}^{t} u_\mu\,\mathrm{d}t/(i_\mu(t) - i_\mu(t_0))$, $u = \sum_\mu u_\mu$, $i_\mu = i$,

$$L = \int_{t_0}^{t}\left(\sum_\mu u_\mu\right)\mathrm{d}t/(i(t) - i(t_0)) = \left(\sum_\mu \int_{t_0}^{t} u_\mu\,\mathrm{d}t\right)/(i(t) - i(t_0)) = \sum_\mu L_\mu.$$

Hinweis: Der Beweis mit $u = L\,\mathrm{d}i/\mathrm{d}t = \sum_\mu L_\mu\,\mathrm{d}i_\mu/\mathrm{d}t$ usw. erscheint einfacher, ermöglicht aber nur für $\mathrm{d}i/\mathrm{d}t \neq 0$ eine Aussage, so daß Gleichstromfall nicht erfaßt wird.

Gl. (1.216): $\psi = Li = \left(\sum_\mu L_\mu\right)i = \sum_\mu L_\mu i_\mu = \sum_\mu \psi_\mu$;

Gl. (1.217): $1/L = (i(t) - i(t_0))\Big/\int_{t_0}^{t} u\,\mathrm{d}t,\; i = \sum i_\mu,\; u_\mu = u,\; 1/L = \sum_\mu /L_\mu$;

Gl. (1.218): $\psi(t) = \int_{t_0}^{t} u\,\mathrm{d}t + \psi(t_0),\; u_\mu = u,\; \psi_\mu(t) = \int_{t_0}^{t} u_\mu\,\mathrm{d}t + \psi_\mu(t_0) = \psi(t) - \psi(t_0) + \psi_\mu(t_0)$. Da irgendwann $\psi(t_0) = \psi_\mu(t_0) = 0$ angenommen werden kann, ist $\psi_\mu = \psi$.

1.59 $u = \mathrm{d}(Li)/\mathrm{d}t,\; L(t)\,i(t) - L(t_0)\,i(t_0) = \int_{t_0}^{t} u\,\mathrm{d}t$;

$t < 0$: $L = L_{\max}$, $0 \leqq t < T$: $L = (L_{\max} - L_{\min})(1 - t/T) + L_{\min}$.
$T < t$: $L = L_{\min}$, $U_0 = -(L_{\max} - L_{\min})\,I_0/T$.

1.66 a) Ersatzschaltung s. Bild L1.66a.

$u_d - R_1 i_1 + u_e = 0,\; u_d + u_a + R_N i_1 = 0,\; u_a = v_d u_d,$
$u_d = u_a/v_d = 0$ für $v_d \to \infty$.

Knoten 1 wird deshalb auch als *virtuelle Masse* bezeichnet.

$u_a = v u_e$ mit $v = -R_N/R_1$.

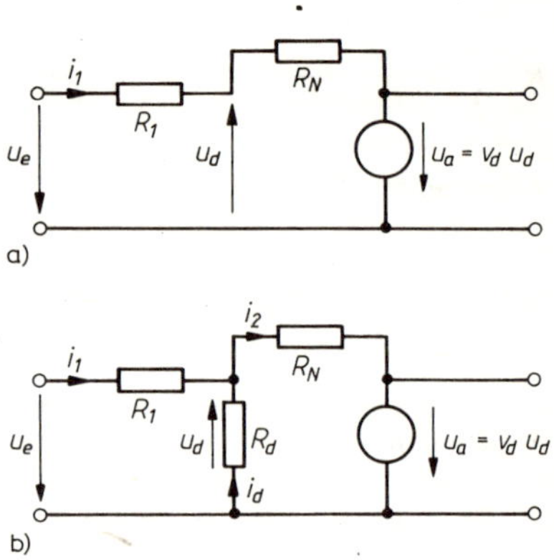

Bild L1.66
Ersatzschaltbilder für Umkehrverstärker
a) für die OV-Werte $r_a = 0$, $r_d \to \infty$, $v_d \to \infty$;
b) für die OV-Werte $r_a = 0$, r_d endlich sowie v_d endlich

Also wird die Verstärkung v unter den genannten Voraussetzungen nur von der äußeren Schaltung bestimmt und ist demnach sehr gut und genau einstellbar.

b) Ersatzschaltbild s. Bild L1.66b.

$u_d - R_1 i_1 + u_e = 0,\; u_a + u_d + R_N i_2 = 0,\; i_1 + i_d - i_2 = 0,$
$u_d = R_d i_d,\; u_a = v_d u_d$.

Nach Elimination von i_1, i_2, i_d und u_d ergibt sich:

$u_a = v u_e$ mit der Verstärkung $v = -v_d/(1 + R_1/r_d + R_1/R_N + v_d R_1/R_N)$.
Für $r_d \to \infty$ folgt $1/v = -1/v_d - R_1/R_N \cdot (1 + 1/v_d)$.
Für $r_d \to \infty$ und $v_d \to \infty$ folgt: $u_a = v u_e$ mit $v = -R_N/R_1$ (s. a.)). c) $v_d = 10^2$, $u_a = -9{,}01 u_e$, $v = 10^4$, $u_a = -9{,}99 u_e$, $v_d \to \infty$, $u_a = -10 u_e$.

1.68 a) $\Delta i = g_0\,\Delta u = i_0\,\Delta u/mU_T = 1\,\mathrm{mA}$ und damit $\Delta i/i_0 = \Delta u/mU_T = 10\%$ bei $\Delta u/u_0 = 5‰$. Eine kleine relative Spannungsänderung verursacht eine große relative Stromänderung.

b) $\varepsilon = (i_0\,\Delta u/mU_T - \Delta i_{\text{exakt}})/\Delta i_{\text{exakt}}$ mit $\Delta i_{\text{exakt}} = I_S\,(\exp(u + \Delta u)/mU_T - \exp u/mU_T)$ führt für $\Delta u/mU_T = 0{,}2$ zu $\varepsilon = -9{,}6\%$. Mit $\Delta i_{\text{exakt}} = i_0\,(\exp \Delta u/mU_T - 1)$ und der Reihenentwicklung $\exp x = 1 + x/1! + x^2/2!$ (für $|x| \ll 1$) sowie $\varepsilon \approx (\Delta i - \Delta i_{\text{exakt}})/\Delta i$ ergibt sich daraus die Näherung $\varepsilon \approx -\Delta u/(2mU_T)$. Sie ist meist ausreichend genau und führt für $\Delta u/mU_T = 0{,}2$ zu $\varepsilon \approx -10\%$.

1.69 Unter Nutzung von Bild 1.132 entstehen die Bilder L. 1.69a und L. 1.69b.

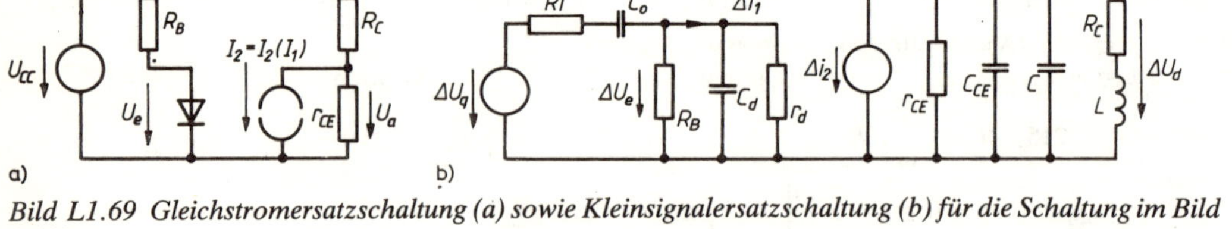

Bild L1.69 Gleichstromersatzschaltung (a) sowie Kleinsignalersatzschaltung (b) für die Schaltung im Bild 1.133

1.71 $L/R \cdot \mathrm{d}i_L/\mathrm{d}t = u_C/R - i_L$, $R_i C \cdot \mathrm{d}u_C/\mathrm{d}t = -u_C - R_i i_L + u_q$, $u_C(0) = 0$, $i_L(0) = 0$.

1.73 $R = (220\,\mathrm{V})^2/100\,\mathrm{W} = 484\,\Omega$, $P = (200\,\mathrm{V})^2/484\,\Omega = 82{,}6\,\mathrm{W} < 100\,\mathrm{W}$.

1.74 $P = I^2 R$, $I = U_0/(R + R_1) \leqq U_0/R$, $P \leqq U_0^2/R = 36{,}8\,\mathrm{mW} < 100\,\mathrm{mW}$.

1.75 a) $\eta = P_{\mathrm{mech}}/P_{\mathrm{el}} = 5\,\mathrm{kW}/UI = 0{,}91$; b) $\Delta W = P_{\mathrm{el}}\,\Delta t = 44\,\mathrm{kWh}$, Kosten: $(0{,}08\,\mathrm{M/kWh}) \cdot \Delta W = 3{,}52\,\mathrm{M}$; Wärmeleistung P_W: $P_{\mathrm{el}} = P_{\mathrm{m}} + P_{\mathrm{w}}$, $P_{\mathrm{w}} = P_{\mathrm{el}} - \eta P_{\mathrm{el}} = (1-\eta) P_{\mathrm{el}} = 0{,}495\,\mathrm{kW}$; Wärmeenergie: $\Delta W = 3{,}4\,\mathrm{kWh}$; c) Pumpe: $\eta_{\mathrm{p}} = P_{\mathrm{F}}/P_{\mathrm{mech}} = 0{,}7$. Anlage: $\eta_{\mathrm{A}} = P_{\mathrm{F}}/P_{\mathrm{el}}$, $P_{\mathrm{F}} = \eta_{\mathrm{p}} P_{\mathrm{mech}}$, $P_{\mathrm{mech}} = \eta P_{\mathrm{el}}$, $\eta_{\mathrm{A}} = \eta_{\mathrm{p}} \eta = 0{,}64$; d) Energie für Förderung $\Delta W_{\mathrm{F}} = P_{\mathrm{F}} \cdot \Delta t = mgh$, $m = P_{\mathrm{F}} \Delta t/gh = 3{,}5\,\mathrm{kW} \cdot 6\,\mathrm{h}/(9{,}81\,\mathrm{m/s^2} \cdot 7{,}5\,\mathrm{m})$, $1\,\mathrm{kW} = 10^3\,\mathrm{kgm^2/s^3}$, $m = 1{,}027 \cdot 10^6\,\mathrm{kg} \mathrel{\hat{=}} 1027\,\mathrm{m^3}$.

1.76 a) $\Delta p/p = 2\Delta u/u + (\Delta u/u)^2$, $\Delta p/p = 2\Delta u/u$ (Näherung für $|\Delta u/u| \ll 1$), $\Delta p/p \approx 10\%$;
b) $\Delta p/p = (i(u + \Delta u)(u + \Delta u) - iu)/iu = i(u + \Delta u)(1 + \Delta u/u)/i(u) - 1$.
Mit Gl. (1.130): $\Delta p/p = \exp(\Delta u/mU_{\mathrm{T}})(1 + \Delta u/u) - 1 = 326\%$.

1.77 Umgesetzte elektrische Leistung ist $p = ui$ bei Verbraucher-Zählpfeilsystem sowie $p = -ui$ bei Erzeuger-Zählpfeilsystem (s. Tafel 1.4)
a) $P = 2\,\mathrm{kW}$ (V); b) $P = 15\,\mathrm{mW}$ (V); c) $P = 20\,\mathrm{kW}$ (V); d) $p = -1\,\mathrm{kW}\,e^{-2t/\mu s}$ (V); e) $p = 10^8\,\mathrm{W} \cdot t/\mathrm{s}$ (V); f) $P = -75\,\mathrm{W}$ (E); g) $P = -24\,\mathrm{W}$ (E, Entladung beim Akkumulator); h) $P = 24\,\mathrm{W}$ (V, Aufladung beim Akkumulator); i) $p = -u_q i$ (E für $u_q i > 0$); j) $P = -100\,\mathrm{W}$ (E)

1.78 $\Delta W = \dfrac{10}{1200}\,\mathrm{kWh} \approx 8{,}3\,\mathrm{Wh}$ (in 25 s), $P = \dfrac{\Delta W}{\Delta t} = \dfrac{8{,}3\,\mathrm{Wh}}{25\,\mathrm{s}} \approx 1{,}2\,\mathrm{kW}$, $I = P/U = 5{,}5\,\mathrm{A}$ (falls Nennspannung anliegt und keine Blindleistung auftritt).

1.79 a) $C = 2W/U^2 = 160\,\mu\mathrm{F}$; b) $W = \displaystyle\int_0^{u_1} C_{\mathrm{d}} u\,\mathrm{d}u$, $C_{\mathrm{d}} = \mathrm{d}Q/\mathrm{d}u = anu^{n-1}$, $W = anu^{n+1}/(n+1)$.

1.81 $P = U_{\mathrm{BE}} I_{\mathrm{B}} + U_{\mathrm{CE}} I_{\mathrm{C}} = U_{\mathrm{BE}} I_{\mathrm{C}}/B_{\mathrm{N}} + U_{\mathrm{CE}} I_{\mathrm{C}} = 0{,}28\,\mathrm{mW} + 40\,\mathrm{mW} = 40{,}28\,\mathrm{mW}$. *Hinweis:* Im normalen Verstärkerbetrieb ist $P = U_{\mathrm{CE}} I_{\mathrm{C}}$ meist eine ausreichende Näherung.

1.82 a) $i_6 = -i_2 - i_3 - i_4 - i_5$.
u_{21} ist unbestimmt, da Pin 1 nicht angeschlossen. $u_{32} = -u_{23}$. $u_{62} = -u_{23} - u_{34} + u_{64}$.
b) Wählt man Pin 4 als Bezugspin (entspricht Pin 0 in Gl. (1.379), da drei Spannungen darauf bezogen sind, so ergibt sich
$p = u_{24} i_2 + u_{34} i_3 + u_{54} i_5 + u_{64} i_6$ bzw.
$p = (u_{23} + u_{34}) i_2 + u_{34} i_3 + u_{54} i_5 - u_{64}(i_2 + i_3 + i_4 + i_5)$.

1.83 Bild 1.150a: erzeugte elektrische Leistung $P = U_q I = EI = 120\,\mathrm{W}$, verbrauchte elektrische Leistung $P = UI = 120\,\mathrm{W}$;
Bild 1.150b: erzeugte elektrische Leistung $P = -U_q I = 120\,\mathrm{W}$, verbrauchte elektrische Leistung $P = UI = 120\,\mathrm{W}$.

1.84 Reihenschaltung, $P = IU$, $I = 240\,\mathrm{W}/12\,\mathrm{V} = 20\,\mathrm{A}$, $\Delta t = 45\,\mathrm{Ah}/I = 2{,}25\,\mathrm{h}$. *Hinweis:* Das Ergebnis ist als Näherung aufzufassen, da in Wirklichkeit meist ein nichtlineares und u. U. auch zeitvariables Verhalten von Leerlaufspannung und dem hier vernachlässigten Innenwiderstand vorliegen.

1.85 Knotengleichung $i_1 = i_2 + i_3$; Leistungsbilanz: $i_1 u_q = i_1 u_1 + i_2 u_2 + i_3 u_3 + i_3 u_4$;
$i_1 u_2 = i_2 u_2 + i_3 u_3 + i_3 u_4$.
Daraus folgen $i_1(u_q - u_2) = i_1 u_1$, $(i_2 + i_3) u_2 = i_2 u_2 + i_3(u_3 + u_4)$ und damit die Maschengleichung
$u_q = u_1 + u_2$, $u_2 = u_3 + u_4$.

2.1 a) $R_a = R_i = 6\,\Omega$ (Anpassung); b) $R_i \ll 12\,\Omega$.

2.2 Für $p_{\mathrm{iz}} > u_1^2/4R_i$ ergibt sich $R_a = R_i$ und für $p_{\mathrm{iz}} < u_1^2/4R_i$ beträgt $R_a = u_1\sqrt{R_i/p_{\mathrm{iz}}} - R_i$.

2.3 a) Aus $p_a = R_a i^2 = u_1^2 R_a/(R_i + R_a)^2$ folgt mit $\mathrm{d}p_a/\mathrm{d}R_a = u_1^2(R_i^2 - R_a^2)/(R_i + R_a)^4 = 0$, daß für $R_a = R_i$ ein Extremwert vorliegt. Da $(\mathrm{d}^2 p_a/\mathrm{d}R_a^2)_{R_a = R_i} = -u_1^2/(2R_i)^3 < 0$ ist, handelt es sich um ein Maximum;
b) Aus $p_a = ui = (u_1 - R_i i)\,i$ folgt wegen $\mathrm{d}p_a/\mathrm{d}i = u_1 - 2R_i i = 0$ ein Extremwert bei $i = u_1/2R_i$ und $u = u_1/2$ bzw. $R_a(i) = R_i$. Für $i = u_1/2R_i$ ist $\mathrm{d}^2 p_a/\mathrm{d}i^2 = -2R_i < 0$, also ein Maximum.

2.5 a) $u_q = Ri + u$, $i = I_S(\exp(u/mU_{\mathrm{T}}) - 1)$ führt zu $i + (mU_{\mathrm{T}}/R)\ln(i/I_S + 1) - u_q/R = 0$.
Normierung: $F(i) = i + c_1 \ln(c_2 i + 1) - c_3 = 0$ mit $c_1 = mU_{\mathrm{T}}/(R\,\mathrm{mA}) = 0{,}05$, $c_2 = \mathrm{mA}/I_s = 2 \cdot 10^{11}$, $c_3 = U_q/(R\,\mathrm{mA}) = 10$. i auf 1 mA normiert:

$$i_{k+1} = i_k - \left(\frac{\mathrm{d}F}{\mathrm{d}i}\right)_k^{-1} \cdot F_k, \qquad i_{k+1} = i_k \frac{i_k + c_1 \ln(c_2 i_k + 1) - c_3}{1 + c_1/(c_2 i + 1)}.$$

Ergebnis nach 4 bis 5 Iterationen (je nach Startwert):
$i/\text{mA} = 8{,}5913829$, $u/\text{V} = 0{,}70430858$
(aus Gl. (2.15) oder durch Iteration). Bereits kleinere Stellenzahl ist (bei der Ungenauigkeit der c_1, c_2 und c_3) völlig ausreichend. Beispiele für Iterationen für vier unterschiedliche Startwerte

i 0 = 1	i 0 = 5	i 0 = 8.7	i 0 = 10
i 1 = 8.6989208	i 1 = 8.6184489	i 1 = 8.5907547	i 1 = 8.5837916
i 2 = 8.5907609	i 2 = 8.5912256	i 2 = 8.5913865	i 2 = 8.5914271
i 3 = 8.5913865	i 3 = 8.5913838	i 3 = 8.5913828	i 3 = 8.5913826
i 4 = 8.5913828	i 4 = 8.5913828	i 4 = 8.5913829	i 4 = 8.5913829
i 5 = 8.5913829	i 5 = 8.5913829	i 5 = 8.5913829	i 5 = 8.5913829
i 6 = 8.5913829	i 6 = 8.5913829	i 6 = 8.5913829	i 6 = 8.5913829

b) $i_{k+1} = F(i_k)$, $i_{k+1} = -c_1 \ln(c_2 i_k + 1) + c_3$. Der Ablauf der Iterationen ist hier zwar nahezu wie beim Newton-Verfahren, trotzdem ist das Newton-Verfahren im allgemeinen vorzuziehen. Ergebnis s. Lösung 2.5a).

Hinweis: Weg b) gilt für a) und b) und ist einfacher.

2.7* Aus $U_3 = U_{q1} - RI_1 - U_{D1}$ folgt die Konstruktionsvorschrift für den linken Zweig (Bild 2.10b). Nach analoger Konstruktion für den rechten Zweig und anschließender Addition zu $I_3 = I_1 + I_2$ kann der Arbeitspunkt durch Schnittpunkt mit der Geraden $U_3 = R_3 I_3$ bestimmt werden (Bild 2.10c).

2.8 a) Spannungsaddition bei gleichem Strom: idealisierte Diodenkennlinie mit $U_F = U_{F1} + U_{F2}$; b) Stromaddition bei gleicher Spannung: idealisierte Diodenkennlinie mit $U_F = U_{F2}$. Der gesamte Strom fließt durch die Diode mit der kleineren Flußspannung. Bei realen Kennlinien fließt auch durch die Diode mit größerem U_F ein kleiner Stromanteil (aufzeichnen!).

2.9 Ausgehend von den Bildern 2.11 und 2.12a ergibt sich die Schaltung im Bild L.2.9a mit antiparallel geschalteten Dioden ($2U_F = 1{,}4$ V) sowie der Übertragungscharakteristik im Bild L.2.9b, die die o.g. Anforderungen auch bei realer Diodencharakteristik erfüllt. Dabei muß allerdings R sehr klein gegen den Eingangswiderstand des Meßgerätes sein.

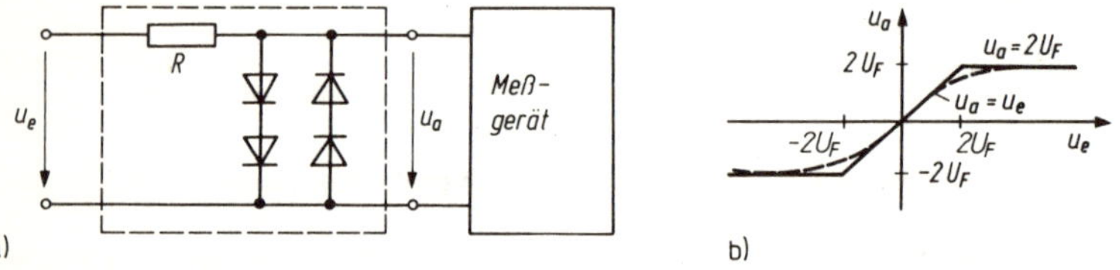

Bild L2.9 Begrenzerschaltung für ein Meßgerät (a) sowie Übertragungscharakteristik (b) (— ideal, --- real)

2.10 $P = I_Z U_Z \leqq P_{tot}$, $I_Z \leqq 50\,\text{mA} = I_{Z\max}$; $U_e = R(I_Z + I_L) + U_Z$, $I_L = (U_e - U_Z)/R - I_Z$, $I_{Z\max}$ tritt bei $I_{L\min}$ und $U_{e\max}$ auf, d.h. $I_{L\min} = (U_{e\max} - U_Z)/R - I_{Z\max} = 10\,\text{mA}$, $R_L \leqq R_{L\max} = U_Z/I_{L\min} = 1\,\text{k}\Omega$.

2.11 Aus $u_e = Ri + u_a$ folgt mit $i = i_Z + i_L$: $R = (u_e - u_a)/(i_Z + i_L)$. Um den Einfluß von Lastschwankungen und damit i_L-Änderungen zu diskutieren, wird u_e = konst. und $u_a \approx U_{Z0}$ vorausgesetzt. Da der Spannungsabfall Ri und demnach i etwa konstant bleiben, muß bei kleinstem i_L das größte i_Z vorliegen und umgekehrt. Diese Aussage folgt auch aus Bild 2.14d, wenn man beachtet, daß bei R_L-Zunahme der Schnittpunkt der Arbeitsgeraden auf der Abszisse wegen $u_e^* = u_e R_L/(R + R_L)$ nach links wandert. Mit $R = (u_e - u_a)/(i_Z + i_L)$ sowie unter Beachtung möglicher u_e-Schwankungen folgt die Ungleichung (2.51).

2.12 $u_e = R(i_Z + i_L) + u_a$, $u_a = U_{Z0} + r_Z(i_Z - I_{Z0})$, $I_{Z0} = 0$, $u_a = U_{Z0} + r_Z i_Z = R_L i_L$,
$u_a = (u_e + (R/r_Z)U_{Z0} - Ri_L)/(R/r_Z + 1)$.
Falls R_L stark schwankt, ist der Einfluß der kleinen u_a-Schwankung auf Δi_L vernachlässigbar:

$$\Delta u_a = \frac{\Delta u_e - R\,\Delta i_L}{R/r_Z + 1} = \frac{\Delta u_e - u_a(R/R_{L\min} - R/R_{L\max})}{R/r_Z + 1}.$$

2.13 $I_{Z\max} = 1\,\text{W}/9\,\text{V} = 110\,\text{mA}$, $I_{Z\min} = 0{,}1\,\text{mA}$, $I_{Z\max} = 10\,\text{mA}$, $I_{L\max} = 9\,\text{V}/400\,\Omega = 22{,}5\,\text{mA}$, $I_{L\min} = 0$. Nach der Ungleichung (2.51): $118\,\Omega < R < 276{,}9\,\Omega$. Auswahl eines großen R, damit großes G_S, und zwar nach E24-Reihe (Tafel 1.8) $R = 240\,\Omega \pm 5\%$, ungünstigster Wert $R = 228\,\Omega$, $G_S = 46{,}6$, $\Delta u_a = \pm 43\,\text{mV}$, $S = 20{,}9$; $34\,\text{mA} \leqq i_Z \leqq 57\,\text{mA}$; $0{,}3\,\text{W} \leqq P \leqq 0{,}51\,\text{W}$; $\Delta u_a/u_a = 5‰ < 1\%$!

2.14 Nach Aufbereitung des NW (Bild L. 2.14) entsteht

(1) $(G_1 + g_{BE} + G_B)\,u_{10} \quad - g_{BE}u_{20} \quad - G_B u_{40} = G_1 u_e + g_{BE} U_0$

(2) $- g_{BE}u_{10} + (G_E + g_{BE} + g_{CE})\,u_{20} \quad - g_{CE}u_{30} \quad = - g_{BE} U_0 + i_q$

(3) $- g_{CE}u_{20} + (g_{CE} + G_C)\,u_{30} - G_C u_{40} = - i_q$

(4) $u_{40} = U_{CC}$

$g_{BE} = 1/r_{BE}$, $g_{CE} = 1/r_{CE}$, $G_C = 1/R_C$, $G_B = 1/R_B$, $G_1 = 1/R_1$.
$i_q = b_n i_B$ als Funktion der Knotenspannungen ausdrücken: $i_q = b_n i_B = b_n(-g_{BE}U_0 + g_{BE}(u_{10} - u_{20}))$ und in Gl. (2) und (3) einsetzen.

(2) $-g_{BE}(1 + b_n)\,u_{10} + (G_E + g_{CE} + g_{BE}(1 + b_n))\,u_{20} - g_{CE}u_{30} = g_{BE} U_0 (1 + b_n)$;

(3) $b_n g_{BE} u_{10} - (g_{CE} + b_n g_{BE})\,u_{20} + (g_{CE} + G_C)\,u_{30} - G_C u_{40} = b_n g_{BE} U_0$.

Nach Knotenspannungen auflösen, z. B. mit Cramerscher Regel und
$i_C = G_C(U_{CE} - u_{30})$, $i_B = g_{BE}(u_{10} - u_{20} - U_{qBE})$, $u_{CE} = u_{30} - u_{20}$, $u_a = u_{30}$
berechnen.

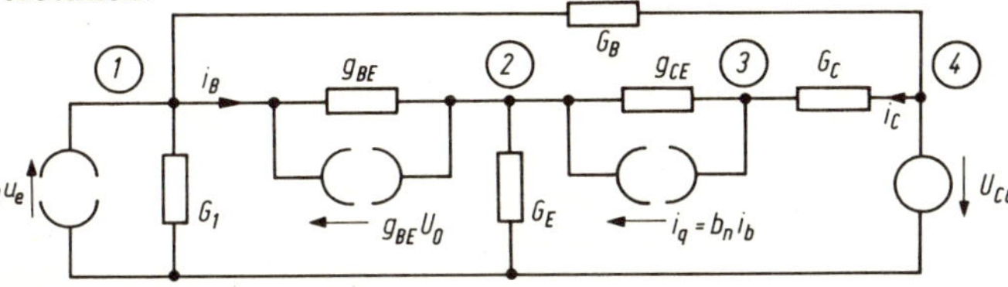

Bild L2.14 Transistorverstärkerschaltung, aufbereitet für die Knotenspannungsanalyse

2.15 *Leerlaufspannung:* Aus der Ersatzschaltung im Bild L. 2.15 a entsteht nach Quellentransformation das aufbereitete NW im Bild L. 2.15 b für die Knotenanalyse mit $G_1 = 1/R_1$, $G_N = 1/R_N$, $g_d = 1/r_d$, $g_a = 1/r_a$, $g_d = 1/r_d$ sowie $g_a v = S$ (Steilheit). Die Leerlaufspannung $u_l = u_{10}$ folgt aus:

	1	2			=	
1	$G_N + g_a$	$-G_N$	·	u_{10}	=	$-Su_e$
2	$-G_N$	$G_1 + G_N + g_d$		u_{20}		$G_1 u_{qe}$

Da $u_e = u_{20}$ ist, entsteht daraus

$G_N + g_a$	$-G_N + S$	·	u_{10}	=	0
$-G_N$	$G_1 + G_N + g_d$		u_{20}		$G_1 u_{qe}$

Auflösung nach u_{10}, z. B. mit der Determinantenregel:
$u_{10} = u_l = (G_N - S)\,G_1 u_{qe}/((G_N + g_a)(G_1 + G_N + g_d) - G_N(G_N - S))$.
Innenwiderstand: Unabhängige Quelle $G_1 u_{qe}$ durch Leitungsunterbrechung ersetzen, i_q anschließen, u_{10}^* bestimmen und $r_i = u_{10}^*/i_q$ bilden. Knotengleichung (Stern notwendig, da anderes u_{10} als oben).

$G_N + g_a$	$-G_N$	·	u_{10}^*	=	$i_q - Su_{20}^*$
$-G_N$	$G_1 + G_N + g_d$		u_{20}^*		0

Alle Unbekannten auf die linke Seite, ergibt erwartungsgemäß gleiche Matrix wie oben (Kontrollmöglichkeit!)

$G_N + g_a$	$-G_N + S$	·	u_{10}^*	=	i_q
$-G_N$	$G_1 + G_N + g_d$		u_{20}^*		0

$r_i = u_{10}^*/i_q = (G_1 + G_N + g_d)/((G_N + g_a)(G_1 + G_N + g_d) - G_N(G_N - S))$.

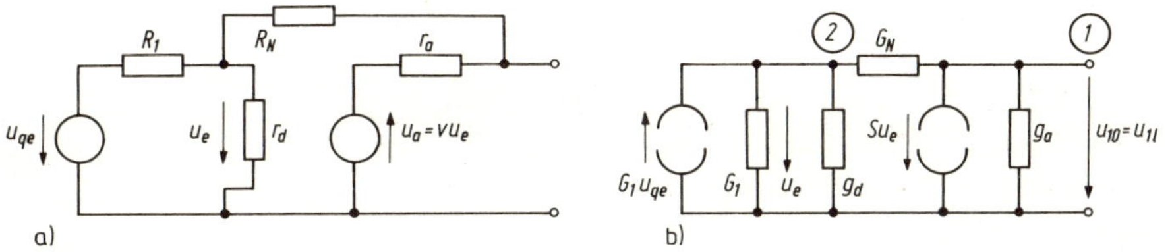

Bild L2.15 Umkehrverstärker
a) Ersatzschaltung; b) Ersatzschaltung zur Bestimmung der Leerlaufspannung

2.16 Zweigstromanalyse: 3 Knoten- und 3 Maschengleichungen. Besser Maschenstromanalyse mit 3 Gleichungen (Maschenströme 100 A, 180 A, i_{BC}) sowie 3 Unbekannten (i_{BC} und zwei Widerstände (von 100 A bzw. 180 A durchflossen)). Ergebnis: $I_{AB} = 184$ A, $I_{BC} = 84$ A, $I_{DC} = 96$ A, $U_B = 251{,}3$ V, $U_C = 247{,}1$ V, $U_{AB} = 1{,}84$ V, $U_{BC} = 2{,}1$ V, $U_{DC} = 4{,}8$ V. Weitere Lösungsvarianten sind denkbar.

2.17* Nach Aufbereitung des NW im Bild 2.22b entsteht Bild L. 2.17 und damit:

(1) $(R_1 + r_{BE} + R_E)\, i_B + \qquad R_E i_C + \qquad r_{BE} i_5 = u_e - U_0,$

(2) $R_E i_B + (R_E + r_{CE} + R_C)\, i_C - \qquad (r_{CE} + R_C)\, i_5 = U_{CC} + r_{CE} b_n i_B,$

(3) $r_{BE} i_B - \qquad (r_{CE} + R_C)\, i_C + (R_B + r_{BE} + r_{CE} + R_C)\, i_5 = -U_0 - r_{CE} b_n i_B.$

Alle Unbekannten auf die linke Seite:

(2) $(R_E - r_{CE} b_n)\, i_B + (R_E + r_{CE} + R_C)\, i_C - (r_{CE} + R_C)\, i_5 = U_{CC},$

(3) $(r_{BE} + r_{CE} b_n)\, i_B - (r_{CE} + R_C)\, i_C + (R_B + r_{BE} + r_{CE} + R_C)\, i_5 = -U_0.$

Auflösung nach i_B und i_C, z. B. mit dem Gaußschen Satz oder der Cramerschen Regel. Berechnung von $u_{CE} = U_{CC} - R_E (i_B + i_C)$, $u_a = U_{CC} - R_C i_C$.

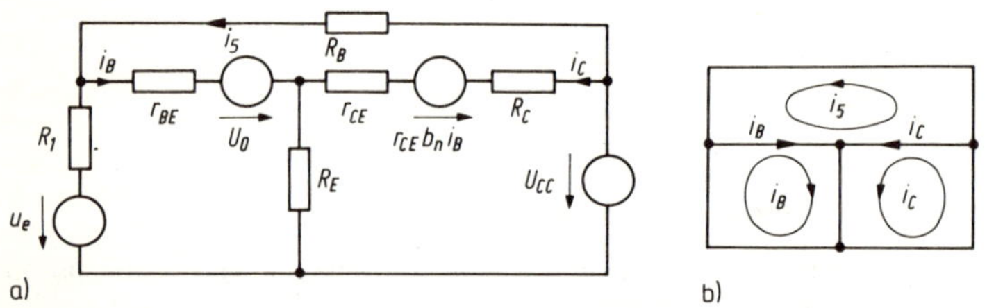

Bild L2.17 a) Transistorverstärkerschaltung, aufbereitet für die Maschenstromanalyse; b) Wahl der Maschenströme

3.2 Stationärer Fall: $\oint \boldsymbol{H}\, d\boldsymbol{s} = \int \boldsymbol{S}_k\, d\boldsymbol{A}$, $\oint \boldsymbol{E}\, d\boldsymbol{s} = 0$,
$\oint \boldsymbol{B}\, d\boldsymbol{A} = 0$, $\int \boldsymbol{D}\, d\boldsymbol{A} = \int \varrho\, dV$,
$\boldsymbol{B} = \mu \boldsymbol{H}$, $\boldsymbol{D} = \varepsilon \boldsymbol{E}$, $\boldsymbol{S} = \boldsymbol{S}_k = \int v\, d\varrho$.

4.1 $\boldsymbol{F} = Q_2 \boldsymbol{E}$, $\oint \boldsymbol{D}\, d\boldsymbol{A} = Q_1$, $\boldsymbol{E} = (Q_1/4\pi\varepsilon r^2) \cdot \boldsymbol{r}/r$, $\boldsymbol{F} = (Q_1 Q_2/4\pi\varepsilon r^2) \cdot \boldsymbol{r}/r$.

4.3 a) α) Für $r > r_k$: $\oint \boldsymbol{D}\, d\boldsymbol{A} = \int \varrho\, dV$, $DA = Q_0$, $A = 4\pi r^2$, $Q_0 = \varrho_0 4\pi r^3/3$, $D = Q_0/A$, $E = Q_0/4\pi\varepsilon r^2$,

$$\varphi_A - \varphi_B = \int_A^B \boldsymbol{E}\, d\boldsymbol{s} = \int_{r_A}^{r_B} E\, dr = (Q_0/4\pi\varepsilon)\,(1/r_A - 1/r_B).$$ Für $\varphi(\infty) = 0$: $\varphi(r) = Q_0/4\pi\varepsilon r$. $\varphi(r_k) = Q_0/4\pi\varepsilon r_k$.

Für $r \leqq r_k$: $\oint \boldsymbol{D}\, d\boldsymbol{A} = \int \varrho\, dV$, $D\, 4\pi r^2 = \varrho_0 \int dV = \varrho_0 V$, $V = 4\pi r^3/3$, $D = \varrho_0 r/3$, $E = \varrho_0 r/3\varepsilon$.

$$\varphi_A - \varphi_B = \int_{r_A}^{r_B} E\, dr = (\varrho_0/3\varepsilon) \int_{r_A}^{r_B} r\, dr = \varrho_0\,(r_B^2 - r_A^2)/6\varepsilon.$$

Mit $r_A = r$ und $r_B = r_k$ sowie $\varphi(r_k) = Q_0/4\pi\varepsilon r_k$ (wegen Stetigkeit von φ bei r_k!):

$$\varphi(r) = \frac{\varrho_0}{6\varepsilon}(r^2 - r_k^2) + \frac{\varrho_0 4\pi r_k^3}{3 \cdot 4\pi\varepsilon r_k} = \frac{\varrho_0}{6\varepsilon}(r^2 + r_k^2),$$

$$\varphi(r) = \frac{\varrho_0}{6\varepsilon}(r_k^2 - r^2) + \frac{\varrho_0 4\pi r_k^3}{3 \cdot 4\pi\varepsilon r_k} = \frac{\varrho_0}{6\varepsilon}\left(r_k^2 - \frac{r^2}{3}\right),$$

$\varphi(0) = \varrho_0 r_k^2/2\varepsilon$, $\varphi(r_k) = \varrho_0 r_k^2/3\varepsilon$, $\varphi(0)/\varphi(r_k) = 3/2$.

β) Für $r > r_k$ s. Lösung 4.3a). Für $r \leqq r_k$: $\oint \boldsymbol{D}\, d\boldsymbol{A} = Q$, $Q = \int \varrho\, dV$, $dV = 4\pi r^2\, dr$, $Q = c \int_0^r 4\pi r^3\, dr = c\pi r^4$.

$D\, 4\pi r^2 = c\pi r^4$, $D = cr^2/4$, $E = D/\varepsilon$. $\varphi(r) = c\,(r^3 - r_k^3)/12\varepsilon + \varphi(r_k)$, $\varphi(r_k) = Q_0/4\pi\varepsilon r_k + \varphi(\infty)$. $\varphi(\infty) = 0$. $Q_0 = c\pi r_k^4$, $\varphi(r_k) = cr_k^3/4\varepsilon$, $\varphi(r) = c\,(r^3 + 2r_k^3)\; 12\varepsilon$.

γ) Für $r \geqq r_k$ wie α) und für $r < r_k$ $D = E = 0$, $\varphi = Q/(4\pi\varepsilon r_k)$

b) α) s. Bild 4.4. γ selbst zeichnen.

4.4 $r < r_k$: wie Punktladung $+Q$; $r > r_k$: $E = 0$; $r = r_k$: E-Sprung von $Q/(4\pi\varepsilon r_k^2)$ auf 0, φ-Sprung von $Q/(4\pi\varepsilon r_k)$ auf 0.

4.5 Aus $\varphi = Q/4\pi\varepsilon r$ (r Abstand) folgt mit $r = |\boldsymbol{r} - \boldsymbol{r}_0|$:
$\varphi = Q/4\pi\varepsilon\,|\boldsymbol{r} - \boldsymbol{r}_0|$ mit $|\boldsymbol{r} - \boldsymbol{r}_0| = \sqrt{(x-x_0)^2 + (y-y_0)^2 + (z-z_0)^2}$.
Mit Gl. (4.21), d. h. $E_x = -\partial\varphi/\partial x$, $E_y = -\partial\varphi/\partial y$ und $E_z = -\partial\varphi/\partial z$ ergibt sich mit

$$\frac{\partial}{\partial x}((x-x_0)^2 + (y-y_0)^2 + (z-z_0)^2)^{-1/2} = -\frac{1}{2}((x-x_0)^2 + (y-y_0)^2 + (z-z_0)^2)^{-3/2}\,2\,(x-x_0) \quad \text{usw.}$$

$$E_x = \frac{Q}{4\pi\varepsilon}\,\frac{x-x_0}{|\boldsymbol{r}-\boldsymbol{r}_0|^3}, \qquad E_y = \frac{Q}{4\pi\varepsilon}\,\frac{y-y_0}{|\boldsymbol{r}-\boldsymbol{r}_0|^3}, \qquad E_z = \frac{Q}{4\pi\varepsilon}\,\frac{z-z_0}{|\boldsymbol{r}-\boldsymbol{r}_0|};$$

$$\boldsymbol{E} = \boldsymbol{e}_x E_x + \boldsymbol{e}_y E_y + \boldsymbol{e}_z E_z = \frac{Q}{4\pi\varepsilon\,|\boldsymbol{r}-\boldsymbol{r}_0|^2}\,\frac{\boldsymbol{r}-\boldsymbol{r}_0}{|\boldsymbol{r}-\boldsymbol{r}_0|}.$$

Ein nicht uninteressantes Teilergebnis ist

$$\operatorname{grad}\frac{-1}{|\boldsymbol{r}-\boldsymbol{r}_0|} = \frac{1}{|\boldsymbol{r}-\boldsymbol{r}_0|^2}\,\frac{\boldsymbol{r}-\boldsymbol{r}_0}{|\boldsymbol{r}-\boldsymbol{r}_0|}.$$

4.6 a) $\varphi = \sum\limits_{\mu=1}^{2} \dfrac{Q_\mu}{4\pi\varepsilon\,|\boldsymbol{r}-\boldsymbol{r}_\mu|}$ mit $|\boldsymbol{r}-\boldsymbol{r}_\mu| = \sqrt{(x-x_\mu)^2 + (y-y_\mu)^2 + (z-z_\mu)^2}$;

b) $\boldsymbol{E} = \sum\limits_{\mu=1}^{2} \boldsymbol{E}_\mu$ mit $\boldsymbol{E}_\mu = \dfrac{Q}{4\pi\varepsilon\,|\boldsymbol{r}-\boldsymbol{r}_\mu|^2}\,\dfrac{\boldsymbol{r}-\boldsymbol{r}_\mu}{|\boldsymbol{r}-\boldsymbol{r}_\mu|}$

sowie $\boldsymbol{r} - \boldsymbol{r}_\mu = \boldsymbol{e}_x(x-x_\mu) + \boldsymbol{e}_y(y-y_\mu) + \boldsymbol{e}_z(z-z_\mu)$.

4.8 $D_{nz} = \sigma$ nach Gl. (4.58), Anwendung des Spiegelungsprinzips: $D_{nz} = -2D\cos\alpha$, $D = Q/(4\pi r^2)$, $\cos\alpha = d/r$, $r = \sqrt{x^2 + y^2 + d^2}$, $\sigma = -Qd/(2\pi r^3)$. Maximales $|\sigma|$ bei $r = r_{min} = d$: $\sigma = |-Q/2\pi d^2|$.

4.10 Lösung bereichsweise, Stetigkeit von E und φ beachten:

$$x_1 \leqq x \leqq x_2\colon\; E_x(x) = E_x(x_1) + \frac{1}{\varepsilon}\int_{x_1}^{x} \varrho\,dx = \frac{\varrho_1}{\varepsilon}(x-x_1),\; E_x(x_2) = \frac{\varrho_1}{\varepsilon}(x_2-x_1).$$

$$\varphi = \varphi(x_1) - \int_{x_1}^{x} E\,dx = -\frac{\varrho_1}{2\varepsilon}(x-x_1)^2,\; \varphi(x_2) = -\frac{\varrho_1}{2\varepsilon}(x_2-x_1)^2.$$

$$x_2 \leqq x \leqq x_3\colon\; E_x(x) = E_x(x_2) + \frac{1}{\varepsilon}\int_{x_2}^{x} \varrho\,dx = \frac{\varrho_1}{\varepsilon}(x_2-x_1) + \frac{\varrho_2}{\varepsilon}(x-x_2).$$

$$E_x(x_3) = \frac{\varrho_1}{\varepsilon}(x_2-x_1) + \frac{\varrho_2}{\varepsilon}(x_3-x_2).$$

Da Neutralität, gilt $\varrho_1(x_2-x_1) + \varrho_2(x_3-x_2) = 0$ und damit $E_x(x_3) = 0$.

$$\varphi = \varphi(x_2) - \int_{x_2}^{x} E_x\,dx = -\frac{\varrho_2}{2\varepsilon}(x-x_2)^2 - \frac{\varrho_1}{\varepsilon}(x_2-x_1)(x-x_2) - \frac{\varrho_1}{2\varepsilon}(x_2-x_1)^2.$$

$$\varphi(x_3) - \varphi(x_1) = -\frac{\varrho_2}{2\varepsilon}(x_3-x_2)^2 - \frac{\varrho_1}{\varepsilon}(x_2-x_1)(x_3-x_2) - \frac{\varrho_1}{2\varepsilon}(x_2-x_1)^2.$$

Mit $\varrho_1(x_2-x_1) = -\varrho_2(x_3-x_2)$:

$$\varphi(x_3) - \varphi(x_1) = -\frac{\varrho_1}{2\varepsilon}(x_2-x_1)^2 + \frac{\varrho_2}{2\varepsilon}(x_3-x_2)^2.$$

Dieses Ergebnis folgt auch direkt über die Berechnung der beiden Dreieckflächen von E_x.
$x_3 \leqq x$: $E_x = E_x(x_3) = 0$, $\varphi(x) = \varphi(x_3)$.

4.12 $E = Q/4\pi\varepsilon_1 r^2$ für $r_1 \leqq r \leqq r_2$, $E = Q/4\pi\varepsilon_2 r^2$ für $r_2 < r \leqq r_3$.
$\varphi(r) - \varphi(r_1) = (Q/4\pi\varepsilon_1)\cdot(1/r_1 - 1/r)$ für $r_1 \leqq r \leqq r_2$.
$\varphi(r) - \varphi(r_2) = (Q/4\pi\varepsilon_2)\cdot(1/r_2 - 1/r)$ für $r_2 < r \leqq r_3$.
$\varphi(r_2) = (Q/4\pi\varepsilon_1)(1/r_1 - 1/r_2) + \varphi(r_1)$ (φ stetig!),
$\varphi(r_3) = (Q/4\pi\varepsilon_2)(1/r_2 - 1/r_3) + (Q/4\pi\varepsilon_1)(1/r_1 - 1/r_2) + \varphi(r_1)$.
An einem Punkt φ willkürlich wählbar, z. B. $\varphi(r_1) = u$ und damit $\varphi(r_3) = 0$.
$1/C = u/Q = (1/4\pi\varepsilon_1)(1/r_1 - 1/r_2) + (1/4\pi\varepsilon_2)(1/r_2 - 1/r_3)$ oder aus der Reihenschaltung $1/C = 1/C_1 + 1/C_2$.
$E_\mu = Cu/4\pi\varepsilon_\mu r^2$; $\mu = 1{,}2$.

4.13 $C = 90{,}5\,\text{pF}$.

4.14 $E = Q/2\pi\varepsilon l r = u/(r\ln(r_a/r_i))$, $E_{max} = u/(r_i\ln(r_a/r_i)) = 0{,}2E_{th}$, $r_a = r_i\exp(u/0{,}2E_{th}r_i) = 18{,}5\,\text{mm}$.

4.15 a) $E = u/(r \ln r_a/r_i)$, größter Wert für $r = r_i$, $E_{max} = u/(r_i \ln r_a/r_i)$;
b)* Minimum von E_{max} für Maximum von $r_i \ln \eta$ mit $\eta = r_a/r_i$. $d(r_i \ln \eta)/d\eta = 0$. $dr_i/d\eta \cdot \ln \eta + r_i/\eta = 0$. $-r_a/\eta^2 \ln \eta + r_i/\eta = 0$. $\ln \eta = 1$, $\eta = r_a/r_i = e = 2{,}718$. Zweite Ableitung: Extremwert ist ein Maximum.

4.16* a) $E = Q/2\pi\varepsilon l r$, $\varphi(r_1) = \int_{r_1}^{r_2} E\,dr + \varphi(r_2) = (Q/2\pi\varepsilon l) \ln r_2/r_1 + \varphi(r_2)$. Das Potential des Leiters wird durch Ladungen Q_1 und Q_2 und Spiegelladungen $Q_1' = -Q_1$ und $Q_2' = -Q_2$ bestimmt:
$\varphi_1 = \varphi_{11} + \varphi_{11}' + \varrho_{12} + \varphi_{12}'$; Erde als Bezugspunkt mit $\varphi = 0$.
$\varphi_{11} = (Q_1/2\pi\varepsilon l) \cdot \ln h_1/r_{01} + 0$, $\varphi_{11}' = (-Q_1/2\pi\varepsilon l) \cdot \ln h_1/2h_1$, $\varphi_{11} + \varphi_{11}' = (Q_1/2\pi\varepsilon l) \ln 2h_1/r_{01}$.
$\varphi_{12} = (Q_2/2\pi\varepsilon l) \ln h_2/s$, $\varphi'_{12} = (-Q_2/2\pi\varepsilon l) \ln h_2/s'$,
$\varphi_{12} + \varphi_{12}' = (Q_2/2\pi\varepsilon l) \cdot \ln s'/s$. $s'/s = \sqrt{1 + 4h_1h_2/s^2}$.
$\varphi_1 = \alpha_{11}Q_1 + \alpha_{12}Q_2$ mit den Potentialkoeffizienten $\alpha_{11} = \ln(2h_1/r_{01})/2\pi\varepsilon l$ und $\alpha_{12} = \ln(s'/s)/2\pi\varepsilon l$.
Analog φ_2: $\varphi_2 = \alpha_{12}Q_1 + \alpha_{22}Q_2$ mit $\alpha_{21} = \ln(s'/s)/2\pi\varepsilon l$ und $\alpha_{22} = \ln(2h_2/r_{02})/2\pi\varepsilon l$.
b) Kapazitätskoeffizienten: $\beta_{11} = \alpha_{22}/D$, $\beta_{12} = -\alpha_{12}/D$, $\beta_{21} = -\alpha_{21}/D$, $\beta_{22} = \alpha_{11}/D$ mit $D = \alpha_{11}\alpha_{22} - \alpha_{12}\alpha_{21}$.

Teilkapazitäten: $C_{10} = \beta_{11} + \beta_{12} = 2\pi\varepsilon l \dfrac{\ln 2h_2/r_{02} - \ln s'/s}{(\ln 2h_1/r_{01})(\ln 2h_2/r_{02}) - \ln^2 s'/s}$;

$$C_{20} = \beta_{21} + \beta_{22} = 2\pi\varepsilon l \cdot \frac{\ln 2h_1/r_{01} - \ln s'/s}{(\ln 2h_1/r_{01})(\ln 2h_2/r_{02}) - \ln^2 s'/s};$$

$$C_{12} = C_{21} = -\beta_{12} = -\beta_{21} = \frac{\ln s'/s}{(\ln 2h_1/r_{01})(\ln 2h_2/r_{02}) - \ln^2 s'/s}.$$

4.18 Dünn bedeutet $\Delta y \ll \Delta x$ und $\Delta y \ll \Delta z$. Demnach ist der Einfluß der Kontaktzonen auf R vernachlässigbar. S-Linien parallel zur Oberfläche.
a) $R = \Delta x/\varkappa\, \Delta z\, \Delta y$, $R_S = 1/\varkappa\, \Delta y$; b) Differentielle „Stromröhren" mit den differentiellen Leitwerten $dG = \varkappa\, dA/\Delta x = \varkappa\, dy\, \Delta z/\Delta x$ sind parallelgeschaltet, d. h.

$$1/R = G = (\Delta z/\Delta x) \cdot \int_0^{\Delta y} \varkappa(y)\,dy, \qquad R_S = 1\Bigg/\left(\int_0^{\Delta y} \varkappa(y)\,dy\right).$$

Diskussion: Diese Gleichung ist eine Näherung, da in Halbleitern $\boldsymbol{S} = \varkappa \boldsymbol{E}$ nur bei homogenem Feld gilt. Der mittlere spezifische Leitwert $\bar{\varkappa}$ bzw. der mittlere spezifische Widerstand $\bar{\varrho}$ folgt aus $R_S = 1/\bar{\varkappa}\,\Delta y = \bar{\varrho}/\Delta y$.
Die Kontaktzonen können näherungsweise berechnet werden, z. B. mit Teilwiderständen.

4.19 a) $S = i/A = i/2\pi r^2$, $E = i/2\pi\varkappa r^2$, $\varphi(r) - \varphi(r_0) = i/2\pi\varkappa\,(1/r - 1/r_0)$. $u_E = \varphi(r_E) - \varphi(r_0)$ für $r_0 \to \infty$: $u_E = i/2\pi\varkappa r_E = 159\,V$, $R_E = u_E/i = 1/2\pi\varkappa r_E = 1{,}6\,\Omega$. $\varphi_\infty = 0$: $\varphi = i/2\pi\varkappa r = u_E r_E/r$ für $r \geqq r_E$;
b) $u_{AB} = \varphi(r_A) - \varphi(r_B)$ maximal für $r_A = r_E$, d. h. $u_{AB\,max} = i/2\pi\varkappa \cdot (1/r_E - 1/(r_E + s)) = 52\,V$;
c) $\varkappa = 4 \cdot 10^{-4}\,\Omega/m$.

4.22 $\varphi = i/4\pi\varkappa r + K$, $\Delta\varphi(r) = \dfrac{1}{r^2}\dfrac{\partial}{\partial r}\left(r^2 \dfrac{\partial\varphi}{\partial r}\right) = \dfrac{1}{r^2}\dfrac{\partial}{\partial r}\left(-\dfrac{ir^2}{4\pi\varkappa r^2} + K\right) = 0.$

Nachweis mit kartesischen Koordinaten natürlich auch möglich, aber umständlicher. Durchführen!

4.24 Anfangsbedingungen: $x(0) = y(0) = z(0) = 0$, $v_x(0) = v_y(0) = v_z(0) = \sqrt{2eU/m}$.

$$\frac{dv_y}{dt} = a_y = \frac{eu_y}{md}, \qquad dv_y = a_y\,dt, \qquad v_y(t) - v_y(t_0) = \int_{t_0}^{t} a_y\,dt, \qquad v_y(t) = v_y(0) + a_y t.$$

$$\frac{dy}{dt} = v_y, \qquad y(t) = y(t_0) + \int_{t_0}^{t} v_y\,dt, \qquad y(t) = y(0) + v_y(0)\,t + \frac{a_y t^2}{2} = \frac{a_y t^2}{2}.$$

$dv_z/dt = 0$, $v_z(t) = v_z(0) = v_z$, $z(t) = v_z t$. $dv_x/dt = 0$, $v_x(t) = v_x(0) = 0$, $x(t) = x(0) = 0$.
Elimination von t: $t = z/v_z$. $y(z) = a_y z^2/2v_z^2 = u_y z^2/4dU$,
$y(l) = u_y l^2/4dU$,
$y_S = y(l) + l_S \tan\alpha$, $\quad \tan\alpha = v_y/v_Z = dy/dz = u_y l/2dU$,
$y_S = l\,(l/2 + l_S)\,u_y/2dU$.

4.25 Falls die Spannungsquelle nicht abgetrennt ist, bleibt u konstant, während sich $Q = Cu$ bei Kapazitätserhöhung erhöht. Es fließt ein Strom $i = dQ/dt$. Demnach muß in die Energiebilanz auch die von der Spannungsquelle zugeführte Energie $ui\,dt = u\,dQ$ berücksichtigt werden. Aus $dW_m = F\,ds = -dW_e + u\,dQ$ folgt mit Gl. (1.86 b) $dW_e = (u^2/2)\,dC$ und $u\,dQ = u\,d(Cu) = u^2\,dC + Cu\,du = u^2\,dC$ (wegen $du = 0$) die Beziehung $dW_m = F\,ds = (-u^2/2 + u^2)\,dC = (u^2/2)\,dC$ bzw. Gl. (4.188). Die von der Spannungsquelle zugeführte elektrische Energie wird also zur Hälfte in mechanische Energie und zur Hälfte in die Erhöhung der Feldenergie umgesetzt.

4.26 a) Die anziehende Kraft der Ladungen versucht den Abstand der Ladungsschwerpunkte zu reduzieren. Die Kraft wirkt nach Gl. (4.188) so, daß sie versucht, die Kapazität zu erhöhen.
b) $M_\alpha + M_{F\alpha} = 0$, $M_\alpha = -M_{F\alpha} = D\alpha$, $D = M_\alpha/\alpha$. Virtuelle Drehung: Energiesatz $W_e + W_{me} + W = 0$. Energieänderung der Spannungsquelle $dW = 0$ bei Annahme Q = konst., da diese abgetrennt wird.

$$dW_{me} = M_\alpha \, d\alpha = -dW_e, \qquad M_\alpha = -dW_e/d\alpha, \qquad W_e = Q^2/2C,$$

$$C = C(\alpha), \qquad \frac{dW_e}{d\alpha} = \frac{dW_e}{dC}\frac{dC}{d\alpha} = -\frac{Q^2}{2C^2}\frac{dC}{d\alpha}, \qquad M_\alpha = \frac{U^2}{2}\frac{dC}{d\alpha}.$$

$C(\alpha) = C_{max}\alpha/\pi$, $C_{max} = 2n\varepsilon_0 A/d = 2n\varepsilon_0\pi r^2/2d = n\varepsilon_0\pi r^2/d$,
$M_\alpha = n\varepsilon_0 r^2 U^2/2d$. $\alpha = 180°$: $M_\alpha = 9 \cdot 10^{-5}\,\mathrm{N \cdot m}$, $D = 2{,}86 \cdot 10^{-5}\,\mathrm{N \cdot m}$.

4.27 a) Spannungsanstieg – Anstieg des Trafoöls – Durchschlag bei hinreichend hoher Spannung führt zu starkem Spannungsabfall und damit zum Absinken des Trafoöls, danach erfolgt wieder Spannungsanstieg usw. b) $\varrho g h = (\varepsilon - \varepsilon_0) E^2/2$, $h = (\varepsilon - \varepsilon_0) U^2/2\varrho g d^2$ (U Spannung, ϱ Dichte des Trafoöls, g Erdbeschleunigung, d Plattenabstand).

4.28 a) Energiesatz: Feldenergie + mechanische Energie = konst., $dW_e + F ds = 0$, $F = -dW_e/ds$. Wegen $w_1 = D_n^2/2\varepsilon_1$ und $w_2 = D_n^2/2\varepsilon_2$ sowie $D_n = Q/A$ = konst. ändert sich die Energiedichte nur in dem Volumenelement $dV = A\,ds$, in dem das Medium *1* das Medium *2* ersetzt. $dW_e = (w_1 - w_2) A\,ds = (D_n^2/2\varepsilon_1 - D_n^2/2\varepsilon_2) A\,ds$.
$F/A = D_n^2/2\varepsilon_2 - D_n^2/2\varepsilon_1$. Wegen $\varepsilon_1 > \varepsilon_2$ ist $F ds > 0$ und $dW_e < 0$ (Feldenergie sinkt infolge Abgabe mechanischer Energie).
b) Für $E_t d$ = konst. steigt D im Volumenelement $d \cdot b \cdot ds$ (b Plattenausdehnung senkrecht zur Bildebene) von $D_2 = \varepsilon_2 E_t$ auf $D_1 = \varepsilon_1 E_t$, und damit muß aus der Spannungsquelle die Ladung $dQ = (\varepsilon_1 E_t - \varepsilon_2 E_t)\, b \cdot ds$ auf die Kondensatorplatten bzw. die Energie $ui\,dt = u\,dQ$ in den Kondensator fließen.
Energiesatz: $dW_e = F ds - u\,dQ = 0$. Mit $F = -dW_e/ds + u\,dQ/ds$ und $dW_e = (\varepsilon_1 E_t^2/2 - \varepsilon_2 E_t^2/2)\, d \cdot b \cdot ds$, $u\,dQ = (\varepsilon_1 E_t^2 - \varepsilon_2 E_t^2)\, d \cdot b \cdot ds$ sowie $A = d \cdot b$ folgt $F/A = \varepsilon_1 E_t^2/2 - \varepsilon_2 E_t^2/2$. Die von der Spannungsquelle zugeführte Energie dient zur Erhöhung der Feldenergie ($dW_e > 0$) und der mechanischen Energie ($F ds > 0$).

Hinweis: Die Ableitung ist natürlich auch für Q = konst. möglich. Dabei ist zu beachten, daß sich durch Umverteilung der Ladung Q auf den Platten die Energiedichte in der gesamten Anordnung verändert. Es gilt $F = -dW_e/ds$ mit $dW_e = w_1\,dV_1 + w_2\,dV_2 + dw_1 V_1 + dw_2 V_2$. $dV_1 = d \cdot b \cdot ds = -dV_2$, $V_1 = d \cdot b \cdot s_1$, $V_2 = d \cdot b \cdot s_2$ (s_1, s_2 Höhe der Dielektrika); $w_i = \varepsilon_i E_t^2/2$, $dw_i = \varepsilon_i E_t\, dE_t$ ($i = 1{,}2$). Aus $Q = \varepsilon_1 E_t b \cdot s_1 + \varepsilon_2 E_t b \cdot s_2$ und $dQ = \varepsilon_1\, dE_t b \cdot s_1 + \varepsilon_2\, dE_t b \cdot s_2 + \varepsilon_1 E_t b \cdot ds - \varepsilon_2 E_t b \cdot ds = 0$ folgt $dE_t = E_t(\varepsilon_2 - \varepsilon_1)\, ds/(\varepsilon_1 s_1 + \varepsilon_2 s_2)$ und damit wiederum $F = (\varepsilon_1 - \varepsilon_2) E_t^2 bd/2$.

4.30 $R_S = 1/\varkappa d$ (d Dicke).
a) $\varkappa = e(p\mu_p + n\mu_n)$; b) $\varkappa = en_i(\mu_n + \mu_p)$; c) $\varkappa = e(\mu_n N_{D+} + \mu_p(n_i^2/N_{D+}) \approx e\mu_n N_{D+}$.

4.31 a) $D_p = U_T\mu_p = (kT/e)\mu_p$; b) $ep\mu_p E_x - eD_p\, dp/dx = 0$, $E_x = U_T(dp/dx)/p$;

c) α) $S_{pDx} = -eD_p\, dp/dx = epv_{pDx}$, $v_{pDx} = S_{pDx}/ep = dx/dt$, $\displaystyle\int_0^{\Delta t} dt = \Delta t = \int_0^w \frac{dx}{v_{pDx}}$;

β) $S_{pDx} = eD_p p(0)/w$ = konst., $v_{pDx} = D_p/(w - x)$, $\Delta t = w^2/2D_p$;

γ) $S_{pDx} = eD_p p(x)/L_p = S_p(0)\exp(-x/L_p)$, $v_{pdx} = D_p/L_p$ = konst., $\Delta t = w/v_{pDx} = wL_p/D_p$.

4.32 $\partial p/\partial t = -(\partial S_p/\partial x)/e - R$, $\partial p/\partial t = 0$. $dS_{px}/dx = -eR$, analog $dS_{nx}/dx = +eR$.
a) $dS_p/dx = 0$, S_{px} = konst., $dS_n/dx = 0$, S_{nx} = konst.;
b) $dS_p/dx = -eR \neq 0$, $dS_n/dx = eR \neq 0$, $dS_p/dx + dS_n/dx = e(-R + R) = 0$, $d(S_{px} + S_{nx})/dx = 0$, $S_{kx} = S_{px} + S_{nx}$ = konst.
Auch anschauliche Interpretation durchführen!

4.34 a) $D = Q/A$, $Q = Cu = \varepsilon Au/d$, $D = \varepsilon u/d$, $E = u/d$, $S_v = dD/dt = \varepsilon(du/dt)/d$, $i = S_v A = \varepsilon A\,(du/dt)/d$;
b) $S_v = 0$, $i = 0$, sonst wie Lösung 4.34a);
c) $i = I_0$, $u = I_0 t/c + u(0)$, weiter wie Lösung 4.34a);
d) $i = CU_1/T$, $S_v = \varepsilon U_1/Td$, $D = \varepsilon(U_0 + U_1 t/T)/d$.
Für $\operatorname{sgn} U_1 \neq \operatorname{sgn}(U_0 + U_1 t)$ sind S_v und D entgegengerichtet, z.B. für $t = 0$, $U_0 < 0$ und $du/dt = U_1/T > 0$.

4.35 $u = u(0)\exp(-t/\tau_d)$ mit $\tau_d = RC = \varepsilon/\varkappa \approx 12$ min entsprechend Bild 4.80a und Gl. (4.145).

4.36 a) $U_{GS} < E_{BR}d = 20\,V$; b) Gate-Schutz-Diode zwischen Gate und Source und/oder Vermeidung von elektrostatischen Aufladungen, z. B. durch Verpackung in Metall oder leitfähigen Gummi sowie Erdung von Arbeitsplätzen bzw. -kräften (z. B. mit Armreif).

4.38 Entsprechend Bild 4.87c: $-u(t) = E_x(0,t)\,x + E_x(d,t)\,(d-x)$, $-u(t-\mathrm{d}t) = +E_x(0,t+\mathrm{d}t)\,(x+\mathrm{d}x) + E_x(d,t+\mathrm{d}t)\,(d-x-\mathrm{d}x)$. Mit $S_x = \varepsilon \cdot \partial E_x/\partial t$, $u(t) = u(t+\mathrm{d}t)$, $v = \mathrm{d}x/\mathrm{d}t$ und $E_x(0,t) - E_x(d,t) = -\sigma/\varepsilon$, $E_x(0,t+\mathrm{d}t) - E_x(d,t+\mathrm{d}t) = -\sigma/\varepsilon$ folgt $S_x = \sigma v/d$ und mit $\Delta Q = \sigma A$ $\quad i = S_x A = \Delta Q v/d$ (vgl. Gl. (4.306b)).

4.39 a) $S = \partial i_a/\partial u_g$, $i_a = K(u_g + Du_a)^{3/2}$, $S = 3/2 \cdot K(u_g + Du_a)^{1/2}$;
b) Bestimmung von $S = \Delta i_a/\Delta u_g$ aus Anstieg der Kennlinie $i_a = i_a(u_g)$ für vorgegebenes u_a oder für $i_a = i_a(u_a)$ aus zwei benachbarten Kennlinien bei gleichem u_a und $\Delta u_g = u_{g2} - u_{g1}$ $(u_{g2} > u_{g1})$.

4.40 a) z. B. mit Spannungsteilerregel nach Bild 4.85d
$\Delta u_a = -Sr_i\,\Delta u_g R_a/(r_i + R_a)$, $v = -Sr_i R_a/(r_i + R_a)$;
b) $r_i = 1/SD = 1\,\mathrm{k\Omega}$, $v = -8{,}3$.

4.41* Wegen $i = \int S\,\mathrm{d}A = -S_r 2\pi r l$ (Minuszeichen, da i-Richtung von der Anode zur Katode), $S_r = S = \varrho v$ und $v_r = v = v(\varphi)$, muß das Potential φ durch Lösung der Poissongleichung berechnet werden. Dazu benötigt man ϱ und die Randbedingung $\varphi(r_a) - \varphi(r_i) = u$. Für $\varphi(r_i) = 0$ und $v(r_i) = 0$ folgt wegen $\boldsymbol{S} = \varrho \boldsymbol{v}$ bzw. $\varrho = S/v$ und $mv^2/2 = e\varphi$ $\quad v = \sqrt{2e\varphi/m}$ sowie $\varrho = \left(S\sqrt{m/2e}\right)/\sqrt{\varphi}$. Mit $S = -i/2\pi r l$ entsteht daraus $\varrho = \dfrac{c_0}{r\sqrt{\varphi}}$ mit $c_0 = -\dfrac{i\sqrt{m/2e}}{2\pi l}$. Mit $\operatorname{div}\boldsymbol{D} = \varrho$, $\boldsymbol{D} = \varepsilon_0 \boldsymbol{E}$ und $\boldsymbol{E} = -\operatorname{grad}\varphi$ folgt $\Delta\varphi = -\varrho/\varepsilon_0$ sowie nach Abschnitt A. 2.2 für Zylinderkoordinaten:

$$\Delta\varphi = \frac{\partial^2\varphi}{\partial r^2} + \frac{1}{r}\frac{\partial\varphi}{\partial r} = -\frac{\varrho}{\varepsilon_0} = \frac{c_1}{r\sqrt{\varphi}} \quad \text{mit} \quad c_1 = -\frac{c_0}{\varepsilon_0}.$$

Wird der Ansatz $\varphi = c_2 r^n + c_3$ mit $c_3 = 0$ wegen $\varphi(0) = 0$ in die Differentialgleichung eingesetzt, so entsteht:
$c_2 n^2 r^{n-2} = \left(c_1/\sqrt{c_2}\right) r^{-(1+n/2)}$. Da nur r nicht konstant ist, folgt durch Koeffizientenvergleich $n-2 = -(1+n/2)$ bzw. $n = 2/3$, $c_1 = 4c_2^{3/2}/9r_a$. Wird $r = r_a$ und $\varphi(r_a) = u$ in $\varphi = c_2 r^n$ eingesetzt, so entsteht damit $c_2 = ur_a^{-2/3}$ und $c_1 = 4u^{3/2}/9r_a$. Mit der obigen Gleichung für c_1 ergibt sich
$i = Ku^{3/2}$ $\quad$ mit $\quad K = 8\pi\sqrt{2}\varepsilon_0 l\sqrt{e/m}/9r_a$.
Erwähnt sei, daß die $u^{3/2}$-Abhängigkeit für beliebige Elektrodengeometrien gilt.

4.42 Hochohmiger Stromkreis wird über den Menschen zur Erde geschlossen. Bei Spannung zwischen Elektroden erfolgt Glimmentladung (mit kleiner Stromstärke) durch Stoßionisation, die mit Anregung von Atomen und damit Leuchterscheinungen verbunden ist.

Literaturverzeichnis

Taschenbuch Elektrotechnik in sechs Bänden. Hrsg. v. E. Philippow. Bd. 1. Allgemeine Grundlagen. Berlin: Verl. Technik. München: Hanser 1988

Meinke, H.; Gundlach, F.W. (Hrsg.): Taschenbuch der Hochfrequenztechnik. 4. Auf. Berlin: Springer 1986

Friedrich: Tabellenbücher Elektrotechnik. Hrsg. v. A. Teml. 17. Aufl. Leipzig: Fachbuchverlag 1976

Elschner, H.; Möschwitzer, A.: Einführung in die Elektrotechnik/Elektronik. 2. Aufl. Berlin: Verl. Technik 1987

Führer, A.; Heidemann, K.; Nerreter, W.: Grundgebiete der Elektrotechnik. Bd. 1. 1. Stationäre Vorgänge. München: Hanser 1983

Küpfmüller, K.: Einführung in die theoretische Elektronik. 12. Aufl. Berlin: Springer 1988

Lunze, K.: Einführung in die Elektrotechnik. 12. Aufl. Berlin: Verl. Technik 1988

Mierdel, G.: Elektrophysik. 2. Aufl. Berlin: Verl. Technik 1972

Möschwitzer, A.; Rumpf, K. H.: Einführung in die Elektrotechnik. 6. Aufl. Berlin: Verl. Technik 1988

Möschwitzer, A.; Lunze, K.: Halbleiterelektronik. Lehrbuch, 8. Aufl. Berlin: Verl. Technik 1988

Philippow, E.: Grundlagen der Elektrotechnik. 8. Aufl. Berlin: Verl. Technik 1988

Wunsch, G.: Feldtheorie. Bd. 1. Mathematische Grundlagen. Berlin: Verl. Technik 1987

Wunsch, G.: Feldtheorie. Bd. 2. Elektromagnetische Felder. Berlin: Verl. Technik 1987

Sachwörterverzeichnis